第三版

Б.П.吉米多维奇

数学分析习题集题解

费定晖　周学圣　　编演
郭大钧　邵品琮　　主审

山东科学技术出版社

图书在版编目(CIP)数据

Б.П.吉米多维奇数学分析习题集题解 (6)/费定晖 周学圣编演.—3版.—济南:山东科学技术出版社,2005.1
ISBN 7-5331-0104-9

Ⅰ.Б… Ⅱ.①费… ②周… Ⅲ.数学分析-高等学校-解题 Ⅳ.017-44

中国版本图书馆CIP数据核字(1999)第43949号

Б.П.吉米多维奇
数学分析习题集题解
(6)

费定晖 周学圣 编演
郭大钧 邵品琮 主审

出版者:山东科学技术出版社
地址:济南市玉函路16号
邮编:250002 电话:(0531)2098088
网址:www.lkj.com.cn
电子邮件:sdkj@sdpress.com.cn
发行者:山东科学技术出版社
地址:济南市玉函路16号
邮编:250002 电话:(0531)2098071
印刷者:济南申汇印务有限责任公司
地址:济南市王官庄12号
邮编:250022 电话:(0531)7966822

开本:850mm×1168mm 1/32
印张:14
字数:345千
版次:2005年1月第3版第15次印刷
印数:216001-224000

ISBN 7-5331-0104-9 O·10
定价:18.50元

第三版前言

DISANBANQIANYAN

这套书自 1979 年出版发行以来，20 余年一直畅销不衰，读者称其为学习数学分析“不可替代”之图书，我们对此倍感欣慰。

本次第三版主要做了如下改动：

第一，修正了部分题目的解法，使其更加注重了科学性、规范性和简明性。

第二，改正了第二版的个别印刷错误。

第三，在文字上进行了些润色，力求文字更加准确。

第四，对版面和开本进行了调整，突出了时代感。

这次的修改得到山东科学技术出版社的大力支持，责任编辑宋德万、胡新蓉等对该书的再版付出了艰辛的劳动，在此深表感谢。

在第三版修改过程中由费定晖逐章逐题予以校阅，不当之处恳请指正。

费定晖

2005.1

出版说明

CHUBANSHUOMING

吉米多维奇(Б. П. ДЕМИДОВИЧ)著《数学分析习题集》一书的中译本，自 50 年代初在我国翻译出版以来，引起了全国各大专院校广大师生的巨大反响。凡从事数学分析教学的师生，常以试解该习题集中的习题，作为检验掌握数学分析基本知识和基本技能的一项重要手段。二十多年来，对我国数学分析的教学工作是甚为有益的。

该书四千多道习题，数量多，内容丰富，由浅入深，部分题目难度大。涉及的内容有函数与极限，单变量函数的微分学，不定积分，定积分，级数，多变量函数的微分学，带参变量积分以及重积分与曲线积分、曲面积分等等，概括了数学分析的全部主题。当前，我国广大读者，特别是肯于刻苦自学的广大数学爱好者，在为四个现代化而勤奋学习的热潮中，迫切需要对一些疑难习题有一个较明确的回答。有鉴于此，我们特约作者，将全书 4462 题的所有解答汇辑成书，共分六册出版。本书可以作为高等院校的教学参考用书，同时也可作为广大读者在自学微积分过程中的参考用书。

众所周知，原习题集，题多难度大，其中不少习题如果认真习作的话，既可以深刻地巩固我们所学到的基本概念，又可以有效地提高我们的运算能力，特别是有些难题还可以迫使我们学会综合分析的思维方法。正由于这样，我们殷切期望初学数学分析的青年读者，一定要刻苦钻研，千万不要轻易查抄本书的解答，因为任何削弱独立思索的作法，都是违背我们出版此书的本意。何况所作解答并非一定标准，仅作参考而已。如有某些误解、差错也在所难免，一经发觉，恳请指正，不胜感谢。

本书蒙潘承洞教授对部分难题进行了审校。特请郭大钧教授、邵品琮教授对全书作了重要仔细的审校。其中相当数量的难度大的题，都是郭大钧、邵品琮亲自作的解答。

参加编演工作的还有黄春朝同志。

本书在编审过程中，还得到山东大学、山东工业大学、山东师范大学和曲阜师范大学的领导和同志们的大力支持，特在此一并致谢。

目录
MULU

第八章 重积分和曲线积分

§1. 二重积分

1° 二重积分的直接计算法 所谓连续函数 $f(x, y)$ 展布在有限封闭可求积二维域 Ω 内的二重积分乃是指的数

$$\iint_{\Omega} f(x, y)\mathrm{d}x\mathrm{d}y = \lim_{\substack{\max|\Delta x_i|\to 0 \\ \max|\Delta y_j|\to 0}} \sum_i \sum_j f(x_i, y_j)\Delta x_i \Delta y_j,$$

其中 $\Delta x_i = x_{i+1} - x_i$, $\Delta y_j = y_{j+1} - y_j$, 而其和为对所有 i, j 使 $(x_i, y_i) \in \Omega$ 的那些值来求的.

若域 Ω 由下面的不等式所给出

$$a \leqslant x \leqslant b, \qquad y_1(x) \leqslant y \leqslant y_2(x).$$

其中 $y_1(x)$ 和 $y_2(x)$ 为在闭区间 $[a, b]$ 上的连续函数, 则对应的二重积分可按下面的公式来计算

$$\iint_{\Omega} f(x, y)\mathrm{d}x\mathrm{d}y = \int_a^b \mathrm{d}x \int_{y_1(x)}^{y_2(x)} f(x, y)\mathrm{d}y.$$

2° 二重积分中的变量代换 若可微分的连续函数

$$x = x(u, v), \ y = y(u, v)$$

把平面 Oxy 上的有限域 Ω 单值惟一地映射为平面 Ouv 上的域 Ω' 及雅哥比式

$$I = \frac{D(x, y)}{D(u, v)} \neq 0,$$

则下之公式正确:

$$\iint_{\Omega} f(x, y)\mathrm{d}x\mathrm{d}y = \iint_{\Omega'} f[x(u, v), y(u, v)]\,|I|\,\mathrm{d}u\mathrm{d}v.$$

特别是, 根据公式 $x = r\cos\varphi$, $y = r\sin\varphi$, 变换为极坐标 r 和 φ 的情形有

$$\iint\limits_{\Omega} f(x,y)\mathrm{d}x\mathrm{d}y = \iint\limits_{\Omega'} f(r\cos\varphi, r\sin\varphi) r\mathrm{d}r\mathrm{d}\varphi.$$

【3901】 把积分 $\iint\limits_{\substack{0\leqslant x\leqslant 1\\ 0\leqslant y\leqslant 1}} xy\mathrm{d}x\mathrm{d}y$ 当作积分和的极限，用直线

$$x=\frac{i}{n}\quad y=\frac{j}{n}\quad (i,j=1,2,\cdots,n-1)$$

把积分域分为许多正方形，并选取被积函数在这些正方形之右顶点的值，计算所论积分的值.

解 由于 $\sum\limits_{i=1}^{n}\sum\limits_{j=1}^{n}\frac{i}{n}\cdot\frac{j}{n}\cdot\frac{1}{n^2}=\frac{n^2(n+1)^2}{4n^4}\to\frac{1}{4}\quad(n\to\infty)$，其中

$$\sum_{i=1}^{n} i=\frac{n(n+1)}{2},\qquad \sum_{j=1}^{n} j=\frac{n(n+1)}{2},$$

故 $\iint\limits_{\substack{0\leqslant x\leqslant 1\\ 0\leqslant y\leqslant 1}} xy\mathrm{d}x\mathrm{d}y=\frac{1}{4}.$

【3902】 用直线

$$x=1+\frac{i}{n},\quad y=1+\frac{2j}{n}\quad (i,j=0,1,\cdots,n)$$

把域 $1\leqslant x\leqslant 2, 1\leqslant y\leqslant 3$ 分为许多矩形. 作出函数 $f(x,y)=x^2+y^2$ 在此域内的积分下和 $\underline{S}$ 与积分上和 $\overline{S}$. 当 $n\to\infty$ 时，上和与下和的极限等于什么？

解 下和

$$\begin{aligned}\underline{S} &= \sum_{i=0}^{n-1}\sum_{j=0}^{n-1}\left[\left(1+\frac{i}{n}\right)^2+\left(1+\frac{2j}{n}\right)^2\right]\cdot\frac{1}{n}\cdot\frac{2}{n}\\ &=\frac{2n}{n^2}\left[n+\frac{2}{n}\sum_{i=0}^{n-1} i+\frac{1}{n^2}\sum_{i=0}^{n-1} i^2+n+\frac{4}{n}\sum_{j=0}^{n-1} j+\frac{4}{n^2}\sum_{j=0}^{n-1} j^2\right]\\ &=\frac{40}{3}-\frac{11}{n}+\frac{5}{3n^2},\end{aligned}$$

其中

$$\sum_{i=0}^{n-1} i^2=\frac{(n-1)n(2n-1)}{6},\quad \sum_{j=0}^{n-1} j^2=\frac{(n-1)n(2n-1)}{6};$$

而上和

$$\overline{S}=\sum_{i=1}^{n}\sum_{j=1}^{n}\left[\left(1+\frac{i}{n}\right)^2+\left(1+\frac{2j}{n}\right)^2\right]\cdot\frac{1}{n}\cdot\frac{2}{n}=\frac{40}{3}+\frac{11}{n}+\frac{5}{3n^2}.$$

当 $n\to\infty$ 时，$\underline{S}$ 与 $\overline{S}$ 的极限均等于 $\frac{40}{3}=13\frac{1}{3}$.

【3903】 用一系列内接正方形作为积分域的近似域，这些正方形的顶点 A_{ij} 在整数点，并取被积函数在每个正方形距原点的最远的顶点之值. 近似地计算积分

$$\iint\limits_{x^2+y^2\leqslant 25}\frac{\mathrm{d}x\mathrm{d}y}{\sqrt{24+x^2+y^2}},$$

并与精确的值加以比较.

解 由题意知，应取的正方形顶点为(1,1),(1,2),(1,3),(1,4),(2,1),(2,2),(2,3),(2,4),(3,1),(3,2),(3,3),(3,4),(4,1),(4,2),(4,3),故利用对称性知

$$\begin{aligned}\frac{1}{4}\iint\limits_{x^2+y^2\leqslant 25}\frac{\mathrm{d}x\mathrm{d}y}{\sqrt{24+x^2+y^2}}&\approx\frac{1}{\sqrt{26}}+\frac{2}{\sqrt{29}}+\frac{2}{\sqrt{34}}\\&+\frac{2}{\sqrt{41}}+\frac{1}{\sqrt{32}}+\frac{2}{\sqrt{37}}+\frac{2}{\sqrt{44}}+\frac{1}{\sqrt{42}}+\frac{2}{\sqrt{49}}\\&\approx 0.196+0.371+0.343+0.312+0.177\\&+0.329+0.302+0.154+0.285\approx 2.470,\end{aligned}$$

即 $$\iint\limits_{x^2+y^2\leqslant 25}\frac{\mathrm{d}x\mathrm{d}y}{\sqrt{24+x^2+y^2}}\approx 9.880.$$

下面计算积分的精确值：

$$\iint\limits_{x^2+y^2\leqslant 25}\frac{\mathrm{d}x\mathrm{d}y}{\sqrt{24+x^2+y^2}}$$

$$=4\int_0^5 \ln(y+\sqrt{24+x^2+y^2})\Big|_0^{\sqrt{25-x^2}}\mathrm{d}x$$

$$=4\int_0^5 \ln(\sqrt{25-x^2}+7)\mathrm{d}x-2\int_0^5 \ln(24+x^2)\mathrm{d}x.$$

由于

$$\int \ln(24+x^2)\mathrm{d}x = x\ln(24+x^2)-\int\frac{2x^2}{24+x^2}\mathrm{d}x$$

$$=x\ln(24+x^2)-2x+\frac{24}{\sqrt{6}}\arctan\frac{x}{\sqrt{24}}+C.$$

从而,

$$2\int_0^5 \ln(24+x^2)\mathrm{d}x=\left[2x\ln(24+x^2)-4x+\frac{48}{\sqrt{6}}\arctan\frac{x}{\sqrt{24}}\right]\Bigg|_0^5$$

$$=20\ln 7-20+8\sqrt{6}\arctan\frac{5}{\sqrt{24}};$$

又

$$4\int_0^5 \ln(\sqrt{25-x^2}+7)\mathrm{d}x$$

$$=4[x\ln(\sqrt{25-x^2}+7)]\Big|_0^5+4\int_0^5\frac{x^2\mathrm{d}x}{(\sqrt{25-x^2}+7)\sqrt{25-x^2}}$$

$$=20\ln 7+4\int_0^5\frac{x^2\mathrm{d}x}{(\sqrt{25-x^2}+7)\sqrt{25-x^2}},$$

再令 $x=5\sin t$,有

$$\int_0^5\frac{x^2\mathrm{d}x}{(\sqrt{25-x^2}+7)\sqrt{25-x^2}}=\int_0^{\frac{\pi}{2}}\frac{-25\cos^2 t+25}{5\cos t+7}\mathrm{d}t$$

$$=-\int_0^{\frac{\pi}{2}}(5\cos t-7)\mathrm{d}t-\int_0^{\frac{\pi}{2}}\frac{24}{5\cos t+7}\mathrm{d}t$$

$$=(7t-5\sin t)\Big|_0^{\frac{\pi}{2}}-24\left[\frac{1}{\sqrt{6}}\arctan\left(\frac{1}{\sqrt{6}}\tan\frac{t}{2}\right)\right]\Bigg|_0^{\frac{\pi}{2}}$$

$$=\frac{7\pi}{2}-5-4\sqrt{6}\arctan\frac{2}{\sqrt{24}},$$

从而，

$$4\int_0^5\ln(\sqrt{25-x^2}+7)\,dx=20\ln7+14\pi-20-16\sqrt{6}\arctan\frac{2}{\sqrt{24}}.$$

注意到

$$2\arctan\frac{2}{\sqrt{24}}+\arctan\frac{5}{\sqrt{24}}=\frac{\pi}{2},$$

最后便得到

$$\iint\limits_{x^2+y^2\leqslant25}\frac{dx\,dy}{\sqrt{24+x^2+y^2}}=14\pi-4\sqrt{24}\left(2\arctan\frac{2}{\sqrt{24}}+\arctan\frac{5}{\sqrt{24}}\right)$$

$$=2\pi(7-\sqrt{24})\approx13.19.$$

将精确值与近似值作比较，显见误差较大，其原因在于有不少不是正方形的域都被忽略，因而产生较大的绝对误差 4.31 及较大的相对误差$\frac{4.31}{13.19}\approx32.7\%$.

注意 求 $\iint\limits_{x^2+y^2\leqslant25}\frac{dx\,dy}{\sqrt{24+x^2+y^2}}$ 的精确值若采用极坐标则较为简单：

$$\iint\limits_{x^2+y^2\leqslant25}\frac{dx\,dy}{\sqrt{24+x^2+y^2}}=\int_0^{2\pi}d\theta\int_0^5\frac{r\,dr}{\sqrt{24+r^2}}=2\pi(7-\sqrt{24}).$$

但按原习题集的安排，似应在 3937 题以后才开始使用极坐标，故本题仍用直角坐标进行计算.

【3904】 用直线 $x=$ 常数, $y=$ 常数, $x+y=$ 常数把域 S 分为四个相等的三角形，并取被积函数在每个三角形的中线交点之值. 近似地计算积分

$$\iint\limits_S\sqrt{x+y}\,dS,$$

其中 S 表由直线 $x=0$, $y=0$ 及 $x+y=1$ 所围成的三角形.

解 我们只须以 $x=\frac{1}{2}$, $y=\frac{1}{2}$ 及 $x+y=\frac{1}{2}$ 分域 S,即得四个相等的三角形,它们的面积均为 $\frac{1}{8}$,重心为 $\left(\frac{1}{6},\frac{1}{6}\right)$, $\left(\frac{1}{3},\frac{1}{3}\right)$, $\left(\frac{2}{3},\frac{1}{6}\right)$ 及 $\left(\frac{1}{6},\frac{2}{3}\right)$,于是,得此积分的近似值为

$$\iint\limits_S \sqrt{x+y}\,\mathrm{d}S \approx \frac{1}{8}\left(\sqrt{\frac{1}{6}+\frac{1}{6}}+\sqrt{\frac{1}{3}+\frac{1}{3}}+2\sqrt{\frac{2}{3}+\frac{1}{6}}\right)$$

$$\approx \frac{1}{8}(0.577+0.816+2\cdot 0.912)\approx 0.402,$$

其精确值为

$$\iint\limits_S \sqrt{x+y}\,\mathrm{d}S=\int_0^1 \mathrm{d}x\int_0^{1-x}\sqrt{x+y}\,\mathrm{d}y$$

$$=\frac{2}{3}\int_0^1 (1-x^{\frac{3}{2}})\mathrm{d}x=\frac{2}{5}=0.4.$$

【3905】 把域 $S\{x^2+y^2\leqslant 1\}$ 分为有限个直径小于 δ 的可求积的子域 $\Delta S_i(i=1,2,\cdots,n)$. 对于什么样的值 δ 能保证不等式:

$$\left|\iint\limits_S \sin(x+y)\mathrm{d}S-\sum_{i=1}^n \sin(x_i+y_i)\Delta S_i\right|<0.001$$

成立? 其中 $(x_i,y_i)\in\Delta S_i$.

解 记函数 $\sin(x+y)$ 在 ΔS_i 中的振幅为 ω_i,则

$$\left|\iint\limits_S \sin(x+y)\mathrm{d}S-\sum_{i=1}^n \sin(x_i+y_i)\Delta S_i\right|$$

$$=\left|\sum_{i=1}^n \iint\limits_{\Delta S_i}[\sin(x+y)-\sin(x_i+y_i)]\mathrm{d}S\right|$$

$$\leqslant \sum_{i=1}^n \iint\limits_{\Delta S_i}|\sin(x+y)-\sin(x_i+y_i)|\mathrm{d}S$$

$$\leqslant \sum_{i=1}^n \iint\limits_{\Delta S_i}\omega_i\mathrm{d}S=\sum_{i=1}^n \omega_i\Delta S_i.$$

由于域 $S\{x^2+y^2\leqslant 1\}$ 的面积等于 π,故只要 $\omega_i<\frac{0.001}{\pi}$,便能满足原不等式的要求.但因为

$$\omega_i=\sup_{\substack{(x_i,y_i)\in\Delta S_i\\(x_i',y_i')\in\Delta S_i}}|\sin(x_i'+y_i')-\sin(x_i+y_i)|$$

$$\leqslant\sup_{\substack{(x_i,y_i)\in\Delta S_i\\(x_i',y_i')\in\Delta S_i}}|(x_i'+y_i')-(x_i+y_i)|$$

$$\leqslant\sup_{\substack{(x_i,y_i)\in\Delta S_i\\(x_i',y_i')\in\Delta S_i}}[|x_i'-x_i|+|y_i'-y_i|]$$

$$\leqslant\sup_{\substack{(x_i,y_i)\in\Delta S_i\\(x_i',y_i')\in\Delta S_i}}\sqrt{2[(x_i'-x_i)^2+(y_i'-y_i)^2]}^{\,*)}=\sqrt{2}\delta_i,$$

故只要取

$$\delta<\frac{1}{\sqrt{2}\pi}\times 0.001\approx 0.00022,$$

则有

$$\left|\iint_S\sin(x+y)\mathrm{d}S-\sum_{i=1}^{n}\sin(x_i+y_i)\Delta S_i\right|<0.001.$$

*) 对于任意非负实数 a,b 有

$$2ab\leqslant a^2+b^2\quad 或\quad (a+b)^2\leqslant 2(a^2+b^2),$$

从而 $a+b\leqslant\sqrt{2(a^2+b^2)}$.

计算积分:

【3906】 $\int_0^1\mathrm{d}x\int_0^1(x+y)\mathrm{d}y$.

解 $\int_0^1\mathrm{d}x\int_0^1(x+y)\mathrm{d}y=\int_0^1\left(x+\frac{1}{2}\right)\mathrm{d}x=1.$

【3907】 $\int_0^1\mathrm{d}x\int_{x^2}^{x}xy^2\mathrm{d}y$.

解 $\int_0^1\mathrm{d}x\int_{x^2}^{x}xy^2\mathrm{d}y=\int_0^1\left(\frac{x^4}{3}-\frac{x^7}{3}\right)\mathrm{d}x=\frac{1}{40}.$

【3908】 $\int_0^{2\pi}\mathrm{d}\varphi\int_0^a r^2\sin^2\varphi\mathrm{d}r$.

解 $\int_0^{2\pi}\mathrm{d}\varphi\int_0^a r^2\sin^2\varphi\mathrm{d}r=\frac{a^3}{3}\int_0^{2\pi}\sin^2\varphi\mathrm{d}\varphi$

$=\frac{a^3}{3}\left(\frac{\varphi}{2}-\frac{1}{4}\sin2\varphi\right)\Big|_0^{2\pi}=\frac{\pi a^3}{3}$.

【3909】 设 R 为矩形

$$a\leqslant x\leqslant A,\qquad b\leqslant y\leqslant B,$$

证明等式

$$\iint\limits_R X(x)Y(y)\mathrm{d}x\mathrm{d}y=\int_a^A X(x)\mathrm{d}x\int_b^B Y(y)\mathrm{d}y.$$

证 根据在矩形域的情况下化二重积分为逐次积分的计算方法,不妨先对 y 后对 x 积分,即得

$$\iint\limits_R X(x)Y(y)\mathrm{d}x\mathrm{d}y=\int_a^A\mathrm{d}x\int_b^B X(x)Y(y)\mathrm{d}y$$

$$=\int_a^A X(x)\mathrm{d}x\int_b^B Y(y)\mathrm{d}y.$$

【3910】 设:$f(x,y)=F''_{xy}(x,y)$,计算

$$I=\int_a^A\mathrm{d}x\int_b^B f(x,y)\mathrm{d}y.$$

解 不妨按先对 y 后对 x 积分的顺序计算,即得

$$I=\int_a^A[F'_x(x,B)-F'_x(x,b)]\mathrm{d}x=F(x,B)\Big|_a^A-F(x,b)\Big|_a^A$$

$=F(A,B)-F(a,B)-F(A,b)+F(a,b)$.

【3911】 设 $f(x)$为在闭区间 $a\leqslant x\leqslant b$ 内的连续函数,证明不等式

$$\left[\int_a^b f(x)\mathrm{d}x\right]^2\leqslant(b-a)\int_a^b f^2(x)\mathrm{d}x,$$

此处仅当 $f(x)=$常数时等号成立.

证 因为

$$0\leqslant\int_a^b dx\int_a^b [f(x)-f(y)]^2 dy$$

$$=(b-a)\int_a^b f^2(x)dx-2\left(\int_a^b f(x)dx\right)^2+(b-a)\int_a^b f^2(y)dy,$$

故有

$$\left[\int_a^b f(x)dx\right]^2\leqslant(b-a)\int_a^b f^2(x)dx.$$

当 $f(x)=$ 常数时,显然上式中等号成立.反之,设上式中等号成立,则

$$\int_a^b dx\int_a^b [f(x)-f(y)]^2 dy=0.$$

由于函数 $F(x)=\int_a^b [f(x)-f(y)]^2 dy$ 是 $a\leqslant x\leqslant b$ 上的非负连续函数,故 $F(x)\equiv 0(a\leqslant x\leqslant b)$.特别 $F(a)=0$,即 $\int_a^b [f(a)-f(y)]^2=0$.又由于函数

$$G(y)=[f(a)-f(y)]^2$$

是 $a\leqslant y\leqslant b$ 上的非负连续函数,故 $G(y)\equiv 0$ $(a\leqslant y\leqslant b)$.因此,$f(y)\equiv f(a)$ $(a\leqslant y\leqslant b)$,即 $f(x)=$ 常数.证毕.

【3912】 下列积分有什么样的符号:

(1) $\iint\limits_{|x|+|y|\leqslant 1}\ln(x^2+y^2)dxdy$;

(2) $\iint\limits_{x^2+y^2\leqslant 4}\sqrt[3]{1-x^2-y^2}dxdy$;

(3) $\iint\limits_{\substack{0\leqslant x\leqslant 1\\ -1\leqslant y\leqslant 1-x}}\arcsin(x+y)dxdy$?

解 (1)由于 $0<x^2+y^2\leqslant(|x|+|y|)^2\leqslant 1$ 及 $\ln(x^2+y^2)$

$\leqslant \ln 1=0$，且当 $|x|+|y|<1$ 时 $\ln(x^2+y^2)<0$，故

$$\iint\limits_{|x|+|y|\leqslant 1} \ln(x^2+y^2)\,dx\,dy<0.$$

(2)我们有 $\iint\limits_{x^2+y^2\leqslant 4} \sqrt[3]{1-x^2-y^2}\,dx\,dy=I_1-I_2-I_3$，其中

$$I_1=\iint\limits_{x^2+y^2\leqslant 1} \sqrt[3]{1-x^2-y^2}\,dx\,dy,$$

$$I_2=\iint\limits_{1\leqslant x^2+y^2\leqslant 2} \sqrt[3]{x^2+y^2-1}\,dx\,dy,$$

$$I_3=\iint\limits_{2\leqslant x^2+y^2\leqslant 4} \sqrt[3]{x^2+y^2-1}\,dx\,dy.$$

显然

$$0<I_1<\iint\limits_{x^2+y^2\leqslant 1} dx\,dy=\pi,$$

$$I_2>0,$$

$$I_3>\iint\limits_{2\leqslant x^2+y^2\leqslant 4} dx\,dy=4\pi-2\pi=2\pi,$$

故

$$\iint\limits_{x^2+y^2\leqslant 4} \sqrt[3]{1-x^2-y^2}\,dx\,dy<0.$$

(3)我们有

$$\iint\limits_{\substack{0\leqslant x\leqslant 1\\ -1\leqslant y\leqslant 1-x}} \arcsin(x+y)\,dx\,dy$$

$$=\iint\limits_{\substack{0\leqslant x\leqslant 1\\ -1\leqslant y\leqslant 0}} \arcsin(x+y)\,dx\,dy+\iint\limits_{\substack{0\leqslant x\leqslant 1\\ 0\leqslant y\leqslant 1-x}} \arcsin(x+y)\,dx\,dy.$$

上式右端第一个积分由对称性知其值为零，第二个积分因被积函数在积分域上为非负不恒为零的连续函数，因而，积分值是正

的.于是,原积分是正的.

【3913】 求函数

$$f(x,y)=\sin^2 x\sin^2 y$$

在正方形:$0\leqslant x\leqslant\pi$,$0\leqslant y\leqslant\pi$ 内的平均值.

解 平均值

$$I_0=\frac{1}{\pi^2}\iint\limits_{\substack{0\leqslant x\leqslant\pi\\0\leqslant y\leqslant\pi}}\sin^2 x\sin^2 y\,dx\,dy=\frac{1}{\pi^2}\left[\int_0^\pi\sin^2 x\,dx\right]^2$$

$$=\frac{1}{\pi^2}\left[\left(\frac{x}{2}-\frac{1}{4}\sin 2x\right)\bigg|_0^\pi\right]^2=\frac{1}{4}.$$

【3914】 利用中值定理,估计积分

$$I=\iint\limits_{|x|+|y|\leqslant 10}\frac{dx\,dy}{100+\cos^2 x+\cos^2 y}$$

之值.

解 由于积分域的面积为 200,故由积分中值定理知,

$$I=\frac{1}{100+\cos^2\xi+\cos^2\eta}\cdot 200=\frac{200}{100+\cos^2\xi+\cos^2\eta},\tag{1}$$

其中(ξ,η)为域$|x|+|y|\leqslant 10$ 中的某点.

显然 $0\leqslant\cos^2\xi+\cos^2\eta\leqslant 2$,我们证明必有

$$0<\cos^2\xi+\cos^2\eta<2.\tag{2}$$

由于函数 $\cos^2 x+\cos^2 y$ 在有界闭域$|x|+|y|\leqslant 10$ 上的最大值为 2,最小值为 0.从而连续函数$\dfrac{1}{100+\cos^2 x+\cos^2 y}$在有界闭域$|x|+|y|\leqslant 10$ 上的最小值为$\dfrac{1}{102}$,最大值为$\dfrac{1}{100}$.如果 $\cos^2\xi+\cos^2\eta=2$,则由(1)式知,

$$\iint\limits_{|x|+|y|\leqslant 10}\left(\frac{1}{100+\cos^2 x+\cos^2 y}-\frac{1}{102}\right)dx\,dy=I-I=0.$$

但 $f(x,y)=\dfrac{1}{100+\cos^2 x+\cos^2 y}-\dfrac{1}{102}$是非负连续函数,从而,

必有 $f(x,y)\equiv 0$(在域 $|x|+|y|\leqslant 10$ 上),即 $\cos^2 x+\cos^2 y\equiv 2$(在域 $|x|+|y|\leqslant 10$ 上). 这显然是错误的. 由此可知, $\cos^2\xi+\cos^2\eta<2$. 同理可证 $\cos^2\xi+\cos^2\eta>0$. 于是,(2)式成立. 从而,得

$$\frac{200}{102}<I<\frac{200}{100},\quad 即\quad 1.96<I<2.$$

【3915】 求圆 $(x-a)^2+(y-b)^2\leqslant R^2$ 上的点到原点的距离之平方的平均值.

解 平均值 $I_0=\frac{1}{\pi R^2}\iint\limits_{(x-a)^2+(y-b)^2\leqslant R^2}(x^2+y^2)\mathrm{d}x\mathrm{d}y$. 由于

$$\frac{1}{\pi R^2}\iint\limits_{(x-a)^2+(y-b)^2\leqslant R^2}y^2\mathrm{d}x\mathrm{d}y=\frac{1}{\pi R^2}\int_{a-R}^{a+R}\mathrm{d}x\int_{b-\sqrt{R^2-(x-a)^2}}^{b+\sqrt{R^2-(x-a)^2}}y^2\mathrm{d}y$$

$$=\frac{1}{3\pi R^2}\left\{6b^2\int_{a-R}^{a+R}\sqrt{R^2-(x-a)^2}dx+2\int_{a-R}^{a+R}[R^2-(x-a)^2]^{\frac{3}{2}}dx\right\}$$

$$=\frac{2b^2}{\pi R^2}\left[\frac{x-a}{2}\sqrt{R^2-(x-a)^2}+\frac{R^2}{2}\arcsin\frac{x-a}{R}\right]\Bigg|_{a-R}^{a+R}$$

$$+\frac{2}{3\pi R^2}\left\{\frac{x-a}{8}[5R^2-2(x-a)^2]\sqrt{R^2-(x-a)^2}\right.$$

$$\left.+\frac{3R^4}{8}\arcsin\frac{x-a}{R}\right\}\Bigg|_{a-R}^{a+R}$$

$$=\frac{2b^2}{\pi R^2}\cdot\frac{\pi R^2}{2}+\frac{1}{3\pi R^2}\cdot\frac{3\pi R^4}{8}=b^2+\frac{R^2}{4},$$

同理,有

$$\frac{1}{\pi R^2}\iint\limits_{(x-a)^2+(y-b)^2\leqslant R^2}x^2\mathrm{d}x\mathrm{d}y=a^2+\frac{R^2}{4}.$$

于是, $I_0=a^2+b^2+\frac{R^2}{2}$.

在问题 3916~3922 中对二重积分 $\iint\limits_{\Omega}f(x,y)\mathrm{d}x\mathrm{d}y$ 内按所指示的区域 Ω 依两个不同的顺序安置积分的上下限.

【3916】 Ω-以 $O(0,0),A(1,0),B(1,1)$为顶点的三角形.

解 为方便起见,将二重积分 $\iint\limits_{\Omega} f(x,y)\mathrm{d}x\mathrm{d}y$ 记以 I. 于是,

$$I=\int_0^1\mathrm{d}x\int_0^x f(x,y)\mathrm{d}y=\int_0^1\mathrm{d}y\int_y^1 f(x,y)\mathrm{d}x.$$

【3917】 Ω-以 $O(0,0),A(2,1),B(-2,1)$为顶点的三角形.

解 如图 8.1 所示

OA 的方程为 $y=\frac{1}{2}x$, OB 的方程为 $y=-\frac{1}{2}x$, AB 的方程为 $y=1$. 于是,

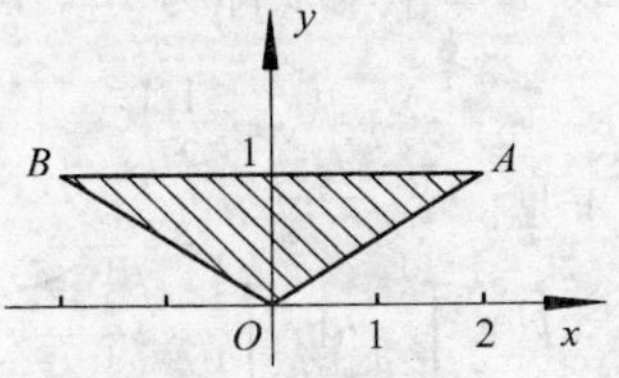

图 8.1

$$\begin{aligned}I&=\int_0^1\mathrm{d}y\int_{-2y}^{2y}f(x,y)\mathrm{d}x\\&=\int_{-2}^0\mathrm{d}x\int_{-\frac{1}{2}x}^1 f(x,y)\mathrm{d}y+\int_0^2\mathrm{d}x\int_{\frac{1}{2}x}^1 f(x,y)\mathrm{d}y\\&=\int_{-2}^2\mathrm{d}x\int_{\frac{1}{2}|x|}^1 f(x,y)\mathrm{d}y.\end{aligned}$$

【3918】 Ω-以 $O(0,0),A(1,0),B(1,2),C(0,1)$为顶点的梯形.

解 如图 8.2 所示, BC 的方程为 $y-1=x$. 于是,

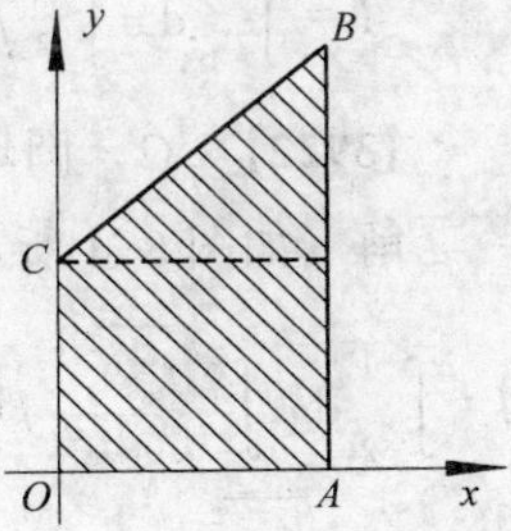

图 8.2

$$\begin{aligned}I&=\int_0^1\mathrm{d}x\int_0^{1+x}f(x,y)\mathrm{d}y\\&=\int_0^1\mathrm{d}y\int_0^1 f(x,y)\mathrm{d}x\end{aligned}$$

$$+\int_1^2 dy\int_{y-1}^1 f(x,y)dx.$$

【3919】 Ω - 圆 $x^2+y^2\leqslant 1$.

解 $$I=\int_{-1}^1 dx\int_{-\sqrt{1-x^2}}^{\sqrt{1-x^2}} f(x,y)dy$$
$$=\int_{-1}^1 dy\int_{-\sqrt{1-y^2}}^{\sqrt{1-y^2}} f(x,y)dx.$$

【3920】 Ω - 圆 $x^2+y^2\leqslant y$.

解 如图 8.3 所示. 积分域的围线 $x^2+y^2=y$ 即为

$$x^2+\left(y-\frac{1}{2}\right)^2=\left(\frac{1}{2}\right)^2.$$

于是,

$$I=\int_{-\frac{1}{2}}^{\frac{1}{2}} dx\int_{\frac{1}{2}-\sqrt{\frac{1}{4}-x^2}}^{\frac{1}{2}+\sqrt{\frac{1}{4}-x^2}} f(x,y)dy$$
$$=\int_0^1 dy\int_{-\sqrt{y-y^2}}^{\sqrt{y-y^2}} f(x,y)dx.$$

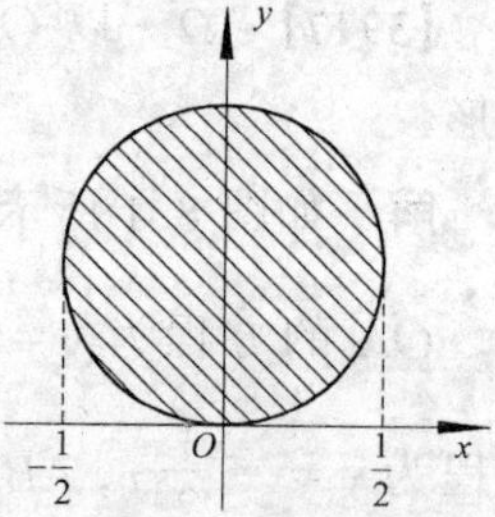

图 8.3

【3921】 Ω - 由曲线 $y=x^2$ 及 $y=1$ 所包围的抛物线的一节.

解 曲线 $y=x^2$ 及 $y=1$ 的交点为$(1,-1)$, $(1,1)$. 于是,

$$I=\int_{-1}^1 dx\int_{x^2}^1 f(x,y)dy=\int_0^1 dy\int_{-\sqrt{y}}^{\sqrt{y}} f(x,y)dx.$$

【3922】 Ω - 圆环 $1\leqslant x^2+y^2\leqslant 4$.

解 如图 8.4 所示. 若先对 y 后对 x 积分, 则

$$I=\int_{-2}^{-1} dx\int_{-\sqrt{4-x^2}}^{\sqrt{4-x^2}} f(x,y)dy+\int_{-1}^1 dx\left\{\int_{-\sqrt{4-x^2}}^{-\sqrt{1-x^2}} f(x,y)dy\right.$$
$$\left.+\int_{\sqrt{1-x^2}}^{\sqrt{4-x^2}} f(x,y)dy\right\}+\int_1^2 dx\int_{-\sqrt{4-x^2}}^{\sqrt{4-x^2}} f(x,y)dy.$$

若先对 x 后对 y 积分,则

$$I=\int_{-2}^{-1}\mathrm{d}y\int_{-\sqrt{4-y^2}}^{\sqrt{4-y^2}}f(x,y)\mathrm{d}x$$

$$+\int_{-1}^{1}\mathrm{d}y\left\{\int_{-\sqrt{4-y^2}}^{-\sqrt{1-y^2}}f(x,y)\mathrm{d}x\right.$$

$$\left.+\int_{\sqrt{1-y^2}}^{\sqrt{4-y^2}}f(x,y)\mathrm{d}x\right\}$$

$$+\int_{1}^{2}\mathrm{d}y\int_{-\sqrt{4-y^2}}^{\sqrt{4-y^2}}f(x,y)\mathrm{d}x.$$

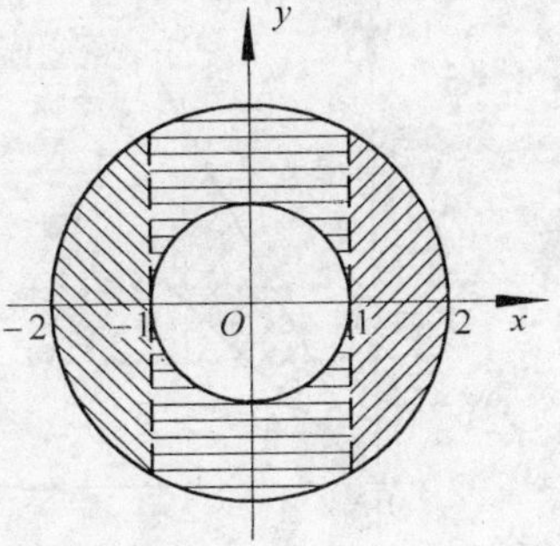

图 8.4

【3923】 证明迪里黑里公式

$$\int_0^a\mathrm{d}x\int_0^x f(x,y)\mathrm{d}y=\int_0^a\mathrm{d}y\int_y^a f(x,y)\mathrm{d}x\quad(a>0).$$

证 公式左端的逐次积分,等于积分 $\iint\limits_{\Omega}f(x,y)\mathrm{d}x\mathrm{d}y$,其中 Ω 为三角形域OAB(图 8.5):$O(0,0)$,$A(a,0)$,$B(a,a)$.对于该积分,若化为先对 x 后对 y 的逐次积分,即为公式的右端.于是,本题获证.

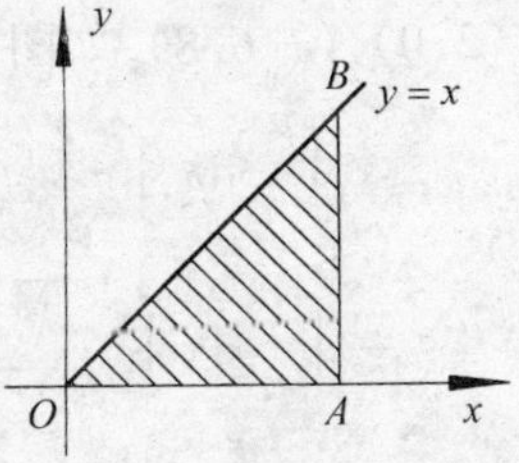

图 8.5

在下列积分中改变积分的顺序:

【3924】 $\int_0^2\mathrm{d}x\int_x^{2x}f(x,y)\mathrm{d}y.$

解 积分域的围线为:$y=x$, $y=2x$ 及 $x=2$,如图 8.6 所示.改变积分的顺序,即得

$$\int_0^2\mathrm{d}x\int_x^{2x}f(x,y)\mathrm{d}y=\int_0^2\mathrm{d}y\int_{\frac{y}{2}}^{y}f(x,y)\mathrm{d}x+\int_2^4\mathrm{d}y\int_{\frac{y}{2}}^{2}f(x,y)\mathrm{d}x.$$

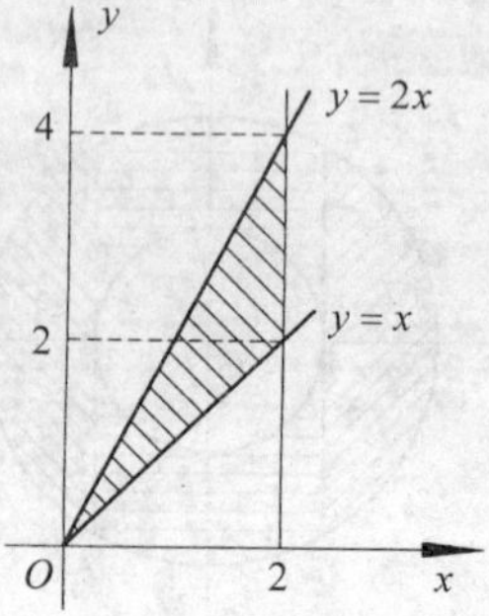

图 8.6

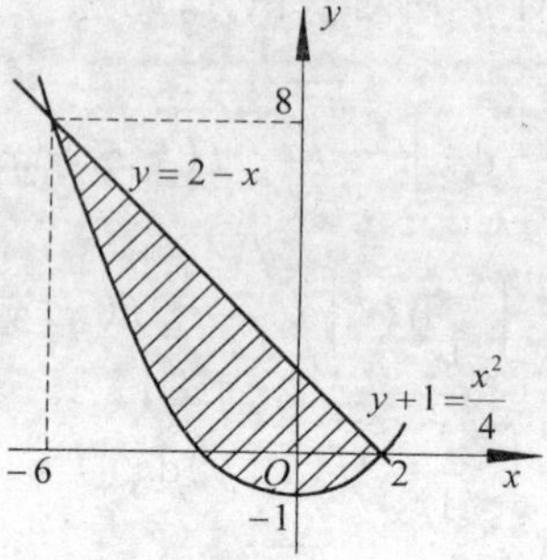

图 8.7

【3925】 $\int_{-6}^{2} \mathrm{d}x \int_{\frac{x^2}{4}-1}^{2-x} f(x,y)\mathrm{d}y$.

解 积分域的围线为：$y=2-x$ 及 $y+1=\frac{x^2}{4}$，其交点为 $(2,0),(-6,8)$，如图 8.7 所示. 改变积分的顺序，即得

$$\int_{-6}^{2} \mathrm{d}x \int_{\frac{x^2}{4}-1}^{2-x} f(x,y)\mathrm{d}y$$

$$=\int_{-1}^{0} \mathrm{d}y \int_{-2\sqrt{1+y}}^{2\sqrt{1+y}} f(x,y)\mathrm{d}x + \int_{0}^{8} \mathrm{d}y \int_{-2\sqrt{1+y}}^{2-y} f(x,y)\mathrm{d}x.$$

【3926】 $\int_{0}^{1} \mathrm{d}x \int_{x^3}^{x^2} f(x,y)\mathrm{d}y$.

解 积分域的围线为：$y=x^2$ 及 $y=x^3$，其交点为 $(0,0),(1,1)$，如图 8.8 所示. 改变积分的顺序，即得

$$\int_{0}^{1} \mathrm{d}x \int_{x^3}^{x^2} f(x,y)\mathrm{d}y$$

$$=\int_{0}^{1} \mathrm{d}y \int_{\sqrt{y}}^{\sqrt[3]{y}} f(x,y)\mathrm{d}x.$$

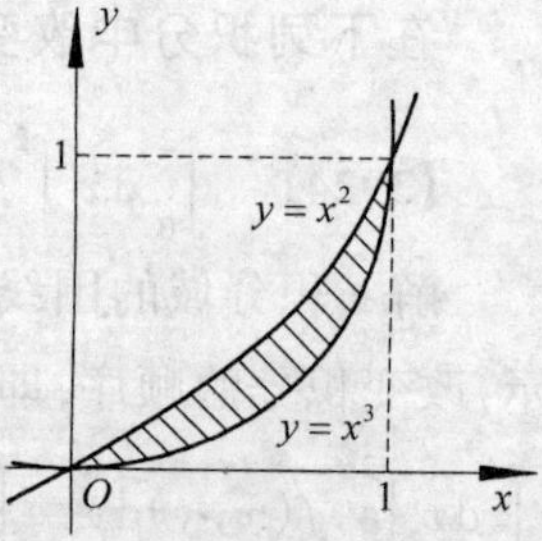

图 8.8

【3927】 $\int_{-1}^{1}dx\int_{-\sqrt{1-x^2}}^{1-x^2}f(x,y)dy$.

解 积分域的围线为圆 $x^2+y^2=1$ 的下半部分及抛物线 $y=1-x^2$，如图 8.9 所示. 改变积分的顺序，即得

$$\int_{-1}^{1}dx\int_{-\sqrt{1-x^2}}^{1-x^2}f(x,y)dy$$

$$=\int_{-1}^{0}dy\int_{-\sqrt{1-y^2}}^{\sqrt{1-y^2}}f(x,y)dx$$

$$+\int_{0}^{1}dy\int_{-\sqrt{1-y}}^{\sqrt{1-y}}f(x,y)dx.$$

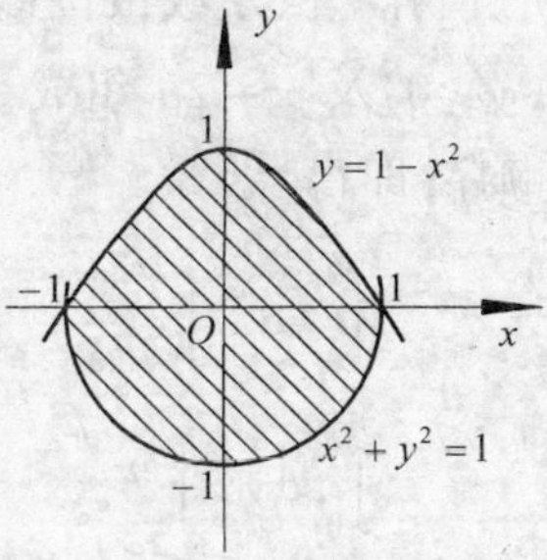

图 8.9

【3928】 $\int_{1}^{2}dx\int_{2-x}^{\sqrt{2x-x^2}}f(x,y)dy$.

解 积分域的围线为圆 $x^2+y^2=2x$ 或 $(x-1)^2+y^2=1$ 及直线 $y=2-x$，其交点为 $(2,0)$，$(1,1)$，如图 8.10 中阴影部分所示. 改变积分的顺序，即得

$$\int_{1}^{2}dx\int_{2-x}^{\sqrt{2x-x^2}}f(x,y)dy=\int_{0}^{1}dy\int_{2-y}^{1+\sqrt{1-y^2}}f(x,y)dx.$$

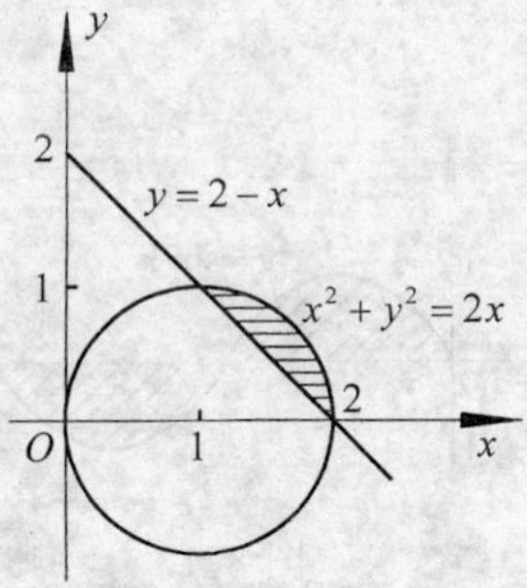

图 8.10

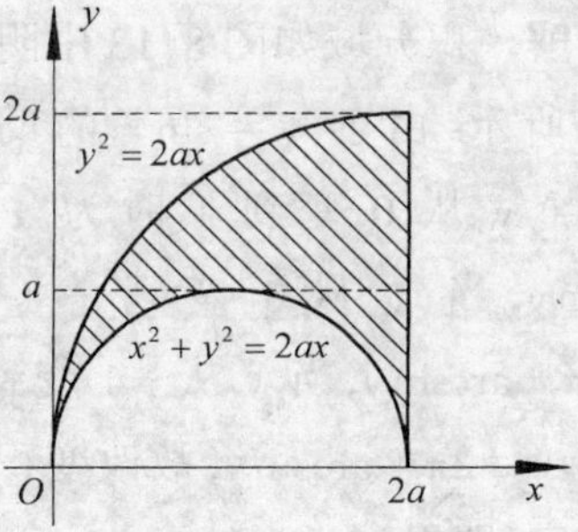

图 8.11

【3929】 $\int_0^{2a} dx \int_{\sqrt{2ax-x^2}}^{\sqrt{2ax}} f(x,y)dy \quad (a>0).$

解 积分域由围线$(x-a)^2+y^2=a^2(y\geqslant 0)$，$y^2=2ax$ $(y\geqslant 0)$及 $x=2a$ 组成. 如图 8.11 中阴影部分所示. 改变积分的顺序,即得

$$\begin{aligned}&\int_0^{2a} dx \int_{\sqrt{2ax-x^2}}^{\sqrt{2ax}} f(x,y)dy\\&=\int_0^a dy\left\{\int_{\frac{y^2}{2a}}^{a-\sqrt{a^2-y^2}} f(x,y)dx+\int_{a+\sqrt{a^2-y^2}}^{2a} f(x,y)dx\right\}\\&\quad+\int_a^{2a} dy\int_{\frac{y^2}{2a}}^{2a} f(x,y)dx.\end{aligned}$$

【3930】 $\int_1^e dx \int_0^{\ln x} f(x,y)dy.$

解 积分域如图 8.12 中阴影部分所示. 改变积分的顺序,即得

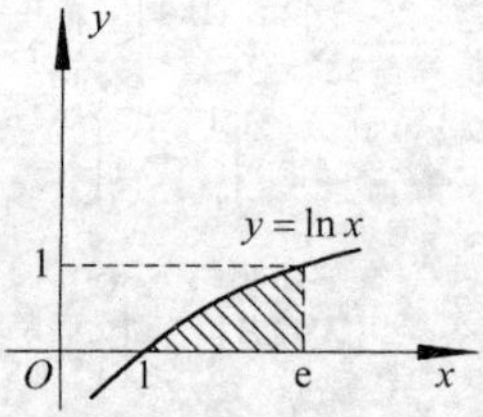

图 8.12

$$\begin{aligned}&\int_1^e dx \int_0^{\ln x} f(x,y)dy\\&=\int_0^1 dy\int_{e^y}^{e} f(x,y)dx.\end{aligned}$$

【3931】 $\int_0^{2\pi} dx \int_0^{\sin x} f(x,y)dy.$

解 积分域如图 8.13 中阴影部分所示. 由于 $y=\sin x$ 的反函数,当 y 从 0 变到 1 时为 $x=\arcsin y$, 当 y 从 1 变到 -1 时 $x=\pi-\arcsin y$, 当 y 从 -1 变到 0 时为 $x=2\pi+\arcsin y$, 故改变积分的顺序,即得

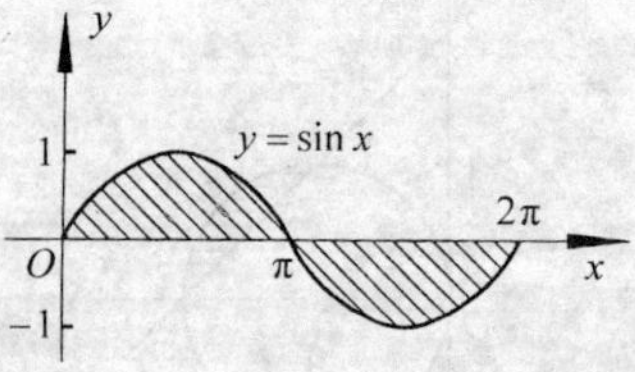

图 8.13

$$\int_0^{2\pi}\mathrm{d}x\int_0^{\sin x}f(x,y)\mathrm{d}y$$
$$=\int_0^1\mathrm{d}y\int_{\arcsin y}^{\pi-\arcsin y}f(x,y)\mathrm{d}x-\int_{-1}^0\mathrm{d}y\int_{\pi-\arcsin y}^{2\pi+\arcsin y}f(x,y)\mathrm{d}x.$$

计算下列积分：

【3932】 $\iint\limits_{\Omega}xy^2\mathrm{d}x\mathrm{d}y$，设 Ω 是由抛物线 $y^2=2px$ 和直线 $x=\frac{p}{2}(p>0)$ 所界的区域.

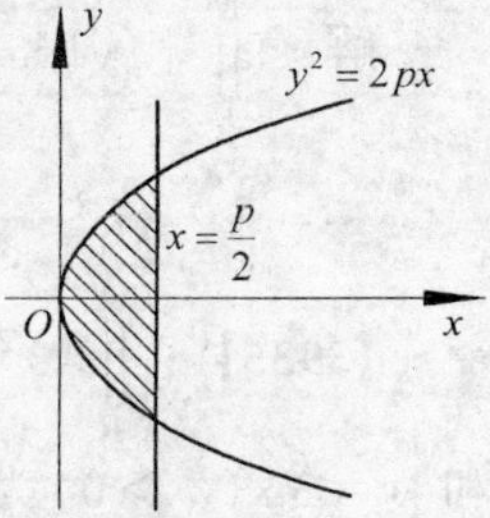

图 8.14

解 积分域如图 8.14 所示. 于是，

$$\iint\limits_{\Omega}xy^2\mathrm{d}x\mathrm{d}y=\int_0^{\frac{p}{2}}\mathrm{d}x\int_{-\sqrt{2px}}^{\sqrt{2px}}xy^2\mathrm{d}y$$
$$=\int_0^{\frac{p}{2}}\frac{2}{3}x\sqrt{(2px)^3}\,\mathrm{d}x=\frac{p^5}{21}.$$

【3933】 $\iint\limits_{\Omega}\frac{\mathrm{d}x\mathrm{d}y}{\sqrt{2a-x}}\ (a>0)$，设 Ω 是由圆心在点 (a,a) 半径为 a 且与坐标轴相切的圆周的较短弧和坐标轴所围成的区域.

解 如图 8.15 所示. 当 x 从 0 变到 a 时，对于每一固定的 x，y 从 0 变到 $a-\sqrt{2ax-x^2}$. 于是，

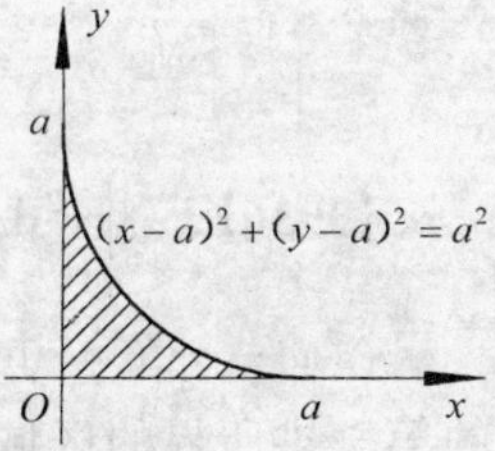

图 8.15

$$\iint\limits_{\Omega}\frac{\mathrm{d}x\mathrm{d}y}{\sqrt{2a-x}}$$
$$=\int_0^a\frac{\mathrm{d}x}{\sqrt{2a-x}}\int_0^{a-\sqrt{2ax-x^2}}\mathrm{d}y$$

$$=\int_0^a \frac{a\,dx}{\sqrt{2a-x}}-\int_0^a \sqrt{x}\,dx=\left(2\sqrt{2}-\frac{8}{3}\right)a\sqrt{a}.$$

【3934】 $\iint\limits_{\Omega}|xy|\,dx\,dy$，设 Ω 是以 a 为半径，坐标原点为圆心的圆.

解 $$\iint\limits_{\Omega}|xy|\,dx\,dy=\int_{-a}^{a}dx\int_{-\sqrt{a^2-x^2}}^{\sqrt{a^2-x^2}}|xy|\,dy$$
$$=\int_{-a}^{a}(a^2-x^2)|x|\,dx=2\int_0^a(a^2-x^2)x\,dx=\frac{a^4}{2}.$$

【3935】 $\iint\limits_{\Omega}(x^2+y^2)\,dx\,dy$，设 Ω 是以 $y=x$，$y=x+a$，$y=a$ 和 $y=3a\ (a>0)$ 为边的平行四边形.

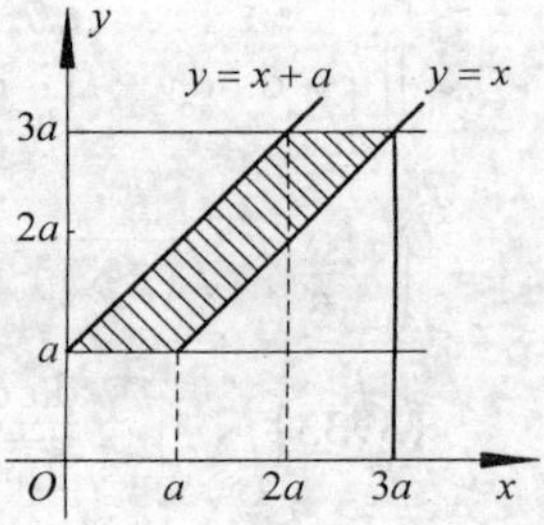

图 8.16

解 如图 8.16 所示. 当 y 从 a 变到 $3a$ 时，对于每一固定的 y，x 从 $y-a$ 变到 y. 于是，

$$\iint\limits_{\Omega}(x^2+y^2)\,dx\,dy$$
$$=\int_a^{3a}dy\int_{y-a}^{y}(x^2+y^2)\,dx$$
$$=\int_a^{3a}\left[\frac{y^3}{3}+ay^2-\frac{(y-a)^3}{3}\right]dy=\frac{168a^4}{12}=14a^4.$$

【3936】 $\iint\limits_{\Omega}y^2\,dx\,dy$，设 Ω 是由横轴和摆线

$$x=a(t-\sin t),\quad y=a(1-\cos t)\quad (0\leqslant t\leqslant 2\pi)$$

的第一拱所界的区域.

解 $$\iint\limits_{\Omega}y^2\,dx\,dy=\int_0^{2\pi a}dx\int_0^{y}y^2\,dx=\frac{a^4}{3}\int_0^{2\pi}(1-\cos t)^4\,dt$$

$$=\frac{2^4a^4}{3}\int_0^{2\pi}\sin^8\frac{t}{2}\,dt=\frac{2^5a^4}{3}\int_0^{\pi}\sin^8u\,du$$

$$=\frac{2^5a^4}{3}\left\{\int_0^{\frac{\pi}{2}}\sin^8u\,du+\int_{\frac{\pi}{2}}^{\pi}\sin^8u\,du\right\}$$

$$=\frac{2^5a^4}{3}\left\{\int_0^{\frac{\pi}{2}}\sin^8u\,du+\int_0^{\frac{\pi}{2}}\cos^8u\,du\right\}$$

$$=\frac{2^5a^4}{3}\cdot2\int_0^{\frac{\pi}{2}}\sin^8u\,du^{*)}=\frac{2^5a^4}{3}\cdot2\cdot\frac{1\cdot3\cdot5\cdot7}{2\cdot4\cdot6\cdot8}\cdot\frac{\pi}{2}^{**)}$$

$$=\frac{35}{12}\pi a^4.$$

*) 参看 2282 题的结果.

**) 参看 2281 题的结果.

在二重积分 $\iint\limits_{\Omega}f(x,y)\,dx\,dy$ 中,假定 $x=r\cos\varphi$ 和 $y=r\sin\varphi$,变换为极坐标 r 和 φ,并配置积分的限,设:

【3937】 Ω - 圆 $x^2+y^2\leqslant a^2$.

解 雅哥比式 $I=r$,以下各题不再写出. φ 从 0 变到 2π,r 从 0 变到 a. 于是,

$$\iint\limits_{\Omega}f(x,y)\,dx\,dy=\int_0^{2\pi}d\varphi\int_0^{a}f(r\cos\varphi,r\sin\varphi)r\,dr.$$

【3938】 Ω - 圆 $x^2+y^2\leqslant ax$ $(a>0)$.

解 圆 $x^2+y^2=ax$ 即 $\left(x-\frac{a}{2}\right)^2+y^2=\left(\frac{a}{2}\right)^2$,极坐标方程为 $r=a\cos\varphi$. 当 φ 从 $-\frac{\pi}{2}$ 变到 $\frac{\pi}{2}$ 时,对于每一固定的 φ,r 从 0 变到 $a\cos\varphi$. 于是,

$$\iint\limits_{\Omega}f(x,y)\,dx\,dy=\int_{-\frac{\pi}{2}}^{\frac{\pi}{2}}d\varphi\int_0^{a\cos\varphi}f(r\cos\varphi,r\sin\varphi)r\,dr.$$

【3939】 Ω - 环 $a^2 \leqslant x^2+y^2 \leqslant b^2$.

解 φ 从 0 变到 2π, r 从 $|a|$ 变到 $|b|$. 于是,

$$\iint_{\Omega} f(x,y)\mathrm{d}x\mathrm{d}y = \int_0^{2\pi} \mathrm{d}\varphi \int_{|a|}^{|b|} f(r\cos\varphi, r\sin\varphi) r\mathrm{d}r.$$

【3940】 Ω - 三角形 $0 \leqslant x \leqslant 1; 0 \leqslant y \leqslant 1-x$.

解 由于直线 $x+y=1$ 的极坐标方程为

$$r = \frac{1}{\sin\varphi + \cos\varphi} = \frac{1}{\sqrt{2}}\csc\left(\varphi + \frac{\pi}{4}\right),$$

因而当 φ 从 0 变到 $\frac{\pi}{2}$ 时, 对于每一固定的 φ, r 从 0 变到 $\frac{1}{\sqrt{2}}\csc\left(\varphi+\frac{\pi}{4}\right)$. 于是,

$$\iint_{\Omega} f(x,y)\mathrm{d}x\mathrm{d}y = \int_0^{\frac{\pi}{2}} \mathrm{d}\varphi \int_0^{\frac{1}{\sqrt{2}}\csc\left(\varphi+\frac{\pi}{4}\right)} f(r\cos\varphi, r\sin\varphi) r\mathrm{d}r.$$

【3941】 Ω - 抛物线节 $-a \leqslant x \leqslant a$; $\frac{x^2}{a} \leqslant y \leqslant a$.

解 如图 8.17 所示. 区域 Ω 可分为三部分:

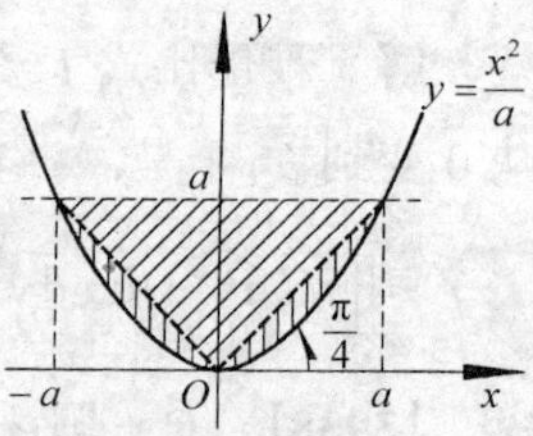

图 8.17

(1) 当 φ 从 0 变到 $\frac{\pi}{4}$ 时, 对于每一固定的 φ, r 从 0 变到 $\frac{a\sin\varphi}{\cos^2\varphi}$, 其中 $r=\frac{a\sin\varphi}{\cos^2\varphi}$ 为抛物线 $y=\frac{x^2}{a}$ 的极坐标方程;

(2) 当 φ 从 $\frac{\pi}{4}$ 变到 $\frac{3\pi}{4}$ 时, 对于每一固定的 φ, r 从 0 变到 $\frac{a}{\sin\varphi}$;

(3) 当 φ 从 $\frac{3\pi}{4}$ 变到 π 时, 对于每一固定的 φ, r 从 0 变到 $\frac{a\sin\varphi}{\cos^2\varphi}$.

于是

$$\iint\limits_{\Omega} f(x,y)\mathrm{d}x\mathrm{d}y=\int_0^{\frac{\pi}{4}}\mathrm{d}\varphi\int_0^{\frac{a\sin\varphi}{\cos^2\varphi}} f(r\cos\varphi,r\sin\varphi)r\mathrm{d}r$$
$$+\int_{\frac{\pi}{4}}^{\frac{3\pi}{4}}\mathrm{d}\varphi\int_0^{\frac{a}{\sin\varphi}} f(r\cos\varphi,r\cos\varphi)r\mathrm{d}r$$
$$+\int_{\frac{3\pi}{4}}^{\pi}\mathrm{d}\varphi\int_0^{\frac{a\sin\varphi}{\cos^2\varphi}} f(r\cos\varphi,r\sin\varphi)r\mathrm{d}r.$$

【3942】 在怎样的情况下,当变换为极坐标之后,积分的限是常数?

解 若变换为极坐标,积分

$$\iint\limits_{\Omega} f(x,y)\mathrm{d}x\mathrm{d}y=\int_\alpha^\beta\mathrm{d}\varphi\int_a^b f(r\cos\varphi,r\sin\varphi)r\mathrm{d}r,$$

其中 α、β、a、b 均为常数,则表明积分域 Ω 为$a\leqslant r\leqslant b,\alpha\leqslant\varphi\leqslant\beta$.它表示圆环面 $a\leqslant r\leqslant b$ 被射线$\varphi=\alpha,\varphi=\beta$ 截出的部分,且只有积分域是这种情况,变换为极坐标后积分的限才是常数.如3937 题及 3939 题即为其特例.

在下列积分中,假定 $x=r\cos\varphi$ 和 $y=r\sin\varphi$,变换为极坐标 r 和 φ,并依两种不同的顺序配置积分的限:

【3943】 $\int_0^1\mathrm{d}x\int_0^1 f(x,y)\mathrm{d}y.$

解 如图 8.18 所示.若先对 r 积分,则当 φ 从 0 变到$\frac{\pi}{4}$时,对于每一固定的 φ,r 从 0 变到 $\sec\varphi$;当 φ 从$\frac{\pi}{4}$变到$\frac{\pi}{2}$时,对于每一固定的 φ, r 从 0 变到 $\csc\varphi$.

若先对 φ 积分,则当 r 从 0 变到 1 时,φ 从 0 变到$\frac{\pi}{2}$;当 r 从 1 变到$\sqrt{2}$时,对于每一固定的 r,φ 从 $\arccos\frac{1}{r}$变到 $\arcsin\frac{1}{r}$.

于是，

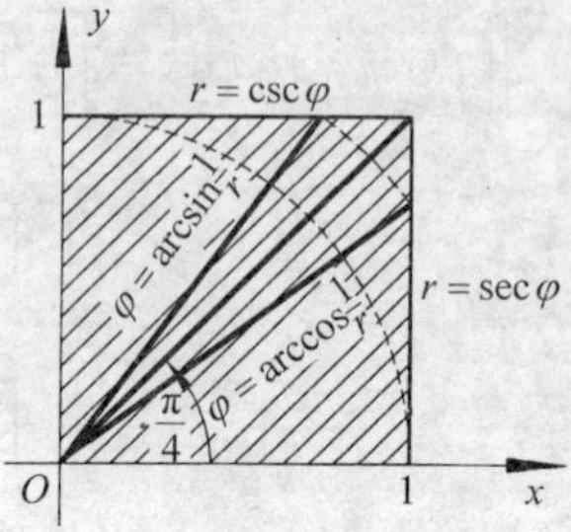

图 8.18

$$\int_0^1 dx\int_0^1 f(x,y)dy$$

$$=\int_0^{\frac{\pi}{4}} d\varphi\int_0^{\sec\varphi} f(r\cos\varphi,r\sin\varphi)rdr$$

$$+\int_{\frac{\pi}{4}}^{\frac{\pi}{2}} d\varphi\int_0^{\csc\varphi} f(r\cos\varphi,r\sin\varphi)rdr$$

$$=\int_0^1 rdr\int_0^{\frac{\pi}{2}} f(r\cos\varphi,r\sin\varphi)d\varphi$$

$$+\int_1^{\sqrt{2}} rdr\int_{\arccos\frac{1}{r}}^{\arcsin\frac{1}{r}} f(r\cos\varphi,r\sin\varphi)d\varphi.$$

【3944】 $\int_0^1 dx\int_{1-x}^{\sqrt{1-x^2}} f(x,y)dy.$

解　如图 8.19 所示. 若先对 r 积分，则当 φ 从 0 变到$\frac{\pi}{2}$时，对于每一固定的 φ，r 从$\frac{1}{\sqrt{2}}\csc(\varphi+\frac{\pi}{4})$变到 1. 若先对$\varphi$ 积分，则当 r 从$\frac{1}{\sqrt{2}}$变到 1 时，对于每一固定的 r，φ 从$\frac{\pi}{4}-\arccos\frac{1}{r\sqrt{2}}$变到$\frac{\pi}{4}+\arccos\frac{1}{r\sqrt{2}}$，其中直线 $x+y=1$ 的极坐标方程为 $r\sin(\varphi+\frac{\pi}{4})=\frac{1}{\sqrt{2}}$，即 $\cos(\frac{\pi}{4}-\varphi)=\frac{1}{r\sqrt{2}}$ 或 $\frac{\pi}{4}-\varphi=\pm\arccos\frac{1}{r\sqrt{2}}$. 于是，

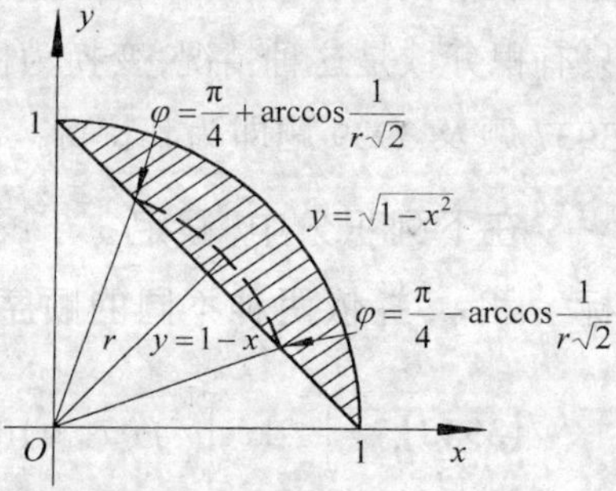

图 8.19

$$\int_0^1 dx\int_{1-x}^{\sqrt{1-x^2}} f(x,y)dy$$

$$=\int_0^{\frac{\pi}{2}} d\varphi\int_{\frac{1}{\sqrt{2}}\csc(\varphi+\frac{\pi}{4})}^{1} f(r\cos\varphi, r\sin\varphi)rdr$$

$$=\int_{\frac{1}{\sqrt{2}}}^{1} rdr\int_{\frac{\pi}{4}-\arccos\frac{1}{r\sqrt{2}}}^{\frac{\pi}{4}+\arccos\frac{1}{r\sqrt{2}}} f(r\cos\varphi, r\sin\varphi)d\varphi.$$

【3945】 $\int_0^2 dx\int_x^{x\sqrt{3}} f(\sqrt{x^2+y^2})dy.$

解 如图 8.20 所示. 若先对 r 积分, 则当 φ 从$\frac{\pi}{4}$变到$\frac{\pi}{3}$时, 对于每一固定的 φ, r 从 0 变到$\frac{2}{\cos\varphi}$.

若先对 φ 积分, 则当 r 从 0 变到 $2\sqrt{2}$时, φ 从$\frac{\pi}{4}$变到$\frac{\pi}{3}$; 当 r 从 $2\sqrt{2}$变到 4 时, 对于每一固定的 r, φ 从$\arccos\frac{2}{r}$变到$\frac{\pi}{3}$. 于是,

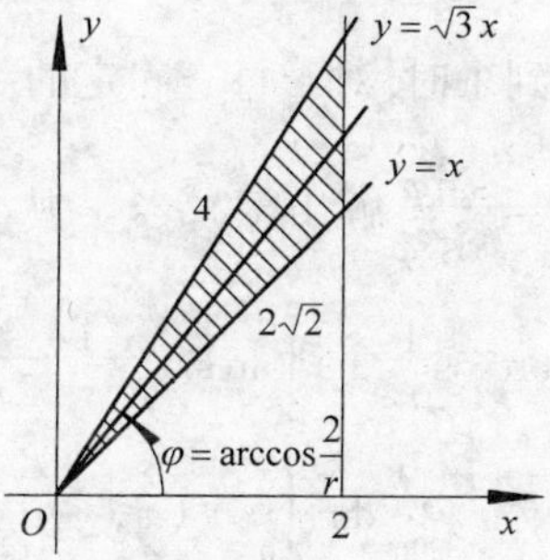

图 8.20

$$\int_0^2 dx\int_x^{x\sqrt{3}} f(\sqrt{x^2+y^2})dy=\int_{\frac{\pi}{4}}^{\frac{\pi}{3}} d\varphi\int_0^{\frac{2}{\cos\varphi}} rf(r)dr$$

$$=\frac{\pi}{12}\int_0^{2\sqrt{2}} rf(r)dr+\int_{2\sqrt{2}}^{4}\left(\frac{\pi}{3}-\arccos\frac{2}{r}\right)rf(r)dr.$$

【3946】$^{+ *}$ $\int_0^1 dx\int_0^{x^2} f(x,y)dy.$

---

* 题号右上角带"+"号表示题解答案与原习题集中译本所附答案不一致, 以后不再说明. 中译本基本是按俄文第二版翻译的. 俄文第二版中有一些错误已在俄文第三版中改正.

解 如图 8.21 所示.若先对 r 积分,则当 φ 从 0 变到 $\frac{\pi}{4}$ 时,对于每一固定的 φ, r 从 $\frac{\sin\varphi}{\cos^2\varphi}$ 变到 $\frac{1}{\cos\varphi}$,其中 $r=\frac{\sin\varphi}{\cos^2\varphi}$ 为抛物线 $y=x^2$ 的极坐标方程.

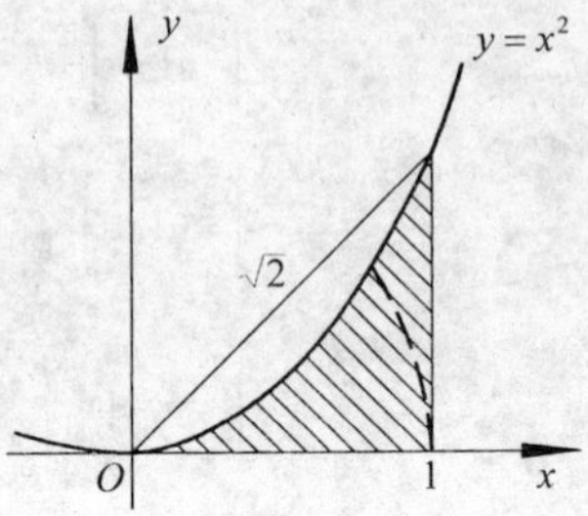

图 8.21

若先对 φ 积分,则当 r 从 0 变到 1 时,对于每一固定的 r, φ 从 0 变到 $\arcsin\frac{\sqrt{1+4r^2}-1}{2r}$(由 $r=\frac{\sin\varphi}{\cos^2\varphi}$ 解出 φ);当 r 从 1 变到 $\sqrt{2}$ 时,对于每一固定的 r, φ 从 $\arccos\frac{1}{r}$ 变到 $\arcsin\frac{\sqrt{1+4r^2}-1}{2r}$.于是,

$$\int_0^1 dx\int_0^{x^2} f(x,y)dy=\int_0^{\frac{\pi}{4}} d\varphi\int_{\frac{\sin\varphi}{\cos^2\varphi}}^{\frac{1}{\cos\varphi}} f(r\cos\varphi, r\sin\varphi)rdr$$

$$=\int_0^1 rdr\int_0^{\arcsin\frac{\sqrt{1+4r^2}-1}{2r}} f(r\cos\varphi, r\sin\varphi)d\varphi$$

$$+\int_1^{\sqrt{2}} rdr\int_{\arccos\frac{1}{r}}^{\arcsin\frac{\sqrt{1+4r^2}-1}{2r}} f(r\cos\varphi, r\sin\varphi)d\varphi.$$

【3947】 $\iint\limits_{\Omega} f(x,y)dxdy$,其中 Ω 是由曲线 $(x^2+y^2)^2=a^2(x^2-y^2)(x\geqslant 0)$ 所界的域.

解 令 $x=r\cos\varphi$, $y=r\sin\varphi$,则曲线 $(x^2+y^2)^2=a^2(x^2-y^2)(x\geqslant 0)$ 的极坐标方程为 $r^2=a^2\cos2\varphi$,其图象是双纽线的右半部分,如图 8.22 所示.

若先对 r 积分,则当 φ 从 $-\frac{\pi}{4}$ 变到 $\frac{\pi}{4}$ 时,对于每一固定的 φ, r 从 0 变到 $a\sqrt{\cos 2\varphi}$.

若先对 φ 积分,则当 r 从 0 变到 a 时,对于每一固定的 r, φ 从 $-\frac{1}{2}\arccos\frac{r^2}{a^2}$ 变到 $\frac{1}{2}\arccos\frac{r^2}{a^2}$. 于是,

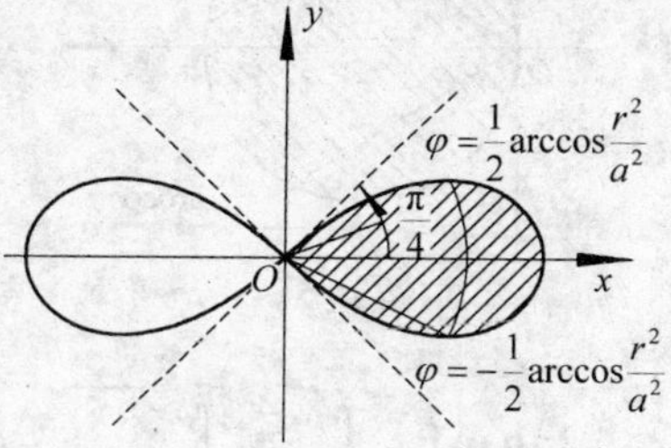

图 8.22

$$\iint_{\Omega} f(x,y)\mathrm{d}x\mathrm{d}y$$

$$=\int_0^a r\mathrm{d}r\int_{-\frac{1}{2}\arccos\frac{r^2}{a^2}}^{\frac{1}{2}\arccos\frac{r^2}{a^2}} f(r\cos\varphi, r\sin\varphi)\mathrm{d}\varphi$$

$$=\int_{-\frac{\pi}{4}}^{\frac{\pi}{4}}\mathrm{d}\varphi\int_0^{a\sqrt{\cos 2\varphi}} f(r\cos\varphi, r\sin\varphi)r\mathrm{d}r.$$

假定 r 和 φ 为极坐标,在下列积分中变更积分的顺序:

【3948】 $\int_{-\frac{\pi}{2}}^{\frac{\pi}{2}}\mathrm{d}\varphi\int_0^{a\sqrt{\cos\varphi}} f(\varphi,r)\mathrm{d}r \quad (x>0)$.

解 积分域为由圆 $r=a\cos\varphi$ 或 $\left(x-\frac{a}{2}\right)^2+r^2=\left(\frac{a}{2}\right)^2$ 所围成的圆域.

若先对 φ 积分,则当 r 从 0 变到 a 时,对于每一固定的 r, φ 从 $-\arccos\frac{r}{a}$ 变到 $\arccos\frac{r}{a}$(图 8.23). 于是,

$$\int_{-\frac{\pi}{2}}^{\frac{\pi}{2}}\mathrm{d}\varphi\int_0^{a\cos\varphi} f(\varphi,r)\mathrm{d}r=\int_0^a\mathrm{d}r\int_{-\arccos\frac{r}{a}}^{\arccos\frac{r}{a}} f(\varphi,r)\mathrm{d}\varphi.$$

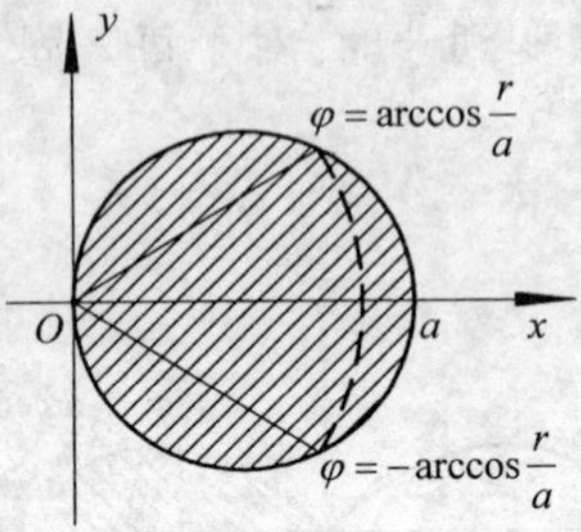

图 8.23

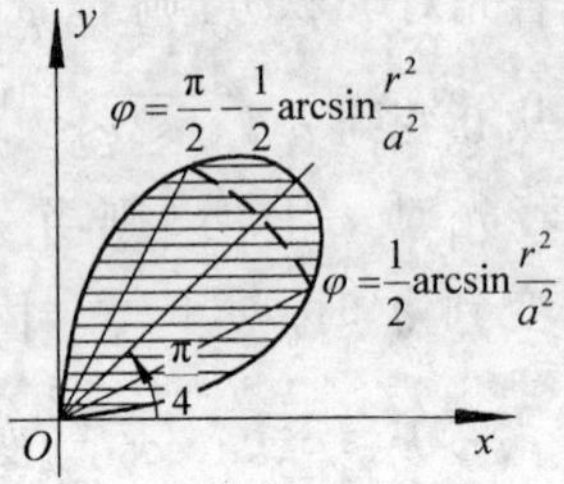

图 8.24

【3949】 $\int_0^{\frac{\pi}{2}}\mathrm{d}\varphi\int_0^{a\sqrt{\sin2\varphi}}f(\varphi,r)\mathrm{d}r\quad(a>0)$.

解 积分域由双纽线 $r^2=a^2\sin2\varphi$ 的右上部分围成(图 8.24).

若先对 φ 积分,则当 r 从 0 变到 a 时,对于每一固定的 r, φ 从$\frac{1}{2}\arcsin\frac{r^2}{a^2}$变到$\frac{\pi}{2}-\frac{1}{2}\arcsin\frac{r^2}{a^2}$.于是,

$$\int_0^{\frac{\pi}{2}}\mathrm{d}\varphi\int_0^{a\sqrt{\sin2\varphi}}f(\varphi,r)\mathrm{d}r=\int_0^a\mathrm{d}r\int_{\frac{1}{2}\arcsin\frac{r^2}{a^2}}^{\frac{\pi}{2}-\frac{1}{2}\arcsin\frac{r^2}{a^2}}f(\varphi,r)\mathrm{d}\varphi.$$

【3950】 $\int_0^a\mathrm{d}\varphi\int_0^{\varphi}f(\varphi,r)\mathrm{d}r.\quad(0<a<2\pi)$.

解 积分域由曲线 $r=\varphi$(阿基米德螺线)与射线 $\varphi=a$ 围成(图 8.25).

改变积分顺序,即得

$$\int_0^a\mathrm{d}\varphi\int_0^{\varphi}f(\varphi,r)\mathrm{d}r=\int_0^a\mathrm{d}r\int_r^a f(\varphi,r)\mathrm{d}\varphi.$$

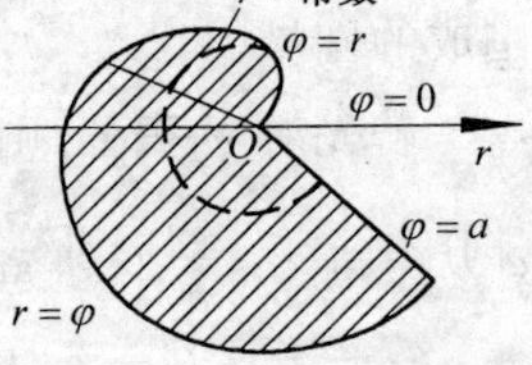

图 8.25

变换成极坐标,以一重积分来代替二重积分:

【3951】 $\iint\limits_{x^2+y^2\leqslant 1} f(\sqrt{x^2+y^2})\mathrm{d}x\mathrm{d}y$.

解 $\iint\limits_{x^2+y^2\leqslant 1} f(\sqrt{x^2+y^2})\mathrm{d}x\mathrm{d}y=\int_0^{2\pi}\mathrm{d}\varphi\int_0^1 f(r)r\mathrm{d}r$

$=2\pi\int_0^1 rf(r)\mathrm{d}r$.

【3952】 $\iint\limits_{\Omega} f(\sqrt{x^2+y^2})\mathrm{d}x\mathrm{d}y$,其中 $\Omega=\{|y|\leqslant|x|;|x|\leqslant 1\}$.

解 域 Ω 如图 8.26 所示.先对 φ 积分,则当 r 从 0 变到 1 时,φ 从 $-\frac{\pi}{4}$ 变到 $\frac{\pi}{4}$;当 r 从 1 变到 $\sqrt{2}$ 时,对于每一固定的 r,φ 从 $\arccos\frac{1}{r}$ 变到 $\frac{\pi}{4}$. 于是

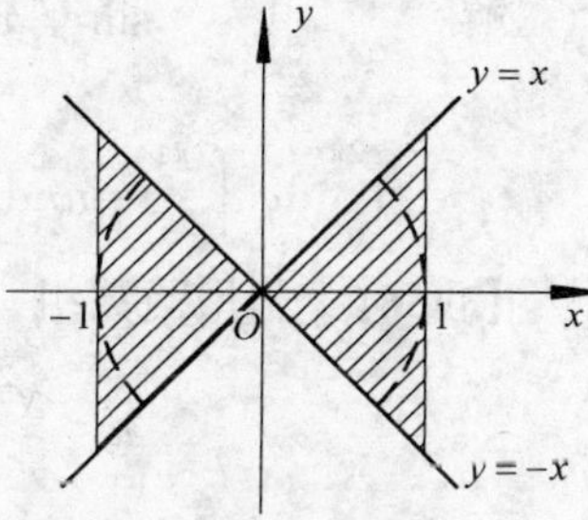

图 8.26

$$\iint\limits_{\Omega} f(\sqrt{x^2+y^2})\mathrm{d}x\mathrm{d}y$$

$$=2\int_0^1 rf(r)\mathrm{d}r\int_{-\frac{\pi}{4}}^{\frac{\pi}{4}}\mathrm{d}\varphi+4\int_1^{\sqrt{2}} rf(r)\mathrm{d}r\int_{\arccos\frac{1}{r}}^{\frac{\pi}{4}}\mathrm{d}\varphi$$

$$=\pi\int_0^1 rf(r)\mathrm{d}r+\int_1^{\sqrt{2}}\left(\pi-4\arccos\frac{1}{r}\right)rf(r)\mathrm{d}r.$$

【3953】 $\iint\limits_{x^2+y^2\leqslant x} f\left(\frac{y}{x}\right)\mathrm{d}x\mathrm{d}y$.

解 $\iint\limits_{x^2+y^2\leqslant x} f\left(\frac{y}{x}\right)\mathrm{d}x\mathrm{d}y=\int_{-\frac{\pi}{2}}^{\frac{\pi}{2}}\mathrm{d}\varphi\int_0^{\cos\varphi} f(\tan\varphi)r\mathrm{d}r$

$$= \frac{1}{2}\int_{-\frac{\pi}{2}}^{\frac{\pi}{2}} f(\tan\varphi)\cos^2\varphi \mathrm{d}\varphi.$$

变换成极坐标,以计算下列二重积分:

【3954】 $\iint\limits_{x^2+y^2\leqslant a^2} \sqrt{x^2+y^2}\mathrm{d}x\mathrm{d}y.$

解 $\iint\limits_{x^2+y^2\leqslant a^2} \sqrt{x^2+y^2}\mathrm{d}x\mathrm{d}y = \int_0^{2\pi}\mathrm{d}\varphi\int_0^a r\cdot r\mathrm{d}r = \frac{2\pi a^3}{3}.$

【3955】 $\iint\limits_{\pi^2\leqslant x^2+y^2\leqslant 4\pi^2} \sin\sqrt{x^2+y^2}\mathrm{d}x\mathrm{d}y.$

解 $\iint\limits_{\pi^2\leqslant x^2+y^2\leqslant 4\pi^2} \sin\sqrt{x^2+y^2}\mathrm{d}x\mathrm{d}y$

$$= \int_0^{2\pi}\mathrm{d}\varphi\int_{\pi}^{2\pi} r\sin r\mathrm{d}r = 2\pi\int_{\pi}^{2\pi} r\sin r\mathrm{d}r = -6\pi^2.$$

【3956】 利用函数组

$$u = \frac{y^2}{x}, \qquad v = \sqrt{xy}$$

把矩形 $S\{a<x<a+h, b<y<b+h\}(a>0, b>0)$变换为域 S'.求域 S'的面积与 S 的面积之比.

当 $h\to 0$ 时,此比值的极限等于什么?

解 正方形的角点 $A(a,b)$, $B(a+h,b)$, $C(a+h,b+h)$, $D(a,b+h)$对应于 Ouv 平面上的点 $A'\left(\frac{b^2}{a},\sqrt{ab}\right)$, $B'\left(\frac{b^2}{(a+h)^2},\sqrt{(a+h)b}\right)$, $C'\left(\frac{(b+h)^2}{a+h},\sqrt{(a+h)(b+h)}\right)$, $D'\left(\frac{(b+h)^2}{a},\sqrt{a(b+h)}\right)$.正方形的四边 $y=b$, $x=a+h$, $y=b+h$, $x=a$ 对应于 Ouv 平面上的四条曲线,即

$$A'B': u=\frac{b^3}{v^2};$$

$$B'C': u=\frac{v^4}{(a+h)^3};$$

$$C'D': u=\frac{(b+h)^3}{v^2};$$

$$D'A': u=\frac{v^4}{a^3}.$$

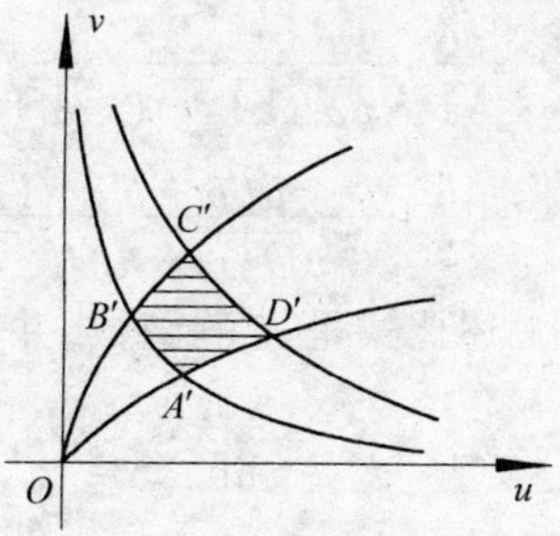

图 8.27

由这四条曲线围成的域即为 S'（图 8.27）.

于是，域 S' 的面积

$$S'=\iint\limits_{S'}\mathrm{d}u\mathrm{d}v=\int_{\sqrt{ab}}^{\sqrt{a(b+h)}}\frac{v^4}{a^3}\mathrm{d}v+\int_{\sqrt{a(b+h)}}^{\sqrt{(a+h)(b+h)}}\frac{(b+h)^3}{v^2}\mathrm{d}v$$

$$-\int_{\sqrt{ab}}^{\sqrt{(a+h)b}}\frac{b^3}{v^2}\mathrm{d}v-\int_{\sqrt{(a+h)b}}^{\sqrt{(a+h)(b+h)}}\frac{v^4}{(a+h)^3}\mathrm{d}v$$

$$=\frac{1}{5a^3}\left[\sqrt{a^5(b+h)^5}-\sqrt{a^5b^5}\right]$$

$$+(b+h)^3\left[\frac{1}{\sqrt{a(b+h)}}-\frac{1}{\sqrt{(a+h)(b+h)}}\right]$$

$$-b^3\left[\frac{1}{\sqrt{ab}}-\frac{1}{\sqrt{(a+h)b}}\right]$$

$$-\frac{1}{5(a+h)^3}\left[\sqrt{(a+h)^5(b+h)^5}-\sqrt{(a+h)^5b^5}\right]$$

$$=\frac{6}{5}\left[\sqrt{(b+h)^5}-\sqrt{b^5}\right]\left[\frac{1}{\sqrt{a}}-\frac{1}{\sqrt{a+h}}\right].$$

从而，域 S' 的面积与 S 的面积之比为

$$\frac{S'}{S}=\frac{6}{5h^2}\left[\sqrt{(b+h)^5}-\sqrt{b^5}\right]\left[\frac{1}{\sqrt{a}}-\frac{1}{\sqrt{a+h}}\right]$$

$$=\frac{6}{5}\cdot\frac{\left[\sqrt{(b+h)^5}-\sqrt{b^5}\right](\sqrt{a+h}-\sqrt{a})}{h^2\sqrt{a(a+h)}}$$

$$=\frac{6}{5}\cdot\frac{\sqrt{(b+h)^5}-\sqrt{b^5}}{\sqrt{a(a+h)}(\sqrt{a+h}+\sqrt{a})(\sqrt{b+h}+\sqrt{b})(\sqrt{b+h}-\sqrt{b})}$$

$$=\frac{6}{5}\cdot\frac{b^2+b(b+h)+(b+h)^2+(2b+h)\sqrt{b(b+h)}}{\sqrt{a(a+h)}(\sqrt{a+h}+\sqrt{a})(\sqrt{b+h}+\sqrt{b})}.$$

上述比式是 h 的函数,并且在 $h=0$ 点连续.于是,

$$\lim_{h\to0}\frac{S'}{S}=\frac{6}{5}\cdot\frac{5b^2}{4\sqrt{a^3}\cdot\sqrt{b}}=\frac{3}{2}\left(\frac{b}{a}\right)^{\frac{3}{2}}.$$

事实上,应用洛比塔法则求此极限更简单些,这是因为

$$\lim_{h\to0}\frac{\sqrt{(b+h)^5}-\sqrt{b^5}}{h}=\lim_{h\to0}\frac{5}{2}\sqrt{(b+h)^3}=\frac{5}{2}b^{\frac{3}{2}}.$$

$$\lim_{h\to0}\frac{\frac{1}{\sqrt{a}}-\frac{1}{\sqrt{a+h}}}{h}=\lim_{h\to0}\frac{1}{2}(a+h)^{-\frac{3}{2}}=\frac{1}{2}a^{-\frac{3}{2}}.$$

于是,

$$\lim_{h\to0}\frac{S'}{S}=\frac{6}{5}\cdot\frac{5}{2}b^{\frac{3}{2}}\cdot\frac{1}{2}a^{-\frac{3}{2}}=\frac{3}{2}\left(\frac{b}{a}\right)^{\frac{3}{2}}.$$

注意 若利用二重积分的变量代换,则计算 S' 较为简单,容易算得

$$\frac{D(u,v)}{D(x,y)}=-\frac{3}{2}\left(\frac{y}{x}\right)^{\frac{3}{2}},$$

故

$$S'=\iint\limits_{S'}\mathrm{d}u\mathrm{d}v=\iint\limits_{S}\left|\frac{D(u,v)}{D(x,y)}\right|\mathrm{d}x\mathrm{d}y=\frac{3}{2}\int_a^{a+h}x^{-\frac{3}{2}}\mathrm{d}x\int_b^{b+h}y^{\frac{3}{2}}\mathrm{d}y$$

$$=\frac{6}{5}\left(\frac{1}{\sqrt{a}}-\frac{1}{\sqrt{a+h}}\right)(\sqrt{(b+h)^5}-\sqrt{b^5})$$

与上述结果一致.但是,从原习题集的安排来看,似乎应从 3966 题以后才开始用一般的变量代换来计算二重积分.

引入新的变量 u,v 来代替 x,y 并确定下列二重积分中的积分限:

【3957】 $\int_a^b dx\int_{\alpha x}^{\beta x} f(x,y)dy \quad (0<a<b;\ 0<\alpha<\beta)$，若

$$u=x,\qquad v=\frac{y}{x}.$$

解 在变换 $u=x, v=\frac{y}{x}$下，区域 $\Omega=\{a\leqslant x\leqslant b, \alpha x\leqslant y\leqslant\beta x\}$变为$\Omega=\{a\leqslant u\leqslant b, \alpha\leqslant v\leqslant\beta\}$. 变换的雅可比式

$$I=\frac{D(x,y)}{D(u,v)}=\begin{vmatrix}1 & 0\\ v & u\end{vmatrix}=u>0.$$

于是

$$\int_a^b dx\int_{\alpha x}^{\beta x} f(x,y)dy=\int_a^b u\,du\int_\alpha^\beta f(u,uv)dv.$$

【3958】 $\int_0^2 dx\int_{1-x}^{2-x} f(x,y)dy$，若 $u=x+y, v=x-y$.

解 在变换 $u=x+y$, $v=x-y$ 下，区域 $\Omega=\{0\leqslant x\leqslant 2, 1-x\leqslant y\leqslant 2-x\}$变为 $\Omega=\{1\leqslant u\leqslant 2, -u\leqslant v\leqslant 4-u\}$. 事实上，$u+v=2x, u-v=2y$，故 $0\leqslant u+v\leqslant 4$，即 $-u\leqslant v\leqslant 4-u$. 变换的雅可比式 $I=-\frac{1}{2}$，从而，$|I|=\frac{1}{2}$. 于是，

$$\int_0^2 dx\int_{1-x}^{2-x} f(x,y)dy=\frac{1}{2}\int_1^2 du\int_{-u}^{4-u} f\left(\frac{u+v}{2},\frac{u-v}{2}\right)dv.$$

【3959】 $\iint\limits_\Omega f(x,y)dxdy$，其中 Ω 是由曲线$\sqrt{x}+\sqrt{y}=\sqrt{a}$，$x=0, y=0(a>0)$所界的区域，若

$$x=u\cos^4 v,\qquad y=u\sin^4 v.$$

解 Ω 的界线$\sqrt{x}+\sqrt{y}=\sqrt{a}$的参数方程为

$$x=a\cos^4 v,\qquad y=a\sin^4 v\quad \left(0\leqslant v\leqslant\frac{\pi}{2}\right).$$

对于变换 $x=u\cos^4 v, y=u\sin^4 v$，有 $|I|=4|u\cos^3 v\cdot\sin^3 v|$，且

区域 Ω 变为 $\Omega'=\left\{0\leqslant u\leqslant a,0\leqslant v\leqslant\frac{\pi}{2}\right\}$. 于是,

$$\iint_{\Omega}f(x,y)\mathrm{d}x\mathrm{d}y=4\int_0^a u\mathrm{d}u\int_0^{\frac{\pi}{2}}\cos^3 v\sin^3 vf(u\cos^4 v,v\sin^4 v)\mathrm{d}v$$

$$=4\int_0^{\frac{\pi}{2}}\cos^3 v\sin^3 v\mathrm{d}v\int_0^a uf(u\cos^4 v,u\sin^4 v)\mathrm{d}u.$$

【3960】 证明:变数代换

$$x+y=\xi,\qquad y=\xi\eta$$

把三角形 $0\leqslant x\leqslant 1$, $0\leqslant y\leqslant 1-x$ 变为单位正方形 $0\leqslant\xi\leqslant 1$, $0\leqslant\eta\leqslant 1$.

证 由 $0\leqslant y\leqslant 1-x$ 及 $0\leqslant x\leqslant 1$ 得 $0\leqslant x+y\leqslant 1$,即 $0\leqslant\xi\leqslant 1$. 又 $\eta=\frac{y}{\xi}\leqslant\frac{y}{0+y}=1$,且 $\eta\geqslant 0$,故 $0\leqslant\eta\leqslant 1$.

反之,从 $0\leqslant\xi\leqslant 1,0\leqslant\eta\leqslant 1$,得 $0\leqslant x+y\leqslant 1$, $y=\xi\eta$, $x=\xi(1-\eta)$,故 $0\leqslant x\leqslant 1$, $0\leqslant y\leqslant 1-x$. 因此,三角形域 $\{0\leqslant x\leqslant 1,0\leqslant y\leqslant 1-x\}$变为正方形域$\{0\leqslant\xi\leqslant 1,0\leqslant\eta\leqslant 1\}$.

【3961】 在什么样的变数代换下,由曲线 $xy=1$, $xy=2$, $x-y+1=0$, $x-y-1=0(x>0,y>0)$所界的曲线四边形变换成矩形,其边平行于坐标轴?

解 原四条曲线为 $xy=1$, $xy=2$, $x-y=-1$, $x-y=1(x>0,y>0)$,故显然应作变换 $xy=u$, $x-y=v$. 这时 u 从 1 变到 2, v 从 -1 变到 1,故原积分域变为域:$1\leqslant u\leqslant 2$, $-1\leqslant v\leqslant 1$.

进行适当的变数代换,化二重积分为一重的:

【3962】 $\displaystyle\iint_{|x|+|y|\leqslant 1}f(x+y)\mathrm{d}x\mathrm{d}y$.

解 作变换 $x+y=u$, $x-y=v$ 或 $x=\frac{u+v}{2}$, $y=\frac{u-v}{2}$,

则有 $|I|=\dfrac{1}{2}$，且 u 从 -1 变到 1，v 从 -1 变到 1. 于是，

$$\iint\limits_{|x|+|y|\leqslant 1} f(x+y)\mathrm{d}x\mathrm{d}y=\frac{1}{2}\int_{-1}^{1}\mathrm{d}v\int_{-1}^{1}f(u)\mathrm{d}u=\int_{-1}^{1}f(u)\mathrm{d}u.$$

【3963】 $\displaystyle\iint\limits_{x^2+y^2\leqslant 1} f(ax+by+c)\mathrm{d}x\mathrm{d}y \quad (a^2+b^2\neq 0).$

解 作变换 $\dfrac{ax+by}{\sqrt{a^2+b^2}}=u$，$\dfrac{bx-ay}{\sqrt{a^2+b^2}}=v$，则有 $x=\dfrac{au+bv}{\sqrt{a^2+b^2}}$，$y=\dfrac{bu-av}{\sqrt{a^2+b^2}}$ 及 $x^2+y^2=u^2+v^2\leqslant 1$，故域 $x^2+y^2\leqslant 1$ 变为 $u^2+v^2\leqslant 1$，且有 $|I|=1$. 于是，

$$\begin{aligned}&\iint\limits_{x^2+y^2\leqslant 1} f(ax+by+c)\mathrm{d}x\mathrm{d}y\\&=\iint\limits_{u^2+v^2\leqslant 1} f(\sqrt{a^2+b^2}\,u+c)\mathrm{d}u\mathrm{d}v\\&=\int_{-1}^{1}\mathrm{d}u\int_{\sqrt{1-u^2}}^{\sqrt{1-u^2}} f(\sqrt{a^2+b^2}\,u+c)\mathrm{d}v\\&=\int_{-1}^{1}f(\sqrt{a^2+b^2}\,u+c)\mathrm{d}u\int_{-\sqrt{1-u^2}}^{\sqrt{1-u^2}}\mathrm{d}v\\&=2\int_{-1}^{1}\sqrt{1-u^2}\,f(\sqrt{a^2+b^2}\,u+c)\mathrm{d}u.\end{aligned}$$

【3964】 $\displaystyle\iint\limits_{\Omega} f(xy)\mathrm{d}x\mathrm{d}y$ 其中 Ω 为由曲线 $xy=1$，$xy=2$，$y=x$，$y=4x\ (x>0,y>0)$ 所界的域.

解 作变换 $xy=u$，$\dfrac{y}{x}=v$，则域 Ω 变为域

$$\Omega'=\{1\leqslant u\leqslant 2, 1\leqslant v\leqslant 4\},$$

且 $|I|=\dfrac{1}{2v}$. 于是，

$$\iint\limits_{\Omega} f(xy)\,dx\,dy=\int_1^4\frac{dv}{2v}\int_1^2 f(u)\,du=\ln 2\cdot\int_1^2 f(u)\,du.$$

【3965】 $\iint\limits_{\Omega}(x+y)\,dx\,dy$，其中 Ω 是由曲线 $x^2+y^2=x+y$ 所包围的域.

解 域 Ω 即圆 $\left(x-\frac{1}{2}\right)^2+\left(y-\frac{1}{2}\right)^2\leqslant\left(\frac{1}{\sqrt{2}}\right)^2$. 作变换：$x=\frac{1}{2}+r\cos\varphi$，$y=\frac{1}{2}+r\sin\varphi$，则域 Ω 变为域 $\Omega'=\left\{0\leqslant\varphi\leqslant 2\pi,\ 0\leqslant r\leqslant\frac{1}{\sqrt{2}}\right\}$，且 $|I|=r$. 于是，

$$\iint\limits_{\Omega}(x+y)\,dx\,dy=\int_0^{2\pi}d\varphi\int_0^{\frac{1}{\sqrt{2}}}[r+r^2(\sin\varphi+\cos\varphi)]\,dr=\frac{\pi}{2}.$$

计算下列二重积分：

【3966】 $\iint\limits_{|x|+|y|\leqslant 1}(|x|+|y|)\,dx\,dy$.

解 $\iint\limits_{|x|+|y|\leqslant 1}(|x|+|y|)\,dx\,dy=4\int_0^1 dx\int_0^{1-x}(x+y)\,dy=\frac{4}{3}$.

【3967】 $\iint\limits_{\Omega}\sqrt{1-\frac{x^2}{a^2}-\frac{y^2}{b^2}}\,dx\,dy$，其积分域 Ω 是由椭圆 $\frac{x^2}{a^2}+\frac{y^2}{b^2}=1$ 所界的域.

解 作变换：$x=ar\cos\varphi$，$y=br\sin\varphi$，则域 Ω 变为域 $\Omega'=\{0\leqslant r\leqslant 1,0\leqslant\varphi\leqslant 2\pi\}$，且 $|I|=abr$. 于是，

$$\iint\limits_{\Omega}\sqrt{1-\frac{x^2}{a^2}-\frac{y^2}{b^2}}\,dx\,dy=\int_0^{2\pi}d\varphi\int_0^1 ab\sqrt{1-r^2}\,r\,dr$$

$$=2\pi ab\int_0^1\sqrt{1-r^2}\,r\,dr=\frac{2\pi ab}{3}.$$

【3968】 $\iint\limits_{x^4+y^4\leqslant 1}(x^2+y^2)\,dx\,dy$.

解 作变换：$x=r\cos\varphi$，$y=r\sin\varphi$，并利用对称性，则有

$$\iint\limits_{x^4+y^4\leqslant 1}(x^2+y^2)\,dx\,dy=8\int_0^{\frac{\pi}{4}}d\varphi\int_0^{\left(\frac{1}{\cos^4\varphi+\sin^4\varphi}\right)^{\frac14}}r^3\,dr$$

$$=2\int_0^{\frac{\pi}{4}}\frac{d\varphi}{\cos^4\varphi+\sin^4\varphi}=2\int_0^{\frac{\pi}{4}}\frac{\sec^2\varphi\,d\tan\varphi}{1+\tan^4\varphi}=2\int_0^1\frac{1+t^2}{1+t^4}dt$$

$$=\frac{2}{\sqrt2}\arctan\frac{t^2-1}{t\sqrt2}\Big|_0^{1\,*)}=\frac{\pi}{\sqrt2}.$$

*） 利用 1712 题的结果．

【3969】 $\iint\limits_{\Omega}(x+y)\,dx\,dy$，其积分域 Ω 是由曲线 $y^2=2x$，$x+y=4$，$x+y=12$ 所界的域．

解 由解方程组

$$\begin{cases}x+y=4,\\ y^2=2x\end{cases}\quad 及\quad\begin{cases}x+y=12,\\ y^2=2x\end{cases}$$

求得两条直线与抛物线的交点为 $A(2,2)$，$B(8,4)$，$C(18,-6)$，$D(8,-4)$（图 8.28）．

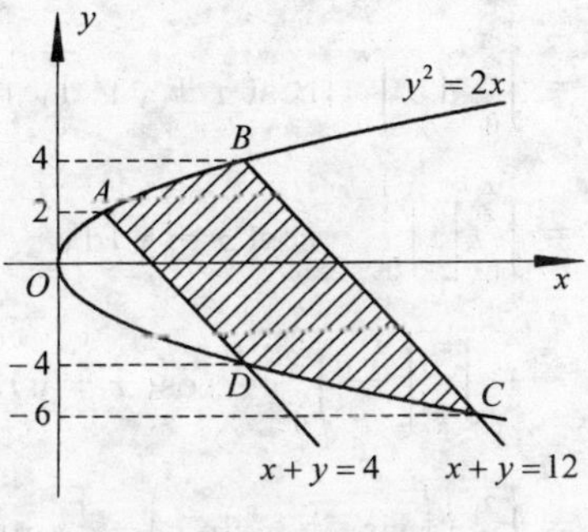

图 8.28

于是，

$$\iint\limits_{\Omega}(x+y)\,dx\,dy$$

$$=\int_{-6}^{-4}dy\int_{\frac{y^2}{2}}^{12-y}(x+y)\,dx+\int_{-4}^{2}dy\int_{4-y}^{12-y}(x+y)\,dx$$

$$+\int_2^4 dy\int_{\frac{y^2}{2}}^{12-y}(x+y)\,dx$$

$$=79\frac{13}{15}+384+79\frac{13}{15}=543\frac{11}{15}.$$

【3970】 $\iint\limits_{\Omega} xy\,dx\,dy$，其中 Ω 是由曲线 $xy=1$，$x+y=\frac{5}{2}$ 所界的域.

解 曲线 $xy=1$ 与直线 $x+y=\frac{5}{2}$ 的交点为 $(\frac{1}{2},2)$，$(2,\frac{1}{2})$. 于是,

$$\iint\limits_{\Omega} xy\,dx\,dy=\int_{\frac{1}{2}}^{1} x\,dx\int_{\frac{1}{x}}^{\frac{5}{2}-x} y\,dy$$

$$=\frac{1}{2}\int_{\frac{1}{2}}^{2}\left(\frac{25}{4}x-5x^2+x^3-\frac{1}{x}\right)dx=1\frac{37}{128}-\ln 2.$$

【3971】 $\iint\limits_{\substack{0\leqslant x\leqslant\pi\\0\leqslant y\leqslant\pi}} |\cos(x+y)|\,dx\,dy.$

解 $\iint\limits_{\substack{0\leqslant x\leqslant\pi\\0\leqslant y\leqslant\pi}} |\cos(x+y)|\,dx\,dy=\int_0^{\pi}dx\int_0^{\pi}|\cos(x+y)|\,dy$

$$=\int_0^{\frac{\pi}{2}}dx\int_0^{\pi}|\cos(x+y)|\,dy+\int_{\frac{\pi}{2}}^{\pi}dx\int_0^{\pi}|\cos(x+y)|\,dy$$

$$=\int_0^{\frac{\pi}{2}}\left[\int_0^{\frac{\pi}{2}-x}\cos(x+y)\,dy-\int_{\frac{\pi}{2}-x}^{\pi}\cos(x+y)\,dy\right]dx.$$

$$+\int_{\frac{\pi}{2}}^{\pi}\left[-\int_0^{\frac{3\pi}{2}-x}\cos(x+y)\,dy+\int_{\frac{3\pi}{2}-x}^{\pi}\cos(x+y)\,dy\right]dx$$

$$=\int_0^{\frac{\pi}{2}}\left\{\left(\sin\frac{\pi}{2}-\sin x\right)-\left[\sin(x+\pi)-\sin\frac{\pi}{2}\right]\right\}dx$$

$$+\int_{\frac{\pi}{2}}^{\pi}\left\{-(\sin\frac{3\pi}{2}-\sin x)+\left[\sin(x+\pi)-\sin\frac{3\pi}{2}\right]\right\}dx$$

$$=\int_0^{\frac{\pi}{2}}2\,dx+\int_{\frac{\pi}{2}}^{\pi}2\,dx=2\pi.$$

【3972】 $\iint\limits_{x^2+y^2\leqslant 1}\left|\frac{x+y}{\sqrt{2}}-x^2-y^2\right|dx\,dy.$

解 积分域如图 8.29 所示，由 $\Omega_1,\Omega_2,\Omega_3$ 和 Ω_4 所组成，其中 Ω_1 为由圆 $\frac{x+y}{\sqrt{2}}-x^2-y^2=0$，即圆

$$\left(x-\frac{1}{2\sqrt{2}}\right)^2+\left(y-\frac{1}{2\sqrt{2}}\right)^2=\frac{1}{4}$$

围成的区域，该圆的极坐标方程为 $r=\sin(\varphi+\frac{\pi}{4})$，而圆 $x^2+y^2=1$ 的极坐标方程为 $r=1$. 于是，各区域为

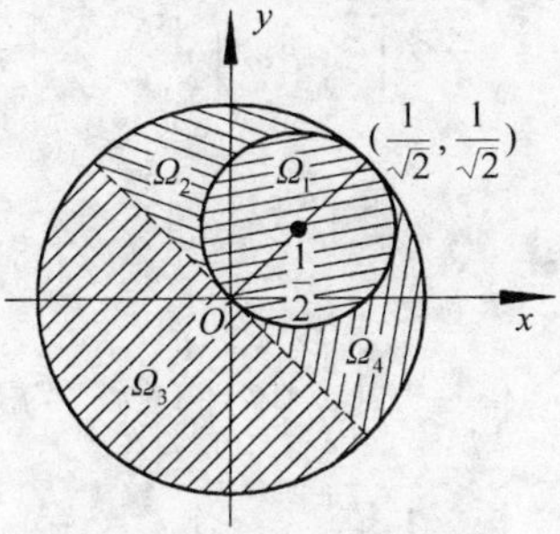

图 8.29

$$\Omega_1:-\frac{\pi}{4}\leqslant\varphi\leqslant\frac{3\pi}{4},\ 0\leqslant r\leqslant\sin\left(\varphi+\frac{\pi}{4}\right);$$

$$\Omega_2:\frac{\pi}{4}\leqslant\varphi\leqslant\frac{3\pi}{4},\ \sin\left(\varphi+\frac{\pi}{4}\right)\leqslant r\leqslant 1;$$

$$\Omega_3:\frac{3\pi}{4}\leqslant\varphi\leqslant\frac{7\pi}{4},\ 0\leqslant r\leqslant 1;$$

$$\Omega_4:-\frac{\pi}{4}\leqslant\varphi\leqslant\frac{\pi}{4},\ \sin\left(\varphi+\frac{\pi}{4}\right)\leqslant r\leqslant 1.$$

当点在 Ω_1 中时，由于 $\left(x-\frac{1}{2\sqrt{2}}\right)^2+\left(y-\frac{1}{2\sqrt{2}}\right)^2\leqslant\frac{1}{4}$，即 $\frac{x+y}{\sqrt{2}}-(x^2+y^2)\geqslant 0$，故

$$\left|\frac{x+y}{\sqrt{2}}-x^2-y^2\right|=\frac{x+y}{\sqrt{2}}-x^2-y^2=r\sin\left(\varphi+\frac{\pi}{4}\right)-r^2;$$

当点在 Ω_2、Ω_3 和 Ω_4 中时，

$$\left|\frac{x+y}{\sqrt{2}}-x^2-y^2\right|=x^2+y^2-\frac{x+y}{\sqrt{2}}=r^2-r\sin\left(\varphi+\frac{\pi}{4}\right).$$

于是，注意到利用对称性便得

$$\iint\limits_{x^2+y^2\leqslant 1}\left|\frac{x+y}{\sqrt{2}}-x^2-y^2\right|\mathrm{d}x\mathrm{d}y$$

$$=2\int_{-\frac{\pi}{4}}^{\frac{\pi}{4}}\mathrm{d}\varphi\int_{0}^{\sin(\varphi+\frac{\pi}{4})}\left[r\sin\left(\varphi+\frac{\pi}{4}\right)-r^{2}\right]r\mathrm{d}r$$

$$+2\int_{-\frac{\pi}{4}}^{\frac{\pi}{4}}\mathrm{d}\varphi\int_{\sin(\varphi+\frac{\pi}{4})}^{1}\left[r^{2}-r\sin\left(\varphi+\frac{\pi}{4}\right)\right]r\mathrm{d}r$$

$$+\int_{\frac{3\pi}{4}}^{\frac{7\pi}{4}}\mathrm{d}\varphi\int_{0}^{1}\left[r^{2}-r\sin\left(\varphi+\frac{\pi}{4}\right)\right]r\mathrm{d}r$$

$$=\frac{1}{6}\int_{-\frac{\pi}{4}}^{\frac{\pi}{4}}\sin^{4}\left(\varphi+\frac{\pi}{4}\right)\mathrm{d}\varphi+\int_{-\frac{\pi}{4}}^{\frac{\pi}{4}}\left[\frac{1}{2}-\frac{2}{3}\sin\left(\varphi+\frac{\pi}{4}\right)\right.$$

$$\left.+\frac{1}{6}\sin^{4}\left(\varphi+\frac{\pi}{4}\right)\right]\mathrm{d}\varphi+\int_{\frac{3\pi}{4}}^{\frac{7\pi}{4}}\left[\frac{1}{4}-\frac{1}{3}\sin\left(\varphi+\frac{\pi}{4}\right)\right]\mathrm{d}\varphi$$

$$=\frac{1}{6}\int_{0}^{\frac{\pi}{2}}\sin^{4}u\mathrm{d}u+\left(\frac{\pi}{4}-\frac{2}{3}+\frac{1}{6}\int_{0}^{\frac{\pi}{2}}\sin^{4}u\mathrm{d}u\right)+\left(\frac{2}{3}+\frac{\pi}{4}\right)^{*)}$$

$$=\frac{\pi}{32}+\left(\frac{\pi}{4}-\frac{2}{3}+\frac{\pi}{32}\right)+\left(\frac{2}{3}+\frac{\pi}{4}\right)=\frac{9\pi}{16}.$$

*） 利用 2281 题的结果.

【3973】$^{+}$ $\iint\limits_{\substack{|x|\leqslant 1\\0\leqslant y\leqslant 2}}\sqrt{|y-x^{2}|}\,\mathrm{d}x\mathrm{d}y.$

解 $\iint\limits_{\substack{|x|\leqslant 1\\0\leqslant y\leqslant 2}}\sqrt{|y-x^{2}|}\,\mathrm{d}x\mathrm{d}y$

$$=\iint\limits_{\substack{|x|\leqslant 1\\0\leqslant y\leqslant x^{2}}}\sqrt{x^{2}-y}\,\mathrm{d}x\mathrm{d}y+\iint\limits_{\substack{|x|\leqslant 1\\x^{2}\leqslant y\leqslant 2}}\sqrt{y-x^{2}}\,\mathrm{d}x\mathrm{d}y$$

$$=\int_{-1}^{1}\mathrm{d}x\int_{0}^{x^{2}}\sqrt{x^{2}-y}\,\mathrm{d}y+\int_{-1}^{1}\mathrm{d}x\int_{x^{2}}^{2}\sqrt{y-x^{2}}\,\mathrm{d}y$$

$$=\frac{4}{3}\int_{0}^{1}x^{3}\mathrm{d}x+\frac{4}{3}\int_{0}^{1}(2-x^{2})^{\frac{3}{2}}\mathrm{d}x$$

$$=\frac{1}{3}+\frac{16}{3}\int_{0}^{\frac{\pi}{4}}\cos^{4}\theta\mathrm{d}\theta=\frac{1}{3}+\frac{16}{3}\left(\frac{3\pi}{32}+\frac{1}{4}\right)^{*)}=\frac{5}{3}+\frac{\pi}{2}.$$

*） 参看1750题的结果.

计算不连续函数的积分：

【3974】 $\iint\limits_{x^2+y^2\leqslant 4} \operatorname{sgn}(x^2-y^2+2)\mathrm{d}x\mathrm{d}y$.

解 当 $y^2-x^2<2$ 时，$\operatorname{sgn}(x^2-y^2+2)=1$；当 $y^2-x^2>2$ 时，$\operatorname{sgn}(x^2-y^2+2)=-1$；当 $y^2-x^2=2$ 时，$\operatorname{sgn}(x^2-y^2+2)=0$.

现将域 $x^2+y^2\leqslant 4$ 分成 $\Omega_1, \Omega_2, \Omega_3, \Omega_4$ 和 Ω_5 五部分，其界线分别为 $x^2+y^2=4$, $y^2-x^2=2$, $x=\pm 1$（图 8.30）. 当点在 Ω_1 和 Ω_5 中时，$y^2-x^2>2$，故 $\operatorname{sgn}(x^2-y^2+2)=-1$；当点在 Ω_2、Ω_3 和 Ω_4 中时，$y^2-x^2<2$，故 $\operatorname{sgn}(x^2-y^2+2)=1$. 于是，

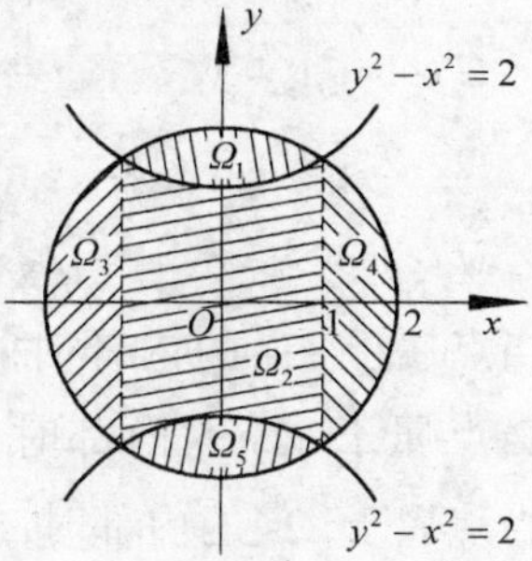

图 8.30

$$\iint\limits_{x^2+y^2\leqslant 4} \operatorname{sgn}(x^2-y^2+2)\mathrm{d}x\mathrm{d}y$$

$$= -\iint\limits_{\Omega_1}\mathrm{d}x\mathrm{d}y - \iint\limits_{\Omega_5}\mathrm{d}x\mathrm{d}y + \iint\limits_{\Omega_2}\mathrm{d}x\mathrm{d}y + \iint\limits_{\Omega_3}\mathrm{d}x\mathrm{d}y + \iint\limits_{\Omega_4}\mathrm{d}x\mathrm{d}y$$

$$= -4\int_0^1 \mathrm{d}x\int_{\sqrt{2+x^2}}^{\sqrt{4-x^2}}\mathrm{d}y + 4\int_0^1\mathrm{d}x\int_0^{\sqrt{2+x^2}}\mathrm{d}y + 4\int_1^2\mathrm{d}x\int_0^{\sqrt{4-x^2}}\mathrm{d}y$$

$$= 8\int_0^1\sqrt{2+x^2}\mathrm{d}x + 4\left(\int_1^2\sqrt{4-x^2}\mathrm{d}x - \int_0^1\sqrt{4-x^2}\mathrm{d}x\right)$$

$$= \frac{4\pi}{3} + 8\ln\frac{1+\sqrt{3}}{\sqrt{2}}.$$

【3975】 $\iint\limits_{\substack{0\leqslant x\leqslant 2\\ 0\leqslant y\leqslant 2}} [x+y]\mathrm{d}x\mathrm{d}y$.

解 当 $0\leqslant x+y<1$ 时，$[x+y]=0$；

当 $1\leqslant x+y<2$ 时，$[x+y]=1$；

当 $2\leqslant x+y<3$ 时，$[x+y]=2$；

当 $3\leqslant x+y<4$ 时，$[x+y]=3$；

当 $x+y=4$ 时，$[x+y]=4$.

如图 8.31 所示，域 $0\leqslant x\leqslant 2$，$0\leqslant y\leqslant 2$ 可分为下列四部分：

$\Omega_1: x+y\leqslant 1,\ x\geqslant 0,\ y\geqslant 0$；

$\Omega_2: 1\leqslant x+y\leqslant 2,\ x=0,\ y=0$；

$\Omega_3: 2\leqslant x+y\leqslant 3,\ x=2,\ y=2$；

$\Omega_4: x+y\geqslant 3,\ x\leqslant 2,\ y\leqslant 2$.

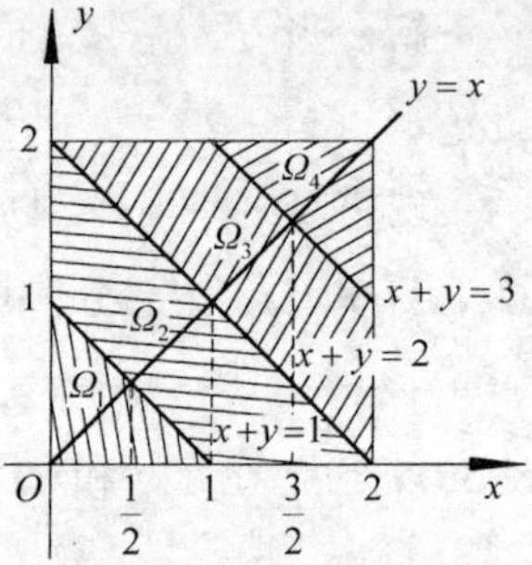

图 8.31

当点属于 Ω_1 的内部时，$[x+y]=0$；

当点属于 Ω_2 的内部时，$[x+y]=1$；

当点属于 Ω_3 的内部时，$[x+y]=2$；当点属于 Ω_4 的内部时，$[x+y]=3$. 于是，

$$\iint\limits_{\substack{0\leqslant x\leqslant 2\\0\leqslant y\leqslant 2}}[x+y]\mathrm{d}x\mathrm{d}y=\iint\limits_{\Omega_2}\mathrm{d}x\mathrm{d}y+2\iint\limits_{\Omega_3}\mathrm{d}x\mathrm{d}y+3\iint\limits_{\Omega_4}\mathrm{d}x\mathrm{d}y$$

$$=2\left[\int_{\frac{1}{2}}^{1}\mathrm{d}x\int_{1-x}^{x}\mathrm{d}y+\int_{1}^{2}\mathrm{d}x\int_{0}^{2-x}\mathrm{d}y\right]$$

$$+4\left[\int_{1}^{\frac{3}{2}}\mathrm{d}x\int_{2-x}^{x}\mathrm{d}y+\int_{\frac{3}{2}}^{2}\mathrm{d}x\int_{2-x}^{3-x}\mathrm{d}y\right]+6\int_{\frac{3}{2}}^{2}\mathrm{d}x\int_{3-x}^{x}\mathrm{d}y$$

$$=2\left[\int_{\frac{1}{2}}^{1}(2x-1)\mathrm{d}x+\int_{1}^{2}(2-x)\mathrm{d}x\right]$$

$$+4\left[\int_{1}^{\frac{3}{2}}(2x-2)\mathrm{d}x+\int_{\frac{3}{2}}^{2}\mathrm{d}x\right]+6\int_{\frac{3}{2}}^{2}(2x-3)\mathrm{d}x=6.$$

【3976】 $\iint\limits_{x^2\leqslant y\leqslant 4}\sqrt{[y-x^2]}\,\mathrm{d}x\mathrm{d}y$.

解 如图 8.32 所示.

当 $x^2\leqslant y<x^2+1$ 时, $[y-x^2]=0$;

当 $1+x^2\leqslant y<x^2+2$ 时, $[y-x^2]=1$;

当 $2+x^2\leqslant y<x^2+3$ 时, $[y-x^2]=2$;

当 $3+x^2\leqslant y<4$ 时, $[y-x^2]=3$.

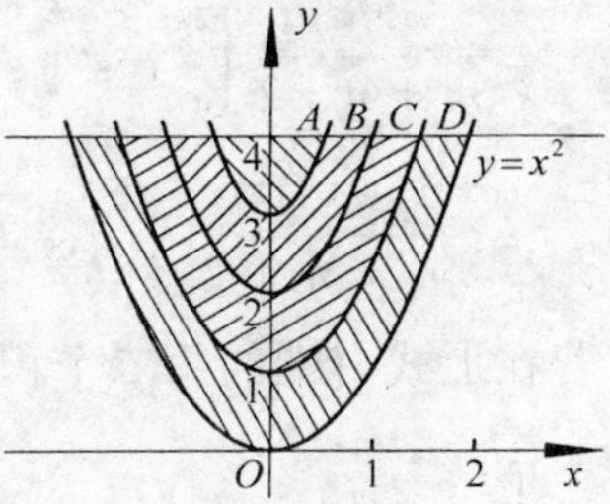

图 8.32

抛物线 $y=x^2+3$, $y=x^2+2$, $y=x^2+1$ 及 $y=x^2$ 与直线 $y=4$ 在第一象限内的交点为 $A(1,4)$, $B(\sqrt{2},4)$, $C(\sqrt{3},4)$ 及 $D(2,4)$, 与 Oy 轴对称的位置还有四个交点. 于是,

$$\iint\limits_{x^2\leqslant y\leqslant 4}\sqrt{[y-x^2]}\,\mathrm{d}x\,\mathrm{d}y=2\left[\int_0^{\sqrt{2}}\mathrm{d}x\int_{x^2+1}^{x^2+2}\mathrm{d}y+\int_{\sqrt{2}}^{\sqrt{3}}\mathrm{d}x\int_{x^2+1}^{4}\mathrm{d}y\right]$$

$$+2\sqrt{2}\left[\int_0^1\mathrm{d}x\int_{x^2+2}^{x^2+3}\mathrm{d}y+\int_1^{\sqrt{2}}\mathrm{d}x\int_{x^2+2}^{4}\mathrm{d}y\right]+2\sqrt{3}\int_0^1\mathrm{d}x\int_{x^2+3}^{4}\mathrm{d}y$$

$$=2\left[\sqrt{2}+\int_{\sqrt{2}}^{\sqrt{3}}(3-x^2)\,\mathrm{d}x\right]+2\sqrt{2}\left[1+\int_1^{\sqrt{2}}(2-x^2)\,\mathrm{d}x\right]$$

$$+2\sqrt{3}\int_0^1(1-x^2)\,\mathrm{d}x$$

$$=\frac{4}{3}(4+4\sqrt{3}-3\sqrt{2}).$$

【3977】 设 m 及 n 为正整数且其中至少有一个是奇数, 证明

$$\iint\limits_{x^2+y^2\leqslant a^2}x^m y^n\,\mathrm{d}x\,\mathrm{d}y=0.$$

证 作变换: $x=r\cos\varphi$, $y=r\sin\varphi$, 则得

$$\iint\limits_{x^2+y^2\leqslant a^2}x^m y^n\,\mathrm{d}x\,\mathrm{d}y=\iint\limits_{\substack{0\leqslant\varphi\leqslant 2\pi\\0\leqslant r\leqslant a}}r^{m+n+1}\cos^m\varphi\sin^n\varphi\,\mathrm{d}r\,\mathrm{d}\varphi$$

$$=\frac{a^{m+n+2}}{m+n+2}\int_0^{2\pi}\cos^m\varphi\sin^n\varphi\mathrm{d}\varphi=\frac{a^{m+n+2}}{m+n+2}\int_{-\frac{\pi}{2}}^{\frac{3\pi}{2}}\cos^m\varphi\sin^n\varphi\mathrm{d}\varphi$$

$$=\frac{a^{m+n+2}}{m+n+2}\left[\int_{-\frac{\pi}{2}}^{\frac{\pi}{2}}\cos^m\varphi\sin^n\varphi\mathrm{d}\varphi+\int_{\frac{\pi}{2}}^{\frac{3\pi}{2}}\cos^m\varphi\sin^n\varphi\mathrm{d}\varphi\right]. \quad (1)$$

若在上式右端的第二个积分中令 $\varphi=\pi+t$，即得

$$\int_{\frac{\pi}{2}}^{\frac{3\pi}{2}}\cos^m\varphi\sin^n\varphi\mathrm{d}\varphi=(-1)^m\cdot(-1)^n\int_{-\frac{\pi}{2}}^{\frac{\pi}{2}}\cos^m t\cdot\sin^n t\mathrm{d}t. \quad (2)$$

当 m 及 n 中有且仅有一个为奇数时，$(-1)^m\cdot(-1)^n=-1$，因而，(1)式为零，当 m 和 n 均为奇数时，$(-1)^m\cdot(-1)^n=1$，因而，(1)式等于

$$\frac{2a^{m+n+2}}{m+n+2}\int_{-\frac{\pi}{2}}^{\frac{\pi}{2}}\cos^m\varphi\sin\varphi\mathrm{d}\varphi.$$

但此被积函数在对称区间$\left[-\frac{\pi}{2},\frac{\pi}{2}\right]$上为奇函数，故积分仍然为零.

总之，当 m 和 n 中至少有一个为奇数时，

$$\iint\limits_{x^2+y^2\leqslant a^2}x^my^n\mathrm{d}x\mathrm{d}y=0.$$

【3978】 求：

$$\lim_{\rho\to0}\frac{1}{\pi\rho^2}\iint\limits_{x^2+y^2\leqslant\rho^2}f(x,y)\mathrm{d}x\mathrm{d}y,$$

其中 $f(x,y)$为连续函数.

解 利用积分中值定理，即得

$$\iint\limits_{x^2+y^2\leqslant\rho^2}f(x,y)\mathrm{d}x\mathrm{d}y=f(\xi,\eta)\iint\limits_{x^2+y^2\leqslant\rho^2}\mathrm{d}x\mathrm{d}y=\pi\rho^2\cdot f(\xi,\eta),$$

其中点(ξ,η)为圆域 $x^2+y^2\leqslant\rho^2$ 内的一点. 显然，当 $\rho\to0$ 时，点$(\xi,\eta)\to O(0,0)$. 于是，根据函数 $f(x,y)$的连续性知，

$$\lim_{\rho\to 0}\frac{1}{\pi\rho^2}\iint\limits_{x^2+y^2\leqslant\rho^2} f(x,y)\mathrm{d}x\mathrm{d}y=\lim_{\rho\to 0}f(\xi,\eta)=f(0,0).$$

【3979】 设

$$F(t)=\iint\limits_{\substack{0\leqslant x\leqslant t\\0\leqslant y\leqslant t}} e^{\frac{tx}{y^2}}\,\mathrm{d}x\mathrm{d}y,$$

求 $F'(t)$.

解 令 $x=ut, y=vt$, 则

$$F(t)=\iint\limits_{\substack{0\leqslant x\leqslant t\\0\leqslant y\leqslant t}} e^{\frac{tx}{y^2}}\mathrm{d}x\mathrm{d}y=\iint\limits_{\substack{0\leqslant u\leqslant 1\\0\leqslant v\leqslant 1}} t^2 e^{\frac{u}{v^2}}\mathrm{d}u\mathrm{d}v \qquad (1)$$

于是,似乎应该有

$$F'(t)=\iint\limits_{\substack{0\leqslant u\leqslant 1\\0\leqslant v\leqslant 1}} 2te^{\frac{u}{v^2}}\mathrm{d}u\mathrm{d}v=\frac{2}{t}\iint\limits_{\substack{0\leqslant u\leqslant 1\\0\leqslant v\leqslant 1}} t^2e^{\frac{u}{v^2}}\mathrm{d}u\mathrm{d}v=\frac{2}{t}F(t)\quad (t>0).$$

但这是错误的.实际上本题有问题,因为(1)式中的二重积分都是广义二重积分.当 $t>0$ 时,在 $x>0, y=0$ 上(即 $u>0, v=0$ 上)被积函数成为无穷,而且这个广义二重积分是发散的.这是因为,根据被积函数的非负性,有(参看本书§9)

$$\iint\limits_{\substack{0\leqslant u\leqslant 1\\0\leqslant v\leqslant 1}} e^{\frac{u}{v^2}}\mathrm{d}u\mathrm{d}v=\int_0^1\mathrm{d}v\int_0^1 e^{\frac{u}{v^2}}\mathrm{d}u=\int_0^1 v^2(e^{\frac{1}{v^2}}-1)\mathrm{d}v. \qquad (2)$$

对此积分, $v=0$ 是瑕点,由于被积函数 $v^2(e^{\frac{1}{v^2}}-1)$ 在 $0\leqslant v\leqslant 1$ 上非负,且(令 $\frac{1}{v^2}=t$)

$$\lim_{v\to+0}v^2[v^2(e^{\frac{1}{v^2}}-1)]=\lim_{t\to+\infty}\frac{e^t-1}{t^2}=+\infty,$$

故瑕积分 $\int_0^1 v^2(e^{\frac{1}{v^2}}-1)\mathrm{d}v$ 发散,且 $\int_0^1 v^2(e^{\frac{1}{v^2}}-1)\mathrm{d}v=+\infty$.由此,再根据(1)式与(2)式,得

$$F(t) \equiv +\infty \qquad (\text{当 } t>0 \text{ 时}).$$

因此,提出求 $F'(t)$的问题是无意义的.

注意,若本题换为:设

$$F(t)=\iint\limits_{\substack{0\leqslant x\leqslant t\\0\leqslant y\leqslant t}} e^{-\frac{tx}{y^2}}\,dx\,dy,$$

求 $F'(t)$. 这时得(作代换 $x=ut, y=vt$)

$$F(t)=t^2\iint\limits_{\substack{0\leqslant u\leqslant 1\\0\leqslant v\leqslant 1}} e^{-\frac{u}{v^2}}\,du\,dv,$$

从而右端积分是收敛的,(实际上可视为常义积分). 于是,

$$F'(t)=2t\iint\limits_{\substack{0\leqslant u\leqslant 1\\0\leqslant v\leqslant 1}} e^{-\frac{u}{v^2}}\,du\,dv=\frac{2}{t}F(t) \quad (t>0).$$

【3980】+ 设

$$F(t)=\iint\limits_{(x-t)^2+(y-t)^2\leqslant 1}\sqrt{x^2+y^2}\,dx\,dy,$$

求 $F'(t)$.

解 作变量代换 $x=u+t, y=v+t$(t 固定),则

$$F(t)=\iint\limits_{u^2+v^2\leqslant 1}\sqrt{(u+t)^2+(v+t)^2}\,du\,dv. \qquad (1)$$

今在积分号下求导数*),得

$$F'(t)=\iint\limits_{u^2+v^2\leqslant 1}\frac{u+t+v+t}{\sqrt{(u+t)^2+(v+t)^2}}\,du\,dv$$

$$=\iint\limits_{(x-t)^2+(y-t)^2\leqslant 1}\frac{x+y}{\sqrt{x^2+y^2}}\,dx\,dy \quad (-\infty<t<+\infty).$$

*) 积分号下求导数的合理性,证明如下:令

$$f(u,v,t)=\sqrt{(u+t)^2+(v+t)^2},$$

则

$$f_t'(u,v,t)=\frac{u+t+v+t}{\sqrt{(u+t)^2+(v+t)^2}}\quad((u,v)\neq(-t,-t)).$$

当$(u,v)=(-t,-t)$时，易知$f_t'(u,v,t)$不存在，但右导数存在且等于$\sqrt{2}$，左导数也存在且等于$-\sqrt{2}$. 由于对任何数a,b，有$a^2+b^2\geqslant 2ab$，故$2(a^2+b^2)\geqslant(a+b)^2$，从而，$\dfrac{|a+b|}{\sqrt{a^2+b^2}}\leqslant\sqrt{2}$. 于是，

$$|f_t'(u,v,t)|\leqslant\sqrt{2}\quad((u,v)\neq(-t,-t)).\tag{2}$$

如果$|t|>\dfrac{1}{\sqrt{2}}$，这时$f(u,v,t)$，$f_t'(u,v,t)$（t固定）都是域$u^2+v^2\leqslant 1$上的连续函数，当然可在积分号下求导数，得

$$F'(t)=\iint\limits_{u^2+v^2\leqslant 1}f_t'(u,v,t)\mathrm{d}u\mathrm{d}v.\tag{3}$$

但如果$|t|\leqslant\dfrac{1}{\sqrt{2}}$，则(3)式右端积分的被积函数$f_t'(u,v,t)$在积分域$u^2+v^2\leqslant 1$中的点$(u,v)=(-t,-t)$不连续. 因此，不能立即断定(3)式的正确性. 下面不论t为何值$(-\infty<t<+\infty)$，直接证明(3)式成立. 令

$$g(t)=\iint\limits_{u^2+v^2\leqslant 1}f_t'(u,v,t)\mathrm{d}u\mathrm{d}v\quad(-\infty<t<+\infty).\tag{4}$$

由(2)式知$f_t'(u,v,t)$是有界的，且在域$u^2+v^2\leqslant 1$上至多有一个不连续点（t固定），故(4)式右端的积分存在. 实际上，利用(2)式以及$f_t'(u,v,t)$当$(u,v)\neq(-t,-t)$时的连续性，用（必要时，即$|t|\leqslant\dfrac{1}{\sqrt{2}}$时）挖掉以点$(-t,-t)$为中心的小圆域的方法，不难证明$g(t)$是$-\infty<t<+\infty$上的连续函数（详细证明留给读者）. 令

$$G(t)=\int_0^t g(s)\mathrm{d}s\quad(-\infty<t<+\infty),$$

则

$$G'(t)=g(t)\quad(-\infty<t<+\infty).\tag{5}$$

但

$$G(t)=\int_0^t\mathrm{d}s\iint\limits_{u^2+v^2\leqslant 1}f_t'(u,v,s)\mathrm{d}u\mathrm{d}v=\iiint\limits_{\substack{u^2+v^2\leqslant 1\\0\leqslant s\leqslant t}}f_t'(u,v,s)\mathrm{d}u\mathrm{d}v\mathrm{d}s$$

$$= \iint\limits_{u^2+v^2\leqslant 1} \mathrm{d}u\mathrm{d}v \int_0^t f'_t(u,v,s)\mathrm{d}s. \tag{6}$$

注意,(6)式中的运算是合理的,因为三维域 $u^2+v^2\leqslant 1, 0\leqslant s\leqslant t$($t$ 固定)中,三元函数 $f'_t(u,v,s)$ 有界且只在直线 $u=v=-s$ 的一段上不连续,从而(6)式中的三重积分及两个累次积分都存在,故它们相等.

下证恒有

$$\int_0^t f'_t(u,v,s)\mathrm{d}s = f(u,v,t)-f(u,v,0). \tag{7}$$

事实上,若 $(u,v)\neq(-t_1,-t_1)$($t_1\in[0,t]$),则 $f'_t(u,v,t)$ 是 $0\leqslant s\leqslant t$ 上的连续函数(u,v 固定),从而,(7)式成立;若 $(u,v)=(-t_1,-t_1)$(t_1 是属于 $[0,t]$ 的某数),则由 $f(u,v,s)$ 对任何 u,v,s 的连续性,有

$$\int_0^t f'_t(u,v,s)\mathrm{d}s = \lim_{\varepsilon\to+0}\int_0^{t_1-\varepsilon} f'_t(u,v,s)\mathrm{d}s + \lim_{\varepsilon'\to 0}\int_{t_1+\varepsilon'}^t f'_t(u,v,s)\mathrm{d}s$$

$$= \lim_{\varepsilon\to+0}[f(u,v,t_1-\varepsilon)-f(u,v,0)] + \lim_{\varepsilon'\to 0}[f(u,v,t)-f(u,v,t_1+\varepsilon')]$$

$$= f(u,v,t_1)-f(u,v,0)+f(u,v,t)-f(u,v,t_1)$$

$$= f(u,v,t)-f(u,v,0),$$

故(7)式恒成立.代入(6)式,得

$$G(t) = \iint\limits_{u^2+v^2\leqslant 1} [f(u,v,t)-f(u,v,0)]\mathrm{d}u\mathrm{d}v$$

$$= F(t)-F(0) \quad (-\infty<t<+\infty).$$

由此,再注意到(5)式,即知 $F'(t)$ 存在,且

$$F'(t) = G'(t) = g(t) = \iint\limits_{u^2+v^2\leqslant 1} f'_t(u,v,t)\mathrm{d}u\mathrm{d}v \quad (-\infty<t<+\infty),$$

即(3)式成立.

【3981】 设

$$F(t) = \iint\limits_{x^2+y^2\leqslant t^2} f(x,y)\mathrm{d}x\mathrm{d}y \quad (t>0),$$

求 $F'(t)$.

解 令 $x=r\cos\varphi, y=r\sin\varphi$,则

$$F(t)=\int_0^t \mathrm{d}r\int_0^{2\pi} f(r\cos\varphi, r\sin\varphi)r\,\mathrm{d}\varphi,$$

故得

$$F'(t)=\int_0^{2\pi} f(t\cos\varphi, t\sin\varphi)t\,\mathrm{d}\varphi.$$

注意,此题中应假定 $f(x,y)$是连续函数.

【3982】 设 $f(x,y)$是连续的,求证函数

$$u(x,y)=\frac{1}{2}\int_0^x \mathrm{d}\xi\int_{\xi-x+y}^{x+y-\xi} f(\xi,\eta)\mathrm{d}\eta$$

满足方程式

$$\frac{\partial^2 u}{\partial x^2}-\frac{\partial^2 u}{\partial y^2}=f(x,y).$$

证 利用含参变量的常义积分求导数的公式,得

$$\frac{\partial u}{\partial x}=\frac{1}{2}\int_0^x [f(\xi,x+y-\xi)-(-1)f(\xi,\xi-x+y)]\mathrm{d}\xi$$

$$+\frac{1}{2}\int_{x-x+y}^{x+y-x} f(x,\eta)\mathrm{d}\eta$$

$$=\frac{1}{2}\int_0^x [f(\xi,x+y-\xi)+f(\xi,\xi-x+y)]\mathrm{d}\xi,$$

$$\frac{\partial^2 u}{\partial x^2}=\frac{1}{2}\int_0^x [f'_y(\xi,x+y-\xi)-f'_y(\xi,\xi-x+y)]\mathrm{d}\xi$$

$$+\frac{1}{2}[f(x,x+y-x)+f(x,x-x+y)]$$

$$=\frac{1}{2}\int_0^x [f'_y(\xi,x+y-\xi)-f'_y(\xi,\xi-x+y)]\mathrm{d}\xi$$

$$+f(x,y).$$

同理,有

$$\frac{\partial u}{\partial y}=\frac{1}{2}\int_0^x [f(\xi,x+y-\xi)-f(\xi,\xi-x+y)]\mathrm{d}\xi,$$

$$\frac{\partial^2 u}{\partial y^2}=\frac{1}{2}\int_0^x[f'_y(\xi,x+y-\xi)-f'_y(\xi,\xi-x+y)]\mathrm{d}\xi.$$

于是，得$\frac{\partial^2 u}{\partial x^2}-\frac{\partial^2 u}{\partial y^2}=f(x,y)$，证毕.

注意 显然本题还应假定 $f'_y(x,y)$存在且连续.

【3983】 设函数 $f(x,y)$的等位线是简单封闭曲线，$S(v_1,v_2)$是由曲线 $f(x,y)=v_1$ 及 $f(x,y)=v_2$ 所围成的域. 证明：

$$\iint\limits_{S(v_1,v_2)} f(x,y)\mathrm{d}x\mathrm{d}y=\int_{v_1}^{v_2} vF'(v)\mathrm{d}v,$$

其中 $F(v)$为由曲线 $f(x,y)=v_1$ 与 $f(x,y)=v_2$ 所包围的面积.

证 作$[v_1,v_2]$的任一分划 T：

$$v_1=v'_0<v'_1<\cdots<v'_i<\cdots<v'_n=v_2.$$

令 $\mathrm{d}(T)=\max\limits_{1\leqslant i\leqslant n}\Delta v_i$，这里 $\Delta v_i=v'_i-v'_{i-1}(i=1,2,\cdots,n)$. 于是，由积分中值定理(这里假定了 $f(x,y)$在 $S(v_1,v_2)$上连续)知，

$$\iint\limits_{S(v_1,v_2)} f(x,y)\mathrm{d}x\mathrm{d}y=\sum_{i=1}^n\iint\limits_{S(v'_{i-1},v'_i)} f(x,y)\mathrm{d}x\mathrm{d}y=\sum_{i=1}^n f(\overline{x_i},\overline{y_i})\Delta S_i,$$

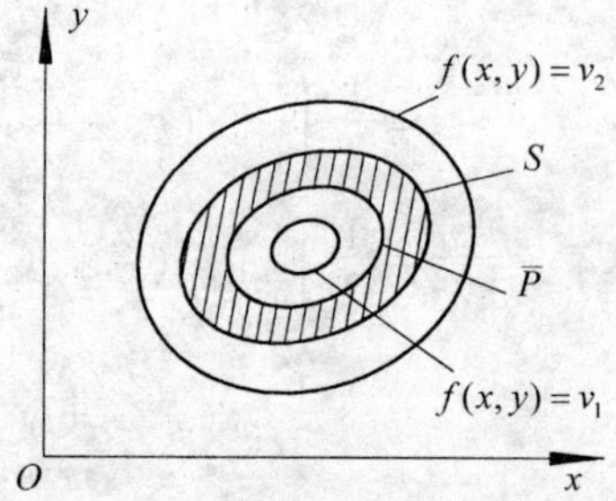

图 8.33

其中 ΔS_i 表小环形域 $S(v'_{i-1},v'_i)$(如图 8.33 阴影部分所示)的面积，$\overline{P}(\overline{x_i},\overline{y_i})\in S(v'_{i-1},v'_i)$.

令 $v_i^*=f(\overline{x_i},\overline{y_i})$，则 $v'_{i-1}\leqslant v_i^*\leqslant v'_i$. 又显然(利用微分中值定理)有

$$\Delta S_i = F(v_i') - F(v_{i-1}') = F'(\overline{v}_i)(v_i' - v_{i-1}') = F'(\overline{v}_i)\Delta v_i$$

$$(i = 1, 2, \cdots, n),$$

其中 $v_{i-1}' \leqslant \overline{v}_i \leqslant v_i'$. 这里我们假定了 $F'(v)$在$[v_1, v_2]$上存在且可积,于是它有界,即

$$|F'(v)| \leqslant M = 常数 \quad (v_1 \leqslant v \leqslant v_2). \tag{1}$$

我们有

$$\iint\limits_{S(v_1, v_2)} f(x, y)\mathrm{d}x\mathrm{d}y = \sum_{i=1}^{n} v_i^* F'(\overline{v}_i)\Delta v_i = I_1 + I_2, \tag{2}$$

其中

$$I_1 = \sum_{i=1}^{n} \overline{v}_i F'(\overline{v}_i)\Delta v_i, \quad I_2 = \sum_{i=1}^{n} (v_i^* - \overline{v}_i)F'(\overline{v}_i)\Delta v_i.$$

由于 $F'(v)$在$[v_1, v_2]$上可积,故 $vF'(v)$也在$[v_1, v_2]$上可积. 因此,

$$\lim_{\mathrm{d}(T)\to 0} I_1 = \lim_{\mathrm{d}(T)\to 0} \sum_{i=1}^{n} \overline{v}_i F'(\overline{v}_i)\Delta v_i = \int_{v_1}^{v_2} vF'(v)\mathrm{d}v. \tag{3}$$

另一方面,由(1)式知

$$|I_2| \leqslant M\mathrm{d}(T) \sum_{i=1}^{n} \Delta v_i = M(v_2 - v_1)\mathrm{d}(T),$$

故

$$\lim_{\mathrm{d}(T)\to 0} I_2 = 0. \tag{4}$$

现在(2)式两端令 $\mathrm{d}(T)\to 0$ 取极限(注意(2)式左端是常数),并注意到(3)式与(4)式,即得

$$\iint\limits_{S(v_1, v_2)} f(x, y)\mathrm{d}x\mathrm{d}y = \int_{v_1}^{v_2} vF'(v)\mathrm{d}v.$$

证毕.

应当指出,正如上面所说的,本题应假定 $f(x, y)$在 $S(v_1, v_2)$上连续,而 $F'(v)$在$[v_1, v_2]$上存在并且可积.

§2. 面积的计算法

Oxy 平面上域 S 的面积由公式

$$S=\iint\limits_{S}\mathrm{d}x\mathrm{d}y$$

所给出.

求下列曲线所界的面积：

【3984】 $xy=a^2, x+y=\frac{5a}{2}$ $(a>0)$.

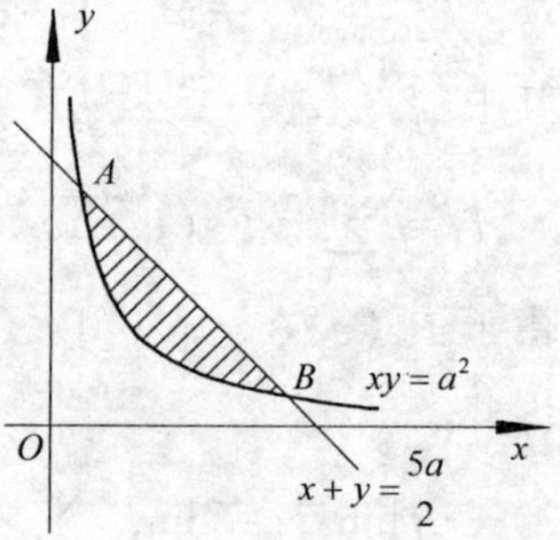

图 8.34

解 两曲线的交点为 $A(\frac{a}{2},2a)$和 $B(2a,\frac{a}{2})$(图 8.34)，故所求面积为

$$S=\int_{\frac{a}{2}}^{2a}\mathrm{d}x\int_{\frac{a^2}{x}}^{\frac{5a}{2}-x}\mathrm{d}y$$

$$=\frac{15}{8}a^2-2a^2\ln 2.$$

【3985】 $y^2=2px+p^2, y^2=-2qx+q^2$ $(p>0,q>0)$.

解 曲线的交点为 $A(\frac{q-p}{2},\sqrt{pq})$和 $B(\frac{q-p}{2},-\sqrt{pq})$(图 8.35)，故所求面积为

$$S=2\int_{0}^{\sqrt{pq}}\mathrm{d}y\int_{\frac{y^2-p^2}{2p}}^{\frac{q^2-y^2}{2q}}\mathrm{d}x=\frac{2}{3}(p+q)\sqrt{pq}.$$

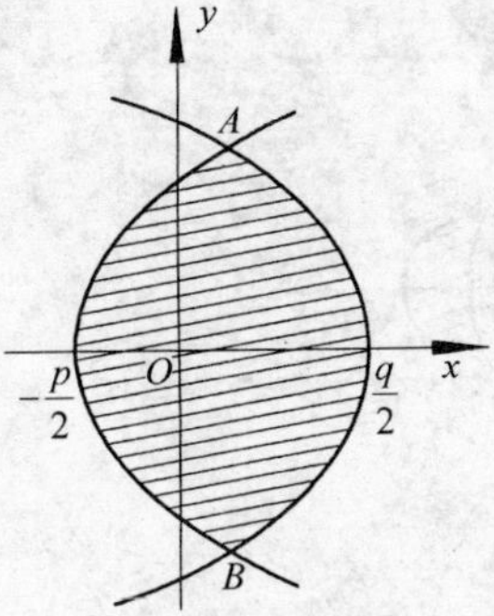

图 8.35

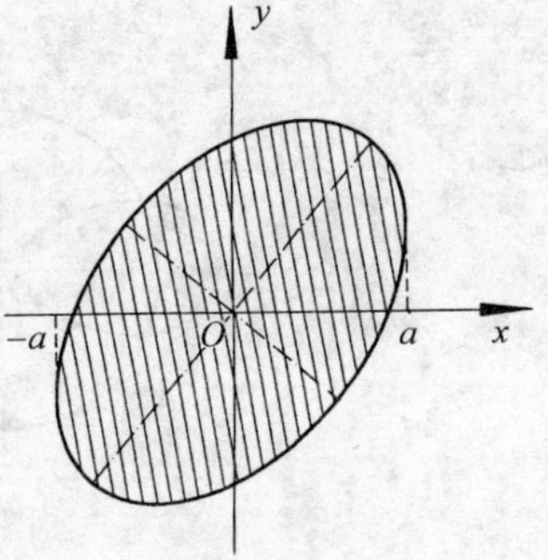

图 8.36

【3986】 $(x-y)^2+x^2=a^2 \quad (a>0)$.

解 如图 8.36 所示.所求面积的域为:

$$-a \leqslant x \leqslant a, \quad x-\sqrt{a^2-x^2} \leqslant y \leqslant x+\sqrt{a^2-x^2}.$$

于是,所求的面积为

$$S=\int_{-a}^{a} \mathrm{d}x \int_{x-\sqrt{a^2-x^2}}^{x+\sqrt{a^2+x^2}} \mathrm{d}y=4\int_0^a \sqrt{a^2-x^2}\,\mathrm{d}x$$

$$=4\int_0^{\frac{\pi}{2}} a^2\cos^2 t\,\mathrm{d}t=4\cdot\frac{\pi a^2}{4}=\pi a^2.$$

变换为极坐标,以计算由下列曲线所界的面积:

【3987】 $(x^2+y^2)^2=2a^2(x^2-y^2)$; $\quad x^2+y^2 \geqslant a^2$.

解 曲线的极坐标方程为

$$r^2=2a^2\cos 2\varphi \text{ 及 } r \geqslant a.$$

它们的交点在第一象限内为$(a, \frac{\pi}{6})$,如图 8.37 所示.利用对称性,得所求面积为

$$S=4\int_0^{\frac{\pi}{6}} \mathrm{d}\varphi \int_a^{\sqrt{2a^2\cos 2\varphi}} r\,\mathrm{d}r=2\int_0^{\frac{\pi}{6}} (2a^2\cos 2\varphi-a^2)\,\mathrm{d}\varphi=\frac{3\sqrt{3}-\pi}{3}a^2.$$

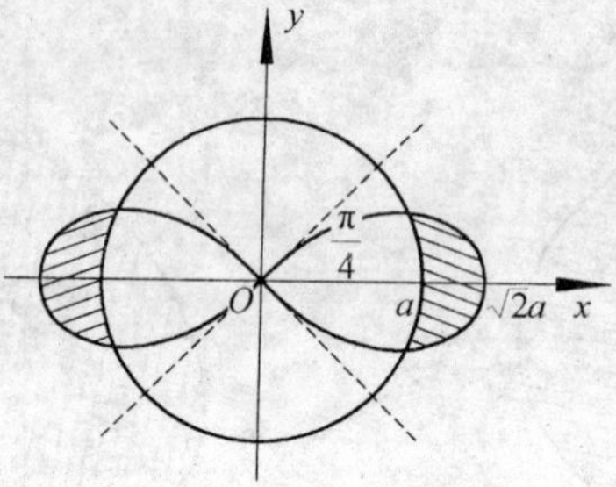

图 8.37

【3988】 $(x^3+y^3)^2=x^2+y^2$; $x\geqslant 0, y\geqslant 0$.

解 将方程化为极坐标方程,得

$$(r^3\cos^3\theta+r^3\sin^3\theta)^2=r^2,$$

即 $$r^2=\frac{1}{\cos^3\theta+\sin^3\theta}\quad\left(0\leqslant\theta\leqslant\frac{\pi}{2}\right).$$

曲线所界的面积为

$$S=\iint\limits_S r\,\mathrm{d}r\,\mathrm{d}\theta=\frac{1}{2}\int_0^{\frac{\pi}{2}}r^2\mathrm{d}\theta=\frac{1}{2}\int_0^{\frac{\pi}{2}}\frac{\mathrm{d}\theta}{\cos^3\theta+\sin^3\theta},$$

由于

$$\frac{1}{\cos^3\theta+\sin^3\theta}=\frac{1}{3}\left(\frac{2}{\sin\theta+\cos\theta}+\frac{\sin\theta+\cos\theta}{1-\sin\theta\cos\theta}\right),$$

又

$$\int_0^{\frac{\pi}{2}}\frac{\mathrm{d}\theta}{\sin\theta+\cos\theta}=\frac{1}{\sqrt{2}}\int_0^{\frac{\pi}{2}}\frac{\mathrm{d}\theta}{\sin\left(\theta+\frac{\pi}{4}\right)}=\frac{1}{\sqrt{2}}\ln\tan\frac{\theta+\frac{\pi}{4}}{2}\Bigg|_0^{\frac{\pi}{2}}$$

$$=\frac{1}{\sqrt{2}}\left(\ln\tan\frac{3\pi}{8}-\ln\tan\frac{\pi}{8}\right)=\frac{1}{\sqrt{2}}\left(\ln\sqrt{\frac{\sqrt{2}+1}{\sqrt{2}-1}}-\ln\sqrt{\frac{\sqrt{2}-1}{\sqrt{2}+1}}\right)$$

$$=\sqrt{2}\ln(1+\sqrt{2}),$$

$$\int_0^{\frac{\pi}{2}}\frac{\sin\theta+\cos\theta}{1-\sin\theta\cos\theta}\mathrm{d}\theta=2\int_0^{\frac{\pi}{2}}\frac{\mathrm{d}\left(\frac{1}{2}\sin\theta-\frac{1}{2}\cos\theta\right)^{*)}}{2\left(\frac{1}{2}\sin\theta-\frac{1}{2}\cos\theta\right)^2+\frac{1}{2}}$$

$$=2\arctan(\sin\theta-\cos\theta)\Big|_0^{\frac{\pi}{2}}=\pi.$$

于是,所求的面积为

$$S=\frac{1}{3}\int_0^{\frac{\pi}{2}}\frac{\mathrm{d}\theta}{\sin\theta+\cos\theta}+\frac{1}{6}\int_0^{\frac{\pi}{2}}\frac{\sin\theta+\cos\theta}{1-\sin\theta\cos\theta}\mathrm{d}\theta$$

$$=\frac{\sqrt{2}}{3}\ln(1+\sqrt{2})+\frac{\pi}{6}.$$

*) 利用 2053 题的结果,其中 $\lambda_1=\frac{1}{2}$, $\lambda_2=\frac{3}{2}$, $A=2$, $B=0$.

【3989】 $(x^2+y^2)^2=a(x^3-3xy^2)\quad(a>0)$.

解 显然曲线关于 Ox 轴对称,故只要求出 $y\geqslant0$ 的部分.化为极坐标,方程为

$$r=a\cos\theta(4\cos^2\theta-3).$$

由于必须 $x^3-3xy\geqslant0$,故 $\cos\theta(4\cos^2\theta-3)\geqslant0$.因此,$\cos\theta\geqslant0$ 且 $\cos\theta\geqslant\frac{\sqrt{3}}{2}$或 $\cos\theta\leqslant0$ 且 $\cos\theta\geqslant-\frac{\sqrt{3}}{2}$,故$-\frac{\pi}{6}\leqslant\theta\leqslant\frac{\pi}{6}$,$\frac{\pi}{2}\leqslant\theta\leqslant\pi-\frac{\pi}{6}$,$-\pi+\frac{\pi}{6}\leqslant\theta\leqslant-\frac{\pi}{2}$.于是,在 Ox 轴的上方部分($y\geqslant0$)为

$$0\leqslant\theta\leqslant\frac{\pi}{6}\quad\text{和}\quad\frac{\pi}{2}\leqslant\theta\leqslant\pi-\frac{\pi}{6}.$$

由此可知

$$S=\iint\limits_S r\,\mathrm{d}r\,\mathrm{d}\theta=2\left(\frac{1}{2}\int_0^{\frac{\pi}{6}}r^2\mathrm{d}\theta+\frac{1}{2}\int_{\frac{\pi}{2}}^{\pi-\frac{\pi}{6}}r^2\mathrm{d}\theta\right)$$

$$=\int_0^{\frac{\pi}{6}}a^2\cos^2\theta(4\cos^2\theta-3)^2\mathrm{d}\theta+\int_{\frac{\pi}{2}}^{\frac{5\pi}{6}}a^2\cos^2\theta(4\cos^2\theta-3)^2\mathrm{d}\theta.$$

在上式右端第二个积分中作代换 $\theta=\pi-\varphi$，则

$$\int_{\frac{\pi}{2}}^{\frac{5\pi}{6}} a^2\cos^2\theta(4\cos^2\theta-3)^2\mathrm{d}\theta=\int_{\frac{\pi}{6}}^{\frac{\pi}{2}} a^2\cos^2\theta(4\cos^2\theta-3)^2\mathrm{d}\theta,$$

故

$$\begin{aligned}S&=\int_0^{\frac{\pi}{2}} a^2\cos^2\theta(4\cos^2\theta-3)^2\mathrm{d}\theta\\&=a^2\int_0^{\frac{\pi}{2}}(16\cos^6\theta-24\cos^4\theta+9\cos^2\theta)\mathrm{d}\theta\\&=a^2\left(16\cdot\frac{5\cdot3\cdot1}{6\cdot4\cdot2}\cdot\frac{\pi}{2}-24\cdot\frac{3\cdot1}{4\cdot2}\cdot\frac{\pi}{2}+9\cdot\frac{1}{2}\cdot\frac{\pi}{2}\right)\\&=\frac{\pi a^2}{4}.\end{aligned}$$

【3990】 $(x^2+y^2)^2=8a^2xy$;

$(x-a)^2+(y-a)^2\leqslant a^2\quad(a>0)$.

解 将方程化为极坐标方程，得(双纽线)

$$r^4=8a^2r^2\cos\theta\sin\theta,\quad 即\quad r=2a\sqrt{\sin2\theta};$$

与圆周 $(r\cos\theta-a)^2+(r\sin\theta-a)^2=a^2$，即

$$r=a(\cos\theta+\sin\theta)\pm a\sqrt{\sin2\theta}.$$

显然，两条曲线关于射线 $\theta=\frac{\pi}{4}$ 是对称的．令

$$2a\sqrt{\sin2\theta}=a(\cos\theta+\sin\theta)-a\sqrt{\sin2\theta},$$

解得交点的极角 $\theta=\frac{1}{2}\arcsin\frac{1}{8}$．于是，所求的面积为

$$\begin{aligned}S&=\iint_S r\,\mathrm{d}r\,\mathrm{d}\theta\\&=\int_{\frac{1}{2}\arcsin\frac{1}{8}}^{\frac{\pi}{4}}\left\{(2a\sqrt{\sin2\theta})^2-[a(\cos\theta+\sin\theta)-a\sqrt{\sin2\theta}]^2\right\}\mathrm{d}\theta\end{aligned}$$

$$=\int_{\frac{1}{2}\arcsin\frac{1}{8}}^{\frac{\pi}{4}}[2a^2\sin2\theta+2a^2(\sin\theta+\cos\theta)\sqrt{\sin2\theta}-a^2]\mathrm{d}\theta.$$

注意到

$$\int(\sin\theta+\cos\theta)\sqrt{\sin2\theta}\,\mathrm{d}\theta$$

$$=\frac{1}{2}(\sin\theta-\cos\theta)\sqrt{\sin2\theta}+\frac{1}{2}\arcsin(\sin\theta-\cos\theta)+C^{*)}.$$

即得

$$S=a^2[-\cos2\theta+(\sin\theta-\cos\theta)\sqrt{\sin2\theta}$$

$$+\arcsin(\sin\theta-\cos\theta)-\theta]\Big|_{\frac{1}{2}\arcsin\frac{1}{8}}^{\frac{\pi}{4}}$$

$$=a^2\left[-\frac{\pi}{4}+\frac{3\sqrt{7}}{8}+\frac{\sqrt{14}}{4}\sqrt{\frac{1}{8}}+\arcsin\frac{\sqrt{14}}{4}+\frac{1}{2}\arcsin\frac{1}{8}\right]$$

$$=a^2\left(\frac{\sqrt{7}}{2}+\arcsin\frac{\sqrt{14}}{4}-\frac{1}{2}\arccos\frac{1}{8}\right)$$

$$=a^2\left(\frac{\sqrt{7}}{2}+\arcsin\frac{\sqrt{14}}{8}\right)^{**)}.$$

*) 利用三角恒等式

$$\sqrt{\sin2x}\sin x=\frac{1}{\sqrt{2}}\left(\frac{2\tan x}{1+\tan^2x}\right)\sqrt{\tan x},\quad \sqrt{\sin2x}\cos x=\frac{1}{\sqrt{2}}\left(\frac{2\tan x}{1+\tan^2x}\right)\sqrt{\cot x}$$

化为二项型微分的积分,参看 А. Ф. Тимофеев《ИНТЕГРИРОВАНИЕ ФУНКЦИИ》第五章§15.

**) 容易证明: $\arcsin\frac{\sqrt{14}}{4}-\frac{1}{2}\arccos\frac{1}{8}=\arcsin\frac{\sqrt{14}}{8}$. 事实上,我们有 $\sin\left(\arcsin\frac{\sqrt{14}}{8}+\frac{1}{2}\arccos\frac{1}{8}\right)=\frac{3\sqrt{14}}{32}+\frac{5\sqrt{14}}{32}=\frac{\sqrt{14}}{4}$.

根据公式

$$x=ar\cos^\alpha\varphi,\qquad y=br\sin^\alpha\varphi\quad (r\geqslant0)$$

引入普遍的极坐标(其中 a, b 和 α 以适当的方法选出的常

数，且$\dfrac{D(x,y)}{D(r,\varphi)}=\alpha abr\cos^{\alpha-1}\varphi\sin^{\alpha-1}\varphi$)，以求由下列曲线所界的面积(假定参数是正的)：

【3991】 $\dfrac{x^2}{a^2}+\dfrac{y^2}{b^2}=\dfrac{x}{h}+\dfrac{y}{k}$.

解 不失一般性，设 $k>0$，$h>0$. 令 $x=ar\cos\varphi$，$y=br\sin\varphi$，则方程化为

$$r=\frac{a}{h}\cos\varphi+\frac{b}{k}\sin\varphi.$$

由于 $r\geqslant0$，故有

$$\frac{a}{h}\cos\varphi+\frac{b}{k}\sin\varphi\geqslant0,$$

因此，首先必须$-\dfrac{\pi}{2}\leqslant\varphi\leqslant\pi$. 同时，应有 $\cos\varphi\geqslant0$ 且 $\tan\varphi\geqslant-\dfrac{ak}{bh}$ 或者 $\cos\varphi<0$ 且 $\tan\varphi\leqslant-\dfrac{ak}{bh}$.

从而，极角 φ 应满足不等式 $-\arctan\dfrac{ak}{bh}\leqslant\varphi\leqslant\pi-\arctan\dfrac{ak}{bh}$. 于是，曲线所界的面积为

$$S=\iint\limits_{S}abr\,\mathrm{d}r\,\mathrm{d}\varphi=\frac{ab}{2}\int_{-\arctan\frac{ak}{bh}}^{\pi-\arctan\frac{ak}{bh}}\left(\frac{a}{h}\cos\varphi+\frac{b}{k}\sin\varphi\right)^2\mathrm{d}\varphi$$

$$=\frac{ab}{2}\left(\frac{a^2}{h^2}+\frac{b^2}{k^2}\right)\int_{-\arctan\frac{ak}{bh}}^{\pi-\arctan\frac{ak}{bh}}\sin^2(\varphi+\alpha_0)\,\mathrm{d}\varphi,$$

其中 $\alpha_0=\arctan\dfrac{ak}{bh}$. 从而，我们有

$$S=\frac{ab}{2}\left(\frac{a^2}{h^2}+\frac{b^2}{k^2}\right)\left[\frac{\varphi+\alpha_0}{2}-\frac{1}{4}\sin2(\varphi+\alpha_0)\right]\Bigg|_{-\arctan\frac{ak}{bh}}^{\pi-\arctan\frac{ak}{bh}}$$

$$=\frac{ab}{2}\left(\frac{a^2}{h^2}+\frac{b^2}{k^2}\right)\frac{\pi}{2}=\frac{\pi ab}{4}\left(\frac{a^2}{h^2}+\frac{b^2}{k^2}\right).$$

【3992】 $\frac{x^3}{a^3}+\frac{y^3}{b^3}=\frac{x^2}{h^2}+\frac{y^2}{k^2}$； $x=0$，$y=0$.

解 令 $x=ar\cos\varphi$，$y=br\sin\varphi$，则方程化为

$$r=\frac{\left(\frac{a}{h}\right)^2\cos^2\varphi+\left(\frac{b}{k}\right)^2\sin^2\varphi}{\cos^3\varphi+\sin^3\varphi}.$$

于是，曲线所界的面积为

$$S=\iint_S abr\,\mathrm{d}r\,\mathrm{d}\theta=\frac{ab}{2}\int_0^{\frac{\pi}{2}}r^2\mathrm{d}\varphi$$

$$=\frac{ab}{2}\int_0^{\frac{\pi}{2}}\frac{\left(\frac{a}{h}\right)^4\cos^4\varphi+\left(\frac{b}{k}\right)^4\sin^4\varphi+2\left(\frac{a}{h}\right)^2\left(\frac{b}{k}\right)^2\cos^2\varphi\sin^2\varphi}{(\cos^3\varphi+\sin^3\varphi)^2}\mathrm{d}\varphi.$$

根据 И. М. 雷日克、И. С. 格拉德什坦编著的《函数表与积分表》2.125、2.126 知：

$$\int\frac{\cos^4\varphi\,\mathrm{d}\varphi}{(\cos^3\varphi+\sin^3\varphi)^2}=\int\frac{1}{(1+\tan^3\varphi)}\mathrm{d}(\tan\varphi)=\frac{\tan\varphi}{3(1+\tan^3\varphi)}$$

$$+\frac{2}{9}\left[\frac{1}{2}\ln\frac{(\tan\varphi+1)^2}{\tan^2\varphi-\tan\varphi+1}+\sqrt{3}\arctan\frac{2\tan\varphi-1}{\sqrt{3}}\right]+C.$$

从而

$$\frac{ab}{2}\int_0^{\frac{\pi}{2}}\frac{\left(\frac{a}{h}\right)^4\cos^4\varphi}{(\cos^3\varphi+\sin^3\varphi)^2}\mathrm{d}\varphi=\frac{ab}{2}\left(\frac{a}{h}\right)^4\left\{\frac{\tan\varphi}{3(1+\tan^3\varphi)}\right.$$

$$\left.+\frac{2}{9}\left[\frac{1}{2}\ln\frac{(\tan\varphi+1)^2}{\tan^2\varphi-\tan\varphi+1}+\sqrt{3}\arctan\frac{2\tan\varphi-1}{\sqrt{3}}\right]\right\}\Bigg|_0^{\frac{\pi}{2}-0}$$

$$=\frac{ab}{2}\left(\frac{a}{h}\right)^4\cdot\frac{2\sqrt{3}}{9}\left(\frac{\pi}{2}+\frac{\pi}{6}\right)=\frac{2\pi ab}{9\sqrt{3}}\left(\frac{a}{h}\right)^4;$$

又

$$\int\frac{\sin^4\varphi\,\mathrm{d}\varphi}{(\cos^3\varphi+\sin^3\varphi)^2}=\int\frac{\tan^4\varphi}{(1+\tan^3\varphi)^2}\mathrm{d}(\tan\varphi)$$

$$=\frac{\tan^5\varphi}{3(1+\tan^3\varphi)}-\frac{2}{3}\int\frac{\tan^4\varphi}{1+\tan^3\varphi}d(\tan\varphi)$$

$$=\frac{\tan^5\varphi}{3(1+\tan^3\varphi)}-\frac{2}{3}\left\{\frac{\tan^2\varphi}{2}+\frac{1}{3}\left[\frac{1}{2}\ln\frac{(\tan\varphi+1)^2}{\tan^2\varphi-\tan\varphi+1}-\sqrt{3}\arctan\frac{2\tan\varphi-1}{\sqrt{3}}\right]\right\}+C,$$

从而

$$\frac{ab}{2}\int_0^{\frac{\pi}{2}}\frac{\left(\frac{b}{k}\right)^4\sin^4\varphi}{(\cos^3\varphi+\sin^3\varphi)^2}d\varphi=\frac{ab}{2}\left(\frac{b}{k}\right)^4\left\{\frac{\tan^5\varphi}{3(1+\tan^3\varphi)}-\frac{\tan^2\varphi}{3}-\frac{2}{9}\left[\frac{1}{2}\ln\frac{(\tan\varphi+1)^2}{\tan^2\varphi-\tan\varphi+1}-\sqrt{3}\arctan\frac{2\tan\varphi-1}{\sqrt{3}}\right]\right\}\Bigg|_0^{\frac{\pi}{2}-0}$$

$$=\frac{ab}{2}\left(\frac{b}{k}\right)^4\cdot\frac{2\sqrt{3}}{9}\left(\frac{\pi}{2}+\frac{\pi}{6}\right)=\frac{2\pi ab}{9\sqrt{3}}\left(\frac{b}{k}\right)^4;$$

此外，还有

$$\int\frac{\cos^2\varphi\sin^2\varphi d\varphi}{(\cos^3\varphi+\sin^3\varphi)^2}=\int\frac{\tan^2\varphi}{(1+\tan^3\varphi)^2}d(\tan\varphi)=-\frac{1}{3(1+\tan^3\varphi)}+C,$$

从而

$$\frac{ab}{2}\int_0^{\frac{\pi}{2}}\frac{2\left(\frac{a}{h}\right)^2\left(\frac{b}{k}\right)^2\cos^2\varphi\sin^2\varphi}{(\cos^3\varphi+\sin^3\varphi)^2}d\varphi$$

$$=ab\left(\frac{a}{h}\right)^2\left(\frac{b}{k}\right)^2\left[-\frac{1}{3(1+\tan^3\varphi)}\right]\Bigg|_0^{\frac{\pi}{2}-0}=\frac{ab}{3}\left(\frac{a}{h}\right)^2\left(\frac{b}{k}\right)^2.$$

于是，曲线所界的面积为

$$S=\frac{2\pi ab}{9\sqrt{3}}\left(\frac{a}{h}\right)^4+\frac{2\pi ab}{9\sqrt{3}}\left(\frac{b}{k}\right)^4+\frac{ab}{3}\left(\frac{a}{h}\right)^2\left(\frac{b}{k}\right)^2$$

$$=\frac{ab}{3}\left[\frac{2\pi}{3\sqrt{3}}\left(\frac{a^4}{h^4}+\frac{b^4}{k^4}\right)+\frac{a^2b^2}{h^2k^2}\right].$$

【3993】 $\left(\frac{x}{a}+\frac{y}{b}\right)^4=\frac{x^2}{h^2}+\frac{y^2}{k^2}\quad(x>0,y>0).$

解 解法 1:

令 $x = ar\cos\varphi$, $y = br\sin\varphi$,则方程化为

$$r^2 = \frac{\left(\frac{a}{h}\right)^2\cos^2\varphi + \left(\frac{b}{k}\right)^2\sin^2\varphi}{(\cos\varphi + \sin\varphi)^4} \qquad \left(0 \leqslant \varphi \leqslant \frac{\pi}{2}\right).$$

于是,曲线所界的面积为

$$S = \iint_S abr\,\mathrm{d}r\,\mathrm{d}\varphi = \frac{ab}{2}\int_0^{\frac{\pi}{2}} \frac{\left(\frac{a}{h}\right)^2\cos^2\varphi + \left(\frac{b}{k}\right)^2\sin^2\varphi}{(\cos\varphi + \sin\varphi)^4}\mathrm{d}\varphi.$$

注意到

$$\int \frac{\cos^2\varphi}{(\cos\varphi + \sin\varphi)^4}\mathrm{d}\varphi = \int \frac{1}{(1+\tan\varphi)^4}\mathrm{d}(\tan\varphi) = -\frac{1}{3(1+\tan\varphi)^3} + C,$$

$$\int \frac{\sin^2\varphi}{(\cos\varphi + \sin\varphi)^4}\mathrm{d}\varphi$$

$$= \int \frac{\tan^2\varphi}{(1+\tan\varphi)^4}\mathrm{d}(\tan\varphi) = \int \frac{(\tan\varphi - 1)(\tan\varphi + 1) + 1}{(1+\tan\varphi)^4}\mathrm{d}(\tan\varphi)$$

$$= \int \frac{1}{(1+\tan\varphi)^2}\mathrm{d}(\tan\varphi) - 2\int \frac{1}{(1+\tan\varphi)^3}\mathrm{d}(\tan\varphi) + \int \frac{1}{(1+\tan\varphi)^4}\mathrm{d}(\tan\varphi)$$

$$= -\frac{1}{1+\tan\varphi} + \frac{1}{(1+\tan\varphi)^2} - \frac{1}{3}\frac{1}{(1+\tan\varphi)^3} + C,$$

于是,所求的面积为

$$S = \frac{ab}{2}\left(\frac{a}{h}\right)^2\left[-\frac{1}{3(1+\tan\varphi)^3}\right]\Bigg|_0^{\frac{\pi}{2}-0}$$

$$+ \frac{ab}{2}\left(\frac{b}{k}\right)^2\left[-\frac{1}{1+\tan\varphi} + \frac{1}{(1+\tan\varphi)^2} - \frac{1}{3(1+\tan\varphi)^3}\right]\Bigg|_0^{\frac{\pi}{2}-0}$$

$$= \frac{ab}{6}\left(\frac{a^2}{h^2} + \frac{b^2}{k^2}\right).$$

解法 2:

令 $x = hr\cos\varphi$, $y = kr\sin\varphi$,则方程化为

$$r^2=\frac{1}{\left(\frac{h}{a}\cos\varphi+\frac{k}{b}\sin\varphi\right)^4}=\left[\frac{a^2b^2}{(hb)^2+(ka)^2}\right]^2\frac{1}{\sin^4(\varphi+\alpha)}$$

$$\left(0\leqslant\varphi\leqslant\frac{\pi}{2}\right),$$

其中 $\tan\alpha=\frac{hb}{ka}$. 于是,曲线所界的面积为

$$S=\iint\limits_S hkr\,\mathrm{d}r\,\mathrm{d}\varphi=\frac{hka^4b^4}{[(hb)^2+(ka)^2]^2}\cdot\frac{1}{2}\int_0^{\frac{\pi}{2}}\frac{\mathrm{d}\varphi}{\sin^4(\varphi+\alpha)}$$

$$=\frac{hka^4b^4}{[(hb)^2+(ka)^2]^2}\left[-\frac{1}{6}\frac{\cos(\varphi+\alpha)}{\sin(\varphi+\alpha)}-\frac{1}{3}\frac{\cos(\varphi+\alpha)}{\sin(\varphi+\alpha)}\right]\Bigg|_0^{\frac{\pi}{2}}{}^{*)}$$

$$=\frac{hka^4b^4}{[(hb)^2+(ka)^2]^2}\left[\frac{1}{6}\left(\frac{\sin\alpha}{\cos^3\alpha}+\frac{\cos\alpha}{\sin^3\alpha}\right)+\frac{1}{3}(\tan\alpha+\cot\alpha)\right]$$

$$=\frac{hka^4b^4}{[(hb)^2+(ka)^2]^2}\cdot\frac{1}{6}\frac{[(hb)^2+(ka)^2]^3}{(hbka)^3}{}^{**)}$$

$$=\frac{ab}{b}\left(\frac{a^2}{h^2}+\frac{b^2}{k^2}\right).$$

*) 参看2012题的结果.

**) 由 $\tan\alpha=\frac{hb}{ka}$ 知:

$$\cot\alpha=\frac{ka}{hb},\quad \sin\alpha=\frac{hb}{\sqrt{(hb)^2+(ka)^2}},\quad \cos\alpha=\frac{ka}{\sqrt{(hb)^2+(ka)^2}}.$$

【3994】 $\left(\frac{x}{a}+\frac{y}{b}\right)^4=\frac{x^2}{h^2}-\frac{y^2}{k^2}\quad(x>0,y>0)$.

解 令 $x=ar\cos\varphi$, $y=br\sin\varphi$,则方程化为

$$r^2=\frac{\left(\frac{a}{h}\right)^2\cos^2\varphi-\left(\frac{b}{k}\right)^2\sin^2\varphi}{(\cos\varphi+\sin\varphi)^4}.$$

由于

$$\left(\frac{a}{h}\right)^2\cos^2\varphi-\left(\frac{b}{k}\right)^2\sin^2\varphi\geqslant0,\quad \left(\frac{ak}{bh}\right)^2\geqslant\tan^2\varphi,$$

注意到 $0\leqslant\varphi\leqslant\frac{\pi}{2}$，可知极角的变化区间为 $0\leqslant\varphi\leqslant\arctan\frac{ak}{bh}$.

于是，注意利用上题中两个不定积分，便得到曲线所界的面积为

$$S=\iint_S abr\,\mathrm{d}r\,\mathrm{d}\varphi=\frac{ab}{2}\int_0^{\arctan\frac{ak}{bh}} r^2\mathrm{d}\varphi$$

$$=\frac{ab}{2}\left(\frac{a}{h}\right)^2\int_0^{\arctan\frac{ak}{bh}}\frac{\cos^2\varphi}{(\cos\varphi+\sin\varphi)^4}\mathrm{d}\varphi$$

$$-\frac{ab}{2}\left(\frac{b}{k}\right)^2\int_0^{\arctan\frac{ak}{bh}}\frac{\sin^2\varphi}{(\cos\varphi+\sin\varphi)^4}\mathrm{d}\varphi$$

$$=\frac{ab}{2}\left(\frac{a}{h}\right)^2\left[-\frac{1}{3(1+\tan\varphi)^3}\right]\Bigg|_0^{\arctan\frac{ak}{bh}}$$

$$-\frac{ab}{2}\left(\frac{b}{k}\right)^2\left[-\frac{3\tan^2\varphi+3\tan\varphi+1}{3(1+\tan\varphi)^3}\right]\Bigg|_0^{\arctan\frac{ak}{bh}}$$

$$=\frac{ab}{6}\left(\frac{a}{h}\right)^2\left[\frac{-1}{\left(1+\frac{ak}{bh}\right)^3}+1\right]+\frac{ab}{6}\left(\frac{b}{k}\right)^2\left[\frac{3\left(\frac{ak}{bh}\right)^2+3\left(\frac{ak}{bh}\right)+1}{\left(1+\frac{ak}{bh}\right)^3}-1\right]$$

$$=\frac{ab}{6}\left(\frac{a}{h}\right)^2\frac{(ak)^3+3(ak)^2bh+3ak(bh)^2}{(ak+bh)^3}+\frac{ab}{6}\left(\frac{b}{k}\right)^2\frac{-(ak)^3}{(ak+bh)^3}$$

$$=\frac{a^4bk}{6h^2(ak+bh)^3}(a^2k^2+3akbh+2b^2h^2)=\frac{a^4bk(ak+2bh)}{6h^2(ak+bh)^2}.$$

【3995】 $\sqrt[4]{\frac{x}{a}}+\sqrt[4]{\frac{y}{b}}=1$；$x=0$，$y=0$.

解 令 $x=ar\cos^8\varphi$，$y=br\sin^8\varphi$，则方程化为

$$r=1\qquad\left(0\leqslant\varphi\leqslant\frac{\pi}{2}\right).$$

于是，曲线所界的面积为

$$S=\iint_S 8abr\cos^7\varphi\sin^7\varphi\,\mathrm{d}\varphi=4ab\int_0^{\frac{\pi}{2}}\cos^7\varphi\sin^7\varphi\,\mathrm{d}\varphi$$

$$= 4ab\int_0^1 u^7(1-u^2)^3 \mathrm{d}u = 4ab\int^1 (u^7-3u^9+3u^{11}-u^{13})\mathrm{d}u$$

$$= 4ab\left(\frac{1}{8}-\frac{3}{10}+\frac{1}{4}-\frac{1}{14}\right)=\frac{ab}{70}.$$

进行适量的变量代换,求由下列曲线所界的面积:

【3996】 $x+y=a,\ x+y=b,\ y=\alpha x,\ y=\beta x\ (0<a<b;\ 0<\alpha<\beta)$.

解 作变换:$x+y=u,\ \dfrac{y}{x}=v$,则 $a\leqslant u\leqslant b,\alpha\leqslant v\leqslant\beta$,且有

$$|I|=\frac{u}{(1+v)^2}.$$

于是,所求的面积为

$$S=\int_a^b u\,\mathrm{d}u\int_\alpha^\beta\frac{\mathrm{d}v}{(1+v)^2}=\frac{1}{2}\cdot\frac{(\beta-\alpha)(b^2-a^2)}{(1+\alpha)(1+\beta)}.$$

【3997】 $xy=a^2,\ xy=2a^2,\ y=x,\ y=2x\ (x>0;y>0)$.

解 作变换:$xy=u,\ \dfrac{y}{x}=v$,则 $a^2\leqslant u\leqslant 2a^2, 1\leqslant v\leqslant 2$,且有

$$|I|=\frac{1}{2v}.$$

于是,所求的面积为

$$S=\frac{1}{2}\int_{a^2}^{2a^2}\mathrm{d}u\int_1^2\frac{\mathrm{d}v}{v}=\frac{1}{2}a^2\ln 2.$$

【3998】 $y^2=2px, y^2=2qx, x^2=2ry, x^2=2sy (0<p<q;\ 0<r<s)$.

解 作变换:$\dfrac{y^2}{x}=u,\ \dfrac{x^2}{y}=v$,则 $2p\leqslant u\leqslant 2q, 2r\leqslant v\leqslant 2s$,且有

$$|I|=\frac{1}{3}.$$

于是,所求的面积为

$$S=\frac{1}{3}\int_{2p}^{2q}\mathrm{d}u\int_{2r}^{2s}\mathrm{d}v=\frac{4}{3}(q-p)(s-r).$$

【3999】 $\sqrt{\frac{x}{a}}+\sqrt{\frac{y}{b}}=1, \sqrt{\frac{x}{a}}+\sqrt{\frac{y}{b}}=2, \frac{x}{a}=\frac{y}{b}, \frac{4x}{a}=\frac{y}{b}$ $(a>0, b>0)$.

解 作变换: $\sqrt{\frac{x}{a}}+\sqrt{\frac{y}{b}}=u$, $\frac{x}{y}=v$, 即

$$x=\frac{u^2v}{\left(\sqrt{\frac{v}{a}}+\frac{1}{\sqrt{b}}\right)^2},\qquad y=\frac{u^2}{\left(\sqrt{\frac{v}{a}}+\frac{1}{\sqrt{b}}\right)^2},$$

则 $1\leqslant u\leqslant 2$, $\frac{a}{4b}\leqslant v\leqslant\frac{a}{b}$,且有

$$|I|=\frac{2u^3}{\left(\sqrt{\frac{v}{a}}+\frac{1}{\sqrt{b}}\right)^4}.$$

于是,所求的面积为

$$S=\int_1^2 2u^3\mathrm{d}u\int_{\frac{a}{4h}}^{\frac{a}{b}}\frac{\mathrm{d}v}{\left(\sqrt{\frac{v}{a}}+\frac{1}{\sqrt{b}}\right)^4}=\frac{15}{2}\cdot\int_{\frac{1}{2\sqrt{b}}}^{\frac{1}{\sqrt{b}}}\frac{2at\,\mathrm{d}t}{\left(t+\frac{1}{\sqrt{b}}\right)^4}\ ^{*)}$$

$$=15a\int_{\frac{1}{2\sqrt{b}}}^{\frac{1}{\sqrt{b}}}\left[\frac{1}{\left(t+\frac{1}{\sqrt{b}}\right)^3}-\frac{1}{\sqrt{b}}\cdot\frac{1}{\left(\sqrt{\frac{1}{b}}+t\right)^4}\right]\mathrm{d}t$$

$$=15a\cdot\left(\frac{7b}{72}-\frac{37b}{648}\right)=\frac{65ab}{108}.$$

*) 作代换 $v=at^2$.

【4000】 $\frac{x^2}{\lambda}+\frac{y^2}{\lambda-c^2}=1$,其中 λ 取下列各值:

$$\frac{1}{3}c^2,\quad \frac{2}{3}c^2,\quad \frac{4}{3}c^2,\quad \frac{5}{3}c^2\quad (x>0,y>0).$$

解 方程$\frac{x^2}{\lambda}+\frac{y^2}{\lambda-c^2}=1$可变为

$$\lambda^2-(x^2+y^2+c^2)\lambda+c^2x^2=0.$$

将λ作为未知量解方程,不妨记方程的两个解为λ及μ,则

$$\lambda=\frac{x^2+y^2+c^2+\sqrt{(x^2+y^2+c^2)^2-4c^2x^2}}{2},$$

$$\mu=\frac{x^2+y^2+c^2-\sqrt{(x^2+y^2+c^2)^2-4c^2x^2}}{2},$$

今设按上式作变量代换,将(x,y)变为(λ,μ).易知

$$\left|\frac{D(\lambda,\mu)}{D(x,y)}\right|=\frac{4c^2xy}{\sqrt{(x^2+y^2+c^2)^2-4c^2x^2}}=\frac{4\sqrt{\lambda\mu(c^2-\mu)(\lambda-c^2)}}{\lambda-\mu},$$

从而

$$\frac{D(x,y)}{D(\lambda,\mu)}=\frac{1}{\frac{D(\lambda,\mu)}{D(x,y)}}=\frac{\lambda-\mu}{4\sqrt{\lambda\mu(c^2-\mu)(\lambda-c^2)}}.$$

于是,所求的面积为

$$S=\iint_{\Omega}\mathrm{d}x\mathrm{d}y=\iint\limits_{\substack{\frac{4c^2}{3}\leqslant\lambda\leqslant\frac{5c^2}{3}\\ \frac{c^2}{3}\leqslant\mu\leqslant\frac{2c^2}{3}}}\frac{\lambda-\mu}{4\sqrt{\lambda\mu(c^2-\mu)(\lambda-c^2)}}\mathrm{d}\lambda\mathrm{d}\mu$$

$$=\frac{c^2}{4}\int_{\frac{4}{3}}^{\frac{5}{3}}\int_{\frac{1}{3}}^{\frac{2}{3}}\frac{u-v}{\sqrt{uv(1-v)(u-1)}}\mathrm{d}u\mathrm{d}v$$

$$=\frac{c^2}{4}\int_{\frac{4}{3}}^{\frac{5}{3}}\frac{\sqrt{u}\,\mathrm{d}u}{\sqrt{u-1}}\int_{\frac{1}{3}}^{\frac{2}{3}}\frac{\mathrm{d}v}{\sqrt{v(1-v)}}-\frac{c^2}{4}\int_{\frac{4}{3}}^{\frac{5}{3}}\frac{\mathrm{d}u}{\sqrt{u(u-1)}}\int_{\frac{1}{3}}^{\frac{2}{3}}\frac{\sqrt{v}\,\mathrm{d}v}{\sqrt{1-v}}.$$

由于

$$\int_{\frac{4}{3}}^{\frac{5}{3}} \frac{\sqrt{u}}{\sqrt{u-1}} \mathrm{d}u = \frac{\sqrt{10}}{3} - \frac{2}{3} + \lg \frac{\sqrt{5}-\sqrt{2}}{2-\sqrt{2}},$$

$$\int_{\frac{4}{3}}^{\frac{5}{3}} \frac{\mathrm{d}u}{\sqrt{u(u-1)}} = 2\lg \frac{\sqrt{5}-\sqrt{2}}{2-\sqrt{2}},$$

$$\int_{\frac{1}{3}}^{\frac{2}{3}} \frac{\mathrm{d}v}{\sqrt{v(1-v)}} = 2\arcsin\sqrt{\frac{2}{3}} - 2\arcsin\sqrt{\frac{1}{3}},$$

$$\int_{\frac{1}{3}}^{\frac{2}{3}} \frac{\sqrt{v}}{\sqrt{1-v}} \mathrm{d}v = \arcsin\sqrt{\frac{2}{3}} - \arcsin\sqrt{\frac{1}{3}},$$

故最后得

$$S = \frac{c^2}{4}\left[\left(\frac{\sqrt{10}}{3} - \frac{2}{3} + \lg \frac{\sqrt{5}-\sqrt{2}}{2-\sqrt{2}}\right)\left(2\arcsin\sqrt{\frac{2}{3}} - 2\arcsin\sqrt{\frac{1}{3}}\right)\right]$$

$$-\frac{c^2}{4}\left[\left(2\lg \frac{\sqrt{5}-\sqrt{2}}{2-\sqrt{2}}\right)\left(\arcsin\sqrt{\frac{2}{3}} - \arcsin\sqrt{\frac{1}{3}}\right)\right]$$

$$= \frac{c^2}{6}(\sqrt{10}-2)\arcsin\frac{1}{3}.$$

【4001】 求由椭圆

$$(a_1x + b_1y + c_1)^2 + (a_2x + b_2y + c_2)^2 = 1$$

(其中 $\delta = a_1b_2 - a_2b_1 \neq 0$)所界的面积.

解 作变换:$a_1x + b_1y + c_1 = u$, $a_2x + b_2y + c_2 = v$,则椭圆所围成的域变为 $u^2 + v^2 \leqslant 1$,且有

$$|I| = \frac{1}{|\delta|}.$$

于是,所求的面积为

$$S = \frac{1}{|\delta|} \iint\limits_{u^2+v^2 \leqslant 1} \mathrm{d}u\mathrm{d}v = \frac{\pi}{|\delta|}.$$

【4002】 求由椭圆

$$\frac{x^2}{\text{ch}^2 u}+\frac{y^2}{\text{sh}^2 u}=c^2 \qquad (u=u_1, u_2)$$

和双曲线
$$\frac{x^2}{\cos^2 v}-\frac{y^2}{\sin^2 v}=c^2 \qquad (v=v_1, v_2)$$
$$(0<u_1<u_2; 0<v_1<v_2; x>0, y>0)$$

所界的面积.

解 作变换:$x=c\,\text{ch}u\cos v$, $y=c\,\text{sh}u\sin v$,则有

$$|I|=|c^2\text{ch}^2 u-c^2\cos^2 v|.$$

因为 $\text{ch}^2 u\geqslant 1\geqslant \cos^2 v$,故所求的面积为

$$S=c^2\int_{u_1}^{u_2}\int_{v_1}^{v_2}(\text{ch}^2 u-\cos^2 v)\,\mathrm{d}u\,\mathrm{d}v$$
$$=c^2\left[(v_2-v_1)\int_{u_1}^{u_2}\frac{1+\text{ch}2u}{2}\mathrm{d}u-(u_2-u_1)\int_{v_1}^{v_2}\cos^2 v\,\mathrm{d}v\right]$$
$$=\frac{c^2}{4}[(v_2-v_1)(\text{sh}2u_2-\text{sh}2u_1)-(u_2-u_1)(\sin 2v_2-\sin 2v_1)].$$

【4003】 求用平面 $x+y+z=b$ 与曲面 $x^2+y^2+z^2-xy-xz-yz=a^2$ 相截所得截断面之面积.

解 为简化平面和曲面的方程,作变量代换:

$$x'=\frac{1}{\sqrt{2}}x-\frac{1}{\sqrt{2}}z, \qquad y'=\frac{1}{\sqrt{6}}x-\frac{2}{\sqrt{6}}y+\frac{1}{\sqrt{6}}z,$$
$$z'=\frac{1}{\sqrt{3}}x+\frac{1}{\sqrt{3}}y+\frac{1}{\sqrt{3}}z,$$

这是一个正交变换,故 $Ox'y'z'$ 成为一新的直角坐标系.在新的坐标系下,平面方程为

$$z'=\frac{1}{\sqrt{3}}(x+y+z)=\frac{b}{\sqrt{3}}.$$

由于

$$x=\frac{1}{\sqrt{2}}x'+\frac{1}{\sqrt{6}}y'+\frac{1}{\sqrt{3}}z', \qquad y=\frac{-\sqrt{6}}{3}y'+\frac{1}{\sqrt{3}}z',$$

$$z=-\frac{1}{\sqrt{2}}x'+\frac{1}{\sqrt{6}}y'+\frac{1}{\sqrt{3}}z',$$

故有

$$x^2+y^2+z^2-xy-xz-yz$$
$$=\frac{1}{2}[(x-y)^2+(y-z)^2+(z-x)^2]=\frac{3}{2}(x'^2+y'^2).$$

从而,曲面方程变为 $x'^2+y'^2=\frac{2}{3}a^2$. 于是,所求的面积为

$$S=\iint\limits_{x'^2+y'^2\leqslant\frac{2}{3}a^2}\mathrm{d}x'\mathrm{d}y'=\frac{2}{3}\pi a^2.$$

【4004】 求用平面 $z=1-2(x+y)$ 与曲面 $\frac{1}{x}+\frac{1}{y}+\frac{1}{z}=0$ 相截所得截断面之面积.

解 平面被曲面所截部分记为 S,它在 Oxy 平面上的投影记为 D. 由于平面 $z=1-2(x+y)$ 的法线之方向余弦为 $\cos\alpha=\cos\beta=\frac{2}{3}$, $\cos\gamma=\frac{1}{3}$, 故 $D=S\cos\gamma=\frac{1}{3}S$, 从而, $S=3D$, 显然 D 为 Oxy 平面上由曲线 $\frac{1}{x}+\frac{1}{y}+\frac{1}{1-2(x+y)}=0$(也即 $2x^2+2y^2+3xy-x-y=0$)所界的区域. 作变量代换

$$x=u+v+\frac{1}{7},\qquad y=u-v+\frac{1}{7}.$$

于是, $\frac{D(x,y)}{D(u,v)}=-2$, 且曲线 $2x^2+2y^2+3xy-x-y=0$ 变为 $7u^2+v^2-\frac{1}{7}=0$, 这是一个椭圆(在 uv 平面上). 从而,即得

$$D=\iint\limits_{D}\mathrm{d}x\mathrm{d}y=2\iint\limits_{49u^2+7v^2\leqslant 1}\mathrm{d}u\mathrm{d}v=2\pi\left(\frac{1}{7}\right)\left(\frac{1}{\sqrt{7}}\right)=\frac{2\pi}{7\sqrt{7}}.$$

由此,最后得

$$S=3D=\frac{6\pi}{7\sqrt{7}}.$$

§3. 体积的计算法

设柱体上顶是连续的曲面 $z=f(x,y)$，下底是平面 $z=0$，侧面为从平面 Oxy 中的可求面积的区域 Ω(图 8.38)竖起的垂直柱面所界定.

柱体的体积等于

$$V=\iint_{\Omega} f(x,y)\mathrm{d}x\mathrm{d}y.$$

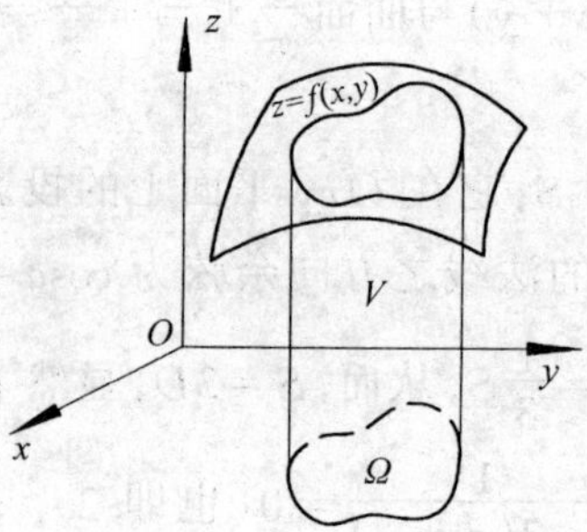

图 8.38

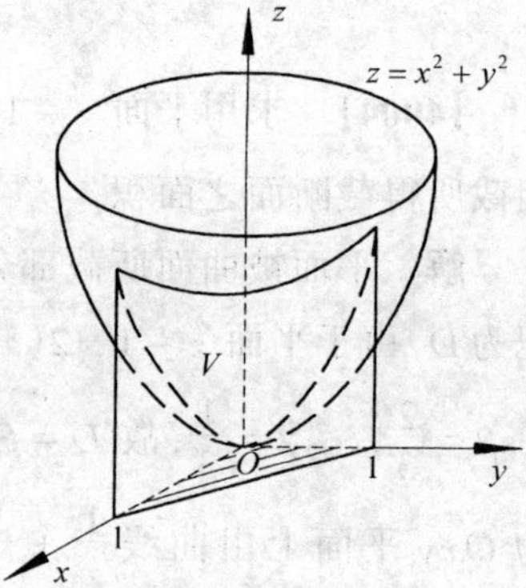

图 8.39

【4005】 试绘出一物体，其体积等于积分

$$V=\int_0^1 \mathrm{d}x\int_0^{1-x}(x^2+y^2)\mathrm{d}y.$$

解 积分域为三角形 $0\leqslant x\leqslant 1$, $0\leqslant y\leqslant 1-x$. 柱体上顶为旋转抛物面 $z=x^2+y^2$. 物体的形状如图 8.39 所示.

【4006】 描出下列二重积分所表示的体积：

(1) $\displaystyle\iint\limits_{\substack{0\leqslant x+y\leqslant 1\\ x\geqslant 0,\ y\geqslant 0}}(x+y)\mathrm{d}x\mathrm{d}y$;

(2) $\iint\limits_{\frac{x^2}{4}+\frac{y^2}{9}\leqslant 1} \sqrt{1-\frac{x^2}{4}-\frac{y^2}{9}}\,\mathrm{d}x\,\mathrm{d}y$;

(3) $\iint\limits_{|x|+|y|\leqslant 1} (x^2+y^2)\,\mathrm{d}x\,\mathrm{d}y$;

(4) $\iint\limits_{x^2+y^2\leqslant x} \sqrt{x^2+y^2}\,\mathrm{d}x\,\mathrm{d}y$;

(5) $\iint\limits_{\substack{1\leqslant x\leqslant 2\\ x\leqslant y\leqslant 2x}} \sqrt{xy}\,\mathrm{d}x\,\mathrm{d}y$;

(6) $\iint\limits_{x^2+y^2\leqslant 1} \sin\pi\sqrt{x^2+y^2}\,\mathrm{d}x\,\mathrm{d}y$.

解 (1) 积分域为三角形 $0\leqslant x+y\leqslant 1,\ x\geqslant 0,\ y\geqslant 0$. 柱体的上顶为平面 $z=x+y$(图 8.40).

图 8.40

(2) 积分域为椭圆 $\frac{x^2}{4}+\frac{y^2}{9}\leqslant 1$, 即立体的底面, 顶面为椭球面 $z=\sqrt{1-\frac{x^2}{4}-\frac{y^2}{9}}$(图 8.41).

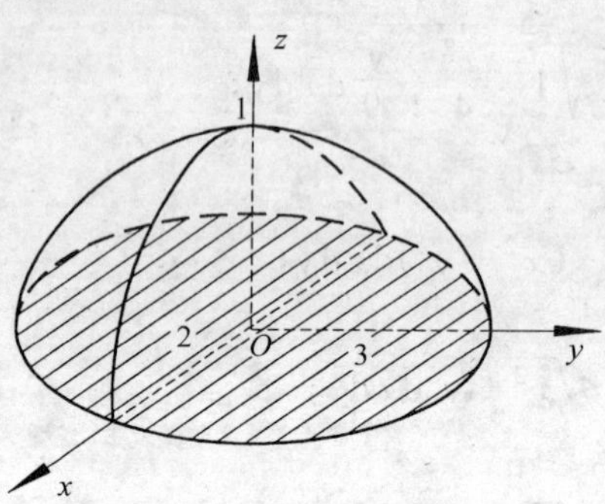

图 8.41

(3) 积分域为由直线 $x+y=1, x+y=-1, x-y=1, y-x=1$围成的正方形. 柱体的顶面为旋转抛物面 $z=x^2+y^2$. 图 8.42 仅画了第一卦限部分的体积.

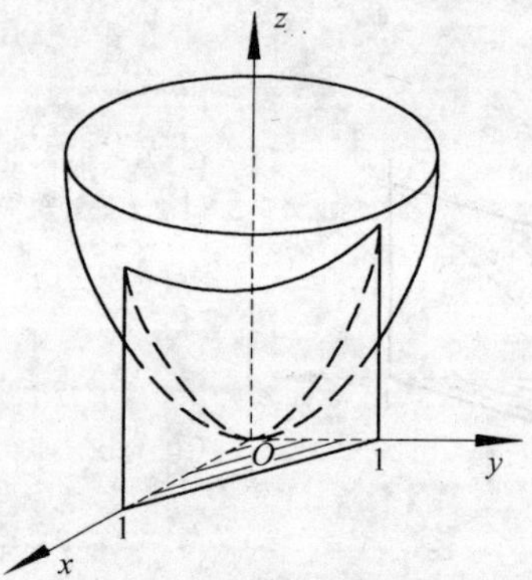

图 8.42

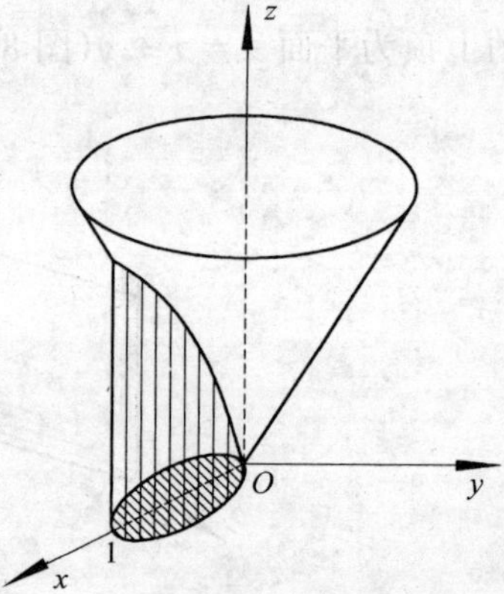

图 8.43

(4) 积分域为圆$\left(x-\frac{1}{2}\right)^2+y^2\leqslant\frac{1}{4}$. 柱体的顶面为圆锥面 $z=\sqrt{x^2+y^2}$(图 8.43).

(5) 积分域为梯形 $1\leqslant x\leqslant 2, x\leqslant y\leqslant 2x$. 柱体的顶面为双曲抛物面 $z=\sqrt{xy}$(图 8.44).

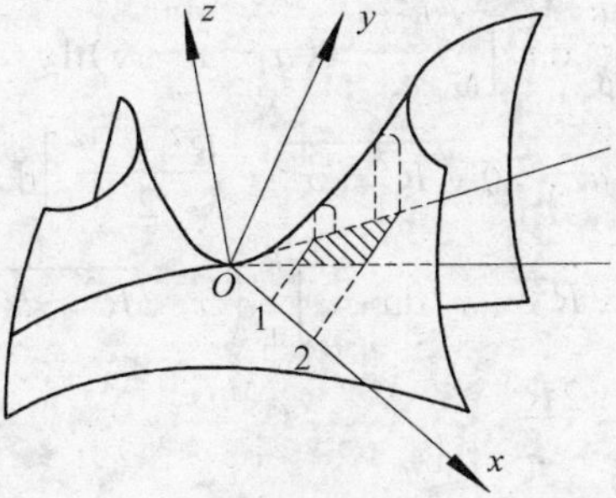

图 8.44

(6) 积分域为圆 $x^2+y^2\leqslant 1$. 即立体的底面, 顶面是由正弦曲线 $z=\sin\pi x$ 绕 Oz 轴旋转一周而得的旋转曲面(图 8.45).

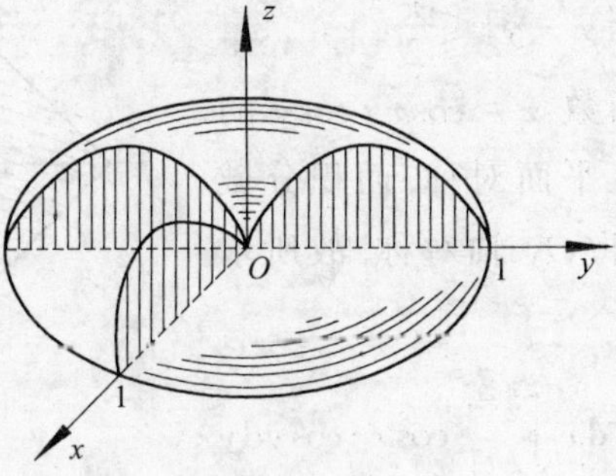

图 8.45

求由下列曲面所界的体积:

【4007】 $z=1+x+y,\ z=0,\ x+y=1,\ x=0,\ y=0.$

解 $V=\int_0^1 \mathrm{d}x\int_0^{1-x}(1+x+y)\mathrm{d}y=\int_0^1\left(\frac{3}{2}-x-\frac{x^2}{2}\right)dx$

$=\frac{5}{6}.$

【4008】 $x+y+z=a,\ x^2+y^2=R^2,\ x=0,\ y=0,\ z=0$ $(a\geqslant R\sqrt{2})$

解 $V=\int_0^R \mathrm{d}x\int_0^{\sqrt{R^2-x^2}}(a-x-y)\mathrm{d}y$

$$=\int_0^R\left[(a-x)\sqrt{R^2-x^2}-\frac{R^2-x^2}{2}\right]\mathrm{d}x$$

$$=\int_0^R a\sqrt{R^2-x^2}\mathrm{d}x-\int_0^R\left(x\sqrt{R^2-x^2}+\frac{R^2-x^2}{2}\right)\mathrm{d}x$$

$$=\frac{\pi aR^2}{4}-\frac{2R^3}{3}.$$

【4009】 $z=x^2+y^2,\ y=x^2,\ y=1,\ z=0.$

解 $V=\int_{-1}^1\mathrm{d}x\int_{x^2}^1(x^2+y^2)\mathrm{d}y=\frac{88}{105}.$

【4010】 $z=\cos x\cos y,\ z=0,$

$|x+y|\leqslant\frac{\pi}{2},\ |x-y|\leqslant\frac{\pi}{2}.$

解 因函数 $z=\cos x\cdot\cos y$ 的图形关于 Oyz 平面对称，而积分域(图 8.46)关于 Oy 轴对称，故所求的体积为

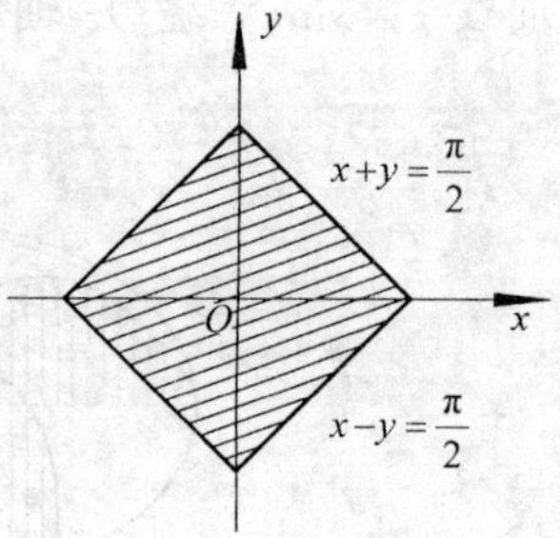

图 8.46

$$V=2\int_0^{\frac{\pi}{2}}\mathrm{d}x\int_{x-\frac{\pi}{2}}^{\frac{\pi}{2}-x}\cos x\cdot\cos y\,\mathrm{d}y$$

$$=4\int_0^{\frac{\pi}{2}}\cos^2 x\,\mathrm{d}x=4\left(\frac{x}{2}+\frac{\sin 2x}{4}\right)\Bigg|_0^{\frac{\pi}{2}}=\pi.$$

【4011】 $z=\sin\frac{\pi y}{2x},\ z=0,\ y=x,\ y=0,\ x=\pi.$

解 $V=\int_0^{\pi}\mathrm{d}x\int_0^x\sin\frac{\pi y}{2x}\mathrm{d}y=\frac{2}{\pi}\int_0^{\pi}x\,\mathrm{d}x=\pi.$

【4012】 $z=xy,\ x+y+z=1,\ z=0.$

解 体积 V 由两部分组成：

$$V_1:\ 0\leqslant x\leqslant 1,\ 0\leqslant y\leqslant\frac{1-x}{1+x},\ z=xy.$$

V_2: $0\leqslant x\leqslant 1$,

$$\frac{1-x}{1+x}\leqslant y\leqslant 1-x,$$

$$z=1-x-y.$$

它们在 Oxy 平面上的射影域 Ω_1 及 Ω_2 如图 8.47 所示. 于是, 所求的体积为

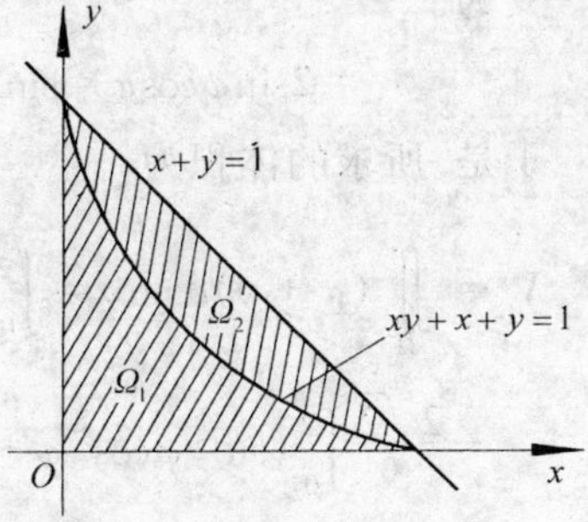

图 8.47

$$V=V_1+V_2=\int_0^1 x\mathrm{d}x\int_0^{\frac{1-x}{1+x}} y\mathrm{d}y$$

$$+\int_0^1 \mathrm{d}x\int_{\frac{1-x}{1+x}}^{1-x}(1-x-y)\mathrm{d}y$$

$$=\left(-\frac{11}{4}+4\ln 2\right)+\left(\frac{25}{6}-6\ln 2\right)=\frac{17}{12}-2\ln 2.$$

变换成极坐标,以求下列曲面所界定的体积:

【4013】 $z^2=xy$, $x^2+y^2=a^2$.

解 因为 $z=\sqrt{xy}$,故所求的体积为

$$V=4\iint\limits_{\substack{x^2+y^2\leqslant a^2\\ x\geqslant 0,\ y\geqslant 0}}\sqrt{xy}\,\mathrm{d}x\mathrm{d}y=4\int_0^a \mathrm{d}r\int_0^{\frac{\pi}{2}}\sqrt{\cos\varphi\sin\varphi}\cdot r^2\mathrm{d}\varphi$$

$$=\frac{4}{3}a^3\int_0^{\frac{\pi}{2}}\cos^{\frac{1}{2}}\varphi\sin^{\frac{1}{2}}\varphi\,\mathrm{d}\varphi=\frac{4}{3}a^3\cdot\frac{1}{2}B\left(\frac{3}{4},\frac{3}{4}\right)^{*)}$$

$$=\frac{2}{3}a^3\cdot\frac{\Gamma^2\left(\frac{3}{4}\right)}{\Gamma\left(\frac{3}{2}\right)}=\frac{2}{3}a^3\cdot\frac{\Gamma^2\left(\frac{3}{4}\right)}{\frac{1}{2}\Gamma\left(\frac{1}{2}\right)}=\frac{4}{3}a^3\frac{\Gamma^2\left(\frac{3}{4}\right)}{\sqrt{\pi}}.$$

*) 利用 3856 题的结果.

【4014】 $z=x+y$, $(x^2+y^2)^2=2xy$, $z=0\,(x>0, y>0)$.

解 令 $x=r\cos\varphi$, $y=r\sin\varphi$,则方程

$$(x^2+y^2)^2=2xy \quad 及 \quad z=x+y$$

变为

$$r^2=2\sin\varphi\cos\varphi=\sin2\varphi \quad 及 \quad z=r(\cos\varphi+\sin\varphi).$$

于是,所求的体积为

$$V=\iint_\Omega (x+y)\mathrm{d}x\mathrm{d}y=\int_0^{\frac{\pi}{2}}\mathrm{d}\varphi\int_0^{\sqrt{\sin2\varphi}} r^2(\cos\varphi+\sin\varphi)\mathrm{d}r$$

$$=\frac{2\sqrt{2}}{3}\int_0^{\frac{\pi}{2}}(\sin^{\frac{5}{2}}\varphi\cos^{\frac{3}{2}}\varphi+\cos^{\frac{5}{2}}\varphi\sin^{\frac{3}{2}}\varphi)\mathrm{d}\varphi=\frac{2\sqrt{2}}{3}\cdot B\left(\frac{5}{4},\frac{7}{4}\right)^{*)}$$

$$=\frac{2\sqrt{2}}{3}\cdot\frac{\Gamma\left(\frac{5}{4}\right)\Gamma\left(\frac{7}{4}\right)}{\Gamma(3)}=\frac{2\sqrt{2}}{3}\cdot\frac{\frac{1}{4}\cdot\frac{3}{4}\Gamma\left(\frac{1}{4}\right)\Gamma\left(\frac{3}{4}\right)}{2!}$$

$$=\frac{\sqrt{2}}{16}\cdot\frac{\pi}{\sin\frac{\pi}{4}}=\frac{\pi}{8}.$$

*) 利用 3856 题的结果.

【4015】 $z=x^2+y^2$, $x^2+y^2=x$, $x^2+y^2=2x$, $z=0$.

解 令 $x=r\cos\varphi$, $y=r\sin\varphi$,则方程

$$x^2+y^2=x, \quad x^2+y^2=2x \quad 及 \quad z=x^2+y^2$$

变为

$$r=\cos\varphi, \qquad r=2\cos\varphi \quad 及 \quad z=r^2.$$

于是,所求的体积为

$$V=\iint_\Omega (x^2+y^2)\mathrm{d}x\mathrm{d}y=\int_{-\frac{\pi}{2}}^{\frac{\pi}{2}}\mathrm{d}\varphi\int_{\cos\varphi}^{2\cos\varphi} r^3\mathrm{d}r$$

$$=\frac{2}{4}\int_0^{\frac{\pi}{2}}(16\cos^4\varphi-\cos^4\varphi)\mathrm{d}\varphi=\frac{15}{2}\int_0^{\frac{\pi}{2}}\cos^4\varphi\mathrm{d}\varphi$$

$$=\frac{15}{2}\cdot\frac{3}{4}\cdot\frac{1}{2}\cdot\frac{\pi}{2}=\frac{45}{32}\pi.$$

【4016】 $x^2+y^2+z^2=a^2$, $x^2+y^2\geqslant a|x|$ $(a>0)$.

解 只须计算由下列曲面所围成的体积:

$$x^2+y^2+z^2=a^2,\quad x^2+y^2\leqslant a|x|.$$

若引用极坐标，则 $r^2+z^2=a^2$，$r^2\leqslant a|r\cos\varphi|$，其体积为

$$V_1=8\iint\limits_{\substack{x^2+y^2\leqslant ax\\ x\geqslant 0,\,y\geqslant 0}}\sqrt{a^2-(x^2+y^2)}\,\mathrm{d}x\mathrm{d}y=8\int_0^{\frac{\pi}{2}}\mathrm{d}\varphi\int_0^{a\cos\varphi}r\sqrt{a^2-r^2}\,\mathrm{d}r$$

$$=-\frac{8}{3}\int_0^{\frac{\pi}{2}}(a^2-r^2)^{\frac{3}{2}}\Big|_0^{a\cos\varphi}\mathrm{d}\varphi=\frac{8a^3}{3}\int_0^{\frac{\pi}{2}}(1-\sin^3\varphi)\mathrm{d}\varphi$$

$$=\frac{4\pi a^3}{3}-\frac{16a^3}{9}.$$

于是，所求的体积为

$$V=\frac{4\pi a^3}{3}-\left(\frac{4\pi a^3}{3}-\frac{16a^3}{9}\right)=\frac{16a^3}{9}.$$

【4017】 $x^2+y^2-az=0$，$(x^2+y^2)^2=a^2(x^2-y^2)$，$z=0$ $(a>0)$.

解 若引用极坐标，则有

$$z=\frac{r^2}{a},\qquad r^2=a^2\cos2\varphi\quad(a>0).$$

于是，利用对称性知，所求的体积为

$$V=4\iint\limits_{\Omega}\frac{1}{a}(x^2+y^2)\mathrm{d}x\mathrm{d}y=4\int_0^{\frac{\pi}{4}}\mathrm{d}\varphi\int_0^{a\sqrt{\cos2\varphi}}\cdot\frac{r^2}{a}r\mathrm{d}r$$

$$=a^3\int_0^{\frac{\pi}{4}}\cos^22\varphi\mathrm{d}\varphi=\frac{\pi a^3}{8}.$$

【4018】 $z=\mathrm{e}^{-(x^2+y^2)}$，$z=0$，$x^2+y^2=R^2$.

解 利用对称性，得所求的体积为

$$V=4\iint\limits_{\substack{x^2+y^2\leqslant R^2\\ x\geqslant 0,\,y\geqslant 0}}\mathrm{e}^{-(x^2+y^2)}\mathrm{d}x\mathrm{d}y=4\int_0^{\frac{\pi}{2}}\mathrm{d}\varphi\int_0^R\mathrm{e}^{-r^2}r\mathrm{d}r=\pi(1-\mathrm{e}^{-R^2}).$$

【4019】 $z=c\cos\dfrac{\pi\sqrt{x^2+y^2}}{2a}$，$x^2+y^2=a^2$，$y=x\tan\alpha$，

$y = x\tan\beta$ ($a>0, c>0, 0\leqslant\alpha<\beta\leqslant 2\pi$).

解 所求的体积为

$$V = \iint\limits_{\Omega} c\cos\frac{\pi\sqrt{x^2+y^2}}{2a}\mathrm{d}x\mathrm{d}y = \int_\alpha^\beta \mathrm{d}\varphi\int_0^a cr\cos\frac{\pi r}{2a}\mathrm{d}r$$

$$= c(\beta-\alpha)\left[\frac{2ar}{\pi}\sin\frac{\pi r}{2a}+\frac{4a^2}{\pi^2}\cos\frac{\pi r}{2a}\right]\Big|_0^a$$

$$= 2a^2c(\beta-\alpha)\left(\frac{1}{\pi}-\frac{2}{\pi^2}\right) = \frac{2a^2c(\beta-\alpha)(\pi-2)}{\pi^2}.$$

【4020】 $z = x^2+y^2$，$z = x+y$.

解 立体的射影域的围线为 $x^2+y^2 = x+y$ 或 $\left(x-\frac{1}{2}\right)^2+\left(y-\frac{1}{2}\right)^2=\frac{1}{2}$.若引用代换 $x=\frac{1}{2}+r\cos\varphi$，$y=\frac{1}{2}+r\sin\varphi$，则有

$$z = r^2+\frac{1}{2}+r(\cos\varphi+\sin\varphi),\quad z = 1+r(\cos\varphi+\sin\varphi)$$

$$\left(0\leqslant\varphi\leqslant 2\pi,\ 0\leqslant r\leqslant\frac{1}{\sqrt{2}}\right).$$

于是,所求的体积为

$$V = \iint\limits_{\left(x-\frac{1}{2}\right)^2+\left(y-\frac{1}{2}\right)^2\leqslant\frac{1}{2}}[(x+y)-(x^2+y^2)]\mathrm{d}x\mathrm{d}y$$

$$= \int_0^{2\pi}\mathrm{d}\varphi\int_0^{\frac{1}{\sqrt{2}}}\Big\{[1+r(\cos\varphi+\sin\varphi)]$$

$$-\left[r^2+\frac{1}{2}+r(\cos\varphi+\sin\varphi)\right]\Big\}r\mathrm{d}r$$

$$= \int_0^{2\pi}\mathrm{d}\varphi\int_0^{\frac{1}{\sqrt{2}}}\left(\frac{1}{2}-r^2\right)r\mathrm{d}r = \frac{\pi}{8}.$$

求由下列曲面所界的体积(假定参数是正的):

【4021】 $\frac{x^2}{a^2}+\frac{y^2}{b^2}+\frac{z^2}{c^2}=1,\ \frac{x^2}{a^2}+\frac{y^2}{b^2}=\frac{z^2}{c^2}\ (z>0)$.

解 曲面的交线在 Oxy 平面上的射影为椭圆 $\frac{x^2}{a^2}+\frac{y^2}{b^2}=\frac{1}{2}$. 令 $x=ar\cos\varphi,\ y=br\sin\varphi$, 则方程化为

$$z=c\sqrt{1-r^2}\quad 及\quad z=cr\quad \left(0\leqslant\varphi\leqslant 2\pi,0\leqslant r\leqslant\frac{1}{\sqrt{2}}\right).$$

于是, 曲面所界的体积为

$$\begin{aligned}V&=\iint_{\Omega}\left[c\sqrt{1-\left(\frac{x^2}{a^2}+\frac{y^2}{b^2}\right)}-c\sqrt{\frac{x^2}{a^2}+\frac{y^2}{b^2}}\right]\mathrm{d}x\mathrm{d}y\\&=\int_0^{2\pi}\mathrm{d}\varphi\int_0^{\frac{1}{\sqrt{2}}}abr(c\sqrt{1-r^2}-cr)\mathrm{d}r\\&=abc\int_0^{2\pi}\mathrm{d}\varphi\int_0^{\frac{1}{\sqrt{2}}}(r\sqrt{1-r^2}-r^2)\mathrm{d}r\\&=-\frac{1}{3}abc\int_0^{2\pi}\left[r^3+(1-r^2)^{\frac{3}{2}}\right]\Bigg|_0^{\frac{1}{\sqrt{2}}}\mathrm{d}\varphi\\&=\frac{1}{3}\pi abc(2-\sqrt{2}).\end{aligned}$$

【4022】 $\frac{x^2}{a^2}+\frac{y^2}{b^2}-\frac{z^2}{c^2}=-1,\ \frac{x^2}{a^2}+\frac{y^2}{b^2}=1$.

解 若令 $x=ar\cos\varphi,\ y=br\sin\varphi$, 则曲面方程化为

$$z=\pm c\sqrt{1+r^2}\quad(0\leqslant\varphi\leqslant 2\pi,0\leqslant r\leqslant 1).$$

于是, 曲面所界的体积为

$$\begin{aligned}V&=\iint\limits_{\frac{x^2}{a^2}+\frac{y^2}{b^2}\leqslant 1}2c\sqrt{1+\frac{x^2}{a^2}+\frac{y^2}{b^2}}\,\mathrm{d}x\mathrm{d}y=\int_0^{2\pi}\mathrm{d}\varphi\int_0^1 2abcr\sqrt{1+r^2}\,\mathrm{d}r\\&=2abc\int_0^{2\pi}\mathrm{d}\varphi\int_0^1 r\sqrt{1+r^2}\,\mathrm{d}r=\frac{4\pi}{3}abc(2\sqrt{2}-1).\end{aligned}$$

【4023】 $\dfrac{x^2}{a^2}+\dfrac{y^2}{b^2}=\dfrac{z}{c},\ \dfrac{x^2}{a^2}+\dfrac{y^2}{b^2}=\dfrac{x}{a}+\dfrac{y}{b},\ z=0.$

解 立体在 Oxy 平面上的射影域的界线为椭圆$\dfrac{x^2}{a^2}+\dfrac{y^2}{b^2}=\dfrac{x}{a}+\dfrac{y}{b}$,即$\left(\dfrac{x}{a}-\dfrac{1}{2}\right)^2+\left(\dfrac{y}{b}-\dfrac{1}{2}\right)^2=\dfrac{1}{2}$.若令$\dfrac{x}{a}=\dfrac{1}{2}+r\cos\varphi$,$\dfrac{y}{b}=\dfrac{1}{2}+r\sin\varphi$,则曲面方程化为

$$z=c\left[\frac{1}{2}+r(\cos\varphi+\sin\varphi)+r^2\right]\quad\left(0\leqslant\varphi\leqslant 2\pi,0\leqslant r\leqslant\frac{1}{\sqrt{2}}\right).$$

于是,曲面所界的体积为

$$\begin{aligned}V&=\iint\limits_{\left(\frac{x}{a}-\frac{1}{2}\right)^2+\left(\frac{y}{b}-\frac{1}{2}\right)^2\leqslant\frac{1}{2}}c\left(\frac{x^2}{a^2}+\frac{y^2}{b^2}\right)\mathrm{d}x\mathrm{d}y\\&=abc\int_0^{2\pi}\mathrm{d}\varphi\int_0^{\frac{1}{\sqrt{2}}}r\left[\frac{1}{2}+r(\cos\varphi+\sin\varphi)+r^2\right]\mathrm{d}r\\&=abc\int_0^{2\pi}\left[\frac{1}{8}+\frac{1}{6\sqrt{2}}(\cos\varphi+\sin\varphi)+\frac{1}{16}\right]\mathrm{d}\varphi\\&=abc\cdot\frac{3\cdot 2\pi}{16}=\frac{3}{8}\pi abc\end{aligned}$$

【4024】 $\left(\dfrac{x^2}{a^2}+\dfrac{y^2}{b^2}\right)^2+\dfrac{z}{c}=1,\ z=0.$

解 若令 $x=ar\cos\varphi,\ y=br\sin\varphi$,则曲面方程化为

$$z=c(1-r^4)\quad(0\leqslant\varphi\leqslant 2\pi,0\leqslant r\leqslant 1).$$

于是,曲面所界的体积为

$$\begin{aligned}V&=\iint\limits_{\frac{x^2}{a^2}+\frac{y^2}{b^2}\leqslant 1}c\left[1-\left(\frac{x^2}{a^2}+\frac{y^2}{b^2}\right)\right]\mathrm{d}x\mathrm{d}y\\&=\int_0^{2\pi}\mathrm{d}\varphi\int_0^1 abcr(1-r^4)\mathrm{d}r=\frac{2}{3}\pi abc.\end{aligned}$$

【4025】 $\left(\frac{x}{a}+\frac{y}{b}\right)^2+\frac{z^2}{c^2}=1,\ x=0,\ y=0,\ z=0.$

解 下面计算位于第一卦限部分的体积.

令 $x=ar\cos^2\varphi,\ y=br\sin^2\varphi$, 则方程化为

$$z=c\sqrt{1-r^2}\quad\left(0\leqslant\varphi\leqslant\frac{\pi}{2},0\leqslant r\leqslant 1\right).$$

于是, 曲面所界的体积为

$$V=\iint_{\Omega}c\sqrt{1-\left(\frac{x}{a}+\frac{y}{b}\right)^2}\,\mathrm{d}x\mathrm{d}y$$

$$=\int_0^{\frac{\pi}{2}}\mathrm{d}\varphi\int_0^1 abc\sin2\varphi\cdot\sqrt{1-r^2}\,r\mathrm{d}r$$

$$=abc\left(\int_0^{\frac{\pi}{2}}\sin2\varphi\mathrm{d}\varphi\right)\left(\int_0^1 r\sqrt{1-r^2}\,\mathrm{d}r\right)=\frac{abc}{3}.$$

【4026】 $\frac{x^2}{a^2}+\frac{y^2}{b^2}+\frac{z^2}{c^2}=1,\quad\left(\frac{x^2}{a^2}+\frac{y^2}{b^2}\right)^2=\frac{x^2}{a^2}-\frac{y^2}{b^2}.$

解 令 $x=ar\cos\varphi,\ y=br\sin\varphi$, 则方程化为

$$z=\pm c\sqrt{1-r^2},\qquad r^2=\cos^2\varphi-\sin^2\varphi-\cos2\varphi$$

(因 $r^2=\cos2\varphi\geqslant0$, 故 $-\frac{\pi}{4}\leqslant\varphi\leqslant\frac{\pi}{4},\frac{3\pi}{4}\leqslant\varphi\leqslant\frac{5\pi}{4}$). 于是, 利用对称性知, 曲面所界的体积为

$$V=8c\iint_{\Omega}\sqrt{1-\frac{x^2}{a^2}-\frac{y^2}{b^2}}\,\mathrm{d}x\mathrm{d}y=8abc\int_0^{\frac{\pi}{4}}\int_0^{\sqrt{\cos2\varphi}}\sqrt{1-r^2}\,r\mathrm{d}r\mathrm{d}\varphi$$

$$=8abc\int_0^{\frac{\pi}{4}}\frac{1}{3}(1-\sqrt{8}\sin^3\varphi)\mathrm{d}\varphi=\frac{8abc}{3}\left(\varphi+\sqrt{8}\cos\varphi-\frac{\sqrt{8}}{3}\cos^3\varphi\right)\Bigg|_0^{\frac{\pi}{4}}$$

$$=\frac{8abc}{3}\left(\frac{\pi}{4}+\frac{5}{3}-\frac{4\sqrt{2}}{3}\right)=\frac{2abc}{9}(3\pi+20-16\sqrt{2}).$$

【4027】 $z^2=xy,\ x+y=a,\ x+y=b\ (0<a<b).$

解 由于 $z=\pm\sqrt{xy}$, 又所界立体在 Oxy 平面上的射影域

Ω 由直线 $x+y=a$，$x+y=b$，$x=0$ 及 $y=0$ 围成. 利用对称性知,曲面所界的体积为

$$V=2\iint\limits_{\Omega}\sqrt{xy}\,\mathrm{d}x\mathrm{d}y$$
$$=2\left(\int_0^a\mathrm{d}x\int_{a-x}^{b-x}\sqrt{xy}\,\mathrm{d}y+\int_a^b\mathrm{d}x\int_0^{b-x}\sqrt{xy}\,\mathrm{d}y\right)$$
$$=\frac{4}{3}\int_0^a\left[\sqrt{x(b-x)^3}-\sqrt{x(a-x)^3}\right]\mathrm{d}x+\frac{4}{3}\int_a^b\sqrt{x(b-x)^3}\,\mathrm{d}x$$
$$=\frac{4}{3}\int_0^b(b-x)\sqrt{x(b-x)}\,\mathrm{d}x-\frac{4}{3}\int_0^a(a-x)\sqrt{a(a-x)}\,\mathrm{d}x.$$

令 $x=b\sin^2 t$, 可得

$$\int_0^b(b-x)\sqrt{x(b-x)}\,\mathrm{d}x=2b^3\int_0^{\frac{\pi}{2}}\cos^4 t\sin^2 t\,\mathrm{d}t$$
$$=2b^3\left(\int_0^{\frac{\pi}{2}}\cos^4 t\,\mathrm{d}t-\int_0^{\frac{\pi}{2}}\cos^6 t\,\mathrm{d}t\right)=2b^3\left(\frac{3\cdot1}{4\cdot2}-\frac{5\cdot3\cdot1}{6\cdot4\cdot2}\right)\frac{\pi}{2}=\frac{1}{16}\pi b^3;$$

同理,有

$$\int_0^a(a-x)\sqrt{x(a-x)}\,\mathrm{d}x=\frac{1}{16}\pi a^3.$$

于是,所求的体积为

$$V=\frac{4}{3}\left(\frac{\pi b^3}{16}-\frac{\pi a^3}{16}\right)=\frac{\pi}{12}(b^3-a^3).$$

【4028】 $z=x^2+y^2$, $xy=a^2$, $xy=2a^2$, $y=\frac{x}{2}$, $y=2x$, $z=0$.

解 曲面所界的立体在 Oxy 平面上的射影域 Ω 由曲线 $xy=a^2$，$xy=2a^2$ 和直线 $y=\frac{x}{2}$，$y=2x$ 围成. 利用对称性知,曲面所界体积为

$$V=2\iint\limits_{\Omega}z\,\mathrm{d}x\mathrm{d}y=2\iint\limits_{\Omega}(x^2+y^2)\,\mathrm{d}x\mathrm{d}y.$$

作变量代换 $xy=ua^2$, $y=vx$, 则积分域变为长方形域 $1\leqslant u\leqslant 2$, $\frac{1}{2}\leqslant v\leqslant 2$, 且 $|I|=\frac{a^2}{2v}$, $z=x^2+y^2=a^2(\frac{u}{v}+uv)$.

于是, 所求的体积为

$$V=2\iint\limits_{\Omega}(x^2+y^2)\mathrm{d}x\mathrm{d}y=2\iint\limits_{\substack{1\leqslant u\leqslant 2\\ \frac{1}{2}\leqslant v\leqslant 2}}a^2\left(\frac{u}{v}+uv\right)\frac{a^2}{2v}\mathrm{d}u\mathrm{d}v$$

$$=a^4\int_1^2 u\mathrm{d}u\int_{\frac{1}{2}}^2\left(1+\frac{1}{v^2}\right)\mathrm{d}v=\frac{9}{2}a^4.$$

【4029】 $z=xy$, $x^2=y$, $x^2=2y$, $y^2=x$, $y^2=2x$, $z=0$.

解 曲面所界体积 V 在 Oxy 平面上的射影域 Ω 由曲线 $x^2=y$, $x^2=2y$, $y^2=x$ 及 $y^2=2x$ 围成. 我们有

$$V=\iint\limits_{\Omega}z\mathrm{d}x\mathrm{d}y=\iint\limits_{\Omega}xy\mathrm{d}x\mathrm{d}y.$$

作变量代换

$$x=uy^2,\quad y=vx^2,\quad \text{或 } x=u^{-\frac{1}{3}}v^{-\frac{2}{3}},\quad y=u^{-\frac{2}{3}}v^{-\frac{1}{3}},$$

则积分域 Ω 变为正方形域 $\frac{1}{2}\leqslant u\leqslant 1$, $\frac{1}{2}\leqslant v\leqslant 1$, 且 $|I|=\frac{1}{3}u^{-2}v^{-2}$, 于是, 曲面所界的体积为

$$V=\iint\limits_{\Omega}xy\mathrm{d}x\mathrm{d}y=\frac{1}{3}\int_{\frac{1}{2}}^1\int_{\frac{1}{2}}^1 u^{-3}v^{-3}\mathrm{d}u\mathrm{d}v$$

$$=\frac{1}{3}\left(\int_{\frac{1}{2}}^1 u^{-3}\mathrm{d}u\right)^2=\frac{1}{3}\cdot\frac{9}{4}=\frac{3}{4}.$$

【4030】 $z=c\sin\frac{\pi xy}{a^2}$, $z=0$, $xy=a^2$, $y=\alpha x$, $y=\beta x$ $(0<\alpha<\beta;x>0)$.

解 曲面所界的立体在 Oxy 平面上的射影域 Ω 由曲线 $xy=a^2$ 和直线 $y=\alpha x$, $y=\beta x$ $(x>0)$ 围成. 于是, 曲面所界的

体积为

$$V=\iint_{\Omega} z\,dx\,dy=c\iint_{\Omega}\sin\frac{\pi xy}{a^2}dx\,dy.$$

作变量代换 $x=ar\cos\varphi$, $y=ar\sin\varphi$, 则 $|I|=a^2r$. 于是,

$$\begin{aligned}V&=\iint_{\Omega} z\,dx\,dy=c\iint_{\Omega}\sin\frac{\pi xy}{a^2}dx\,dy\\&=a^2c\int_{\arctan\alpha}^{\arctan\beta}\int_0^{\frac{1}{\sqrt{\sin\varphi\cos\varphi}}}\sin(\pi r^2\sin\varphi\cos\varphi)r\,dr\,d\varphi\\&=\frac{a^2c}{\pi}\int_{\arctan\alpha}^{\arctan\beta}\frac{1}{\sin\varphi\cos\varphi}d\varphi=\frac{a^2c}{\pi}\ln\tan\varphi\Big|_{\arctan\alpha}^{\arctan\beta}=\frac{a^2c}{\pi}\ln\frac{\beta}{\alpha}.\end{aligned}$$

【4031】 $z=x^{\frac{3}{2}}+y^{\frac{3}{2}}$, $z=0$, $x+y=1$, $x=0$, $y=0$.

解 曲面所界的立体在 Oxy 平面上的射影域 Ω 由直线 $x+y=1$, $x=0$, $y=0$ 围成. 于是, 曲面所界的体积为

$$\begin{aligned}V&=\iint_{\Omega} z\,dx\,dy=\iint_{\Omega}(x^{\frac{3}{2}}+y^{\frac{3}{2}})dx\,dy\\&=\int_0^1\int_0^{1-x}(x^{\frac{3}{2}}+y^{\frac{3}{2}})dx\,dy=\int_0^1\left[x^{\frac{3}{2}}(1-x)+\frac{2}{5}(1-x)^{\frac{5}{2}}\right]dx\\&=\frac{5}{2}x^{\frac{5}{2}}\Big|_0^1-\frac{7}{2}x^{\frac{7}{2}}\Big|_0^1-\frac{4}{35}(1-x)^{\frac{7}{2}}\Big|_0^1=\frac{2}{5}-\frac{2}{7}+\frac{4}{35}=\frac{8}{35}.\end{aligned}$$

【4032】 $\frac{x^2}{a^2}+\frac{y^2}{b^2}+\frac{z}{c}=1$, $\left(\frac{x}{a}\right)^{\frac{2}{3}}+\left(\frac{y}{b}\right)^{\frac{2}{3}}=1$, $z=0$.

解 令 $x=ar\cos^3\varphi$, $y=br\sin^3\varphi$, 则方程化为

$$z=c[1-r^2(\cos^6\varphi+\sin^6\varphi)],\qquad r=1\quad(0\leqslant\varphi\leqslant2\pi).$$

于是, 利用对称性知, 曲面所界的体积为

$$\begin{aligned}V&=4\iint_{\Omega} z\,dx\,dy\\&=12abc\int_0^{\frac{\pi}{2}}\int_0^1[1-r^2(\cos^6\varphi+\sin^6\varphi)]r\cos^2\varphi\sin^2\varphi\,dr\,d\varphi\end{aligned}$$

$$=12abc\left(\int_0^{\frac{\pi}{2}}\frac{1}{2}\cos^2\varphi\sin^2\varphi\mathrm{d}\varphi-\frac{1}{4}\int_0^{\frac{\pi}{2}}(\cos^6\varphi+\sin^6\varphi)\cos^2\varphi\sin^2\varphi\mathrm{d}\varphi\right)$$

$$=6abc\left(\int_0^{\frac{\pi}{2}}\cos^2\varphi\sin^2\varphi\mathrm{d}\varphi-\int_0^{\frac{\pi}{2}}\cos^6\varphi\cos^2\varphi\sin^2\varphi\mathrm{d}\varphi\right)$$

$$=6abc\left[\frac{\pi}{4}\left(1-\frac{3}{4}\right)-\frac{1}{10}\cdot\frac{7\cdot5\cdot3\cdot1}{8\cdot6\cdot4\cdot2}\frac{\pi}{2}\right]$$

$$=\frac{3\pi abc}{2}\left(\frac{1}{4}-\frac{105}{1920}\right)=\frac{75}{256}\pi abc.$$

【4033】 $z=c\arctan\dfrac{y}{x},z=0,\ \sqrt{x^2+y^2}=a\arctan\dfrac{y}{x}(y\geqslant0).$

解 令 $x=r\cos\varphi,\ y=r\sin\varphi$,则方程化为 $z=c\varphi,\ r=a\varphi$ $(0\leqslant\varphi\leqslant\dfrac{\pi}{2})$,于是,曲面所界的体积为

$$V=\iint_\Omega z\mathrm{d}x\mathrm{d}y=\int_0^{\frac{\pi}{2}}\int_0^{a\varphi}c\varphi r\mathrm{d}r\mathrm{d}\varphi=\frac{a^2c}{2}\int_0^{\frac{\pi}{2}}\varphi^3\mathrm{d}\varphi$$

$$=\frac{a^2c}{8}\varphi^4\Big|_0^{\frac{\pi}{2}}=\frac{\pi^4a^2c}{128}.$$

【4034】 $\dfrac{x^n}{a^n}+\dfrac{y^n}{b^n}+\dfrac{z^n}{c^n}=1,\ x=0,\ y=0,\ z=0\ (n>0)$

解 曲面方程可表示为

$$z=c\sqrt[n]{1-\left(\frac{x^n}{a^n}+\frac{y^n}{b^n}\right)}.$$

若令 $x=ar\cos^{\frac{2}{n}}\varphi,\ y=br\sin^{\frac{2}{n}}\varphi\ (0\leqslant\varphi\leqslant\dfrac{\pi}{2})$,则曲所界的体积为

$$V=c\iint_\Omega\sqrt[n]{1-\left(\frac{x^n}{a^n}+\frac{y^n}{b^n}\right)}\mathrm{d}x\mathrm{d}y$$

$$=\frac{2abc}{n}\int_0^1\sqrt[n]{1-r^n}r\mathrm{d}r\int_0^{\frac{\pi}{2}}\cos^{\frac{2-n}{n}}\varphi\sin^{\frac{2-n}{n}}\varphi\mathrm{d}\varphi.$$

若令 $r^n=t$ 可得

$$\int_0^1 \sqrt[n]{1-r^n}\,r\mathrm{d}r=\int_0^1(1-t)^{\frac{1}{n}}t^{\frac{2}{n}-1}\mathrm{d}t$$

$$=B\left(\frac{1}{n}+1,\frac{2}{n}\right)=\frac{\Gamma\left(\frac{1}{n}+1\right)\Gamma\left(\frac{2}{n}\right)}{\Gamma\left(1+\frac{3}{n}\right)}=\frac{\Gamma\left(\frac{1}{n}\right)\Gamma\left(\frac{2}{n}\right)}{3\Gamma\left(\frac{3}{n}\right)};$$

令 $\sin^2\varphi=t$ 可得

$$\int_0^{\frac{\pi}{2}}\cos^{\frac{2-n}{n}}\varphi\sin^{\frac{2-n}{n}}\varphi\mathrm{d}\varphi=\frac{1}{2n}\int_0^1(1-t)^{\frac{1}{n}-1}t^{\frac{1}{n}-1}\mathrm{d}t$$

$$=\frac{1}{2n}\cdot B\left(\frac{1}{n},\frac{1}{n}\right)=\frac{1}{2n}\cdot\frac{\Gamma^2\left(\frac{1}{n}\right)}{\Gamma\left(\frac{2}{n}\right)}.$$

于是,所求的体积为

$$V=\frac{abc}{n^2}\cdot\frac{\Gamma\left(\frac{1}{n}\right)\Gamma\left(\frac{2}{n}\right)}{3\Gamma\left(\frac{3}{n}\right)}\cdot\frac{\Gamma^2\left(\frac{1}{n}\right)}{\Gamma\left(\frac{2}{n}\right)}=\frac{abc}{3n^2}\cdot\frac{\Gamma^3\left(\frac{1}{n}\right)}{\Gamma\left(\frac{3}{n}\right)}.$$

【4035】 $\left(\frac{x}{a}+\frac{y}{b}\right)^n+\left(\frac{z}{c}\right)^m=1,\ x=0,\ y=0,\ z=0\ (n>0,m>0)$.

解 令 $x=ar\cos^2\varphi,\ y=br\sin^2\varphi\ (0\leqslant\varphi\leqslant\frac{\pi}{2})$,则曲面所界的体积为

$$V=c\iint_\Omega\sqrt[m]{1-\left(\frac{x}{a}+\frac{y}{b}\right)^n}\mathrm{d}x\mathrm{d}y$$

$$=2abc\int_0^1\sqrt[m]{1-r^n}\,r\mathrm{d}r\int_0^{\frac{\pi}{2}}\cos\varphi\sin\varphi\mathrm{d}\varphi=abc\int_0^1\sqrt[m]{1-r^n}\,r\mathrm{d}r$$

$$=\frac{abc}{n}\cdot B\left(\frac{1}{m}+1,\frac{2}{n}\right)=\frac{abc}{n}\cdot\frac{\Gamma\left(\frac{1}{m}+1\right)\Gamma\left(\frac{2}{n}\right)}{\Gamma\left(\frac{1}{m}+\frac{2}{n}+1\right)}$$

$$=\frac{abc}{n+2m}\cdot\frac{\Gamma\left(\frac{1}{m}\right)\Gamma\left(\frac{2}{n}\right)}{\Gamma\left(\frac{1}{m}+\frac{2}{n}\right)}.$$

§4. 曲面面积计算法

1° 曲面由显函数给出的情形 平滑曲面 $z=z(x,y)$ 的面积由积分

$$S=\iint_{\Omega}\sqrt{1+\left(\frac{\partial z}{\partial x}\right)^2+\left(\frac{\partial z}{\partial y}\right)^2}\,dx\,dy$$

(其中 Ω 为已知曲面在 Oxy 平面上的射影)所表出.

2° 曲面由参数方程给出的情形 若曲面的方程是用参数给出

$$x=x(u,v),\ y=y(u,v),\ z=z(u,v),$$

其中 $(u,v)\in\Omega$, Ω 为封闭可求积的有界区域,假定函数 x,y 和 z 为在域 Ω 内连续可微分的函数,则对于曲面的面积有公式

$$S=\iint_{\Omega}\sqrt{EG-F^2}\,du\,dv,$$

其中

$$E=\left(\frac{\partial x}{\partial u}\right)^2+\left(\frac{\partial y}{\partial u}\right)^2+\left(\frac{\partial z}{\partial u}\right)^2,$$

$$G=\left(\frac{\partial x}{\partial v}\right)^2+\left(\frac{\partial y}{\partial v}\right)^2+\left(\frac{\partial z}{\partial v}\right)^2,$$

$$F=\frac{\partial x}{\partial u}\frac{\partial x}{\partial v}+\frac{\partial y}{\partial u}\frac{\partial y}{\partial v}+\frac{\partial z}{\partial u}\frac{\partial z}{\partial v}.$$

【4036】 求曲面 $az=xy$ 包含在圆柱 $x^2+y^2=a^2$ 内那部分的面积.

解 所求的面积为

$$S=\iint_{x^2+y^2\leqslant a^2}\sqrt{1+\left(\frac{y}{a}\right)^2+\left(\frac{x}{a}\right)^2}\,dx\,dy$$

$$= \iint\limits_{x^2+y^2\leqslant a^2} \sqrt{\frac{a^2+(x^2+y^2)}{a^2}}\,dx\,dy$$

$$= \frac{1}{a}\iint\limits_{x^2+y^2\leqslant a^2} \sqrt{a^2+(x^2+y^2)}\,dx\,dy$$

$$= \frac{4}{a}\int_0^{\frac{\pi}{2}} d\varphi \int_0^a r\sqrt{a^2+r^2}\,dr = \frac{2\pi a^2}{3}(2\sqrt{2}-1).$$

【4037】 求由曲面 $x^2+z^2=a^2$, $y^2+z^2=a^2$,所界物体的面积.

解 如图 8.48 所示,两曲面的交线在 Oyz 平面上的射影为圆 $y^2+z^2=a^2, x=0$.

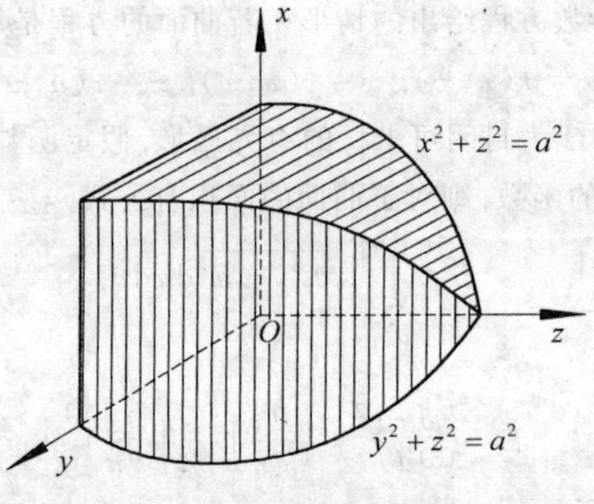

图 8.48

于是,利用对称性知,所求的面积为

$$S = 4\iint\limits_{z^2+y^2\leqslant a^2} \sqrt{1+\left(\frac{\partial x}{\partial y}\right)^2+\left(\frac{\partial x}{\partial z}\right)^2}\,dy\,dz$$

$$= 4\cdot 4\int_0^a dz \int_0^{\sqrt{a^2-z^2}} \sqrt{1+0^2+\left(-\frac{z}{x}\right)^2}\,dy$$

$$= 16\int_0^a dz \int_0^{\sqrt{a^2-z^2}} \sqrt{\frac{x^2+z^2}{x^2}}\,dy$$

$$=16a\int_0^a \mathrm{d}z\int_0^{\sqrt{a^2-z^2}}\frac{\mathrm{d}y}{\sqrt{a^2-z^2}}$$

$$=16a\int_0^a \frac{1}{\sqrt{a^2-z^2}}\cdot\sqrt{a^2-z^2}\,\mathrm{d}z=16a^2.$$

【4038】 求球面 $x^2+y^2+z^2=a^2$ 包含在柱面$\frac{x^2}{a^2}+\frac{y^2}{b^2}=1$ $(b\leqslant a)$内那部分的面积.

解 因为

$$\sqrt{1+\left(\frac{\partial z}{\partial x}\right)^2+\left(\frac{\partial z}{\partial y}\right)^2}=\sqrt{1+\frac{x^2}{z^2}+\frac{y^2}{z^2}}$$

$$=\sqrt{\frac{x^2+y^2+z^2}{z^2}}=\frac{a}{\sqrt{a^2-x^2-y^2}},$$

又积分域$\frac{x^2}{a^2}+\frac{y^2}{b^2}\leqslant 1$ 位于第一象限部分为

$$0\leqslant x\leqslant a,\quad 0\leqslant y\leqslant\frac{b}{a}\sqrt{a^2-x^2}.$$

于是,利用对称性知,所求的面积为

$$S=2\cdot 4\int_0^a \mathrm{d}x\int_0^{\frac{b}{a}\sqrt{a^2-x^2}}\frac{a}{\sqrt{a^2-x^2-y^2}}\mathrm{d}y$$

$$=8a\int_0^a \arcsin\frac{y}{\sqrt{a^2-x^2}}\Bigg|_0^{\frac{b}{a}\sqrt{a^2-x^2}}\mathrm{d}x=8a^2\arcsin\frac{b}{a}.$$

【4039】 求曲面 $z^2=2xy$ 被平面 $x+y=1$, $x=0$, $y=0$ 所截下那部分的面积.

解 因为

$$\sqrt{1+\left(\frac{\partial z}{\partial x}\right)^2+\left(\frac{\partial z}{\partial y}\right)^2}=\sqrt{1+\frac{y^2}{z^2}+\frac{x^2}{z^2}}=\sqrt{\frac{x^2+y^2+z^2}{z^2}}$$

$$=\frac{1}{\sqrt{2}}\sqrt{\frac{x^2+y^2+2xy}{xy}}=\frac{1}{\sqrt{2}}\frac{x+y}{\sqrt{xy}},$$

于是,所求的面积为

$$S=\frac{2}{\sqrt{2}}\int_0^1 \mathrm{d}x\int_0^{1-x}\frac{x+y}{\sqrt{xy}}\mathrm{d}y$$

$$=\frac{2}{\sqrt{2}}\int_0^1\left[2\sqrt{x(1-x)}+\frac{2}{3\sqrt{x}}(1-x)\sqrt{1-x}\right]\mathrm{d}x$$

$$=\sqrt{2}\int_0^1\frac{2\sqrt{1-x}(1+2x)}{3\sqrt{x}}\mathrm{d}x=\frac{4\sqrt{2}}{3}\int_0^1\sqrt{1-x}(1+2x)\mathrm{d}(\sqrt{x})$$

$$=\frac{4\sqrt{2}}{3}\int_0^1\sqrt{1-t^2}(1+2t^2)\mathrm{d}t=\frac{4\sqrt{2}}{3}\left(\frac{\pi}{4}+\frac{\pi}{8}\right)=\frac{\pi}{\sqrt{2}}.$$

【4040】 求曲面 $x^2+y^2+z^2=a^2$ 在圆柱 $x^2+y^2=\pm ax$ 外那部分的面积(维维安尼问题).

解 只须求出球面被圆柱面割出部分的面积.因为

$$\sqrt{1+\left(\frac{\partial z}{\partial x}\right)^2+\left(\frac{\partial z}{\partial y}\right)^2}=\sqrt{1+\frac{x^2}{z^2}+\frac{y^2}{z^2}}=\frac{a}{\sqrt{a^2-x^2-y^2}},$$

于是,利用对称性知,割出部分的面积为

$$S=8\iint_{\Omega}\frac{a}{\sqrt{a^2-x^2-y^2}}\mathrm{d}x\mathrm{d}y=8\int_0^{\frac{\pi}{2}}\mathrm{d}\varphi\int_0^{a\cos\varphi}\frac{ar}{\sqrt{a^2-r^2}}\mathrm{d}r$$

$$=8a^2\left(\frac{\pi}{2}-1\right).$$

因而,所求的面积为

$$A=4\pi a^2-S=4\pi a^2-8a^2\left(\frac{\pi}{2}-1\right)=8a^2.$$

【4041】 求曲面 $z=\sqrt{x^2+y^2}$ 包含在圆柱 $x^2+y^2=2x$ 内那部分的面积.

解 注意到

$$\sqrt{1+\left(\frac{\partial z}{\partial x}\right)^2+\left(\frac{\partial z}{\partial y}\right)^2}=\sqrt{1+\left(\frac{x}{\sqrt{x^2+y^2}}\right)^2+\left(\frac{y}{\sqrt{x^2+y^2}}\right)^2}=\sqrt{2},$$

又积分域为：$-\frac{\pi}{2}\leqslant\varphi\leqslant\frac{\pi}{2}$，$0\leqslant r\leqslant 2\cos\varphi$. 于是，所求的面积为

$$S=\iint\limits_{\Omega}\sqrt{2}\mathrm{d}x\mathrm{d}y=\int_{-\frac{\pi}{2}}^{\frac{\pi}{2}}\mathrm{d}\varphi\int_{0}^{2\cos\varphi}\sqrt{2}r\mathrm{d}r=2\sqrt{2}\int_{-\frac{\pi}{2}}^{\frac{\pi}{2}}\cos^2\varphi\mathrm{d}\varphi=\sqrt{2}\pi.$$

【4042】 求曲面 $z=\sqrt{x^2-y^2}$ 包含在柱面 $(x^2+y^2)^2=a^2(x^2-y^2)$ 内那部分的面积.

解 注意到

$$\sqrt{1+\left(\frac{\partial z}{\partial x}\right)^2+\left(\frac{\partial z}{\partial y}\right)^2}=\sqrt{1+\left(\frac{x}{\sqrt{x^2-y^2}}\right)^2+\left(\frac{-y}{\sqrt{x^2-y^2}}\right)^2}$$

$$=\frac{\sqrt{2}x}{\sqrt{x^2-y^2}},$$

又积分域由双纽线 $r^2=a^2\cos2\varphi$ 所围成. 于是，利用对称性知，所求的面积为

$$S=\iint\limits_{\Omega}\frac{\sqrt{2}x}{\sqrt{x^2-y^2}}\mathrm{d}x\mathrm{d}y=4\int_0^{\frac{\pi}{4}}\mathrm{d}\varphi\int_0^{a\sqrt{\cos2\varphi}}\sqrt{2}r\cdot\frac{r\cos\varphi}{r\sqrt{\cos2\varphi}}\mathrm{d}r$$

$$=2\sqrt{2}\int_0^{\frac{\pi}{4}}a^2\cos\varphi\sqrt{\cos2\varphi}\mathrm{d}\varphi=2a^2\int_0^{\frac{\pi}{4}}\sqrt{1-2\sin^2\varphi}\mathrm{d}(\sqrt{2}\sin\varphi)$$

$$=2a^2\left[\frac{\sqrt{2}\sin\varphi}{2}\sqrt{1-2\sin^2\varphi}+\frac{1}{2}\arcsin(\sqrt{2}\sin\varphi)\right]\Bigg|_0^{\frac{\pi}{4}}=\frac{\pi a^2}{2}.$$

【4043】 求曲面 $z=\frac{1}{2}(x^2-y^2)$ 被平面 $x-y=\pm1$，$x+y=\pm1$ 所截那部分的面积.

解 因为 $\sqrt{1+\left(\frac{\partial z}{\partial x}\right)^2+\left(\frac{\partial z}{\partial y}\right)^2}=\sqrt{1+x^2+y^2}$，故所求的面积为

$$S=\iint\limits_{\Omega}\sqrt{1+x^2+y^2}\mathrm{d}x\mathrm{d}y,$$

其中 Ω 为由直线 $x-y=\pm 1$，$x+y=\pm 1$ 围成的正方形域. 为便于计算, 作变换

$$x=\frac{\sqrt{2}}{2}u-\frac{\sqrt{2}}{2}v,\quad y=\frac{\sqrt{2}}{2}u+\frac{\sqrt{2}}{2}v,$$

从而积分域变为由方程 $u=\pm\frac{\sqrt{2}}{2}$，$v=\pm\frac{\sqrt{2}}{2}$ 围成的正方形, 且 $I=1$. 于是, 注意利用对称性, 即得所求的面积为

$$S=\iint_{\Omega}\sqrt{1+x^2+y^2}\,\mathrm{d}x\mathrm{d}y=4\int_0^{\frac{\sqrt{2}}{2}}\mathrm{d}u\int_{-u}^{u}\sqrt{1+u^2+v^2}\,\mathrm{d}v$$

$$=4\int_0^{\frac{\sqrt{2}}{2}}\left\{u\sqrt{1+2u^2}+\frac{1+u^2}{2}\left[\ln(\sqrt{1+2u^2}+u)-\ln(\sqrt{1+2u^2}-u)\right]\right\}\mathrm{d}u$$

$$=\frac{2}{3}(1+2u^2)^{\frac{3}{2}}\Big|_0^{\frac{\sqrt{2}}{2}}+2\int_0^{\frac{\sqrt{2}}{2}}\left[\ln(\sqrt{1+2u^2}+u)-\ln(\sqrt{1+2u^2}-u)\right]\mathrm{d}\left(u+\frac{u^3}{3}\right)$$

$$=\frac{4\sqrt{2}}{3}-\frac{2}{3}+\frac{7\sqrt{2}}{6}\ln 3-\int_0^{\frac{\sqrt{2}}{2}}4\left(u+\frac{u^3}{3}\right)\cdot\frac{\mathrm{d}u}{\sqrt{1+2u^2}(1+u^2)}$$

$$=\frac{4\sqrt{2}}{3}-\frac{2}{3}+\frac{7\sqrt{2}}{6}\ln 3-\int_0^{\frac{\sqrt{2}}{2}}\frac{1+\frac{u^3}{3}}{1+u^2}\frac{\mathrm{d}(1+2u^2)}{\sqrt{1+2u^2}}$$

$$=\frac{4\sqrt{2}}{3}-\frac{2}{3}+\frac{7\sqrt{2}}{6}\ln 3-\frac{2}{3}\int_1^{\sqrt{2}}\frac{t^2+5}{t^2+1}\mathrm{d}t^{*)}$$

$$=\frac{4\sqrt{2}}{3}-\frac{2}{3}+\frac{7\sqrt{2}}{6}\ln 3-\frac{2}{3}(\sqrt{2}-1)-\frac{8}{3}\int_1^{\sqrt{2}}\frac{\mathrm{d}t}{t^2+1}$$

$$=\frac{2\sqrt{2}}{3}\left(1+\frac{7}{4}\ln 3\right)+\frac{2\pi}{3}-\frac{8}{3}\arctan\sqrt{2}$$

$$=-\frac{2\pi}{3}+\frac{2\sqrt{2}}{3}\left(1+\frac{7\ln 3}{4}\right)+\frac{8}{3}\arctan\frac{1}{\sqrt{2}}.$$

*） 作代换 $1+2u^2=t^2$.

【4044】 求曲面 $x^2+y^2=2az$ 包含在柱面 $(x^2+y^2)^2=2a^2xy$ 内那部分的面积.

解 注意到

$$\sqrt{1+\left(\frac{\partial z}{\partial x}\right)^2+\left(\frac{\partial z}{\partial y}\right)^2}=\sqrt{1+\left(\frac{x}{a}\right)^2+\left(\frac{y}{a}\right)^2}=\frac{1}{a}\sqrt{a^2+(x^2+y^2)},$$

又积分域由双纽线 $r^2=a^2\sin2\varphi$ 围成. 于是，利用对称性，即得所求的面积为

$$S=\iint_{\Omega}\frac{1}{a}\sqrt{a^2+(x^2+y^2)}\,dx\,dy=4\int_0^{\frac{\pi}{4}}d\varphi\int_0^{a\sqrt{\sin2\varphi}}\frac{1}{a}\sqrt{a^2+r^2}\,r\,dr$$

$$=\frac{4}{3a}\int_0^{\frac{\pi}{4}}[a^3(1+\sin2\varphi)^{\frac{3}{2}}-a^3]d\varphi=\frac{4a^2}{3}\int_0^{\frac{\pi}{4}}(1+\sin2\varphi)^{\frac{3}{2}}d\varphi-\frac{\pi a^2}{3}.$$

由于

$$\int_0^{\frac{\pi}{4}}(1+\sin2\varphi)^{\frac{3}{2}}d\varphi$$

$$=\int_0^{\frac{\pi}{4}}\left[1+\cos2\left(\frac{\pi}{4}-\varphi\right)\right]^{\frac{3}{2}}d\varphi=2\sqrt{2}\int_0^{\frac{\pi}{4}}\cos^3\left(\frac{\pi}{4}-\varphi\right)d\varphi$$

$$=2\sqrt{2}\int_0^{\frac{\pi}{4}}\cos^3t\,dt=2\sqrt{2}\left(\sin t-\frac{\sin^3t}{3}\right)\Bigg|_0^{\frac{\pi}{4}}=\frac{5}{3},$$

故最后得

$$S=\frac{4a^2}{3}\cdot\frac{5}{3}-\frac{\pi a^2}{3}=\frac{a^2}{9}(20-3\pi).$$

【4045】 求曲面 $x^2+y^2=a^2$ 被平面 $x+z=0$, $x-z=0$ $(x>0, y>0)$，所截那部分的面积.

解 因为

$$\sqrt{1+\left(\frac{\partial y}{\partial x}\right)^2+\left(\frac{\partial y}{\partial z}\right)^2}=\sqrt{1+\left(\frac{x}{y}\right)^2}=\frac{a}{\sqrt{a^2-x^2}},$$

于是,所求的面积为

$$S=\iint_{\Omega}\frac{a}{\sqrt{a^2-x^2}}\mathrm{d}x\mathrm{d}z=\int_0^a\mathrm{d}x\int_{-x}^{x}\frac{a}{\sqrt{a^2-x^2}}\mathrm{d}z$$

$$=\int_0^a\frac{2ax}{\sqrt{a^2-x^2}}\mathrm{d}x=2a^2.$$

【4046】 求由曲面 $x^2+y^2=\frac{1}{3}z^2$, $x+y+z=2a\,(a>0)$ 所界物体的表面积和体积.

解 曲面的交线在 Oxy 平面上的射影为

$$3x^2+3y^2=(2a-x-y)^2,$$

即
$$x^2+y^2-xy+2a(x+y)=2a^2.$$

令 $x=\frac{x'-y'}{\sqrt{2}}$, $y=\frac{x'+y'}{\sqrt{2}}$,则方程变为

$$\frac{\left(x'+\frac{4a}{\sqrt{2}}\right)^2}{(2\sqrt{3}a)^2}+\frac{y'^2}{(2a)^2}=1.$$

由此可见,曲面所界的物体在 Oxy 平面上的射影域为以 $2a$ 为短半轴、$2\sqrt{3}a$ 为长半轴的椭圆.

物体的表面积由截面和截出的锥面两部分组成.对于 $z=2a-x-y$, $z=\sqrt{3x^2+3y^2}$分别有

$$\sqrt{1+\left(\frac{\partial z}{\partial x}\right)^2+\left(\frac{\partial z}{\partial y}\right)^2}=\sqrt{3},\quad \sqrt{1+\left(\frac{\partial z}{\partial x}\right)^2+\left(\frac{\partial z}{\partial y}\right)^2}=2.$$

于是,物体的表面积

$$S=\iint_{\Omega}\sqrt{3}\mathrm{d}x\mathrm{d}y+\iint_{\Omega}2\mathrm{d}x\mathrm{d}y=(\sqrt{3}+2)\cdot\pi\cdot2a\cdot2\sqrt{3}a$$

$$=4\pi(3+2\sqrt{3})a^2.$$

又所截圆锥之高为

$$H=\left|\frac{-2a}{\sqrt{1^2+1^2+1^2}}\right|=\frac{2a}{\sqrt{3}}$$

(即坐标原点到平面 $x+y+z=2a$ 的距离). 于是,物体的体积为

$$V=\frac{1}{3}\cdot A\cdot\frac{2a}{\sqrt{3}},$$

其中 A 为截圆锥的底面积:

$$A=\iint\limits_{\Omega}\sqrt{3}\,\mathrm{d}x\,\mathrm{d}y=\sqrt{3}\cdot\pi\cdot 2a\cdot 2\sqrt{3}a=12\pi a^2.$$

因此,所求物体的体积为

$$V=\frac{1}{3}\cdot 12\pi a^2\cdot\frac{2a}{\sqrt{3}}=\frac{8}{\sqrt{3}}\pi a^3.$$

【4047】 求球壳被包含在两条纬线和两条经线间那部分的面积.

解 球壳的参数方程为

$$x=R\cos\varphi\cos\psi,\quad y=R\sin\varphi\cos\psi,\quad z=R\sin\psi,$$

其中 R 为球的半径. 因为

$$E=\left(\frac{\partial x}{\partial\varphi}\right)^2+\left(\frac{\partial y}{\partial\varphi}\right)^2+\left(\frac{\partial z}{\partial\varphi}\right)^2$$
$$=R^2\sin^2\varphi\cos^2\psi+R^2\cos^2\varphi\cos^2\psi=R^2\cos^2\psi,$$

$$G=\left(\frac{\partial x}{\partial\psi}\right)^2+\left(\frac{\partial y}{\partial\psi}\right)^2+\left(\frac{\partial z}{\partial\psi}\right)^2$$
$$=R^2\cos^2\varphi\sin^2\psi+R^2\sin^2\varphi\sin^2\psi+R^2\cos^2\psi=R^2,$$

$$F=\frac{\partial x}{\partial\varphi}\frac{\partial x}{\partial\psi}+\frac{\partial y}{\partial\varphi}\frac{\partial y}{\partial\psi}+\frac{\partial z}{\partial\varphi}\frac{\partial z}{\partial\psi}$$
$$=R^2\sin\varphi\cos\psi\cos\varphi\sin\psi-R^2\sin\varphi\cos\varphi\sin\psi\cos\psi+0=0,$$

故 $\sqrt{EG-F^2}=R^2\cos\psi$. 于是,所求的面积为

$$S=\int_{\varphi_1}^{\varphi_2}\mathrm{d}\varphi\int_{\psi_1}^{\psi_2}R^2\cos\psi\mathrm{d}\psi=(\varphi_2-\varphi_1)(\sin\psi_2-\sin\psi_1)R^2,$$

其中 φ_1 及 φ_2 为经线的经度, ψ_1 及 ψ_2 纬线的纬度.

【4048】 求螺旋面

$$x=r\cos\varphi,\quad y=r\sin\varphi,\quad z=h\varphi,$$

其中 $0<r<a$, $0<\varphi<2\pi$ 那部分的面积.

解 因为

$$E=\left(\frac{\partial x}{\partial r}\right)^2+\left(\frac{\partial y}{\partial r}\right)^2+\left(\frac{\partial z}{\partial r}\right)^2=1,$$

$$G=\left(\frac{\partial x}{\partial \varphi}\right)^2+\left(\frac{\partial y}{\partial \varphi}\right)^2+\left(\frac{\partial z}{\partial \varphi}\right)^2=r^2+h^2,$$

$$F=\frac{\partial x}{\partial r}\frac{\partial x}{\partial \varphi}+\frac{\partial y}{\partial r}\frac{\partial y}{\partial \varphi}+\frac{\partial z}{\partial r}\frac{\partial z}{\partial \varphi}=0,$$

故 $\sqrt{EG-F^2}=\sqrt{r^2+h^2}$. 于是, 所求的面积为

$$\begin{aligned}S&=\int_0^{2\pi}\mathrm{d}\varphi\int_0^a\sqrt{r^2+h^2}\mathrm{d}r\\&=2\pi\left[\frac{r}{2}\sqrt{r^2+h^2}+\frac{h^2}{2}\ln(r+\sqrt{r^2+h^2})\right]\Bigg|_0^a\\&=\pi a\sqrt{a^2+h^2}+\pi h^2\ln\frac{a+\sqrt{a^2+h^2}}{h}.\end{aligned}$$

【4049】 求环面

$$x=(b+a\cos\psi)\cos\varphi,\qquad y=(b+a\cos\psi)\sin\varphi,$$
$$z=a\sin\psi\quad(0<a\leqslant b)$$

被两条经线 $\varphi=\varphi_1$, $\varphi=\varphi_2$ 和两条纬线 $\psi=\psi_1$, $\psi=\psi_2$ 所界那部分的面积. 整个环的表面积等于什么?

解 因为

$$E=\left(\frac{\partial x}{\partial \varphi}\right)^2+\left(\frac{\partial y}{\partial \varphi}\right)^2+\left(\frac{\partial z}{\partial \varphi}\right)^2=(b+a\cos\psi)^2,$$

$$G=\left(\frac{\partial x}{\partial \psi}\right)^2+\left(\frac{\partial y}{\partial \psi}\right)^2+\left(\frac{\partial z}{\partial \psi}\right)^2=a^2,$$

$$F=\frac{\partial x}{\partial \varphi}\frac{\partial x}{\partial \psi}+\frac{\partial y}{\partial \varphi}\frac{\partial y}{\partial \psi}+\frac{\partial z}{\partial \varphi}\frac{\partial z}{\partial \psi}=0$$

故

$$\sqrt{EG-F^2}=a(b+a\cos\psi).$$

于是,所求的面积为

$$S=\int_{\varphi_1}^{\varphi_2}\mathrm{d}\varphi\int_{\psi_1}^{\psi_2}a(b+a\cos\psi)\mathrm{d}\psi$$
$$=a(\varphi_2-\varphi_1)[b(\psi_2-\psi_1)+a(\sin\psi_2-\sin\psi_1)].$$

整个环的表面积

$$A=\int_0^{2\pi}\mathrm{d}\varphi\int_{-\pi}^{\pi}a(b+a\cos\psi)\mathrm{d}\psi=4\pi^2ab.$$

【4050】 求立体角 ω,在这个角里从坐标原点看得见矩形

$$x=a>0,\ 0\leqslant y\leqslant b,\ 0\leqslant z\leqslant c.$$

若 a 很大,对于 ω 推出近似公式.

解 以原点为球心作单位球,则 ω 即为该球面含于四面体 $O-ABCD$ 内的面积,其中 $ABCD$ 是以 b、c 为边长的矩形(图 8.49).

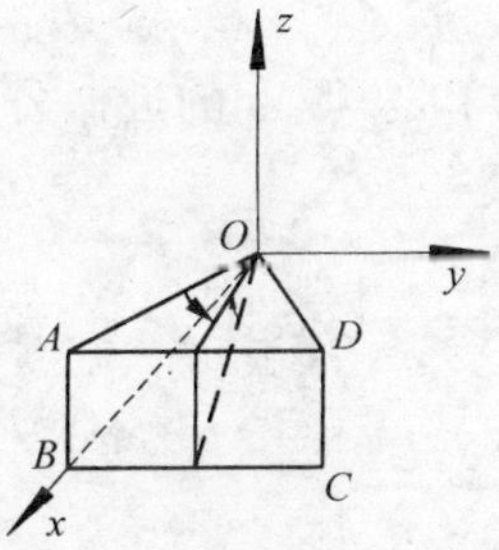

图 8.49

取球坐标系,由 4047 题知:

$$\sqrt{EG-F^2}=\cos\psi,$$

又 φ 和 ψ 的变化域为

$$0\leqslant\varphi\leqslant\arcsin\frac{b}{\sqrt{a^2+b^2}},\quad 0\leqslant\psi\leqslant\arcsin\frac{c\cos\varphi}{\sqrt{a^2+c^2\cos^2\varphi}}.$$

于是,立体角

$$\omega = \int_0^{\arcsin\frac{b}{\sqrt{a^2+b^2}}} \mathrm{d}\varphi \int_0^{\arcsin\frac{c\cos\varphi}{\sqrt{a^2+c^2\cos^2\varphi}}} \cos\psi \mathrm{d}\psi$$

$$= \int_0^{\arcsin\frac{b}{\sqrt{a^2+b^2}}} \frac{c\cos\varphi}{\sqrt{a^2+c^2\cos^2\varphi}} \mathrm{d}\varphi$$

$$= \int_0^{\arcsin\frac{b}{\sqrt{a^2+b^2}}} \frac{\mathrm{d}\left(\frac{c}{\sqrt{a^2+c^2}}\sin\varphi\right)}{\sqrt{1-\left(\frac{c}{\sqrt{a^2+c^2}}\sin\varphi\right)^2}}$$

$$= \arcsin\left(\frac{c}{\sqrt{a^2+c^2}}\sin\arcsin\frac{b}{\sqrt{a^2+b^2}}\right)$$

$$= \arcsin\frac{bc}{\sqrt{(a^2+c^2)(a^2+b^2)}}.$$

当 a 很大时,有

$$\frac{bc}{\sqrt{(a^2+c^2)(a^2+b^2)}} = \frac{bc}{a^2\sqrt{\left(1+\frac{c^2}{a^2}\right)\left(1+\frac{b^2}{a^2}\right)}} \approx \frac{bc}{a^2},$$

于是,得 ω 的近似公式 $\omega \approx \frac{bc}{a^2}$.

§5. 二重积分在力学上的应用

1° 重心 若 x_0 和 y_0 为平面 Oxy 内薄板 Ω 的重心坐标，$\rho=\rho(x,y)$ 为薄板的密度，则

$$x_0=\frac{1}{M}\iint_{\Omega}\rho x\,\mathrm{d}x\,\mathrm{d}y,\qquad y_0=\frac{1}{M}\iint_{\Omega}\rho y\,\mathrm{d}x\,\mathrm{d}y,\tag{1}$$

其中 $M=\iint_{\Omega}\rho\,\mathrm{d}x\,\mathrm{d}y$ 为薄板的质量.

若薄板是均匀的，则于公式(1)中应令 $\rho=1$.

2° 转动惯量 I_x 和 I_y 分别为平面 Oxy 内薄板 Ω 对于坐标轴 Ox 和 Oy 的转动惯量——用公式来表示

$$I_x=\iint_{\Omega}\rho y^2\,\mathrm{d}x\,\mathrm{d}y,\qquad I_y=\iint_{\Omega}\rho x^2\,\mathrm{d}x\,\mathrm{d}y,\tag{2}$$

其中 $\rho=\rho(x,y)$ 为薄板的密度.

于公式(2)中假定 $\rho=1$，我们得到平面图形的几何转动惯量.

【4051】 求边长 a 的正方形薄板的质量，设薄板上每一点的密度与该点距正方形顶点之一的距离成比例且在正方形的中点等于 ρ_0.

解 取坐标系如图 8.50 所示，则密度 $\rho=k\sqrt{x^2+y^2}$. 由于

$$\rho_0=k\sqrt{\left(\frac{a}{2}\right)^2+\left(\frac{a}{2}\right)^2},$$

故 $k=\frac{\rho_0}{a}\sqrt{2}$，从而 $\rho=\frac{\rho_0\sqrt{2}}{a}\sqrt{x^2+y^2}$.

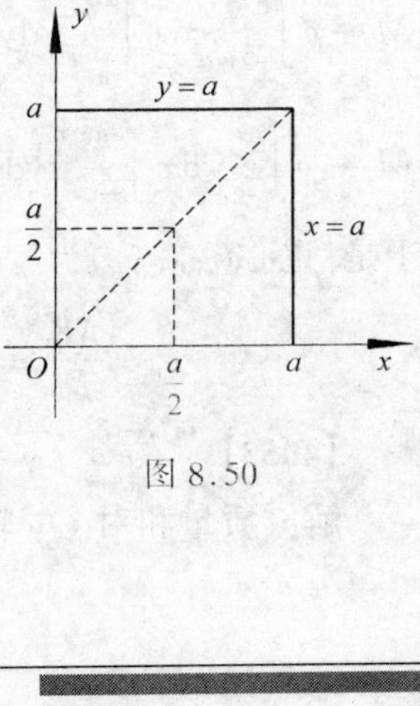

图 8.50

若引用极坐标，即得质量

$$M=\iint_{\Omega}\frac{\rho_0\sqrt{2}}{a}\sqrt{x^2+y^2}\,\mathrm{d}x\,\mathrm{d}y$$

$$= \frac{\rho_0}{a}\sqrt{2}\left[\int_0^{\frac{\pi}{4}} d\varphi \int_0^{\frac{a}{\cos\varphi}} r^2 dr + \int_{\frac{\pi}{4}}^{\frac{\pi}{2}} d\varphi \int_0^{\frac{a}{\sin\varphi}} r^2 dr\right]$$

$$= \frac{\rho_0 a^2}{3}\sqrt{2}\left[\int_0^{\frac{\pi}{4}} \frac{d\varphi}{\cos^3\varphi} + \int_{\frac{\pi}{4}}^{\frac{\pi}{2}} \frac{d\varphi}{\sin^3\varphi}\right]$$

$$= \frac{\rho_0 a^2}{3} 2\sqrt{2}\int_0^{\frac{\pi}{4}} \frac{d\varphi}{\cos^3\varphi} = \frac{\rho_0 a^2}{3} 2\sqrt{2}\int_0^{\frac{\pi}{4}} \sqrt{1+\tan^2\varphi}\, d(\tan\varphi)$$

$$= \frac{\rho_0 a^2}{3} 2\sqrt{2}\left[\frac{\tan\varphi}{2}\sqrt{1+\tan^2\varphi} + \frac{1}{2}\ln\left|\tan\varphi + \sqrt{1+\tan^2\varphi}\right|\right]\Bigg|_0^{\frac{\pi}{4}}$$

$$= \frac{\rho_0 a^2}{3}[2+\sqrt{2}\ln(1+\sqrt{2})].$$

求由下列曲线所界均匀薄板的重心坐标：

【4052】 $ay = x^2$，$x + y = 2a$ $(a > 0)$.

解 密度 ρ 为常数. 积分域如图 8.51 所示. 质量

$$M = \rho\int_{-2a}^{a} dx \int_{\frac{x^2}{a}}^{2a-x} dy = \frac{9}{2}\rho a^2.$$

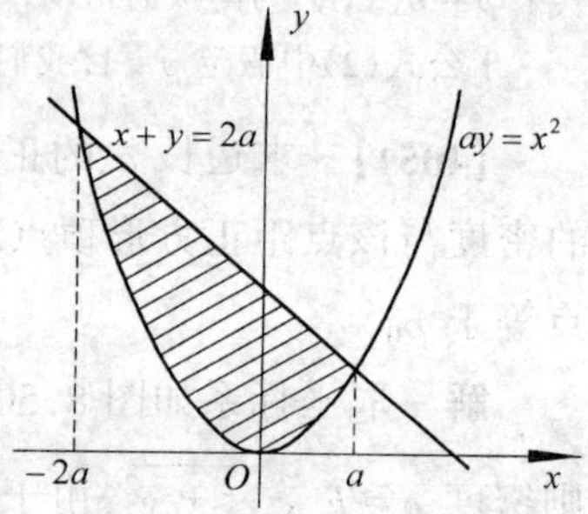

图 8.51

对于坐标轴的一次矩为

$$M_y = \rho\int_{-2x}^{a} x dx \int_{\frac{x^2}{a}}^{2a-x} dy = -\frac{9}{4}\rho a^3,$$

$$M_x = \rho\int_{-2a}^{a} dx \int_{\frac{x^2}{a}}^{2a-x} y dy = \frac{36}{5}\rho a^3.$$

于是，重心(x_0, y_0)为

$$x_0 = \frac{M_y}{M} = -\frac{a}{2}, \qquad y_0 = \frac{M_x}{M} = \frac{8}{5}a.$$

【4053】 $\sqrt{x} + \sqrt{y} = \sqrt{a}$，$x = 0$，$y = 0$.

解 质量和对 Oy 轴的一次矩分别为

$$M=\rho\int_0^a \mathrm{d}x\int_0^{(\sqrt{a}-\sqrt{x})^2}\mathrm{d}y=\frac{1}{6}\rho a^2,$$

$$M_y=\rho\int_0^a x\,\mathrm{d}x\int_0^{(\sqrt{a}-\sqrt{x})^2}\mathrm{d}y=\frac{1}{30}\rho a^3.$$

于是,重心的横坐标为

$$x_0=\frac{M_y}{M}=\frac{a}{5}.$$

由关于直线 $y=x$ 的对称性知 $x_0=y_0=\dfrac{a}{5}$.

【4054】 $x^{\frac{2}{3}}+y^{\frac{2}{3}}=a^{\frac{2}{3}}\quad(x>0,y>0)$.

解 质量和对 Oy 轴的一次矩分别为

$$M=\rho\int_0^a \mathrm{d}x\int_0^{(a^{\frac{2}{3}}-x^{\frac{2}{3}})^{\frac{3}{2}}}\mathrm{d}y=\rho\int_0^a (a^{\frac{2}{3}}-x^{\frac{2}{3}})^{\frac{3}{2}}\mathrm{d}x$$

$$=3a^2\rho\int_0^{\frac{\pi}{2}}\sin^4 t\cos^2 t\,\mathrm{d}t^{\,*)}=3a^2\rho\int_0^{\frac{\pi}{2}}(\sin^4 t-\sin^6 t)\mathrm{d}t$$

$$=3a^2\rho\left(\frac{3}{4}\cdot\frac{1}{2}-\frac{5}{6}\cdot\frac{3}{4}\cdot\frac{1}{2}\right)\frac{\pi}{2}=\frac{3\pi a^2\rho}{32},$$

$$M_y=\rho\int_0^a x\,\mathrm{d}x\int_0^{(a^{\frac{2}{3}}-x^{\frac{2}{3}})^{\frac{3}{2}}}\mathrm{d}y=\rho\int_0^a x(a^{\frac{2}{3}}-x^{\frac{2}{3}})^{\frac{3}{2}}\mathrm{d}x$$

$$=3a^3\rho\int_0^{\frac{\pi}{2}}\sin^4 t\cos^5 t\,\mathrm{d}t=\frac{8a^3\rho}{105}.$$

于是,重心的横坐标为

$$x_0=\frac{M_y}{M}=\frac{256a}{315\pi}.$$

由关于直线 $y=x$ 的对称性知 $x_0=y_0=\dfrac{256a}{315\pi}$.

*) 作代换 $x=a\cos^3 t$.

【4055】 $\left(\dfrac{x}{a}+\dfrac{y}{b}\right)^3=\dfrac{xy}{c^2}$ (线圈).

解 此曲线在第一象限部分是一封闭曲线，围成一图形Ω. 作变量代换

$$x=\frac{a^2b}{c^2}r\cos^4\theta\sin^2\theta,\quad y=\frac{ab^2}{c^2}r\cos^2\theta\sin^4\theta,\quad (0\leqslant\theta\leqslant\frac{\pi}{2})$$

则原曲线方程变为 $r=1$. 又容易算得

$$\frac{D(x,y)}{D(r,\theta)}=\frac{2a^3b^3}{c^4}r(\sin^5\theta\cos^7\theta+\sin^7\theta\cos^5\theta),$$

故(利用 3856 题的结果)

$$M=\iint_{\Omega}\rho\mathrm{d}x\mathrm{d}y=\frac{2a^3b^3}{c^4}\rho\int_0^1 r\mathrm{d}r\int_0^{\frac{\pi}{2}}(\sin^5\theta\cos^7\theta+\sin^7\theta\cos^5\theta)\mathrm{d}\theta$$

$$=\frac{a^3b^3}{c^4}\rho\left[\frac{1}{2}B(3,4)+\frac{1}{2}B(4,3)\right]=\frac{a^3b^3}{c^4}\rho B(3,4),$$

$$M_y=\iint_{\Omega}\rho x\mathrm{d}x\mathrm{d}y$$

$$=\frac{2a^5b^4}{c^6}\rho\int_0^1 r^2\mathrm{d}r\int_0^{\frac{\pi}{2}}\cos^4\theta\sin^2\theta(\sin^5\theta\cos^7\theta+\sin^7\theta\cos^5\theta)\mathrm{d}\theta$$

$$=\frac{2}{3}\cdot\frac{a^5b^4}{c^6}\rho\left(\int_0^{\frac{\pi}{2}}\sin^7\theta\cos^{11}\theta+\int_0^{\frac{\pi}{2}}\sin^9\theta\cos^9\theta\mathrm{d}\theta\right)$$

$$=\frac{1}{3}\cdot\frac{a^5b^4}{c^6}\rho[B(4,6)+B(5,5)].$$

于是，

$$x_0=\frac{M_y}{M}=\frac{a^2b}{3c^2}\cdot\frac{B(4,6)+B(5,5)}{B(3,4)}.$$

由于，

$$B(4,6)=\frac{\Gamma(4)\Gamma(6)}{\Gamma(10)}=\frac{3!\ \ 5!}{9!},$$

$$B(5,5)=\frac{[\Gamma(5)]^2}{\Gamma(10)}=\frac{(4!)^2}{9!},$$

$$B(3,4)=\frac{\Gamma(3)\Gamma(4)}{\Gamma(7)}=\frac{2!\ 3!}{6!},$$

代入,化简得

$$x_0=\frac{a^2b}{3c^2}\cdot\frac{6!\ [3!\ 5!\ +(4!)^2]}{2!\ 3!\ 9!}=\frac{a^2b}{14c^2}.$$

同理,可求得重心的纵坐标为

$$y_0=\frac{M_x}{M}=\frac{\iint\limits_{\Omega}\rho y\mathrm{d}x\mathrm{d}y}{\iint\limits_{\Omega}\rho\mathrm{d}x\mathrm{d}y}=\frac{ab^2}{14c^2}.$$

【4056】 $(x^2+y^2)^2=2a^2xy\quad(x>0,y>0)$.

解 曲线的极坐标方程为

$$r^2=a^2\sin2\varphi,$$

质量和对 Oy 轴的一次矩为

$$M=\iint\limits_{\Omega}\rho\mathrm{d}x\mathrm{d}y=\rho\int_0^{\frac{\pi}{2}}\mathrm{d}\varphi\int_0^{a\sqrt{\sin2\varphi}}r\mathrm{d}r=\frac{\rho a^2}{2}\int_0^{\frac{\pi}{2}}\sin2\varphi\mathrm{d}\varphi=\frac{\rho a^2}{2},$$

$$M_y=\iint\limits_{\Omega}\rho x\mathrm{d}x\mathrm{d}y=\rho\int_0^{\frac{\pi}{2}}\mathrm{d}\varphi\int_0^{a\sqrt{\sin2\varphi}}r\cdot r\cos\varphi\mathrm{d}r$$

$$=\frac{\rho a^3}{3}\int_0^{\frac{\pi}{2}}\cos\varphi\sin^{\frac{3}{2}}2\varphi\mathrm{d}\varphi$$

$$=\frac{2\sqrt{2}}{3}\rho a^3\int_0^{\frac{\pi}{2}}\cos^{\frac{5}{2}}\varphi\sin^{\frac{3}{2}}\varphi\mathrm{d}\varphi=\frac{2\sqrt{2}}{3}\rho a^3\cdot\frac{1}{2}B\left(\frac{7}{4},\frac{5}{4}\right)^{*)}$$

$$=\frac{2\sqrt{2}}{3}\rho a^3\frac{\Gamma\left(\frac{7}{4}\right)\Gamma\left(\frac{5}{4}\right)}{2\Gamma(3)}=\frac{2\sqrt{2}}{3}\rho a^3\frac{\frac{3}{4}\Gamma\left(\frac{3}{4}\right)\cdot\frac{1}{4}\Gamma\left(\frac{1}{4}\right)}{2\cdot2}$$

$$=\frac{1}{8\sqrt{2}}\rho a^3\frac{\pi}{2\sin\frac{\pi}{4}}=\frac{1}{16}\pi\rho a^3.$$

于是,重心的横坐标为 $x_0=\frac{M_y}{M}=\frac{\pi a}{8}$.由关于直线 $y=x$ 的

对称性知

$$x_0 = y_0 = \frac{\pi a}{8}.$$

*) 利用 3856 题的结果.

【4057】 $r = a(1+\cos\varphi),\ \varphi = 0$—π

解 质量和一次矩分别为

$$M = \rho\int_0^{\pi} d\varphi \int_0^{a(1+\cos\varphi)} r\,dr = \frac{1}{2}\rho a^2\int_0^{\pi}(1+\cos\varphi)^2 d\varphi = \frac{3}{4}\pi\rho a^2,$$

$$M_y = \rho\int_0^{\pi} d\varphi \int_0^{a(1+\cos\varphi)} r\cdot r\cos\varphi\,dr = \frac{\rho a^3}{3}\int_0^{\pi}(1+\cos\varphi)^3\cos\varphi\,d\varphi$$

$$= \frac{\rho a^3}{3}\left[\int_0^{\pi}(1+\cos\varphi)^4 d\varphi - \int_0^{\pi}(1+\cos\varphi)^3 d\varphi\right]$$

$$= \frac{\rho a^3}{3}\left[32\int_0^{\frac{\pi}{2}}\cos^8 t\,dt - 16\int_0^{\frac{\pi}{2}}\cos^6 t\,dt\right]$$

$$= \frac{\rho a^3}{3}\left[32\cdot\frac{7\cdot5\cdot3\cdot1}{8\cdot6\cdot4\cdot2}\cdot\frac{\pi}{2} - 16\cdot\frac{5\cdot3\cdot1}{6\cdot4\cdot2}\cdot\frac{\pi}{2}\right] = \frac{5\pi\rho a^3}{8},$$

$$M_x = \rho\int_0^{\pi} d\varphi \int_0^{a(1+\cos\varphi)} r\cdot r\sin\varphi\,dr = \frac{\rho a^3}{3}\int_0^{\pi}(1+\cos\varphi)^3\sin\varphi\,d\varphi$$

$$= -\frac{\rho a^3}{3}\cdot\left.\frac{(1+\cos\varphi)^4}{4}\right|_0^{\pi} = \frac{4\rho a^3}{3}.$$

于是,重心的坐标为

$$x_0 = \frac{M_y}{M} = \frac{5}{6}a, \qquad y_0 = \frac{M_x}{M} = \frac{16}{9\pi}a.$$

【4058】 $x = a(t-\sin t),\ y = a(1-\cos t)\ (0\leqslant t\leqslant 2\pi),\ y = 0.$

解 质量和对 Ox 轴的一次矩为

$$M = \rho\int_0^{2\pi a} dx\int_0^{y} dy = \rho\int_0^{2\pi} a^2(1-\cos t)^2 dt = 3\pi\rho a^2,$$

$$M_x = \rho\int_0^{2\pi a} dx\int_0^{y} y\,dy = \frac{1}{2}\rho\int_0^{2\pi a} y^2 dx$$

$$=\frac{1}{2}\rho a^3\int_0^{2\pi}(1-\cos t)^3\mathrm{d}t=\frac{5}{2}\pi\rho a^3.$$

于是,

$$y_0=\frac{M_x}{M}=\frac{5}{6}a.$$

由对称性知: $x_0=\pi a$.

【4059】 求圆形薄板 $x^2+y^2\leqslant a^2$ 的重心坐标,设它在点 $M(x,y)$的密度与 M 点到$A(a,0)$点的距离成比例.

解 按题设,密度

$$\rho=k\sqrt{(x-a)^2+y^2}\quad(k\text{ 为常数}).$$

于是,质量为

$$\begin{aligned}M&=\int_{-a}^{a}\mathrm{d}x\int_{-\sqrt{a^2-x^2}}^{\sqrt{a^2-x^2}}k\sqrt{(x-a)^2+y^2}\mathrm{d}y\\&=k\int_{-a}^{a}\Big[y\sqrt{(x-a)^2+y^2}\\&\quad+(x-a)^2\ln(y+\sqrt{(x-a)^2+y^2})\Big]\Big|_0^{\sqrt{a^2-x^2}}\mathrm{d}x\\&=k\int_{-a}^{a}\sqrt{2a}(a-x)\sqrt{a+x}\,\mathrm{d}x\\&\quad-k\int_{-a}^{a}\left[\frac{1}{2}\ln(a-x)\right](a-x)^2\mathrm{d}x\\&\quad+k\int_{-a}^{a}(a-x)^2\ln(\sqrt{a+x}+\sqrt{2a})\mathrm{d}x\\&=I_1-I_2+I_3.\end{aligned}$$

由于

$$\begin{aligned}I_1&=k\int_{-a}^{a}\sqrt{2a}\left[-(a+x)^{\frac{3}{2}}+2a(x+a)^{\frac{1}{2}}\right]\mathrm{d}x\\&=\sqrt{2a}k\cdot\left[-\frac{2}{5}(a+x)^{\frac{5}{2}}+\frac{4a}{3}(x+a)^{\frac{3}{2}}\right]\Big|_{-a}^{a}=\frac{32}{15}ka^3,\end{aligned}$$

$$I_2=\frac{k}{2}\int_0^{2a}t^2\ln t\,\mathrm{d}t=\frac{k}{6}t^3\ln t\Big|_0^{2a}-\frac{k}{6}\int_0^{2a}t^3\cdot\frac{1}{t}\mathrm{d}t$$

$$=\frac{4}{3}ka^3\cdot\ln 2a-\frac{4}{9}ka^3,$$

$$I_3=k\cdot 2\int_0^{\sqrt{2a}}t(2a-t^2)^2\ln(t+\sqrt{2a})\mathrm{d}t$$

$$=8a^2k\int_0^{\sqrt{2a}}t\ln(t+\sqrt{2a})\mathrm{d}t-8ka\int_0^{\sqrt{2a}}t^3\ln(t+\sqrt{2a})\mathrm{d}t$$

$$+2k\int_0^{\sqrt{2a}}t^5\ln(t+\sqrt{2a})\mathrm{d}t$$

$$=8ka^2\left(\frac{a}{2}+a\ln\sqrt{2a}\right)-8ka\left(\frac{7}{12}a^2+a^2\ln\sqrt{2a}\right)$$

$$+2k\left(\frac{37}{45}a^3+\frac{4}{3}a^3\ln\sqrt{2a}\right)$$

$$=\frac{44}{45}ka^3+\frac{8}{3}ka^3\ln\sqrt{2a}=\frac{44}{45}ka^3+\frac{4}{3}ka^3\ln 2a.$$

因而最后得

$$M=\frac{32}{15}ka^3-\left(\frac{4}{3}ka^3\ln 2a-\frac{4}{9}ka^3\right)+\left(\frac{44}{45}ka^3+\frac{4}{3}ka^3\ln 2a\right)$$

$$=\frac{32}{9}ka^3.$$

仿照上述方法可求得一次矩

$$M_y=\int_{-a}^{a}\mathrm{d}x\int_{-\sqrt{a^2-x^2}}^{\sqrt{a^2-x^2}}kx\sqrt{(x-a)^2+y^2}\,\mathrm{d}y=-\frac{32}{45}ka^4.$$

而由对称性得：$M_x=0$. 于是，重心的坐标为

$$x_0=\frac{M_y}{M}=-\frac{a}{5},\qquad y_0=\frac{M_x}{M}=0.$$

【4060】 求由变动的面积的重心所描写出来的曲线，所指的变动面积是被曲线

$$y=\sqrt{2px},\quad y=0,\quad x=X$$

所界的.

解 变动面积的质量

$$M=\rho\int_0^X \mathrm{d}x\int_0^{\sqrt{2px}}\mathrm{d}y=\rho\,\frac{2\sqrt{2p}}{3}X^{\frac{3}{2}},$$

而一次矩

$$M_y=\rho\int_0^X x\,\mathrm{d}x\int_0^{\sqrt{2px}}\mathrm{d}y=\rho\,\frac{2\sqrt{2p}}{5}X^{\frac{5}{2}},$$

$$M_x=\rho\int_0^X \mathrm{d}x\int_0^{\sqrt{2px}}y\,\mathrm{d}y=\rho\,\frac{1}{2}pX^2.$$

于是,变动面积的重心为

$$x_0=\frac{M_y}{M}=\frac{3}{5}X,\qquad y_0=\frac{M_x}{M}=\frac{3\sqrt{pX}}{4\sqrt{2}}.$$

因此,重心的轨迹方程为

$$y_0=\frac{3}{4\sqrt{2}}\sqrt{p\cdot\frac{5}{3}x_0}=\frac{1}{8}\sqrt{30px_0},$$

此即所求的曲线方程,其图形是抛物线的一半.

求由下列曲线所界的面积($\rho=1$)对于坐标轴 Ox 和 Oy 的转动惯量 I_x 和 I_y:

【4061】[+] $\frac{x}{b_1}+\frac{y}{h}=1,\frac{x}{b_2}+\frac{y}{h}=1,\ y=0(b_1>0,b_2>0,h>0)$.

解 若设 $b_2>b_1$,则

$$I_x=\int_0^h y^2\mathrm{d}y\int_{(1-\frac{y}{h})b_1}^{(1-\frac{y}{h})b_2}\mathrm{d}x=(b_2-b_1)\int_0^h y^2\left(1-\frac{y}{h}\right)\mathrm{d}y$$

$$=\frac{(b_2-b_1)h^3}{12},$$

$$I_y=\int_0^h\mathrm{d}y\int_{(1-\frac{y}{h})b_1}^{(1-\frac{y}{h})b_2}x^2\mathrm{d}x=\frac{b_2^3-b_1^3}{3}\int_0^h\left(1-\frac{y}{h}\right)^3\mathrm{d}y$$

$$=\frac{h(b_2^3-b_1^3)}{12};$$

若设 $b_1>b_2$,则

$$I_x=\frac{(b_1-b_2)h^3}{12},\quad I_y=\frac{h(b_1^3-b_2^3)}{12}.$$

【4062】 $(x-a)^2+(y-a)^2=a^2,\ x=0,\ y=0(0\leqslant x\leqslant a)$.

解 $I_x=\int_0^a\mathrm{d}x\int_0^{a-\sqrt{2ax-x^2}}y^2\mathrm{d}y$

$$=\frac{1}{3}\int_0^a[a^3-3a^2\sqrt{2ax-x^2}+3a(2ax-x^2)-(2ax-x^2)^{\frac{3}{2}}]\mathrm{d}x$$

$$=\frac{1}{3}\left[a^3x-3a^2\left(\frac{x-a}{2}\sqrt{2ax-x^2}+\frac{a^2}{2}\arcsin\frac{x-a}{2}\right)\right.$$

$$\left.+3a^2x^2-ax^3\right]\Bigg|_0^a-\frac{1}{3}\int_0^a(2ax-x^2)^{\frac{3}{2}}\mathrm{d}x$$

$$=a^4\left(1-\frac{\pi}{4}\right)-\frac{1}{3}\int_{-\frac{\pi}{2}}^0a^4\cos^4t\,\mathrm{d}t^{*}=a^4\left(1-\frac{\pi}{4}\right)-\frac{1}{3}\int_0^{\frac{\pi}{2}}a^4\cos^4t\,\mathrm{d}t$$

$$=a^4\left(1-\frac{\pi}{4}\right)-\frac{a^4}{3}\cdot\frac{3}{4}\cdot\frac{1}{2}\cdot\frac{\pi}{2}=\frac{a^4}{16}(16-5\pi).$$

利用图形的对称性,即得 $I_y=I_x=\frac{a^4}{16}(16-5\pi)$.

*) 作代换 $x-a=a\sin t$.

【4063】 $r=a(1+\cos\varphi)$.

解 曲线所界的平面域可表示为

$$-\pi\leqslant\varphi\leqslant\pi,\quad 0\leqslant r\leqslant a(1+\cos\varphi).$$

于是,

$$I_x=\int_{-\pi}^{\pi}\int_0^{a(1+\cos\varphi)}r^2\sin^2\varphi\cdot r\mathrm{d}r\mathrm{d}\varphi=\int_{-\pi}^{\pi}\frac{1}{4}a^4(1+\cos\varphi)^4\sin^2\varphi\mathrm{d}\varphi$$

$$=2\cdot\frac{1}{4}a^4\int_0^{\pi}(1+4\cos\varphi+6\cos^2\varphi+4\cos^3\varphi+\cos^4\varphi)\sin^2\varphi d\varphi$$

$$=\frac{1}{2}\pi a^4\cdot\frac{21}{16}=\frac{21}{32}\pi a^{4*)}.$$

$$I_y=\int_{-\pi}^{\pi}\int_0^{a(1+\cos\varphi)}r^2\cos^2\varphi\cdot r dr d\varphi=\frac{1}{2}a^4\int_0^{\pi}(1+\cos\varphi)^4\cos^2\varphi d\varphi$$

$$=\frac{1}{2}a^4\int_0^{\pi}(\cos^2\varphi+4\cos^3\varphi+6\cos^4\varphi+4\cos^5\varphi+\cos^6\varphi)d\varphi$$

$$=\frac{49}{32}\pi a^4.$$

*) 对于任意自然数 n,有

$$\int_0^{\pi}\cos^n\varphi d\varphi=\begin{cases}2\int_0^{\frac{\pi}{2}}\cos^n\varphi d\varphi, & 当 n 为偶数;\\ 0, & 当 n 为奇数.\end{cases}$$

为算出 I_x、I_y 的值,也可变换被积函数的形式,直接用换元法计算,这样较简单.事实上,我们有

$$I_x=\frac{a^4}{2}\int_0^{\pi}(1+\cos\varphi)^4\sin^2\varphi d\varphi=2^6a^4\int_0^{\pi}\cos^{10}\frac{\varphi}{2}\sin^2\frac{\varphi}{2}d\left(\frac{\varphi}{2}\right)$$

$$=2^6a^4\int_0^{\frac{\pi}{2}}\cos^{10}x(1-\cos^2x)dx=2^6a^4\frac{9\cdot7\cdot5\cdot3\cdot1}{10\cdot8\cdot6\cdot4\cdot2}\left(1-\frac{11}{12}\right)\frac{\pi}{2}$$

$$=\frac{21}{32}\pi a^4.$$

$$I_y=\frac{a^4}{2}\int_0^{\pi}(1+\cos\varphi)^4\cos^2\varphi d\varphi=\frac{a^4}{2}\int_0^{\pi}(1+\cos\varphi)^4 d\varphi-\frac{21}{32}\pi a^4$$

$$=2^4a^4\int_0^{\frac{\pi}{2}}\cos^8x dx-\frac{21}{32}\pi a^4=\frac{70}{32}\pi a^4-\frac{21}{32}\pi a^4=\frac{49}{32}\pi a^4.$$

【4064】 $x^4+y^4=a^2(x^2+y^2)$.

解 曲线的图形关于两坐标轴和直线 $y=x$ 是对称的,参看 1542 题的图形.曲线的极坐标方程为

$$r^2=\frac{a^2}{\cos^4\varphi+\sin^4\varphi}\quad(0\leqslant\varphi\leqslant2\pi).$$

根据对称性，只要算出从 $\varphi=0$ 到 $\varphi=\frac{\pi}{4}$ 部分面积的转动惯量再八倍起来即得结果，并且显然有 $I_x=I_y$. 于是，我们有

$$I_x=I_y=4\iint_{\Omega}(x^2+y^2)\mathrm{d}x\,\mathrm{d}y=4\int_0^{\frac{\pi}{4}}\mathrm{d}\varphi\int_0^{\sqrt{\frac{a^2}{\cos^4\varphi+\sin^4\varphi}}}r^3\mathrm{d}r$$

$$=\int_0^{\frac{\pi}{4}}\frac{a^4\mathrm{d}\varphi}{(\cos^4\varphi+\sin^4\varphi)^2}=\int_0^{\frac{\pi}{4}}\frac{a^4\mathrm{d}\varphi}{(1-2\sin^2\varphi\cos^2\varphi)^2}$$

$$=\int_0^{\frac{\pi}{4}}\frac{a^4\mathrm{d}\varphi}{\left(\frac{3}{4}+\frac{1}{4}\cos4\varphi\right)^2}=16a^4\int_0^{\frac{\pi}{4}}\frac{\mathrm{d}\varphi}{(3+\cos4\varphi)^2}$$

$$=\frac{4a^4}{9}\int_0^{\pi}\frac{\mathrm{d}x}{\left(1+\frac{1}{3}\cos x\right)^2}{}^{*)}=\frac{4a^4}{9}\left[-\frac{\frac{1}{3}\sin x}{\left(1-\frac{1}{9}\right)\left(1+\frac{1}{3}\cos x\right)}\right.$$

$$\left.+\frac{2}{\left(1-\frac{1}{9}\right)^{\frac{3}{2}}}\arctan\left(\sqrt{\frac{1-\frac{1}{3}}{1+\frac{1}{3}}}\tan\frac{x}{2}\right)\right]\Bigg|_0^{\pi}{}^{**)}$$

$$=\frac{4a^4}{9}\cdot2\left(\frac{9}{8}\right)^{\frac{3}{2}}\frac{\pi}{2}=\frac{3\pi a^4}{4\sqrt{2}}.$$

*) 作代换 $x=4\varphi$.

**) 利用 2063 题的结果.

【4065】 $xy=a^2, xy=2a^2, x=2y, 2x=y\ (x>0, y>0)$.

解 作代换 $xy=u, \frac{y}{x}=v$，则 $x=\sqrt{\frac{u}{v}}, y=\sqrt{uv}$ 且雅哥比式的绝对值 $|I|=\frac{1}{2v}$，曲线所界的面积即积分域变为

$$a^2\leqslant u\leqslant2a^2,\qquad \frac{1}{2}\leqslant v\leqslant2.$$

于是，

$$I_x=\iint_{\Omega} y^2\mathrm{d}x\mathrm{d}y=\int_{\frac{1}{2}}^{2}\mathrm{d}v\int_{a^2}^{2a^2}\frac{uv}{2v}\mathrm{d}u=\frac{9a^4}{8},$$

$$I_y=\iint_{\Omega} x^2\mathrm{d}x\mathrm{d}y=\int_{\frac{1}{2}}^{2}\mathrm{d}v\int_{a^2}^{2a^2}\frac{u}{2v^2}\mathrm{d}u=\frac{9a^4}{8}.$$

【4066】 求面积 S 的极转动惯量

$$I_0=\iint_S(x^2+y^2)\mathrm{d}x\mathrm{d}y,$$

面积 S 是由曲线

$$(x^2+y^2)^2=a^2(x^2-y^2)$$

所界的.

解 引用极坐标,则面积 S 的界线的极坐标方程为

$$r^2=a^2\cos2\varphi,$$

这是双纽线.利用对称性,得

$$I_0=\iint_S(x^2+y^2)\mathrm{d}x\mathrm{d}y=4\int_0^{\frac{\pi}{4}}\mathrm{d}\varphi\int_0^{a\sqrt{\cos2\varphi}}r^3\mathrm{d}r$$

$$=\int_0^{\frac{\pi}{4}}a^4\cos^2 2\varphi\mathrm{d}\varphi=\frac{\pi a^4}{8}.$$

【4067】 证明公式:

$$I_l=I_{l_0}+Sd^2,$$

其中 I_l,I_{l_0} 是面积 S 对于二平行轴 l 和 l_0 的转动惯量,其中 l_0 是通过面积的重心,而 d 为两轴间的距离.

证 取 l_0 轴为 Ox 轴,面积的重心为坐标原点,则

$$I_l=\iint_S(y-d)^2\mathrm{d}x\mathrm{d}y=\iint_S y^2\mathrm{d}x\mathrm{d}y-2d\iint_S y\mathrm{d}x\mathrm{d}y+d^2\iint_S\mathrm{d}x\mathrm{d}y.$$

因为 l_0 通过面积 S 的重心,故

$$y_0=\frac{1}{S}\iint_S y\mathrm{d}x\mathrm{d}y=0,\quad 即\iint_S y\mathrm{d}x\mathrm{d}y=0.$$

又

$$\iint\limits_S y^2 \mathrm{d}x\mathrm{d}y = I_{l_0}, \qquad \iint\limits_S \mathrm{d}x\mathrm{d}y = S,$$

于是，$I_l = I_{l_0} + Sd^2$.

【4068】 证明面积 S 对于通过重心 $O(0,0)$ 并与 Ox 轴组成 α 角的直线的转动惯量等于

$$I = I_x\cos^2\alpha - 2I_{xy}\sin\alpha\cos\alpha + I_y\sin^2\alpha,$$

其中 I_x 和 I_y 为面积 S 对于 Ox 轴和 Oy 轴的转动惯量及 I_{xy} 为离心惯量：

$$I_{xy} = \iint\limits_S \rho xy\mathrm{d}x\mathrm{d}y.$$

证 今取直角坐标系 $Ox'y'$，使 Ox' 轴与 Ox 轴的夹角为 α，则有

$$x' = x\cos\alpha + y\sin\alpha, \quad y' = -x\sin\alpha + y\cos\alpha.$$

这就是旋转变换，雅哥比式的绝对值

$$|I| = \left|\frac{D(x', y')}{D(x, y)}\right| = 1.$$

于是，

$$I = \iint\limits_S y'^2\rho\mathrm{d}x'\mathrm{d}y' = \iint\limits_S (-x\sin\alpha + y\cos\alpha)^2\rho\mathrm{d}x\mathrm{d}y$$

$$= \cos^2\alpha\iint\limits_S \rho y^2\mathrm{d}x\mathrm{d}y - 2\sin\alpha\cos\alpha\cdot\iint\limits_S \rho xy\mathrm{d}x\mathrm{d}y + \sin^2\alpha\iint\limits_S \rho x^2\mathrm{d}x\mathrm{d}y$$

$$= I_x\cos^2\alpha - 2I_{xy}\sin\alpha\cos\alpha + I_y\sin^2\alpha.$$

【4069】 求以 a 为边的正三角形的面积对于通过三角形重心并与它的高成 α 角的直线的转动惯量.

解 利用上题的结果，取重心为坐标原点.不妨取 Ox 轴平行于三角形的一条边，则过重心与高成 α 角的直线，即为过坐

标原点与 Ox 轴成 α 角的直线. 于是, 要求的转动惯量为

$$I_\alpha = I_x\cos^2\alpha - 2I_{xy}\sin\alpha\cos\alpha + I_y\sin^2\alpha.$$

由于三角形三边所在的直线方程为

$$y = -\frac{a}{2\sqrt{3}},\quad y = -\sqrt{3}x + \frac{a}{\sqrt{3}},\quad y = \sqrt{3}x + \frac{a}{\sqrt{3}},$$

所以, 根据对称性知:

$$\begin{aligned}I_x &= 2\int_0^{\frac{a}{2}}\mathrm{d}x\int_{-\frac{a}{2\sqrt{3}}}^{-\sqrt{3}x+\frac{a}{\sqrt{3}}} y^2\mathrm{d}y\\ &= 2\int_0^{\frac{a}{2}}\frac{1}{3}\left[\left(-\sqrt{3}x+\frac{a}{\sqrt{3}}\right)^3-\left(-\frac{a}{2\sqrt{3}}\right)^3\right]\mathrm{d}x\\ &= 2\int_0^{\frac{a}{2}}\left(-\sqrt{3}x^3+\sqrt{3}ax^2-\frac{\sqrt{3}}{3}a^2x+\frac{\sqrt{3}}{24}a^3\right)\mathrm{d}x\\ &= 2\sqrt{3}a^4\left(\frac{1}{48}-\frac{1}{64}\right)=\frac{a^4}{32\sqrt{3}};\end{aligned}$$

$$I_{xy} = \iint_S xy\,\mathrm{d}x\,\mathrm{d}y = 0;$$

$$\begin{aligned}I_y &= 2\int_0^{\frac{a}{2}}\mathrm{d}x\int_{-\frac{a}{2\sqrt{3}}}^{-\sqrt{3}x+\frac{a}{\sqrt{3}}} x^2\mathrm{d}y = 2\int_0^{\frac{a}{2}} x^2\left[\left(-\sqrt{3}x+\frac{a}{\sqrt{3}}\right)+\frac{a}{2\sqrt{3}}\right]\mathrm{d}x\\ &= 2\int_0^{\frac{a}{2}}\left(-\sqrt{3}x^3+\frac{\sqrt{3}a}{2}x^2\right)\mathrm{d}x = \sqrt{3}a^4\left(\frac{1}{24}-\frac{1}{32}\right)=\frac{a^4}{32\sqrt{3}};\end{aligned}$$

于是,

$$I_\alpha = \frac{a^4}{32\sqrt{3}}\cos^2\alpha + \frac{a^4}{32\sqrt{3}}\sin^2\alpha = \frac{a^4}{32\sqrt{3}}.$$

【4070】 设有水平面为 $z=h$ 的圆柱形容器 $x^2+y^2=a^2$, $z=0$, 求它侧壁上 $(x\geqslant 0)$ 水的压力.

解 用 X 和 Y 分别表示压力在 Ox 与 Oy 轴上的射影. 由对称性, 显然有 $Y=0$. 下面求 X. 由于 $\mathrm{d}S = a\,\mathrm{d}\theta\,\mathrm{d}z$

$\left(-\frac{\pi}{2}\leqslant\theta\leqslant\frac{\pi}{2}\right)$，而在面元 $\mathrm{d}S$ 上的压力在 Ox 轴上的射影 $\mathrm{d}X$ 为$(z\mathrm{d}S)\cos\theta$. 于是，

$$X=\iint_S z\cos\theta\mathrm{d}S=\iint_S az\cos\theta\mathrm{d}\theta\mathrm{d}z$$

$$=a\left(\int_{-\frac{\pi}{2}}^{\frac{\pi}{2}}\cos\theta\mathrm{d}\theta\right)\left(\int_0^h z\mathrm{d}z\right)=ah^2.$$

【4071】 半径为 a 的球体沉入密度为 δ 的液体中的深度为 h(由球心量起)，这里 $h\geqslant a$. 求在球表面的上部和下部的液体压力.

解 设球面方程为 $x^2+y^2+z^2=a^2$，则在球面上的点(x, y, z)处沉入液体的深度 d 为

$$d=h-z\quad(-a\leqslant z\leqslant h).$$

于是，上半球面 S_1 的点和下半球面 S_2 的点的深度分别为：

$$d=h-\sqrt{a^2-(x^2+y^2)},\quad d=h+\sqrt{a^2-(x^2+y^2)}.$$

根据对称性知，压力在 Ox 轴上和 Oy 轴的射影均为零，故只要计算压力在 Oz 轴上的射影，液体作用于球面上部和下部的压力分别记以 p_1 和 p_2，并设 γ 为球上各点处压力的方向(即内法线方向)与 Oz 轴正向的夹角，则

$$p_1=\iint_{S_1}d\delta\cos\gamma\mathrm{d}S=-\iint_{x^2+y^2\leqslant a^2}\delta\left[h-\sqrt{a^2-(x^2+y^2)}\right]\mathrm{d}x\mathrm{d}y$$

$$=-h\pi a^2\delta+\delta\int_0^{2\pi}\mathrm{d}\theta\int_0^a\sqrt{a^2-r^2}r\mathrm{d}r$$

$$=-h\pi a^2\delta+\left[\frac{-2\pi\delta}{3}\sqrt{(a^2-r^2)^3}\right]\Big|_0^a$$

$$=-\pi a^2\delta\left(h-\frac{2a}{3}\right)\quad(p_1<0\text{ 表示压力向下}).$$

同理，我们有

$$p_2=\iint\limits_{S_2} d\delta\cos\gamma\mathrm{d}S=\iint\limits_{x^2+y^2\leqslant a^2}\delta\left[h+\sqrt{a^2-(x^2+y^2)}\right]\mathrm{d}x\mathrm{d}y$$

$$=\pi a^2\delta\left(h+\frac{2a}{3}\right)\quad(p_2>0\text{ 表示压力向上}).$$

【4072】 底半径为 a 高为 b 的直圆柱完全沉入密度为 δ 的液体中，其中心在液面下的深度为 h，而圆柱的轴与铅垂线成 α 角，求在圆柱上底和下底的压力.

解 取圆柱的中心为坐标原点，取 Oxy 平面是水平的，再取圆柱的轴(朝上的方向)在 Oxy 平面上的射影所在的方向为 Ox 轴，取 Oz 轴垂直向上，最后取 Oy 轴使 Ox 轴、Oy 轴和 Oz 轴构成右手系.

于是，液面方程为 $z=h$. 设圆柱上底为 S_1，下底为 S_2，则 S_1 所在平面的方程为

$$x\sin\alpha+z\cos\alpha=\frac{b}{2},\tag{1}$$

S_2 所在平面的方程为

$$x\sin\alpha+z\cos\alpha=-\frac{b}{2}.\tag{2}$$

在点 (x,y,z) 处 $(z\leqslant h)$ 液体的深度为 $h-z$. 用 X_1, Y_1 和 Z_1 分别表示液体在圆柱上底 S_1 上的压力在 Ox 轴, Oy 轴和 Oz 轴上的射影. 同样，用 X_2, Y_2 和 Z_2 分别表示在 S_2 上的压力在 Ox 轴, Oy 轴和 Oz 轴上的射影. 显然，$Y_1=Y_2=0$. 我们有

$$X_1=-\iint\limits_{S_1}\delta(h-z)\sin\alpha\mathrm{d}S=-\delta\sin\alpha\iint\limits_{S_1}(h-z)\mathrm{d}S,\tag{3}$$

$$Z_1=-\iint\limits_{S_1}\delta(h-z)\cos\alpha\mathrm{d}S=-\delta\cos\alpha\iint\limits_{S_1}(h-z)\mathrm{d}S.\tag{4}$$

由(1)式知，在 S_1 上有 $z=\dfrac{1}{\cos\alpha}\left(\dfrac{b}{2}-x\sin\alpha\right)$. 于是，注意到 S_1

的面积为 πa^2，可知

$$\iint\limits_{S_1}(h-z)\mathrm{d}S=\iint\limits_{S_1}\left[h-\frac{1}{\cos\alpha}\left(\frac{b}{2}-x\sin\alpha\right)\right]\mathrm{d}S$$

$$=\left(h-\frac{b}{2}\cdot\frac{1}{\cos\alpha}\right)\iint\limits_{S_1}\mathrm{d}S+\frac{\sin\alpha}{\cos\alpha}\iint\limits_{S_1}x\mathrm{d}S$$

$$=\left(h-\frac{b}{2}\cdot\frac{1}{\cos\alpha}\right)\pi a^2+\frac{\sin\alpha}{\cos\alpha}\iint\limits_{S_1}x\mathrm{d}S.$$

由于 $\frac{1}{\pi a^2}\iint\limits_{S_1}x\mathrm{d}S$ 是 S_1 的重心的 x 坐标，也即 $\frac{b}{2}\sin\alpha$，故 $\iint\limits_{S_1}x\mathrm{d}S=\frac{1}{2}\pi a^2 b\sin\alpha$. 代入即得

$$\iint\limits_{S_1}(h-z)\mathrm{d}S=\left(h-\frac{b}{2\cos\alpha}\right)\pi a^2+\frac{1}{2}\pi a^2 b\frac{\sin^2\alpha}{\cos\alpha}$$

$$=\left(h-\frac{b}{2}\cos\alpha\right)\pi a^2,$$

以此代入(3)式与(4)式，得

$$X_1=-\pi a^2\delta\left(h-\frac{b}{2}\cos\alpha\right)\sin\alpha,$$

$$Z_1=-\pi a^2\delta\left(h-\frac{b}{2}\cos\alpha\right)\cos\alpha,$$

同理，我们有

$$X_2=\iint\limits_{S_2}\delta(h-z)\sin\alpha\mathrm{d}S=\delta\sin\alpha\iint\limits_{S_2}(h-z)\mathrm{d}S,$$

$$Z_2=\iint\limits_{S_2}\delta(h-z)\cos\alpha\mathrm{d}S=\delta\cos\alpha\iint\limits_{S_2}(h-z)\mathrm{d}S.$$

再注意到(2)式，类似地可计算得

$$\iint\limits_{S_2}(h-z)\mathrm{d}S=\iint\limits_{S_2}\left[h+\frac{1}{\cos\alpha}\left(\frac{b}{2}+x\sin\alpha\right)\right]\mathrm{d}S$$

$$=\left(h+\frac{b}{2}\cos\alpha\right)\pi a^2.$$

于是,

$$X_2=\pi a^2\delta\left(h+\frac{b}{2}\cos\alpha\right)\sin\alpha,$$

$$Z_2=\pi a^2\delta\left(h+\frac{b}{2}\cos\alpha\right)\cos\alpha.$$

【4073】 求均匀的圆柱 $x^2+y^2\leqslant a^2, 0\leqslant z\leqslant h$ 对质点 $P(0,0,b)$的引力,设圆柱的质量等于 M,而点的质量等于 m.

解 根据对称性知,引力在 Ox 轴和 Oy 轴上的射影等于零,故只要计算引力在 Oz 轴上的射影 F_z. 今取圆环,其体积为

$$\mathrm{d}V=2\pi r\mathrm{d}r\mathrm{d}z,$$

则相应的质量为

$$\mathrm{d}M=\frac{2\pi rM\mathrm{d}r\mathrm{d}z}{\pi a^2h}=\frac{2Mr}{a^2h}\mathrm{d}r\mathrm{d}z,$$

吸引质点 P 的引力

$$\mathrm{d}F_z=-\frac{2krmM(b-z)}{a^2h\sqrt{[r^2+(b-z)^2]^3}}\mathrm{d}r\mathrm{d}z.$$

于是,所求的引力为

$$\begin{aligned}F_z&=-\frac{2kmM}{a^2h}\int_0^h\int_0^a\frac{r(b-z)}{\sqrt{[r^2+(b-z)^2]^3}}\mathrm{d}r\mathrm{d}z\\&=-\frac{2kmM}{a^2h}\left[\int_0^h\operatorname{sgn}(b-z)\mathrm{d}z-\int_0^h\frac{b-z}{\sqrt{a^2+(b-z)^2}}\mathrm{d}z\right]\\&=-\frac{2kmM}{a^2h}[|b|-|b-h|+\sqrt{a^2+(b-h)^2}-\sqrt{a^2+b^2}],\end{aligned}$$

其中 k 为引力常数.

【4074】 物体在椭圆面

$$\frac{x^2}{a^2}+\frac{y^2}{b^2}\leqslant 1$$

上压力的分布由公式

$$p=p_0\left(1-\frac{x^2}{a^2}-\frac{y^2}{b^2}\right)$$

所给出.求物体在此面上的平均压力.

解 物体在椭圆面上的平均压力为

$$p_{cp}=\frac{1}{\pi ab}\iint\limits_{\frac{x^2}{a^2}+\frac{y^2}{b^2}\leqslant 1} p_0\left(1-\frac{x^2}{a^2}-\frac{y^2}{b^2}\right)\mathrm{d}x\mathrm{d}y$$

$$=\frac{4}{\pi ab}\int_0^{\frac{\pi}{2}}\mathrm{d}\theta\int_0^1 p_0(1-r^2)abr\mathrm{d}r=\frac{4}{\pi ab}\cdot\frac{\pi}{2}\cdot\frac{p_0ab}{4}=\frac{p_0}{2}.$$

【4075】 草地的形状为以 a 和 b 为边的矩形,均匀地盖上密度为 $p(\mathrm{kg/m^2})$的砍倒的草.假设运送 $P\mathrm{kg}$ 重到距离为 r 远的地方所化的功为 $kPr(0<k<1)$.要把所有的干草聚集在草地的中心,最少必须化多少功?

解 不妨将坐标原点取在矩形的中心,Ox 轴平行于 a 边,Oy 轴平行于 b 边.由于将面积 $\mathrm{d}x\mathrm{d}y$ 上的草移到中心要化的功为 $\mathrm{d}W=kp\sqrt{x^2+y^2}\mathrm{d}x\mathrm{d}y$,并利用对称性,便知所要求的功为

$$W=4kp\int_0^{\frac{b}{2}}\int_0^{\frac{a}{2}}\sqrt{x^2+y^2}\mathrm{d}x\mathrm{d}y$$

$$=4kp\left[\int_0^{\arctan\frac{b}{a}}\int_0^{\frac{a}{2\cos\varphi}}r^2\mathrm{d}r\mathrm{d}\varphi+\int_{\arctan\frac{b}{a}}^{\frac{\pi}{2}}\int_0^{\frac{b}{2\sin\varphi}}r^2\mathrm{d}r\mathrm{d}\varphi\right]$$

$$=\frac{kp}{6}\left[a^3\int_0^{\arctan\frac{b}{a}}\frac{1}{\cos^3\varphi}\mathrm{d}\varphi+b^3\int_{\arctan\frac{b}{a}}^{\frac{\pi}{2}}\frac{1}{\sin^3\varphi}\mathrm{d}\varphi\right].$$

但是,

$$\int_0^{\arctan\frac{b}{a}}\frac{1}{\cos^3\varphi}\mathrm{d}\varphi=\left[\frac{\sin\varphi}{2\cos^2\varphi}+\frac{1}{2}\ln\left|\tan\left(\frac{\varphi}{2}+\frac{\pi}{4}\right)\right|\right]\Bigg|_0^{\arctan\frac{b}{a}}{}^{*)}$$

$$=\frac{b\sqrt{a^2+b^2}}{2a^2}+\frac{1}{2}\ln\frac{b+\sqrt{a^2+b^2}}{a},$$

$$\int_{\arctan\frac{b}{a}}^{\frac{\pi}{2}}\frac{1}{\sin^3\varphi}d\varphi=\left[-\frac{\cos\varphi}{2\sin^2\varphi}+\frac{1}{2}\ln\left|\tan\frac{\varphi}{2}\right|\right]\Bigg|_{\arctan\frac{b}{a}}^{\frac{\pi}{2}}{}^{**)}$$

$$=\frac{a\sqrt{a^2+b^2}}{2b^2}+\frac{1}{2}\ln\frac{a+\sqrt{a^2+b^2}}{a},$$

于是,我们有

$$W=\frac{kp}{12}\left(2ab\sqrt{a^2+b^2}+a^3\ln\frac{b+\sqrt{a^2+b^2}}{a}+b^3\ln\frac{a+\sqrt{a^2+b^2}}{b}\right).$$

*) 利用 2000 题的结果.

**) 利用 1999 题的结果.

§6. 三 重 积 分

1° 三重积分的直接计算法 设函数 $f(x,y,z)$是连续的,且有界域 V 由下列不等式确定出来:

$$x_1\leqslant x\leqslant x_2,\quad y_1(x)\leqslant y\leqslant y_2(x),\quad z_1(x,y)\leqslant z\leqslant z_2(x,y),$$

其中 $y_1(x), y_2(x), z_1(x,y), z_2(x,y)$ 皆为连续函数,则函数 $f(x,y,z)$ 展布于域 V 内的三重积分可按公式

$$\iiint\limits_V f(x,y,z)\,dx\,dy\,dz=\int_{x_1}^{x_2}dx\int_{y_1(x)}^{y_2(x)}dy\int_{z_1(x,y)}^{z_2(x,y)}f(x,y,z)\,dz$$

来计算.有时采用下面的公式也很方便

$$\iiint\limits_V f(x,y,z)\,dx\,dy\,dz=\int_{x_1}^{x_2}dx\iint\limits_{S(x)}f(x,y,z)\,dy\,dz,$$

其中 $S(x)$是用平面 $X=x$ 截域 V 所得的截断面.

2° 三重积分中的变量代换 若 $Oxyz$ 空间的有界三维闭域 V 借助于下列连续可微分的函数双方单值地反应到 $O'uvw$ 空间的域 V'

$$x=x(u,v,w),\quad y=y(u,v,w),\quad z=z(u,v,w),$$

并且当$(u, v, w) \in V'$时,

$$I = \frac{D(x, y, z)}{D(u, v, w)} \neq 0,$$

则下面的公式成立

$$\iiint\limits_V f(x, y, z) \mathrm{d}x \mathrm{d}y \mathrm{d}z$$
$$= \iiint\limits_{V'} f[x(u, v, w), y(u, v, w), z(u, v, w)] |I| \mathrm{d}u \mathrm{d}v \mathrm{d}w.$$

在特殊情况下,有:1) 圆柱坐标系 φ, r, h,其中

$$x = r\cos\varphi, \qquad y = r\sin\varphi, \qquad z = h,$$

及

$$\frac{D(x, y, z)}{D(\varphi, r, h)} = r.$$

2) 球坐标系 φ, r, h,其中

$$x = r\cos\varphi\cos\psi, \qquad y = r\sin\varphi\cos\psi, \qquad z = r\sin\psi,$$

及
$$\frac{D(x, y, z)}{D(\varphi, \psi, r)} = r^2\cos\psi.$$

计算下列三重积分:

【4076】 $\iiint\limits_V xy^2z^3 \mathrm{d}x \mathrm{d}y \mathrm{d}z$,此处 V 是由曲面 $z = xy$, $y = x$, $x = 1$, $z = 0$,所界的区域.

解 $\iiint\limits_V xy^2z^3 \mathrm{d}x \mathrm{d}y \mathrm{d}z = \int_0^1 x \mathrm{d}x \int_0^x y^2 \mathrm{d}y \int_0^{xy} z^3 \mathrm{d}z = \frac{1}{364}.$

【4077】 $\iiint\limits_V \frac{\mathrm{d}x \mathrm{d}y \mathrm{d}z}{(1 + x + y + z)^3}$,此处 V 是由曲面 $x + y + z = 1$, $x = 0$, $y = 0$, $z = 0$ 所界的区域.

解 $\iiint\limits_V \frac{\mathrm{d}x \mathrm{d}y \mathrm{d}z}{(1 + x + y + z)^3}$

$$= \int_0^1 \mathrm{d}x \int_0^{1-x} \mathrm{d}y \int_0^{1-x-y} \frac{\mathrm{d}z}{(1 + x + y + z)^3}$$

$$= \int_0^1 dx \int_0^{1-x} \left[-\frac{1}{2(1+x+y+z)^2} \right] \Bigg|_0^{1-x-y} dy$$

$$= \int_0^1 dx \int_0^{1-x} \left[-\frac{1}{8} + \frac{1}{2(1+x+y)^2} \right] dy$$

$$= \int_0^1 \left[-\frac{1}{8} y - \frac{1}{2(1+x+y)} \right] \Bigg|_0^{1-x} dx$$

$$= \int_0^1 \left[-\frac{3}{8} + \frac{x}{8} + \frac{1}{2(1+x)} \right] dx$$

$$= \left[-\frac{3}{8} x + \frac{1}{16} x^2 + \frac{1}{2} \ln(1+x) \right] \Bigg|_0^1 = \frac{1}{2}\ln 2 - \frac{5}{16}.$$

【4078】 $\iiint\limits_V xyz\,dx\,dy\,dz$，此处 V 是由曲面 $x^2+y^2+z^2=1$，$x=0, y=0, z=0$ 所界的区域.

解 $\iiint\limits_V xyz\,dx\,dy\,dz = \int_0^1 x\,dx \int_0^{\sqrt{1-x^2}} y\,dy \int_0^{\sqrt{1-x^2-y^2}} z\,dz$

$$= \frac{1}{2} \int_0^1 x\,dx \int_0^{\sqrt{1-x^2}} y(1-x^2-y^2)\,dy$$

$$= \frac{1}{8} \int_0^1 x(1-x^2)^2\,dx = \frac{1}{48}.$$

【4079】 $\iiint\limits_V \left(\frac{x^2}{a^2} + \frac{y^2}{b^2} + \frac{z^2}{c^2} \right) dx\,dy\,dz$，此处 V 是由曲面

$$\frac{x^2}{a^2} + \frac{y^2}{b^2} + \frac{z^2}{c^2} = 1$$

所界的区域.

解 设 P_x, Q_y, R_z 分别表示立体 V 与平面 $x=$ 常数，$y=$ 常数，$z=$ 常数所截部分在 Oyz, Ozx, Oxy 平面上的射影，则有

$$\iiint\limits_V \left(\frac{x^2}{a^2} + \frac{y^2}{b^2} + \frac{z^2}{c^2} \right) dx\,dy\,dz$$

$$= \int_{-a}^{a} \frac{x^2}{a^2} dx \iint_{P_x} dy dz + \int_{-b}^{b} \frac{y^2}{b^2} dy \iint_{Q_y} dz dx + \int_{-c}^{c} \frac{z^2}{c^2} dz \iint_{R_z} dx dy$$

$$= \frac{\pi bc}{a^2} \int_{-a}^{a} x^2 \left(1 - \frac{x^2}{a^2}\right) dx^{*)} + \frac{\pi ac}{b^2} \int_{-b}^{b} y^2 \left(1 - \frac{y^2}{b^2}\right) dy$$

$$+ \frac{\pi ab}{c^2} \int_{-c}^{c} z^2 \left(1 - \frac{z^2}{c^2}\right) dz = 3 \cdot \frac{4\pi abc}{15} = \frac{4\pi abc}{5}.$$

*) P_x 在平面 $X = x$ 上的方程为

$$\frac{y^2}{b^2\left(1 - \frac{x^2}{a^2}\right)} + \frac{z^2}{c^2\left(1 - \frac{x^2}{a^2}\right)} = 1,$$

故其面积为

$$\pi b \sqrt{1 - \frac{x^2}{a^2}} \cdot c \sqrt{1 - \frac{x^2}{a^2}} = \pi bc \left(1 - \frac{x^2}{a^2}\right).$$

Q_y 及 R_z 的面积类推.

【4080】 $\iiint\limits_V \sqrt{x^2 + y^2} dx dy dz$，其中 V 是由曲面

$$x^2 + y^2 = z^2, \qquad z = 1$$

所界的区域.

解 曲面在 Oxy 平面上的射影 Ω 为圆盘 $x^2 + y^2 \leqslant 1$. 于是,

$$\iiint\limits_V \sqrt{x^2 + y^2} dx dy dz = \iint\limits_\Omega dx dy \int_{\sqrt{x^2+y^2}}^{1} \sqrt{x^2 + y^2} dz$$

$$= \iint\limits_{x^2+y^2 \leqslant 1} \left[\sqrt{x^2 + y^2} - (x^2 + y^2)\right] dx dy$$

$$= \int_0^{2\pi} d\varphi \int_0^1 (r - r^2) r dr = \frac{\pi}{6}.$$

于下列三重积分内用各种方法来配置积分的限:

【4081】 $\int_0^1 dx \int_0^{1-x} dy \int_0^{x+y} f(x, y, z) dz.$

解 有界域 V 如图 8.52 所示.

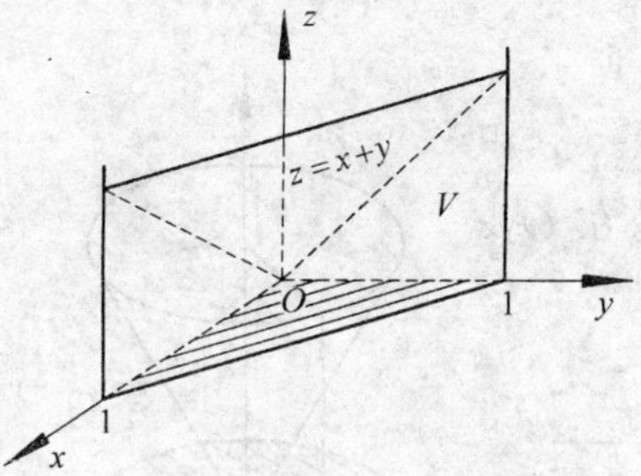

图 8.52

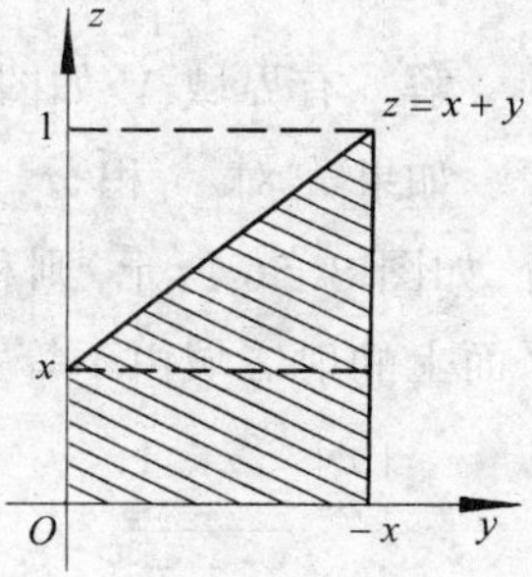

图 8.53

如果先对 y 积分,再对 z, x 积分,如图 8.53 所示,则积分域在 Oyz 平面上的射影域由诸直线

$$z=0,\quad z=x+y,\quad y=0,\quad y=1-x\quad (x\text{ 固定})$$

围成.于是,我们有

$$\int_0^1 dx\int_0^{1-x}dy\int_0^{x+y}f(x,y,z)dz$$

$$=\int_0^1 dx\left\{\int_0^x dz\int_0^{1-x}f(x,y,z)dy+\int_x^1 dz\int_{z-x}^{1-x}f(x,y,z)dy\right\}^{*)},$$

如果先对 x 积分,再对 y、z 积分,如图 8.54 所示,则有

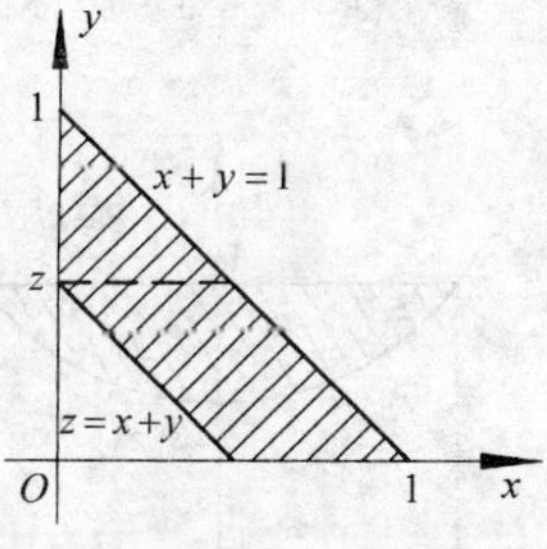

图 8.54

$$\int_0^1 dx\int_0^{1-x}dy\int_0^{x+y}f(x,y,z)dz$$

$$=\int_0^1 dz\left\{\int_0^z dy\int_{z-y}^{1-y}f(x,y,z)dx+\int_z^1 dy\int_0^{1-y}f(x,y,z)dx\right\}.$$

*) 这里用的公式为

$$\iiint\limits_V f(x,y,z)dxdydz=\int_a^b dx\iint\limits_{S(x)}f(x,y,z)dydz.$$

【4082】 $\int_{-1}^{1} \mathrm{d}x \int_{-\sqrt{1-x^2}}^{\sqrt{1-x^2}} \mathrm{d}y \int_{\sqrt{x^2+y^2}}^{1} f(x, y, z)\mathrm{d}z.$

解 有界域 V 如图 8.55 所示.

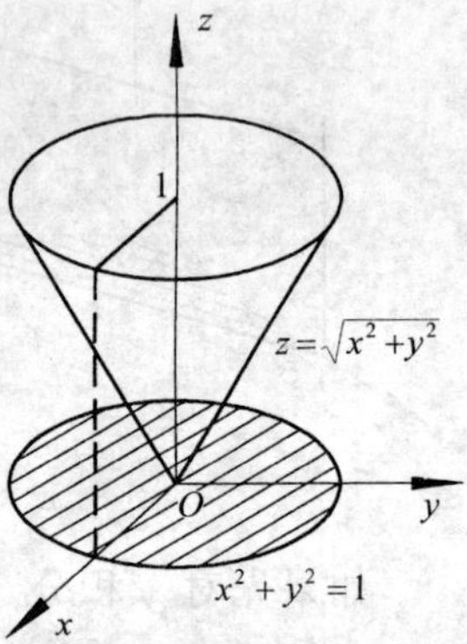

图 8.55

如果先对 y 积分，再对 z，x 积分，如图 8.56 所示，则积分域在 Oyz 平面上的射影域由不等式

$$|x| \leqslant z \leqslant 1,$$

$$-\sqrt{z^2-x^2} \leqslant y \leqslant \sqrt{z^2-x^2},$$

（x 固定）给出. 于是，我们有

$$\int_{-1}^{1} \mathrm{d}x \int_{-\sqrt{1-x^2}}^{\sqrt{1-x^2}} \mathrm{d}y \int_{\sqrt{x^2+y^2}}^{1} \cdot f(x, y, z)\mathrm{d}z$$

$$= \int_{-1}^{1} \mathrm{d}x \int_{|x|}^{1} \mathrm{d}z \int_{-\sqrt{z^2-x^2}}^{\sqrt{z^2-x^2}} f(x, y, z)\mathrm{d}y.$$

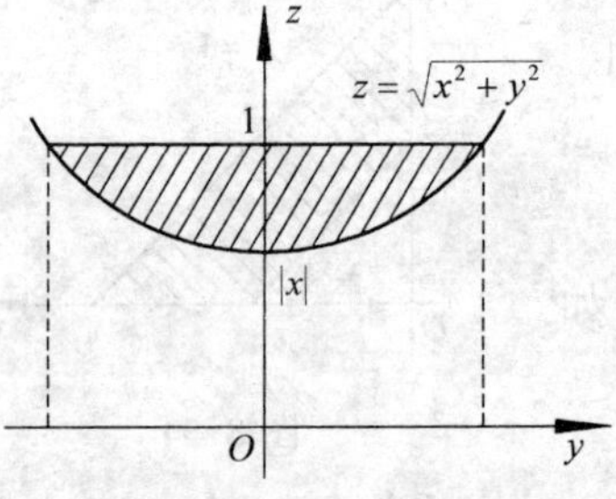

图 8.56

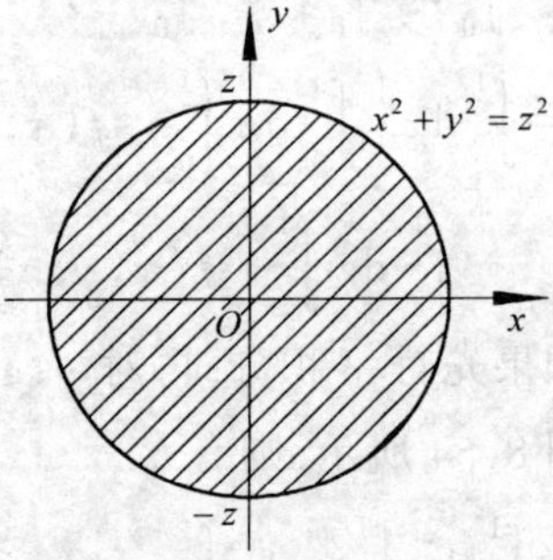

图 8.57

如果先对 x 积分，再对 y、z 积分，如图 8.57 所示，则有

$$\int_{-1}^{1} \mathrm{d}x \int_{-\sqrt{1-x^2}}^{\sqrt{1-x^2}} \mathrm{d}y \int_{\sqrt{x^2+y^2}}^{1} f(x, y, z)\mathrm{d}z$$

$$= \int_0^1 dz \int_{-z}^{z} dy \int_{-\sqrt{z^2-y^2}}^{\sqrt{z^2-y^2}} f(x,y,z)dx.$$

【4083】 $\int_0^1 dx \int_0^1 dy \int_0^{x^2+y^2} f(x,y,z)dz.$

解 如果先对 y 积分，再对 z、x 积分，则积分域在 Oxy 平面上的射影域*)由方程

$$x=1,\ z=0,\ z=x^2 \quad 及 \quad x=0,\ x=1,\ z=x^2,\ z=x^2+1$$

所表示的线围成. 于是，我们有

$$\int_0^1 dx \int_0^1 dy \int_0^{x^2+y^2} f(x,y,z)dz$$

$$= \int_0^1 dx \left[\int_0^{x^2} dz \int_0^1 f(x,y,z)dy + \int_{x^2}^{x^2+1} dz \int_{\sqrt{z-x^2}}^1 f(x,y,z)dy \right].$$

如果先对 x 积分，再对 z、y 积分，不难由轮换对称关系得出结果.

如果先对 x 积分，再对 y、z 积分，则积分域在 Oyz 平面上的射影域由方程

$$y=1,\ z=0,\ y=\sqrt{z} \quad 及 \quad y=0,\ y=1,\ y=\sqrt{z},\ y=\sqrt{z-1}$$

所表示的线围成. 于是，我们有

$$\int_0^1 dx \int_0^1 dy \int_0^{x^2+y^2} f(x,y,z)dz$$

$$= \int_0^1 dz \left[\int_0^{\sqrt{z}} dy \int_{\sqrt{z-y^2}}^1 f(x,y,z)dx + \int_{\sqrt{z}}^1 dy \int_0^1 f(x,y,z)dx \right]$$

$$+ \int_1^2 dz \int_{\sqrt{z-1}}^1 dy \int_{\sqrt{z-y^2}}^1 f(x,y,z)dx.$$

*) 这里采用的投影方式与前两题不同，系用结果

$$\iiint\limits_V f(x,y,z)dxdydz = \iint\limits_S dxdz \int_{y_1}^{y_2} f(x,y,z)dy.$$

以一重积分代替三重积分：

【4084】 $\int_0^x d\xi \int_0^\xi d\eta \int_0^\eta f(\zeta)d\zeta$

解 $\int_0^x d\xi \int_0^\xi d\eta \int_0^\eta f(\zeta)d\zeta = \int_0^x d\xi \int_0^\xi d\zeta \int_\zeta^\xi f(\zeta)d\eta$

$= \int_0^x d\xi \int_0^\xi f(\zeta)(\xi-\zeta)d\zeta = \int_0^x d\zeta \int_\zeta^x f(\zeta)(\xi-\zeta)d\xi$

$= \frac{1}{2}\int_0^x f(\zeta)(x-\zeta)^2 d\zeta.$

【4085】 $\int_0^1 dx \int_0^1 dy \int_0^{x+y} f(z)dz.$

解 化为先对 y 积分,再对 x、z 积分,可将原积分表示成如下两部分:

$$\int_0^1 dz\left[\int_z^1 dx \int_0^1 f(z)dy + \int_0^z dx \int_{z-x}^1 f(z)dy\right]$$

$$= \int_0^1 dz \int_z^1 f(z)dx + \int_0^1 dz \int_0^z f(z)(1-z+x)dx$$

$$= \int_0^1 f(z)(1-z)dz + \int_0^1 f(z)(1-z)zdz + \frac{1}{2}\int_0^1 f(z)z^2dz$$

$$= \int_0^1 f(z)\left(1-\frac{z^2}{2}\right)dz = \frac{1}{2}\int_0^1 f(z)(2-z^2)dz;$$

$$\int_1^2 dz \int_{z-1}^1 dx \int_{z-x}^1 f(z)dy = \int_1^2 dz \int_{z-1}^1 f(z)(1-z+x)dx$$

$$= \int_1^2 \left[f(z)(1-z)x + \frac{1}{2}f(z)x^2\right]\Big|_{z-1}^1 dz$$

$$= \int_1^2 f(z)\left[1-z+(z-1)^2+\frac{1}{2}-\frac{1}{2}(z-1)^2\right]dz$$

$$= \frac{1}{2}\int_1^2 f(z)(z-2)^2dz,$$

于是,

$$\int_0^1 dx \int_0^1 dy \int_0^{x+y} f(z)dz$$

$$= \frac{1}{2}\int_0^1 f(z)(2-z^2)dz + \frac{1}{2}\int_1^2 f(z)(2-z)^2dz.$$

【4086】 设 $f(x,y,z)=F'''_{xyz}(x,y,z)$ 及 a,b,c,A,B,C 为常数,求:

$$\int_a^A \mathrm{d}x\int_b^B \mathrm{d}y\int_c^C f(x,y,z)\mathrm{d}z.$$

解 $\int_a^A \mathrm{d}x\int_b^B \mathrm{d}y\int_c^C f(x,y,z)\mathrm{d}z$

$$=\int_a^A \mathrm{d}x\int_b^B [F''_{xy}(x,y,C)-F''_{xy}(x,y,c)]\mathrm{d}y$$

$$=\int_a^A [F'_x(x,B,C)-F'_x(x,b,C)-F'_x(x,B,c)+F'_x(x,b,c)]\mathrm{d}x$$

$$=F(A,B,C)-F(a,B,C)-F(A,b,C)+F(a,b,C)-F(A,B,c)+F(a,B,c)+F(A,b,c)-F(a,b,c).$$

变换为球坐标以计算积分:

【4087】 $\iiint\limits_V \sqrt{x^2+y^2+z^2}\mathrm{d}x\mathrm{d}y\mathrm{d}z$,此处 V 是由曲面

$$x^2+y^2+z^2=z$$

所界的区域.

解 令 $x=r\cos\varphi\cos\psi$, $y=r\sin\varphi\cos\psi$, $z=r\sin\psi$, 则曲面 $x^2+y^2+z^2=z$ 化为 $r=\sin\psi$. 从而

$$V:0\leqslant\varphi\leqslant 2\pi,\ 0\leqslant\psi\leqslant\frac{\pi}{2},\ 0\leqslant r\leqslant\sin\psi,\ |I|=r^2\cos\psi.$$

于是,

$$\iiint\limits_V \sqrt{x^2+y^2+z^2}\mathrm{d}x\mathrm{d}y\mathrm{d}z=\int_0^{2\pi}\mathrm{d}\varphi\int_0^{\frac{\pi}{2}}\mathrm{d}\psi\int_0^{\sin\psi} r\cdot r^2\cos\psi\mathrm{d}r$$

$$=\frac{1}{4}\int_0^{2\pi}\mathrm{d}\varphi\int_0^{\frac{\pi}{2}}\sin^4\psi\cos\psi\mathrm{d}\psi=\frac{\pi}{10}.$$

【4088】 $\int_0^1 dx\int_0^{\sqrt{1-x^2}}dy\int_{\sqrt{x^2+y^2}}^{\sqrt{2-x^2-y^2}}z^2dz$.

解 变换为球坐标，积分域 V 为

$$0\leqslant\varphi\leqslant\frac{\pi}{2},\ \frac{\pi}{4}\leqslant\psi\leqslant\frac{\pi}{2},\ 0\leqslant r\leqslant\sqrt{2}.$$

于是，

$$\int_0^1 dx\int_0^{\sqrt{1-x^2}}dy\int_{\sqrt{x^2+y^2}}^{\sqrt{2-x^2-y^2}}z^2dz=\int_0^{\frac{\pi}{2}}d\varphi\int_{\frac{\pi}{4}}^{\frac{\pi}{2}}d\psi\int_0^{\sqrt{2}}r^2\cos\psi\cdot r^2\sin^2\psi dr$$

$$=\frac{1}{5}4\sqrt{2}\cdot\frac{\pi}{2}\int_{\frac{\pi}{4}}^{\frac{\pi}{2}}\cos\psi\sin^2\psi d\psi=\frac{\pi}{5}2\sqrt{2}\cdot\frac{1}{3}\sin^3\psi\Big|_{\frac{\pi}{4}}^{\frac{\pi}{2}}=\frac{\pi}{15}(2\sqrt{2}-1).$$

【4089】 于积分中变换为球坐标

$$\iiint\limits_V f(\sqrt{x^2+y^2+z^2})dxdydz,$$

此处 V 是由曲面 $z=x^2+y^2$，$x=y$，$x=1$，$y=0$，$z=0$ 所界的区域.

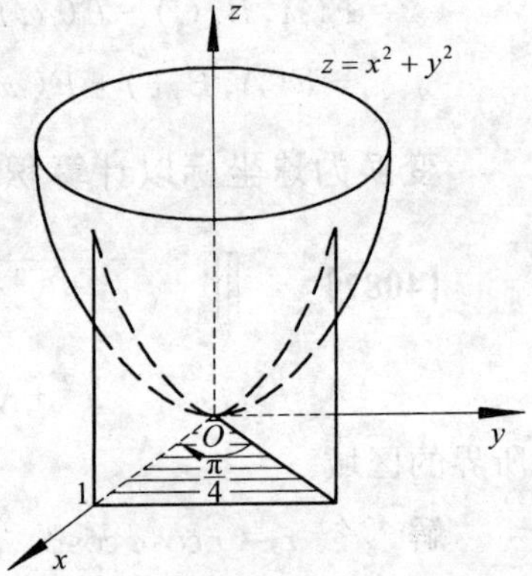

图 8.58

解 引用球坐标，由 $x=y$，$x=1$，$y=0$ 知：$0\leqslant\varphi\leqslant\frac{\pi}{4}$（图 8.58）.

又从原点引半射线，由曲面 $z=x^2+y^2$ 穿进，平面 $x=1$ 穿出，于是，得 r 的下限为 $r=\frac{\sin\psi}{\cos^2\psi}$，$r$ 的上限为 $r=\frac{1}{\cos\varphi\cos\psi}$. 而 ψ 的变化域由 $z=0$ 到 $z=x^2+y^2$，$x=1$ 所决定，即

$$0\leqslant\psi\leqslant\arctan\frac{1}{\cos\varphi}^{\,*)}.$$

于是，

$$\iiint_V f(\sqrt{x^2+y^2+z^2})\,dx\,dy\,dz$$

$$=\int_0^{\frac{\pi}{4}} d\varphi \int_0^{\arctan\frac{1}{\cos\varphi}} \cos\psi\, d\psi \int_{\frac{\sin\psi}{\cos^2\psi}}^{\frac{1}{\cos\varphi\cos\psi}} r^2 f(r)\,dr.$$

*） 因为 $x=1$ 对应 $r=\dfrac{1}{\cos\varphi\cos\psi}$, $z=x^2+y^2$ 对应 $r=\dfrac{\sin\psi}{\cos^2\psi}$, 故 $\dfrac{1}{\cos\varphi\cos\psi}=\dfrac{\sin\psi}{\cos^2\psi}$, 即 $\psi=\arctan\dfrac{1}{\cos\varphi}$.

【4090】 进行适当的变量代换,以计算三重积分

$$\iiint_S \sqrt{1-\frac{x^2}{a^2}-\frac{y^2}{b^2}-\frac{z^2}{c^2}}\,dx\,dy\,dz,$$

此处 V 为椭球 $\dfrac{x^2}{a^2}+\dfrac{y^2}{b^2}+\dfrac{z^2}{c^2}=1$ 的内部.

解 作变量代换

$$x=ar\cos\varphi\cos\psi,\quad y=br\sin\varphi\cos\psi,\quad z=cr\sin\psi,$$

则有 $|I|=abcr^2\cos\psi$, 且对于 V 的 $\dfrac{1}{8}$ 部分有

$$0\leqslant\varphi\leqslant\frac{\pi}{2},\quad 0\leqslant\psi\leqslant\frac{\pi}{2},\quad 0\leqslant r\leqslant 1.$$

于是,

$$\iiint_V \sqrt{1-\frac{x^2}{a^2}-\frac{y^2}{b^2}-\frac{z^2}{c^2}}\,dx\,dy\,dz$$

$$=8\int_0^{\frac{\pi}{2}} d\varphi\int_0^{\frac{\pi}{2}} d\psi\int_0^1 abcr^2\cos\psi\sqrt{1-r^2}\,dr=4\pi\int_0^1 abcr^2\sqrt{1-r^2}\,dr$$

$$=4\pi abc\int_0^{\frac{\pi}{2}}\sin^2 t\cos^2 t\,dt=\frac{\pi abc}{2}\int_0^{\frac{\pi}{2}}(1-\cos 4t)\,dt=\frac{\pi^2 abc}{4}.$$

【4091】 变换为圆柱坐标,以计算积分

$$\iiint_V (x^2+y^2)\,dx\,dy\,dz,$$

此处 V 是由曲面 $x^2+y^2=2z$, $z=2$ 所界的区域.

解 令 $x=r\cos\varphi$, $y=r\sin\varphi$, $z=z$, 则 $x^2+y^2=2z$ 化为 $r^2=2z$. 积分域

$$V:0\leqslant\varphi\leqslant 2\pi,\ 0\leqslant r\leqslant 2,\ \frac{r^2}{2}\leqslant z\leqslant 2.\quad |I|=r.$$

于是,

$$\iiint\limits_V (x^2+y^2)\mathrm{d}x\mathrm{d}y\mathrm{d}z=\int_0^{2\pi}\mathrm{d}\varphi\int_0^2 r^2\cdot r\mathrm{d}r\int_{\frac{r^2}{2}}^2\mathrm{d}z=\frac{16\pi}{3}.$$

【4092】 计算积分

$$\iiint\limits_V x^2\mathrm{d}x\mathrm{d}y\mathrm{d}z$$

此处 V 是由曲面 $z=ay^2$, $z=by^2$, $y>0$ $(0<a<b)$, $z=\alpha x$, $z=\beta x$ $(0<\alpha<\beta)$, $x=h$ $(h>0)$所界的区域.

解 作变换 $\frac{z}{y^2}=u$, $\frac{z}{x}=v$, $z=w$, 则 $x=\frac{w}{v}$, $y=\sqrt{\frac{w}{u}}$, $z=w$. 从而积分域变为

$$V:a\leqslant u\leqslant b,\ \alpha\leqslant v\leqslant\beta,\ 0\leqslant w\leqslant h,$$

且雅哥比行列式

$$I=\begin{vmatrix}0 & -\frac{w}{v^2} & \frac{1}{v}\\ \frac{-\sqrt{w}}{2u\sqrt{u}} & 0 & \frac{1}{2\sqrt{uw}}\\ 0 & 0 & 1\end{vmatrix}=\frac{-w\sqrt{w}}{2u\sqrt{u}v^2}.$$

于是,

$$\iiint\limits_V x^2\mathrm{d}x\mathrm{d}y\mathrm{d}z=\int_0^h w^{\frac{7}{2}}\mathrm{d}w\int_\alpha^\beta\frac{1}{v^4}\mathrm{d}v\int_a^b\frac{1}{2u\sqrt{u}}\mathrm{d}u$$

$$=\frac{2}{27}\left(\frac{1}{\alpha^3}-\frac{1}{\beta^3}\right)\left(\frac{1}{\sqrt{a}}-\frac{1}{\sqrt{b}}\right)h^4\sqrt{h}.$$

【4093】 求积分

$$\iiint_V xyz\,dx\,dy\,dz,$$

其中 V 位于 $x>0, y>0, z>0$ 这一卦限内且由下列曲面所界：

$$z=\frac{x^2+y^2}{m},\ z=\frac{x^2+y^2}{n},$$

$$xy=a^2,\ xy=b^2,\ y=\alpha x,\ y=\beta x$$

$$(0<a<b, 0<\alpha<\beta, 0<m<n).$$

解 作变换 $\frac{z}{x^2+y^2}=u$, $xy=v$, $\frac{y}{x}=w$，则 $x=\sqrt{\frac{v}{w}}$, $y=\sqrt{vw}$, $z=uv\left(w+\frac{1}{w}\right)$，且

$$I=\begin{vmatrix} 0 & \frac{1}{2\sqrt{vw}} & -\frac{\sqrt{v}}{2w\sqrt{w}} \\ 0 & \frac{\sqrt{w}}{2\sqrt{v}} & \frac{\sqrt{v}}{2\sqrt{w}} \\ v\left(w+\frac{1}{w}\right) & u\left(w+\frac{1}{w}\right) & uv\left(1-\frac{1}{w^2}\right) \end{vmatrix}=\frac{v}{2w}\left(w+\frac{1}{w}\right),$$

$$V:\ \frac{1}{n}\leqslant u\leqslant\frac{1}{m},\ a^2\leqslant v\leqslant b^2,\ \alpha\leqslant w\leqslant\beta.$$

于是，

$$\iiint_V xyz\,dx\,dy\,dz=\int_{\frac{1}{n}}^{\frac{1}{m}}\frac{u}{2}du\int_{a^2}^{b^2}v^3dv\int_\alpha^\beta\left(w+\frac{1}{w^3}+\frac{2}{w}\right)dw$$

$$=\frac{1}{32}\left(\frac{1}{m^2}-\frac{1}{n^2}\right)(b^8-a^8)\left[(\beta^2-\alpha^2)\left(1+\frac{1}{\alpha^2\beta^2}\right)+4\ln\frac{\beta}{\alpha}\right].$$

【4094】 求函数

$$f(x,y,z)=x^2+y^2+z^2$$

在域 $x^2+y^2+z^2\leqslant x+y+z$ 内的平均值.

解 域 $x^2+y^2+z^2\leqslant x+y+z$ 即

$$\left(x-\frac{1}{2}\right)^2+\left(y-\frac{1}{2}\right)^2+\left(z-\frac{1}{2}\right)^2\leqslant\frac{3}{4},$$

其体积 $V=\frac{4}{3}\pi\left(\frac{\sqrt{3}}{2}\right)^3=\frac{\sqrt{3}}{2}\pi$. 作变换:

$$x=r\cos\varphi\cos\psi+\frac{1}{2},\quad y=r\sin\varphi\cos\psi+\frac{1}{2},\quad z=\frac{1}{2}+r\sin\psi,$$

则有

$$f_{平均}=\frac{1}{V}\iiint\limits_V(x^2+y^2+z^2)\mathrm{d}x\mathrm{d}y\mathrm{d}z$$

$$=\frac{1}{V}\int_0^{2\pi}\mathrm{d}\varphi\int_{-\frac{\pi}{2}}^{\frac{\pi}{2}}\mathrm{d}\psi\int_0^{\frac{\sqrt{3}}{2}}r^2\cos\psi$$

$$\cdot\left(\frac{3}{4}+r^2+r\sin\psi+r\cos\varphi\cos\psi+r\sin\varphi\cos\psi\right)\mathrm{d}r$$

$$=\frac{1}{V}\int_0^{2\pi}\mathrm{d}\varphi\int_{-\frac{\pi}{2}}^{\frac{\pi}{2}}\mathrm{d}\psi\int_0^{\frac{\sqrt{3}}{2}}r^2\cos\psi\left(\frac{3}{4}+r^2\right)\mathrm{d}r$$

$$=\frac{1}{V}\int_0^{2\pi}\mathrm{d}\varphi\int_{-\frac{\pi}{2}}^{\frac{\pi}{2}}\frac{3\sqrt{3}}{20}\cos\psi\mathrm{d}\psi=\frac{1}{V}\int_0^{2\pi}\frac{3\sqrt{3}}{20}\mathrm{d}\varphi$$

$$=\frac{1}{V}\cdot\frac{3\sqrt{3}}{5}\pi=\frac{2}{\sqrt{3}\pi}\cdot\frac{3\sqrt{3}\pi}{5}=\frac{6}{5}.$$

【4095】 求函数

$$f(x,y,z)=\mathrm{e}^{\sqrt{\frac{x^2}{a^2}+\frac{y^2}{b^2}+\frac{z^2}{c^2}}}$$

在域 $\frac{x^2}{a^2}+\frac{y^2}{b^2}+\frac{z^2}{c^2}\leqslant1$ 内的平均值.

解 由于域 V: $\frac{x^2}{a^2}+\frac{y^2}{b^2}+\frac{z^2}{c^2}\leqslant1$ 为椭球, 其体积等于 $\frac{4}{3}\pi abc$, 故平均值为

$$f_{平均}=\frac{3}{4\pi abc}\iiint\limits_V e^{\sqrt{\frac{x^2}{a^2}+\frac{y^2}{b^2}+\frac{z^2}{c^2}}}dxdydz.$$

若作变换：$x=ar\cos\varphi\cos\psi$, $y=br\sin\varphi\cos\psi$, $z=cr\sin\psi$，并利用对称性，则

$$f_{平均}=\frac{3}{4\pi abc}\cdot 8\int_0^{\frac{\pi}{2}}d\varphi\int_0^{\frac{\pi}{2}}d\psi\int_0^1 abc\,e^r r^2\cos\psi dr$$

$$=3\left(\int_0^{\frac{\pi}{2}}\cos\psi d\psi\right)\left(\int_0^1 r^2e^r dr\right)=3(e-2).$$

【4096】 利用中值定理，估计积分

$$u=\iiint\limits_{x^2+y^2+z^2\leqslant R^2}\frac{dxdydz}{\sqrt{(x-a)^2+(y-b)^2+(z-c)^2}}$$

之值，其中 $a^2+b^2+c^2>R^2$.

解 由积分中值定理，有

$$u=\iiint\limits_{x^2+y^2+z^2\leqslant R^2}\frac{dxdydz}{\sqrt{(x-a)^2+(y-b)^2+(z-c)^2}}$$

$$=\frac{1}{\sqrt{(\xi-a)^2+(\eta-b)^2+(\zeta-c)^2}}\cdot\frac{4}{3}\pi R^3,\qquad(1)$$

其中 $\xi^2+\eta^2+\zeta^2\leqslant R^2$. 由于函数

$$\sqrt{(x-a)^2+(y-b)^2+(z-c)^2}$$

代表点(x,y,z)与点(a,b,c)之间的距离，显然在域 $x^2+y^2+z^2\leqslant R^2$ 中此距离的最小值是 $\sqrt{a^2+b^2+c^2}-R$，最大值是 $\sqrt{a^2+b^2+c^2}+R$，并且只在一个点达到最小值，也只在一个点达到最大值. 因此，函数

$$\frac{1}{\sqrt{(x-a)^2+(y-b)^2+(z-c)^2}}$$

在域 $x^2+y^2+z^2\leqslant R^2$ 中的最大值是 $\dfrac{1}{\sqrt{a^2+b^2+c^2}-R}$，最小值是 $\dfrac{1}{\sqrt{a^2+b^2+c^2}+R}$，并且只在一个点达到最大值，也只在一个点达到最小值. 我们证明(1)式中的中值不可能是函数的最大值，也不可能是函数的最小值. 事实上，例如，若是最大值，即

$$\frac{1}{\sqrt{(\xi-a)^2+(\eta-b)^2+(\zeta-c)^2}}=\frac{1}{\sqrt{a^2+b^2+c^2}-R},$$

则由(1)式知

$$\iiint\limits_{x^2+y^2+z^2\leqslant R^2} f(x,y,z)\mathrm{d}x\mathrm{d}y\mathrm{d}z=0, \tag{2}$$

其中

$$f(x,y,z)=\frac{1}{\sqrt{a^2+b^2+c^2}-R}-\frac{1}{\sqrt{(x-a)^2+(y-b)^2+(z-c)^2}}.$$

显然，在域 $x^2+y^2+z^2\leqslant R^2$ 上 $f(x,y,z)\geqslant 0$ 且 $f(x,y,z)$ 为连续函数. 于是，由(2)式知在域 $x^2+y^2+z^2\leqslant R^2$ 上必有 $f(x,y,z)\equiv 0$，这显然是不可能的. 因此，

$$\frac{1}{\sqrt{a^2+b^2+c^2}+R}<\frac{1}{\sqrt{(\xi-a)^2+(\eta-b)^2+(\zeta-c)^2}}<\frac{1}{\sqrt{a^2+b^2+c^2}-R},$$

即

$$\sqrt{a^2+b^2+c^2}-R<\sqrt{(\xi-a)^2+(\eta-b)^2+(\zeta-c)^2}<\sqrt{a^2+b^2+c^2}+R,$$

故

$$\sqrt{(\xi-a)^2+(\eta-b)^2+(\zeta-c)^2}=\sqrt{a^2+b^2+c^2}+\theta R,$$

其中 $|\theta|<1$. 于是，由(1)式得

$$u=\frac{4\pi}{3}\cdot\frac{R^3}{\sqrt{a^2+b^2+c^2}+\theta R}.$$

【4097】 证明:若函数 $f(x,y,z)$于域 V 内是连续的且对于任何的域$\omega\subset V$

$$\iiint\limits_{\omega} f(x,y,z)\mathrm{d}x\mathrm{d}y\mathrm{d}z=0,$$

则当$(x,y,z)\in V$ 时,$f(x,y,z)\equiv 0$,

证 用反证法.若当$(x,y,z)\in V$ 时,$f(x,y,z)\not\equiv 0$.不失一般性,设对于 V 的某内点(x_0,y_0,z_0),有 $f(x_0,y_0,z_0)>0$,则由于 $f(x,y,z)$的连续性,故存在点(x_0,y_0,z_0)的某个闭邻域 $\omega'\subset V$,使当$(x,y,z)\in\omega'$时,$f(x,y,z)>0$.这样一来,利用中值定理,即有

$$\iiint\limits_{\omega'} f(x,y,z)\mathrm{d}x\mathrm{d}y\mathrm{d}z=f(\xi,\eta,\zeta)\cdot V_{\omega'}>0,$$

其中$(\xi,\eta,\zeta)\in\omega'\subset V$.这与假设

$$\iiint\limits_{\omega'} f(x,y,z)\mathrm{d}x\mathrm{d}y\mathrm{d}z\equiv 0$$

矛盾.因此,当$(x,y,z)\in V$ 时,$f(x,y,z)\equiv 0$.

【4098】 求 $F'(t)$,设:

(1) $F(t)=\iiint\limits_{x^2+y^2+z^2\leqslant t^2} f(x^2+y^2+z^2)\mathrm{d}x\mathrm{d}y\mathrm{d}z$,其中 f 为可微分函数;

(2) $F(t)=\iiint\limits_{\substack{0\leqslant x\leqslant t\\0\leqslant y\leqslant t\\0\leqslant z\leqslant t}} f(xyz)\mathrm{d}x\mathrm{d}y\mathrm{d}z$,其中 f 为可微分函数.

解 (1)作球坐标变换得

$$F(t)=\iiint\limits_{x^2+y^2+z^2\leqslant t^2} f(x^2+y^2+z^2)\mathrm{d}x\mathrm{d}y\mathrm{d}z$$

$$=8\int_0^{\frac{\pi}{2}}\mathrm{d}\varphi\int_0^{\frac{\pi}{2}}\cos\psi\mathrm{d}\psi\int_0^t f(r^2)r^2\mathrm{d}r=4\pi\int_0^t f(r^2)r^2\mathrm{d}r,$$

于是，$F'(t)=4\pi t^2 f(t^2)$.

(2)作变换 $x=t\xi$，$y=t\eta$，$z=t\zeta$ 得

$$F(t)=\iiint\limits_{\substack{0\leqslant x\leqslant t\\0\leqslant y\leqslant t\\0\leqslant z\leqslant t}} f(xyz)\mathrm{d}x\mathrm{d}y\mathrm{d}z=\iiint\limits_{\substack{0\leqslant\xi\leqslant 1\\0\leqslant\eta\leqslant 1\\0\leqslant\zeta\leqslant 1}} f(t^3\xi\eta\zeta)t^3\mathrm{d}\xi\mathrm{d}\eta\mathrm{d}\zeta,$$

于是，

$$F'(t)=3\iiint\limits_{\substack{0\leqslant\xi\leqslant 1\\0\leqslant\eta\leqslant 1\\0\leqslant\zeta\leqslant 1}} t^2 f(t^3\xi\eta\zeta)\mathrm{d}\xi\mathrm{d}\eta\mathrm{d}\zeta+3\iiint\limits_{\substack{0\leqslant\xi\leqslant 1\\0\leqslant\eta\leqslant 1\\0\leqslant\zeta\leqslant 1}} f'(t^3\xi\eta\zeta)t^5\xi\eta\zeta\mathrm{d}\xi\mathrm{d}\eta\mathrm{d}\zeta$$

$$=\frac{3}{t}\Big[F(t)+\iiint\limits_{\substack{0\leqslant x\leqslant t\\0\leqslant y\leqslant t\\0\leqslant z\leqslant t}} f'(xyz)xyz\mathrm{d}x\mathrm{d}y\mathrm{d}z\Big]\quad(t>0).$$

【4099】 求

$$\iiint\limits_{x^2+y^2+z^2\leqslant 1} x^m y^n z^p\mathrm{d}x\mathrm{d}y\mathrm{d}z,$$

其中 m,n,p 为非负整数.

解 分两种情况：

(1) 设 m,n,p 中至少有一个是奇数. 例如，设 p 为奇数. 于是，

$$I=\iiint\limits_{x^2+y^2+z^2\leqslant 1} x^m y^n z^p\mathrm{d}x\mathrm{d}y\mathrm{d}z$$

$$=\iiint\limits_{\substack{x^2+y^2+z^2\leqslant 1\\z\geqslant 0}} x^m y^n z^p\mathrm{d}x\mathrm{d}y\mathrm{d}z+\iiint\limits_{\substack{x^2+y^2+z^2\leqslant 1\\z\leqslant 0}} x^m y^n z^p\mathrm{d}x\mathrm{d}y\mathrm{d}z=I_1+I_2.$$

今在积分 I_2 中作变量代换 $x=u$，$y=v$，$z=-w$，则 $\dfrac{D(x,y,z)}{D(u,v,w)}=-1$，从而，注意到 p 为奇数，可知

$$I_2 = -\iiint\limits_{\substack{u^2+v^2+w^2\leqslant 1\\ w\geqslant 0}} u^m v^n w^p \mathrm{d}u\mathrm{d}v\mathrm{d}w = -I_1,$$

于是, $I = I_1 - I_1 = 0$.

(2) 设 m, n, p 均为偶数. 此时被积函数 $x^m y^n z^p$ 关于三个坐标平面皆对称. 于是,

$$I = \iiint\limits_{x^2+y^2+z^2\leqslant 1} x^m y^n z^p \mathrm{d}x\mathrm{d}y\mathrm{d}z = 8\iiint\limits_{\substack{x^2+y^2+z^2\leqslant 1\\ x\geqslant 0,\, y\geqslant 0,\, z\geqslant 0}} x^m y^n z^p \mathrm{d}x\mathrm{d}y\mathrm{d}z.$$

引用球坐标, $x = r\cos\varphi\cos\psi$, $y = r\sin\varphi\cos\psi$, $z = r\sin\psi$, 得

$$\iiint\limits_{\substack{x^2+y^2+z^2\leqslant 1\\ x\geqslant 0,\, y\geqslant 0,\, z\geqslant 0}} x^m y^n z^p \mathrm{d}x\mathrm{d}y\mathrm{d}z$$

$$= \int_0^{\frac{\pi}{2}} \cos^m\varphi\sin^n\varphi\mathrm{d}\varphi \int_0^{\frac{\pi}{2}} \cos^{m+n+1}\psi\sin^p\psi\mathrm{d}\psi \int_0^1 r^{m+n+p+2}\mathrm{d}r$$

$$= \frac{1}{m+n+p+3}\cdot\frac{1}{2}\cdot\frac{\Gamma\left(\frac{m+1}{2}\right)\Gamma\left(\frac{n+1}{2}\right)}{\Gamma\left(\frac{m+n+2}{2}\right)}\cdot\frac{1}{2}$$

$$\cdot\frac{\Gamma\left(\frac{m+n+2}{2}\right)\Gamma\left(\frac{p+1}{2}\right)}{\Gamma\left(\frac{m+n+p+3}{2}\right)}{}^{*)}$$

$$= \frac{1}{4(m+n+p+3)}\cdot\frac{\Gamma\left(\frac{m+1}{2}\right)\Gamma\left(\frac{n+1}{2}\right)\Gamma\left(\frac{p+1}{2}\right)}{\Gamma\left(\frac{m+n+p+3}{2}\right)}$$

$$= \frac{1}{4(m+n+p+3)}\cdot\frac{\frac{(m-1)!!}{2^{\frac{m}{2}}}\cdot\frac{(n-1)!!}{2^{\frac{n}{2}}}\cdot\frac{(p-1)!!}{2^{\frac{p}{2}}}\cdot\pi\sqrt{\pi}}{\frac{(m+n+p+1)!!}{2^{\frac{m+n+p+2}{2}}}\cdot\sqrt{\pi}}$$

$$= \frac{\pi}{2(m+n+p+3)}\cdot\frac{(m-1)!!\cdot(n-1)!!\cdot(p-1)!!}{(m+n+p+1)!!},$$

故

$$I = \iiint\limits_{x^2+y^2+z^2\leqslant 1} x^m y^n z^p \mathrm{d}x\mathrm{d}y\mathrm{d}z$$

$$= \frac{4\pi}{m+n+p+3} \cdot \frac{(m-1)!!\cdot(n-1)!!\cdot(p-1)!!}{(m+n+p+1)!!}.$$

*) 利用 3856 题的结果.

【4100】 计算迪里黑里积分

$$\iiint\limits_V x^p y^q z^r (1-x-y-z)^s \mathrm{d}x\mathrm{d}y\mathrm{d}z \quad (p>0, q>0, r>0, s>0),$$

此处 V 是由平面 $x+y+z=1$, $x=0$, $y=0$, $z=0$ 所界的区域,假定

$$x+y+z=\xi, \quad y+z=\xi\eta, \quad z=\xi\eta\zeta.$$

解 由假设知

$$x=\xi(1-\eta), \quad y=\xi\eta(1-\zeta), \quad z=\xi\eta\zeta.$$

在此变换下可求得$|I|=\xi^2\eta$,并且积分域 V 变为:

$$0<\xi<1,\ 0<\eta<1,\ 0<\zeta<1.$$

于是,

$$\iiint\limits_V x^p y^q z^r (1-x-y-z)^s \mathrm{d}x\mathrm{d}y\mathrm{d}z$$

$$= \int_0^1 \xi^{p+q+r+2}(1-\xi)^s \mathrm{d}\xi \int_0^1 \eta^{q+r+1}(1-\eta)^p \mathrm{d}\eta \int_0^1 \zeta^r (1-\zeta)^q \mathrm{d}\zeta$$

$$= B(p+q+r+3, s+1)\cdot B(q+r+2, p+1)\cdot B(r+1, q+1)$$

$$= \frac{\Gamma(p+q+r+3)\cdot\Gamma(s+1)\cdot\Gamma(q+r+2)}{\Gamma(p+q+r+s+4)\cdot\Gamma(p+q+r+3)} \cdot \frac{\Gamma(p+1)\cdot\Gamma(r+1)\cdot\Gamma(q+1)}{\Gamma(q+r+2)}$$

$$= \frac{\Gamma(p+1)\cdot\Gamma(q+1)\cdot\Gamma(s+1)\cdot\Gamma(r+1)}{\Gamma(p+q+r+s+4)}.$$

§7. 利用三重积分计算体积法

域的体积 V 由下公式来表示

$$V=\iiint\limits_V \mathrm{d}x\mathrm{d}y\mathrm{d}z.$$

求由下列曲面所界的体积：

【4101】 $z=x^2+y^2,\ z=2x^2+2y^2,\ y=x,\ y=x^2.$

解 域 V 为

$$0\leqslant x\leqslant 1,\ x^2\leqslant y\leqslant x,\ x^2+y^2\leqslant z\leqslant 2x^2+2y^2,$$

故体积为

$$V=\int_0^1\mathrm{d}x\int_{x^2}^{x}\mathrm{d}y\int_{x^2+y^2}^{2x^2+2y^2}\mathrm{d}z=\int_0^1\mathrm{d}x\int_{x^2}^{x}(x^2+y^2)\mathrm{d}y$$

$$=\int_0^1\left(\frac{4}{3}x^3-x^4-\frac{1}{3}x^6\right)\mathrm{d}x=\left(\frac{1}{3}x^4-\frac{1}{5}x^5-\frac{1}{21}x^7\right)\Big|_0^1=\frac{3}{35}.$$

【4102】 $z=x+y,\ z=xy,\ x+y=1,\ x=0,\ y=0$

解 域 V 为

$$0\leqslant x\leqslant 1,\ 0\leqslant y\leqslant 1-x,\ xy\leqslant z\leqslant x+y^{*)},$$

故体积为

$$V=\int_0^1\mathrm{d}x\int_0^{1-x}\mathrm{d}y\int_{xy}^{x+y}\mathrm{d}z=\int_0^1\mathrm{d}x\int_0^{1-x}(x+y-xy)\mathrm{d}y$$

$$=\int_0^1\left[x(1-x)+\frac{(1-x)^3}{2}\right]\mathrm{d}x=\frac{7}{24}.$$

*） 因为 $0\leqslant y\leqslant 1$，故有 $xy\leqslant z\leqslant x+y$.

【4103】 $x^2+z^2=a^2,\ x+y=\pm a,\ x-y=\pm a.$

解 $V=8\int_0^a\mathrm{d}x\int_0^{a-x}\mathrm{d}y\int_0^{\sqrt{a^2-x^2}}\mathrm{d}z=8\int_0^a(a-x)\sqrt{a^2-x^2}\,\mathrm{d}x$

$$=8a\left[\frac{x}{2}\sqrt{a^2-x^2}+\frac{a^2}{2}\arcsin\frac{x}{a}\right]\Bigg|_0^a+\frac{8}{3}(a^2-x^2)^{\frac{3}{2}}\Bigg|_0^a$$

$$=\frac{2a^3}{3}(3\pi-4).$$

【4104】 $az=x^2+y^2,\ z=\sqrt{x^2+y^2}\quad(a>0).$

解 对立体 V 在 Oxy 平面上的射影作极坐标变换

$$x=r\cos\varphi,\qquad y=r\sin\varphi,$$

则域 V 为

$$0\leqslant\varphi\leqslant 2\pi,\quad 0\leqslant r\leqslant a,\quad \frac{r^2}{a}\leqslant z\leqslant r,$$

且有 $|I|=r$. 于是,体积为

$$V=\iint\limits_{x^2+y^2\leqslant a^2}\mathrm{d}x\mathrm{d}y\int_{\frac{x^2+y^2}{a}}^{\sqrt{x^2+y^2}}\mathrm{d}z=\int_0^{2\pi}\mathrm{d}\varphi\int_0^a r\mathrm{d}r\int_{\frac{r^2}{a}}^{r}\mathrm{d}z$$

$$=2\pi\int_0^a\left(r^2-\frac{r^3}{a}\right)\mathrm{d}r=\frac{\pi a^3}{6}.$$

【4105】 $az=a^2-x^2-y^2,\ z=a-x-y,\ x=0,\ y=0,\ z=0\ (a>0).$

解 由 $az=a^2-x^2-y^2, x=0, y=0, z=0$ 所界的体积为

$$V_1=\iint\limits_{\substack{x^2+y^2\leqslant a^2\\ x\geqslant 0,\ y\geqslant 0}}\left(\int_0^{\frac{a^2-x^2-y^2}{a}}\mathrm{d}z\right)\mathrm{d}x\mathrm{d}y=\int_0^{\frac{\pi}{2}}\mathrm{d}\varphi\int_0^a\frac{a^2-r^2}{a}r\mathrm{d}r=\frac{\pi a^3}{8}.$$

由 $z=a-x-y, x=0, y=0, z=0$ 所界的体积为

$$V_2=\iiint\limits_{\substack{x+y+z\leqslant a\\ x\geqslant 0,\ y\geqslant 0,\ z\geqslant 0}}\mathrm{d}x\mathrm{d}y\mathrm{d}z=\int_0^a\mathrm{d}x\int_0^{a-x}\mathrm{d}y\int_0^{a-x-y}\mathrm{d}z=\frac{a^3}{6}.$$

于是,所求的体积为 $V=V_1-V_2=\dfrac{a^3}{24}(3\pi-4).$

【4106】 $z=6-x^2-y^2,\ z=\sqrt{x^2+y^2}.$

解 引用圆柱坐标,则域 V 为

$$0\leqslant\varphi\leqslant 2\pi,\ 0\leqslant r\leqslant 2,\ r\leqslant z\leqslant 6-r^2.$$

于是,体积为

$$V=\int_0^{2\pi}\mathrm{d}\varphi\int_0^2 r\mathrm{d}r\int_r^{6-r^2}\mathrm{d}z=2\pi\int_0^2(6r-r^3-r^2)\mathrm{d}r=\frac{32\pi}{3}.$$

变换为球坐标或圆柱坐标,以计算曲面所界的体积:

【4107】 $x^2+y^2+z^2=2az,\ x^2+y^2\leqslant z^2.$

解 变换为圆柱坐标,则有

$$r^2+z^2=2az\quad 及\quad r^2\leqslant z^2.$$

因而域 V 为

$$0\leqslant\varphi\leqslant 2\pi,\ 0\leqslant r\leqslant a,\ r\leqslant z\leqslant a+\sqrt{a^2-r^2}\ ^{*)}.$$

于是,体积为

$$V=\int_0^{2\pi}\mathrm{d}\varphi\int_0^a r\mathrm{d}r\int_r^{a+\sqrt{a^2-r^2}}\mathrm{d}z=2\pi\int_0^a r(a+\sqrt{a^2-r^2}-r)\mathrm{d}r$$

$$=2\pi\left[\frac{ar^2}{2}-\frac{1}{3}(a^2-r^2)^{\frac{3}{2}}-\frac{r^3}{3}\right]\Bigg|_0^a=\pi a^3.$$

*) 球面的方程应该是 $z=a\pm\sqrt{a^2-r^2}$,但因体积 V 的一部分为球 $x^2+y^2+z^2=2az$ 的上半部,故取 $z=a+\sqrt{a^2-r^2}$.

【4108】 $(x^2+y^2+z^2)^2=a^2(x^2+y^2-z^2).$

解 变换为球坐标,则域 V 的 $\frac{1}{8}$ 部分为

$$0\leqslant\varphi\leqslant\frac{\pi}{2},\ 0\leqslant\psi\leqslant\frac{\pi}{4},\ 0\leqslant r\leqslant a\sqrt{\cos 2\psi}.$$

于是,体积为

$$V=8\int_0^{\frac{\pi}{2}}\mathrm{d}\varphi\int_0^{\frac{\pi}{4}}\mathrm{d}\psi\int_0^{a\sqrt{\cos 2\psi}}r^2\cos\psi\mathrm{d}r=\frac{4\pi a^3}{3}\int_0^{\frac{\pi}{4}}\cos\psi\cdot(\cos 2\psi)^{\frac{3}{2}}\mathrm{d}\psi$$

$$=\frac{4\pi a^3}{3}\int_0^{\frac{\pi}{4}}(1-2\sin^2\psi)^{\frac{3}{2}}\mathrm{d}(\sin\psi)=\frac{4\pi a^3}{3}\int_0^{\frac{1}{\sqrt{2}}}(1-2x^2)^{\frac{3}{2}}\mathrm{d}x$$

$$=\frac{4\pi a^3}{3}\cdot\frac{1}{\sqrt{2}}\int_0^{\frac{\pi}{2}}\cos^4 t\,\mathrm{d}t\ ^{*)}=\frac{4\pi a^3}{3\sqrt{2}}\cdot\frac{3}{4}\cdot\frac{1}{2}\cdot\frac{\pi}{2}=\frac{\pi^2 a^3}{4\sqrt{2}}.$$

*) 作代换$\sqrt{2}x=\sin t$.

【4109】 $(x^2+y^2+z^2)^3=3xyz$.

解 立体在第一,第三,第六及第八卦限内,对于这些卦限分别有:

$$x\geqslant 0,\ y\geqslant 0,\ z\geqslant 0;\quad x\leqslant 0,\ y\leqslant 0,\ z\geqslant 0;$$

$$x\leqslant 0,\ y\geqslant 0,\ z\leqslant 0;\quad x\geqslant 0,\ y\leqslant 0,\ z\leqslant 0.$$

立体在这四个卦限内的各部分,一对一对地对称于坐标轴之一.这是因为左端及右端当 x,y,z 中的任何两个同时变号时等号不变.

变换为球坐标,计算得体积

$$V=4\int_0^{\frac{\pi}{2}}\mathrm{d}\varphi\int_0^{\frac{\pi}{2}}\mathrm{d}\psi\int_0^{\sqrt[3]{3\cos^2\psi\cos\varphi\sin\varphi\sin\psi}}r^2\cos\psi\,\mathrm{d}r$$

$$=4\int_0^{\frac{\pi}{2}}\cos\varphi\sin\varphi\,\mathrm{d}\varphi\int_0^{\frac{\pi}{2}}\cos^3\psi\sin\psi\,\mathrm{d}\psi$$

$$=4\left(\frac{\sin^2\varphi}{2}\Bigg|_0^{\frac{\pi}{2}}\right)\left(-\frac{1}{4}\cos^4\psi\Bigg|_0^{\frac{\pi}{2}}\right)=\frac{1}{2}.$$

【4110】 $x^2+y^2+z^2=a^2,\ x^2+y^2+z^2=b^2,\ x^2+y^2=z^2$ $(z\geqslant 0)(0<a<b)$.

解 变换为球坐标,得域 V 为

$$0\leqslant\varphi\leqslant 2\pi,\quad \frac{\pi}{4}\leqslant\psi\leqslant\frac{\pi}{2}\quad a\leqslant r\leqslant b.$$

于是,体积为

$$V=\int_0^{2\pi}\mathrm{d}\varphi\int_{\frac{\pi}{4}}^{\frac{\pi}{2}}\mathrm{d}\psi\int_a^b r^2\cos\psi\,\mathrm{d}r=2\pi\left(\int_{\frac{\pi}{4}}^{\frac{\pi}{2}}\cos\psi\,\mathrm{d}\psi\right)\left(\int_a^b r^2\mathrm{d}r\right)$$

$$=\frac{\pi(2-\sqrt{2})(b^3-a^3)}{3}.$$

在下列各例中最好利用普遍的极坐标 r,φ 及 ψ($r\geqslant 0$; $0\leqslant\varphi\leqslant 2\pi$; $-\frac{\pi}{2}\leqslant\psi\leqslant\frac{\pi}{2}$),根据下列各式来引入它们

$$x=ar\cos^{\alpha}\varphi\cos^{\beta}\psi,\quad y=br\sin^{\alpha}\varphi\cos^{\beta}\psi,\quad z=cr\sin^{\beta}\psi$$

(a,b,c,α,β 为常数),并且

$$\frac{D(x,y,z)}{D(r,\varphi,\psi)}=\alpha\beta abcr^2\cos^{\alpha-1}\varphi\sin^{\alpha-1}\varphi\cos^{2\beta-1}\psi\sin^{\beta-1}\psi.$$

计算下列曲面所界的体积:

【4111】 $\left(\frac{x^2}{a^2}+\frac{y^2}{b^2}+\frac{z^2}{c^2}\right)^2=\frac{x}{h}.$

解 令 $x=ar\cos\varphi\cos\psi$, $y=br\sin\varphi\cos\psi$, $z=cr\sin\psi$,则域的$\frac{1}{4}$部分(第一卦限内)为

$$0\leqslant\varphi\leqslant\frac{\pi}{2},\ 0\leqslant\psi\leqslant\frac{\pi}{2},\ 0\leqslant r\leqslant\sqrt[3]{\frac{a}{h}\cos\varphi\cos\psi}.$$

于是,体积为

$$V=4\int_0^{\frac{\pi}{2}}\mathrm{d}\varphi\int_0^{\frac{\pi}{2}}\mathrm{d}\psi\int_0^{\sqrt[3]{\frac{a}{h}\cos\varphi\cos\psi}}abcr^2\cos\psi\,\mathrm{d}r$$

$$=\frac{4a^2bc}{3h}\left(\int_0^{\frac{\pi}{2}}\cos\varphi\,\mathrm{d}\varphi\right)\left(\int_0^{\frac{\pi}{2}}\cos^2\psi\,\mathrm{d}\psi\right)=\frac{\pi a^2bc}{3h}.$$

【4112】 $\left(\frac{x^2}{a^2}+\frac{y^2}{b^2}+\frac{z^2}{c^2}\right)^2=\frac{x^2}{a^2}+\frac{y^2}{b^2}.$

解 令 $x=ar\cos\varphi\cos\psi$, $y=br\sin\varphi\cos\psi$, $z=cr\sin\psi$,并利用对称性,即得体积

$$V=8\int_0^{\frac{\pi}{2}}\mathrm{d}\varphi\int_0^{\frac{\pi}{2}}\mathrm{d}\psi\int_0^{\cos\psi}abcr^2\cos\psi\mathrm{d}r$$

$$=8\cdot\frac{\pi}{2}\cdot\frac{abc}{3}\cdot\int_0^{\frac{\pi}{2}}\cos^4\psi\mathrm{d}\psi=\frac{4\pi abc}{3}\cdot\frac{3}{4}\cdot\frac{1}{2}\cdot\frac{\pi}{2}=\frac{\pi^2}{4}abc.$$

【4113】 $\dfrac{x^2}{a^2}+\dfrac{y^2}{b^2}+\dfrac{z^2}{c^2}=1,\ \dfrac{x^2}{a^2}+\dfrac{y^2}{b^2}=\dfrac{z}{c}.$

解 令 $x=ar\cos\varphi,\ y=br\sin\varphi,\ z=z$，则 r 满足方程 $r^4+r^2-1=0$. 解得 $r=\sqrt{\dfrac{\sqrt{5}-1}{2}}$. 于是，体积为

$$V=\int_0^{2\pi}\mathrm{d}\varphi\int_0^{\sqrt{\frac{\sqrt{5}-1}{2}}}abr\mathrm{d}r\int_{cr^2}^{c\sqrt{1-r^2}}\mathrm{d}z$$

$$=2\pi abc\int_0^{\sqrt{\frac{\sqrt{5}-1}{2}}}r(\sqrt{1-r^2}-r^2)\mathrm{d}r$$

$$=2\pi abc\left[-\frac{1}{3}(1-r^2)^{\frac{3}{2}}-\frac{1}{4}r^4\right]\Bigg|_0^{\sqrt{\frac{\sqrt{5}-1}{2}}}=\frac{5\pi abc(3-\sqrt{5})}{12}.$$

【4114】 $\dfrac{x^2}{a^2}+\dfrac{y^2}{b^2}+\dfrac{z^4}{c^4}=1.$

解 令 $x=ar\cos\varphi,\ y=br\sin\varphi,\ z=z$，则得体积

$$V=\int_0^{2\pi}\mathrm{d}\varphi\int_0^1 abr\mathrm{d}r\int_{-c(1-r^2)^{\frac{1}{4}}}^{c(1-r^2)^{\frac{1}{4}}}\mathrm{d}z=4\pi abc\int_0^1 r(1-r^2)^{\frac{1}{4}}\mathrm{d}r$$

$$=4\pi abc\left[-\frac{2}{5}(1-r^2)^{\frac{5}{4}}\right]\Bigg|_0^1=\frac{8}{5}\pi abc.$$

【4115】 $\left(\dfrac{x^2}{a^2}+\dfrac{y^2}{b^2}\right)^2+\dfrac{z^4}{c^4}=1.$

解 令 $x=ar\cos\varphi\cos^{\frac{1}{2}}\psi,\ y=br\sin\varphi\cos^{\frac{1}{2}}\psi,\ z=cr\sin^{\frac{1}{2}}\psi$，则有 $|I|=\dfrac{1}{2}abcr^2\sin^{-\frac{1}{2}}\psi$ 且 $\dfrac{1}{8}$ 域 V（第一卦限内）为

$$0\leqslant\varphi\leqslant\frac{\pi}{2},\quad 0\leqslant\psi\leqslant\frac{\pi}{2},\quad 0\leqslant r\leqslant 1.$$

于是,体积为

$$V=8\int_0^{\frac{\pi}{2}}\mathrm{d}\varphi\int_0^{\frac{\pi}{2}}\mathrm{d}\psi\int_0^1\frac{1}{2}abcr^2\sin^{-\frac{1}{2}}\psi\mathrm{d}r=\frac{2}{3}\pi abc\int_0^{\frac{\pi}{2}}\sin^{-\frac{1}{2}}\psi\mathrm{d}\psi$$

$$=\frac{2}{3}\pi abc\cdot\frac{1}{2}B\left(\frac{1}{2},\frac{1}{4}\right)^{*)}=\frac{2}{3}\pi abc\cdot\frac{1}{2}\frac{\Gamma\left(\frac{1}{2}\right)\Gamma\left(\frac{1}{4}\right)}{\Gamma\left(\frac{3}{4}\right)}$$

$$=\frac{1}{3}\pi abc\cdot\frac{\sqrt{\pi}\Gamma^2\left(\frac{1}{4}\right)}{\Gamma\left(\frac{1}{4}\right)\Gamma\left(\frac{3}{4}\right)}\overset{**)}{=}\frac{1}{3}\pi abc\cdot\frac{\sqrt{\pi}\Gamma^2\left(\frac{1}{4}\right)}{\sqrt{2}\pi}$$

$$=\frac{1}{3}abc\sqrt{\frac{\pi}{2}}\Gamma^2\left(\frac{1}{4}\right).$$

*) 利用 3856 题的结果.

**) 利用余元公式:$\Gamma(x)\Gamma(1-x)=\frac{\pi}{\sin\pi x}$.

利用适当的变量代换,以计算由曲面所界的体积(假定参数是正的):

【4116】 $\left(\frac{x}{a}+\frac{y}{b}+\frac{z}{c}\right)^2=\frac{x}{h}+\frac{y}{k}(x>0,y>0,z>0)$.

解 令 $x=ar\cos^2\varphi\cos^2\psi$, $y=br\sin^2\varphi\cos^2\psi$, $z=cr\sin^2\psi$,

则有 $|I|=4abcr^2\cos\varphi\sin\varphi\cos^3\psi\sin\psi$,且域 V 为

$$0\leqslant\varphi\leqslant\frac{\pi}{2},\quad 0\leqslant\psi\leqslant\frac{\pi}{2}.\quad 0\leqslant r\leqslant\left(\frac{a}{h}\cos^2\varphi+\frac{b}{k}\sin^2\varphi\right)\cos^2\psi.$$

于是,体积为

$$V=\int_0^{\frac{\pi}{2}}\mathrm{d}\varphi\int_0^{\frac{\pi}{2}}\mathrm{d}\psi\int_0^{\left(\frac{a}{h}\cos^2\varphi+\frac{b}{k}\sin^2\varphi\right)\cos^2\psi}4abcr^2\cos\varphi\sin\varphi\cos^3\psi\sin\psi\mathrm{d}r$$

$$=\frac{4}{3}abc\int_0^{\frac{\pi}{2}}\cos\varphi\sin\varphi\left(\frac{a}{h}\cos^2\varphi+\frac{b}{k}\sin^2\varphi\right)^3\mathrm{d}\varphi\int_0^{\frac{\pi}{2}}\cos^9\psi\sin\psi\mathrm{d}\psi$$

$$=\frac{2}{15}abc\left(\int_0^{\frac{\pi}{2}}\frac{a^3}{h^3}\cos^7\varphi\sin\varphi\mathrm{d}\varphi+\int_0^{\frac{\pi}{2}}\frac{b^3}{k^3}\cos\varphi\sin^7\varphi\mathrm{d}\varphi\right.$$

$$\left.+3\cdot\frac{a^2b}{h^2k}\int_0^{\frac{\pi}{2}}\cos^5\varphi\sin^3\varphi\mathrm{d}\varphi+3\cdot\frac{ab^2}{hk^2}\int_0^{\frac{\pi}{2}}\cos^3\varphi\sin^5\varphi\mathrm{d}\varphi\right)$$

$$=\frac{2}{15}abc\left(\frac{a^3}{8h^3}+\frac{b^3}{8k^3}+3\cdot\frac{a^2b}{h^2k}\cdot\frac{1}{24}+3\cdot\frac{ab^2}{hk^2}\cdot\frac{1}{24}\right)^{*)}$$

$$=\frac{1}{60}abc\left(\frac{a}{h}+\frac{b}{k}\right)\left(\frac{a^2}{h^2}+\frac{b^2}{k^2}\right).$$

*) 利用 3856 题的结果.

【4117】 $\left(\frac{x}{a}+\frac{y}{b}+\frac{z}{c}\right)^4=\frac{xyz}{abc}\quad(x>0,y>0,z>0)$.

解 令 $x=ar\cos^2\varphi\cos^2\psi$, $y=br\sin^2\varphi\cos^2\psi$, $z=cr\sin^2\psi$, 则有 $|I|=4abcr^2\cos\varphi\sin\varphi\cos^3\psi\sin\psi$, 且域 V 为

$$0\leqslant\varphi\leqslant\frac{\pi}{2},\ 0\leqslant\psi\leqslant\frac{\pi}{2},\ 0\leqslant r\leqslant\cos^2\varphi\sin^2\varphi\cos^4\psi\sin^2\psi.$$

于是,体积为

$$V=4abc\int_0^{\frac{\pi}{2}}\mathrm{d}\varphi\int_0^{\frac{\pi}{2}}\mathrm{d}\psi\int_0^{\cos^2\varphi\sin^2\varphi\cos^4\psi\sin^2\psi}r^2\cos\varphi\sin\varphi\cos^3\psi\sin\psi\mathrm{d}r$$

$$=\frac{4}{3}abc\int_0^{\frac{\pi}{2}}\cos^7\varphi\sin^7\varphi\mathrm{d}\varphi\int_0^{\frac{\pi}{2}}\cos^{15}\psi\sin^7\psi\mathrm{d}\psi$$

$$=\frac{4}{3}abc\cdot\frac{1}{2}\frac{\Gamma(4)\Gamma(4)}{\Gamma(8)}\cdot\frac{1}{2}\frac{\Gamma(8)\Gamma(4)}{\Gamma(12)}^{*)}$$

$$=\frac{1}{3}abc\,\frac{3!\,3!}{7!}\cdot\frac{7!\cdot 3!}{11!}=\frac{abc}{554400}.$$

*) 利用 3856 题的结果.

【4118】 $\left(\frac{x}{a}+\frac{y}{b}\right)^2+\left(\frac{z}{c}\right)^2=1\quad(x>0,y>0,z>0)$.

解 令 $x=ar\cos^2\varphi\cos\psi$, $y=br\sin^2\varphi\cos\psi$, $z=cr\sin\psi$, 则有 $|I|=2abcr^2\cos\varphi\sin\varphi\cos\psi$, 且域 V 为

$$0 \leqslant \varphi \leqslant \frac{\pi}{2}, \quad 0 \leqslant \psi \leqslant \frac{\pi}{2}, \quad 0 \leqslant r \leqslant 1.$$

于是,体积为

$$V = 2abc\int_0^{\frac{\pi}{2}} d\varphi \int_0^{\frac{\pi}{2}} d\psi \int_0^1 r^2 \cos\varphi \sin\varphi \cos\psi dr$$

$$= \frac{2}{3}abc\int_0^{\frac{\pi}{2}} \cos\varphi \sin\varphi d\varphi \int_0^{\frac{\pi}{2}} \cos\psi d\psi = \frac{1}{3}abc.$$

【4119】$^{+}$ $z = x^2 + y^2, z = 2(x^2 + y^2), xy = a^2, xy = 2a^2, x = 2y, 2x = y\ (x > 0, y > 0)$.

解 令 $z = u(x^2 + y^2), xy = v, x = yw$,则

$$x = \sqrt{vw}, \quad y = \sqrt{\frac{v}{w}}, \quad z = u\left(vw + \frac{v}{w}\right).$$

变换的雅哥比式为

$$I = \begin{vmatrix} 0 & \frac{\sqrt{w}}{2\sqrt{v}} & \frac{\sqrt{v}}{2\sqrt{w}} \\ 0 & \frac{1}{2\sqrt{vw}} & -\frac{\sqrt{v}}{2\sqrt{w^3}} \\ vw + \frac{v}{w} & u\left(w + \frac{1}{w}\right) & u\left(v - \frac{v}{w^2}\right) \end{vmatrix} = -\left(\frac{v}{2} + \frac{v}{2w^2}\right),$$

而域 V 为

$$1 \leqslant u \leqslant 2, \quad a^2 \leqslant v \leqslant 2a^2, \quad \frac{1}{2} \leqslant w \leqslant 2.$$

于是,体积为

$$V = \int_1^2 du \int_{a^2}^{2a^2} dv \int_{\frac{1}{2}}^2 \left(\frac{v}{2} + \frac{v}{2w^2}\right) dw = \frac{3a^4}{4}\int_{\frac{1}{2}}^2 \left(1 + \frac{1}{w^2}\right) dw$$

$$= \frac{9a^4}{4}.$$

【4120】$^{+}$ $x^2 + z^2 = a^2, x^2 + z^2 = b^2, x^2 - y^2 - z^2 = 0\ (x > 0)$.

解 令 $x = r\cos\varphi$, $y = y$, $z = r\sin\varphi$, 则域 V 为

$$a \leqslant r \leqslant b,\quad -\frac{\pi}{4} \leqslant \varphi \leqslant \frac{\pi}{4},\quad -r\sqrt{\cos 2\varphi} \leqslant y \leqslant r\sqrt{\cos 2\varphi},$$

于是, 体积为

$$V = \int_a^b r\,\mathrm{d}r \int_{-\frac{\pi}{4}}^{\frac{\pi}{4}} \mathrm{d}\varphi \int_{-r\sqrt{\cos 2\varphi}}^{r\sqrt{\cos 2\varphi}} \mathrm{d}y$$

$$= \frac{4}{3}(b^3 - a^3)\int_0^{\frac{\pi}{4}} \sqrt{\cos 2\varphi}\,\mathrm{d}\varphi = \frac{2}{3}(b^3 - a^3)\int_0^{\frac{\pi}{2}} \sqrt{\cos\varphi}\,\mathrm{d}\varphi$$

$$\overset{*)}{=} \frac{1}{3}(b^3 - a^3)\frac{\Gamma\left(\frac{1}{2}\right)\Gamma\left(\frac{3}{4}\right)}{\Gamma\left(\frac{5}{4}\right)} \overset{**)}{=} \frac{2}{3}(b^3 - a^3)\sqrt{\frac{2}{\pi}}\,\Gamma^2\left(\frac{3}{4}\right).$$

*) 利用 3856 题的结果.

**) 利用余元公式有 $\Gamma\left(\frac{1}{4}\right)\Gamma\left(\frac{3}{4}\right) = \sqrt{2}\pi$.

【4121】 $(x^2 + y^2 + z^2)^3 = \dfrac{a^6 z^2}{x^2 + y^2}$.

解 采用球坐标: $x = r\cos\varphi\cos\psi$, $y = r\sin\varphi\cos\psi$, $z = r\sin\psi$, 则域 V 的 $\frac{1}{8}$ 部分(第一卦限内)为

$$0 \leqslant \varphi \leqslant \frac{\pi}{2},\quad 0 \leqslant \psi \leqslant \frac{\pi}{2},\quad 0 \leqslant r \leqslant a\tan^{\frac{1}{3}}\psi.$$

于是, 体积为

$$V = 8\int_0^{\frac{\pi}{2}} \mathrm{d}\varphi \int_0^{\frac{\pi}{2}} \mathrm{d}\psi \int_0^{a\tan^{\frac{1}{3}}\psi} r^2\cos\psi\,\mathrm{d}r = \frac{4\pi a^3}{3}\int_0^{\frac{\pi}{2}} \sin\psi\,\mathrm{d}\psi = \frac{4\pi a^3}{3}.$$

【4122】 $\left(\dfrac{x^2}{a^2} + \dfrac{y^2}{b^2} + \dfrac{z^2}{c^2}\right)^2 = \dfrac{z}{h}\cdot \mathrm{e}^{-\frac{\frac{z^2}{c^2}}{\frac{x^2}{a^2} + \frac{y^2}{b^2} + \frac{z^2}{c^2}}}$.

解 令 $x = ar\cos\varphi\cos\psi$, $y = br\sin\varphi\cos\psi$, $z = cr\sin\psi$, 则域

V 的 $\frac{1}{4}$ 部分(第一卦限内)为

$$0\leqslant\varphi\leqslant\frac{\pi}{2},\quad 0\leqslant\psi\leqslant\frac{\pi}{2},\quad 0\leqslant r\leqslant\left(\frac{c}{h}\sin\psi e^{-\sin^2\psi}\right)^{\frac{1}{3}}.$$

这是由于 $z\geqslant0$,故域 V 在 Oxy 平面的上方.

于是,体积为

$$V=4\int_0^{\frac{\pi}{2}}d\varphi\int_0^{\frac{\pi}{2}}d\psi\int_0^{\left(\frac{c}{h}\sin\psi e^{-\sin^2\psi}\right)^{\frac{1}{3}}}abcr^2\cos\psi dr$$

$$=\frac{4c^2ab}{3h}\cdot\frac{\pi}{2}\cdot\int_0^{\frac{\pi}{2}}\sin\psi\cos\psi e^{-\sin^2\psi}d\psi$$

$$=-\frac{\pi abc^2}{3h}e^{-\sin^2\psi}\Big|_0^{\frac{\pi}{2}}=\frac{\pi abc^2}{3h}(1-e^{-1}).$$

【4123】 $\dfrac{\frac{x}{a}+\frac{y}{b}}{\frac{x}{a}+\frac{y}{b}+\frac{z}{c}}=\dfrac{2}{\pi}\arcsin\left(\frac{x}{a}+\frac{y}{b}+\frac{z}{c}\right),\ \frac{x}{a}+\frac{y}{b}=1,$ $x=0,x=a$.

解 令 $u=\frac{x}{a},v=\frac{x}{a}+\frac{y}{b},w=\frac{x}{a}+\frac{y}{b}+\frac{z}{c}$,则

$$\frac{D(u,v,w)}{D(x,y,z)}=\begin{vmatrix}\frac{1}{a}&0&0\\\frac{1}{a}&\frac{1}{b}&0\\\frac{1}{a}&\frac{1}{b}&\frac{1}{c}\end{vmatrix}=\frac{1}{abc},$$

且域 V 变为

$$0\leqslant u\leqslant1,\quad \frac{2}{\pi}w\arcsin w\leqslant v\leqslant1,\quad -1\leqslant w\leqslant1.$$

于是,$\frac{D(x,y,z)}{D(u,v,w)}=abc$,且体积为

$$V=abc\int_0^1\mathrm{d}u\int_{-1}^1\mathrm{d}w\int_{\frac{2}{\pi}w\arcsin w}^1\mathrm{d}v=2abc\int_0^1\left[1-\frac{2}{\pi}w\arcsin w\right]\mathrm{d}w$$

$$=2abc-\frac{2abc}{\pi}\int_0^1\arcsin w\,\mathrm{d}(w^2)=abc+\frac{2abc}{\pi}\int_0^1 w^2(1-w^2)^{-\frac{1}{2}}\mathrm{d}w$$

$$=abc+\frac{abc}{\pi}\int_0^1 t^{\frac{1}{2}}(1-t)^{-\frac{1}{2}}\mathrm{d}t=abc+\frac{abc}{\pi}B\left(\frac{3}{2},\frac{1}{2}\right)$$

$$=\frac{3}{2}abc.$$

【4124】 $\frac{x}{a}+\frac{y}{b}+\frac{z}{c}=\ln\dfrac{\frac{x}{a}+\frac{y}{b}+\frac{z}{c}}{\frac{x}{a}+\frac{y}{b}}$, $x=0$, $z=0$, $\frac{y}{b}+\frac{z}{c}=0$, $\frac{x}{a}+\frac{y}{b}+\frac{z}{c}=1$.

解 令 $u=\frac{x}{a}$, $v=\frac{x}{a}+\frac{y}{b}$, $w=\frac{x}{a}+\frac{y}{b}+\frac{z}{c}$, 则

$$\frac{D(u,v,w)}{D(x,y,z)}=\frac{1}{abc},$$

且域 V 变为

$$0\leqslant u\leqslant w,\quad we^{-w}\leqslant v\leqslant w,\quad 0\leqslant w\leqslant 1.$$

于是, $\frac{D(x,y,z)}{D(u,v,w)}=abc$, 且体积为

$$V=abc\int_0^1\mathrm{d}w\int_0^w\mathrm{d}u\int_{we^{-w}}^w\mathrm{d}v=abc\int_0^1(w^2-w^2e^{-w})\mathrm{d}w$$

$$=abc\left(\frac{1}{3}-2+5e^{-1}\right)=5abc\left(\frac{1}{e}-\frac{1}{3}\right).$$

【4125】 求曲面 $x^2+y^2+az=4a^2$ 将球 $x^2+y^2+z^2=4az$ 分成两部分的体积的比.

解 曲面 $x^2+y^2+az=4a^2$ 与球面 $x^2+y^2+(z-2a)^2=4a^2$ 的交线为圆周

$$\begin{cases} x^2+y^2=3a^2 \\ z=a, \end{cases}$$

且有公共的顶点$(0,0,4a)$.球内位于曲面 $x^2+y^2+az=4a^2$ 下方部分的体积为

$$V_1=\int_0^a \mathrm{d}z \iint\limits_{x^2+y^2\leqslant 4az-z^2} \mathrm{d}x\mathrm{d}y+\int_a^{4a} \mathrm{d}z \iint\limits_{x^2+y^2\leqslant 4a^2-az} \mathrm{d}x\mathrm{d}y$$

$$=\int_0^a \pi(4az-z^2)\mathrm{d}z+\int_a^{4a} \pi(4a^2-az)\mathrm{d}z$$

$$=2\pi a^3-\frac{1}{3}\pi a^3+12\pi a^3-\frac{15}{2}\pi a^3=\frac{37}{6}\pi a^3.$$

从而,另一部分的体积

$$V_2=\frac{4}{3}\pi(2a)^3-\frac{37}{6}\pi a^3=\frac{27}{6}\pi a^3.$$

于是,球被曲面所分的两部分体积之比为

$$\frac{V_1}{V_2}=\frac{37}{27}.$$

【4126】 求由曲面

$$x^2+y^2=az,\quad z=2a-\sqrt{x^2+y^2}\quad (a>0)$$

所界的体积和表面积.

解 两曲面的交线为圆周

$$\begin{cases} x^2+y^2=a^2, \\ z=a, \end{cases}$$

又曲面 $z=2a-\sqrt{x^2+y^2}$的顶点为$(0,0,2a)$.于是,体积为

$$V=\int_0^a \mathrm{d}z \iint\limits_{x^2+y^2\leqslant az} \mathrm{d}x\mathrm{d}y+\int_a^{2a} \mathrm{d}z \iint\limits_{x^2+y^2\leqslant (2a-z)^2} \mathrm{d}x\mathrm{d}y$$

$$=\int_0^a \pi az\,\mathrm{d}z+\int_a^{2a} \pi(2a-z)^2\mathrm{d}z=\frac{\pi a^3}{2}+\frac{\pi a^3}{3}=\frac{5\pi a^3}{6}.$$

由两曲面方程分别可得

$$\frac{\partial z}{\partial x}=\frac{2x}{a},\quad \frac{\partial z}{\partial y}=\frac{2y}{a},\quad \sqrt{1+\left(\frac{\partial z}{\partial x}\right)^2+\left(\frac{\partial z}{\partial y}\right)^2}=\frac{1}{a}\sqrt{a^2+4x^2+4y^2};$$

$$\frac{\partial z}{\partial x}=\frac{-x}{\sqrt{x^2+y^2}},\quad \frac{\partial z}{\partial y}=\frac{-y}{\sqrt{x^2+y^2}},\quad \sqrt{1+\left(\frac{\partial z}{\partial x}\right)^2+\left(\frac{\partial z}{\partial y}\right)^2}=\sqrt{2}.$$

于是,曲面的表面积为

$$S=\iint\limits_{x^2+y^2\leqslant a^2}\frac{1}{a}\sqrt{a^2+4x^2+4y^2}\,dx\,dy+\iint\limits_{x^2+y^2\leqslant a^2}\sqrt{2}\,dx\,dy$$

$$=\int_0^{2\pi}d\varphi\int_0^1\sqrt{1+4r^2}\,a^2r\,dr+\sqrt{2}\pi a^2=\frac{\pi a^2}{6}(6\sqrt{2}+5\sqrt{5}-1).$$

【4127】 求由平面

$$a_1x+b_1y+c_1z=\pm h_1,$$

$$a_2x+b_2y+c_2z=\pm h_2,$$

$$a_3x+b_3y+c_3z=\pm h_3,$$

所界平行六面体的体积,设

$$\Delta=\begin{vmatrix}a_1 & b_1 & c_1\\ a_2 & b_2 & c_2\\ a_3 & b_3 & c_3\end{vmatrix}\neq 0.$$

解 令

$$a_1x+b_1y+c_1z=u,$$

$$a_2x+b_2y+c_2z=v,$$

$$a_3x+b_3y+c_3z=w,$$

则有$\frac{D(u,v,w)}{D(x,y,z)}=\Delta$.于是$\frac{D(x,y,z)}{D(u,v,w)}=\frac{1}{\Delta}$,且体积为

$$V=\int_{-h_1}^{h_1}du\int_{-h_2}^{h_2}dv\int_{-h_3}^{h_3}\frac{1}{|\Delta|}dw=\frac{8h_1h_2h_3}{|\Delta|}.$$

【4128】 求由曲面

$$(a_1x+b_1y+c_1z)^2+(a_2x+b_2y+c_2z)^2$$
$$+(a_3x+b_3y+c_3z)^2=h^2$$

所界的体积,设

$$\Delta=\begin{vmatrix} a_1 & b_1 & c_1 \\ a_2 & b_2 & c_2 \\ a_3 & b_3 & c_3 \end{vmatrix}\neq 0.$$

解 令

$$a_1x+b_1y+c_1z=u,$$
$$a_2x+b_2y+c_2z=v,$$
$$a_3x+b_3y+c_3z=w,$$

则有$\dfrac{D(u,v,w)}{D(x,y,z)}=\Delta$. 于是,$\dfrac{D(x,y,z)}{D(u,v,w)}=\dfrac{1}{\Delta}$,且体积为

$$V=\frac{1}{|\Delta|}\iiint\limits_{u^2+v^2+w^2\leqslant h^2}\mathrm{d}u\mathrm{d}v\mathrm{d}w=\frac{4\pi h^3}{3|\Delta|}.$$

【4129】 求曲面

$$\left(\frac{x^2}{a^2}+\frac{y^2}{b^2}\right)^n+\frac{z^{2n}}{c^{2n}}=\frac{z}{h}\left(\frac{x^2}{a^2}+\frac{y^2}{b^2}\right)^{n-2}\quad(n>1)$$

所界的体积.

解 令 $x=ar\cos\varphi\cos\psi$, $y=br\sin\varphi\cos\psi$, $z=cr\sin\psi$,则有

$|I|=abcr^2\cos\psi$,且域 V 的$\dfrac{1}{4}$为

$$0\leqslant\varphi\leqslant\frac{\pi}{2},\quad 0\leqslant\psi\leqslant\frac{\pi}{2},\quad 0\leqslant r\leqslant\sqrt[3]{\frac{c}{h}\cdot\frac{\sin\psi\cos^{2n-4}\psi}{\cos^{2n}\psi+\sin^{2n}\psi}}.$$

于是,体积为

$$V=4\int_0^{\frac{\pi}{2}}\mathrm{d}\varphi\int_0^{\frac{\pi}{2}}\mathrm{d}\psi\int_0^{\sqrt[3]{\frac{c}{h}\cdot\frac{\sin\psi\cos^{2n-4}\psi}{\cos^{2n}\psi+\sin^{2n}\psi}}}abcr^2\cos\varphi\mathrm{d}r$$

$$=\frac{2}{3h}\pi abc^2\int_0^{\frac{\pi}{2}}\frac{\sin\psi\cos^{2n-3}\psi}{\cos^{2n}\psi+\sin^{2n}\psi}\mathrm{d}\varphi$$

$$=\frac{2}{3h}\pi abc^2\int_0^1\frac{t^{2n-3}\mathrm{d}t}{t^{2n}+(1-t^2)^n}=-\frac{1}{3h}\pi abc^2\int_0^1\frac{t^{2n-4}\mathrm{d}(1-t^2)}{t^{2n}+(1-t^2)^n}$$

$$=\frac{1}{3h}\pi abc^2\int_0^1\frac{(1-x)^{n-2}\mathrm{d}x}{(1-x)^n+x^n}=\frac{1}{3h}\pi abc^2\int_0^1\frac{\frac{1}{(1-x)^2}\mathrm{d}x}{1+\left(\frac{x}{1-x}\right)^n}$$

$$=\frac{1}{3h}\pi abc^2\int_0^{+\infty}\frac{\mathrm{d}t}{1+t^n}\overset{*)}{=}\frac{1}{3h}\pi abc^2\cdot\frac{\pi}{n\sin\frac{\pi}{n}}\overset{**)}{=}\frac{\pi^2}{3n\sin\frac{\pi}{n}}\cdot\frac{abc^2}{h}.$$

*) 作代换 $t=\frac{x}{1-x}$.

*) 利用 3851 题的结果.

【4130】 求在正卦限 $Oxyz(x>0,y>0,z>0)$内由曲面

$$\frac{x^m}{a^m}+\frac{y^n}{b^n}+\frac{z^p}{c^p}=1\quad(m>0,n>0,p>0),x=0,y=0,z=0$$

所界的体积.

解 令

$$x=ar^{\frac{2}{m}}\cos^{\frac{2}{m}}\varphi\cos^{\frac{2}{m}}\psi,\quad y=br^{\frac{2}{n}}\sin^{\frac{2}{n}}\varphi\cos^{\frac{2}{n}}\psi,\quad z=cr^{\frac{2}{p}}\sin^{\frac{2}{p}}\psi,$$

则

$$\frac{D(x,y,z)}{D(r,\varphi,\psi)}$$

$$=\frac{8abc}{mnp}r^{\frac{2}{m}+\frac{2}{n}+\frac{2}{p}-1}\cos^{\frac{2}{m}-1}\varphi\sin^{\frac{2}{n}-1}\varphi\cos^{\frac{2}{m}+\frac{2}{n}-1}\psi\sin^{\frac{2}{p}-1}\psi.$$

于是,体积为

$$V=\frac{8abc}{mnp}\int_0^{\frac{\pi}{2}}\cos^{\frac{2}{m}-1}\varphi\sin^{\frac{2}{n}-1}\varphi\mathrm{d}\varphi\cdot\int_0^{\frac{\pi}{2}}\cos^{\frac{2}{m}+\frac{2}{n}-1}\psi\sin^{\frac{2}{p}-1}\psi\mathrm{d}\psi$$

$$\cdot\int_0^1 r^{\frac{2}{m}+\frac{2}{n}+\frac{2}{p}-1}\mathrm{d}r$$

$$=\frac{8abc}{mnp}\cdot\frac{1}{2}B\left(\frac{1}{m},\frac{1}{n}\right)\cdot\frac{1}{2}B\left(\frac{1}{m}+\frac{1}{n},\frac{1}{p}\right)\frac{1}{\frac{2}{m}+\frac{2}{n}+\frac{2}{p}}{}^{*)}$$

$$=\frac{8abc}{mnp}\cdot\frac{1}{2}\cdot\frac{\Gamma\left(\frac{1}{m}\right)\Gamma\left(\frac{1}{n}\right)}{\Gamma\left(\frac{1}{m}+\frac{1}{n}\right)}\cdot\frac{1}{2}\cdot\frac{\Gamma\left(\frac{1}{m}+\frac{1}{n}\right)\Gamma\left(\frac{1}{p}\right)}{\Gamma\left(\frac{1}{m}+\frac{1}{n}+\frac{1}{p}\right)}$$

$$\cdot\frac{mnp}{2(mn+np+mp)}=\frac{abc}{mn+np+mp}\cdot\frac{\Gamma\left(\frac{1}{m}\right)\Gamma\left(\frac{1}{n}\right)\Gamma\left(\frac{1}{p}\right)}{\Gamma\left(\frac{1}{m}+\frac{1}{n}+\frac{1}{p}\right)}.$$

*) 利用 3856 题的结果.

§8. 三重积分在力学上的应用

1° 物体的质量 若一物体占有体积 V, $\rho=\rho(x,y,z)$为在点(x,y,z)的密度,则该物体的质量等于

$$M=\iiint_V \rho\,dx\,dy\,dz.$$

2° 物体的重心 物体的重心坐标(x_0,y_0,z_0)按下列公式来计算

$$\left.\begin{aligned}x_0&=\frac{1}{M}\iiint_V \rho x\,dx\,dy\,dz,\\ y_0&=\frac{1}{M}\iiint_V \rho y\,dx\,dy\,dz,\\ z_0&=\frac{1}{M}\iiint_V \rho z\,dx\,dy\,dz.\end{aligned}\right\}\qquad(1)$$

若物体是均匀的,则在公式(1)中可令 $\rho=1$.

3° 转动惯量 积分

$$I_{xy}=\iiint_V \rho z^2\,dx\,dy\,dz,$$

$$I_{yz}=\iiint_V \rho x^2\,dx\,dy\,dz,$$

$$I_{zx} = \iiint\limits_V \rho y^2 \mathrm{d}x\mathrm{d}y\mathrm{d}z,$$

分别称为物体对于坐标平面的转动惯量.

积分

$$I_l = \iiint\limits_V \rho r^2 \mathrm{d}x\mathrm{d}y\mathrm{d}z$$

(其中 r 为物体的动点(x, y, z)与轴 l 的距离)称为物体对于某轴 l 的转动惯量.特别是,对于坐标轴 Ox, Oy, Oz 分别有

$$I_x = I_{xy} + I_{xz}, \quad I_y = I_{yx} + I_{yz}, \quad I_z = I_{zx} + I_{zy}.$$

积分

$$I_0 = \iiint\limits_V \rho(x^2 + y^2 + z^2)\mathrm{d}x\mathrm{d}y\mathrm{d}z$$

称为物体对于坐标原点的转动惯量.

显而易见,有

$$I_0 = I_{xy} + I_{yz} + I_{zx}.$$

4° 引力场的位　积分

$$u(x, y, z) = \iiint\limits_V \rho(\xi, \eta, \zeta) \frac{\mathrm{d}\xi\mathrm{d}\eta\mathrm{d}\zeta}{r}$$

(其中 V 为物体的体积, $\rho = \rho(\xi, \eta, \zeta)$为物体的密度及

$$r = \sqrt{(\xi - x)^2 + (\eta - y)^2 + (\zeta - z)^2})$$

称为物体在点 $P(x, y, z)$的牛顿位.

质量为 m 的质点被物体吸引的力在坐标轴 Ox, Oy, Oz 上的射影 X, Y, Z 等于

$$X = km\frac{\partial u}{\partial x} = km \iiint\limits_V \rho\frac{\xi - x}{r^3}\mathrm{d}\xi\mathrm{d}\eta\mathrm{d}\zeta,$$

$$Y = km\frac{\partial u}{\partial y} = km \iiint\limits_V \rho\frac{\eta - y}{r^3}\mathrm{d}\xi\mathrm{d}\eta\mathrm{d}\zeta,$$

$$Z = km\frac{\partial u}{\partial z} = km \iiint\limits_V \rho\frac{\zeta - z}{r^3}\mathrm{d}\xi\mathrm{d}\eta\mathrm{d}\zeta,$$

其中 k 为引力定律常数.

【4131】 设物体在点 $M(x, y, z)$的密度由公式 $\rho = x + y$

$+z$ 所给出，求占有单位体积 $0\leqslant x\leqslant 1, 0\leqslant y\leqslant 1, 0\leqslant z\leqslant 1$ 之物体的质量.

解 质量以 M 表示，则按题设有

$$M=\int_0^1 \mathrm{d}x\int_0^1 \mathrm{d}y\int_0^1 (x+y+z)\mathrm{d}z=\frac{3}{2}.$$

【4132】 若物体的密度按规律 $\rho=\rho_0 \mathrm{e}^{-k\sqrt{x^2+y^2+z^2}}$（其中 $\rho_0>0$ 及 $k>0$ 为常数）而变更，求占有无限域 $x^2+y^2+z^2\geqslant 1$ 的物体的质量.

解 若令 $x=r\cos\varphi\cos\psi$, $y=r\sin\varphi\cos\psi$, $z=r\sin\psi$，则质量为

$$\begin{aligned}
M &= \iiint\limits_{x^2+y^2+z^2\geqslant 1} \rho_0 \mathrm{e}^{-k\sqrt{x^2+y^2+z^2}} \mathrm{d}x\mathrm{d}y\mathrm{d}z \\
&= \int_0^{2\pi}\mathrm{d}\varphi\int_{-\frac{\pi}{2}}^{\frac{\pi}{2}}\mathrm{d}\psi\int_1^{+\infty} r^2\rho_0\mathrm{e}^{-kr}\cos\psi\mathrm{d}r=4\pi\rho_0\int_1^{+\infty} r^2\mathrm{e}^{-kr}\mathrm{d}r \\
&= -\frac{4\pi\rho_0}{k}\int_1^{+\infty} r^2\mathrm{d}\mathrm{e}^{-kr}=-\frac{4\pi\rho_0}{k}r^2\mathrm{e}^{-kr}\Big|_1^{+\infty}+\frac{4\pi\rho_0}{k}\int_1^{+\infty}2r\mathrm{e}^{-kr}\mathrm{d}r \\
&= \frac{4\pi\rho_0}{k}\mathrm{e}^{-k}-\frac{8\pi\rho_0}{k^2}\int_1^{+\infty} r\mathrm{d}\mathrm{e}^{-kr} \\
&= \frac{4\pi\rho_0}{k}\mathrm{e}^{-k}-\frac{8\pi\rho_0}{k^2}r\mathrm{e}^{-kr}\Big|_1^{+\infty}+\frac{8\pi\rho_0}{k^2}\int_1^{+\infty}\mathrm{e}^{-kr}\mathrm{d}r \\
&= 4\pi\rho_0\mathrm{e}^{-k}\left(\frac{1}{k}+\frac{2}{k^2}+\frac{2}{k^3}\right).
\end{aligned}$$

求由下列曲面所界的均匀物体的重心坐标：

【4133】 $\dfrac{x^2}{a^2}+\dfrac{y^2}{b^2}=\dfrac{z^2}{c^2}$, $\quad z=c$.

解 若令 $x=ar\cos\varphi$, $y=br\sin\varphi$, $z=z$，则质量为

$$M=ab\int_0^c\mathrm{d}z\int_0^{2\pi}\mathrm{d}\varphi\int_0^{\frac{z}{c}}r\mathrm{d}r=\frac{\pi abc}{3}.$$

设重心坐标为 x_0, y_0, z_0，由对称性知 $x_0=y_0=0$，而

$$z_0=\frac{ab}{M}\int_0^c z\mathrm{d}z\int_0^{2\pi}\mathrm{d}\varphi\int_0^{\frac{z}{c}}r\mathrm{d}r=\frac{3}{\pi abc}\cdot\frac{\pi abc^2}{4}=\frac{3c}{4}.$$

于是，重心为点$\left(0,0,\frac{3c}{4}\right)$.

【4134】 $z=x^2+y^2,\ x+y=a,\ x=0,\ y=0,\ z=0$.

解 物体的质量为

$$M=\int_0^a\mathrm{d}x\int_0^{a-x}\mathrm{d}y\int_0^{x^2+y^2}\mathrm{d}z=\frac{1}{6}a^4.$$

重心的横坐标为

$$x_0=\frac{1}{M}\int_0^a x\mathrm{d}x\int_0^{a-x}\mathrm{d}y\int_0^{x^2+y^2}\mathrm{d}z=\frac{6}{a^4}\cdot\frac{a^5}{15}=\frac{2a}{5}.$$

同理可求得 $y_0=\frac{2a}{5}$，而

$$\begin{aligned}z_0&=\frac{1}{M}\int_0^a\mathrm{d}x\int_0^{a-x}\mathrm{d}y\int_0^{x^2+y^2}z\mathrm{d}z\\&=\frac{1}{M}\int_0^a\left(\frac{a^5}{10}-\frac{1}{2}a^4x+\frac{4}{3}a^3x^2-2a^2x^3+2ax^4-\frac{14}{15}x^5\right)\mathrm{d}x\\&=\frac{6}{a^4}\cdot\frac{7}{180}a^6=\frac{7}{30}a^2.\end{aligned}$$

于是，重心的坐标为 $x_0=y_0=\frac{2}{5}a,\ z_0=\frac{7}{30}a^2$.

【4135】 $x^2=2pz,\ y^2=2px,\ x=\frac{p}{2},\ z=0$.

解 物体的质量为

$$M=\int_0^{\frac{p}{2}}\mathrm{d}x\int_{-\sqrt{2px}}^{\sqrt{2px}}\mathrm{d}y\int_0^{\frac{x^2}{2p}}\mathrm{d}z=\sqrt{\frac{2}{p}}\int_0^{\frac{p}{2}}x^{\frac{5}{2}}\mathrm{d}x=\frac{p^3}{28}.$$

重心的坐标为

$$x_0=\frac{1}{M}\int_0^{\frac{p}{2}}x\mathrm{d}x\int_{-\sqrt{2px}}^{\sqrt{2px}}\mathrm{d}y\int_0^{\frac{x^2}{2p}}\mathrm{d}z=\frac{p^4}{72}\cdot\frac{28}{p^3}=\frac{7}{18}p.$$

$$y_0=\frac{1}{M}\int_0^{\frac{p}{2}}\mathrm{d}x\int_{-\sqrt{2px}}^{\sqrt{2px}}y\mathrm{d}y\int_0^{\frac{x^2}{2p}}\mathrm{d}z=0.$$

$$z_0=\frac{1}{M}\int_0^{\frac{p}{2}}\mathrm{d}x\int_{-\sqrt{2px}}^{\sqrt{2px}}\mathrm{d}y\int_0^{\frac{x^2}{2p}}z\mathrm{d}z=\frac{p^4}{704}\cdot\frac{28}{p^3}=\frac{7}{176}p.$$

【4136】 $\frac{x^2}{a^2}+\frac{y^2}{b^2}+\frac{z^2}{c^2}=1,\ x\geqslant 0, y\geqslant 0, z\geqslant 0.$

解 若令

$$x=ar\cos\varphi\cos\psi,\ y=br\sin\varphi\cos\psi, z=cr\sin\psi,$$

则质量为

$$M=\int_0^{\frac{\pi}{2}}\mathrm{d}\varphi\int_0^{\frac{\pi}{2}}\mathrm{d}\psi\int_0^1 abcr^2\cos\psi\mathrm{d}r=\frac{1}{6}\pi abc.$$

于是,

$$\begin{aligned}x_0&=\frac{1}{M}\int_0^{\frac{\pi}{2}}\mathrm{d}\varphi\int_0^{\frac{\pi}{2}}\mathrm{d}\psi\int_0^1 abcr^2\cos\psi\cdot ar\cos\varphi\cos\psi\mathrm{d}r\\&=\frac{1}{M}\int_0^{\frac{\pi}{2}}\cos\varphi\mathrm{d}\varphi\int_0^{\frac{\pi}{2}}\cos^2\psi\mathrm{d}\psi\int_0^1 a^2bcr^3\mathrm{d}r\\&=\frac{1}{16}\pi a^2bc\cdot\frac{6}{\pi abc}=\frac{3}{8}a.\end{aligned}$$

利用对称性知重心的坐标为 $x_0=\frac{3}{8}a, y_0=\frac{3}{8}b, z_0=\frac{3}{8}c$.

【4137】 $x^2+z^2=a^2,\ y^2+z^2=a^2(z>0)$.

解 物体的质量为

$$M=\int_0^a\mathrm{d}z\int_{-\sqrt{a^2-z^2}}^{\sqrt{a^2-z^2}}\mathrm{d}y\int_{-\sqrt{a^2-z^2}}^{\sqrt{a^2-z^2}}\mathrm{d}x=4\int_0^a(a^2-z^2)\mathrm{d}z=\frac{8a^3}{3}.$$

于是,

$$x_0=\frac{1}{M}\int_0^a dz\int_{-\sqrt{a^2-z^2}}^{\sqrt{a^2-z^2}}dy\int_{-\sqrt{a^2-z^2}}^{\sqrt{a^2-z^2}}x\,dx=0.$$

同理可得 $y_0=0$,而

$$z_0=\frac{1}{M}\int_0^a z\,dz\int_{-\sqrt{a^2-z^2}}^{\sqrt{a^2-z^2}}dy\int_{-\sqrt{a^2-z^2}}^{\sqrt{a^2-z^2}}dx=a^4\cdot\frac{3}{8a^3}=\frac{3}{8}a.$$

于是,重心的坐标为 $x_0=y_0=0$,$z_0=\frac{3}{8}a$.

【4138】 $x^2+y^2=2z$,$x+y=z$.

解 由 $x^2+y^2=2z$,$x+y=z$ 所围成的立体在平面$z=0$上的射影为圆$(x-1)^2+(y-1)^2=2$.

若引用代换

$$x=1+r\cos\theta,\ y=1+r\sin\theta,$$

则质量为

$$M=\int_0^{2\pi}d\theta\int_0^{\sqrt{2}}r\,dr\int_{1+r(\cos\theta+\sin\theta)+\frac{r^2}{2}}^{2+r(\cos\theta+\sin\theta)}dz=2\pi\int_0^{\sqrt{2}}\left(1-\frac{r^2}{2}\right)r\,dr=\pi.$$

于是,

$$x_0=\frac{1}{M}\int_0^{2\pi}d\theta\int_0^{\sqrt{2}}r\,dr\int_{1+r(\cos\theta+\sin\theta)+\frac{r^2}{2}}^{2+r(\cos\theta+\sin\theta)}(1+r\cos\theta)dz$$

$$=\frac{1}{M}\left[\pi+\int_0^{2\pi}\cos\theta d\theta\int_0^{\sqrt{2}}r^2\left(1-\frac{r^2}{2}\right)dr\right]=\frac{\pi}{M}=1.$$

同理可得 $y_0=1$,而

$$z_0=\frac{1}{M}\int_0^{2\pi}d\theta\int_0^{\sqrt{2}}r\,dr\int_{1+r(\cos\theta+\sin\theta)+\frac{r^2}{2}}^{2+r(\cos\theta+\sin\theta)}z\,dz$$

$$=\frac{1}{2\pi}\int_0^{2\pi}d\theta\int_0^{\sqrt{2}}\left[3+(\sin\theta+\cos\theta)(2r-r^3)-\frac{1}{4}r^4-r^2\right]r\,dr$$

$$=\frac{1}{2\pi}\cdot\frac{10\pi}{3}=\frac{5}{3}.$$

于是,重心坐标为 $x_0=y_0=1$,$z_0=\frac{5}{3}$.

【4139】 $\left(\frac{x^2}{a^2}+\frac{y^2}{b^2}+\frac{z^2}{c^2}\right)^2=\frac{xyz}{abc}\ (x>0, y>0, z>0)$.

解 作代换：$x=ar\cos\varphi\cos\psi$, $y=br\sin\varphi\cos\psi$, $z=cr\sin\psi$,
则物体的质量为

$$\begin{aligned}M&=\int_0^{\frac{\pi}{2}}\mathrm{d}\varphi\int_0^{\frac{\pi}{2}}\mathrm{d}\psi\int_0^{\cos\varphi\sin\varphi\cos^2\psi\sin\psi}abcr^2\cos\psi\mathrm{d}r\\&=\frac{1}{3}abc\int_0^{\frac{\pi}{2}}\cos^3\varphi\sin^3\varphi\mathrm{d}\varphi\int_0^{\frac{\pi}{2}}\cos^7\psi\sin^3\psi\mathrm{d}\psi\\&=\frac{1}{3}abc\cdot\frac{1}{2}B(2,2)\cdot\frac{1}{2}B(4,2)\\&=\frac{1}{12}abc\cdot\frac{\Gamma(2)\Gamma(2)}{\Gamma(4)}\cdot\frac{\Gamma(4)\Gamma(2)}{\Gamma(6)}=\frac{abc}{1440}.\end{aligned}$$

于是，

$$\begin{aligned}x_0&=\frac{1}{M}a^2bc\int_0^{\frac{\pi}{2}}\mathrm{d}\varphi\int_0^{\frac{\pi}{2}}\mathrm{d}\psi\int_0^{\cos\varphi\sin\varphi\cos^2\psi\sin\psi}r^3\cos^2\psi\cos\varphi\mathrm{d}r\\&=\frac{a^2bc}{4M}\int_0^{\frac{\pi}{2}}\cos^5\varphi\sin^4\varphi\mathrm{d}\varphi\int_0^{\frac{\pi}{2}}\cos^{10}\psi\sin^4\psi\mathrm{d}\psi\\&=\frac{a^2bc}{4M}\cdot\frac{1}{4}B\left(3,\frac{5}{2}\right)B\left(\frac{11}{2},\frac{5}{2}\right)\\&=\frac{a^2bc}{4M}\cdot\frac{1}{4}\cdot\frac{\Gamma(3)\Gamma\left(\frac{5}{2}\right)}{\Gamma\left(\frac{11}{2}\right)}\cdot\frac{\Gamma\left(\frac{11}{2}\right)\Gamma\left(\frac{5}{2}\right)}{\Gamma(8)}\\&=\frac{18a^2bc\pi}{16\cdot16\cdot7!}\cdot\frac{1440}{abc}=\frac{9\pi}{448}a.\end{aligned}$$

由对称性知，重心坐标为

$$x_0=\frac{9\pi}{448}a,\quad y_0=\frac{9\pi}{448}b,\quad z_0=\frac{9\pi}{448}c.$$

【4140】 $z=x^2+y^2$, $z=\frac{1}{2}(x^2+y^2)$, $x+y=\pm1$, $x-y=\pm1$.

解 作代换：$x-y=u$，$x+y=v$，则有

$$x=\frac{u+v}{2},\quad y=\frac{v-u}{2},\quad z=\frac{u^2+v^2}{4}\quad 及\quad z=\frac{u^2+v^2}{2},$$

且 $|I|=\frac{1}{2}$ 及域 V 为：$-1\leqslant u\leqslant 1$，$-1\leqslant v\leqslant 1$，$\frac{u^2+v^2}{4}\leqslant z\leqslant \frac{u^2+v^2}{2}$. 于是，

$$M=\frac{1}{2}\int_{-1}^{1}\mathrm{d}u\int_{-1}^{1}\mathrm{d}v\int_{\frac{u^2+v^2}{4}}^{\frac{u^2+v^2}{2}}\mathrm{d}z=\frac{1}{3}.$$

$$x_0=\frac{1}{4M}\int_{-1}^{1}\mathrm{d}u\int_{-1}^{1}\mathrm{d}v\int_{\frac{u^2+v^2}{4}}^{\frac{u^2+v^2}{2}}(u+v)\mathrm{d}z=0,$$

$$y_0=\frac{1}{4M}\int_{-1}^{1}\mathrm{d}u\int_{-1}^{1}\mathrm{d}v\int_{\frac{u^2+v^2}{4}}^{\frac{u^2+v^2}{2}}(v-u)\mathrm{d}z=0,$$

$$\begin{aligned}z_0&=\frac{1}{2M}\int_{-1}^{1}\mathrm{d}u\int_{-1}^{1}\mathrm{d}v\int_{\frac{u^2+v^2}{4}}^{\frac{u^2+v^2}{2}}z\mathrm{d}z\\&=\frac{3}{64}\cdot\frac{1}{M}\int_{-1}^{1}\mathrm{d}u\int_{-1}^{1}(u^4+2u^2v^2+v^4)\mathrm{d}v\\&=\frac{3}{64M}\int_{-1}^{1}\left(2u^4+\frac{4u^2}{3}+\frac{2}{5}\right)\mathrm{d}u=\frac{7}{20},\end{aligned}$$

即重心坐标为 $x_0=y_0=0$，$z_0=\frac{7}{20}$.

【4141】 $\frac{x^n}{a^n}+\frac{y^n}{b^n}+\frac{z^n}{c^n}=1$, $x=0$, $y=0$, $z=0$($n>0$, $x>0$, $y>0$, $z>0$).

解 作代换

$$x=ar\cos^{\frac{2}{n}}\varphi\cos^{\frac{2}{n}}\psi,\ y=br\sin^{\frac{2}{n}}\varphi\cos^{\frac{2}{n}}\psi,\ z=cr\sin^{\frac{2}{n}}\psi,$$

则有 $|I|=\frac{4}{n^2}abcr^2\sin^{\frac{2}{n}-1}\varphi\cos^{\frac{2}{n}-1}\varphi\cos^{\frac{4}{n}-1}\psi\cdot\sin^{\frac{2}{n}-1}\psi$. 于是，

$$M=\frac{4}{n^2}abc\int_0^{\frac{\pi}{2}}\mathrm{d}\varphi\int_0^{\frac{\pi}{2}}\mathrm{d}\psi\int_0^1 r^2\sin^{\frac{2}{n}-1}\varphi\cos^{\frac{2}{n}-1}\varphi\cos^{\frac{4}{n}-1}\psi\sin^{\frac{2}{n}-1}\psi\mathrm{d}r$$

$$=\frac{4}{n^2}abc\cdot\frac{1}{3}\cdot\frac{1}{2}B\left(\frac{1}{n},\frac{1}{n}\right)\cdot\frac{1}{2}B\left(\frac{2}{n},\frac{1}{n}\right)=\frac{abc}{3n^2}\cdot\frac{\Gamma^3\left(\frac{1}{n}\right)}{\Gamma\left(\frac{3}{n}\right)}.$$

重心坐标为

$$x_0=\frac{1}{M}\cdot\frac{4}{n^2}a^2bc\int_0^{\frac{\pi}{2}}\mathrm{d}\varphi\int_0^{\frac{\pi}{2}}\mathrm{d}\psi\int_0^1 r\cos^{\frac{2}{n}}\varphi\cos^{\frac{2}{n}}\psi r^2\sin^{\frac{2}{n}-1}\varphi$$

$$\cdot\cos^{\frac{2}{n}-1}\varphi\cos^{\frac{4}{n}-1}\psi\sin^{\frac{2}{n}-1}\psi\mathrm{d}r$$

$$=\frac{1}{M}\cdot\frac{a^2bc}{n^2}\int_0^{\frac{\pi}{2}}\sin^{\frac{2}{n}-1}\varphi\cos^{\frac{4}{n}-1}\varphi\mathrm{d}\varphi\int_0^{\frac{\pi}{2}}\cos^{\frac{6}{n}-1}\psi\sin^{\frac{2}{n}-1}\psi\mathrm{d}\psi$$

$$=\frac{1}{M}\cdot\frac{a^2bc}{n^2}\cdot\frac{1}{2}B\left(\frac{1}{n},\frac{2}{n}\right)\cdot\frac{1}{2}B\left(\frac{3}{n},\frac{1}{n}\right)$$

$$=\frac{1}{M}\cdot\frac{a^2bc}{4n^2}\cdot\frac{\Gamma^2\left(\frac{1}{n}\right)\Gamma\left(\frac{2}{n}\right)}{\Gamma\left(\frac{4}{n}\right)}$$

$$=\frac{3n^2}{abc}\cdot\frac{\Gamma\left(\frac{3}{n}\right)}{\Gamma^3\left(\frac{1}{n}\right)}\cdot\frac{a^2bc}{4n^2}\cdot\frac{\Gamma^2\left(\frac{1}{n}\right)\Gamma\left(\frac{2}{n}\right)}{\Gamma\left(\frac{4}{n}\right)}=\frac{3}{4}\cdot\frac{\Gamma\left(\frac{2}{n}\right)\Gamma\left(\frac{3}{n}\right)}{\Gamma\left(\frac{1}{n}\right)\Gamma\left(\frac{4}{n}\right)}a,$$

同理可求得

$$y_0=\frac{3}{4}\cdot\frac{\Gamma\left(\frac{2}{n}\right)\Gamma\left(\frac{3}{n}\right)}{\Gamma\left(\frac{1}{n}\right)\Gamma\left(\frac{4}{n}\right)}b,\qquad z_0=\frac{3}{4}\cdot\frac{\Gamma\left(\frac{2}{n}\right)\Gamma\left(\frac{3}{n}\right)}{\Gamma\left(\frac{1}{n}\right)\Gamma\left(\frac{4}{n}\right)}c.$$

【4142】 求形状为立方体：

$$0\leqslant x\leqslant 1,\quad 0\leqslant y\leqslant 1,\quad 0\leqslant z\leqslant 1$$

的物体的重心坐标，设此物体在点(x,y,z)的密度等于

$$\rho=x^{\frac{2\alpha-1}{1-\alpha}}y^{\frac{2\beta-1}{1-\beta}}z^{\frac{2\gamma-1}{1-\gamma}},$$

其中 $0<\alpha<1, 0<\beta<1, 0<\gamma<1$.

解 物体的质量为

$$M=\int_0^1 x^{\frac{2\alpha-1}{1-\alpha}}\mathrm{d}x\int_0^1 y^{\frac{2\beta-1}{1-\beta}}\mathrm{d}y\int_0^1 z^{\frac{2\gamma-1}{1-\gamma}}\mathrm{d}z$$

$$=\frac{1-\alpha}{\alpha}x^{\frac{\alpha}{1-\alpha}}\Big|_0^1\cdot\frac{1-\beta}{\beta}y^{\frac{\beta}{1-\beta}}\Big|_0^1\cdot\frac{1-\gamma}{\gamma}z^{\frac{\gamma}{1-\gamma}}\Big|_0^1$$

$$=\frac{(1-\alpha)(1-\beta)(1-\gamma)}{\alpha\beta\gamma}.$$

于是,重心的坐标为

$$x_0=\frac{1}{M}\int_0^1 x^{\frac{2\alpha-1}{1-\alpha}+1}\mathrm{d}x\int_0^1 y^{\frac{2\beta-1}{1-\beta}}\mathrm{d}y\int_0^1 z^{\frac{2\gamma-1}{1-\gamma}}\mathrm{d}z$$

$$=\frac{\alpha\beta\gamma}{(1-\alpha)(1-\beta)(1-\gamma)}(1-\alpha)\frac{(1-\beta)(1-\gamma)}{\beta\gamma}=\alpha,$$

同理可求得 $y_0=\beta$, $z_0=\gamma$.

求由下列曲面(参变量是正的)所界均匀物体对于坐标平面的转动惯量:

【4143】 $\frac{x}{a}+\frac{y}{b}+\frac{z}{c}=1, x=0, y=0, z=0.$

解 $$I_{xy}=\int_0^a\mathrm{d}x\int_0^{b(1-\frac{x}{a})}\mathrm{d}y\int_0^{c(1-\frac{x}{a}-\frac{y}{b})}z^2\mathrm{d}z$$

$$=\frac{c^3}{3}\int_0^a\mathrm{d}x\int_0^{b(1-\frac{x}{a})}\left(1-\frac{x}{a}-\frac{y}{b}\right)^3\mathrm{d}y$$

$$=-\frac{bc^3}{12}\int_0^a\left(1-\frac{x}{a}-\frac{y}{b}\right)^4\Bigg|_0^{b(1-\frac{x}{a})}\mathrm{d}x$$

$$=\frac{bc^3}{12}\int_0^a\left(1-\frac{x}{a}\right)^4\mathrm{d}x=\frac{abc^3}{60}.$$

利用对称性可得

$$I_{yz}=\frac{a^3bc}{60},\qquad I_{zx}=\frac{ab^3c}{60}.$$

【4144】 $\frac{x^2}{a^2}+\frac{y^2}{b^2}+\frac{z^2}{c^2}=1$.

解 若令 $x=ar\cos\varphi\cos\psi$, $y=br\sin\varphi\cos\psi$, $z=cr\sin\psi$, 则有

$$I_{xy}=abc^3\int_0^{2\pi}\mathrm{d}\varphi\int_{-\frac{\pi}{2}}^{\frac{\pi}{2}}\mathrm{d}\psi\int_0^1 r^4\cos\psi\sin^2\psi\mathrm{d}r$$

$$=\frac{abc^3}{5}\int_0^{2\pi}\mathrm{d}\varphi\int_{-\frac{\pi}{2}}^{\frac{\pi}{2}}\cos\psi\sin^2\psi\mathrm{d}\psi$$

$$=\frac{abc^3}{15}2\pi\sin^3\psi\Big|_{-\frac{\pi}{2}}^{\frac{\pi}{2}}=\frac{4}{15}\pi abc^3.$$

利用对称性可得

$$I_{yz}=\frac{4}{15}\pi a^3bc,\qquad I_{zx}=\frac{4}{15}\pi ab^3c.$$

【4145】 $\frac{x^2}{a^2}+\frac{y^2}{b^2}=\frac{z^2}{c^2}$, $z=c$.

解 若令 $x=ar\cos\varphi$, $y=br\sin\varphi$, 则有

$$I_{xy}=\int_0^{2\pi}\mathrm{d}\varphi\int_0^1 abr\mathrm{d}r\int_{cr}^{c}z^2\mathrm{d}z=\frac{1}{5}\pi abc^3,$$

$$I_{yz}=\int_0^{2\pi}\mathrm{d}\varphi\int_0^1 abr\mathrm{d}r\int_{cr}^{c}(ar\cos\varphi)^2\mathrm{d}z$$

$$=a^3bc\int_0^{2\pi}\cos^2\varphi\mathrm{d}\varphi\int_0^1(1-r)r^3\mathrm{d}r=\frac{1}{20}\pi a^3bc.$$

利用对称性可得

$$I_{zx}=\frac{1}{20}\pi ab^3c.$$

【4146】 $\frac{x^2}{a^2}+\frac{y^2}{b^2}+\frac{z^2}{c^2}=1$, $\frac{x^2}{a^2}+\frac{y^2}{b^2}=\frac{x}{a}$.

解 若令 $x=ar\cos\varphi$, $y=br\sin\varphi$, 则得域 V 为

$$-\frac{\pi}{2}\leqslant\varphi\leqslant\frac{\pi}{2},\quad 0\leqslant r\leqslant\cos\varphi,\quad -c\sqrt{1-r^2}\leqslant z\leqslant c\sqrt{1-r^2}.$$

于是,

$$I_{xy}=\int_{-\frac{\pi}{2}}^{\frac{\pi}{2}}\mathrm{d}\varphi\int_{0}^{\cos\varphi}abr\mathrm{d}r\int_{-c\sqrt{1-r^2}}^{c\sqrt{1-r^2}}z^2\mathrm{d}z$$

$$=\frac{2}{3}abc^3\int_{-\frac{\pi}{2}}^{\frac{\pi}{2}}\mathrm{d}\varphi\int_{0}^{\cos\varphi}(1-r^2)^{\frac{3}{2}}r\mathrm{d}r$$

$$=\frac{2}{15}abc^3\int_{-\frac{\pi}{2}}^{\frac{\pi}{2}}[1-(\sin^2\varphi)^{\frac{5}{2}}]\mathrm{d}\varphi$$

$$=\frac{4}{15}abc^3\int_{0}^{\frac{\pi}{2}}(1-\sin^5\varphi)\mathrm{d}\varphi$$

$$=\frac{4}{15}abc^3\left(\varphi+\cos\varphi-\frac{2}{3}\cos^3\varphi+\frac{1}{5}\cos^5\varphi\right)\Big|_{0}^{\frac{\pi}{2}}$$

$$=\frac{2abc^3}{225}(15\pi-16).$$

$$I_{yz}=\int_{-\frac{\pi}{2}}^{\frac{\pi}{2}}\mathrm{d}\varphi\int_{0}^{\cos\varphi}abr\mathrm{d}r\int_{-c\sqrt{1-r^2}}^{c\sqrt{1-r^2}}(ar\cos\varphi)^2\mathrm{d}z$$

$$=2a^3bc\int_{-\frac{\pi}{2}}^{\frac{\pi}{2}}\cos^2\varphi\mathrm{d}\varphi\int_{0}^{\cos\varphi}\sqrt{1-r^2}\ r^3\mathrm{d}r$$

$$=2a^3bc\int_{-\frac{\pi}{2}}^{\frac{\pi}{2}}\cos^2\varphi\mathrm{d}\varphi\int_{\varphi}^{\frac{\pi}{2}}|\sin t|\sin t\cos^3 t\,\mathrm{d}t$$

$$=2a^3bc\int_{-\frac{\pi}{2}}^{\frac{\pi}{2}}\cos^2\varphi\left\{\int_{\varphi}^{0}|\sin t|\sin t\cos^3 t\,\mathrm{d}t\right.$$

$$\left.+\int_{0}^{\frac{\pi}{2}}|\sin t|\sin t\cos^3 t\,\mathrm{d}t\right\}\mathrm{d}\varphi$$

$$=2a^3bc\int_{-\frac{\pi}{2}}^{\frac{\pi}{2}}\left\{\frac{2}{15}+\int_{\varphi}^{0}|\sin t|\sin t\cos^3 t\,\mathrm{d}t\right\}\cos^2\varphi\mathrm{d}\varphi$$

$$=2a^3bc\left\{\frac{\pi}{15}+\int_{-\frac{\pi}{2}}^{0}\left(-\int_{\varphi}^{0}\sin^2 t\cos^3 t\,\mathrm{d}t\right)\cos^2\varphi\mathrm{d}\varphi\right.$$

$$+\int_0^{\frac{\pi}{2}}\left(\int_\varphi^0 \sin^2 t\cos^3 t\,\mathrm{d}t\right)\cos^2\varphi\mathrm{d}\varphi\Bigg\}$$

$$=2a^3bc\left\{\frac{\pi}{15}+\int_0^{-\frac{\pi}{2}}\left(\frac{1}{5}\sin^5\varphi-\frac{1}{3}\sin^3\varphi\right)\cos^2\varphi\mathrm{d}\varphi\right.$$

$$\left.+\int_0^{\frac{\pi}{2}}\left(\frac{1}{5}\sin^5\varphi-\frac{1}{3}\sin^3\varphi\right)\cos^2\varphi\mathrm{d}\varphi\right\}$$

$$=2a^3bc\left(\frac{\pi}{15}-\frac{92}{1575}\right)=\frac{2a^3bc}{1575}(105\pi-92),$$

$$I_{zx}=\int_{-\frac{\pi}{2}}^{\frac{\pi}{2}}\mathrm{d}\varphi\int_0^{\cos\varphi}abr\mathrm{d}r\int_{-c\sqrt{1-r^2}}^{c\sqrt{1-r^2}}(br\sin\varphi)^2\mathrm{d}z$$

$$=2ab^3c\int_{-\frac{\pi}{2}}^{\frac{\pi}{2}}\mathrm{d}\varphi\int_0^{\cos\varphi}\sqrt{1-r^2}\ r^3\sin^2\varphi\mathrm{d}r$$

$$=2ab^3c\int_{-\frac{\pi}{2}}^{\frac{\pi}{2}}\sin^2\varphi\mathrm{d}\varphi\int_\varphi^{\frac{\pi}{2}}|\sin t|\sin t\cos^3 t\,\mathrm{d}t$$

$$=2ab^3c\int_{-\frac{\pi}{2}}^{\frac{\pi}{2}}\left\{\frac{2}{15}+\int_\varphi^0|\sin t|\sin t\cos^3 t\,\mathrm{d}t\right\}\sin^2\varphi\mathrm{d}\varphi$$

$$=2ab^3c\left\{\frac{\pi}{15}+\int_0^{-\frac{\pi}{2}}\left(\frac{1}{5}\sin^5\varphi-\frac{1}{3}\sin^3\varphi\right)\sin^2\varphi\mathrm{d}\varphi\right.$$

$$\left.+\int_0^{\frac{\pi}{2}}\left(\frac{1}{5}\sin^5\varphi-\frac{1}{3}\sin^3\varphi\right)\sin^2\varphi\mathrm{d}\varphi\right\}$$

$$=2ab^3c\left(\frac{\pi}{15}-\frac{272}{1575}\right)=\frac{2ab^3c}{1575}(105\pi-272).$$

【4147】 $\frac{x^2}{a^2}+\frac{y^2}{b^2}=2\frac{z}{c},\quad \frac{x}{a}+\frac{y}{b}=\frac{z}{c}.$

解 两曲面在 Oxy 平面上的射影为 $\frac{x^2}{a^2}+\frac{y^2}{b^2}-2\frac{x}{a}-2\frac{y}{b}=0$，即 $\left(\frac{x}{a}-1\right)^2+\left(\frac{y}{b}-1\right)^2=2$. 若令

$$\frac{x}{a}=1+r\cos\varphi,\quad \frac{y}{b}=1+r\sin\varphi,$$

则得域 V 为

$$0\leqslant\varphi\leqslant2\pi,\qquad 0\leqslant r\leqslant\sqrt{2},$$

$$c\left[1+\frac{r^2}{2}+r(\cos\varphi+\sin\varphi)\right]\leqslant z\leqslant c[2+r(\cos\varphi+\sin\varphi)].$$

于是,

$$I_{xy}=\int_0^{2\pi}\mathrm{d}\varphi\int_0^{\sqrt{2}}abr\,\mathrm{d}r\int_{c[1+\frac{r^2}{2}+r(\cos\varphi+\sin\varphi)]}^{c[2+r(\cos\varphi+\sin\varphi)]}z^2\mathrm{d}z$$

$$=\frac{1}{3}abc^3\int_0^{2\pi}\mathrm{d}\varphi\int_0^{\sqrt{2}}r\left[8+12r(\cos\varphi+\sin\varphi)\right.$$

$$+6r^2(\cos\varphi+\sin\varphi)^2-\left(1+\frac{r^2}{2}\right)^3-3\left(1+\frac{r^2}{2}\right)^2r(\cos\varphi+\sin\varphi)$$

$$\left.-3\left(1+\frac{r^2}{2}\right)r^2(\cos\varphi+\sin\varphi)^2\right]\mathrm{d}r=\frac{7}{2}\pi abc^3.$$

$$I_{yz}=\int_0^{2\pi}\mathrm{d}\varphi\int_0^{\sqrt{2}}a^3br(1+r\cos\varphi)^2\mathrm{d}r\int_{c[1+\frac{r^2}{2}+r(\cos\varphi+\sin\varphi)]}^{c[2+r(\cos\varphi+\sin\varphi)]}\mathrm{d}z$$

$$=a^3bc\int_0^{2\pi}\mathrm{d}\varphi\int_0^{\sqrt{2}}r(1+2r\cos\varphi+r^2\cos^2\varphi)\left(1-\frac{r^2}{2}\right)\mathrm{d}r=\frac{4}{3}\pi a^3bc.$$

利用对称性得 $I_{zx}=\frac{4}{3}\pi ab^3c$.

求由下列曲面所界均匀物体对于 Oz 轴的转动惯量：

【4148】 $z=x^2+y^2$, $x+y=\pm1$, $x-y=\pm1$, $z=0$.

解 曲面所界的均匀物体对于 Oz 轴的转动惯量记作 I_z,则

$$I_z=I_{zx}+I_{zy}.$$

若令 $x+y=u$, $x-y=v$,则有

$$x=\frac{u+v}{2},\quad y=\frac{u-v}{2},\quad z=\frac{u^2+v^2}{2},$$

且 $|I|=\dfrac{1}{2}$. 于是,

$$I_z=\int_{-1}^{1}\mathrm{d}u\int_{-1}^{1}\mathrm{d}v\int_{0}^{\frac{u^2+v^2}{2}}\frac{1}{2}\left\{\left(\frac{u-v}{2}\right)^2+\left(\frac{u+v}{2}\right)^2\right\}\mathrm{d}z$$

$$=\int_{-1}^{1}\mathrm{d}u\int_{-1}^{1}\frac{(u^2+v^2)^2}{8}\mathrm{d}v=\frac{14}{45}.$$

【4149】 $x^2+y^2+z^2=2,\ x^2+y^2=z^2\quad(z>0)$.

解 若令 $x=r\cos\varphi,\ y=r\sin\varphi$,则有

$$0\leqslant\varphi\leqslant2\pi,\quad 0\leqslant r\leqslant1,\quad r\leqslant z\leqslant\sqrt{2-r^2}.$$

于是,

$$I_z=\int_0^{2\pi}\mathrm{d}\varphi\int_0^1 r\mathrm{d}r\int_r^{\sqrt{2-r^2}}r^2\mathrm{d}z=\int_0^{2\pi}\mathrm{d}\varphi\int_0^1(r^3\sqrt{2-r^2}-r^4)\mathrm{d}r$$

$$=\int_0^{2\pi}\left(\frac{8\sqrt{2}-7}{15}-\frac{1}{5}\right)\mathrm{d}\varphi^{*)}=\frac{4\pi}{15}(4\sqrt{2}-5).$$

*) 作代换 $r=\sqrt{2}\sin t$.

【4150】 设球在动点 $P(x,y,z)$的密度与该点至球心距离成比例,求质量为 M 的非均匀球体 $x^2+y^2+z^2\leqslant R^2$ 对于其直径的转动惯量.

解 不失一般性,取 Oz 轴在球内的一段作为直径.若令

$$x=r\cos\varphi\cos\psi,\ y=r\sin\varphi\cos\psi,\ z=r\sin\psi,$$

则质量为

$$M=\int_0^{2\pi}\mathrm{d}\varphi\int_{-\frac{\pi}{2}}^{\frac{\pi}{2}}\mathrm{d}\psi\int_0^R r^2\cos\psi\cdot kr\mathrm{d}r=k\pi R^4,$$

由此得 $k=\dfrac{M}{\pi R^4}$.从而密度 $\rho=\dfrac{Mr}{\pi R^4}$.于是,所求的转动惯量为

$$I_z=\int_0^{2\pi}\mathrm{d}\varphi\int_{-\frac{\pi}{2}}^{\frac{\pi}{2}}\mathrm{d}\psi\int_0^R r^2\cos^2\psi\cdot\frac{Mr^3}{\pi R^4}\cos\psi\mathrm{d}r$$

$$= \frac{2M}{R^4}\left(\int_{-\frac{\pi}{2}}^{\frac{\pi}{2}} \cos^3\psi d\psi\right)\left(\int_0^R r^5 dr\right) = \frac{4MR^2}{9}.$$

【4151】 证明等式

$$I_l = I_{l_0} + Md^2.$$

其中 I_l 为物体对于某轴 l 的转动惯量，I_{l_0} 为对于平行于 l 并通过物体的重心的轴 l_0 的转动惯量，d 为轴与轴之间的距离及 M 为物体的质量.

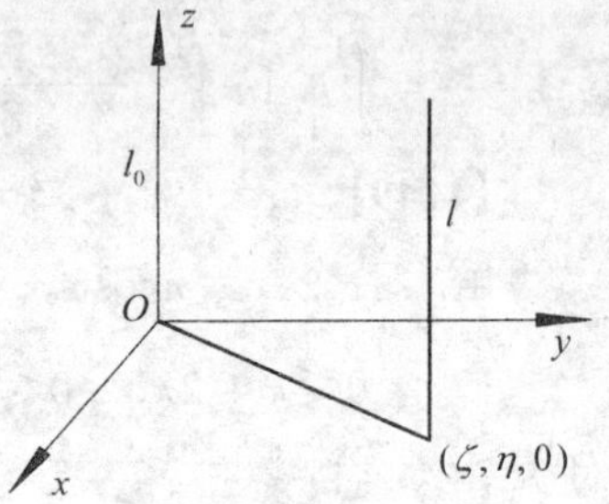

图 8.59

证 以重心为坐标原点 O，z 轴与 l_0 重合，l 与 Oxy 平面的交点为$(\zeta, \eta, 0)$，如图 8.59 所示，则

$$I_l = \iiint_V [(x-\zeta)^2 + (y-\eta)^2]\rho dv$$

$$= \iiint_V (x^2+y^2)\rho dv + (\zeta^2+\eta^2) \cdot \iiint_V \rho dv - 2\zeta \iiint_V x\rho dv - 2\eta \iiint_V y\rho dv \quad (1)$$

由于重心在原点，故 $x_0 = y_0 = 0$，即

$$x_0 = \frac{1}{M}\iiint_V x\rho dv = 0 \quad 及 \quad y_0 = \frac{1}{M}\iiint_V y\rho dv = 0,$$

并且 $M = \iiint_V \rho dv$，$d^2 = \zeta^2 + \eta^2$，代入(1)式，最后得

$$I_l = I_{l_0} + Md^2.$$

【4152】 证明：体积为 V 的物体对于过其重心 $O(0,0,0)$ 并与坐标轴成角 α, β, γ 的轴 l 的转动惯量等于

$$I_l = I_x \cos^2\alpha + I_y \cos^2\beta + I_z \cos^2\gamma - 2K_{xy}\cos\alpha\cos\beta$$

$$-2K_{yz}\cos\beta\cos\gamma-2K_{zx}\cos\alpha\cos\gamma.$$

其中 I_x, I_y, I_z 为物体对于坐标轴的转动惯量及

$$K_{xy}=\iiint\limits_V \rho xy\,dx\,dy\,dz,$$

$$K_{xz}=\iiint\limits_V \rho xz\,dx\,dy\,dz,$$

$$K_{yz}=\iiint\limits_V \rho yz\,dx\,dy\,dz$$

为离心距.

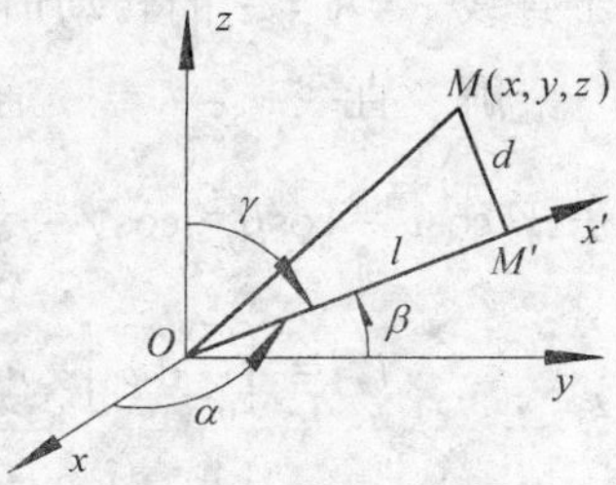

图 8.60

证 如图 8.60 所示.距离

$$d=\frac{|\overrightarrow{OM}\times\overrightarrow{OM'}|}{|\overrightarrow{OM'}|}$$

$$=\frac{1}{r}\sqrt{\begin{vmatrix} y & z \\ r\cos\beta & r\cos\gamma\end{vmatrix}^2+\begin{vmatrix} z & x \\ r\cos\gamma & r\cos\alpha\end{vmatrix}^2+\begin{vmatrix} x & y \\ r\cos\alpha & r\cos\beta\end{vmatrix}^2}$$

其中 $r=|\overrightarrow{OM'}|$.由于 $\cos^2\alpha+\cos^2\beta+\cos^2\gamma=1$,故有

$$d^2=(x^2+y^2)\cos^2\gamma+(y^2+z^2)\cos^2\alpha+(z^2+x^2)\cos^2\beta$$
$$-2xy\cos\alpha\cos\beta-2yz\cos\beta\cos\gamma-2xz\cos\alpha\cos\gamma.$$

于是,

$$I_l=\iiint\limits_V \rho d^2\cdot dx\,dy\,dz=\cos^2\gamma\iiint\limits_V \rho\cdot(x^2+y^2)dx\,dy\,dz$$
$$+\cos^2\alpha\iiint\limits_V \rho\cdot(y^2+z^2)dx\,dy\,dz+\cos^2\beta\iiint\limits_V \rho\cdot(x^2+z^2)dx\,dy\,dz$$
$$-2\cos\alpha\cos\beta\iiint\limits_V \rho xy\,dx\,dy\,dz-2\cos\beta\cos\gamma\iiint\limits_V \rho yz\,dx\,dy\,dz$$
$$-2\cos\gamma\cos\alpha\iiint\limits_V \rho xz\,dx\,dy\,dz$$
$$=I_x\cos^2\alpha+I_y\cos^2\beta+I_z\cos^2\gamma-2K_{xy}\cos\alpha\cos\beta-2K_{yz}\cos\beta\cos\gamma$$
$$-2K_{zx}\cos\gamma\cos\alpha.$$

证毕.

【4153】 求密度为 ρ_0 的均匀圆柱 $x^2+y^2\leqslant a^2, z=\pm h$ 对于直线 $x=y=z$ 的转动惯量.

解 直线 $x=y=z$ 通过圆柱的重心 $O(0,0,0)$ 且具有方向余弦 $\cos\alpha=\cos\beta=\cos\gamma=\dfrac{1}{\sqrt{3}}$. 若取极坐标, 则有

$$I_x=\int_0^{2\pi}\mathrm{d}\varphi\int_0^a r\mathrm{d}r\int_{-h}^h \rho_0(r^2\sin^2\varphi+z^2)\mathrm{d}z=\left(\frac{1}{2}\pi a^4h+\frac{2}{3}\pi a^2h^3\right)\rho_0,$$

$$I_y=\int_0^{2\pi}\mathrm{d}\varphi\int_0^a r\mathrm{d}r\int_{-h}^h \rho_0(r^2\cos^2\varphi+z^2)\mathrm{d}z=\left(\frac{1}{2}\pi a^4h+\frac{2}{3}\pi a^2h^3\right)\rho_0,$$

$$I_z=\int_0^{2\pi}\mathrm{d}\varphi\int_0^a r\mathrm{d}r\int_{-h}^h \rho_0 r^2\mathrm{d}z=\pi ha^4\rho_0,$$

$$K_{xy}=\int_0^{2\pi}\mathrm{d}\varphi\int_0^a r\mathrm{d}r\int_{-h}^h \rho_0 r^2\cos\varphi\sin\varphi\mathrm{d}z=0,$$

$$K_{yz}=\int_0^{2\pi}\mathrm{d}\varphi\int_0^a r\mathrm{d}r\int_{-h}^h \rho_0 r\sin\varphi\cdot z\mathrm{d}z=0,$$

$$K_{zx}=\int_0^{2\pi}\mathrm{d}\varphi\int_0^a r\mathrm{d}r\int_{-h}^h \rho_0\cdot r\cos\varphi\cdot z\mathrm{d}z=0,$$

于是, 根据 4152 题结果即得

$$\begin{aligned}I_l&=I_x\cos^2\alpha+I_y\cos^2\beta+I_z\cos^2\gamma-2K_{xy}\cos\alpha\cos\beta\\&\quad-2K_{yz}\cos\beta\cos\gamma-2K_{zx}\cos\alpha\cos\gamma\\&=\frac{\rho_0}{3}\left(\frac{1}{2}\pi a^4h+\frac{2}{3}\pi a^2h^3+\frac{1}{2}\pi a^4h+\frac{2}{3}\pi a^2h^3+\pi a^4h\right)\\&=\frac{2}{3}\pi\rho_0a^2h\left(a^2+\frac{2}{3}h^2\right)=\frac{M}{3}\left(a^2+\frac{2}{3}h^2\right),\end{aligned}$$

其中 $M=2\pi\rho_0a^2h$ 为圆柱的质量.

【4154】 求密度为 ρ_0, 由曲面

$$(x^2+y^2+z^2)^2=a^2(x^2+y^2)$$

所界的均匀物体对于坐标原点的转动惯量.

解 若令 $x=r\cos\varphi\cos\psi$, $y=r\sin\varphi\cos\psi$, $z=r\sin\psi$, 则对坐标原点的转动惯量为

$$I_0=\int_0^{2\pi}\mathrm{d}\varphi\int_{-\frac{\pi}{2}}^{\frac{\pi}{2}}\mathrm{d}\psi\int_0^{a\cos\psi}\rho_0\cdot r^2\cdot r^2\cos\psi\mathrm{d}r$$

$$=\frac{4\pi\rho_0a^5}{5}\int_0^{\frac{\pi}{2}}\cos^6\psi\mathrm{d}\psi=\frac{4\pi\rho_0a^5}{5}\cdot\frac{5\pi}{32}^{*)}=\frac{\pi^2a^5\rho_0}{8}.$$

*) 利用 2282 题的结果.

【4155】 求密度为 ρ_0 的均匀球体 $\xi^2+\eta^2+\zeta^2\leqslant R^2$ 在点 (x,y,z)的牛顿位.

解 由对称性显然可知,所求的牛顿位与 ξ,η,ζ 轴取的方向无关.今取 $O\zeta$ 轴通过点$P(x,y,z)$,即得牛顿位

$$u(x,y,z)=\iiint\limits_{\xi^2+\eta^2+\zeta^2\leqslant R^2}\rho_0\frac{\mathrm{d}\xi\mathrm{d}\eta\mathrm{d}\zeta}{\sqrt{\xi^2+\eta^2+(\zeta-r)^2}}$$

$$=\rho_0\int_{-R}^{R}\mathrm{d}\zeta\iint\limits_{\xi^2+\eta^2\leqslant R^2-\zeta^2}\frac{\mathrm{d}\xi\mathrm{d}\eta}{\sqrt{\xi^2+\eta^2+(\zeta-r)^2}},$$

其中 $r=\sqrt{x^2+y^2+z^2}$.积分之,得

$$u(x,y,z)=2\pi\rho_0\int_{-R}^{R}(\sqrt{R^2-2r\zeta+r^2}-|\zeta-r|)\mathrm{d}\zeta.$$

由于

$$\int_{-R}^{R}\sqrt{R^2-2r\zeta+r^2}\mathrm{d}\zeta$$

$$=\frac{1}{3r}[(R+r)^3-|R-r|^3]=\begin{cases}\frac{2}{3}R^3\frac{1}{r}+2rR, & (r>R);\\ \frac{2}{3}r^2+2R^2, & (r\leqslant R),\end{cases}$$

及

$$\int_{-R}^{R}|\zeta-r|\mathrm{d}\zeta=\begin{cases}2Rr & (r>R),\\ r^2+R^2 & (r\leqslant R).\end{cases}$$

因而,最后得

$$u(x,y,z)=\begin{cases}\dfrac{4}{3r}\pi R^3\rho_0 & (r>R),\\ 2\pi\rho_0\left(R^2-\dfrac{1}{3}r^2\right) & (r\leqslant R).\end{cases}$$

由以上结果可以得到下面两个推论:

(1)在球外一点上的牛顿位,与将球的全部质量集中在它的中心处时一样;

(2)如考察一个内半径为 R_1 而外半径为 R_2 的空心球,则它在位于其空隙处的一点($r<R$)上的牛顿位可表示成差

$$u(x,y,z)=u_2(x,y,z)-u_1(x,y,z)$$

$$=\left(R_2^2-\frac{1}{3}r^2\right)2\pi\rho_0-\left(R_1^2-\frac{1}{3}r^2\right)2\pi\rho_0=2\pi(R_2^2-R_1^2)\rho_0.$$

它与 r 无关,故空心球体在其空隙范围内的位势保持一个常数值.

【4156】 设密度 $\rho=f(R)$,其中 f 为已知函数,且 $R=\sqrt{\xi^2+\eta^2+\zeta^2}$,求球壳层 $R_1^2\leqslant\xi^2+\eta^2+\zeta^2\leqslant R_2^2$ 在点 $P(x,y,z)$的牛顿位.

解 取 $O\zeta$ 轴通过点$P(x,y,z)$,即得牛顿位

$$u(x,y,z)=\iiint\limits_{R_1^2\leqslant\xi^2+\eta^2+\zeta^2\leqslant R_2^2}f(\sqrt{\xi^2+\eta^2+\zeta^2})\frac{\mathrm{d}\xi\mathrm{d}\eta\mathrm{d}\zeta}{\sqrt{\xi^2+\eta^2+(\zeta-r)^2}},$$

其中 $r=x^2+y^2+z^2$.

若引入球坐标,即得

$$u(x,y,z)=\int_0^{2\pi}\mathrm{d}\varphi\int_{-\frac{\pi}{2}}^{\frac{\pi}{2}}\mathrm{d}\psi\int_{R_1}^{R_2}\rho^2 f(\rho)\cos\psi\frac{\mathrm{d}\rho}{\sqrt{\rho^2+r^2-2\rho r\sin\psi}}$$

$$=2\pi\int_{R_1}^{R_2}\mathrm{d}\rho\int_{-\frac{\pi}{2}}^{\frac{\pi}{2}}\rho^2 f(\rho)\frac{\cos\psi\mathrm{d}\psi}{\sqrt{\rho^2+r^2-2\rho r\sin\psi}}$$

$$=2\pi\int_{R_1}^{R_2}\rho^2 f(\rho)\left(-\frac{1}{\rho r}\sqrt{\rho^2+r^2-2\rho r\sin\psi}\right)\Bigg|_{-\frac{\pi}{2}}^{\frac{\pi}{2}}\mathrm{d}\rho$$

$$=2\pi\int_{R_1}^{R_2}\rho^2 f(\rho)\left\{-\frac{1}{\rho r}[|\rho-r|-(\rho+r)]\right\}\mathrm{d}\rho$$

$$=\begin{cases}4\pi\int_{R_1}^{R_2}\rho f(\rho)\mathrm{d}\rho, & \text{当 } \rho>r;\\ 4\pi\int_{R_1}^{R_2}\frac{\rho^2}{r}f(\rho)\mathrm{d}\rho, & \text{当 } \rho\leqslant r.\end{cases}$$

合并之,最后得

$$u(x,y,z)=4\pi\int_{R_1}^{R_2}f(\rho)\min\left(\frac{\rho^2}{r},\rho\right)\mathrm{d}\rho.$$

【4157】 求有固定密度 ρ_0 的圆柱 $\xi^2+\eta^2\leqslant a^2, 0\leqslant\zeta\leqslant h$ 在点$P(0,0,z)$的牛顿位.

解 若引用柱坐标,即得

$$u(x,y,z)=\rho_0\int_0^{2\pi}\mathrm{d}\varphi\int_0^h\mathrm{d}\zeta\int_0^a\frac{r\mathrm{d}r}{\sqrt{r^2+(\zeta-z)^2}}$$

$$=2\pi\rho_0\int_0^h\sqrt{r^2+(\zeta-z)^2}\Bigg|_0^a\mathrm{d}\zeta$$

$$=2\pi\rho_0\int_0^h[\sqrt{a^2+(\zeta-z)^2}-|\zeta-z|]\mathrm{d}\zeta$$

$$=2\pi\rho_0\left[\frac{\zeta-z}{2}\sqrt{a^2+(\zeta-z)^2}\right.$$

$$\left.+\frac{a^2}{2}\ln|(\zeta-z)|+\sqrt{a^2+(\zeta-z)^2}-\frac{(\zeta-z)|\zeta-z|}{2}\right]\Bigg|_0^h$$

$$=\pi\rho_0\left\{(h-z)\sqrt{a^2+(h-z)^2}+z\sqrt{a^2+z^2}\right.$$

$$\left.-[(h-z)|h-z|+z|z|]+a^2\ln\left|\frac{h-z+\sqrt{a^2+(h-z)^2}}{-z+\sqrt{a^2+z^2}}\right|\right\}.$$

【4158】 半径为 R 和质量为 M 的均匀球体 $\xi^2+\eta^2+\zeta^2\leqslant R^2$ 以怎样的力吸引质量为 m 的质点 $P(0,0,a)$?

解 引力在 Ox 轴和 Oy 轴上的射影为零,即 $X=Y=0$,而在 Oz 轴上的射影为

$$Z=k\rho_0 m\iiint\limits_{\xi^2+\eta^2+\zeta^2\leqslant R^2}\frac{(\zeta-a)\mathrm{d}\xi\mathrm{d}\eta\mathrm{d}\zeta}{[\xi^2+\eta^2+(\zeta-a)^2]^{\frac{2}{3}}}$$

$$=km\rho_0\int_{-R}^{R}(\zeta-a)\mathrm{d}\zeta\iint\limits_{\xi^2+\eta^2\leqslant R^2-\zeta^2}\frac{\mathrm{d}\xi\mathrm{d}\eta}{[\xi^2+\eta^2+(\zeta-a)^2]^{\frac{3}{2}}}$$

$$=km\rho_0\int_{-R}^{R}(\zeta-a)\mathrm{d}\zeta\int_0^{2\pi}\mathrm{d}\varphi\int_0^{\sqrt{R^2-\zeta^2}}\frac{r\mathrm{d}r}{[r^2+(\zeta-a)^2]^{\frac{3}{2}}}$$

$$=2\pi km\rho_0\int_{-R}^{R}(\zeta-a)\left(\frac{1}{|\zeta-a|}-\frac{1}{\sqrt{R^2-2a\zeta+a^2}}\right)\mathrm{d}\zeta$$

$$=2\pi km\rho_0\int_{-R}^{R}\operatorname{sgn}(\zeta-a)\mathrm{d}\zeta-2\pi km\rho_0\int_{-R}^{R}\frac{(\zeta-a)\mathrm{d}\zeta}{\sqrt{R^2-2a\zeta+a^2}},$$

其中 $\rho_0=\dfrac{3M}{4\pi R^3}$.

分别求上述两个积分:

当 $a\geqslant R$ 时,

$$\int_{-R}^{R}\operatorname{sgn}(\zeta-a)\mathrm{d}\zeta=-\int_{-R}^{R}\mathrm{d}\zeta=-2R,$$

当 $a<R$ 时,

$$\int_{-R}^{R}\operatorname{sgn}(\zeta-a)\mathrm{d}\zeta=-\int_{-R}^{a}\mathrm{d}\zeta+\int_{a}^{R}\mathrm{d}\zeta=-2a;$$

而

$$\int_{-R}^{R}\frac{(\zeta-a)\mathrm{d}\zeta}{\sqrt{R^2-2a\zeta+a^2}}$$

$$=-\frac{1}{2a}\int_{-R}^{R}\frac{R^2+a^2-2a\zeta-(R^2+a^2)}{\sqrt{R^2-2a\zeta+a^2}}\mathrm{d}\zeta-a\int_{-R}^{R}\frac{\mathrm{d}\zeta}{\sqrt{R^2-2a\zeta+a^2}}$$

$$=-\frac{1}{2a}\int_{-R}^{R}\sqrt{R^2+a^2-2a\zeta}\,\mathrm{d}\zeta+\left(\frac{R^2+a^2}{2a}-a\right)\int_{-R}^{R}\frac{\mathrm{d}\zeta}{\sqrt{R^2+a^2-2a\zeta}}$$

$$=-\frac{1}{2a}\int_{-R}^{R}\sqrt{R^2+a^2-2a\zeta}\,\mathrm{d}\zeta+\frac{R^2-a^2}{2a}\int_{-R}^{R}\frac{\mathrm{d}\zeta}{\sqrt{R^2+a^2-2a\zeta}},$$

当 $a\geqslant R$ 时，将上式右端分别积分，得结果：

$$\left[\frac{1}{4a^2}(R^2+a^2-2a\zeta)^{\frac{3}{2}}\cdot\frac{2}{3}+\frac{R^2-a^2}{2a}\left(-\frac{1}{2a}\right)\cdot 2\sqrt{R^2+a^2-2a\zeta}\right]\Bigg|_{-R}^{R}$$

$$=\frac{1}{6a^2}[(a-R)^3-(a+R)^3]-\frac{R^2-a^2}{2a^2}[(a-R)-(a+R)]$$

$$=\frac{2R^3}{3a^2}-2R;$$

当 $a<R$ 时，积分得结果：

$$\frac{1}{6a^2}[(R-a)^3-(a+R)^3]-\frac{R^2-a^2}{2a^2}[(R-a)-(R+a)]$$

$$=-\frac{4a}{3}.$$

于是，当 $a\geqslant R$ 时，则

$$Z=2\pi km\rho_0\left(-2R-\frac{2R^3}{3a^2}+2R\right)=-\frac{4}{3a^2}\pi km\rho_0R^3=-\frac{kMm}{a^2};$$

当 $a<R$ 时，则

$$Z=2\pi km\rho_0\left(-2a+\frac{4a}{3}\right)=-\frac{4}{3}\pi akm\rho_0=-\frac{kMm}{R^3}a.$$

从以上结果可以得到下面两个推论：

(1) 位于球外的一点（$a\geqslant R$）因球体而受到的吸引力相当于将球体的全部质量 $M=\frac{4}{3}\pi R^3\rho_0$ 集中在它的中心处时受到

的引力，引力的方向朝向球心；

(2) 对于在球里面的一点($a<R$)来说，吸引力与 R 无关，其大小与 $R=a$ 时的情况一样，即在点 P 外面的球壳部分对 P 点的引力为零.

【4159】 求密度为 ρ_0 的均匀圆柱 $\xi^2+\eta^2\leqslant a^2, 0\leqslant\zeta\leqslant h$ 对具有单位质量的质点 $P(0,0,z)$ 的吸引力.

解 由对称性知，引力在 Ox 轴和 Oy 轴上的射影为零，即 $X=Y=0$. 若引用柱坐标，即得引力在 Oz 轴上的射影为

$$
\begin{aligned}
Z &= k\rho_0 \iint\limits_{\xi^2+\eta^2\leqslant a^2} \mathrm{d}\xi\mathrm{d}\eta \int_0^h \frac{(\zeta-z)\mathrm{d}\zeta}{[\xi^2+\eta^2+(\zeta-z)^2]^{\frac{3}{2}}} \\
&= k\rho_0 \int_0^{2\pi}\mathrm{d}\varphi\int_0^a r\mathrm{d}r\int_0^h \frac{(\zeta-z)\mathrm{d}\zeta}{[r^2+(\zeta-z)^2]^{\frac{3}{2}}} \\
&= 2\pi k\rho_0\int_0^a r\left[\frac{1}{\sqrt{r^2+z^2}}-\frac{1}{\sqrt{r^2+(h-z)^2}}\right]\mathrm{d}r \\
&= 2\pi k\rho_0\left[\sqrt{a^2+z^2}-\sqrt{a^2+(h-z)^2}-|z|+|h-z|\right].
\end{aligned}
$$

易知，

当 $0\leqslant z<\frac{h}{2}$ 时，$Z>0$，此时吸引力朝着向上的铅垂线；

当 $\frac{h}{2}<z\leqslant h$ 时，$Z<0$，此时吸引力朝着向下的铅垂线；

当 $z=\frac{h}{2}$ 时，$Z=0$，引力为零.

【4160】 求密度为 ρ_0 的均匀球锥体对于在其顶点为一单位质量的质点的吸引力，设球的半径为 R，而轴截面的扇形的角等于 $2a$.

解 由对称性知，引力在 Ox 轴和 Oy 轴上的射影为零，即 $X=Y=0$. 若引用球坐标，即得引力在 Oz 轴上的射影为

$$Z = \iiint_V \frac{k\rho_0 z}{\sqrt{(x^2+y^2+z^2)^3}}\mathrm{d}x\mathrm{d}y\mathrm{d}z$$

$$= k\rho_0\int_0^{2\pi}\mathrm{d}\varphi\int_{\frac{\pi}{2}-a}^{\frac{\pi}{2}}\cos\psi\sin\psi\mathrm{d}\int_0^R\mathrm{d}r = k\pi R\rho_0\sin^2 a.$$

§9. 二重和三重广义积分

1° 无界限域的情形　若二维的域 Ω 是无界的及函数 $f(x, y)$ 在域 Ω 上连续，则定义：

$$\iint_\Omega f(x,y)\mathrm{d}x\mathrm{d}y = \lim_{n\to\infty}\iint_{\Omega_n} f(x,y)\mathrm{d}x\mathrm{d}y, \tag{1}$$

其中 Ω_n 为域 Ω 中可求积的有界封闭子域的任意叙列，这个叙列可以盖满域 Ω. 若在右端的极限存在且与叙列 Ω_n 的选择无关，则对应的积分称为收敛的；在相反的情形称为发散的.

同样定义出连续函数展布在无界的三维域上的三重广义积分.

2° 不连续函数的情形　若函数 $f(x, y)$ 在有界封闭域 Ω 内除了点 $P(a, b)$ 而外处处是连续的，则定义：

$$\iint_\Omega f(x,y)\mathrm{d}x\mathrm{d}y = \lim_{\varepsilon\to+0}\iint_{\Omega-U_\varepsilon} f(x,y)\mathrm{d}x\mathrm{d}y, \tag{2}$$

其中 U_ε 是点 P 的 ε 邻域，当极限存在的情形，所研究的积分称为收敛的；在相反的情形称为发散的.

假定在点 $P(a, b)$ 的邻近有等式

$$f(x,y) = \frac{\varphi(x,y)}{r^a},$$

其中函数 $\varphi(x, y)$ 的绝对值是介于二正数 m 和 M 之间，且

$$r = \sqrt{(x-a)^2+(y-b)^2},$$

则 1) 当 $a<2$ 时，积分(2)收敛；2) 当 $a\geqslant 2$ 时，积分(2)发散.

若函数 $f(x, y)$ 有不连续的线，同样可定义出广义积分(2).

不连续函数的广义积分定义易于引伸到三重积分的情形.

研究下列具有无界积分域的广义积分的收敛性

$(0 < m \leqslant |\varphi(x,y)| \leqslant M)$:

【4161】 $\displaystyle\iint\limits_{x^2+y^2>1} \frac{\varphi(x,y)}{(x^2+y^2)^p}\mathrm{d}x\mathrm{d}y.$

解 由于

$$\frac{m}{(x^2+y^2)^p} \leqslant \frac{|\varphi(x,y)|}{(x^2+y^2)^p} \leqslant \frac{M}{(x^2+y^2)^p},$$

再注意到广义重积分收敛必绝对收敛,即知积分

$$\iint\limits_{x^2+y^2>1} \frac{\varphi(x,y)}{(x^2+y^2)^p}\mathrm{d}x\mathrm{d}y$$

与积分 $\displaystyle\iint\limits_{x^2+y^2>1} \frac{1}{(x^2+y^2)^p}\mathrm{d}x\mathrm{d}y$ 同时收敛同时发散. 由于 $\dfrac{1}{(x^2+y^2)^p}$是正的,故引用极坐标,得

$$\iint\limits_{x^2+y^2>1} \frac{1}{(x^2+y^2)^p}\mathrm{d}x\mathrm{d}y = \int_0^{2\pi}\mathrm{d}\varphi\int_1^{+\infty}\frac{r}{r^{2p}}\mathrm{d}r = \begin{cases} \dfrac{\pi}{p-1}, & \text{若 } p>1; \\ +\infty, & \text{若 } p\leqslant 1. \end{cases}$$

由此可知,原积分 $\displaystyle\iint\limits_{x^2+y^2>1} \frac{\varphi(x,y)}{(x^2+y^2)^p}\mathrm{d}x\mathrm{d}y$ 当 $p>1$ 时收敛,当 $p\leqslant 1$ 时发散.

【4162】 $\displaystyle\int_{-\infty}^{+\infty}\int_{-\infty}^{\infty}\frac{\mathrm{d}x\mathrm{d}y}{(1+|x|^p)(1+|y|^q)}.$

解 由于被积函数是正的,并且关于 Ox 轴和 Oy 轴都对称,故

$$\int_{-\infty}^{+\infty}\int_{-\infty}^{\infty}\frac{\mathrm{d}x\mathrm{d}y}{(1+|x|^p)(1+|y|^q)} = 4\int_0^{+\infty}\int_0^{+\infty}\frac{\mathrm{d}x\mathrm{d}y}{(1+|x|^p)(1+|y|^q)}$$

$$= 4\left(\int_0^{+\infty}\frac{\mathrm{d}x}{1+x^p}\right)\left(\int_0^{+\infty}\frac{\mathrm{d}x}{1+y^q}\right).$$

由于 $\lim\limits_{x\to+\infty} x^p\cdot\dfrac{1}{1+x^p}=1$，故积分 $\int_0^{+\infty}\dfrac{dx}{1+x^p}$ 当 $p>1$ 时收敛，$p<1$ 时发散，$p=1$ 时显然也发散 $\left(\int_0^{+\infty}\dfrac{dx}{1+x}=+\infty\right)$. 因此，

$$\int_0^{+\infty}\frac{dx}{1+x^p}=\begin{cases}\text{有限数}, & \text{当 } p>1 \text{ 时};\\ +\infty, & \text{当 } p\leqslant 1 \text{ 时}.\end{cases}$$

同理有

$$\int_0^{+\infty}\frac{dy}{1+y^q}=\begin{cases}\text{有限数}, & \text{当 } q>1 \text{ 时};\\ +\infty, & \text{当 } q\leqslant 1 \text{ 时}.\end{cases}$$

由此可知，$\int_{-\infty}^{+\infty}\int_{-\infty}^{+\infty}\dfrac{dx\,dy}{(1+|x|^p)(1+|y|^q)}$ 仅当 $p>1$ 且 $q>1$ 时收敛，其他情形均发散.

【4163】 $\displaystyle\iint\limits_{0\leqslant y\leqslant 1}\frac{\varphi(x,y)}{(1+x^2+y^2)^p}dx\,dy.$

解 仿 4161 题，可知积分 $\displaystyle\iint\limits_{0\leqslant y\leqslant 1}\frac{\varphi(x,y)}{(1+x^2+y^2)^p}dx\,dy$ 与积分 $\displaystyle\iint\limits_{0\leqslant y\leqslant 1}\frac{dx\,dy}{(1+x^2+y^2)^p}$ 同时收敛同时发散. 由于被积函数是正的，故

$$\iint\limits_{0\leqslant y\leqslant 1}\frac{dx\,dy}{(1+x^2+y^2)^p}=\int_0^1 dy\int_{-\infty}^{+\infty}\frac{dx}{(1+x^2+y^2)^p}$$
$$=2\int_0^1 dy\int_0^{+\infty}\frac{dx}{(1+x^2+y^2)^p};$$

由于，当 $0\leqslant y\leqslant 1$ 时，有

$$\int_0^{+\infty}\frac{dx}{(2+x^2)^p}\leqslant\int_0^{+\infty}\frac{dx}{(1+x^2+y^2)^p}\leqslant\int_0^{+\infty}\frac{dx}{(1+x^2)^p}\quad(\text{若 } p\geqslant 0),$$

$$\int_0^{+\infty}\frac{dx}{(2+x^2)^p}\geqslant\int_0^{+\infty}\frac{dx}{(1+x^2+y^2)^p}\geqslant\int_0^{+\infty}\frac{dx}{(1+x^2)^p}\quad(\text{若 } p<0),$$

故

$$2\int_0^{+\infty}\frac{\mathrm{d}x}{(2+x^2)^p}\leqslant\iint\limits_{0\leqslant y\leqslant 1}\frac{\mathrm{d}x\mathrm{d}y}{(1+x^2+y^2)^p}\leqslant 2\int_0^{+\infty}\frac{\mathrm{d}x}{(1+x^2)^p}\quad(p\geqslant 0),$$

若 $p<0$,则有相反的不等式.

对于 $a>0$,由于

$$\lim_{x\to+\infty}x^{2p}\frac{1}{(a^2+x^2)^p}=1,$$

故积分 $\int_0^{+\infty}\frac{\mathrm{d}x}{(a^2+x^2)^p}$ 当 $p>\frac{1}{2}$ 时收敛, $p<\frac{1}{2}$ 时发散.实际上,此积分当 $p=\frac{1}{2}$ 时也发散,因为

$$\int_0^{+\infty}\frac{\mathrm{d}x}{\sqrt{a^2+x^2}}=\ln(x+\sqrt{a^2+x^2})\Big|_0^{+\infty}=+\infty.$$

由此可知:积分 $\iint\limits_{0\leqslant y\leqslant 1}\frac{\mathrm{d}x\mathrm{d}y}{(1+x^2+y^2)^p}$,从而,积分 $\iint\limits_{0\leqslant y\leqslant 1}\frac{\varphi(x,y)}{(1+x^2+y^2)^p}\mathrm{d}x\mathrm{d}y$ 当 $p>\frac{1}{2}$ 时收敛,当 $p\leqslant\frac{1}{2}$ 时发散.

【4164】 $\iint\limits_{|x|+|y|\geqslant 1}\frac{\mathrm{d}x\mathrm{d}y}{|x|^p+|y|^q}\quad(p>0,q>0)$.

解 由对称性及被积函数的非负性,有

$$\iint\limits_{|x|+|y|\geqslant 1}\frac{\mathrm{d}x\mathrm{d}y}{|x|^p+|y|^q}=4\iint\limits_{\substack{x\geqslant 0,\ y\geqslant 0\\ x+1\geqslant 1}}\frac{\mathrm{d}x\mathrm{d}y}{x^p+y^q}$$

$$=4\iint\limits_{\Omega_1}\frac{\mathrm{d}x\mathrm{d}y}{x^p+y^q}+4\iint\limits_{\Omega_2}\frac{\mathrm{d}x\mathrm{d}y}{x^p+y^q},$$

其中 $\Omega_1=\{(x,y)\mid x\geqslant 0,y\geqslant 0,x+y\geqslant 1,x^p+y^q\leqslant 2\}$, $\Omega_2=\{(x,y)\mid x\geqslant 0,y\geqslant 0,x+y\geqslant 1,x^p+y^q\geqslant 2\}$,令 $\Omega_3=\{(x,y)\mid x\geqslant 0,y\geqslant 0,x^p+y^q\geqslant 2\}$,易知,当 $x\geqslant 0,y\geqslant 0,x^p+y^q\geqslant 2$ 时必有 $x+y\geqslant 1$(因若 $x+y<1$,则必有 $0\leqslant x<1,0\leqslant y<1$,从而,

$0\leqslant x^p<1, 0\leqslant y^q<1$，这就会得出 $x^p+y^q<2$），故 $\Omega_2=\Omega_3$. 由于 Ω_1 是有界闭区域，故(1)式右端第一个积分为常义积分，因此广义积分

$$\iint\limits_{|x|+|y|\geqslant 1}\frac{dxdy}{|x|^p+|y|^q}$$

的敛散性取决于广义积分 $\iint\limits_{\Omega_3}\frac{dxdy}{x^p+y^q}$ 的敛散性，在此积分中作变量代换

$$x=r^{\frac{2}{p}}\cos^{\frac{2}{p}}\theta,\quad y=r^{\frac{2}{q}}\sin^{\frac{2}{q}}\theta,$$

则易知

$$\frac{D(x,y)}{D(r,\theta)}=\frac{4}{pq}r^{\frac{2}{p}+\frac{2}{q}-1}\sin^{\frac{2}{q}-1}\theta\cos^{\frac{2}{p}-1}\theta.$$

于是，注意到被积函数是非负的，得

$$\iint\limits_{\Omega_3}\frac{dxdy}{x^p+y^q}=\frac{4}{pq}\int_0^{\frac{\pi}{2}}\sin^{\frac{2}{q}-1}\theta\cos^{\frac{2}{p}-1}\theta d\theta\int_{\sqrt{2}}^{+\infty}r^{\frac{2}{p}+\frac{2}{q}-3}dr.$$

由 3856 题的结果知，右端第一个积分

$$\int_0^{\frac{\pi}{2}}\sin^{\frac{2}{q}-1}\theta\cos^{\frac{2}{q}-1}\theta d\theta\quad(p>0,q>0)$$

恒收敛，且其值为 $\frac{1}{2}B\left(\frac{1}{q},\frac{1}{p}\right)$；而第二个积分

$$\int_{\sqrt{2}}^{+\infty}r^{\frac{2}{p}+\frac{2}{q}-3}dr$$

当 $\frac{2}{p}+\frac{2}{q}-3<-1$（即 $\frac{1}{p}+\frac{1}{q}<1$）时收敛，当 $\frac{2}{p}+\frac{2}{q}-3\geqslant-1$（即 $\frac{1}{p}+\frac{1}{q}\geqslant 1$）时发散.

综上所述，可知广义积分 $\iint\limits_{|x|+|y|\geqslant 1}\frac{dxdy}{|x|^p+|y|^q}$ 仅当 $\frac{1}{p}+\frac{1}{q}<1$

时收敛.

【4165】 $\iint\limits_{x+y\geqslant 1}\frac{\sin x\sin y}{(x+y)^p}dxdy.$

解 设此积分收敛,以 I 表其值.先设 $p<1$.令

$\Omega_n=\{(x,y)|1\leqslant x+y\leqslant 2n\pi,-2n\pi\leqslant x-y\leqslant 2n\pi\}$,

$\Omega_n'=\{(x,y)|1\leqslant x+y\leqslant 2n\pi-\frac{\pi}{4},-2n\pi\leqslant x-y\leqslant 2n\pi\}$,

$\omega_n=\{(x,y)|2n\pi-\frac{\pi}{4}\leqslant x+y\leqslant 2n\pi,-2n\pi\leqslant x-y\leqslant 2n\pi\}$,

其中 $n=1,2,3,\cdots$,则显然有

$$\lim_{n\to\infty}\iint\limits_{\Omega_n}\frac{\sin x\sin y}{(x+y)^p}dxdy=I,$$

$$\lim_{n\to\infty}\iint\limits_{\Omega_n'}\frac{\sin x\sin y}{(x+y)^p}dxdy=I.$$

从而,

$$\begin{aligned}&\lim_{n\to\infty}\iint\limits_{\omega_n}\frac{\sin x\sin y}{(x+y)^p}dxdy\\&=\lim_{n\to\infty}\left[\iint\limits_{\Omega_n}\frac{\sin x\sin y}{(x+y)^p}dxdy-\iint\limits_{\Omega_n'}\frac{\sin x\sin y}{(x+y)^p}dxdy\right]\\&=I-I=0.\end{aligned}\tag{1}$$

由于 $\sin x\sin y=\frac{1}{2}[\cos(x-y)-\cos(x+y)]$,今在(1)式左端的积分中作变量代换 $x+y=u$, $x-y=v$(即 $x=\frac{u+v}{2}$, $y=\frac{u-v}{2}$),并注意到$\frac{D(x,y)}{D(u,v)}=-\frac{1}{2}$,得

$$\iint\limits_{\omega_n}\frac{\sin x\sin y}{(x+y)^p}dxdy=\frac{1}{4}\int_{2n\pi-\frac{\pi}{4}}^{2n\pi}du\int_{-2n\pi}^{2n\pi}\frac{\cos v-\cos u}{u^p}dv$$

$$= -n\pi\int_{2n\pi-\frac{\pi}{4}}^{2n\pi}\frac{\cos u}{u^p}\mathrm{d}u;$$

而

$$\int_{2n\pi-\frac{\pi}{4}}^{2n\pi}\frac{\cos u}{u^p}\mathrm{d}u \geqslant \frac{1}{\sqrt{2}}\int_{2n\pi-\frac{\pi}{4}}^{2n\pi}\frac{\mathrm{d}u}{u^p} \geqslant \begin{cases}\dfrac{\pi}{4\sqrt{2}}\cdot\dfrac{1}{(2n\pi)^p}, & \text{当 } p>0 \text{ 时};\\ \dfrac{\pi}{4\sqrt{2}}, & \text{当 } p\leqslant 0 \text{ 时}.\end{cases}$$

由此可知(注意前面假定 $p<1$),

$$\lim_{n\to\infty}\iint_{\omega_n}\frac{\sin x\sin y}{(x+y)^p}\mathrm{d}x\mathrm{d}y = -\infty,$$

此显然与(1)式矛盾.

现设 $p\geqslant 1$. 令

$$\omega_n' = \{(x,y)\,|\,2n\pi-\frac{\pi}{4}\leqslant x+y\leqslant 2n\pi,$$
$$-2\pi n^{[p]+2}\leqslant x-y\leqslant 2\pi n^{[p]+2}\},$$

仿上,应有

$$\lim_{n\to\infty}\iint_{\omega_n'}\frac{\sin x\sin y}{(x+y)^p}\mathrm{d}x\mathrm{d}y = 0. \qquad (2)$$

但另一方面,和上面一样,作代换 $x+y=u$, $x-y=v$ 后,有

$$\iint_{\omega_n'}\frac{\sin x\sin y}{(x+y)^p}\mathrm{d}x\mathrm{d}y = -\pi n^{[p]+2}\int_{2n\pi-\frac{\pi}{4}}^{2n\pi}\frac{\cos u}{u^p}\mathrm{d}u.$$

同样,由

$$\int_{2n\pi-\frac{\pi}{4}}^{2n\pi}\frac{\cos u}{u^p}\mathrm{d}u \geqslant \frac{\pi}{4\sqrt{2}}\cdot\frac{1}{(2n\pi)^p},$$

即得

$$\lim_{n\to\infty}\iint_{\omega_n'}\frac{\sin x\sin y}{(x+y)^p}\mathrm{d}x\mathrm{d}y = -\infty,$$

此显然与(2)式矛盾.

综上所述,可知:不论 p 为何值,积分 $\iint\limits_{x+y\geqslant 1}\dfrac{\sin x\sin y}{(x+y)^p}\mathrm{d}x\mathrm{d}y$ 都发散.

【4166】 证明:若连续函数 $f(x,y)$不为负及 $S_n(n=1,2,\cdots)$为有界闭域的任一叙列,这个叙列可以盖满域 S,则

$$\iint\limits_{S} f(x,y)\mathrm{d}x\mathrm{d}y=\lim_{n\to\infty}\iint\limits_{S_n} f(x,y)\mathrm{d}x\mathrm{d}y,$$

这里左端与右端同时有意义或同时无意义.

证 取定一有界闭域的叙列 S_n',它盖满 S 并且 $S_1'\subset S_2'\subset\cdots\subset S_n'\subset\cdots\subset S$. 由于 $f(x,y)$ 在 S 上非负,故积分叙列 $\iint\limits_{S_n'} f(x,y)\mathrm{d}x\mathrm{d}y$ 是递增的,从而,极限

$$I=\lim_{n\to\infty}\iint\limits_{S_n'} f(x,y)\mathrm{d}x\mathrm{d}y \tag{1}$$

存在(是有限数或是 $+\infty$). 我们要证

$$\lim_{n\to\infty}\iint\limits_{S_n} f(x,y)\mathrm{d}x\mathrm{d}y=I. \tag{2}$$

先设 I 为有限数. 任给 $\varepsilon>0$,由(1)式知,存在 N,使当 $n\geqslant N$ 时,恒有

$$I-\varepsilon<\iint\limits_{S_n'} f(x,y)\mathrm{d}x\mathrm{d}y<I+\varepsilon. \tag{3}$$

又存在 n_0,使当 $n\geqslant n_0$ 时,$S_n\supset S_N'$. 从而,根据 $f(x,y)$的非负性以及(3)式,得

$$\iint\limits_{S_n} f(x,y)\mathrm{d}x\mathrm{d}y\geqslant\iint\limits_{S_N'} f(x,y)\mathrm{d}x\mathrm{d}y>I-\varepsilon.$$

另一方面,对每个固定的 $n\geqslant n_0$ 又必存在某个充分大的

$k_n(\geqslant N)$使 $S'_{k_n}\supset S_n$. 于是,再由(3)式得

$$\iint\limits_{S_n} f(x,y)\mathrm{d}x\mathrm{d}y\leqslant \iint\limits_{S'_{k_n}} f(x,y)\mathrm{d}x\mathrm{d}y< I+\varepsilon.$$

由此可知,当 $n\geqslant n_0$ 时,恒有

$$I-\varepsilon<\iint\limits_{S_n} f(x,y)\mathrm{d}x\mathrm{d}y< I+\varepsilon,$$

故(2)式成立.

次设 $I=+\infty$. 任给 $M>0$,由(1)式知,存在 N_1,使

$$\iint\limits_{S'_{N_1}} f(x,y)\mathrm{d}x\mathrm{d}y> M.$$

又存在 n_1,使当 $n\geqslant n_1$ 时,恒有 $S_n\supset S'_{N_1}$,从而此时

$$\iint\limits_{S_n} f(x,y)\mathrm{d}x\mathrm{d}y\geqslant \iint\limits_{S'_{N_1}} f(x,y)\mathrm{d}x\mathrm{d}y> M,$$

故(2)式成立. 证毕.

【4167】 证明:

$$\lim_{n\to\infty}\iint\limits_{\substack{|x|\leqslant n\\|y|\leqslant n}} \sin(x^2+y^2)\mathrm{d}x\mathrm{d}y=\pi,$$

但

$$\lim_{n\to\infty}\iint\limits_{x^2+y^2\leqslant 2n\pi} \sin(x^2+y^2)\mathrm{d}x\mathrm{d}y=0 \quad (n\text{ 为自然数}).$$

证 利用极坐标,我们有

$$\iint\limits_{x^2+y^2\leqslant 2n\pi} \sin(x^2+y^2)\mathrm{d}x\mathrm{d}y=\int_0^{2\pi}\mathrm{d}\theta\int_0^{\sqrt{2\pi n}} r\sin r^2\mathrm{d}r$$

$$=\pi(1-\cos 2n\pi)=0 \qquad (n=1,2,\cdots),$$

故

$$\lim_{n\to\infty}\iint\limits_{x^2+y^2\leqslant 2n\pi}\sin(x^2+y^2)\,dx\,dy=0.$$

但由对称性，有

$$\iint\limits_{\substack{|x|\leqslant n\\|y|\leqslant n}}\sin(x^2+y^2)\,dx\,dy=4\iint\limits_{\substack{0\leqslant x\leqslant n\\0\leqslant y\leqslant n}}\sin(x^2+y^2)\,dx\,dy$$

$$=4\int_0^n dy\int_0^n(\sin x^2\cos y^2+\cos x^2\sin y^2)\,dx$$

$$=4\left(\int_0^n\cos y^2dy\right)\left(\int_0^n\sin x^2dx\right)+4\left(\int_0^n\cos x^2dx\right)\left(\int_0^n\sin y^2dy\right)$$

$$=8\left(\int_0^n\cos x^2dx\right)\left(\int_0^n\sin x^2dx\right).$$

根据3830题的结果，可知

$$\int_0^{+\infty}\sin x^2dx=\int_0^{+\infty}\cos x^2dx=\frac{1}{2}\sqrt{\frac{\pi}{2}},$$

故

$$\lim_{n\to\infty}\int_0^n\sin x^2dx=\lim_{n\to\infty}\int_0^n\cos x^2dx=\frac{1}{2}\sqrt{\frac{\pi}{2}}.$$

从而，得

$$\lim_{n\to\infty}\iint\limits_{\substack{|x|\leqslant n\\|y|\leqslant n}}\sin(x^2+y^2)\,dx\,dy=8\cdot\frac{1}{2}\sqrt{\frac{\pi}{2}}\cdot\frac{1}{2}\sqrt{\frac{\pi}{2}}=\pi.$$

【4168】 证明：纵使累次积分

$$\int_1^{+\infty}dx\int_1^{+\infty}\frac{x^2-y^2}{(x^2+y^2)^2}dy\quad 及\quad\int_1^{+\infty}dy\int_1^{+\infty}\frac{x^2-y^2}{(x^2+y^2)^2}dx$$

收敛，但积分

$$\iint\limits_{x\geqslant 1,\ y\geqslant 1}\frac{x^2-y^2}{(x^2+y^2)^2}dx\,dy$$

发散.

证 先证两个累次积分收敛.我们有

$$\begin{aligned}
&\int_1^{+\infty}\frac{x^2-y^2}{(x^2+y^2)^2}dy\\
&=\int_1^{+\infty}\frac{x^2}{2y}\cdot\frac{2ydy}{(x^2+y^2)^2}-\int_1^{+\infty}\frac{y}{2}\cdot\frac{2ydy}{(x^2+y^2)^2}\\
&=-\frac{x^2}{2y(x^2+y^2)}\Bigg|_{y=1}^{y=+\infty}-\int_1^{+\infty}\frac{x^2dy}{2y^2(x^2+y^2)}\\
&\quad+\frac{y}{2(x^2+y^2)}\Bigg|_{y=1}^{y=+\infty}-\int_1^{+\infty}\frac{dy}{2(x^2+y^2)}\\
&=\frac{x^2}{2(x^2+1)}-\frac{1}{2}\int_1^{+\infty}\left(\frac{1}{y^2}-\frac{1}{x^2+y^2}\right)dy\\
&\quad-\frac{1}{2(x^2+1)}-\frac{1}{2}\int_1^{+\infty}\frac{dy}{x^2+y^2}\\
&=\frac{x^2-1}{2(x^2+1)}-\frac{1}{2}=-\frac{1}{x^2+1},
\end{aligned}$$

故

$$\int_1^{+\infty}dx\int_1^{+\infty}\frac{x^2-y^2}{(x^2+y^2)^2}dy=-\int_1^{+\infty}\frac{dx}{x^2+1}=-\frac{\pi}{4};$$

同理(利用已算得的结果)

$$\int_1^{+\infty}dy\int_1^{+\infty}\frac{x^2-y^2}{(x^2+y^2)^2}dx=-\int_1^{+\infty}dy\int_1^{+\infty}\frac{y^2-x^2}{(x^2+y^2)^2}dx$$

$$=-\int_1^{+\infty}\left(-\frac{1}{y^2+1}\right)dy=\frac{\pi}{4},$$

故两个累次积分都收敛.

次证积分

$$\iint\limits_{x\geqslant1,\,y\geqslant1}\frac{x^2-y^2}{(x^2+y^2)^2}dxdy \tag{1}$$

发散.为此只要证积分

$$\iint\limits_{x\geqslant1,\,1\leqslant y\leqslant x}\frac{x^2-y^2}{(x^2+y^2)^2}dxdy \tag{2}$$

发散即可(因为如果积分(1)收敛,则绝对值积分

$$\iint\limits_{x\geqslant 1,\ y\geqslant 1}\left|\frac{x^2-y^2}{(x^2+y^2)^2}\right|\mathrm{d}x\,\mathrm{d}y \tag{3}$$

必收敛.从而在小一点的区域上的积分

$$\iint\limits_{x\geqslant 1,\ 1\leqslant y\leqslant x}\left|\frac{x^2-y^2}{(x^2+y^2)^2}\right|\mathrm{d}x\,\mathrm{d}y$$

更收敛.由此可知,积分(2)收敛).由于

$$I_n=\iint\limits_{\substack{1\leqslant x\leqslant n\\1\leqslant y\leqslant x}}\frac{x^2-y^2}{(x^2+y^2)^2}\mathrm{d}x\,\mathrm{d}y=\int_1^n\mathrm{d}x\int_1^x\frac{x^2-y^2}{(x^2+y^2)^2}\mathrm{d}y,$$

仿上,利用部分积分法,容易算得

$$\int_1^x\frac{x^2-y^2}{(x^2+y^2)^2}\mathrm{d}y=-\frac{x^2}{2y(x^2+y^2)}\Bigg|_{y=1}^{y=x}-\int_1^x\frac{x^2\mathrm{d}y}{2y^2(x^2+y^2)}$$

$$+\frac{y}{2(x^2+y^2)}\Bigg|_{y=1}^{y=x}-\int_1^x\frac{\mathrm{d}y}{2(x^2+y^2)}=-\frac{1}{x^2+1}+\frac{1}{2x},$$

故

$$\begin{aligned}I_n&=\int_1^n\left(-\frac{1}{x^2+1}+\frac{1}{2x}\right)\mathrm{d}x\\&=\frac{\pi}{4}-\arctan n+\frac{1}{2}\ln n\to+\infty\quad(\text{当 } n\to\infty\text{时}),\end{aligned}$$

由此可知积分(2)发散.

注意,也可用反证法证明积分(1)发散.假定积分(1)收敛.于是,积分(3)收敛.但恒有

$$\iint\limits_{x\geqslant 1,\ y\geqslant 1}\left|\frac{x^2-y^2}{(x^2+y^2)^2}\right|\mathrm{d}x\,\mathrm{d}y=\int_1^{+\infty}\mathrm{d}x\int_1^{+\infty}\left|\frac{x^2-y^2}{(x^2+y^2)^2}\right|\mathrm{d}y$$

$$=\int_1^{+\infty}\mathrm{d}y\int_1^{+\infty}\left|\frac{x^2-y^2}{(x^2+y^2)^2}\right|\mathrm{d}x, \tag{4}$$

故(4)式中两个累次积分都收敛.又由前面已证不取绝对值的两个累次积分

$$\int_1^{+\infty} dx \int_1^{+\infty} \frac{x^2 - y^2}{(x^2 + y^2)^2} dy \quad 与 \quad \int_1^{+\infty} dy \int_1^{+\infty} \frac{x^2 - y^2}{(x^2 + y^2)^2} dx$$

都收敛,故知

$$\iint\limits_{x\geqslant 1,\ y\geqslant 1} \frac{x^2 - y^2}{(x^2 + y^2)^2} dx dy = \int_1^{+\infty} dx \int_1^{+\infty} \frac{x^2 - y^2}{(x^2 + y^2)^2} dy = -\frac{\pi}{4},$$

$$\iint\limits_{x\geqslant 1,\ y\geqslant 1} \frac{x^2 - y^2}{(x^2 + y^2)^2} dx dy = \int_1^{+\infty} dy \int_1^{+\infty} \frac{x^2 - y^2}{(x^2 + y^2)^2} dx = \frac{\pi}{4},$$

这是不可能的.证毕.

计算下列积分:

【4169】 $\iint\limits_{\substack{xy\geqslant 1\\ x\geqslant 1}} \frac{dx dy}{x^p y^q}$.

解 由于被积函数非负,故

$$I = \iint\limits_{\substack{xy\geqslant 1\\ x\geqslant 1}} \frac{dx dy}{x^p y^q} = \int_1^{+\infty} \frac{dx}{x^p} \int_{\frac{1}{x}}^{+\infty} \frac{dy}{y^q}.$$

而当 $q>1$ 时,

$$\int_{\frac{1}{x}}^{+\infty} \frac{dy}{y^q} = \frac{x^{q-1}}{q-1}.$$

(注意,当 $q\geqslant 1$ 时,此积分发散,从而,$I = +\infty$);又当 $p>q$ 时

$$I = \frac{1}{q-1} \int_1^{+\infty} x^{q-p-1} dx = \frac{1}{(p-q)(q-1)}.$$

(注意,当 $p\leqslant q$ 时,此积分发散,$I = +\infty$)

综上所述,可知:当 $p>q>1$ 时,

$$\iint\limits_{\substack{xy\geqslant 1\\ x\geqslant 1}} \frac{dx dy}{x^p y^q} = \frac{1}{(p-q)(q-1)}.$$

【4170】 $\iint\limits_{\substack{x+y\geqslant 1\\ 0\leqslant x\leqslant 1}} \frac{dx dy}{(x+y)^p}$.

解 由于被积函数非负，故

$$I=\iint\limits_{\substack{x+y\geqslant 1\\0\leqslant x\leqslant 1}}\frac{\mathrm{d}x\mathrm{d}y}{(x+y)^p}=\int_0^1\mathrm{d}x\int_{1-x}^{+\infty}\frac{\mathrm{d}y}{(x+y)^p}.$$

当 $p>1$ 时，

$$\int_{1-x}^{+\infty}\frac{\mathrm{d}y}{(x+y)^p}=-\frac{1}{p-1}\cdot\frac{1}{(x+y)^{p-1}}\Bigg|_{y=1-x}^{y=+\infty}=\frac{1}{p-1}.$$

(注意，当 $p\leqslant 1$ 时，积分发散，$I=+\infty$)，故

$$I=\int_0^1\frac{\mathrm{d}x}{p-1}=\frac{1}{p-1}\quad(\text{当 } p>1 \text{ 时}).$$

【4171】 $\displaystyle\iint\limits_{x^2+y^2\leqslant 1}\frac{\mathrm{d}x\mathrm{d}y}{\sqrt{1-x^2-y^2}}.$

解 采用极坐标，由于被积函数非负，故有

$$\iint\limits_{x^2+y^2\leqslant 1}\frac{\mathrm{d}x\mathrm{d}y}{\sqrt{1-x^2-y^2}}=\int_0^{2\pi}\mathrm{d}\theta\int_0^1\frac{r}{\sqrt{1-r^2}}\mathrm{d}r$$

$$=2\pi\left(-\sqrt{1-r^2}\right)\Big|_{r=0}^{r=1}=2\pi.$$

【4172】 $\displaystyle\iint\limits_{x^2+y^2\geqslant 1}\frac{\mathrm{d}x\mathrm{d}y}{(x^2+y^2)^p}.$

解 采用极坐标，由于被积函数非负，故有

$$\iint\limits_{x^2+y^2\geqslant 1}\frac{\mathrm{d}x\mathrm{d}y}{(x^2+y^2)^p}=\int_0^{2\pi}\mathrm{d}\theta\int_1^{+\infty}\frac{\mathrm{d}r}{r^{2p-1}}=\begin{cases}\dfrac{\pi}{p-1}, & \text{当 } p>1 \text{ 时};\\ +\infty, & \text{当 } p\leqslant 1 \text{ 时}.\end{cases}$$

【4173】 $\displaystyle\iint\limits_{y\geqslant x^2+1}\frac{\mathrm{d}x\mathrm{d}y}{x^4+y^2}.$

解 由于被积函数非负，故

$$I=\iint\limits_{y\geqslant x^2+1}\frac{\mathrm{d}x\mathrm{d}y}{x^4+y^2}=\int_{-\infty}^{+\infty}\mathrm{d}x\int_{x^2+1}^{+\infty}\frac{\mathrm{d}y}{x^4+y^2}=2\int_0^{+\infty}\mathrm{d}x\int_{x^2+1}^{+\infty}\frac{\mathrm{d}y}{x^4+y^2}.$$

由于

$$\int_{x^2+1}^{+\infty}\frac{\mathrm{d}y}{x^4+y^2}=\frac{1}{x^2}\arctan\frac{y}{x^2}\bigg|_{y=x^2+1}^{y=+\infty}=\frac{1}{x^2}\left[\frac{\pi}{2}-\arctan\left(1+\frac{1}{x^2}\right)\right],$$

故

$$I=2\int_0^{+\infty}\frac{1}{x^2}\left[\frac{\pi}{2}-\arctan\left(1+\frac{1}{x^2}\right)\right]\mathrm{d}x$$

$$=-\frac{2}{x}\left[\frac{\pi}{2}-\arctan\left(1+\frac{1}{x^2}\right)\right]\bigg|_{x=0}^{x=+\infty}+2\int_0^{+\infty}\frac{\frac{1}{x}\cdot\frac{2}{x^3}}{1+\left(1+\frac{1}{x^2}\right)^2}\mathrm{d}x$$

$$=2\int_0^{+\infty}\frac{\mathrm{d}x}{x^4+x^2+\frac{1}{2}},$$

其中

$$\lim_{x\to+0}\frac{\frac{\pi}{2}-\arctan\left(1+\frac{1}{x^2}\right)}{x}=\lim_{x\to+0}\frac{\frac{-\frac{2}{x^3}}{1+\left(1+\frac{1}{x^2}\right)^2}}{1}$$

$$=\lim_{x\to+0}\left(-\frac{x}{x^4+x^2+\frac{1}{2}}\right)=0.$$

下面计算积分$\int_0^{+\infty}\frac{\mathrm{d}x}{x^4+x^2+\frac{1}{2}}$.为简单计,记$a=\sqrt{\sqrt{2}-1}$,

$b=\frac{1}{\sqrt{2}}$,则

$$\frac{1}{x^4+x^2+\frac{1}{2}}=\frac{1}{\left(x^2+\frac{1}{\sqrt{2}}\right)^2-(\sqrt{2}-1)x^2}=\frac{1}{(x^2+b)^2-(ax)^2}$$

$$=\frac{1}{(x^2+ax+b)(x^2-ax+b)}=\frac{1}{2ab}\left[\frac{x+a}{x^2+ax+b}-\frac{x-a}{x^2-ax+b}\right]$$

$$= \frac{1}{4ab}\left[\frac{2x+a}{x^2+ax+b} + \frac{a}{x^2+ax+b} - \frac{2x-a}{x^2-ax+b} + \frac{a}{x^2-ax+b}\right].$$

于是,

$$\int_0^{+\infty} \frac{dx}{x^4+x^2+\frac{1}{2}} = \frac{1}{4ab}\int_0^{+\infty}\left[\frac{2x+a}{x^2+ax+b} - \frac{2x-a}{x^2-ax+b}\right]dx$$

$$+ \frac{1}{4b}\int_0^{+\infty}\left[\frac{1}{x^2+ax+b} + \frac{1}{x^2-ax+b}\right]dx$$

$$= \frac{1}{4ab}\left(\ln\frac{x^2+ax+b}{x^2-ax+b}\right)\Bigg|_{x=0}^{x=+\infty} + \frac{1}{4b}\left(\frac{2}{\sqrt{4b-a^2}}\arctan\frac{2x+a}{\sqrt{4b-a^2}}\right.$$

$$\left. + \frac{2}{\sqrt{4b-a^2}}\arctan\frac{2x-a}{\sqrt{4b-a^2}}\right)\Bigg|_{x=0}^{x=+\infty} = 0 + \frac{1}{4b}\ \frac{2\pi}{\sqrt{4b-a^2}}$$

$$= \frac{\pi}{2b\ \sqrt{4b-a^2}} = \frac{\pi}{2\cdot\frac{1}{\sqrt{2}}\sqrt{\frac{4}{\sqrt{2}}-(\sqrt{2}-1)}} = \frac{\pi}{\sqrt{2}\cdot\sqrt{\sqrt{2}+1}}$$

$$= \frac{\pi\ \sqrt{\sqrt{2}-1}}{\sqrt{2}\ \sqrt{\sqrt{2}+1}\ \ \sqrt{\sqrt{2}-1}} = \frac{\pi\ \sqrt{\sqrt{2}-1}\ \sqrt{2}}{2} = \frac{\pi\ \sqrt{2(\sqrt{2}-1)}}{2},$$

故

$$I = 2\int_0^{+\infty} \frac{dx}{x^4+x^2+\frac{1}{2}} = \pi\ \sqrt{2(\sqrt{2}-1)}\ .$$

【4174】 $\displaystyle\iint\limits_{0\leqslant x\leqslant y} e^{-(x+y)}dxdy.$

解 由于被积函数非负,故

$$\iint\limits_{0\leqslant x\leqslant y} e^{-(x+y)}dxdy = \int_0^{+\infty} dx\int_x^{+\infty} e^{-(x+y)}dy$$

$$= \int_0^{+\infty} e^{-x}dx\int_x^{+\infty} e^{-y}dy = \int_0^{+\infty} e^{-2x}dx = \frac{1}{2}.$$

变换为极坐标而计算积分:

【4175】 $\displaystyle\int_{-\infty}^{+\infty}\int_{-\infty}^{+\infty} e^{-(x^2+y^2)}dxdy.$

解 由于被积函数非负,故采用极坐标就有

$$\int_{-\infty}^{+\infty}\int_{-\infty}^{+\infty} e^{-(x^2+y^2)}dxdy=\int_0^{2\pi}d\theta\int_0^{+\infty} re^{-r^2}dr$$

$$=2\pi\left(-\frac{1}{2}e^{-r^2}\right)\Bigg|_{r=0}^{r=+\infty}=\pi .$$

【4176】 $\displaystyle\int_{-\infty}^{+\infty}\int_{-\infty}^{+\infty} e^{-(x^2+y^2)}\cos(x^2+y^2)dxdy.$

解 由于$|e^{-(x^2+y^2)}\cos(x^2+y^2)|\leqslant e^{-(x^2+y^2)}$,而

$$\int_{-\infty}^{+\infty}\int_{-\infty}^{+\infty} e^{-(x^2+y^2)}dxdy$$

收敛(参看 4175 题),故

$$\int_{-\infty}^{+\infty}\int_{-\infty}^{+\infty} e^{-(x^2+y^2)}\cos(x^2+y^2)dxdy$$

收敛.从而,采用极坐标就有

$$\int_{-\infty}^{+\infty}\int_{-\infty}^{+\infty} e^{-(x^2+y^2)}\cos(x^2+y^2)dxdy=\int_0^{2\pi}d\theta\int_0^{+\infty} re^{-r^2}\cos r^2dr$$

$$=\pi\int_0^{+\infty} e^{-t}\cos t\,dt=\pi\left(\frac{\sin t-\cos t}{(-1)^2+1^2}\ c^{-t}\right)\Bigg|_{t=0}^{t=+\infty}=\frac{\pi}{2}.$$

【4177】 $\displaystyle\int_{-\infty}^{+\infty}\int_{-\infty}^{+\infty} e^{-(x^2+y^2)}\sin(x^2+y^2)dxdy$

解 由于 $|e^{-(x^2+y^2)}\sin(x^2+y^2)|\leqslant e^{-(x^2+y^2)}$, 而积分$\displaystyle\int_{-\infty}^{+\infty}\int_{-\infty}^{+\infty} e^{-(x^2+y^2)}dxdy$ 收敛(参看 4175 题), 故积分 $\displaystyle\int_{-\infty}^{+\infty}\int_{-\infty}^{+\infty} e^{-(x^2+y^2)}\sin(x^2+y^2)dxdy$ 收敛.从而,采用极坐标就有

$$\int_{-\infty}^{+\infty}\int_{-\infty}^{+\infty} e^{-(x^2+y^2)}\sin(x^2+y^2)dxdy=\int_0^{2\pi}d\theta\int_0^{+\infty} re^{-r^2}\sin r^2dr$$

$$=\pi\int_0^{+\infty} e^{-t}\sin t\,dt=\pi\left(\frac{-\sin t-\cos t}{(-1)^2+1^2}\ e^{-t}\right)\Bigg|_{t=0}^{t=+\infty}=\frac{\pi}{2}.$$

计算积分：

【4178】 $\int_{-\infty}^{+\infty}\int_{-\infty}^{+\infty} \mathrm{e}^{ax^2+2bxy+cy^2+2dx+2ey+f}\mathrm{d}x\mathrm{d}y$，其中

$$a<0,\ ac-b^2>0.$$

解 我们有(令 $\delta=ac-b^2>0,\ t=x+\frac{b}{a}y$)

$$\varphi(x,y)=ax^2+2bxy+cy^2+2dx+2ey+f$$

$$=a\left(x^2+\frac{2b}{a}xy+\frac{b^2}{a^2}y^2\right)+\frac{ac-b^2}{a}y^2+2dx+2ey+f$$

$$=a\left(x+\frac{b}{a}y\right)^2+\frac{\delta}{a}y^2+2dx+2ey+f$$

$$=at^2+\frac{\delta}{a}y^2+2d\left(t-\frac{b}{a}y\right)+2ey+f$$

$$=a\left(t^2+\frac{2d}{a}t+\frac{d^2}{a^2}\right)-\frac{d^2}{a}+\frac{\delta}{a}\left[y^2+\frac{2}{\delta}(ae-bd)y+\frac{(ae-bd)^2}{\delta^2}\right]$$

$$-\frac{(ae-bd)^2}{a\delta}+f=a\left(t+\frac{d}{a}\right)^2+\frac{\delta}{a}\left(y+\frac{ae-bd}{\delta}\right)^2+\beta,$$

其中

$$\beta=f-\frac{d^2}{a}-\frac{(ae-bd)^2}{a\delta}$$

$$=\frac{1}{a\delta}[af(ac-b^2)-d^2(ac-b^2)-(ae-bd)^2]$$

$$=\frac{1}{\delta}(acf-b^2f-cd^2-ae^2+2bde)=\frac{\Delta}{\delta},$$

这里

$$\Delta=\begin{vmatrix} a & b & d \\ b & c & e \\ d & e & f \end{vmatrix}.$$

令作变量代换

$$\begin{cases} u=\sqrt{-a}x+\dfrac{b\sqrt{-a}}{a}y+\dfrac{d\sqrt{-a}}{a} \\ v=\sqrt{-\dfrac{\delta}{a}}y+\sqrt{-\dfrac{\delta}{a}}\cdot\dfrac{ae-bd}{\delta}, \end{cases} \tag{1}$$

则 $\varphi(x,y)=-u^2-v^2+\beta$. 又

$$\frac{D(x,y)}{D(u,v)}=\frac{1}{\dfrac{D(u,v)}{D(x,y)}}=\frac{1}{\begin{vmatrix}\sqrt{-a} & \dfrac{b}{a}\sqrt{-a}\\ 0 & \sqrt{-\dfrac{\delta}{a}}\end{vmatrix}}=\frac{1}{\sqrt{\delta}}>0.$$

故线性变换(1)是非退化的,它将(x,y)平面的点与(u,v)平面的点一一对应.于是,利用4175题的结果,得

$$\int_{-\infty}^{+\infty}\int_{-\infty}^{+\infty}e^{\varphi(x,y)}dxdy=\int_{-\infty}^{+\infty}\int_{-\infty}^{+\infty}e^{-u^2-v^2+\beta}\frac{1}{\sqrt{\delta}}dudv$$

$$=\frac{1}{\sqrt{\delta}}e^{\frac{\Delta}{\delta}}\int_{-\infty}^{+\infty}\int_{-\infty}^{+\infty}e^{-(u^2+v^2)}dudv=\frac{\pi}{\sqrt{\delta}}e^{\frac{\Delta}{\delta}}.$$

【4179】 $\displaystyle\iint\limits_{\frac{x^2}{a^2}+\frac{y^2}{b^2}\geqslant 1} e^{-\left(\frac{x^2}{a^2}+\frac{y^2}{b^2}\right)}dxdy.$

解 作广义极坐标变换 $x=ar\cos\theta,y=br\sin\theta$,由于被积函数非负,故

$$\iint\limits_{\frac{x^2}{a^2}+\frac{y^2}{b^2}\geqslant 1} e^{-\left(\frac{x^2}{a^2}+\frac{y^2}{b^2}\right)}dxdy=\int_0^{2\pi}d\theta\int_0^{+\infty}abre^{-r^2}dr$$

$$=2\pi ab\left(-\frac{1}{2}e^{-r^2}\right)\Bigg|_{r=1}^{r=+\infty}=\frac{\pi}{e}ab.$$

【4180】 $\displaystyle\int_{-\infty}^{+\infty}\int_{-\infty}^{+\infty}xye^{-\left(\frac{x^2}{a^2}+2\varepsilon\frac{x}{a}\cdot\frac{y}{b}+\frac{y^2}{b^2}\right)}dxdy\ (0<|\varepsilon|<1).$

解 作广义极坐标变换 $x=ar\cos\theta,y=br\sin\theta$,则有

$$I=\int_{-\infty}^{+\infty}\int_{-\infty}^{+\infty}xy\mathrm{e}^{-\left(\frac{x^2}{a^2}+2\varepsilon\frac{x}{a}\cdot\frac{y}{b}+\frac{y^2}{b^2}\right)}\mathrm{d}x\mathrm{d}y$$

$$=\int_0^{2\pi}\int_0^{+\infty}\frac{1}{2}a^2b^2r^3\sin2\theta\mathrm{e}^{-r^2(1+\varepsilon\sin2\theta)}\mathrm{d}r\mathrm{d}\theta.\qquad(1)$$

由于$|r^3\sin2\theta\mathrm{e}^{-r^2(1+\varepsilon\sin2\theta)}|\leqslant r^3\mathrm{e}^{-r^2(1-|\varepsilon|)}$,而积分

$$\int_0^{2\pi}\int_0^{+\infty}r^3\mathrm{e}^{-r^2(1-|\varepsilon|)}\mathrm{d}r\mathrm{d}\theta=\int_0^{2\pi}\mathrm{d}\theta\int_0^{+\infty}r^3\mathrm{e}^{-r^2(1-|\varepsilon|)}\mathrm{d}r$$

$$=2\pi\int_0^{+\infty}r^3\mathrm{e}^{-r^2(1-|\varepsilon|)}\mathrm{d}r<+\infty,$$

故(1)式中的二重广义积分收敛.于是,

$$I=\frac{1}{2}a^2b^2\int_0^{2\pi}\sin2\theta\mathrm{d}\theta\int_0^{+\infty}r^3\mathrm{e}^{-r^2(1+\varepsilon\sin2\theta)}\mathrm{d}r.\qquad(2)$$

但是

$$\int_0^{+\infty}r^3\mathrm{e}^{-r^2(1+\varepsilon\sin2\theta)}\mathrm{d}r=\frac{1}{2}\int_0^{+\infty}t\mathrm{e}^{-t(1+\varepsilon\sin2\theta)}\mathrm{d}t$$

$$=-\frac{1}{2(1+\varepsilon\sin2\theta)}\left[t\mathrm{e}^{-t(1+\varepsilon\sin2\theta)}\Big|_{t=0}^{t=+\infty}-\int_0^{+\infty}\mathrm{e}^{-t(1+\varepsilon\sin2\theta)}\mathrm{d}t\right]$$

$$=\frac{1}{2(1+\varepsilon\sin2\theta)}\int_0^{+\infty}\mathrm{e}^{-t(1+\varepsilon\sin2\theta)}\mathrm{d}t=\frac{1}{2(1+\varepsilon\sin2\theta)^2},$$

故

$$I=\frac{1}{4}a^2b^2\int_0^{2\pi}\frac{\sin2\theta}{(1+\varepsilon\sin2\theta)^2}\mathrm{d}\theta$$

$$=\frac{1}{2}a^2b^2\int_0^{\pi}\frac{\sin2\theta}{(1+\varepsilon\sin2\theta)^2}\mathrm{d}\theta=\frac{1}{4}a^2b^2\int_0^{2\pi}\frac{\sin u}{(1+\varepsilon\sin u)^2}\mathrm{d}u$$

$$=\frac{1}{4}a^2b^2\left[\int_0^{\frac{\pi}{2}}\frac{\sin u}{(1+\varepsilon\sin u)^2}\mathrm{d}u+\int_{\frac{\pi}{2}}^{\pi}\frac{\sin u}{(1+\varepsilon\sin u)^2}\mathrm{d}u\right.$$

$$\left.+\int_{\pi}^{\frac{3\pi}{2}}\frac{\sin u}{(1+\varepsilon\sin u)^2}\mathrm{d}u+\int_{\frac{3\pi}{2}}^{2\pi}\frac{\sin u}{(1+\varepsilon\sin u)^2}\mathrm{d}u\right]$$

$$=\frac{1}{2}a^2b^2\left[\int_0^{\frac{\pi}{2}}\frac{\sin u\,du}{(1+\varepsilon\sin u)^2}-\int_0^{\frac{\pi}{2}}\frac{\sin u\,du}{(1-\varepsilon\sin u)^2}\right]. \tag{3}$$

但是(作代换 $u=\frac{\pi}{2}-v$)

$$\int_0^{\frac{\pi}{2}}\frac{\sin u\,du}{(1+\varepsilon\sin u)^2}=\frac{1}{\varepsilon}\int_0^{\frac{\pi}{2}}\left[\frac{1}{1+\varepsilon\sin u}-\frac{1}{(1+\varepsilon\sin u)^2}\right]du$$

$$=\frac{1}{\varepsilon}\int_0^{\frac{\pi}{2}}\left[\frac{1}{1+\varepsilon\cos v}-\frac{1}{(1+\varepsilon\cos v)^2}\right]dv,$$

同理,有

$$\int_0^{\frac{\pi}{2}}\frac{\sin u\,du}{(1-\varepsilon\sin u)^2}=-\frac{1}{\varepsilon}\int_0^{\frac{\pi}{2}}\left[\frac{1}{1-\varepsilon\cos v}-\frac{1}{(1-\varepsilon\cos v)^2}\right]dv.$$

根据 2028 题(1)和 2063 题的结果,可知(当 $0<|\varepsilon|<1$ 时)

$$\int\frac{dx}{1+\varepsilon\cos x}=\frac{2}{\sqrt{1-\varepsilon^2}}\arctan\left(\sqrt{\frac{1-\varepsilon}{1+\varepsilon}}\tan\frac{x}{2}\right)+C, \tag{4}$$

$$\int\frac{dx}{(1+\varepsilon\cos x)^2}=-\frac{\varepsilon\sin x}{(1-\varepsilon^2)(1+\varepsilon\cos x)}$$

$$+\frac{2}{(1-\varepsilon^2)^{\frac{3}{2}}}\arctan\left(\sqrt{\frac{1-\varepsilon}{1+\varepsilon}}\tan\frac{x}{2}\right)+C. \tag{5}$$

(注意,2028 题(1)和 2063 题中假定 $0<\varepsilon<1$,但从其推导过程可以看出公式(4)、(5)当 $-1<\varepsilon<0$ 时也成立).

于是,

$$\int_0^{\frac{\pi}{2}}\frac{\sin u\,du}{(1+\varepsilon\sin u)^2}$$

$$=\frac{1}{\varepsilon}\left[\frac{2}{\sqrt{1-\varepsilon^2}}\arctan\sqrt{\frac{1-\varepsilon}{1+\varepsilon}}+\frac{\varepsilon}{1-\varepsilon^2}-\frac{2}{(1-\varepsilon^2)^{\frac{3}{2}}}\arctan\sqrt{\frac{1-\varepsilon}{1+\varepsilon}}\right],$$

$$\int_0^{\frac{\pi}{2}}\frac{\sin u\,du}{(1-\varepsilon\sin u)^2}$$

$$= -\frac{1}{\varepsilon}\left[\frac{2}{\sqrt{1-\varepsilon^2}}\arctan\sqrt{\frac{1+\varepsilon}{1-\varepsilon}}-\frac{\varepsilon}{1-\varepsilon^2}-\frac{2}{(1-\varepsilon^2)^{\frac{3}{2}}}\arctan\sqrt{\frac{1+\varepsilon}{1-\varepsilon}}\right].$$

从而，由(3)式得

$$I=\frac{1}{\varepsilon}a^2b^2\left[\frac{1}{\sqrt{1-\varepsilon^2}}-\frac{1}{(1-\varepsilon^2)^{\frac{3}{2}}}\right]$$

$$\cdot\left[\arctan\sqrt{\frac{1-\varepsilon}{1+\varepsilon}}+\arctan\sqrt{\frac{1+\varepsilon}{1-\varepsilon}}\right].$$

但对任何的 $x>0$，有

$$\arctan x+\arctan\frac{1}{x}=\frac{\pi}{2},$$

故最后得 $I=\frac{1}{\varepsilon}a^2b^2\left(\frac{1}{\sqrt{1-\varepsilon^2}}-\frac{1}{(1-\varepsilon^2)^{\frac{3}{2}}}\right)\frac{\pi}{2}=-\frac{\pi\varepsilon a^2b^2}{2(1-\varepsilon^2)^{\frac{3}{2}}}$.

研究不连续函数的二重广义积分的收敛性 $(0<m\leqslant|\varphi(x,y)|\leqslant M)$：

【4181】 $\iint\limits_{\Omega}\frac{dx dy}{x^2+y^2}$，式中域 Ω 是由条件 $|y|\leqslant x^2$；$x^2+y^2\leqslant 1$ 所确定.

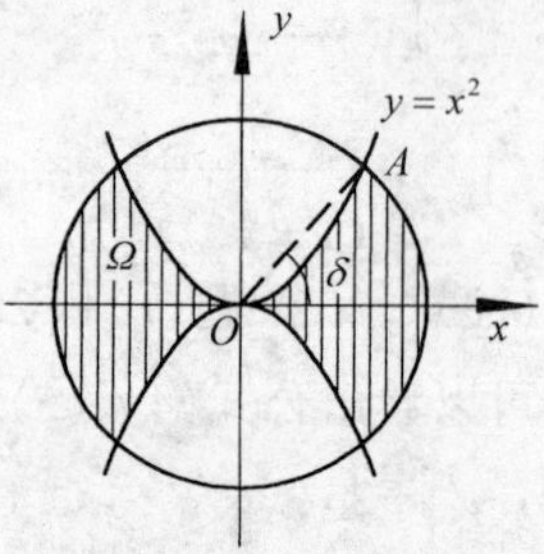

图 8.61

解 显然，Ω 为图 8.61 中的阴影部分. 由于对称性以及被积函数的非负性，采用极坐标就有

$$\iint\limits_{\Omega}\frac{dx dy}{x^2+y^2}$$

$$=4\int_0^{\delta}d\theta\int_{\frac{\sin\theta}{\cos^2\theta}}^{1}\frac{dr}{r}=4\int_0^{\delta}\ln\frac{\cos^2\theta}{\sin\theta}d\theta,$$

其中 δ 表图 8.61 中射线 OA 与 Ox 轴之间的夹角，抛物线 $y=x^2$ 的极坐标方程为 $r=\frac{\sin\theta}{\cos^2\theta}$. 由于

$$\lim_{\theta\to+0}\theta^{\frac{1}{2}}\ln\frac{\cos^2\theta}{\sin\theta}=\lim_{\theta\to+0}\left(\frac{\theta}{\sin\theta}\right)^{\frac{1}{2}}\cdot\cos\theta\cdot\frac{\ln\dfrac{\cos^2\theta}{\sin\theta}}{\left(\dfrac{\cos^2\theta}{\sin\theta}\right)^{\frac{1}{2}}}=0,$$

故积分 $\int_0^{\delta}\ln\frac{\cos^2\theta}{\sin\theta}\mathrm{d}\theta$ 收敛,从而原积分 $\iint\limits_{\Omega}\frac{\mathrm{d}x\mathrm{d}y}{x^2+y^2}$ 收敛.

【4182】 $\iint\limits_{x^2+y^2\leqslant1}\frac{\varphi(x,y)}{(x^2+xy+y^2)^p}\mathrm{d}x\mathrm{d}y.$

解 由于

$$x^2+xy+y^2=\frac{1}{2}(x^2+y^2)+\frac{1}{2}(x+y)^2>0$$

(当 $(x,y)\neq(0,0)$ 时),

故

$$\frac{m}{(x^2+xy+y^2)^p}\leqslant\frac{|\varphi(x,y)|}{(x^2+xy+y^2)^p}\leqslant\frac{M}{(x^2+xy+y^2)^p}$$

(当 $(x,y)\neq(0,0)$ 时),

再注意到广义重积分收敛必绝对收敛,即知积分

$$\iint\limits_{x^2+y^2\leqslant1}\frac{\varphi(x,y)}{x^2+xy+y^2}\mathrm{d}x\mathrm{d}y \quad 与积分 \quad \iint\limits_{x^2+y^2\leqslant1}\frac{\mathrm{d}x\mathrm{d}y}{(x^2+xy+y^2)^p}$$

同时收敛或同时发散. 由于 $\frac{1}{(x^2+xy+y^2)^p}>0$(当 $(x,y)\neq(0,0)$ 时),采用极坐标即得

$$\iint\limits_{x^2+y^2\leqslant1}\frac{\mathrm{d}x\mathrm{d}y}{(x^2+xy+y^2)^p}=\int_0^{2\pi}\frac{\mathrm{d}\theta}{\left(1+\dfrac{1}{2}\sin2\theta\right)^p}\int_0^1\frac{\mathrm{d}r}{r^{2p-1}},$$

$\int_0^{2\pi}\frac{\mathrm{d}\theta}{\left(1+\frac{1}{2}\sin2\theta\right)^p}$ 为常义积分,其值为有限数,而

$$\int_0^1 \frac{\mathrm{d}r}{r^{2p-1}}=\begin{cases}\dfrac{1}{2(1-p)}, & \text{当 } p<1 \text{ 时};\\ +\infty, & \text{当 } p\geqslant 1 \text{ 时}.\end{cases}$$

由此可知:原积分 $\iint\limits_{x^2+y^2\leqslant 1}\frac{\varphi(x,y)}{(x^2+xy+y^2)^p}\mathrm{d}x\mathrm{d}y$ 当 $p<1$ 时收敛,当 $p\geqslant 1$ 时发散.

【4183】 $\iint\limits_{|x|+|y|\leqslant 1}\frac{\mathrm{d}x\mathrm{d}y}{|x|^p+|y|^q}\quad(p>0, q>0)$.

解 由对称性及被积函数的非负性,有

$$\iint\limits_{|x|+|y|\leqslant 1}\frac{\mathrm{d}x\mathrm{d}y}{|x|^p+|y|^q}=4\iint\limits_{\substack{x\geqslant 0,\,y\geqslant 0\\ x+y\leqslant 1}}\frac{\mathrm{d}x\mathrm{d}y}{x^p+y^q}$$

$$=4\iint\limits_{\Omega_1}\frac{\mathrm{d}x\mathrm{d}y}{x^p+y^q}+4\iint\limits_{\Omega_2}\frac{\mathrm{d}x\mathrm{d}y}{x^p+y^q}, \tag{1}$$

其中 $\Omega_1=\{(x,y)\mid x\geqslant 0, y\geqslant 0, x+y\leqslant 1, x^p+y^q\geqslant 2^{-p-q}\}$, $\Omega_2=\{(x,y)\mid x\geqslant 0, y\geqslant 0, x+y\leqslant 1, x^p+y^q\leqslant 2^{-p-q}\}$. 令 $\Omega_3=\{(x,y)\mid x\geqslant 0, y\geqslant 0, x^p+y^q\leqslant 2^{-p-q}\}$, 易知, 当 $x\geqslant 0, y\geqslant 0, x^p+y^q\leqslant 2^{-p-q}$时, 必有 $x+y\leqslant 1$(因为 $x\geqslant 0, y\geqslant 0, x^p+y^q\leqslant\frac{1}{2^{p+q}}$, 故 $x^p\leqslant\frac{1}{2^{p+q}}\leqslant\frac{1}{2^p}$, $y^q\leqslant\frac{1}{2^{p+q}}\leqslant\frac{1}{2^q}$, 从而, $x\leqslant\frac{1}{2}$, $y\leqslant\frac{1}{2}$, 由此知 $x+y\leqslant 1$). 故 $\Omega_3=\Omega_2$. 由于函数$\frac{1}{x^p+y^q}$在有界闭区域Ω_1上连续,故(1)式右端第一个积分为常义积分. 因此,广义积分 $\iint\limits_{|x|+|y|\leqslant 1}\frac{\mathrm{d}x\mathrm{d}y}{|x|^p+|y|^q}$的敛散性取决于广义积分 $\iint\limits_{\Omega_3}\frac{\mathrm{d}x\mathrm{d}y}{x^p+y^q}$ 的敛散性. 在此积分中作变量代换

$$x=r^{\frac{2}{p}}\cos^{\frac{2}{p}}\theta,\qquad y=r^{\frac{2}{q}}\sin^{\frac{2}{q}}\theta,$$

则易知

$$\frac{D(x,y)}{D(r,\theta)}=\frac{4}{pq}r^{\frac{2}{p}+\frac{2}{q}-1}\sin^{\frac{2}{q}-1}\theta\cos^{\frac{2}{p}-1}\theta.$$

于是,注意到被积函数是非负的,得

$$\iint\limits_{\Omega_3}\frac{\mathrm{d}x\mathrm{d}y}{x^p+y^q}=\frac{4}{pq}\int_0^{\frac{\pi}{2}}\sin^{\frac{2}{q}-1}\theta\cos^{\frac{2}{p}-1}\theta\mathrm{d}\theta\int_0^{(\sqrt{2})^{-p-q}}r^{\frac{2}{p}+\frac{2}{q}-3}\mathrm{d}r.$$

由 3856 题的结果知右端第一个积分

$$\int_0^{\frac{\pi}{2}}\sin^{\frac{2}{q}-1}\theta\cos^{\frac{2}{p}-1}\theta\mathrm{d}\theta\quad(p>0,q>0)$$

恒收敛,且其值为$\frac{1}{2}B(\frac{1}{q},\frac{1}{p})$;而第二个积分

$$\int_0^{(\sqrt{2})^{-p-q}}r^{\frac{2}{p}+\frac{2}{q}-3}\mathrm{d}r$$

当$\frac{2}{p}+\frac{2}{q}-3>-1(\frac{1}{p}+\frac{1}{q}>1)$时收敛,当$\frac{2}{p}+\frac{2}{q}-3\leqslant-1$(即$\frac{2}{p}+\frac{2}{q}\leqslant1$)时发散.

综上所述,可知原积分$\iint\limits_{|x|+|y|\leqslant1}\frac{\mathrm{d}x\mathrm{d}y}{|x|^p+|y|^q}$当$\frac{1}{p}+\frac{1}{q}>1$时收敛,当$\frac{1}{p}+\frac{1}{q}\leqslant1$时发散.

【4184】 $\int_0^a\int_0^a\frac{\varphi(x,y)}{|x-y|^p}\mathrm{d}x\mathrm{d}y.$

解 由于$\frac{m}{|x-y|^p}\leqslant\frac{|\varphi(x,y)|}{|x-y|^p}\leqslant\frac{M}{|x-y|^p}$,并注意到广义重积分收敛必绝对收敛,可知积分$\int_0^a\int_0^a\frac{\varphi(x,y)}{|x-y|^p}\mathrm{d}x\mathrm{d}y$与积分$\int_0^a\int_0^a\frac{\mathrm{d}x\mathrm{d}y}{|x-y|^p}$同时收敛或同时发散.由对称性及被积函数的非负性可知,

$$\int_0^a\int_0^a\frac{dxdy}{|x-y|^p}=2\iint\limits_{\substack{0\leqslant x\leqslant a\\0\leqslant y\leqslant x}}\frac{dxdy}{(x-y)^p}.\qquad(1)$$

当 $p<1$ 时,

$$\iint\limits_{\substack{0\leqslant x\leqslant a\\0\leqslant y\leqslant x}}\frac{dxdy}{(x-y)^p}=\int_0^a dx\int_0^x\frac{dy}{(x-y)^p}=\int_0^a\frac{x^{1-p}}{1-p}dx$$

$$=\frac{a^{2-p}}{(1-p)(2-p)}.$$

从而,由(1)式知 $\int_0^a\int_0^a\frac{dxdy}{|x-y|^p}=\frac{2a^{2-p}}{(1-p)(2-p)}$. 因此,当 $p<1$时积分 $\int_0^a\int_0^a\frac{dxdy}{|x-y|^p}$收敛.

现设 $p\geqslant1$. 首先,我们有

$$\iint\limits_{\substack{0\leqslant x\leqslant a\\0\leqslant y\leqslant x}}\frac{dxdy}{(x-y)^p}=\lim_{\varepsilon\to+0}\iint\limits_{\substack{\varepsilon\leqslant x\leqslant a\\0\leqslant y\leqslant x-\varepsilon}}\frac{dxdy}{(x-y)^p}.\qquad(2)$$

若 $p=1$,则

$$\iint\limits_{\substack{\varepsilon\leqslant x\leqslant a\\0\leqslant y\leqslant x-\varepsilon}}\frac{dxdy}{(x-y)^p}=\int_\varepsilon^a dx\int_0^{x-\varepsilon}\frac{dy}{x-y}=\int_\varepsilon^a(\ln x-\ln\varepsilon)dx$$

$$=a\ln a-a+\varepsilon-a\ln\varepsilon,$$

故

$$\lim_{\varepsilon\to+0}\iint\limits_{\substack{\varepsilon\leqslant x\leqslant a\\0\leqslant y\leqslant x-\varepsilon}}\frac{dxdy}{(x-y)^p}=\lim_{\varepsilon\to+0}(a\ln a-a+\varepsilon-a\ln\varepsilon)=+\infty.$$

由此可知,此时 $\int_0^a\int_0^a\frac{dxdy}{|x-y|^p}$发散;若 $p=2$,则

$$\iint\limits_{\substack{\varepsilon\leqslant x\leqslant a\\0\leqslant y\leqslant x-\varepsilon}}\frac{dxdy}{(x-y)^p}=\int_\varepsilon^a dx\int_0^{x-\varepsilon}\frac{dy}{(x-y)^2}=\int_\varepsilon^a\left(\frac{1}{\varepsilon}-\frac{1}{x}\right)dx$$

$$=\frac{a}{\varepsilon}-1-\ln a+\ln\varepsilon,$$

故

$$\lim_{\varepsilon\to+0}\iint\limits_{\substack{\varepsilon\leqslant x\leqslant a\\0\leqslant y\leqslant x-\varepsilon}}\frac{\mathrm{d}x\mathrm{d}y}{(x-y)^p}=\lim_{\varepsilon\to+0}\left(\frac{a+\varepsilon\ln\varepsilon}{\varepsilon}-1-\ln a\right)=+\infty.$$

由此可知,此时积分$\int_0^a\int_0^a\frac{\mathrm{d}x\mathrm{d}y}{|x-y|^p}$发散;最后,若 $p>1$, $p\neq2$,则

$$\iint\limits_{\substack{\varepsilon\leqslant x\leqslant a\\0\leqslant y\leqslant x-\varepsilon}}\frac{\mathrm{d}x\mathrm{d}y}{(x-y)^p}=\int_\varepsilon^a\mathrm{d}x\int_0^{x-\varepsilon}\frac{\mathrm{d}y}{(x-y)^p}=\frac{1}{p-1}\int_\varepsilon^a(\varepsilon^{1-p}-x^{1-p})\mathrm{d}x$$

$$=\frac{1}{(p-1)\varepsilon^{p-1}}\left(a-\frac{p-1}{p-2}\varepsilon\right)+\frac{1}{(p-1)(p-2)a^{p-2}}.$$

从而,

$$\lim_{\varepsilon\to+0}\iint\limits_{\substack{\varepsilon\leqslant x\leqslant a\\0\leqslant y\leqslant x-\varepsilon}}\frac{\mathrm{d}x\mathrm{d}y}{(x-y)^p}=+\infty.$$

由此可知,此时积分$\int_0^a\int_0^a\frac{\mathrm{d}x\mathrm{d}y}{|x-y|^p}$发散.

综上所述,可知积分$\int_0^a\int_0^a\frac{\mathrm{d}x\mathrm{d}y}{|x-y|^p}$当 $p<1$ 时收敛, $p\geqslant1$ 时发散.

【4185】 $\iint\limits_{x^2+y^2\leqslant1}\frac{\varphi(x,y)}{(1-x^2-y^2)^p}\mathrm{d}x\mathrm{d}y.$

解 由于

$$\frac{m}{(1-x^2-y^2)^p}\leqslant\frac{|\varphi(x,y)|}{(1-x^2-y^2)^p}\leqslant\frac{M}{(1-x^2-y^2)^p},$$

再注意到广义重积分收敛必绝对收敛,即知积分

$$\iint\limits_{x^2+y^2\leqslant1}\frac{\varphi(x,y)}{(1-x^2-y^2)^p}\mathrm{d}x\mathrm{d}y\quad\text{与积分}\quad\iint\limits_{x^2+y^2\leqslant1}\frac{\mathrm{d}x\mathrm{d}y}{(1-x^2-y^2)^p}$$

同时收敛同时发散.采用极坐标,由于被积函数$\frac{1}{(1-x^2-y^2)^p}$

是正的，故

$$\iint\limits_{x^2+y^2\leqslant 1}\frac{\mathrm{d}x\mathrm{d}y}{(1-x^2-y^2)^p}=\int_0^{2\pi}\mathrm{d}\theta\int_0^1\frac{r}{(1-r^2)^p}\mathrm{d}r$$

$$=2\pi\int_0^1\frac{r\mathrm{d}r}{(1-r)^p(1+r)^p}.$$

由于

$$\lim_{r\to 1-0}(1-r)^p\cdot\frac{r}{(1-r)^p(1+r)^p}=2^{-p},$$

故积分 $\int_0^1\frac{r\mathrm{d}r}{(1-r)^p(1+r)^p}$ 当 $p<1$ 时收敛，$p>1$ 时发散；当 $p=1$时，有

$$\int_0^1\frac{r\mathrm{d}r}{1-r^2}=-\frac{1}{2}\ln(1-r^2)\Big|_0^1=+\infty,$$

故积分也发散. 由此可知，积分 $\iint\limits_{x^2+y^2\leqslant 1}\frac{\varphi(x,y)}{(1-x^2-y^2)^p}\mathrm{d}x\mathrm{d}y$ 当 $p<1$时收敛；当 $p\geqslant 1$ 时发散.

【4186】 证明，如果：1）函数 $\varphi(x,y)$在有界域 $a\leqslant x\leqslant A$，$b\leqslant y\leqslant B$ 内是连续的；2）函数 $f(x)$在闭区间 $a\leqslant x\leqslant A$ 上连续；3）$p<1$，则积分

$$\int_a^A\mathrm{d}x\int_b^B\frac{\varphi(x,y)}{|f(x)-y|^p}\mathrm{d}y$$

收敛.

证 首先注意，由于 $p<1$，故积分 $\int_b^B\frac{\mathrm{d}y}{|f(x)-y|^p}$对每个固定的$x\in[a,A]$恒收敛，（若 $f(x)\in[b,B]$此为瑕积分，点 $f(x)$是瑕点，由于 $p<1$，它收敛；若 $f(x)\overline{\in}[b,B]$，则为常义积分，当然收敛）. 再根据 $\varphi(x,y)$的有界性，即知：对每个固定

的 $x\in[a,A]$，积分 $\int_b^B \frac{\varphi(x,y)}{|f(x)-y|^p}dy$ 都收敛. 令

$$F(x)=\int_b^B \frac{\varphi(x,y)}{|f(x)-y|^p}dy \quad (a\leqslant x\leqslant A).$$

下面我们证明 $F(x)$是 $a\leqslant x\leqslant A$ 上的连续函数. 若已获证，则积分

$$\int_a^A dx\int_b^B \frac{\varphi(x,y)}{|f(x)-y|^p}dy=\int_a^A F(x)dx$$

显然是收敛的（右端为常义积分），于是本题获证. 令 $c=\max\limits_{a\leqslant x\leqslant A}|f(x)|$. 今将函数 $\varphi(x,y)$连续地延拓到有界闭矩形 $R(a\leqslant x\leqslant A, b-2c\leqslant y\leqslant B+2c)$上（只要规定

$$\varphi(x,y)=\begin{cases}\varphi(x,B), 当\ a\leqslant x\leqslant A, B<y\leqslant B+2c\ 时,\\ \varphi(x,b), 当\ a\leqslant x\leqslant A, b-2c\leqslant y<b\ 时\end{cases}$$

即可）. 延拓后的函数仍记为 $\varphi(x,y)$. 由于 $\varphi(x,y)$及 $|f(x)-y|^{1-p}$都在 R 上连续，故有界且一致连续：存在常数 M，使对一切$(x,y)\in R$，有

$$|\varphi(x,y)|\leqslant M, \quad |f(x)-y|^{1-p}\leqslant M. \tag{1}$$

任给 $\varepsilon>0$，存在 $\delta_1>0$（取 $\delta_1<\left(\frac{\varepsilon}{2}\right)^{\frac{1}{1-p}}$），使当$|x_1-x_2|<\delta_1$，$|y_1-y_2|<\delta_1$（$(x_1,y_1)\in R,(x_2,y_2)\in R$）时，恒有

$$|\varphi(x_1,y_1)-\varphi(x_2,y_2)|<\varepsilon, \tag{2}$$

$$\left||f(x_1)-y_1|^{1-p}-|f(x_2)-y_2|^{1-p}\right|<\varepsilon. \tag{3}$$

又由 $f(x)$在$[a,A]$上的一致连续性可知，存在 $\delta_2>0$，使当 $|x_1-x_2|<\delta_2$（$x_1,x_2\in[a,A]$），恒有

$$|f(x_1)-f(x_2)|<\delta_1. \tag{4}$$

令 $\delta=\min\{\delta_1,\delta_2\}$. 于是，由（2）式可知：当 $|x_1-x_2|<$

$\delta(x_1, x_2 \in [a, A])$时，对一切 $b-c \leqslant y \leqslant B+c$，恒有

$$|\varphi(x_1, y+f(x_1)) - \varphi(x_2, y+f(x_2))| < \varepsilon. \tag{5}$$

现设$|x_1 - x_2| < \delta$，$(x_1, x_2 \in [a, A])$. 不失一般性，设 $f(x_1) \geqslant f(x_2)$，我们有

$$F(x_1) - F(x_2) = \int_b^B \frac{\varphi(x_1, y)}{|f(x_1) - y|^p} dy - \int_b^B \frac{\varphi(x_2, y)}{|f(x_2) - y|^p} dy$$

$$= \int_{b-f(x_1)}^{B-f(x_1)} \frac{\varphi(x_1, u+f(x_1))}{|u|^p} du - \int_{b-f(x_2)}^{B-f(x_2)} \frac{\varphi(x_2, u+f(x_2))}{|u|^p} du$$

$$= \int_{b-f(x_1)}^{B-f(x_2)} \frac{\varphi(x_1, u+f(x_1)) - \varphi(x_2, u+f(x_2))}{|u|^p} du$$

$$- \int_{B-f(x_1)}^{B-f(x_2)} \frac{\varphi(x_1, u+f(x_1))}{|u|^p} du + \int_{b-f(x_1)}^{b-f(x_2)} \frac{\varphi(x_2, u+f(x_2))}{|u|^p} du$$

$$= I_1 - I_2 + I_3, \tag{6}$$

其中 I_1, I_2, I_3 分别表上式中的三个积分. 易知($p<1$)

$$\int_\alpha^\beta \frac{du}{|u|^p} = \begin{cases} \frac{1}{1-p}[\beta^{1-p} - \alpha^{1-p}], & \text{当 } 0 \leqslant \alpha \leqslant \beta \text{ 时;} \\ \frac{1}{1-p}[(-\alpha)^{1-p} - (-\beta)^{1-p}], & \text{当 } \alpha \leqslant \beta \leqslant 0 \text{ 时;} \\ \frac{1}{1-p}[\beta^{1-p} + (-\alpha)^{1-p}], & \text{当 } \alpha < 0 < \beta \text{ 时.} \end{cases}$$

从而，在任何情形下均有

$$\int_\alpha^\beta \frac{du}{|u|^p} \leqslant \frac{1}{1-p}(|\beta|^{1-p} + |\alpha|^{1-p}); \tag{7}$$

而当 α, β 同号时，有

$$\int_\alpha^\beta \frac{du}{|u|^p} = \frac{1}{1-p}\left| |\beta|^{1-p} - |\alpha|^{1-p} \right|. \tag{8}$$

于是，由(5)式、(1)式及(7)式，得

$$|I_1| < \varepsilon \int_{b-f(x_1)}^{B-f(x_2)} \frac{du}{|u|^p}$$

$$\leqslant \frac{\varepsilon}{1-p}(|B-f(x_2)|^{1-p}+|b-f(x_1)|^{1-p})$$

$$\leqslant \frac{2M\varepsilon}{1-p}. \tag{9}$$

下面估计 I_2:若 $B-f(x_2)$ 与 $B-f(x_1)$ 同号,则由(1)式、(8)式及(3)式,有

$$|I_2| \leqslant M\int_{B-f(x_1)}^{B-f(x_2)} \frac{\mathrm{d}u}{|u|^p}$$

$$= \frac{M}{1-p}\left||B-f(x_2)|^{1-p}-|B-f(x_1)|^{1-p}\right|$$

$$< \frac{M\varepsilon}{1-p};$$

若 $B-f(x_2)$ 与 $B-f(x_1)$ 异号,即 $B-f(x_1)<0<B-f(x_2)$.由于 $[B-f(x_2)]-[B-f(x_1)]=f(x_1)-f(x_2)<\delta_1$,故有 $|B-f(x_1)|<\delta_1$,$|B-f(x_2)|<\delta_1$.于是,由(7)式并注意到 $\delta_1<\left(\frac{\varepsilon}{2}\right)^{\frac{1}{1-p}}$,即得

$$|I_2| \leqslant M\int_{B-f(x_1)}^{B-f(x_2)} \frac{\mathrm{d}u}{|u|^p}$$

$$\leqslant \frac{M}{1-p}(|B-f(x_2)|^{1-p}+|B-f(x_1)|^{1-p})$$

$$< \frac{M}{1-p}(\delta_1^{1-p}+\delta_1^{1-p})<\frac{M\varepsilon}{1-p}.$$

所以,在任何情况下均有

$$|I_2|<\frac{M\varepsilon}{1-p}. \tag{10}$$

同理,可得(在任何情况下)

$$|I_3|<\frac{M\varepsilon}{1-p}. \tag{11}$$

于是,由(6)式、(9)式、(10)式及(11)式,即得

$$|F(x_1)-F(x_2)|<|I_1|+|I_2|+|I_3|<\frac{4M\varepsilon}{1-p}.$$

由此可知，$F(x)$在 $a\leqslant x\leqslant A$ 上(一致)连续，证毕.

计算下列积分：

【4187】 $\displaystyle\iint\limits_{x^2+y^2\leqslant 1}\ln\frac{1}{\sqrt{x^2+y^2}}\mathrm{d}x\mathrm{d}y.$

解 采用极坐标，由于被积函数非负，故有

$$\iint\limits_{x^2+y^2\leqslant 1}\ln\frac{1}{\sqrt{x^2+y^2}}\mathrm{d}x\mathrm{d}y=\int_0^{2\pi}\mathrm{d}\theta\int_0^1 r\ln\frac{1}{r}\mathrm{d}r$$

$$=-2\pi\int_0^1 r\ln r\mathrm{d}r=-2\pi\left(\frac{r^2}{2}\ln r\Big|_0^1-\int_0^1\frac{r}{2}\mathrm{d}r\right)=\frac{\pi}{2}.$$

【4188】 $\displaystyle\int_0^a\mathrm{d}x\int_0^x\frac{\mathrm{d}y}{\sqrt{(a-x)(x-y)}}\quad(a>0).$

解 $\displaystyle\int_0^a\mathrm{d}x\int_0^x\frac{\mathrm{d}y}{\sqrt{(a-x)(x-y)}}=\int_0^a\frac{2\sqrt{x}}{\sqrt{a-x}}\mathrm{d}x.$

作变量代换 $x=au$，则

$$\int_0^a\frac{2\sqrt{x}}{\sqrt{a-x}}\mathrm{d}x=2a\int_0^1 u^{\frac{1}{2}}(1-u)^{-\frac{1}{2}}\mathrm{d}u=2aB\left(\frac{3}{2},\frac{1}{2}\right)$$

$$=2a\frac{\Gamma\left(\frac{3}{2}\right)\Gamma\left(\frac{1}{2}\right)}{\Gamma(2)}=2a\cdot\frac{1}{2}\left[\Gamma\left(\frac{1}{2}\right)\right]^2=\pi a.$$

【4189】 $\displaystyle\iint\limits_{\Omega}\ln\sin(x-y)\mathrm{d}x\mathrm{d}y$，这里域 Ω 是由直线 $y=0$，$y=x$，$x=\pi$ 所界.

解 作变量代换 $x=u+v$，$y=u-v$，则 Oxy 平面上的域 Ω 变为 uv 平面上的域 Ω'. 显然 Ω' 由直线 $u=v$，$v=0$，$u+v=\pi$ 所界. 又有 $\dfrac{D(x,y)}{D(u,v)}=-2$. 于是，再注意到被积函数非正，即

$$=4\pi\int_0^1\frac{\mathrm{d}r}{r^{2p-2}}.$$

显然，$\int_0^1\frac{\mathrm{d}r}{r^{2p-2}}$ 当 $p<\frac{3}{2}$ 时收敛，当 $p\geqslant\frac{3}{2}$ 时发散；故 $\iiint\limits_{x^2+y^2+z^2\leqslant 1}\frac{\varphi(x,y,z)}{(x^2+y^2+z^2)^p}\mathrm{d}x\mathrm{d}y\mathrm{d}z$ 当 $p<\frac{3}{2}$ 时收敛，当 $p\geqslant\frac{3}{2}$ 时发散.

【4193】 $\iiint\limits_{|x|+|y|+|z|>1}\frac{\mathrm{d}x\mathrm{d}y\mathrm{d}z}{|x|^p+|y|^q+|z|^r}$ $(p>0,\ q>0,\ r>0)$.

解 由对称性及被积函数的非负性，有

$$\iiint\limits_{|x|+|y|+|z|>1}\frac{\mathrm{d}x\mathrm{d}y\mathrm{d}z}{|x|^p+|y|^q+|z|^r}=8\iiint\limits_{\substack{x\geqslant0,\ y\geqslant0,\ z\geqslant0\\ x+y+z>1}}\frac{\mathrm{d}x\mathrm{d}y\mathrm{d}z}{x^p+y^q+z^r}$$

$$=8\iiint\limits_{\Omega_1}\frac{\mathrm{d}x\mathrm{d}y\mathrm{d}z}{x^p+y^q+z^r}+8\iiint\limits_{\Omega_2}\frac{\mathrm{d}x\mathrm{d}y\mathrm{d}z}{x^p+y^q+z^r}.$$

其中，令

$\Omega_1=\{(x,y,z)\mid x\geqslant0,y\geqslant0,z\geqslant0,x+y+z>1,x^p+y^q+z^r\leqslant3\}$,

$\Omega_2=\{(x,y,z)\mid x\geqslant0,y\geqslant0,z\geqslant0,x+y+z>1,x^p+y^q+z^r>3\}$,

令 $\Omega_3=\{(x,y,z)\mid x\geqslant0,y\geqslant0,z\geqslant0,x^p+y^q+z^r>3\}$.

由于当 $x\geqslant0,y\geqslant0,z\geqslant0,x^p+y^q+z^r>3$ 时必有 $x+y+z>1$（否则，$x+y+z\leqslant1$，就有 $x\leqslant1,y\leqslant1,z\leqslant1$，从而，$x^p\leqslant1$，$y^q\leqslant1,z^r\leqslant1$，于是 $x^p+y^q+z^r\leqslant3$），故 $\Omega_2=\Omega_3$. 显然，$\iiint\limits_{\Omega_1}\frac{\mathrm{d}x\mathrm{d}y\mathrm{d}z}{x^p+y^q+z^r}$ 为常义积分，故积分 $\iiint\limits_{|x|+|y|+|z|>1}\frac{\mathrm{d}x\mathrm{d}y\mathrm{d}z}{|x|^p+|y|^q+|z|^r}$ 的敛散性取决于 $\iiint\limits_{\Omega_3}\frac{\mathrm{d}x\mathrm{d}y\mathrm{d}z}{x^p+y^q+z^r}$ 的敛散性. 对此积分，作变量代换

$$x=R^{\frac{2}{p}}\cos^{\frac{2}{p}}\varphi\cos^{\frac{2}{p}}\psi,\quad y=R^{\frac{2}{q}}\sin^{\frac{2}{q}}\varphi\cos^{\frac{2}{q}}\psi,\quad z=R^{\frac{2}{r}}\sin^{\frac{2}{r}}\psi.$$

则易知

$$\frac{D(x,y,z)}{D(R,\varphi,\psi)}=\frac{8}{pqr}R^{\frac{2}{p}+\frac{2}{q}+\frac{2}{r}-1}\cos^{\frac{2}{p}-1}\varphi\sin^{\frac{2}{q}-1}\varphi\sin^{\frac{2}{r}-1}\psi\cos^{\frac{2}{p}+\frac{2}{q}-1}\psi.$$

于是,由被积函数的非负性,并利用3856题的结果,得

$$\iiint\limits_{\Omega_3}\frac{dxdydz}{x^p+y^q+z^r}=\frac{8}{pqr}\int_0^{\frac{\pi}{2}}\sin^{\frac{2}{r}-1}\psi\cos^{\frac{2}{p}+\frac{2}{q}-1}\psi d\psi$$

$$\cdot\int_0^{\frac{\pi}{2}}\sin^{\frac{2}{q}-1}\psi\cos^{\frac{2}{p}-1}\varphi d\varphi\cdot\int_{\sqrt{3}}^{+\infty}R^{\frac{2}{p}+\frac{2}{q}+\frac{2}{r}-3}dR$$

$$=\frac{8}{pqr}\cdot\frac{1}{2}B\left(\frac{1}{r},\frac{1}{p}+\frac{1}{q}\right)\cdot\frac{1}{2}B\left(\frac{1}{q},\frac{1}{p}\right)\int_{\sqrt{3}}^{+\infty}R^{\frac{2}{p}+\frac{2}{q}+\frac{2}{r}-3}dR$$

$$=\frac{2}{pqr}B\left(\frac{1}{r},\frac{1}{p}+\frac{1}{q}\right)B\left(\frac{1}{q},\frac{1}{p}\right)\cdot\int_{\sqrt{3}}^{+\infty}R^{\frac{2}{p}+\frac{2}{q}+\frac{2}{r}-3}dR.$$

由于积分$\int_{\sqrt{3}}^{+\infty}R^{\frac{2}{p}+\frac{2}{q}+\frac{2}{r}-3}dR$当$\frac{2}{p}+\frac{2}{q}+\frac{2}{r}-3<-1$(即$\frac{1}{p}+\frac{1}{q}+\frac{1}{r}<1$)时收敛,当$\frac{2}{p}+\frac{2}{q}+\frac{2}{r}-3\geqslant-1$时发散,故积分$\iiint\limits_{\Omega_3}\frac{dxdydz}{x^p+y^q+z^r}$(从而积分$\iiint\limits_{|x|+|y|+|z|>1}\frac{dxdydz}{|x|^p+|y|^q+|z|^r}$)当$\frac{1}{p}+\frac{1}{q}+\frac{1}{r}<1$时收敛,当$\frac{1}{p}+\frac{1}{q}+\frac{1}{r}\geqslant1$时发散.

【4194】 $\int_0^a\int_0^a\int_0^a\frac{f(x,y,z)dxdydz}{\{[y-\varphi(x)]^2+[z-\psi(x)]^2\}^p}$,其中$0<m\leqslant|f(x,y,z)|\leqslant M$,而$\varphi(x)$和$\psi(x)$是在闭区间$[0,a]$上的连续函数.

解 由于 $$\frac{m}{\{[y-\varphi(x)]^2+[z-\psi(x)]^2\}^p}$$

$$\leqslant\frac{|f(x,y,z)|}{\{[y-\varphi(x)]^2+[z-\psi(x)]^2\}^p}$$

$$\leqslant \frac{M}{\{[y-\varphi(x)]^2+[z-\psi(x)]^2\}^p},$$

并注意到广义重积分收敛必绝对收敛,即知积分

$$\int_0^a\int_0^a\int_0^a \frac{f(x,y,z)\mathrm{d}x\mathrm{d}y\mathrm{d}z}{\{[y-\varphi(x)]^2+[z-\psi(x)]^2\}^p}$$

与积分 $\displaystyle\int_0^a\int_0^a\int_0^a \frac{\mathrm{d}x\mathrm{d}y\mathrm{d}z}{\{[y-\varphi(x)]^2+[z-\psi(x)]^2\}^p}$

同时收敛或同时发散.由被积函数 $\dfrac{1}{\{[y-\varphi(x)]^2+[z-\psi(x)]^2\}^p}$ 的非负性,我们有

$$\int_0^a\int_0^a\int_0^a \frac{\mathrm{d}x\mathrm{d}y\mathrm{d}z}{\{[y-\varphi(x)]^2+[z-\psi(x)]^2\}^p}=\int_0^a F(x)\mathrm{d}x,$$

其中

$$F(x)=\int_0^a\int_0^a \frac{\mathrm{d}y\mathrm{d}z}{\{[y-\varphi(x)]^2+[z-\psi(x)]^2\}^p}\quad (0\leqslant x\leqslant a).$$

作变量代换

$$u=y-\varphi(x),\quad v=z-\psi(x)\quad (x\text{ 固定}),$$

则

$$\frac{D(y,z)}{D(u,v)}=\frac{1}{\dfrac{D(u,v)}{D(y,z)}}=1.$$

从而,有

$$F(x)=\iint\limits_{\substack{-\varphi(x)\leqslant u\leqslant a-\varphi(x)\\ -\psi(x)\leqslant v\leqslant a-\psi(x)}} \frac{\mathrm{d}u\mathrm{d}v}{(u^2+v^2)^p}. \qquad (1)$$

先设 $p<1$. 令 $c=\max\limits_{0\leqslant x\leqslant a}(|\varphi(x)|+|\psi(x)|)$,则由(1)式知,

$$0<F(x)\leqslant \iint\limits_{\substack{-c\leqslant u\leqslant a+c\\ -c\leqslant v\leqslant a+c}} \frac{\mathrm{d}u\mathrm{d}v}{(u^2+v^2)^p}<\iint\limits_{u^2+v^2\leqslant 2(a+c)^2} \frac{\mathrm{d}u\mathrm{d}v}{(u^2+v^2)^p}$$

$$=\int_0^{2\pi}\mathrm{d}\theta\int_0^{\sqrt{2}(a+c)}\frac{\mathrm{d}r}{r^{2p-1}}=\frac{\pi}{1-p}[\sqrt{2}(a+c)]^{2-2p},$$

即 $F(x)$有界(实际上,仿 4186 题的证明过程还可证明 $F(x)$在 $0\leqslant x\leqslant a$ 上连续),从而 $\int_0^a F(x)\mathrm{d}x$ 是常义积分,显然收敛.由此可知,此时积分

$$\int_0^a\int_0^a\int_0^a \frac{\mathrm{d}x\mathrm{d}y\mathrm{d}z}{\{[y-\varphi(x)]^2+[z-\psi(x)]^2\}^p} \tag{2}$$

收敛.

次设 $p\geqslant 1$,这时积分(2)可能收敛也可能发散,分两种情况讨论:

(ⅰ) 若不存在这样的 $x\in[0,a]$使 $0\leqslant\varphi(x)\leqslant a$, $0\leqslant\psi(x)\leqslant a$ 同时成立(例如,$\varphi(x)$或 $\psi(x)$的值完全位于$[0,a]$之外;这时,对一切 $0\leqslant x\leqslant a$, $0\leqslant y\leqslant a$, $0\leqslant z\leqslant a$,均有:连续函数$\{[y-\varphi(x)]^2+[z-\psi(x)]^2\}^p>0$.从而,积分(2)收敛(这时是常义积分).

(ⅱ) 若存在这样的点 $x\in[0,a]$使 $0<\varphi(x)<a$, $0<\psi(x)<a$ 同时成立;由 $\varphi(x)$与 $\psi(x)$的连续性,必存在正数 ε 及闭区间 $I_0\subset[0,a]$,使当 $x\in I_0$ 时,恒有 $\varepsilon\leqslant\varphi(x)\leqslant a-\varepsilon$, $\varepsilon\leqslant\psi(x)\leqslant a-\varepsilon$,从而由(1)式知:当 $x\in I_0$ 时,有

$$F(x)\geqslant \iint\limits_{\substack{-\varepsilon\leqslant u\leqslant\varepsilon\\ -\varepsilon\leqslant v\leqslant\varepsilon}} \frac{\mathrm{d}u\mathrm{d}v}{(u^2+v^2)^p}\geqslant \iint\limits_{u^2+v^2\leqslant\varepsilon^2}\frac{\mathrm{d}u\mathrm{d}v}{(u^2+v^2)^p}$$

$$=\int_0^{2\pi}\mathrm{d}\theta\int_0^{\varepsilon}\frac{\mathrm{d}r}{r^{2p-1}}=2\pi\int_0^{\varepsilon}\frac{\mathrm{d}r}{r^{2p-1}}=+\infty \quad (\text{注意 } p\geqslant 1),$$

即当 $x\in I_0$ 时恒有 $F(x)=+\infty$,由此可知,积分 $\int_0^a F(x)\mathrm{d}x$ 发散.于是,积分(2)发散.

综上所述,可知:积分

$$\int_0^a\int_0^a\int_0^a \frac{f(x,y,z)\mathrm{d}x\mathrm{d}y\mathrm{d}z}{\{[y-\varphi(x)]^2+[z-\psi(x)]^2\}^p}$$

当 $p<1$ 时收敛；当 $p\geqslant 1$ 时，若不存在 $x\in[0,a]$ 使 $0\leqslant\varphi(x)\leqslant a$，$0\leqslant\psi(x)\leqslant a$，则收敛；若存在 $x\in[0,a]$，使 $0<\varphi(x)<a$，$0<\psi(x)<a$，则发散.

【4195】 $\displaystyle\iiint\limits_{\substack{|x|\leqslant 1\\|y|\leqslant 1\\|z|\leqslant 1}}\frac{\mathrm{d}x\mathrm{d}y\mathrm{d}z}{|x+y-z|^p}$.

解 我们有(注意被积函数的非负性)

$$\iiint\limits_{\substack{|x|\leqslant 1\\|y|\leqslant 1\\|z|\leqslant 1}}\frac{\mathrm{d}x\mathrm{d}y\mathrm{d}z}{|x+y-z|^p}=2\iiint\limits_{\substack{|x|\leqslant 1,\,|y|\leqslant 1,\,|z|\leqslant 1\\x+y-z\geqslant 0}}\frac{\mathrm{d}x\mathrm{d}y\mathrm{d}z}{(x+y-z)^p}$$

$$=2\iint\limits_{\substack{|x|\leqslant 1,\,|y|\leqslant 1\\-1\leqslant x+y\leqslant 1}}\mathrm{d}x\mathrm{d}y\int_{-1}^{x+y}\frac{\mathrm{d}z}{(x+y-z)^p}+2\iint\limits_{\substack{0\leqslant x\leqslant 1\\0\leqslant y\leqslant 1\\x+y\geqslant 1}}\mathrm{d}x\mathrm{d}y\int_{-1}^{1}\frac{\mathrm{d}z}{(x+y-z)^p}$$

$$=2I_1+2I_2,$$

其中 I_1 表第一个积分，I_2 表第二个积分.

若 $p<1$，则

$$\int_{-1}^{x+y}\frac{\mathrm{d}z}{(x+y-z)^p}=\frac{(x+y+1)^{1-p}}{1-p},$$

$$\int_{-1}^{1}\frac{\mathrm{d}z}{(x+y-z)^p}=\frac{(x+y+1)^{1-p}-(x+y-1)^{1-p}}{p-1}(x+y\geqslant 1),$$

故

$$I_1=\frac{1}{1-p}\iint\limits_{\substack{|x|\leqslant 1,\,|y|\leqslant 1\\-1\leqslant x+y\leqslant 1}}(x+y+1)^{1-p}\mathrm{d}x\mathrm{d}y,$$

$$I_2=\frac{1}{1-p}\iint\limits_{\substack{0\leqslant x\leqslant 1,\,0\leqslant y\leqslant 1\\x+y\geqslant 1}}[(x+y+1)^{1-p}-(x+y-1)^{1-p}]\mathrm{d}x\mathrm{d}y.$$

显然，I_1 与 I_2 均为常义(二重)积分，当然收敛. 因此，积分 $\displaystyle\iiint\limits_{\substack{|x|\leqslant 1\\|y|\leqslant 1\\|z|\leqslant 1}}\frac{\mathrm{d}x\mathrm{d}y\mathrm{d}z}{|x+y-z|^p}$ 收敛.

若 $p\geqslant 1$，则当 $x+y>-1$ 时，$\int_{-1}^{x+y}\frac{\mathrm{d}z}{|x+y-z|^p}=+\infty$，故 $I_1=+\infty$，又显然有 $I_2>0$，故此时积分 $\iiint\limits_{\substack{|x|\leqslant 1\\|y|\leqslant 1\\|z|\leqslant 1}}\frac{\mathrm{d}x\mathrm{d}y\mathrm{d}z}{|x+y-z|^p}$发散.

计算积分：

【4196】 $\int_0^1\int_0^1\int_0^1\frac{\mathrm{d}x\mathrm{d}y\mathrm{d}z}{x^py^qz^r}$.

解 由于被积函数非负，故

$$\int_0^1\int_0^1\int_0^1\frac{\mathrm{d}x\mathrm{d}y\mathrm{d}z}{x^py^qz^r}=\int_0^1\frac{\mathrm{d}x}{x^p}\int_0^1\frac{\mathrm{d}y}{y^q}\int_0^1\frac{\mathrm{d}z}{z^r}=\frac{1}{(1-p)(1-q)(1-r)}$$

（若 $p<1,q<1,r<1$）.

注意，若 $p\geqslant 1$ 或 $q\geqslant 1$ 或 $r\geqslant 1$，则

$$\int_0^1\int_0^1\int_0^1\frac{\mathrm{d}x\mathrm{d}y\mathrm{d}z}{x^py^qz^r}=+\infty.$$

【4197】 $\iiint\limits_{x^2+y^2+z^2>1}\frac{\mathrm{d}x\mathrm{d}y\mathrm{d}z}{(x^2+y^2+z^2)^3}$.

解 采用球坐标，由于被积函数的非负性，有

$$\iiint\limits_{x^2+y^2+z^2>1}\frac{\mathrm{d}x\mathrm{d}y\mathrm{d}z}{(x^2+y^2+z^2)^3}=\int_0^{2\pi}\mathrm{d}\varphi\int_{-\frac{\pi}{2}}^{\frac{\pi}{2}}\cos\psi\mathrm{d}\psi\int_1^{+\infty}\frac{\mathrm{d}r}{r^4}$$

$$=2\pi\cdot 2\cdot\frac{1}{3}=\frac{4\pi}{3}.$$

【4198】 $\iiint\limits_{x^2+y^2+z^2\leqslant 1}\frac{\mathrm{d}x\mathrm{d}y\mathrm{d}z}{(1-x^2-y^2-z^2)^p}$.

解 采用球坐标，由于被积函数的非负性，有

$$\iiint\limits_{x^2+y^2+z^2\leqslant 1}\frac{\mathrm{d}x\mathrm{d}y\mathrm{d}z}{(1-x^2-y^2-z^2)^p}$$

$$=\int_0^{2\pi}\mathrm{d}\varphi\int_{-\frac{\pi}{2}}^{\frac{\pi}{2}}\cos\psi\mathrm{d}\psi\int_0^1\frac{r^2}{(1-r^2)^p}\mathrm{d}r=4\pi\int_0^1\frac{r^2}{(1-r^2)^p}\mathrm{d}r.$$

作代换 $t=r^2$,则当 $p<1$ 时,有

$$\int_0^1\frac{r^2}{(1-r^2)^p}\mathrm{d}r=\frac{1}{2}\int_0^1 t^{\frac{1}{2}}(1-t)^{-p}\mathrm{d}t=\frac{1}{2}B\left(\frac{3}{2},1-p\right).$$

从而,当 $p<1$ 时,有

$$\iiint\limits_{x^2+y^2+z^2\leqslant 1}\frac{\mathrm{d}x\mathrm{d}y\mathrm{d}z}{(1-x^2-y^2-z^2)^p}=2\pi B\left(\frac{3}{2},1-p\right).$$

注意,若 $p\geqslant 1$,则 $\int_0^1 t^{\frac{1}{2}}(1-t)^{-p}\mathrm{d}t=+\infty$,故

$$\iiint\limits_{x^2+y^2+z^2\leqslant 1}\frac{\mathrm{d}x\mathrm{d}y\mathrm{d}z}{(1-x^2-y^2-z^2)^p}=+\infty.$$

【4199】 $\int_{-\infty}^{+\infty}\int_{-\infty}^{+\infty}\int_{-\infty}^{+\infty}\mathrm{e}^{-(x^2+y^2+z^2)}\mathrm{d}x\mathrm{d}y\mathrm{d}z.$

解 采用球坐标,由被积函数的非负性,有

$$\int_{-\infty}^{+\infty}\int_{-\infty}^{+\infty}\int_{-\infty}^{+\infty}\mathrm{e}^{-(x^2+y^2+z^2)}\mathrm{d}x\mathrm{d}y\mathrm{d}z$$

$$=\int_0^{2\pi}\mathrm{d}\varphi\int_{-\frac{\pi}{2}}^{\frac{\pi}{2}}\cos\psi\mathrm{d}\psi\int_0^{+\infty}r^2\mathrm{e}^{-r^2}\mathrm{d}r=4\pi\int_0^{+\infty}r^2\mathrm{e}^{-r^2}\mathrm{d}r.$$

作代换 $r^2=t$,则

$$\int_0^{+\infty}r^2\mathrm{e}^{-r^2}\mathrm{d}r=\frac{1}{2}\int_0^{+\infty}t^{\frac{1}{2}}\mathrm{e}^{-t}\mathrm{d}t=\frac{1}{2}\Gamma\left(\frac{3}{2}\right)=\frac{1}{4}\Gamma\left(\frac{1}{2}\right)=\frac{\sqrt{\pi}}{4}.$$

于是,

$$\int_{-\infty}^{+\infty}\int_{-\infty}^{+\infty}\int_{-\infty}^{+\infty}\mathrm{e}^{-(x^2+y^2+z^2)}\mathrm{d}x\mathrm{d}y\mathrm{d}z=\pi^{\frac{3}{2}}.$$

【4200】 计算积分

$$\int_{-\infty}^{+\infty}\int_{-\infty}^{+\infty}\int_{-\infty}^{+\infty}\mathrm{e}^{-P(x_1,x_2,x_3)}\mathrm{d}x_1\mathrm{d}x_2\mathrm{d}x_3,$$

其中 $P(x_1,x_2,x_3)=\sum_{i=1}^{3}\sum_{j=1}^{3}a_{ij}x_ix_j\ (a_{ij}=a_{ji})$为正定形.

解 用 A 表矩阵

$$\begin{pmatrix} a_{11} & a_{12} & a_{13} \\ a_{21} & a_{22} & a_{23} \\ a_{31} & a_{32} & a_{33} \end{pmatrix}$$

由于二次型 $\sum_{i=1}^{3}\sum_{j=1}^{3}a_{ij}x_ix_j$ 是正定的,故由高等代数中关于二次型的理论知:存在正交矩阵

$$B=\begin{pmatrix} b_{11} & b_{12} & b_{13} \\ b_{21} & b_{22} & b_{23} \\ b_{31} & b_{32} & b_{33} \end{pmatrix}, \tag{1}$$

使

$$B^{-1}AB=\begin{pmatrix} \lambda_1 & 0 & 0 \\ 0 & \lambda_2 & 0 \\ 0 & 0 & \lambda_3 \end{pmatrix}, \tag{2}$$

其中 $\lambda_1>0,\lambda_2>0,\lambda_3>0$;也即在线性(正交)变换

$$\begin{cases} x_1=b_{11}x_1'+b_{12}x_2'+b_{13}x_3' \\ x_2=b_{21}x_1'+b_{22}x_2'+b_{23}x_3' \\ x_3=b_{31}x_1'+b_{32}x_2'+b_{33}x_3' \end{cases} \tag{3}$$

之下,二次型 $P(x_1,x_2,x_3)$化为平方和:

$$P(x_1,x_2,x_3)=\sum_{i=1}^{3}\sum_{j=1}^{3}a_{ij}x_ix_j=\lambda_1x_1'^2+\lambda_2x_2'^2+\lambda_3x_3'^2. \tag{4}$$

注意,由于 B 是正交矩阵,故 $B^{-1}=B'$(B' 表 B 的转置矩阵),从而$|B|=|b_{ij}|=\pm 1$.显然,

$$\frac{D(x_1,x_2,x_3)}{D(x_1',x_2',x_3')}=|b_{ij}|=\pm 1.$$

由(4)式，有

$$\int_{-\infty}^{+\infty}\int_{-\infty}^{+\infty}\int_{-\infty}^{+\infty} e^{-P(x_1,x_2,x_3)}dx_1dx_2dx_3$$

$$=\int_{-\infty}^{+\infty}\int_{-\infty}^{+\infty}\int_{-\infty}^{+\infty} e^{-\lambda_1x_1'^2-\lambda_2x_2'^2-\lambda_3x_3'^2}dx_1'dx_2'dx_3'. \tag{5}$$

再作变量代换 $x_1'=\frac{1}{\sqrt{\lambda_1}}u_1$，$x_2'=\frac{1}{\sqrt{\lambda_2}}u_2$，$x_3'=\frac{1}{\sqrt{\lambda_3}}u_3$，则 $\frac{D(x_1',x_2',x_3')}{D(u_1,u_2,u_3)}=\frac{1}{\sqrt{\lambda_1\lambda_2\lambda_3}}$. 于是(注意 4199 题的结果)，

$$\int_{-\infty}^{+\infty}\int_{-\infty}^{+\infty}\int_{-\infty}^{+\infty} e^{-\lambda_1x_1'^2-\lambda_2x_2'^2-\lambda_3x_3'^2}dx_1'dx_2'dx_3'$$

$$=\frac{1}{\sqrt{\lambda_1\lambda_2\lambda_3}}\int_{-\infty}^{+\infty}\int_{-\infty}^{+\infty}\int_{-\infty}^{+\infty} e^{-(u_1^2+u_2^2+u_3^2)}du_1du_2du_3$$

$$=\frac{\pi^{\frac{3}{2}}}{\sqrt{\lambda_1\lambda_2\lambda_3}}. \tag{6}$$

但由(2)式知(记 $\Delta=|a_{ij}|=|A|$，注意，由于 $\sum_{i=1}^{3}\sum_{j=1}^{3}a_{ij}x_ix_j$ 是正定的，故 $\Delta>0$)

$$\Delta=|A|=|B^{-1}|\cdot|A|\cdot|B|=\lambda_1\lambda_2\lambda_3. \tag{7}$$

于是，根据(5)、(6)、(7)诸式，最后得

$$\int_{-\infty}^{+\infty}\int_{-\infty}^{+\infty}\int_{-\infty}^{+\infty} e^{-P(x_1,x_2,x_3)}dx_1dx_2dx_3=\sqrt{\frac{\pi^3}{\Delta}}.$$

§10. 多重积分

1° 多重积分的直接计算法　若函数 $f(x_1,x_2,\cdots,x_n)$ 在由下列不等式所确定的有界域 Ω 内是连续的:

$$\begin{cases} x_1'\leqslant x_1\leqslant x_1'', \\ x_2'(x_1)\leqslant x_2\leqslant x_2''(x_1) \\ \qquad\vdots \\ x_n'(x_1,x_2,\cdots,x_{n-1})\leqslant x_n\leqslant x_n''(x_1,x_2,\cdots,x_{n-1}), \end{cases}$$

其中 x_1' 和 x_1'' 为常数及 $x_2'(x_1)$, $x_2''(x_1)$, $\cdots$, $x_n''(x_1,x_2,\cdots,x_{n-1})$, $x_n''(x_1,x_2,\cdots,x_{n-1})$为连续函数,则对应的多重积分可按下列公式来计算:

$$\iint_\Omega\cdots\int f(x_1,x_2,\cdots,x_n)dx_1dx_2\cdots dx_n$$
$$=\int_{x_1'}^{x_1''}dx_1\int_{x_1'(x_1)}^{x_2''(x_1)}dx_2\cdots\int_{x_n'(x_1,\cdots,x_{n-1})}^{x_n''(x_1,\cdots,x_{n-1})}f(x_1,x_2,\cdots,x_n)dx_n.$$

2° 重积分中的变量代换　若1)函数 $f(x_1,x_2,\cdots,x_n)$ 在有界可测的域 Ω 内是均匀连续的;2)连续可微分的函数

$$x_i=\varphi_i(\xi_1,\xi_2,\cdots,\xi_n)\quad(i=1,2,\cdots,n),$$

把 $Ox_1,x_2,\cdots,x_n$ 空间的域 Ω 双方单值地映射成 $O'\xi_1,\xi_2,\cdots,\xi_n$ 空间内的有界域 Ω';3)在域 Ω' 内雅哥比式

$$I=\frac{D(x_1,x_2,\cdots,x_n)}{D(\xi_1,\xi_2,\cdots,\xi_n)}\neq 0,$$

则下面的公式正确

$$\iint_\Omega\cdots\int f(x_1,x_2,\cdots,x_n)dx_1dx_2\cdots dx_n$$
$$=\iint_{\Omega'}\cdots\int f(\xi_1,\xi_2,\cdots,\xi_n)|I|d\xi_1d\xi_2\cdots d\xi_n.$$

特别是,根据公式

$$x_1=r\cos\varphi_1,$$
$$x_2=r\sin\varphi_1\cos\varphi_2,$$
$$\vdots$$
$$x_{n-1}=r\sin\varphi_1\sin\varphi_2\cdots\sin\varphi_{n-2}\cos\varphi_{n-1},$$

$$x_n = r\sin\varphi_1\sin\varphi_2\cdots\sin\varphi_{n-2}\sin\varphi_{n-1}$$

变换成极坐标时$(r, \varphi_1, \varphi_2, \cdots, \varphi_{n-1})$，有

$$I = \frac{D(x_1, x_2, \cdots, x_n)}{D(r, \varphi_1, \cdots, \varphi_{n-1})} = r^{n-1}\sin^{n-2}\varphi_1\sin^{n-3}\varphi_2\cdots\sin\varphi_{n-2}.$$

【4201】 设 $K(x, y)$为域 $R[a\leqslant x\leqslant b, a\leqslant y\leqslant b]$内的连续函数及

$$K_n(x, y) = \int_a^b\int_a^b\cdots\int_a^b K(x, t_1)K(t_1, t_2)\cdots K(t_n, y)\mathrm{d}t_1\mathrm{d}t_2\cdots\mathrm{d}t_n,$$

证明：$K_{n+m+1}(x, y) = \int_a^b K_n(x, t)K_m(t, y)\mathrm{d}t$.

证

$$\begin{aligned}
&K_{n+m+1}(x, y)\\
&= \int_a^b\int_a^b\cdots\int_a^b K(x, t_1)K(t_1, t_2)\cdots K(t_n, t)K(t, z_1)K(z_1, z_2)\\
&\quad\cdots K(z_m, y)\mathrm{d}t_1\mathrm{d}t_2\cdots\mathrm{d}t_n\mathrm{d}t\mathrm{d}z_1\mathrm{d}z_2\cdots\mathrm{d}z_m\\
&= \int_a^b\left\{\left[\int_a^b\int_a^b\cdots\int_a^b K(x, t_1)K(t_1, t_2)\cdots K(t_n, t)\mathrm{d}t_1\mathrm{d}t_2\cdots\mathrm{d}t_n\right]\right.\\
&\quad\left.\cdot\left[\int_a^b\int_a^b\cdots\int_a^b K(t, z_1)K(z_1, z_2)\cdots K(z_m, y)\mathrm{d}z_1\mathrm{d}z_2\cdots\mathrm{d}z_m\right]\right\}\mathrm{d}t\\
&= \int_a^b K_n(x, t)K_m(t, y)\mathrm{d}t.
\end{aligned}$$

【4202】 设 $f = f(x_1, x_2, \cdots, x_n)$为域 $0\leqslant x_i\leqslant x(i = 1, 2, \cdots, n)$内的连续函数，证明等式

$$\int_0^x\mathrm{d}x_1\int_0^{x_1}\mathrm{d}x_2\cdots\int_0^{x_{n-1}} f\mathrm{d}x_n = \int_0^x\mathrm{d}x_n\int_{x_n}^x\mathrm{d}x_{n-1}\cdots\int_{x_2}^x f\mathrm{d}x_1 \quad (n\geqslant 2).$$

证 考虑下面三个有界闭域：

$\Omega = \{(x_1, x_2, \cdots, x_n)\mid 0\leqslant x_i\leqslant x, i = 1, 2, \cdots, n\}$,

$\Omega_1 = \{(x_1, x_2, \cdots, x_n)\mid 0\leqslant x_1\leqslant x, 0\leqslant x_2\leqslant x_1, \cdots, 0\leqslant x_n\leqslant x_{n-1}\}$,

$$\Omega_2=\left\{(x_1,x_2,\cdots,x_n)\,\middle|\,0\leqslant x_n\leqslant x,x_n\leqslant x_{n-1}\leqslant x,\cdots,x_2\leqslant x_1\leqslant x\right\},$$

由假定 $f(x_1,\cdots,x_n)$在域 Ω 上连续，显然，$\Omega_1\subset\Omega$，$\Omega_2\subset\Omega$ 故 $f(x_1,\cdots,x_n)$在 Ω_1 与 Ω_2 上连续. 根据化 n 重积分为累次积分的公式，我们有

$$\iint\limits_{\Omega_1}\cdots\int f\mathrm{d}x_1\cdots\mathrm{d}x_n=\int_0^x\mathrm{d}x_1\int_0^{x_1}\mathrm{d}x_2\cdots\int_0^{x_{n-1}}f\mathrm{d}x_n,\quad(1)$$

$$\iint\limits_{\Omega_2}\cdots\int f\mathrm{d}x_1\cdots\mathrm{d}x_n=\int_0^x\mathrm{d}x_n\int_{x_n}^x\mathrm{d}x_{n-1}\cdots\int_{x_2}^{x'}f\mathrm{d}x_1.\quad(2)$$

下证 $\Omega_1=\Omega_2$，事实上，若$(x_1,\cdots,x_n)\in\Omega_1$，则

$$0\leqslant x_1\leqslant x,0\leqslant x_2\leqslant x_1,\cdots,0\leqslant x_n\leqslant x_{n-1},\quad(3)$$

从而

$$0\leqslant x_n\leqslant x_{n-1}\leqslant x_{n-2}\leqslant\cdots\leqslant x_2\leqslant x_1\leqslant x.\quad(4)$$

于是，

$$0\leqslant x_n\leqslant x,x_n\leqslant x_{n-1}\leqslant x,\cdots,x_2\leqslant x_1\leqslant x.\quad(5)$$

由此可知$(x_1,\cdots,x_n)\in\Omega_2$. 反之，若$(x_1,\cdots,x_n)\in\Omega_2$，则(5)式成立，从而(4)式显然成立，由此又知(3)式成立，故$(x_1,\cdots,x_n)\in\Omega_1$，于是，$\Omega_1=\Omega_2$ 获证. 由此，再根据(1)式与(2)式，即得

$$\int_0^x\mathrm{d}x_1\int_0^{x_1}\mathrm{d}x_2\cdots\int_0^{x_{n-1}}f\mathrm{d}x_n=\int_0^x\mathrm{d}x_n\int_{x_n}^x\mathrm{d}x_{n-1}\cdots\int_{x_2}^x f\mathrm{d}x_1.$$

证毕.

【4203】 证明：

$$\int_0^t\mathrm{d}t_1\int_0^{t_1}\mathrm{d}t_2\cdots\int_0^{t_{n-1}}f(t_1)f(t_2)\cdots f(t_n)\mathrm{d}t_n=\frac{1}{n!}\left\{\int_0^t f(\tau)\mathrm{d}\tau\right\}^n,$$

其中 f 为连续函数.

证 证法 1：

我们有

$$\int_0^t dt_1 \int_0^{t_1} dt_2 \cdots \int_0^{t_{n-1}} f(t_1) f(t_2) \cdots f(t_n) dt_n$$

$$= \int_0^t f(t_1) dt_1 \int_0^{t_1} f(t_2) dt_2 \cdots \int_0^{t_{n-2}} f(t_{n-1}) dt_{n-1} \int_0^{t_{n-1}} f(t_n) dt_n.$$

令 $F(s) = \int_0^s f(\tau) d\tau$. 由于 f 是连续函数, 故 $F'(s) = f(s)$. 我们有(注意到 $F(0)=0$)

$$\int_0^{t_{n-2}} f(t_{n-1}) dt_{n-1} \int_0^{t_{n-1}} f(t_n) dt_n = \int_0^{t_{n-2}} F(t_{n-1}) f(t_{n-1}) dt_{n-1}$$

$$= \int_0^{t_{n-2}} F(t_{n-1})\ F'(t_{n-1}) dt_{n-1} = \frac{1}{2}[F(t_{n-1})]^2 \Big|_{t_{n-1}=0}^{t_{n-1}=t_{n-2}}$$

$$= \frac{1}{2}[F(t_{n-2})]^2,$$

由此

$$\int_0^{t_{n-3}} f(t_{n-2}) dt_{n-2} \int_0^{t_{n-2}} f(t_{n-1}) dt_{n-1} \int_0^{t_{n-1}} f(t_n) dt_n$$

$$= \int_0^{t_{n-3}} \frac{1}{2}[F(t_{n-2})]^2 F'(t_{n-2}) dt_{n-2} = \frac{1}{3!}[F(t_{n-3})]^3,$$

$$\vdots$$

这样继续下去, 显然有

$$\int_0^{t_1} f(t_2) dt_2 \cdots \int_0^{t_{n-2}} f(t_{n-1}) dt_{n-1} \int_0^{t_{n-1}} f(t_n) dt_n$$

$$= \frac{1}{(n-1)!}[F(t_1)]^{n-1}.$$

于是,

$$\int_0^t f(t_1) dt_1 \int_0^{t_1} f(t_2) dt_2 \cdots \int_0^{t_{n-1}} f(t_n) dt_n$$

$$= \int_0^t \frac{1}{(n-1)!}[F(t_1)]^{n-1} f(t_1) dt_1$$

$$= \frac{1}{(n-1)!} \int_0^t [F(t_1)]^{n-1} F'(t_1) dt_1$$

$$= \frac{1}{n!}[F(t)]^n = \frac{1}{n!}\left\{\int_0^t f(\tau)\mathrm{d}\tau\right\}^n.$$

从而

$$\int_0^t \mathrm{d}t_1\int_0^{t_1}\mathrm{d}t_2\cdots\int_0^{t_{n-1}} f(t_1)f(t_2)\cdots f(t_n)\mathrm{d}t_n = \frac{1}{n!}\left\{\int_0^t f(\tau)\mathrm{d}\tau\right\}^n.$$

证毕.

证法2:

用数学归纳法证明所述公式.当 $n=1$ 时此公式显然成立.今设 $n=k$ 时成立,要证 $n=k+1$ 时也成立.我们有

$$\int_0^t \mathrm{d}t_1\int_0^{t_1}\mathrm{d}t_2\cdots\int_0^{t_k} f(t_1)f(t_2)\cdots f(t_{k+1})\mathrm{d}t_{k+1}$$

$$= \int_0^t f(t_1)\left[\int_0^{t_1}\mathrm{d}t_2\cdots\int_0^{t_k} f(t_2)\cdots f(t_{k+1})\mathrm{d}t_{k+1}\right]\mathrm{d}t_1.$$

由于假定公式当 $n=k$ 时成立,故

$$\int_0^{t_1}\mathrm{d}t_2\cdots\int_0^{t_k} f(t_2)\cdots f(t_{k+1})\mathrm{d}t_{k+1} = \frac{1}{k!}\left\{\int_0^{t_1} f(\tau)\mathrm{d}\tau\right\}^k.$$

从而(令 $F(s)=\int_0^s f(\tau)\mathrm{d}\tau$,则 $F'(s)=f(s)$),

$$\int_0^t \mathrm{d}t_1\int_0^{t_1}\mathrm{d}t_2\cdots\int_0^{t_k} f(t_1)f(t_2)\cdots f(t_{k+1})\mathrm{d}t_{k+1}$$

$$= \int_0^t f(t_1)\cdot\frac{1}{k!}\left\{\int_0^{t_1} f(\tau)\mathrm{d}\tau\right\}^k\mathrm{d}t_1 = \frac{1}{k!}\int_0^t [F(t_1)]^k F'(t_1)\mathrm{d}t_1$$

$$= \frac{1}{(k+1)!}[F(t_1)]^{k+1} = \frac{1}{(k+1)!}\left\{\int_0^t f(\tau)\mathrm{d}\tau\right\}^{k+1},$$

因此,所述公式当 $n=k+1$ 时成立.于是,由数学归纳法知,所述公式对一切自然数 n 均成立.证毕.

计算下列多重积分:

【4204】 (1) $\int_0^1\int_0^1\cdots\int_0^1 (x_1^2+x_2^2+\cdots+x_n^2)\mathrm{d}x_1\mathrm{d}x_2\cdots\mathrm{d}x_n$;

(2) $\int_0^1\int_0^1\cdots\int_0^1(x_1+x_2+\cdots+x_n)^2dx_1dx_2\cdots dx_n$.

解 (1) $\int_0^1\int_0^1\cdots\int_0^1(x_1^2+x_2^2+\cdots+x_n^2)dx_1dx_2\cdots dx_n$

$$=\int_0^1dx_1\int_0^1dx_2\cdots\int_0^1(x_1^2+x_2^2+\cdots+x_n^2)dx_n$$

$$=\int_0^1dx_1\int_0^1dx_2\cdots\int_0^1\left(x_1^2+x_2^2+\cdots+x_{n-1}^2+\frac{1}{3}\right)dx_{n-1}$$

$$=\int_0^1dx_1\int_0^1dx_2\cdots\int_0^1\left(x_1^2+x_2^2+\cdots+x_{n-2}^2+\frac{1}{3}+\frac{1}{3}\right)dx_{n-2}$$

$$=\cdots=\frac{n}{3}.$$

(2) $\int_0^1\int_0^1\cdots\int_0^1(x_1+x_2+\cdots+x_n)^2dx_1dx_2\cdots dx_n$

$$=\int_0^1dx_1\int_0^1dx_2\cdots\int_0^1[(x_1^2+x_2^2+\cdots+x_n^2)$$
$$+2(x_1x_2+x_1x_3+\cdots+x_1x_n+x_2x_3+\cdots+x_2x_n$$
$$+x_3x_4+\cdots+x_3x_n+\cdots+x_{n-1}x_n)]dx_n$$

$$=\frac{n}{3}^{*)}+2\int_0^1dx_1\int_0^1dx_2\cdots\int_0^1[(x_1x_2+\cdots x_1x_n)$$
$$+(x_2x_3+\cdots+x_2x_n)+\cdots+x_{n-1}x_n]dx_n$$

$$=\frac{n}{3}+2\left(\frac{n-1}{4}+\frac{n-2}{4}+\cdots+\frac{1}{4}\right)=\frac{n(3n+1)}{12}.$$

*) 利用本题(1)的结果.

【4205】 $I_n=\underset{\substack{x_1\geqslant0,\,x_2\geqslant0,\,\cdots,\,x_n\geqslant0\\x_1+x_2+\cdots+x_n\leqslant a}}{\iint\cdots\int}dx_1dx_2\cdots dx_n$.

解 解法1:

化为累次积分,有

$$I_n=\int_0^a dx_1\int_0^{a-x_1}dx_2\cdots\int_0^{a-x_1-\cdots-x_{n-2}}dx_{n-1}\int_0^{a-x_1-\cdots-x_{n-1}}dx_n,$$

我们又知

$$\int_0^{a-x_1-\cdots-x_{n-2}}\mathrm{d}x_{n-1}\int_0^{a-x_1-\cdots-x_{n-1}}\mathrm{d}x_n$$

$$=\int_0^{a-x_1-\cdots-x_{n-2}}(a-x_1-\cdots-x_{n-2}-x_{n-1})\mathrm{d}x_{n-1}$$

$$=-\frac{1}{2}(a-x_1-\cdots-x_{n-2}-x_{n-1})^2\Big|_{x_{n-1}=0}^{x_{n-1}=a-x_1-\cdots-x_{n-2}}$$

$$=\frac{1}{2}(a-x_1-\cdots-x_{n-2})^2,$$

$$\int_0^{a-x_1-\cdots-x_{n-3}}\mathrm{d}x_{n-2}\int_0^{a-x_1-\cdots-x_{n-2}}\mathrm{d}x_{n-1}\int_0^{a-x_1-\cdots-x_{n-1}}\mathrm{d}x_n$$

$$=\int_0^{a-x_1-\cdots-x_{n-3}}\frac{1}{2}(a-x_1-\cdots-x_{n-2})^2\mathrm{d}x_{n-2}$$

$$=\frac{1}{3!}(a-x_1-\cdots-x_{n-3})^3,$$

$$\vdots$$

这样继续下去，显然有

$$\int_0^{a-x_1}\mathrm{d}x_2\int_0^{a-x_1-x_2}\mathrm{d}x_3\cdots\int_0^{a-x_1-\cdots-x_{n-2}}\mathrm{d}x_{n-1}\int_0^{a-x_1-\cdots-x_{n-1}}\mathrm{d}x_n$$

$$=\frac{1}{(n-1)!}(a-x_1)^{n-1}.$$

于是，

$$I_n=\int_0^a\frac{1}{(n-1)!}(a-x_1)^{n-1}\mathrm{d}x_1=\frac{a^n}{n!}.$$

解法 2：

我们有

$$I_n=\int_0^a\mathrm{d}x_1\int_0^{a-x_1}\mathrm{d}x_2\cdots\int_0^{a-x_1-\cdots-x_{n-1}}\mathrm{d}x_n.$$

在右端的逐次积分中作代换：

$$x_1=a\xi_1,x_2=a\xi_2,\cdots,x_n=a\xi_n,$$

即得

$$I_n = a^n \int_0^1 \mathrm{d}\xi_1 \int_0^{1-\xi_1} \mathrm{d}\xi_2 \int_0^{1-\xi_1-\cdots-\xi_{n-1}} \mathrm{d}\xi_n$$

$$= a^n \underset{\substack{\xi_1\geqslant 0,\ \xi_2\geqslant 0,\ \cdots,\ \xi_n\geqslant 0 \\ \xi_1+\xi_2+\cdots+\xi_n\leqslant 1}}{\iint\cdots\int} \mathrm{d}\xi_1 \mathrm{d}\xi_2 \cdots \mathrm{d}\xi_n = a^n \cdot I_n(1),$$

其中 $I_n(1)$ 表示当 $a=1$ 时积分 I_n 的值.

另一方面,我们有

$$I_n(1) = \int_0^1 \mathrm{d}\xi_n \underset{\substack{\xi_1\geqslant 0,\ \xi_2\geqslant 0,\ \cdots,\ \xi_n\geqslant 0 \\ \xi_1+\xi_2+\cdots+\xi_{n-1}\leqslant 1-\xi_n}}{\iint\cdots\int} \mathrm{d}\xi_1 \mathrm{d}\xi_2 \cdots \mathrm{d}\xi_{n-1}$$

$$= I_{n-1}(1) \int_0^1 (1-\xi_n)^{n-1} \mathrm{d}\xi_n = \frac{I_{n-1}(1)}{n}.$$

反复运用上述循环公式,可得

$$I_n(1) = \frac{1}{n!},$$

于是,最后得 $I_n = \dfrac{a^n}{n!}$.

【4206】 $\displaystyle\int_0^1 \mathrm{d}x_1 \int_0^{x_1} \mathrm{d}x_2 \cdots \int_0^{x_{n-1}} x_1 x_2 \cdots x_n \mathrm{d}x_n$.

解 $\displaystyle\int_0^1 \mathrm{d}x_1 \int_0^{x_1} \mathrm{d}x_2 \cdots \int_0^{x_{n-1}} x_1 x_2 \cdots x_n \mathrm{d}x_n$

$$= \int_0^1 \mathrm{d}x_1 \int_0^{x_1} \mathrm{d}x_2 \cdots \int_0^{x_{n-2}} \frac{1}{2} x_1 x_2 \cdots x_{n-1}^3 \mathrm{d}x_{n-1}$$

$$= \int_0^1 \mathrm{d}x_1 \int_0^{x_1} \mathrm{d}x_2 \cdots \int_0^{x_{n-3}} \frac{1}{2} \cdot \frac{1}{4} x_1 x_2 \cdots x_{n-2}^5 \mathrm{d}x_{n-2}$$

$$= \cdots$$

$$= \frac{1}{2} \cdot \frac{1}{4} \cdots \frac{1}{2(n-1)} \int_0^1 x_1^{2n-1} \mathrm{d}x_1 = \frac{1}{2\cdot 4 \cdots 2n} = \frac{1}{2^n \cdot n!}\ ^{*)}.$$

*) 也可利用 4203 题的结果直接得

$$\int_0^1 \mathrm{d}x_1 \int_0^{x_1} \mathrm{d}x_2 \cdots \int_0^{x_{n-1}} x_1 x_2 \cdots x_n \mathrm{d}x_n = \frac{1}{n!}\left(\int_0^1 \tau \mathrm{d}\tau\right)^n = \frac{1}{n!\ 2^n}.$$

【4207】 $\displaystyle\underset{\substack{x_1\geqslant 0, x_2\geqslant 0, \cdots, x_n\geqslant 0\\ x_1+x_2+\cdots+x_n\leqslant 1}}{\iint\cdots\int}\sqrt{x_1+x_2+\cdots+x_n}\,\mathrm{d}x_1\mathrm{d}x_2\cdots\mathrm{d}x_n.$

解 作变换 $x_1=u_1(1-u_2)$,

$$x_2=u_1u_2(1-u_3)$$

$$\vdots$$

$$x_{n-1}=u_1u_2\cdots u_{n-1}(1-u_n),$$

$$x_n=u_1u_2\cdots u_n,$$

则由 $x_1\geqslant 0, x_2\geqslant 0, \cdots, x_n\geqslant 0, x_1+x_2+\cdots+x_n\leqslant 1$ 知 $0\leqslant u_i\leqslant 1$ $(i=1,2,\cdots,n)$,且有

$$I=\begin{vmatrix} 1-u_2 & u_2(1-u_3) & \cdots u_2u_3\cdots u_{n-1}(1-u_n) & u_2u_3\cdots u_n \\ -u_1 & u_1(1-u_3) & \cdots u_1u_3\cdots u_{n-1}(1-u_n) & u_1u_3\cdots u_n \\ 0 & -u_1u_2 & \cdots & \cdots \\ \vdots & \vdots & \vdots & \vdots \\ 0 & 0 & \cdots u_1u_2\cdots u_{n-2}(1-u_n) & u_1\cdots u_{n-2}u_n \\ 0 & 0 & \cdots -u_1\cdots u_{n-1} & u_1\cdots u_{n-1} \end{vmatrix}$$

如在每一列的元素上加上所有以后各列相应的元素,则在对角线下面的全部元素都等于零,而在对角线上的元素就等于 $1, u_1, u_1u_2, \cdots, u_1\cdots u_{n-1}$.因此,得

$$I=u_1^{n-1}u_2^{n-2}\cdots u_{n-1}.$$

于是,最后得

$$\underset{\substack{x_1\geqslant 0, x_2\geqslant 0, \cdots, x_n\geqslant 0\\ x_1+x_2+\cdots+x_n\leqslant 1}}{\iint\cdots\int}\sqrt{x_1+x_2+\cdots+x_n}\,\mathrm{d}x_1\mathrm{d}x_2\cdots\mathrm{d}x_n$$

$$=\int_0^1\int_0^1\cdots\int_0^1 u_1^{n-\frac{1}{2}}u_2^{n-2}\cdots u_{n-1}\mathrm{d}u_1\mathrm{d}u_2\cdots\mathrm{d}u_{n-1}\mathrm{d}u_n$$

$$=\frac{2}{(n-1)!\ (2n+1)}.$$

【4208】 求由平面

$$a_{i1}x_1+a_{i2}x_2+\cdots+a_{in}x_n=\pm h_i \quad (i=1,2,\cdots,n)$$

所界的 n 维平行 $2n$ 面体的体积，这里设 $\Delta=|a_{ij}|\neq 0$.

解 令 $a_{i1}x_1+a_{i2}x_2+\cdots+a_{in}x_n=\xi_i(i=1,2,\cdots,n)$，即得 $2n$ 面体的体积

$$V=\int_{-h_1}^{h_1}\int_{-h_2}^{h_2}\cdots\int_{-h_n}^{h_n}\frac{1}{|\Delta|}\mathrm{d}\xi_1\mathrm{d}\xi_2\cdots\mathrm{d}\xi_n=\frac{2^nh_1\cdots h_n}{|\Delta|}.$$

【4209】 求 n 维角锥

$$\frac{x_1}{a_1}+\frac{x_2}{a_2}+\cdots+\frac{x_n}{a_n}\leqslant 1,\quad x_i\geqslant 0 \quad (i=1,2,\cdots,n)$$

$$(a_i>0,i=1,2,\cdots,n)$$

的体积.

解 令 $x_i=a_i\xi_i \quad (i=1,2,\cdots,n)$，即得体积

$$V=a_1a_2\cdots a_n\underset{\substack{\xi_1\geqslant 0,\xi_2\geqslant 0,\cdots,\xi_n\geqslant 0\\ \xi_1+\xi_2+\cdots+\xi_n\leqslant 1}}{\iint\cdots\int}\mathrm{d}\xi_1\mathrm{d}\xi_2\cdots\mathrm{d}\xi_n=\frac{a_1a_2\cdots a_n}{n!}{}^{*)}.$$

*) 利用 4205 题的结果.

【4210】 求由曲面

$$\frac{x_1^2}{a_1^2}+\frac{x_2^2}{a_2^2}+\cdots+\frac{x_{n-1}^2}{a_{n-1}^2}=\frac{x_n^2}{a_n^2},\quad x_n=a_n$$

所界的 n 维锥的体积.

解 作代换：

$$x_1=a_1r\cos\varphi_1,$$

$$x_2=a_2r\sin\varphi_1\cos\varphi_2,$$

$$\vdots$$

$$x_{n-2}=a_{n-2}r\sin\varphi_1\sin\varphi_2\cdots\sin\varphi_{n-3}\cos\varphi_{n-2},$$

$$x_{n-1}=a_{n-1}r\sin\varphi_1\sin\varphi_2\cdots\sin\varphi_{n-3}\sin\varphi_{n-2},$$

$$x_n=a_nx_n',$$

则域 V 为

$$0\leqslant r\leqslant 1,0\leqslant\varphi_1\leqslant\pi,0\leqslant\varphi_2\leqslant\pi,\cdots,$$

$$0\leqslant\varphi_{n-3}\leqslant\pi,0\leqslant\varphi_{n-2}\leqslant 2\pi,r\leqslant x_n'\leqslant 1,$$

并且 $|I|=a_1a_2\cdots a_nr^{n-2}\sin^{n-3}\varphi_1\sin^{n-4}\varphi_2\cdots\sin\varphi_{n-3}$. 于是,体积为

$$V=a_1a_2\cdots a_n\int_0^1 r^{n-2}\mathrm{d}r\int_0^{\pi}\sin^{n-3}\varphi_1\mathrm{d}\varphi_1\cdots\int_0^{\pi}\sin\varphi_{n-3}\mathrm{d}\varphi_{n-3}\cdot\int_0^{2\pi}\mathrm{d}\varphi_{n-2}\int_r^1\mathrm{d}x_n'$$

$$=\frac{2\pi a_1a_2\cdots a_n}{n(n-1)}\int_0^{\pi}\sin^{n-3}\varphi_1\mathrm{d}\varphi_1\cdots\int_0^{\pi}\sin\varphi_{n-3}\mathrm{d}\varphi_{n-3}$$

$$=\frac{2\pi a_1a_2\cdots a_n}{n(n-1)}\cdot 2\int_0^{\frac{\pi}{2}}\sin^{n-3}\varphi_1\mathrm{d}\varphi_1\cdots 2\int_0^{\frac{\pi}{2}}\sin\varphi_{n-3}\mathrm{d}\varphi_{n-3}\ ^{*)}$$

$$=\frac{2\pi a_1a_2\cdots a_n}{n(n-1)}B\left(\frac{n-2}{2},\frac{1}{2}\right)B\left(\frac{n-3}{2},\frac{1}{2}\right)\cdots B\left(\frac{2}{2},\frac{1}{2}\right)\ ^{**)}$$

$$=\frac{2\pi a_1a_2\cdots a_n}{n(n-1)}\cdot\frac{\Gamma\left(\frac{n-2}{2}\right)\Gamma\left(\frac{1}{2}\right)}{\Gamma\left(\frac{n-1}{2}\right)}\cdot\frac{\Gamma\left(\frac{n-3}{2}\right)\Gamma\left(\frac{1}{2}\right)}{\Gamma\left(\frac{n-2}{2}\right)}\cdots\frac{\Gamma\left(\frac{2}{2}\right)\Gamma\left(\frac{1}{2}\right)}{\Gamma\left(\frac{3}{2}\right)}$$

$$=\frac{2\pi a_1a_2\cdots a_n}{n(n-1)}\cdot\frac{\left[\Gamma\left(\frac{1}{2}\right)\right]^{n-3}}{\Gamma\left(\frac{n-1}{2}\right)}=\frac{2\pi a_1a_2\cdots a_n}{n(n-1)}\cdot\frac{\pi^{\frac{n-3}{2}}}{\Gamma\left(\frac{n-1}{2}\right)}$$

$$=\frac{a_1a_2\cdots a_n\pi^{\frac{n-1}{2}}}{n}\cdot\frac{1}{\frac{n-1}{2}\Gamma\left(\frac{n-1}{2}\right)}=\frac{a_1a_2\cdots a_n\pi^{\frac{n-1}{2}}}{n}\cdot\frac{1}{\Gamma\left(\frac{n-1}{2}+1\right)}$$

$$=\frac{\pi^{\frac{n-1}{2}}}{n\Gamma\left(\frac{n+1}{2}\right)}a_1a_2\cdots a_n.$$

*) 利用等式 $\int_0^{\frac{\pi}{2}} \sin^{a-1}\varphi d\varphi = \int_0^{\frac{\pi}{2}} \cos^{a-1}\varphi d\varphi (a>0)$, 即得

$$\int_0^{\pi} \sin^{a-1}\varphi d\varphi = \int_0^{\frac{\pi}{2}} \sin^{a-1}\varphi d\varphi + \int_{\frac{\pi}{2}}^{\pi} \sin^{a-1}\varphi d\varphi$$

$$= \int_0^{\frac{\pi}{2}} \sin^{a-1}\varphi d\varphi + \int_0^{\frac{\pi}{2}} \cos^{a-1}\varphi d\varphi = 2\int_0^{\frac{\pi}{2}} \sin^{a-1}\varphi d\varphi.$$

**) 利用 3856 题的结果.

【4211】 求 n 维球体

$$x_1^2 + x_2^2 + \cdots + x_n^2 \leqslant a^2$$

的体积.

解 令 $x_i = a\xi_i \quad (i=1,2,\cdots,n)$, 即得体积

$$V_n = \underset{x_1^2+x_2^2+\cdots+x_n^n \leqslant a^2}{\iint\cdots\int} dx_1 dx_2 \cdots dx_n = a^n V_n(1),$$

其中 $V_n(1)$表示 $a=1$ 时的 n 维球体的体积. 但是

$$V_n(1) = \underset{\xi_1^2+\xi_2^2+\cdots+\xi_n^2 \leqslant 1}{\iint\cdots\int} d\xi_1 d\xi_2 \cdots d\xi_n$$

$$= \int_{-1}^{1} d\xi_n \underset{\xi_1^2+\cdots+\xi_{n-1}^2 \leqslant 1-\xi_n^2}{\iint\cdots\int} d\xi_1 d\xi_2 \cdots d\xi_{n-1}$$

$$= V_{n-1}(1)\int_{-1}^{1} (1-\xi_n^2)^{\frac{n-1}{2}} d\xi_n = 2V_{n-1}(1)\int_0^{\frac{\pi}{2}} \sin^n\varphi d\varphi$$

$$= 2V_{n-1}(1)\cdot\frac{1}{2}\frac{\Gamma\left(\frac{n+1}{2}\right)\Gamma\left(\frac{1}{2}\right)}{\Gamma\left(\frac{n+2}{2}\right)} = V_{n-1}(1)\sqrt{\pi}\ \frac{\Gamma\left(\frac{n+1}{2}\right)}{\Gamma\left(\frac{n+2}{2}\right)},$$

因为 $V_1(1)=2$, 故由上述循环公式可得

$$V_n(1) = \frac{\pi^{\frac{n}{2}}}{\Gamma\left(\frac{n}{2}+1\right)}.$$

因而,所求的体积为

$$V_n = \frac{\pi^{\frac{n}{2}}}{\Gamma\left(\frac{n}{2}+1\right)}\ a^n.$$

对于为偶数及奇数,分别可得公式

$$V_{2m} = \frac{\pi^m}{m!}\ a^{2m}, \qquad V_{2m+1} = \frac{2\cdot(2\pi)^m}{(2m+1)!}\ a^{2m+1}.$$

特别是,对于 V_1, V_2, V_3 可求得熟知的值:$2a, \pi a^2, \frac{4}{3}\pi a^3$.

【4212】 求 $\iint\limits_{\Omega}\cdots\int x_n^2 \mathrm{d}x_1\mathrm{d}x_2\cdots\mathrm{d}x_n$,其中域 Ω 是由下列不等式所确定:

$$x_1^2+x_2^2+\cdots+x_{n-1}^2 \leqslant a^2, \quad -\frac{h}{2}\leqslant x_n \leqslant \frac{h}{2}.$$

解 $\iint\limits_{\Omega}\cdots\int x_n^2 \mathrm{d}x_1\mathrm{d}x_2\cdots\mathrm{d}x_n$

$$= \int_{-\frac{h}{2}}^{\frac{h}{2}} x_n^2 \mathrm{d}x_n \iint\limits_{x_1^2+x_2^2+\cdots+x_{n-1}^2\leqslant a^2}\cdots\int \mathrm{d}x_1\mathrm{d}x_2\cdots\mathrm{d}x_{n-1}$$

$$= \frac{h^3}{12}\cdot\frac{\pi^{\frac{n-1}{2}}}{\Gamma\left(\frac{n+1}{2}\right)}\ a^{n-1}\ ^{*)}.$$

*) 利用 4211 题的结果.

【4213】 计算

$$\iint\limits_{x_1^2+x_2^2+\cdots+x_n^2\leqslant 1}\cdots\int \frac{\mathrm{d}x_1\mathrm{d}x_2\cdots\mathrm{d}x_n}{\sqrt{1-x_1^2-x_2^2-\cdots-x_n^2}}.$$

解 $\iint\limits_{x_1^2+x_2^2+\cdots+x_n^2\leqslant 1}\cdots\int \frac{\mathrm{d}x_1\mathrm{d}x_2\cdots\mathrm{d}x_n}{\sqrt{1-x_1^2-x_2^2-\cdots-x_n^2}}$

$$=\underset{x_1^2+x_2^2+\cdots+x_{n-1}^2\leqslant 1}{\iint\cdots\int} dx_1dx_2\cdots dx_{n-1}$$

$$\cdot\int_{-\sqrt{1-x_1^2-\cdots-x_{n-1}^2}}^{\sqrt{1-x_1^2-\cdots-x_{n-1}^2}}\frac{dx_n}{\sqrt{1-x_1^2-x_2^2-\cdots-x_n^2}}$$

$$=\pi\underset{x_1^2+x_2^2+\cdots+x_{n-1}^2\leqslant 1}{\iint\cdots\int} dx_1dx_2\cdots dx_{n-1}$$

$$=\pi\cdot\frac{\pi^{\frac{n-1}{2}}}{\Gamma\left(\frac{n-1}{2}+1\right)}{}^{*)}=\frac{\pi^{\frac{n+1}{2}}}{\Gamma\left(\frac{n+1}{2}\right)}.$$

*) 利用4211题的结果.

【4214】 证明等式

$$\int_0^x dx_1\int_0^{x_1}dx_2\cdots\int_0^{x_{n-1}}f(x_n)dx_n=\int_0^x f(u)\frac{(x-u)^{n-1}}{(n-1)!}du.$$

证 $\int_0^x dx_1\int_0^{x_1}dx_2\cdots\int_0^{x_{n-1}}f(x_n)dx_n$

$$=\int_0^x f(x_n)dx_n\int_{x_n}^x dx_{n-1}\int_{x_{n-1}}^x dx_{n-2}\cdots\int_{x_2}^x dx_1{}^{*)}$$

$$=\int_0^x f(x_n)dx_n\int_{x_n}^x dx_{n-1}\int_{x_{n-1}}^x dx_{n-2}\cdots\int_{x_3}^x (x-x_2)dx_2$$

$$=\int_0^x f(x_n)dx_n\int_{x_n}^x dx_{n-1}\int_{x_{n-1}}^x dx_{n-2}\cdots\int_{x_4}^x \frac{1}{2}(x-x_3)^2dx_3$$

$$=\int_0^x f(x_n)dx_n\int_{x_n}^x dx_{n-1}\int_{x_{n-1}}^x dx_{n-2}\cdots\int_{x_5}^x \frac{1}{2\cdot 3}(x-x_4)^3dx_4$$

$=\cdots$

$$=\int_0^x f(x_n)dx_n\int_{x_n}^x\frac{1}{(n-2)!}(x-x_{n-1})^{n-2}dx_{n-1}$$

$$=\int_0^x\frac{(x-x_n)^{n-1}}{(n-1)!}f(x_n)dx_n.$$

在上述积分中,将 x_n 代之以 u,不影响积分的值,故得

$$\int_0^x dx_1\int_0^{x_1} dx_2\cdots\int_0^{x_{n-1}} f(x_n)dx=\int_0^x f(u)\frac{(x-u)^{n-1}}{(n-1)!}du.$$

*） 利用 4202 题的结果.

【4215】 证明等式

$$\int_0^x x_1dx_1\int_0^{x_1} x_2dx_2\cdots\int_0^{x_n} f(x_{n+1})d\,x_{n+1}$$
$$=\frac{1}{2^n n!}\int_0^x (x^2-u^2)^n f(u)du.$$

证 利用 4202 题的结果,即得

$$\int_0^x x_1dx_1\int_0^{x_1} x_2dx_2\cdots\int_0^{x_n} f(x_{n+1})d\,x_{n+1}$$
$$=\int_0^x f(x_{n+1})dx_{n+1}\int_{x_{n+1}}^x x_ndx_n\int_{x_n}^x x_{n-1}dx_{n-1}\cdots\int_{x_2}^x x_1dx_1$$
$$=\int_0^x f(x_{n+1})dx_{n+1}\int_{x_{n+1}}^x x_ndx_n\int_{x_n}^x x_{n-1}dx_{n-1}\cdots\int_{x_3}^x\frac{1}{2}(x^2-x_2^2)x_2dx_2$$
$$=\int_0^x f(x_{n+1})dx_{n+1}\int_{x_{n+1}}^x x_ndx_n\int_{x_n}^x x_{n-1}dx_{n-1}$$
$$\cdots\int_{x_4}^x\frac{1}{2^2\cdot 2}(x^2-x_3^2)^2x_3dx_3$$
$$=\cdots$$
$$=\int_0^x f(x_{n+1})dx_{n+1}\int_{x_{n+1}}^x\frac{1}{2^{n-1}(n-1)!}(x^2-x_n^2)^{n-1}x_ndx_n$$
$$=\int_0^x\frac{1}{2^n n!}f(x_{n+1})(x^2-x_{n+1}^2)^n dx_{n+1}.$$

于是,将 x_{n+1}代之以 u,不影响积分的值,故得

$$\int_0^x x_1dx_1\int_{x_0}^{x_1} x_2dx_2\cdots\int_0^{x_n} f(x_{n+1})dx_{n+1}$$
$$=\frac{1}{2^n n!}\int_0^x (x^2-u^2)^n f(u)du.$$

【4216】 证明迪里黑里公式

$$\underset{\substack{x_1, x_2, \cdots, x_n \geqslant 0 \\ x_1+x_2+\cdots+x_n \leqslant 1}}{\iint\cdots\int} x_1^{p_1-1} x_2^{p_2-1} \cdots x_n^{p_n-1} \mathrm{d}x_1 \mathrm{d}x_2 \cdots \mathrm{d}x_n$$

$$=\frac{\Gamma(p_1)\Gamma(p_2)\cdots\Gamma(p_n)}{\Gamma(p_1+p_2+\cdots+p_n+1)} \quad (p_1, p_2, \cdots, p_n>0).$$

证 我们应用数学归纳法证明之.

当 $n=1$ 时,公式显然成立,即

$$\int_{0\leqslant x_1\leqslant 1} x_1^{p_1-1}\mathrm{d}x_1=\frac{1}{p_1}=\frac{\Gamma(p_1)}{\Gamma(p_1+1)}.$$

其次,设公式对 $n-1$ 成立,今证公式对 n 也成立.为此,将公式左端写为

$$\int_0^1 x_n^{p_n-1}\mathrm{d}x_n \underset{\substack{x_1, x_2, \cdots, x_n \geqslant 0 \\ x_1+x_2+\cdots+x_{n-1} \leqslant 1-x_n}}{\iint\cdots\int} x_1^{p_1-1} x_2^{p_2-1} \cdots x_{n-1}^{p_{n-1}-1} \mathrm{d}x_1 \mathrm{d}x_2 \cdots \mathrm{d}x_{n-1}.$$

在里面的 $n-1$ 重积分中进行代换:

$$x_1=(1-x_n)\xi_1, x_2=(1-x_n)\xi_2, \cdots, x_{n-1}=(1-x_n)\xi_{n-1},$$

即得

$$\frac{\Gamma(p_1)\Gamma(p_2)\cdots\Gamma(p_{n-1})}{\Gamma(p_1+p_2+\cdots+p_{n-1}+1)}\int_0^1 x_n^{p_n-1}(1-x_n)x^{p_1+p_2+\cdots+p_{n-1}}\mathrm{d}x_n$$

$$=\frac{\Gamma(p_1)\cdots\Gamma(p_{n-1})}{\Gamma(p_1+\cdots+p_{n-1}+1)}\cdot B(p_n, p_1+\cdots+p_{n-1}+1)$$

$$=\frac{\Gamma(p_1)\cdots\Gamma(p_{n-1})}{\Gamma(p_1+\cdots+p_{n-1}+1)}\cdot\frac{\Gamma(p_n)\cdot\Gamma(p_1)\Gamma(p_1+\cdots+p_{n-1}+1)}{\Gamma(p_1+\cdots+p_n+1)}$$

$$=\frac{\Gamma(p_1)\Gamma(p_2)\cdots\Gamma(p_n)}{\Gamma(p_1+p_2+\cdots+p_n+1)}.$$

这样一来,我们得知公式对 n 重积分也正确.从而对 n 为任意的自然数时,迪里黑里公式均成立.

【4217】 证明柳维耳公式

$$\underset{\substack{x_1, x_2, \cdots, x_n \geqslant 0 \\ x_1+x_2+\cdots+x_n \leqslant 1}}{\iint\cdots\int} f(x_1+x_2+\cdots+x_n) \cdot x_1^{p_1-1} x_2^{p_2-1} \cdots x_n^{p_n-1} \mathrm{d}x_1 \mathrm{d}x_2 \cdots \mathrm{d}x_n$$

$$= \frac{\Gamma(p_1)\Gamma(p_2)\cdots\Gamma(p_n)}{\Gamma(p_1+p_2+\cdots+p_n)} \int_0^1 f(u) u^{p_1+p_2+\cdots+p_n-1} \mathrm{d}u$$

$$(p_1, p_2, \cdots, p_n > 0),$$

式中 $f(u)$ 为连续函数.

证 我们应用数学归纳法证明之.

当 $n=1$ 时,公式显然成立.当 $n=2$ 时,公式也成立,即

$$\underset{\substack{x_1 \geqslant 0,\, x_2 \geqslant 0 \\ x_1+x_2 \leqslant 1}}{\iint} f(x_1+x_2) x_1^{p_1-1} x_2^{p_2-1} \mathrm{d}x_1 \mathrm{d}x_2$$

$$= \frac{\Gamma(p_1)\Gamma(p_2)}{\Gamma(p_1+p_2)} \int_0^1 f(u) u^{p_1+p_2-1} \mathrm{d}u.$$

事实上,令 Ω 表域: $x_1 \geqslant 0, x_2 \geqslant 0, x_1+x_2 \leqslant 1$. 作代换:

$$x_1 = \xi_1, \qquad x_1 + x_2 = \xi_2, \quad 及 \quad t = \frac{\xi_1}{\xi_2},$$

则有

$$\iint_{\Omega} f(x_1+x_2) x_1^{p_1-1} x_2^{p_2-1} \mathrm{d}x_1 \mathrm{d}x_2$$

$$= \int_0^1 f(\xi_2) \mathrm{d}\xi_2 \int_0^{\xi_2} \xi_1^{p_1-1} (\xi_2 - \xi_1)^{p_2-1} \mathrm{d}\xi_1$$

$$= \int_0^1 f(\xi_2) \mathrm{d}\xi_2 \int_0^1 t^{p_1-1} (1-t)^{p_2-1} \xi_2^{p_1+p_2-1} \mathrm{d}t$$

$$= \frac{\Gamma(p_1)\Gamma(p_2)}{\Gamma(p_1+p_2)} \int_0^1 f(\xi_2) \xi_2^{p_1+p_2-1} \mathrm{d}\xi_2$$

$$= \frac{\Gamma(p_1)\Gamma(p_2)}{\Gamma(p_1+p_2)} \int_0^1 f(u) u^{p_1+p_2-1} \mathrm{d}u.$$

其次,设公式对于 $n-1$ 成立,今证对于 n 公式也成立.为此,将公式左端写为

$$\underset{\substack{x_1, x_2, \cdots, x_{n-1} \geqslant 0 \\ x_1+x_2+\cdots+x_{n-1} \leqslant 1}}{\iint \cdots \int} x_1^{p_1-1} x_2^{p_2-1} \cdots x_{n-1}^{p_{n-1}-1} \mathrm{d}x_1 \mathrm{d}x_2 \cdots \mathrm{d}x_{n-1}$$

$$\cdot \int_0^{1-(x_1+x_2\cdots+x_{n-1})} f(x_1+x_2+\cdots+x_n) x_n^{p_n-1} \mathrm{d}x_n.$$

如令

$$\psi(t) = \int_0^{1-t} f(t+x_n) x_n^{p_n-1} \mathrm{d}x_n$$

代入上式,并利用公式对 $n-1$ 成立的假定,得知上式为

$$\frac{\Gamma(p_1)\Gamma(p_2)\cdots\Gamma(p_{n-1})}{\Gamma(p_1+p_2+\cdots+p_{n-1})} \int_0^1 \psi(t) t^{p_1+p_2+\cdots+p_{n-1}-1} \mathrm{d}t.$$

利用上面已证的 $n=2$ 时的公式,于是即得

$$\underset{\substack{x_1, x_2, \cdots, x_n \geqslant 0 \\ x_1+x_2+\cdots+x_n \leqslant 1}}{\iint \cdots \int} f(x_1+x_2+\cdots+x_n) x_1^{p_1-1} x_2^{p_2-1} \cdots x_n^{p_n-1} \mathrm{d}x_1 \mathrm{d}x_2 \cdots \mathrm{d}x_n$$

$$= \frac{\Gamma(p_1)\Gamma(p_2)\cdots\Gamma(p_{n-1})}{\Gamma(p_1+p_2+\cdots+p_{n-1})} \int_0^1 \mathrm{d}t \int_0^{1-t} f(t+x_n)$$

$$\cdot t^{p_1+p_2+\cdots+p_{n-1}-1} x_n^{p_n-1} \mathrm{d}x_n$$

$$= \frac{\Gamma(p_1)\Gamma(p_2)\cdots\Gamma(p_{n-1})}{\Gamma(p_1+p_2+\cdots+p_{n-1})} \underset{\substack{t, x_n \geqslant 0 \\ t+x_n \leqslant 1}}{\iint} f(t+x_n)$$

$$\cdot t^{p_1+p_2+\cdots+p_{n-1}-1} x_n^{p_n-1} \mathrm{d}t \mathrm{d}x_n$$

$$= \frac{\Gamma(p_1)\Gamma(p_2)\cdots\Gamma(p_{n-1})}{\Gamma(p_1+p_2+\cdots+p_{n-1})} \cdot \frac{\Gamma(p_1+p_2+\cdots+p_{n-1})\Gamma(p_n)}{\Gamma(p_1+p_2+\cdots+p_n)}$$

$$\cdot \int_0^1 f(u) u^{p_1+p_2+\cdots+p_n-1} \mathrm{d}u$$

$$= \frac{\Gamma(p_1)\Gamma(p_2)\cdots\Gamma(p_n)}{\Gamma(p_1+p_2+\cdots+p_n)} \int_0^1 f(u) u^{p_1+p_2+\cdots+p_n-1} \mathrm{d}u,$$

即公式对于 n 成立.从而,公式对于 n 为任意自然数均成立.

【4218】$^+$ 将展布于域 $x_1^2+x_2^2+\cdots+x_n^2 \leqslant R^2$ 上的 n 重积

分$(n\geqslant 2)$

$$\iint\limits_{\Omega}\cdots\int f(\sqrt{x_1^2+x_2^2+\cdots+x_n^2})\mathrm{d}x_1\mathrm{d}x_2\cdots\mathrm{d}x_n$$

化为单积分,其中 $f(u)$为连续函数.

解 作代换:

$$x_1=Rr\cos\varphi,$$

$$x_2=Rr\sin\varphi_1\cos\varphi_2,$$

$$\vdots$$

$$x_{n-1}=Rr\sin\varphi_1\sin\varphi_2\cdots\sin\varphi_{n-2}\cos\varphi_{n-1},$$

$$x_n=Rr\sin\varphi_1\sin\varphi_2\cdots\sin\varphi_{n-2}\sin\varphi_{n-1}$$

则有

$$I=R^n r^{n-1}\sin^{n-2}\varphi_1\sin^{n-3}\varphi_2\cdots\sin\varphi_{n-2}.$$

于是,

$$\iint\limits_{\Omega}\cdots\int f(\sqrt{x_1^2+x_2^2+\cdots+x_n^2})\mathrm{d}x_1\mathrm{d}x_2\cdots\mathrm{d}x_n$$

$$=R^n\int_0^1 r^{n-1}f(Rr)\mathrm{d}r\int_0^{\pi}\sin^{n-2}\varphi_1\mathrm{d}\varphi_1\int_0^{\pi}\sin^{n-3}\varphi_2\mathrm{d}\varphi_2$$

$$\cdots\int_0^{\pi}\sin\varphi_{n-2}\mathrm{d}\varphi_{n-2}\int_0^{2\pi}\mathrm{d}\varphi_{n-1}$$

$$=2\pi R^n\frac{\Gamma\left(\frac{n-1}{2}\right)\Gamma\left(\frac{1}{2}\right)}{\Gamma\left(\frac{n}{2}\right)}\cdot\frac{\Gamma\left(\frac{n-2}{2}\right)\Gamma\left(\frac{1}{2}\right)}{\Gamma\left(\frac{n-1}{2}\right)}\cdots\frac{\Gamma\left(\frac{2}{2}\right)\Gamma\left(\frac{1}{2}\right)}{\Gamma\left(\frac{3}{2}\right)}$$

$$\cdot\int_0^1 r^{n-1}f(Rr)\mathrm{d}r\ ^{*)}$$

$$=R^n\frac{2\pi\cdot\pi^{\frac{n-2}{2}}}{\Gamma\left(\frac{n}{2}\right)}\int_0^1 r^{n-1}f(Rr)\mathrm{d}r=R^n\frac{\pi^{\frac{n}{2}}}{\Gamma\left(\frac{n}{2}\right)}\int_0^1(r^2)^{\frac{n}{2}-1}f(Rr)\mathrm{d}(r^2)$$

$$=R^n\frac{\pi^{\frac{n}{2}}}{\Gamma\left(\frac{n}{2}\right)}\int_0^1 u^{\frac{n}{2}-1}f(R\sqrt{u})\mathrm{d}u.$$

*） 参看4210题的计算过程.

【4219】 计算半径为 R，密度为 ρ_0 的均匀球对自己的位，即求积分

$$u=\frac{\rho_0^2}{2}\iiint\limits_{\substack{x_1^2+y_1^2+z_1^2\leqslant R^2\\x_2^2+y_2^2+z_2^2\leqslant R^2}}\iiint\frac{\mathrm{d}x_1\mathrm{d}y_1\mathrm{d}z_1\mathrm{d}x_2\mathrm{d}y_2\mathrm{d}z_2}{r_{1,2}},$$

式中 $r_{1,2}=\sqrt{(x_1-x_2)^2+(y_1-y_2)^2+(z_1-z_2)^2}$.

解 我们有

$$u=\frac{\rho_0^2}{2}\iiint\limits_{x_1^2+y_1^2+z_1^2\leqslant R^2}\mathrm{d}x_1\mathrm{d}y_1\mathrm{d}z_1\iiint\limits_{x_2^2+y_2^2+z_2^2\leqslant R^2}\frac{\mathrm{d}x_2\mathrm{d}y_2\mathrm{d}z_2}{r_{1,2}}.$$

由4155题的结果可知

$$\iiint\limits_{x_2^2+y_2^2+z_2^2\leqslant R^2}\frac{\mathrm{d}x_2\mathrm{d}y_2\mathrm{d}z_2}{r_{1,2}}=2\pi R^2-\frac{2}{3}\pi r_1^2,$$

其中 $r_1=\sqrt{x_1^2+y_1^2+z_1^2}$. 于是(利用球坐标)，

$$u=\frac{\rho_0^2}{2}\iiint\limits_{x_1^2+y_1^2+z_1^2\leqslant R^2}\left(2\pi R^2-\frac{2}{3}\pi r_1^2\right)\mathrm{d}x_1\mathrm{d}y_1\mathrm{d}z_1$$

$$=\frac{\rho_0}{2}\int_0^{2\pi}\mathrm{d}\varphi\int_{-\frac{\pi}{2}}^{\frac{\pi}{2}}\cos\psi\mathrm{d}\psi\int_0^R\left(2\pi R^2-\frac{2}{3}\pi r^2\right)r^2\mathrm{d}r$$

$$=\frac{16}{15}\pi^2\rho_0^2R^5.$$

【4220】 设 $\sum\limits_{i,j=1}^{n}a_{ij}x_ix_j\ (a_{ij}=a_{ji})$ 为正定形，计算 n 重积分

$$\int_{-\infty}^{+\infty}\int_{-\infty}^{+\infty}\cdots\int_{-\infty}^{+\infty}\mathrm{e}^{-\left\{\sum\limits_{i,j=1}^{n}a_{ij}x_ix_j+2\sum\limits_{i=1}^{n}b_ix_j+c\right\}}\mathrm{d}x_1\mathrm{d}x_2\cdots\mathrm{d}x_n.$$

解 作变量代换

$$x_i = y_i + \alpha_i \quad (i=1,2,\cdots,n), \tag{1}$$

其中诸常数 α_i 以下再确定. 于是,易得(注意到 $a_{ij}=a_{ji}$)

$$\sum_{i,j=1}^{n} a_{ij}x_i x_j + 2\sum_{i=1}^{n} b_i x_j + c = \sum_{i,j=1}^{n} a_{ij}y_i y_j$$

$$+2\sum_{i=1}^{n}\left[\left(\sum_{j=1}^{n} a_{ij}\alpha_j\right)+b_i\right]y_i + \sum_{i,j=1}^{n} a_{ij}\alpha_i\alpha_j + 2\sum_{i=1}^{n} b_i\alpha_i + c.$$

由于 $\sum\limits_{i,j=1}^{n} a_{ij}x_i x_j$ 是正定形,故必有 $\delta = |a_{ij}| > 0$,从而,线性方程组

$$\sum_{j=1}^{n} a_{ij}\alpha_j + b_i = 0 \quad (i=1,2,\cdots,n) \tag{2}$$

有惟一的一组解 $\alpha_1,\cdots,\alpha_n$,今取变换(1)式中的诸 α_i 即为方程组(2)的解. 于是,

$$\sum_{i,j=1}^{n} a_{ij}x_i x_j + 2\sum_{i=1}^{n} b_i x_i + c = \sum_{i,j=1}^{n} a_{ij}y_i y_j + c', \tag{3}$$

其中

$$c' = \sum_{i=1}^{n}\left(\sum_{j=1}^{n} a_{ij}\alpha_j\right)\alpha_i + 2\sum_{i=1}^{n} b_i\alpha_i + c$$

$$= -\sum_{i=1}^{n} b_i\alpha_i + 2\sum_{i=1}^{n} b_i\alpha_i + c = \sum_{i=1}^{n} b_i\alpha_i + c. \tag{4}$$

下面我们用诸 a_{ij} 和 b_i 及 c 来表出 c',令

$$\Delta = \begin{vmatrix} a_{ij} & \vdots & b_i \\ \cdots & \cdots & \cdots \\ b_j & \vdots & c \end{vmatrix} = \begin{vmatrix} a_{11} & \cdots & a_{1n} & b_1 \\ \vdots & & \vdots & \vdots \\ a_{n1} & \cdots & a_{nn} & b_n \\ b_1 & \cdots & b_n & c \end{vmatrix}$$

($n+1$ 阶行列式,即 $|a_{ij}|$ 的加边行列式). 将此行列式的第一列

乘上 α_1，第二列乘上 α_2，…，第 n 列乘上 α_n 都加到第 $n+1$ 列上去，并注意到(2)式与(4)式，得

$$\Delta=\begin{vmatrix} a_{ij} & \vdots & b_i \\ \cdots & \cdots & \cdots \\ b_j & \vdots & c \end{vmatrix}=\begin{vmatrix} a_{ij} & \sum_{j=1}^{n} a_{ij}\alpha_j+b_i \\ b_j & \sum_{j=1}^{n} b_j\alpha_j+c \end{vmatrix}=\begin{vmatrix} a_{ij} & \vdots & 0 \\ \cdots & \cdots & \cdots \\ b_j & \vdots & c' \end{vmatrix}$$

$$=c'|a_{ij}|=c'\delta,$$

故

$$c'=\frac{\Delta}{\delta}. \tag{5}$$

由于 $\sum_{i,j=1}^{n} a_{ij}y_iy_j$ 是正定二次型，故由高等代数中二次型的理论知，存在正交矩阵

$$P=(p_{ij})=\begin{pmatrix} p_{11} & \cdots & p_{1n} \\ \vdots & & \vdots \\ p_{n1} & \cdots & p_{nn} \end{pmatrix},$$

使在线性变换

$$y_i=\sum_{j=1}^{n} p_{ij}z_j \quad (i=1,2,\cdots,n) \tag{6}$$

下，二次型变为平方和：

$$\sum_{i,j=1}^{n} a_{ij}y_iy_j=\sum_{i=1}^{n}\lambda_i z_i^2, \tag{7}$$

其中 $\lambda_i>0(i=1,2,\cdots,n)$；也即

$$P^{-1}AP=\begin{pmatrix} \lambda_1 & & 0 \\ & \ddots & \\ 0 & & \lambda_n \end{pmatrix}, \tag{8}$$

其中 $A=(a_{ij})=\begin{bmatrix}a_{11} & \cdots & a_{1n}\\ \vdots & & \vdots\\ a_{n1} & \cdots & a_{nn}\end{bmatrix}$. 由于 P 为正交矩阵, 故 $P^{-1}=P'$(P'表 P 的转置矩阵), 且 $|P|=|p_{ij}|=\pm 1$. 由(8)式又知

$$\delta=|a_{ij}|=|P^{-1}|\cdot|A|\cdot|P|=\lambda_1\lambda_2\cdots\lambda_n. \tag{9}$$

根据(1)式与(6)式, 可知

$$\frac{D(x_1,\cdots,x_n)}{D(y_1,\cdots,y_n)}=1,\quad \frac{D(y_1,\cdots,y_n)}{D(z_1,\cdots,z_n)}=|p_{ij}|=|P|=\pm 1.$$

于是, 利用广义 n 重积分的变量代换公式, 并注意到被积函数的非负性, 得(注意(3)式、(5)式与(7)式)

$$\begin{aligned}
I &= \int_{-\infty}^{+\infty}\int_{-\infty}^{+\infty}\cdots\int_{-\infty}^{+\infty} e^{-\left\{\sum\limits_{i,j=1}^{n}a_{ij}x_ix_j+2\sum\limits_{i=1}^{n}b_ix_i+c\right\}}dx_1dx_2\cdots dx_n\\
&= \int_{-\infty}^{+\infty}\int_{-\infty}^{+\infty}\cdots\int_{-\infty}^{+\infty} e^{-\left\{\sum\limits_{i,j=1}^{n}a_{ij}y_iy_j+c'\right\}}\left|\frac{D(x_1,\cdots,x_n)}{D(y_1,\cdots,y_n)}\right|dy_1dy_2\cdots dy_n\\
&= e^{-\frac{\Delta}{\delta}}\int_{-\infty}^{+\infty}\int_{-\infty}^{+\infty}\cdots\int_{-\infty}^{+\infty} e^{-\left\{\sum\limits_{i,j=1}^{n}a_{ij}y_iy_j\right\}}dy_1dy_2\cdots dy_n\\
&= e^{-\frac{\Delta}{\delta}}\int_{-\infty}^{+\infty}\int_{-\infty}^{+\infty}\cdots\int_{-\infty}^{+\infty} e^{-\sum\limits_{i=1}^{n}\lambda_iz_i^2}\cdot\left|\frac{D(y_1,\cdots,y_n)}{D(z_1,\cdots,z_n)}\right|dz_1dz_2\cdots dz_n\\
&= e^{-\frac{\Delta}{\delta}}\int_{-\infty}^{+\infty}\int_{-\infty}^{+\infty}\cdots\int_{-\infty}^{+\infty} e^{-\sum\limits_{i=1}^{n}\lambda_iz_i^2}dz_1dz_2\cdots dz_n\\
&= e^{-\frac{\Delta}{\delta}}\left(\int_{-\infty}^{+\infty}e^{-\lambda_1z_1^2}dz_1\right)\left(\int_{-\infty}^{+\infty}e^{-\lambda_2z_2^2}dz_2\right)\cdots\left(\int_{-\infty}^{+\infty}e^{-\lambda_nz_n^2}dz_n\right).
\end{aligned}$$

作代换 $z_i=\frac{u}{\sqrt{\lambda_i}}$($i$ 固定), 得

$$\begin{aligned}
\int_{-\infty}^{+\infty}e^{-\lambda_iz_i^2}dz_i &= \frac{1}{\sqrt{\lambda_i}}\int_{-\infty}^{+\infty}e^{-u^2}du\\
&= \frac{2}{\sqrt{\lambda_i}}\int_0^{+\infty}e^{-u^2}du=\frac{\sqrt{\pi}}{\sqrt{\lambda_i}}\quad (i=1,2,\cdots,n).
\end{aligned}$$

以此代入上式, 并注意到(9)式, 最后得

$$I=\int_{-\infty}^{+\infty}\int_{-\infty}^{+\infty}\cdots\int_{-\infty}^{+\infty}e^{-\left\{\sum\limits_{i,j=1}^{n}a_{ij}x_ix_j+2\sum\limits_{i=1}^{n}b_ix_i+c\right\}}dx_1dx_2\cdots dx_n$$

$$=e^{-\frac{\Delta}{\delta}}\cdot\frac{\pi^{\frac{n}{2}}}{\sqrt{\lambda_1\lambda_2\cdots\lambda_n}}=\sqrt{\frac{\pi^n}{\delta}}\,e^{-\frac{\Delta}{\delta}}.$$

§11. 曲线积分

1° 第一型的曲线积分　若 $f(x,y,z)$ 在平滑曲线 C

$$x=x(t),\quad y=y(t),\quad z=z(t)\ (t_0\leqslant t\leqslant T)\tag{1}$$

的各点上有定义并且是连续的函数，ds 为弧的微分，则

$$\int_C f(x,y,z)ds=\int_{t_0}^{T}f[x(t),y(t),z(t)]\sqrt{x'^2(t)+y'^2(t)+z'^2(t)}dt$$

这个积分的特性在于它与曲线 C 的方向无关.

2° 第一型曲线积分在力学方面的应用　若 $\rho=\rho(x,y,z)$ 为曲线 C 在流动点 (x,y,z) 的线密度，则曲线 C 的质量等于

$$M=\int_C\rho(x,y,z)ds.$$

此曲线的重心坐标 (x_0,y_0,z_0) 由下面的公式来表示

$$x_0=\frac{1}{M}\int_C x\rho(x,y,z)ds,$$

$$y_0=\frac{1}{M}\int_C y\rho(x,y,z)ds,$$

$$z_0=\frac{1}{M}\int_C z\rho(x,y,z)ds.$$

3° 第二型的曲线积分　若函数 $P=P(x,y,z)$，$Q=Q(x,y,z)$，$R=R(x,y,z)$ 在曲线(1)上的各点上是连续的，这曲线的方向是使参数 t 增加的方向，则

$$\int_C P(x,y,z)dx+Q(x,y,z)dy+R(x,y,z)dz$$

$$=\int_{t_0}^{T}\{P[x(t),y(t),z(t)]x'(t)+Q[x(t),y(t),z(t)]y'(t)$$

$$+R[x(t),y(t),z(t)]z'(t)\}dt.\tag{2}$$

当曲线 C 环行的方向变更时此积分的符号也变更.在力学上积分(2)是当其作用点描绘出曲线 C 时变力 $\{P,Q,R\}$ 所作的功.

4° 全微分的情形 若

$$P(x,y,z)\mathrm{d}x+Q(x,y,z)\mathrm{d}y+R(x,y,z)\mathrm{d}z=\mathrm{d}u,$$

式中 $u=u(x,y,z)$ 为域 V 内的单值函数,则与完全位于域 V 内的曲线 C 的形状无关,而有:

$$\int_C P\mathrm{d}x+Q\mathrm{d}y+R\mathrm{d}z=u(x_2,y_2,z_2)-u(x_1,y_1,z_1),$$

式中 (x_1,y_1,z_1) 为路径的始点,(x_2,y_2,z_2) 为路径的终点,最简单的情况是域 V 是单联通的而函数 P,Q,R 有连续的一阶偏导函数,对于此事的充分而且必要的条件为:在域 V 内,下列条件恒满足:

$$\frac{\partial P}{\partial y}=\frac{\partial Q}{\partial x},\quad \frac{\partial Q}{\partial z}=\frac{\partial R}{\partial y},\quad \frac{\partial R}{\partial x}=\frac{\partial P}{\partial z}.$$

这时,函数 u 可按下面的公式来求得

$$u(x,y,z)=\int_{x_0}^{x}P(x,y,z)\mathrm{d}x+\int_{y_0}^{y}Q(x_0,y,z)\mathrm{d}y+\int_{z_0}^{z}R(x_0,y_0,z)\mathrm{d}z,$$

其中 (x_0,y_0,z_0) 为域 V 内某一固定的点.

在力学上这个情况对应于位力所作的功.

计算下列第一型的曲线积分:

【4221】 $\int_C(x+y)\mathrm{d}s$,其中 C 为以 $O(0,0)$,$A(1,0)$ 和 $B(0,1)$ 为顶点的三角形围线.

解
$$\begin{aligned}&\int_C(x+y)\mathrm{d}s\\&=\int_{OA}(x+y)\mathrm{d}s+\int_{AB}(x+y)\mathrm{d}s+\int_{BO}(x+y)\mathrm{d}s\\&=\int_0^1 x\mathrm{d}x+\int_0^1\sqrt{2}\mathrm{d}x+\int_0^1 y\mathrm{d}y=1+\sqrt{2}.\end{aligned}$$

【4222】 $\int_C y^2\mathrm{d}s$,其中 C 为摆线 $x=a(t-\sin t)$,$y=a(1-\cos t)$ $(0\leqslant t\leqslant 2\pi)$ 的一拱.

解 弧长的微分为

$$ds=\sqrt{(dx)^2+(dy)^2}=\sqrt{a^2(1-\cos t)^2+a^2\sin^2 t}\ dt=2a\sin\frac{t}{2}dt.$$

于是,

$$\int_C y^2 ds=2a^3\int_0^{2\pi}\sin\frac{t}{2}(1-\cos t)^2 dt=8a^3\int_0^{2\pi}\sin^5\frac{t}{2}dt$$

$$=32a^3\int_0^{\frac{\pi}{2}}\sin^5 u\,du=\frac{256}{15}a^3.$$

【4223】 $\int_C(x^2+y^2)ds$ 其中 C 为曲线 $x=a(\cos t+t\sin t)$, $y=a(\sin t-t\cos t)(0\leqslant t\leqslant 2\pi)$.

解 弧长的微分为

$$ds=\sqrt{a^2t^2\cos^2 t+a^2t^2\sin^2 t}\ dt=at\,dt.$$

于是,

$$\int_C(x^2+y^2)ds=\int_0^{2\pi}[a^2(\cos t+t\sin t)^2+a^2(\sin t-t\cos t)^2]at\,dt$$

$$=\int_0^{2\pi}a^3t(1+t^2)dt=2\pi^2a^3(1+2\pi^2).$$

【4224】 $\int_C xy\,ds$ 其中 C 为双曲线 $x=a\,\mathrm{ch}t$, $y=a\,\mathrm{sh}t(0\leqslant t\leqslant t_0)$的弧.

解 弧长的微分为

$$ds=\sqrt{a^2\mathrm{sh}^2 t+a^2\mathrm{ch}^2 t}\ dt=a\sqrt{\mathrm{ch}2t}\ dt.$$

于是,

$$\int_C xy\,ds=a^3\int_0^{t_0}\mathrm{ch}t\,\mathrm{sh}t\sqrt{\mathrm{ch}2t}\,dt=\frac{a^3}{2}\int_0^{t_0}\mathrm{sh}2t\sqrt{\mathrm{ch}2t}\,dt$$

$$=\frac{a^3}{4}\int_0^{t_0}\sqrt{\mathrm{ch}2t}\,d(\mathrm{ch}2t)=\frac{a^3}{6}(\sqrt{\mathrm{ch}^3 2t_0}-1).$$

【4225】 $\int_C (x^{\frac{4}{3}}+y^{\frac{4}{3}})\mathrm{d}s$,其中 C 为内摆线 $x^{\frac{2}{3}}+y^{\frac{2}{3}}=a^{\frac{2}{3}}$ 的弧.

解 解法1:

按直角坐标方程计算,弧长的微分为

$$\mathrm{d}s=\sqrt{1+y'^2}\,\mathrm{d}x=\frac{a^{\frac{1}{3}}}{x^{\frac{1}{3}}}\mathrm{d}x.$$

于是,

$$\int_C (x^{\frac{4}{3}}+y^{\frac{4}{3}})\mathrm{d}s=4\int_0^a \left[x^{\frac{4}{3}}+(a^{\frac{2}{3}}-x^{\frac{2}{3}})^2\right]\frac{a^{\frac{1}{3}}}{x^{\frac{1}{3}}}\mathrm{d}x$$

$$=4a^{\frac{1}{3}}\int_0^a (2x+a^{\frac{4}{3}}x^{-\frac{1}{3}}-2a^{\frac{2}{3}}x^{\frac{1}{3}})\mathrm{d}x=4a^{\frac{7}{3}}.$$

解法2:

按参数方程计算.若令 $x=a\cos^3 t$, $y=a\sin^3 t$,则

$$\mathrm{d}s=\sqrt{9a^2\cos^4 t\sin^2 t+9a^2\sin^4 t\cos^2 t}\,\mathrm{d}t=3a\cos t\sin t\,\mathrm{d}t \quad (0\leqslant t\leqslant\frac{\pi}{2}).$$

于是,

$$\int_C (x^{\frac{4}{3}}+y^{\frac{4}{3}})\mathrm{d}s=4a^{\frac{4}{3}}\int_0^{\frac{\pi}{2}}(\cos^4 t+\sin^4 t)3a\cos t\sin t\,\mathrm{d}t$$

$$=24a^{\frac{7}{3}}\int_0^{\frac{\pi}{2}}\sin^5 t\,\mathrm{d}(\sin t)=4a^{\frac{7}{3}}.$$

【4226】 $\int_C \mathrm{e}^{\sqrt{x^2+y^2}}\mathrm{d}s$ 其中 C 为由曲线 $r=a$, $\varphi=0$, $\varphi=\frac{\pi}{4}$ (r 和 φ 为极坐标)所界的凸围线.

解 凸围线由三段组成,分别是:直线段 $\varphi=0$ $(0\leqslant r\leqslant a)$;

圆弧段 $r=a\ (0\leqslant\varphi\leqslant\frac{\pi}{2})$；直线段 $\varphi=\frac{\pi}{4}\ (0\leqslant r\leqslant a)$. 弧长的微分相应地是：$ds=dr$；$ds=\sqrt{r^2+r'^2}d\varphi=a\,d\varphi$；$ds=dr$. 于是，

$$\int_C e^{\sqrt{x^2+y^2}}ds=\int_0^a e^r dr+\int_0^{\frac{\pi}{4}}e^a a\,d\varphi+\int_0^a e^r dr=2(e^a-1)+\frac{\pi a e^a}{4}.$$

【4227】 $\int_C |y|ds$ 其中 C 为双纽线 $(x^2+y^2)^2=a^2(x^2-y^2)$ 的弧.

解 双纽线的极坐标方程为 $r^2=a^2\cos2\varphi$，弧长的微分为

$$ds=\sqrt{r^2+r'^2}\ d\varphi=\frac{a}{\sqrt{\cos2\varphi}}\ d\varphi.$$

于是，

$$\int_C |y|ds=4\int_0^{\frac{\pi}{4}}a\ \sqrt{\cos2\varphi}\sin\varphi\cdot\frac{a}{\sqrt{\cos2\varphi}}d\varphi$$

$$=4a^2(-\cos\varphi)\Big|_0^{\frac{\pi}{4}}=2a^2(2-\sqrt{2}).$$

【4228】 $\int_C x\,ds$，其中 C 为对数螺线 $r=ae^{k\varphi}\ (k>0)$ 在圆 $r=a$ 内的部分

解 弧长的微分为

$$ds=ae^{k\varphi}\sqrt{1+k^2}d\varphi\quad(-\infty<\varphi<0).$$

于是，

$$\int_C x\,ds=\int_{-\infty}^0 ae^{k\varphi}\cos\varphi\cdot ae^{k\varphi}\sqrt{1-k^2}d\varphi$$

$$=a^2\ \sqrt{1+k^2}\frac{2k\cos\varphi+\sin\varphi}{1+4k^2}e^{2k\varphi}\Big|_{-\infty}^0=\frac{2ka^2\ \sqrt{1+k^2}}{1+4k^2}.$$

【4229】 $\int_C\sqrt{x^2+y^2}ds$，其中 C 为圆周 $x^2+y^2=ax$.

解 对于上半圆周,弧长的微分为

$$ds=\sqrt{1+\left(\frac{a-2x}{2y}\right)^2}\,dx=\frac{a}{2y}dx=\frac{a}{2\sqrt{ax-x^2}}dx \quad (0\leqslant x\leqslant a).$$

于是,

$$\int_C \sqrt{x^2+y^2}\,ds=2\int_0^a \sqrt{ax}\cdot\frac{a}{2\sqrt{ax-x^2}}dx$$

$$=a\sqrt{a}\int_0^a\frac{dx}{\sqrt{a-x}}=2a^2.$$

【4230】 $\int_C \frac{ds}{y^2}$,其中 C 为悬链线 $y=a\,\text{ch}\,\frac{x}{a}$.

解 弧长的微分为

$$ds=\sqrt{1+\text{sh}^2\frac{x}{a}}\,dx=\text{ch}\,\frac{x}{a}dx.$$

于是,

$$\int_C\frac{ds}{y^2}=\int_{-\infty}^{+\infty}\frac{\text{ch}\,\frac{x}{a}}{a^2\text{ch}^2\frac{x}{a}}dx=\frac{1}{a}\int_{-\infty}^{+\infty}\frac{d\left(\text{sh}\,\frac{x}{a}\right)}{1+\text{sh}^2\frac{x}{a}}$$

$$=\frac{1}{a}\arctan\left(\text{sh}\,\frac{x}{a}\right)\Big|_{-\infty}^{+\infty}=\frac{\pi}{a}.$$

求下列空间曲线的弧长(参数是正的):

【4231】 $x=3t,\ y=3t^2,\ z=2t^3$ 从 $O(0,0,0)$到 $A(3,3,2)$.

解 弧长的微分为

$$ds=\sqrt{x'^2+y'^2+z'^2}\,dt=3(2t^2+1)dt.$$

于是,弧长为

$$s=\int_0^1 3(2t^2+1)dt=5.$$

【4232】 $x=e^{-t}\cos t,\ y=e^{-t}\sin t,\ z=e^{-t}$,当 $0<t<+\infty$.

解 弧长的微分为

$$\mathrm{d}s=\sqrt{\mathrm{e}^{-2t}(\cos t-\sin t)^2+\mathrm{e}^{-2t}(\cos t+\sin t)^2+\mathrm{e}^{-2t}}\,\mathrm{d}t=\sqrt{3}\mathrm{e}^{-t}\mathrm{d}t.$$

于是,弧长为

$$s=\sqrt{3}\int_0^{+\infty}\mathrm{e}^{-t}\mathrm{d}t=\sqrt{3}.$$

【4233】 $y=a\arcsin\frac{x}{a}$, $z=\frac{a}{4}\ln\frac{a-x}{a+x}$ 从 $O(0,0,0)$ 到 $A(x_0,y_0,z_0)$.

解 弧长的微分为

$$\mathrm{d}s=\sqrt{1+\frac{a^2}{a^2-x^2}+\frac{a^4}{4(a^2-x^2)^2}}=\frac{3a^2-2x^2}{2(a^2-x^2)}\mathrm{d}x\quad(|x_0|<a).$$

于是,当 $x_0\geqslant 0$ 时,有

$$s=\int_0^{x_0}\frac{3a^2-2x^2}{2(a^2-x^2)}\mathrm{d}x=\frac{a}{4}\ln\frac{a+x_0}{a-x_0}+x_0=|z_0|+|x_0|;$$

当 $x_0<0$ 时,有

$$s=\int_{x_0}^{0}\frac{3a^2-2x^2}{2(a^2-x^2)}\mathrm{d}x=-\frac{a}{4}\ln\frac{a+x_0}{a-x_0}-x_0=|z_0|+|x_0|.$$

总之,当 $|x_0|<a$,有 $s=|z_0|+|x_0|$.

【4234】 $(x-y)^2=a(x+y)$, $x^2-y^2=\frac{9}{8}z^2$ 从 $O(0,0,0)$到 $A(x_0,y_0,z_0)$.

解 由$(x-y)^2=a(x+y)$, $x^2-y^2=\frac{9}{8}z^2$ 可解得

$$x=\frac{1}{2}\left[\frac{1}{a}\sqrt[3]{\left(\frac{9a}{8}\right)^2}\sqrt[3]{z^4}+\sqrt[3]{\frac{9a}{8}}\sqrt[3]{z^2}\right],$$

$$y=\frac{1}{2}\left[\frac{1}{a}\sqrt[3]{\left(\frac{9a}{8}\right)^2}\sqrt[3]{z^4}-\sqrt[3]{\frac{9a}{8}}\sqrt[3]{z^2}\right].$$

注意到

$$\left(\frac{\mathrm{d}x}{\mathrm{d}z}\right)^2+\left(\frac{\mathrm{d}y}{\mathrm{d}z}\right)^2=\frac{8}{9a^2}\sqrt[3]{\left(\frac{9a}{8}\right)^4}\sqrt[3]{z^2}+\frac{2}{9}\sqrt[3]{\left(\frac{9a}{8}\right)^2}\sqrt[3]{z^{-2}}$$

$$=\frac{\sqrt[3]{9a}}{2a}\sqrt[3]{z^2}+\frac{\sqrt[3]{3a^2}}{6}\sqrt[3]{z^{-2}},$$

于是,弧长为

$$s=\int_0^{z_0}\sqrt{\frac{\sqrt[3]{9a}}{2a}\sqrt[3]{z^2}+\frac{\sqrt[3]{3a^2}}{6}\sqrt[3]{z^{-2}}+1}\,\mathrm{d}z$$

$$=\int_0^{\sqrt[3]{z_0^2}}\sqrt{\frac{\sqrt[3]{9a}}{2a}t+\frac{\sqrt[3]{3a^2}}{6}\frac{1}{t}+1}\;\frac{3\sqrt{t}}{2}\,\mathrm{d}t$$

$$=\frac{3}{2}\int_0^{\sqrt[3]{z_0^2}}\sqrt{\frac{\sqrt[3]{9a}}{2a}t^2+t+\frac{\sqrt[3]{3a^2}}{6}}\,\mathrm{d}t$$

$$=\frac{3}{2}\int_0^{\sqrt[3]{z_0^2}}\left(\frac{1}{\sqrt{2}}\sqrt[3]{\frac{3}{a}}t+\frac{1}{\sqrt{2}}\sqrt[3]{\frac{a}{3}}\right)\mathrm{d}t$$

$$=\frac{3}{4\sqrt{2}}\left(\sqrt[3]{\frac{3z_0^4}{a}}+2\sqrt[3]{\frac{az_0^2}{3}}\right).$$

【4235】 $x^2+y^2=cz,\ \frac{y}{x}=\tan\frac{z}{c}$ 从 $O(0,0,0)$ 到 $A(x_0,y_0,z_0)$.

解 取曲线的参数方程为

$$x=\sqrt{cz}\cos\frac{z}{c},\quad y=\sqrt{cz}\sin\frac{z}{c},\quad z=z,$$

则弧长的微分为

$$\mathrm{d}s=\left[\left(\frac{\sqrt{c}}{2\sqrt{z}}\cos\frac{z}{c}-\sqrt{\frac{z}{c}}\sin\frac{z}{c}\right)^2\right.$$

$$\left.+\left(\frac{\sqrt{c}}{2\sqrt{z}}\sin\frac{z}{c}-\sqrt{\frac{z}{c}}\cos\frac{z}{c}\right)^2+1\right]^{\frac{1}{2}}\mathrm{d}z$$

$$=\sqrt{\frac{c}{4z}+\frac{z}{c}+1}\,\mathrm{d}z=\frac{2z+c}{\sqrt{4cz}}\,\mathrm{d}z.$$

于是，弧长为

$$s=\int_0^{z_0}\frac{2z+c}{\sqrt{4cz}}\mathrm{d}z=\int_0^{z_0}\sqrt{\frac{z}{c}}\mathrm{d}z+\int_0^{z_0}\frac{\sqrt{c}}{2\sqrt{z}}\mathrm{d}z=\sqrt{cz_0}\left(1+\frac{2z_0}{3c}\right).$$

【4236】 $x^2+y^2+z^2=a^2$, $\sqrt{x^2+y^2}\,\mathrm{ch}\left(\arctan\dfrac{y}{x}\right)=a$ 从点$(a,0,0)$到点 $B(x,y,z)$.

解 令 $x=\sqrt{a^2-z^2}\cos\varphi$, $y=\sqrt{a^2-z^2}\sin\varphi$, 不妨设 $z>0$, 则有

$$z=\sqrt{a^2-(x^2+y^2)}=\sqrt{a^2\left(1-\frac{1}{\mathrm{ch}^2\varphi}\right)}=a\,\mathrm{th}\varphi.$$

而 $\sqrt{a^2-z^2}=\sqrt{a^2(1-\mathrm{th}^2\varphi)}=\dfrac{a}{\mathrm{ch}\varphi}$, 故 $x=\dfrac{a\cos\varphi}{\mathrm{ch}\varphi}$, $y=\dfrac{a\sin\varphi}{\mathrm{ch}\varphi}$, $z=a\,\mathrm{th}\varphi$ 为曲线的参数方程，弧长的微分为

$$\mathrm{d}s=\sqrt{\left(\frac{\mathrm{d}x}{\mathrm{d}\varphi}\right)^2+\left(\frac{\mathrm{d}y}{\mathrm{d}\varphi}\right)^2+\left(\frac{\mathrm{d}z}{\mathrm{d}\varphi}\right)^2}\mathrm{d}\varphi=a\sqrt{\frac{\mathrm{ch}^2\varphi+\mathrm{sh}^2\varphi+1}{\mathrm{ch}^4\varphi}}\mathrm{d}\varphi$$
$$=\sqrt{2}a\frac{\mathrm{d}\varphi}{\mathrm{ch}\varphi}.$$

于是，弧长为

$$s=\int_0^{\varphi}\sqrt{2}a\frac{\mathrm{d}\varphi}{\mathrm{ch}\varphi}=\sqrt{2}a\int_0^{\varphi}\frac{2}{\mathrm{e}^{\varphi}+\mathrm{e}^{-\varphi}}\mathrm{d}\varphi=2\sqrt{2}a\int_0^{\varphi}\frac{1}{1+(\mathrm{e}^{\varphi})^2}\mathrm{d}(\mathrm{e}^{\varphi})$$
$$=2\sqrt{2}a\arctan\mathrm{e}^{\varphi}\Big|_0^{\varphi}=2\sqrt{2}a\left(\arctan\frac{a+z}{\sqrt{a^2-z^2}}-\frac{\pi}{4}\right)^{*)}$$
$$=\sqrt{2}a\arctan\frac{z}{\sqrt{a^2-z^2}}^{**)}.$$

容易推证，当 $z<0$ 时，弧长为

$$s=\sqrt{2}a\arctan\frac{-z}{\sqrt{a^2-z^2}}.$$

总之，最后得 $s=\sqrt{2}a\arctan\dfrac{|z|}{\sqrt{a^2-z^2}}$.

*) 由 $z=a\tan\varphi$ 知： $z(e^{\varphi}+e^{-\varphi})=a(e^{\varphi}-e^{-\varphi})$,

$$z(e^{2\varphi}+1)=a(e^{2\varphi}-1),$$

从而 $e^{2\varphi}=\dfrac{a+z}{a-z}$ 或 $e^{\varphi}=\dfrac{a+z}{\sqrt{a^2-z^2}}$.

**) 由于 $\tan\left(\arctan\dfrac{a+z}{\sqrt{a^2-z^2}}-\dfrac{\pi}{4}\right)=\dfrac{a-\sqrt{a^2-z^2}}{z}$,

$$\tan\frac{1}{2}\left(\arctan\frac{z}{\sqrt{a^2-z^2}}\right)=\frac{a-\sqrt{a^2-z^2}}{z},$$

故在主值范围内有 $\arctan\dfrac{a+z}{\sqrt{a^2-z^2}}-\dfrac{\pi}{4}=\dfrac{1}{2}\arctan\dfrac{z}{\sqrt{a^2-z^2}}$.

计算沿空间曲线所取的第一型曲线积分：

【4237】 $\int_C(x^2+y^2+z^2)\mathrm{d}s$ 其中 C 为螺线 $x=a\cos t$, $y=a\sin t$, $z=bt$ $(0\leqslant t\leqslant 2\pi)$的一段.

解 弧长的微分为 $\mathrm{d}s=\sqrt{a^2+b^2}\mathrm{d}t$. 于是,

$$\int_C(x^2+y^2+z^2)\mathrm{d}s=\sqrt{a^2+b^2}\int_0^{2\pi}(a^2+b^2t^2)\mathrm{d}t$$

$$=\frac{2\pi}{3}(3a^2+4\pi^2b^2)\sqrt{a^2+b^2}.$$

【4238】 $\int_C x^2\mathrm{d}s$, 其中 C 为圆周 $x^2+y^2+z^2=a^2$, $x+y+z=0$.

解 解法 1：

作代换 $u=\dfrac{x-y}{\sqrt{2}}$, $v=\dfrac{x+y-2z}{\sqrt{6}}$, $w=\dfrac{x+y+z}{\sqrt{3}}$, 则圆周 C 化为 $u^2+v^2+w^2=a^2$, $w=0$. 于是,

$$\int_C x^2\mathrm{d}s=\int_C\left(\frac{u}{\sqrt{2}}+\frac{v}{\sqrt{6}}+\frac{w}{\sqrt{3}}\right)^2\mathrm{d}s=\int_C\left(\frac{u}{\sqrt{2}}+\frac{v}{\sqrt{6}}\right)^2\mathrm{d}s$$

$$=\frac{1}{6}\int_C(3u^2+v^2)\mathrm{d}s+\frac{1}{\sqrt{3}}\int_C uv\mathrm{d}s$$

$$=\frac{1}{6}\int_C a^2 ds+\frac{1}{3}\int_C u^2 ds+\frac{1}{\sqrt{3}}\int_C uv ds$$

$$=\frac{1}{3}\pi a^3+\frac{1}{3}\int_0^{2\pi} a^3\cos^2\varphi d\varphi+\frac{1}{\sqrt{3}}\int_0^{2\pi} a^3\cos\varphi\sin\varphi d\varphi$$

$$=\frac{1}{3}\pi a^3+\frac{1}{3}\pi a^3=\frac{2}{3}\pi a^3.$$

解法 2:

由对称性知: $\int_C x^2 ds=\int_C y^2 ds=\int_C z^2 ds$. 于是,

$$\int_C x^2 ds=\frac{1}{3}\int_C (x^2+y^2+z^2)ds=\frac{a^2}{3}\int_C ds=\frac{2\pi a^3}{3}.$$

【4239】 $\int_C z ds$, 其中 C 为圆锥螺线 $x=t\cos t$, $y=t\sin t$, $z=t$ $(0\leqslant t\leqslant t_0)$.

解 弧长的微分为

$$ds=\sqrt{(\cos t-t\sin t)^2+(\sin t+t\cos t)^2+1}\ dt=\sqrt{2+t^2}\ dt.$$

于是,

$$\int_C z ds=\int_0^{t_0} t\sqrt{2+t^2}\ dt=\frac{1}{3}[(2+t_0^2)^{\frac{3}{2}}-2^{\frac{3}{2}}]$$

【4240】 $\int_C z ds$, 其中 C 为曲线 $x^2+y^2=z^2$, $y^2=ax$ 上从点 $O(0,0,0)$ 到点 $A(a,a,a\sqrt{2})$ 的弧.

解 由曲线方程得

$$z=\sqrt{x^2+y^2}=\sqrt{\frac{y^4}{a^2}+y^2}=\frac{y}{a}\sqrt{y^2+a^2},$$

从而, 曲线的参数方程可取为

$$x=\frac{y^2}{a},\quad y=y,\quad z=\frac{y}{a}\sqrt{y^2+a^2}.$$

弧长的微分为

$$ds=\sqrt{\left(\frac{2y}{a}\right)^2+1+\left(\frac{2y^2+a^2}{a\sqrt{y^2+a^2}}\right)^2}\,dy=\sqrt{\frac{8y^4+9a^2y^2+2a^4}{a^2(y^2+a^2)}}\,dy.$$

于是,

$$\int_C z\,ds=\int_0^a\frac{y}{a}\sqrt{y^2+a^2}\sqrt{\frac{8y^4+9a^2y^2+2a^4}{a^2(y^2+a^2)}}\,dy$$

$$=\frac{\sqrt{8}}{a^2}\int_0^a y\sqrt{y^4+\frac{9}{8}a^2y^2+\frac{1}{4}a^4}\,dy$$

$$=\frac{\sqrt{2}}{a^2}\int_0^a\sqrt{\left(y^2+\frac{9a^2}{16}\right)^2-\frac{17a^4}{16^2}}\,d\left(y^2+\frac{9a^2}{16}\right)$$

$$=\frac{\sqrt{2}}{a^2}\left[\frac{y^2+\frac{9a^2}{16}}{2}\sqrt{y^4+\frac{9}{8}a^2y^2+\frac{1}{4}a^4}\right.$$

$$\left.-\frac{17a^4}{2\cdot16^2}\ln\left(y^2+\frac{9a^2}{16}+\sqrt{y^4+\frac{9}{8}a^2y^2+\frac{1}{4}a^4}\right)\right]\Bigg|_0^a$$

$$=\frac{\sqrt{2}}{a^2}\left[\left(\frac{25a^4}{64}\sqrt{\frac{19}{2}}-\frac{17a^4}{2\cdot16^2}\ln\frac{25a^2+8\sqrt{\frac{19}{2}}a^2}{16}\right)\right.$$

$$\left.-\left(\frac{9a^4}{64}-\frac{17a^4}{2\cdot16^2}\ln\frac{17a^2}{16}\right)\right]$$

$$=\frac{\sqrt{2}}{a^2}\,\frac{25a^4\sqrt{38}-18a^4}{128}+\frac{\sqrt{2}}{a^2}\,\frac{17a^4}{2\cdot16^2}\ln\frac{\frac{17a^2}{16}}{\frac{25a^2+8\sqrt{\frac{19}{2}}a^2}{16}}$$

$$=\frac{a^2}{256\sqrt{2}}\left[100\sqrt{38}-72-17\ln\frac{25+4\sqrt{38}}{17}\right].$$

【4241】$^+$ 设曲线 $x=a\cos t$, $y=b\sin t$ $(0\leqslant t\leqslant 2\pi)$ 在点 (x,y) 的线密度等于 $\rho=|y|$,求其质量.

解 质量 $m=\int_C|y|\,ds$,其中 C 为椭圆 $x=a\cos t$, $y=$

$b\sin t(0\leqslant t\leqslant 2\pi)$.

先设 $a>b$.这时

$$ds=\sqrt{a^2\sin^2 t+b^2\cos^2 t}\,dt=a\sqrt{1-\varepsilon^2\cos^2 t}\,dt$$

其中 $\varepsilon=\dfrac{\sqrt{a^2-b^2}}{a}$.于是,

$$\begin{aligned}m&=\int_0^{\pi}ab\sin t\sqrt{1-\varepsilon^2\cos^2 t}\,dt+\int_{\pi}^{2\pi}a(-b\sin t)\sqrt{1-\varepsilon^2\cos^2 t}\,dt\\&=-ab\int_0^{\pi}\sqrt{1-\varepsilon^2\cos^2 t}\,d(\cos t)+ab\int_{\pi}^{2\pi}\sqrt{1-\varepsilon^2\cos^2 t}\,d(\cos t)\\&=ab\int_{-1}^{1}\sqrt{1-\varepsilon^2u^2}\,du+ab\int_{-1}^{1}\sqrt{1-\varepsilon^2u^2}\,du\\&=4ab\int_0^1\sqrt{1-\varepsilon^2u^2}\,du\\&=\frac{4ab}{\varepsilon}\left[\frac{1}{2}\varepsilon u\sqrt{1-\varepsilon^2u^2}+\frac{1}{2}\arcsin(\varepsilon u)\right]\Bigg|_{u=0}^{u=1}\\&=2b^2+2ab\,\frac{\arcsin\varepsilon}{\varepsilon}.\end{aligned}$$

次设 $a<b$.这时

$$ds=\sqrt{a^2\sin^2 t+b^2\cos^2 t}\,dt=a\sqrt{1+\varepsilon_1^2\cos^2 t}\,dt,$$

其中 $\varepsilon_1=\dfrac{\sqrt{b^2-a^2}}{a}$.仿前,有

$$\begin{aligned}m&=\int_0^{\pi}ab\sin t\sqrt{1+\varepsilon_1^2\cos^2 t}\,dt+\int_{\pi}^{2\pi}a(-b\sin t)\sqrt{1+\varepsilon_1^2\cos^2 t}\,dt\\&=4ab\int_0^1\sqrt{1+\varepsilon_1^2u^2}\,du\\&=\frac{4ab}{\varepsilon_1}\left[\frac{1}{2}\varepsilon_1u\sqrt{1+\varepsilon_1^2u^2}+\frac{1}{2}\ln\left(\varepsilon_1u+\sqrt{1+\varepsilon_1^2u^2}\right)\right]\Bigg|_{u=0}^{u=1}\\&=2b^2+2ab\,\frac{\ln\left(\varepsilon_1+\sqrt{1+\varepsilon_1^2}\right)}{\varepsilon_1}.\end{aligned}$$

最后,若 $a=b$,则椭圆退化成圆,这时 $ds=a\,dt$,故

$$m=\int_0^{\pi}a^2\sin t\,dt+\int_{\pi}^{2\pi}(-a\sin t)a\,dt=4a^2.$$

综上所述,可知:

$$m=\begin{cases}2b^2+2ab\dfrac{\arcsin\varepsilon}{\varepsilon}, & 若\ a>b;\\ 2b^2+2ab\dfrac{\ln(\varepsilon_1+\sqrt{1+\varepsilon_1^2})}{\varepsilon_1}, & 若\ a<b;\\ 4a^2, & 若\ a=b,\end{cases}$$

其中

$$\varepsilon=\frac{\sqrt{a^2-b^2}}{a}\quad(a>b),\qquad \varepsilon_1=\frac{\sqrt{b^2-a^2}}{a}\quad(a<b),$$

【4242】 求曲线 $x=at, y=\frac{a}{2}t^2, z=\frac{a}{3}t^3$ $(0\leqslant t\leqslant 1)$的弧的质量,其密度依规律 $\rho=\sqrt{\frac{2y}{a}}$ 而变化.

解 弧长的微分为

$$ds=\sqrt{a^2+a^2t^2+a^2t^4}\,dt=a\sqrt{1+t^2+t^4}\,dt,$$

而密度 $\rho=\sqrt{\frac{2y}{a}}=t$. 于是,质量为(作代换 $u=t^2$)

$$m=\int_C\sqrt{\frac{2y}{a}}ds=a\int_0^1 t\sqrt{1+t^2+t^4}\,dt=\frac{a}{2}\int_0^1\sqrt{1+u+u^2}\,du$$

$$=\frac{a}{2}\left[\frac{u+\frac{1}{2}}{2}\sqrt{1+u+u^2}+\frac{3}{8}\ln\left(u+\frac{1}{2}+\sqrt{1+u+u^2}\right)\right]\Bigg|_0^1$$

$$=\frac{a}{8}\left[(3\sqrt{3}-1)+\frac{3}{2}\ln\frac{3+2\sqrt{3}}{3}\right]$$

【4243】 计算均匀的曲线 $y=a\operatorname{ch}\frac{x}{a}$ 从点 $A(0,a)$到点 $B(b,h)$的弧的重心的坐标.

解 弧长的微分为

$$ds=\sqrt{1+\mathrm{sh}^2\frac{x}{a}}\,dx=\mathrm{ch}\frac{x}{a}\,dx.$$

质量为

$$m=\rho_0\int_0^b\mathrm{ch}\frac{x}{a}\,dx=a\rho_0\mathrm{sh}\frac{b}{a}=\rho_0\sqrt{h^2-a^2}^{\,*)}.$$

于是,重心的坐标为

$$x_0=\frac{\rho_0}{m}\int_0^b x\,\mathrm{ch}\frac{x}{a}\,dx=\frac{\rho_0}{m}\left[ab\,\mathrm{sh}\frac{b}{a}-a^2\left(\mathrm{ch}\frac{b}{a}-1\right)\right]$$

$$=\frac{1}{\sqrt{h^2-a^2}}\left[b\sqrt{h^2-a^2}-a^2\left(\frac{h}{a}-1\right)\right]=b-a\sqrt{\frac{h-a}{h+a}};$$

$$y_0=\frac{\rho_0}{m}\int_0^b y\,\mathrm{ch}\frac{x}{a}\,dx=\frac{a\rho_0}{m}\int_0^b\mathrm{ch}^2\frac{x}{a}\,dx=\frac{a\rho_0}{m}\int_0^b\frac{1+\mathrm{ch}2x}{2}\,dx$$

$$=\frac{a\rho_0}{m}\left[\frac{x}{2}+\frac{a}{4}\mathrm{sh}\frac{2x}{a}\right]\Big|_0^b=\frac{a\rho_0}{m}\left(\frac{b}{2}+\frac{a}{4}\mathrm{sh}\frac{2b}{a}\right)$$

$$=\frac{a}{\sqrt{h^2-a^2}}\left(\frac{b}{2}+\frac{h}{2}\,\frac{\sqrt{h^2-a^2}}{a}\right)=\frac{h}{2}+\frac{ab}{2\sqrt{h^2-a^2}}.$$

*) 由 $h=a\,\mathrm{ch}\frac{b}{a}$ 知:$\mathrm{ch}\frac{b}{a}=\frac{h}{a}$.从而,

$$\mathrm{sh}\frac{b}{a}=\sqrt{\mathrm{ch}^2\frac{b}{a}-1}=\frac{\sqrt{h^2-a^2}}{a}.$$

【4244】 求摆线

$$x=a(t-\sin t),\quad y=a(1-\cos t)\ (0\leqslant t\leqslant\pi)$$

的弧的重心.

解 弧长的微分为

$$ds=\sqrt{a^2(1-\cos t)^2+a^2\sin^2 t}\,dt=2a\sin\frac{t}{2}\,dt.$$

质量为 $m=2a\rho_0\int_0^{\pi}\sin\frac{t}{2}\,dt=4a\rho_0$.于是,重心的坐标为

$$x_0=\frac{1}{m}\int_0^{\pi}\rho_0 a(t-\sin t)\cdot 2a\sin\frac{t}{2}\mathrm{d}t$$

$$=\frac{a}{2}\int_0^{\pi}t\sin\frac{t}{2}\mathrm{d}t-\frac{a}{2}\int_0^{\pi}\sin t\sin\frac{t}{2}\mathrm{d}t$$

$$=-at\cos\frac{t}{2}\Big|_0^{\pi}+a\int_0^{\pi}\cos\frac{t}{2}\mathrm{d}t+\frac{a}{4}\int_0^{\pi}\left(\cos\frac{3t}{2}-\cos\frac{t}{2}\right)\mathrm{d}t$$

$$=\frac{4a}{3};$$

$$y_0=\frac{1}{m}\int_0^{\pi}\rho_0 a(1-\cos t)\cdot 2a\sin\frac{t}{2}\mathrm{d}t$$

$$=\frac{a}{2}\int_0^{\pi}\sin\frac{t}{2}\mathrm{d}t-\frac{a}{4}\int_0^{\pi}\left(\sin\frac{3t}{2}-\sin\frac{t}{2}\right)\mathrm{d}t=\frac{4a}{3}.$$

【4245】 计算球面上的三角形 $x^2+y^2+z^2=a^2$; $x>0$, $y>0$, $z>0$ 的围线的重心的坐标.

解 作球坐标变换:

$$x=r\cos\varphi\cos\psi,\quad y=r\sin\varphi\cos\psi,\quad z=r\sin\psi,$$

则球面上的三角形三条曲边的方程分别是:

$$x=a\cos\varphi,\ y=a\sin\varphi,\ z=0;\ 0\leqslant\varphi\leqslant\frac{\pi}{2};$$

$$x=\cos\psi,\ y=0,\ z=a\sin\psi;\ 0\leqslant\psi\leqslant\frac{\pi}{2};$$

$$x=0,\ y=a\cos\psi,\ z=a\sin\psi;\ 0\leqslant\psi\leqslant\frac{\pi}{2}.$$

又因围线的周长为 $s=3\cdot\frac{\pi a}{2}=\frac{3\pi a}{2}$. 于是,重心的坐标为

$$x_0=\frac{\int_0^{\frac{\pi}{2}}a\cos\varphi\cdot a\mathrm{d}\varphi+\int_0^{\frac{\pi}{2}}a\cos\psi\cdot a\mathrm{d}\psi}{\frac{3\pi a}{2}}=\frac{2a^2}{\frac{3\pi a}{2}}=\frac{4a}{3\pi}.$$

利用对称性知: $x_0=y_0=z_0=\frac{4a}{3\pi}$.

【4246】 求均匀的弧 $x=e^t\cos t$, $y=e^t\sin t$, $z=e^t(-\infty<t$

$\leqslant 0$)的重心的坐标.

解 弧长的微分为

$$ds=\sqrt{e^{2t}(\cos t-\sin t)^2+e^{2t}(\sin t+\cos t)^2+e^{2t}}\,dt=\sqrt{3}e^t dt.$$

质量为

$$m=\int_{-\infty}^{0}\sqrt{3}e^t dt=\sqrt{3}.$$

于是,重心的坐标为

$$x_0=\frac{1}{m}\int_{-\infty}^{0}e^t\cos t\cdot\sqrt{3}e^t dt=\int_{-\infty}^{0}e^{2t}\cos t\,dt=\frac{2\cos t+\sin t}{5}e^{2t}\Big|_{-\infty}^{0}$$

$$=\frac{2}{5}.$$

$$y_0=\frac{1}{m}\int_{-\infty}^{0}e^t\sin t\cdot\sqrt{3}e^t dt=\int_{-\infty}^{0}e^{2t}\sin t\,dt=\frac{2\sin t-\cos t}{5}e^{2t}\Big|_{-\infty}^{0}$$

$$=-\frac{1}{5}.$$

$$z_0=\frac{1}{m}\int_{-\infty}^{0}e^t\cdot\sqrt{3}e^t dt=\int_{-\infty}^{0}e^{2t}dt=\frac{1}{2}.$$

【4247】 求螺线 $x=a\cos t,\ y=a\sin t,\ z=\frac{h}{2\pi}t\quad(0\leqslant t\leqslant 2\pi)$ 的一枝对于坐标轴的转动惯量.

解 弧长的微分为

$$ds=\sqrt{a^2\sin^2 t+a^2\cos^2 t+\frac{h^2}{4\pi^2}}\,dt=\frac{\sqrt{4\pi^2a^2+h^2}}{2\pi}dt.$$

于是,转动惯量为

$$I_x=\int_C(y^2+z^2)ds=\int_0^{2\pi}\left(a^2\sin^2 t+\frac{h^2}{4\pi^2}t^2\right)\frac{\sqrt{4\pi^2a^2+h^2}}{2\pi}dt$$

$$=\frac{a^2}{2\pi}\sqrt{4\pi^2a^2+h^2}\cdot\pi+\frac{h^2}{4\pi^2}\cdot\frac{1}{2\pi}\sqrt{4\pi^2a^2+h^2}\cdot\frac{1}{3}(2\pi)^3$$

$$=\left(\frac{a^2}{2}+\frac{h^2}{3}\right)\sqrt{4\pi^2a^2+h^2}.$$

$$I_y = \int_C (x^2+z^2)\mathrm{d}s = \int_0^{2\pi}\left(a^2\cos^2 t + \frac{h^2}{4\pi^2}t^2\right)\cdot\frac{1}{2\pi}\sqrt{4\pi^2a^2+h^2}\mathrm{d}t$$

$$= \frac{a^2}{2\pi}\sqrt{4\pi^2a^2+h^2}\cdot\pi + \frac{h^2}{4\pi^2}\cdot\frac{1}{2\pi}\sqrt{4\pi^2a^2+h^2}\cdot\frac{1}{3}(2\pi)^3$$

$$= \left(\frac{a^2}{2}+\frac{h^2}{3}\right)\sqrt{4\pi^2a^2+h^2}.$$

$$I_z = \int_C (x^2+y^2)\mathrm{d}s = \int_0^{2\pi} a^2\cdot\frac{1}{2\pi}\sqrt{4\pi^2a^2+h^2}\mathrm{d}t$$

$$= a^2\sqrt{4\pi^2a^2+h^2}.$$

【4248】 计算第二型的曲线积分

$$\int_{OA} x\mathrm{d}y - y\mathrm{d}x,$$

式中 O 为坐标原点，A 点的坐标为(1,2)并设：(1) OA 为直线段；(2) OA 为抛物线，其轴为 Oy；(3) OA 为由 Ox 轴上的线段 OB 和平行于 Oy 轴的线段 BA 所组成的折线.

解 (1)直线段的方程为 $y=2x$. 于是，

$$\int_{OA} x\mathrm{d}y - y\mathrm{d}x = \int_0^1 (2x-2x)\mathrm{d}x = 0.$$

(2)抛物线段的方程为 $y=2x^2$. 于是，

$$\int_{OA} x\mathrm{d}y - y\mathrm{d}x = \int_0^1 (4x^2-2x^2)\mathrm{d}x = \frac{2}{3}.$$

(3)线段 OB 的方程为 $y=0$，BA 的方程为 $x=1$. 于是，

$$\int_{OA} x\mathrm{d}y - y\mathrm{d}x = \int_0^2 0\cdot\mathrm{d}x + \int_0^2 \mathrm{d}y = 2.$$

【4249】 对于上题中所指示的路径(1)，(2)，(3)，计算

$$\int_{OA} x\mathrm{d}y + y\mathrm{d}x.$$

解 (1) $\int_{OA} x\mathrm{d}y + y\mathrm{d}x = \int_0^1 (2x+2x)\mathrm{d}x = 2.$

(2) $\int_{OA} x\,dy + y\,dx = \int_0^1 (4x^2 + 2x^2)\,dx = 2.$

(3) $\int_{OA} x\,dy + y\,dx = \int_0^2 dy = 2.$

在参数增加的方向,沿所指示的曲线来计算下列第二型曲线积分:

【4250】 $\int_C (x^2 - 2xy)\,dx + (y^2 - 2xy)\,dy$,其中 C 为抛物线 $y = x^2(-1 \leqslant x \leqslant 1)$.

解 由题设 $y = x^2$,从而 $dy = 2x\,dx$.于是,

$$\int_C (x^2 - 2xy)\,dx + (y^2 - 2xy)\,dy$$

$$= \int_{-1}^1 [(x^2 - 2x^3) + 2x(x^4 - 2x^3)]\,dx = -\frac{14}{15}.$$

【4251】 $\int_C (x^2 + y^2)\,dx + (x^2 - y^2)\,dy$,其中 C 为曲线

$$y = 1 - |1 - x| \quad (0 \leqslant x \leqslant 2).$$

解 当 $0 \leqslant x \leqslant 1$ 时,$y = 1 - (1 - x) = x$,从而 $dy = dx$;当 $1 \leqslant x \leqslant 2$ 时,$y = 1 - (x - 1) = 2 - x$,从而 $dy = -dx$.于是,

$$\int_C (x^2 + y^2)\,dx + (x^2 - y^2)\,dy$$

$$= \int_0^1 2x^2\,dx + \int_1^2 [x^2 + (2 - x)^2 - x^2 + (2 - x)^2]\,dx = \frac{4}{3}.$$

【4252】 $\oint_C (x + y)\,dx + (x - y)\,dy$,其中 C 为依反时针方向通过的椭圆 $\frac{x^2}{a^2} + \frac{y^2}{b^2} = 1$.

解 利用椭圆的参数方程

$$x = a\cos t,\ y = b\sin t\ (0 \leqslant t \leqslant 2\pi),$$

则有

$$\oint_C (x+y)\mathrm{d}x+(x-y)\mathrm{d}y$$
$$=\int_0^{2\pi}[(a\cos t+b\sin t)(-a\sin t)+(a\cos t-b\sin t)b\cos t]\mathrm{d}t$$
$$=\int_0^{2\pi}\left(ab\cos 2t-\frac{a^2+b^2}{2}\sin 2t\right)\mathrm{d}t=0.$$

【4253】 $\int_C (2a-y)\mathrm{d}x+x\mathrm{d}y$，其中 C 为摆线

$$x=a(t-\sin t),\quad y=a(1-\cos t)\ (0\leqslant t\leqslant 2\pi)$$

的一拱.

解 由题设知：$\mathrm{d}x=a(1-\cos t)\mathrm{d}t$，$\mathrm{d}y=a\sin t\mathrm{d}t$．于是，

$$\int_C (2a-y)\mathrm{d}x+x\mathrm{d}y$$
$$=\int_0^{2\pi}\{[2a-a(1-\cos t)]a(1-\cos t)+a(t-\sin t)a\sin t\}\mathrm{d}t$$
$$=\int_0^{2\pi}a^2 t\sin t\mathrm{d}t=-a^2(t\cos t-\sin t)\Big|_0^{2\pi}=-2\pi a^2.$$

【4254】 $\oint_C \frac{(x+y)\mathrm{d}x-(x-y)\mathrm{d}y}{x^2+y^2}$，其中 C 为依反时针方向通过的圆周 $x^2+y^2=a^2$.

解 利用圆的参数方程 $x=a\cos t$，$y=a\sin t$ $(0\leqslant t\leqslant 2\pi)$，则有

$$\oint_C \frac{(x+y)\mathrm{d}x-(x-y)\mathrm{d}y}{x^2+y^2}$$
$$=\int_0^{2\pi}\frac{-(a\cos t+a\sin t)a\sin t-(a\cos t-a\sin t)a\cos t}{a^2}\mathrm{d}t$$
$$=-\int_0^{2\pi}\mathrm{d}t=-2\pi.$$

【4255】 $\oint_{ABCDA}\frac{\mathrm{d}x+\mathrm{d}y}{|x|+|y|}$，其中 $ABCDA$ 为以 $A(1,0)$，$B(0,1)$，$C(-1,0)$，$D(0,-1)$为顶点的正方形的围线.

解 正方形各边的方程分别为

$$AB: y=1-x; \qquad BC: y=1+x;$$

$$CD: y=-1-x; \qquad DA: y=-1+x.$$

于是,

$$\oint_C \frac{dx+dy}{|x|+|y|}$$

$$=\int_{AB}\frac{dx+dy}{x+y}+\int_{BC}\frac{dx+dy}{-x+y}+\int_{CD}\frac{dx+dy}{-x-y}+\int_{DA}\frac{dx+dy}{x-y}$$

$$=\int_1^0(1-1)dx+\int_0^{-1}2dx+\int_{-1}^0(1-1)dx+\int_0^1 2dx=0.$$

【4256】 $\int_{AB}\sin y dx+\sin x dy$, 其中 AB 为界于点 $A(0,\pi)$ 和点 $B(\pi,0)$之间的直线段.

解 AB 的方程为 $y=\pi-x$. 于是,

$$\int_{AB}\sin y dx+\sin x dy=\int_0^{\pi}\sin(\pi-x)dx-\sin x dx$$

$$=\int_0^{\pi}(\sin x-\sin x)dx=0.$$

注 原题为 $\int_{AB} dx\sin y+dy\sin x$, 若把它理解为 $\int_{AB} d(x\sin y)+d(y\sin x)$, 其值仍为零, 与原答案也符合.

【4257】 $\oint_{OmAnO}\arctan\frac{y}{x}dy-dx$, 其中 OmA 为抛物线段 $y=x^2$, OnA 为直线段 $y=x$

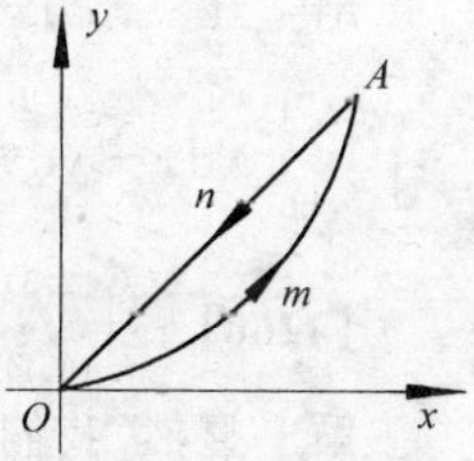

图 8.62

解 如图 8.62 所示, 我们有

$$\oint_{OmAnO}\arctan\frac{y}{x}dy-dx$$

$$=\int_{OmA}\arctan\frac{y}{x}dy-dx+\int_{AnO}\arctan\frac{y}{x}dy-dx$$

$$= \int_0^1 2x\arctan x\,dx - \int_0^1 dx + \int_1^0 (\arctan 1 - 1)dx$$

$$= x^2\arctan x\Big|_0^1 - \int_0^1 \frac{x^2}{1+x^2}dx - 1 + \left(\frac{\pi}{4}-1\right)x\Big|_1^0$$

$$= \frac{\pi}{4} - (x - \arctan x)\Big|_0^1 - 1 - \left(\frac{\pi}{4}-1\right) = \frac{\pi}{4} - 1$$

注 原题为 $\int_{OmAnO} d y\arctan\frac{y}{x} - dx$,若把它理解为

$$\int_{OmAnO} d\left(y\arctan\frac{y}{x}\right) - dx,$$

则其值为零,与原答案不符.

验证被积函数为全微分,并计算下列曲线积分:

【4258】 $\int_{(-1,2)}^{(2,3)} x\,dy + y\,dx$.

解 显然,$x\,dy + y\,dx = d(xy)$是全微分.于是,

$$\int_{(-1,2)}^{(2,3)} x\,dy + y\,dx = \int_{-(1,2)}^{(2,3)} d(xy) = xy\Big|_{(-1,2)}^{(2,3)} = 8.$$

【4259】 $\int_{(0,1)}^{(3,-4)} x\,dx + y\,dy$.

解 显然,$x\,dx + y\,dy = d\left(\frac{x^2+y^2}{2}\right)$是全微分.于是,

$$\int_{(0,1)}^{(3,-4)} x\,dx + y\,dy = \int_{(0,1)}^{(3,-4)} d\left(\frac{x^2+y^2}{2}\right) = \frac{x^2+y^2}{2}\Big|_{(0,1)}^{(3,-4)} = 12.$$

【4260】 $\int_{(0,1)}^{(2,3)} (x+y)dx + (x-y)dy$.

解 显然,我们有

$$(x+y)dx + (x-y)dy = (y\,dx + x\,dy) + (x\,dx - y\,dy)$$

$$= d(xy) + d\left(\frac{x^2-y^2}{2}\right) = d\left(xy + \frac{x^2-y^2}{2}\right),$$

即是全微分.于是,

$$\int_{(0,1)}^{(2,3)}(x+y)\mathrm{d}x+(x-y)\mathrm{d}y=\int_{(0,1)}^{(2,3)}\mathrm{d}\left(xy+\frac{x^2-y^2}{2}\right)$$

$$=\left(xy+\frac{x^2-y^2}{2}\right)\Bigg|_{(0,1)}^{(2,3)}=4.$$

【4261】 $\displaystyle\int_{(1,-1)}^{(1,1)}(x-y)(\mathrm{d}x-\mathrm{d}y).$

解 显然，$(x-y)(\mathrm{d}x-\mathrm{d}y)=\mathrm{d}\dfrac{(x-y)^2}{2}$是全微分.于是，

$$\int_{(1,-1)}^{(1,1)}(x-y)(\mathrm{d}x-\mathrm{d}y)$$

$$=\int_{(1,-1)}^{(1,1)}\mathrm{d}\frac{(x-y)^2}{2}=\frac{(x-y)^2}{2}\Bigg|_{(1,-1)}^{(1,1)}=2.$$

【4262】 $\displaystyle\int_{(0,0)}^{(a,b)}f(x+y)(\mathrm{d}x+\mathrm{d}y)$，其中 $f(u)$为连续函数.

解 令 $F(x,y)=\displaystyle\int_0^{x+y}f(u)\mathrm{d}u$.由于 $f(u)$连续，故

$$F'_x(x,y)=f(x+y),\quad F'_y(x,y)=f(x+y),$$

并且它们都是 x,y 的连续函数.因此，$F(x,y)$可微，且

$$\mathrm{d}F(x,y)=F'_x(x,y)\mathrm{d}x+F'_y(x,y)\mathrm{d}y=f(x+y)(\mathrm{d}x+\mathrm{d}y),$$

故 $f(x+y)(\mathrm{d}x+\mathrm{d}y)$是全微分，并且

$$\int_{(0,0)}^{(a,b)}f(x,y)(\mathrm{d}x+\mathrm{d}y)=F(a,b)-F(0,0)=\int_0^{a+b}f(u)\mathrm{d}u.$$

【4263】 $\displaystyle\int_{(2,1)}^{(1,2)}\frac{y\mathrm{d}x-x\mathrm{d}y}{x^2}$沿着不与 Oy 轴相交的路径.

解 显然，当 $x\neq 0$ 时，$\dfrac{y\mathrm{d}x-x\mathrm{d}y}{x^2}=\mathrm{d}\left(-\dfrac{y}{x}\right)$是全微分.于是，

$$\int_{(2,1)}^{(1,2)}\frac{y\mathrm{d}x-x\mathrm{d}y}{x^2}=\int_{(2,1)}^{(1,2)}\mathrm{d}\left(-\frac{y}{x}\right)=-\frac{y}{x}\Bigg|_{(2,1)}^{(1,2)}=-\frac{3}{2}.$$

【4264】 $\int_{(1,0)}^{(6,8)} \frac{x\mathrm{d}x + y\mathrm{d}y}{\sqrt{x^2+y^2}}$沿着不通过坐标原点的路径.

解 显然,当$(x,y)\neq(0,0)$时,$\frac{x\mathrm{d}x + y\mathrm{d}y}{\sqrt{x^2+y^2}} = \mathrm{d}(\sqrt{x^2+y^2})$是全微分.于是,

$$\int_{(1,0)}^{(6,8)} \frac{x\mathrm{d}x + y\mathrm{d}y}{\sqrt{x^2+y^2}} = \int_{(1,0)}^{(6,8)} \mathrm{d}(\sqrt{x^2+y^2}) = \sqrt{x^2+y^2}\Big|_{(1,0)}^{(6,8)} = 9.$$

【4265】 $\int_{(x_1,y_1)}^{(x_2,y_2)} \varphi(x)\mathrm{d}x + \psi(y)\mathrm{d}y$,其中 φ 和 ψ 为连续函数.

解 由于 φ,ψ 是连续函数,故显然有

$$\varphi(x)\mathrm{d}x + \psi(y)\mathrm{d}y = \mathrm{d}F(x) + \mathrm{d}G(y) = \mathrm{d}[F(x)+G(y)],$$

其中 $F(x) = \int_{x_1}^{x} \varphi(u)\mathrm{d}u$, $G(y) = \int_{y_1}^{y} \psi(v)\mathrm{d}v$. 于是,$\varphi(x)\mathrm{d}x + \psi(y)\mathrm{d}y$ 是函数$F(x)+G(y)$的全微分,从而,有

$$\int_{(x_1,y_1)}^{(x_2,y_2)} \varphi(x)\mathrm{d}x + \psi(y)\mathrm{d}y = [F(x)+G(y)]\Big|_{(x_1,y_1)}^{(x_2,y_2)}$$

$$= [F(x_2)+G(y_2)] - [F(x_1)+G(y_1)]$$

$$= \int_{x_1}^{x_2} \varphi(u)\mathrm{d}u + \int_{y_1}^{y_2} \psi(v)\mathrm{d}v.$$

【4266】 $\int_{(-2,-1)}^{(3,0)} (x^4+4xy^3)\mathrm{d}x + (6x^2y^2-5y^4)\mathrm{d}y$.

解 $P = x^4+4xy^3$, $Q = 6x^2y^2-5y^4$. 显然,P、Q 在全平面上具有连续偏导数,并且

$$\frac{\partial Q}{\partial x} = 12xy^2 \qquad \frac{\partial P}{\partial y} = 12xy^2,$$

故$\frac{\partial Q}{\partial x} = \frac{\partial P}{\partial y}$.由于全平面是单连通区域,故在整个平面上表达式

$Pdx+Qdy$ 是某函数 $u(x,y)$ 的全微分，并且线积分 $\int_C Pdx+Qdy$ 与路径无关，因而，可按平行于坐标轴的直线段来计算所给积分，得

$$\int_{(-2,-1)}^{(3,0)}(x^4+4xy^3)dx+(6x^2y^2-5y^4)dy$$
$$=\int_{-2}^{3}(x^4+4x\cdot0^3)dx+\int_{-1}^{0}[6(-2)^2y^2-5y^4]dy$$
$$=55+7=62.$$

注 也可利用简单的技巧求出函数 $u(x,y)$ 来. 我们有

$$(x^4+4xy^3)dx+(6x^2y^2-5y^4)dy$$
$$=d\left(\frac{x^5}{5}\right)+2y^3d(x^2)+2x^2d(y^3)-d(y^5)=d\left(\frac{x^5}{5}+2x^2y^3-y^5\right),$$

从而，

$$\int_{(-2,-1)}^{(3,0)}(x^4+4xy^3)dx+(6x^2y^2-5y^4)dy$$
$$=\left(\frac{x^5}{5}+2x^2y^3-y^5\right)\Bigg|_{(-2,-1)}^{(3,0)}=62.$$

【4267】 $\int_{(0,-1)}^{(1,0)}\frac{xdy-ydx}{(x-y)^2}$ 沿着不与直线 $y=x$ 相交的路径.

解 $P=-\frac{y}{(x-y)^2}$, $Q=\frac{x}{(x-y)^2}$ $(x\neq y)$. 容易验证

$$\frac{\partial Q}{\partial x}=\frac{\partial P}{\partial y}=-\frac{x+y}{(x-y)^3}\quad(x\neq y).$$

考虑平面上的区域 $\Omega=\{(x,y)\mid x>y\}$. 由于 Ω 是单连通区域，且在其上 $\frac{\partial Q}{\partial x}=\frac{\partial P}{\partial y}$，故在 Ω 上，$Pdx+Qdy$ 是某函数 $u=u(x,y)$ 的全微分，从而，在 Ω 上线积分 $\int_C Pdx+Qdy$ 与路径无关. 因此，可按平行于坐标轴的直线段来计算所给积分，得

$$\int_{(0,-1)}^{(1,0)}\frac{x\mathrm{d}y-y\mathrm{d}x}{(x-y)^2}=\int_0^1\frac{-(-1)\mathrm{d}x}{(x+1)^2}+\int_{-1}^0\frac{\mathrm{d}y}{(1-y)^2}=\frac{1}{2}+\frac{1}{2}=1.$$

注 也可利用简单的技巧求出函数 $u(x,y)$ 来.我们有

$$\frac{x\mathrm{d}y-y\mathrm{d}x}{(x-y)^2}=\frac{(x-y)\mathrm{d}y-y\mathrm{d}(x-y)}{(x-y)^2}=\mathrm{d}\left(\frac{y}{x-y}\right),$$

从而, $\displaystyle\int_{(0,-1)}^{(1,0)}\frac{x\mathrm{d}y-y\mathrm{d}x}{(x-y)^2}=\frac{y}{x-y}\Big|_{(0,-1)}^{(1,0)}=1.$

【4268】 $\displaystyle\int_{(1,\pi)}^{(2,\pi)}\left(1-\frac{y^2}{x^2}\cos\frac{y}{x}\right)\mathrm{d}x+\left(\sin\frac{y}{x}+\frac{y}{x}\cos\frac{y}{x}\right)\mathrm{d}y$

沿着不与 Oy 轴相交的路径.

解 当 $x\neq0$ 时,有

$$P=1-\frac{y^2}{x^2}\cos\frac{y}{x},\quad Q=\sin\frac{y}{x}+\frac{y}{x}\cos\frac{y}{x},$$

$$\frac{\partial P}{\partial y}=-\frac{2y}{x^2}\cos\frac{y}{x}+\frac{y^3}{x^3}\sin\frac{y}{x},$$

$$\frac{\partial Q}{\partial x}=-\frac{y}{x^2}\cos\frac{y}{x}-\frac{y}{x^2}\cos\frac{y}{x}+\frac{y^2}{x^3}\sin\frac{y}{x}$$

$$=-\frac{2y}{x^2}\cos\frac{y}{x}+\frac{y^2}{x^3}\sin\frac{y}{x}.$$

考虑右半平面 $\Omega=\{(x,y)\,|\,x>0\}$. 由于 Ω 是单连通区域,且在其上$\dfrac{\partial Q}{\partial x}=\dfrac{\partial P}{\partial y}$,故在 Ω 上必是某函数 $u(x,y)$的全微分,且可取

$$u(x,y)=\int_1^x\left(1-\frac{y^2}{x^2}\cos\frac{y}{x}\right)\mathrm{d}x+\int_\pi^y(\sin y+y\cos y)\mathrm{d}y$$

$$=\left(x+y\sin\frac{y}{x}\right)\Big|_1^x+y\sin y\Big|_\pi^y=x-1+y\sin\frac{y}{x}.$$

于是,

$$\int_{(1,\pi)}^{(2,\pi)}\left(1-\frac{y^2}{x^2}\cos\frac{y}{x}\right)\mathrm{d}x+\left(\sin\frac{y}{x}+\frac{y}{x}\cos\frac{y}{x}\right)\mathrm{d}y$$

$$=\left(x-1+y\sin\frac{y}{x}\right)\Bigg|_{(1,\pi)}^{(2,\pi)}=\pi+1.$$

【4269】 $\int_{(0,0)}^{(a,b)} e^x(\cos y\mathrm{d}x-\sin y\mathrm{d}y)$.

解 显然,有 $e^x(\cos y\mathrm{d}x-\sin y\mathrm{d}y)=\mathrm{d}(e^x\cos y)$,于是,

$$\int_{(0,0)}^{(a,b)} e^x(\cos y\mathrm{d}x-\sin y\mathrm{d}y)=\int_{(0,0)}^{(a,b)}\mathrm{d}(e^x\cos y)$$

$$=(e^x\cos y)\Bigg|_{(0,0)}^{(a,b)}=e^a\cos b-1.$$

【4270】 证明:若 $f(u)$ 为连续函数且 C 为逐段光滑的封闭曲线,则

$$\oint_C f(x^2+y^2)(x\mathrm{d}x+y\mathrm{d}y)=0.$$

证 令 $F(x,y)=\frac{1}{2}\int_0^{x^2+y^2}f(u)\mathrm{d}u$. 由于 $f(u)$ 是连续函数,故

$$F'_x(x,y)=xf(x^2+y^2),\quad F'_y(x,y)=yf(x^2+y^2),$$

并且显然 $F'_x(x,y)$, $F'_y(x,y)$ 都是 x,y 的连续函数. 因此,$F(x,y)$ 可微,且

$$\mathrm{d}F(x,y)=F'_x(x,y)\mathrm{d}x+F'_y(x,y)\mathrm{d}y$$
$$=f(x^2+y^2)(x\mathrm{d}x+y\mathrm{d}y).$$

于是,任取 C 上一点 (x_0,y_0),有

$$\oint_C f(x^2+y^2)(x\mathrm{d}x+y\mathrm{d}y)=F(x,y)\Bigg|_{(x_0,y_0)}^{(x_0,y_0)}$$

$$=F(x_0,y_0)-F(x_0,y_0)=0.$$

证毕.

求原函数 z,设:

【4271】 $\mathrm{d}z=(x^2+2xy-y^2)\mathrm{d}x+(x^2+2xy-y^2)\mathrm{d}y.$

解 $$z=\int_0^x(x^2+2xy-y^2)\mathrm{d}x+\int_0^y(0-0-y^2)\mathrm{d}y+C$$

$$=\frac{x^3}{3}+x^2y-xy^2-\frac{1}{3}y^2+C.$$

【4272】 $\mathrm{d}z=\dfrac{y\mathrm{d}x-x\mathrm{d}y}{3x^2-2xy+3y^2}.$

解 $$z=\int_0^x\frac{y\mathrm{d}x}{3x^2-2xy+3y^2}+\int_1^y 0\mathrm{d}y+C$$

$$=\frac{y}{3}\int_0\frac{\mathrm{d}x}{\left(x-\frac{1}{3}y\right)^2+\frac{8y^2}{9}}+C$$

$$=\frac{y}{3}\cdot\frac{3}{2\sqrt{2}y}\arctan\frac{3\left(x-\frac{y}{3}\right)}{2\sqrt{2}y}\Bigg|_0^x+C$$

$$=\frac{1}{2\sqrt{2}}\arctan\frac{3x-y}{2\sqrt{2}y}+C_1.$$

【4273】 $\mathrm{d}z=\dfrac{(x^2+2xy+5y^2)\mathrm{d}x+(x^2-2xy+y^2)\mathrm{d}y}{(x+y)^3}$

解 $$z=\int_0^x\frac{x^2+2xy+5y^2}{(x+y)^3}\mathrm{d}x+\int_1^y\frac{0-0+y^2}{(0+y)^3}\mathrm{d}y+C$$

$$=\int_0^x\frac{(x+y)^2+4y^2}{(x+y)^3}\mathrm{d}x+\int_1^y\frac{\mathrm{d}y}{y}+C$$

$$=[\ln|x+y|]\Big|_0^x-\frac{2y^2}{(x+y)^2}\Bigg|_0^x+[\ln|y|]\Big|_1^y+C$$

$$=\ln|x+y|-\frac{2y^2}{(x+y)^2}+C_1.$$

【4274】 $\mathrm{d}z=\mathrm{e}^x[\mathrm{e}^y(x-y+2)+y]\mathrm{d}x+\mathrm{e}^x[\mathrm{e}^y(x-y)+1]\mathrm{d}y.$

解 $$z=\int_0^x[(x-y+2)\mathrm{e}^{x+y}+y\mathrm{e}^x]\mathrm{d}x+\int_0^y(1-y\mathrm{e}^y)\mathrm{d}y+C$$

$$=\left[(x-y+1)e^{x+y}+ye^{x}\right]\Big|_{0}^{x}+\left[y-ye^{y}+e^{y}\right]\Big|_{0}^{y}+C$$

$$=(x-y+1)e^{x+y}+ye^{x}+C_1.$$

【4275】 $dz=\dfrac{\partial^{n+m+1}u}{\partial x^{n+1}\partial y^{m}}dx+\dfrac{\partial^{n+m+1}u}{\partial x^{n}\partial y^{m+1}}dy.$

解 因为

$$dz=\frac{\partial^{n+m+1}u}{\partial x^{n+1}\partial y^{m}}dx+\frac{\partial^{n+m+1}u}{\partial x^{n}\partial y^{m+1}}dy=d\left(\frac{\partial^{n+m}u}{\partial x^{n}\partial y^{m}}\right).$$

故有 $z=\dfrac{\partial^{n+m}u}{\partial x^{n}\partial y^{m}}+C.$

【4276】

$$dz=\frac{\partial^{n+m+1}}{\partial x^{n+2}\partial y^{m-1}}\left(\ln\frac{1}{r}\right)dx-\frac{\partial^{n+m+1}}{\partial x^{n-1}\partial y^{m+2}}\left(\ln\frac{1}{r}\right)dy,$$

其中 $r=\sqrt{x^2+y^2}$.

解 易知(当$(x,y)\neq(0,0)$时)

$$\frac{\partial}{\partial x}\left(\ln\frac{1}{r}\right)=-\frac{x}{r^2},\qquad \frac{\partial}{\partial y}\left(\ln\frac{1}{r}\right)=-\frac{y}{r^2},$$

$$\frac{\partial^2}{\partial x^2}\left(\ln\frac{1}{r}\right)=-\frac{r^2-2x^2}{r^4},\qquad \frac{\partial^2}{\partial y^2}\left(\ln\frac{1}{r}\right)=-\frac{r^2-2y^2}{r^4},$$

故(当$(x,y)\neq(0,0)$时)

$$\frac{\partial^2}{\partial x^2}\left(\ln\frac{1}{r}\right)+\frac{\partial^2}{\partial y^2}\left(\ln\frac{1}{r}\right)=0. \tag{1}$$

令

$$P=\frac{\partial^{n+m+1}}{\partial x^{n+2}\partial y^{m-1}}\left(\ln\frac{1}{r}\right),\quad Q=-\frac{\partial^{n+m+1}}{\partial x^{n-1}\partial y^{m+2}}\left(\ln\frac{1}{r}\right),$$

则当$(x,y)\neq(0,0)$时，由(1)式知

$$\frac{\partial P}{\partial y}-\frac{\partial Q}{\partial x}=\frac{\partial^{n+m}}{\partial x^{n}\partial y^{m}}\left[\frac{\partial^2}{\partial x^2}\left(\ln\frac{1}{r}\right)+\frac{\partial^2}{\partial y^2}\left(\ln\frac{1}{r}\right)\right]=0.$$

因此，在任何不含原点(0,0)的单连通域中，$P\mathrm{d}x+Q\mathrm{d}y$ 都是某函数 z 的全微分，并且对上半平面的点 (x,y)（即 $y>0$），可取

$$z(x,y)=\int_0^x P(x,y)\mathrm{d}x+\int_1^y Q(0,y)\mathrm{d}y+C$$

$$=\int_0^x \frac{\partial^{n+m+1}}{\partial x^{n+2}\partial y^{m-1}}\left(\ln\frac{1}{r}\right)\mathrm{d}x-\int_1^y\left[\frac{\partial^{n+m+1}}{\partial x^{n-1}\partial y^{m+2}}\left(\ln\frac{1}{r}\right)\right]\Bigg|_{x=0}\mathrm{d}y+C$$

$$=\frac{\partial^{n+m}}{\partial x^{n+1}\partial y^{m-1}}\left(\ln\frac{1}{r}\right)-\left[\frac{\partial^{n+m}}{\partial x^{n+1}\partial y^{m-1}}\left(\ln\frac{1}{r}\right)\right]\Bigg|_{x=0}$$

$$-\left[\frac{\partial^{n+m}}{\partial x^{n-1}\partial y^{m+1}}\left(\ln\frac{1}{r}\right)\right]\Bigg|_{x=0}+\left[\frac{\partial^{n+m}}{\partial x^{n-1}\partial y^{m+1}}\left(\ln\frac{1}{r}\right)\right]\Bigg|_{\substack{x=0\\y=1}}+C$$

$$=\frac{\partial^{n+m-1}}{\partial x^n\partial y^{m-1}}\left(\frac{\partial}{\partial x}\ln\frac{1}{r}\right)$$

$$-\frac{\partial^{n+m-2}}{\partial x^{n-1}\partial y^{m-1}}\left[\frac{\partial^2}{\partial x^2}\left(\ln\frac{1}{r}\right)+\frac{\partial^2}{\partial y^2}\left(\ln\frac{1}{r}\right)\right]\Bigg|_{x=0}+C_1$$

$$=\frac{\partial^{n+m-1}}{\partial x^n\partial y^{m-1}}\left(-\frac{x}{r^2}\right)+C_1=\frac{\partial^{n+m-1}}{\partial x^n\partial y^{m-1}}\left(\frac{\partial}{\partial y}\arctan\frac{x}{y}\right)+C_1$$

$$=\frac{\partial^{n+m}}{\partial x^n\partial y^m}\left(\arctan\frac{x}{y}\right)+C_1,$$

其中 $C_1=\left[\frac{\partial^{n+m}}{\partial x^{n-1}\partial y^{m+1}}\left(\ln\frac{1}{r}\right)\right]\Bigg|_{\substack{x=0\\y=1}}+C$ 是任意常数.

同理，对下半平面上的点 (x,y)（即 $y<0$），可取

$$z(x,y)=\int_0^x P(x,y)\mathrm{d}x+\int_{-1}^y Q(0,y)\mathrm{d}y+C.$$

经过和前面完全类似的计算，可得

$$z(x,y)=\frac{\partial^{n+m}}{\partial x^n\partial y^m}\left(\arctan\frac{x}{y}\right)+C_2,$$

其中

$$C_2=\left[\frac{\partial^{n+m}}{\partial x^{n-1}\partial y^{m+1}}\left(\ln\frac{1}{r}\right)\right]\Bigg|_{\substack{x=0\\y=-1}}+C$$

也是任意常数.

【4277】 证明下面的估计对于曲线积分是正确的:

$$\left|\int_C P\mathrm{d}x + Q\mathrm{d}y\right| \leqslant LM,$$

式中 L 为积分路径的长及 $M = \max \sqrt{P^2 + Q^2}$(在弧 C 上).

证 由于

$$\left|\int_C P\mathrm{d}x + Q\mathrm{d}y\right| = \left|\int_C (P\cos\alpha + Q\sin\alpha)\mathrm{d}s\right|$$

$$\leqslant \int_C |P\cos\alpha + Q\sin\alpha|\mathrm{d}s,$$

又因

$$(P\cos\alpha + Q\sin\alpha)^2 = P^2\cos^2\alpha + Q^2\sin^2\alpha + 2PQ\sin\alpha\cos\alpha,$$

$$0 \leqslant (P\sin\alpha - Q\cos\alpha)^2 = P^2\sin^2\alpha + Q^2\cos^2\alpha - 2PQ\sin\alpha\cos\alpha,$$

故有

$$(P\cos\alpha + Q\sin\alpha)^2 \leqslant P^2 + Q^2,$$

从而, $|P\cos\alpha + Q\sin\alpha| \leqslant \sqrt{P^2 + Q^2} \leqslant M$. 于是,

$$\left|\int_C P\mathrm{d}x + Q\mathrm{d}y\right| \leqslant M\int_C \mathrm{d}s = LM.$$

【4278】 估计积分

$$I_R = \oint_{x^2+y^2=R^2} \frac{y\mathrm{d}x - x\mathrm{d}y}{(x^2 + xy + y^2)^2}.$$

证明 $\lim\limits_{R\to\infty} I_R = 0$.

解 在圆 $x^2 + y^2 = R^2$ 上,有

$$P^2 + Q^2 = \frac{y^2}{(x^2 + xy + y^2)^4} + \frac{x^2}{(x^2 + xy + y^2)^4} = \frac{x^2 + y^2}{(x^2 + xy + y^2)^4}$$

$$= \frac{R^2}{(R^2 + xy)^4} \leqslant \frac{R^2}{(R^2 - |xy|)^4} \leqslant \frac{R^2}{\left(R^2 - \frac{x^2 + y^2}{2}\right)^4} = \frac{16}{R^6}.$$

于是, $M\leqslant\frac{4}{R^3}$. 利用 4277 题的结果, 即得 I_R 的估计式:

$$|I_R|\leqslant\frac{4}{R^3}\cdot\pi R=\frac{8\pi}{R^2}.$$

由此可知: $\lim\limits_{R\to\infty}I_R=0$.

计算沿空间曲线所取的积分(假定坐标系是右手的):

【4279】 $\int_C(y^2-z^2)\mathrm{d}x+2yz\,\mathrm{d}y-x^2\mathrm{d}z$, 式中 C 为依参数增加的方向进行的曲线 $x=t,y=t^2,z=t^3\ (0\leqslant t\leqslant1)$.

解 $\int_C(y^2-z^2)\mathrm{d}x+2yz\,\mathrm{d}y-x^2\mathrm{d}z$

$$=\int_0^1[(t^4-t^6)+2t^5\cdot2t-t^2\cdot3t^2]\mathrm{d}t$$

$$=\int_0^1(3t^6-2t^4)\mathrm{d}t=\frac{1}{35}.$$

【4280】 $\int_C y\mathrm{d}x+z\mathrm{d}y+x\mathrm{d}z$, 式中 C 为依参数增加方向进行的纽形螺线 $x=a\cos t,y=a\sin t,z=bt\ (0\leqslant t\leqslant2\pi)$.

解 $\int_C y\mathrm{d}x+z\mathrm{d}y+x\mathrm{d}z$

$$=\int_0^{2\pi}(-a^2\sin t\sin t+abt\cos t+ab\cos t)\mathrm{d}t$$

$$=\left(-\frac{at^2}{2}+\frac{a^2\sin2t}{4}+abt\sin t+ab\cos t+ab\sin t\right)\Big|_0^{2\pi}$$

$$=-\pi a^2.$$

【4281】 $\int_C(y-z)\mathrm{d}x+(z-x)\mathrm{d}y+(x-y)\mathrm{d}z$, 式中 C 为圆周 $x^2+y^2+z^2=a^2,y=x\tan\alpha\ (0<\alpha<\pi)$, 若从 Ox 轴的正向看去, 这圆周是沿逆时针方向进行的.

解 如图 8.63 所示. 利用球面的参数方程 $x=a\cos\varphi\cos\psi$, $y=a\sin\varphi\cos\psi$, $z=a\sin\psi$, 在 $\overset{\frown}{ABC}$ 上, $\varphi=\alpha$, 因而, 有

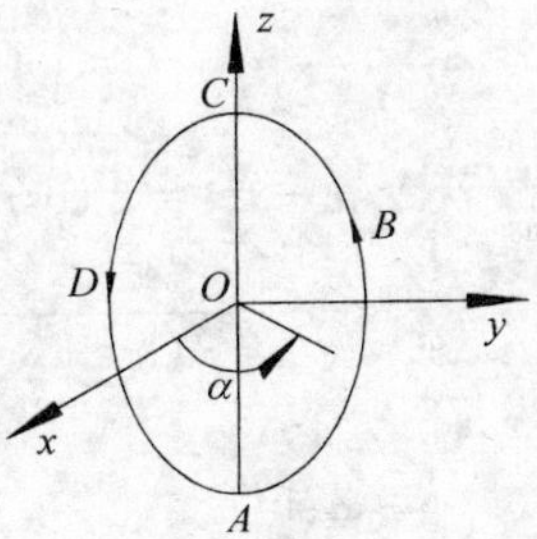

图 8.63

$$x=a\cos\alpha\cos\psi,\quad dx=-a\cos\alpha\sin\psi d\psi,$$
$$y=a\sin\alpha\cos\psi,\quad dy=-a\sin\alpha\sin\psi d\psi,$$
$$z=a\sin\psi,\quad dz=a\cos\psi d\psi,$$

且

$$\int_{\overset{\frown}{ABC}}(y-z)dx+(z-x)dy+(x-y)dz$$
$$=a^2\int_{-\frac{\pi}{2}}^{\frac{\pi}{2}}[-(\sin\alpha\cos\psi-\sin\psi)\cos\alpha\sin\psi-(\sin\psi-\cos\alpha\cos\psi)\sin\alpha\sin\psi$$
$$+(\cos\alpha\cos\psi-\sin\alpha\cos\psi)\cos\psi]d\psi$$
$$=a^2\int_{-\frac{\pi}{2}}^{\frac{\pi}{2}}(\cos\alpha-\sin\alpha)d\psi=\pi a^2(\cos\alpha-\sin\alpha)=\sqrt{2}a^2\pi\sin\left(\frac{\pi}{4}-\alpha\right).$$

在 $\overset{\frown}{CDA}$ 上, $\varphi=\alpha+\pi$ 同样可得

$$\int_{\overset{\frown}{CDA}}(y-z)dx+(z-x)dy+(x-y)dz$$
$$=-a^2\int_{-\frac{\pi}{2}}^{\frac{\pi}{2}}(\sin\alpha-\cos\alpha)d\psi=\sqrt{2}\pi a^2\sin\left(\frac{\pi}{4}-\alpha\right)$$

于是, 最后得

$$\int_C(y-z)dx+(z-x)dy+(x-y)dz=2\sqrt{2}\pi a^2\sin\left(\frac{\pi}{4}-\alpha\right).$$

【4282】 $\int_C y^2dx+z^2dy+x^2dz$, 式中 C 为维维安尼曲线 $x^2+y^2+z^2=a^2$, $x^2+y^2=ax$ $(z\geqslant0, a>0)$, 若从 Ox 轴的正的部分 $(x>0)$ 看去, 此曲线是沿逆时针方向进行的.

解 柱面 $x^2+y^2=ax$ 可变为

$$\left(x-\frac{a}{2}\right)^2+y^2=\left(\frac{a}{2}\right)^2,$$

故若令 $x-\frac{a}{2}=\frac{a}{2}\cos t,\ y=\frac{a}{2}\sin t\ (0\leqslant t\leqslant 2\pi)$，则

$$z=\sqrt{a^2-(x^2+y^2)}=\sqrt{a^2-\left[\frac{a^2(1+\cos t)^2}{4}+\frac{a^2\sin^2 t}{4}\right]}$$

$$=a\sin\frac{t}{2}.$$

从而，曲线的参数方程为

$$x=\frac{a(1+\cos t)}{2},\quad y=\frac{a\sin t}{2},\quad z=a\sin\frac{t}{2}\ (0\leqslant t\leqslant 2\pi).$$

于是，

$$\int_C y^2\mathrm{d}x+z^2\mathrm{d}y+x^2\mathrm{d}z$$

$$=\int_0^{2\pi}\left(-\frac{a^3\sin^3 t}{8}+\frac{a^3\sin^2\frac{t}{2}\cos t}{2}+\frac{a^3\cos^3\frac{t}{2}}{2}\right)\mathrm{d}t$$

$$=\int_0^{2\pi}\frac{a^3}{8}(1-\cos^2 t)\mathrm{d}(\cos t)+\frac{a^3}{2}\int_0^{2\pi}\frac{1-\cos t}{2}\cos t\,\mathrm{d}t$$

$$+a^3\int_0^{2\pi}\left(1-\sin^2\frac{t}{2}\right)\mathrm{d}\left(\sin\frac{t}{2}\right)$$

$$=\frac{a^3}{8}\left(\cos t-\frac{1}{3}\cos^3 t\right)\Big|_0^{2\pi}+\frac{a^3}{4}\left[\sin t-\left(\frac{t}{2}+\frac{1}{4}\sin 2t\right)\right]\Big|_0^{2\pi}$$

$$+a^3\left(\sin\frac{t}{2}-\frac{1}{3}\sin^3\frac{t}{2}\right)\Big|_0^{2\pi}=-\frac{\pi a^3}{4}.$$

【4283】 $\int_C (y^2-z^2)\mathrm{d}x+(z^2-x^2)\mathrm{d}y+(x^2-y^2)\mathrm{d}z$，式中 C 为球面的一部分 $x^2+y^2+z^2=1,\ x>0,\ y>0,\ z>0$ 的围线，当沿着它的正向进行时，该曲面的外面保持在左方.

解 围线在 Oxy 平面部分的方程为

$$x=\cos\varphi,\quad y=\sin\varphi,\quad z=0\ (0\leqslant\varphi\leqslant\frac{\pi}{2}).$$

根据轮换对称性知,只要沿这部分计算线积分,再三倍之,便得要求的结果,即

$$\int_C (y^2-z^2)\mathrm{d}x+(z^2-x^2)\mathrm{d}y+(x^2-y^2)\mathrm{d}z$$

$$=3\int_0^{\frac{\pi}{2}}[\sin^2\varphi\cdot(-\sin\varphi)-\cos^2\varphi\cdot\cos\varphi]\mathrm{d}\varphi$$

$$=3\int_0^{\frac{\pi}{2}}(1-\cos^2\varphi)\mathrm{d}(\cos\varphi)-3\int_0^{\frac{\pi}{2}}(1-\sin^2\varphi)\mathrm{d}(\sin\varphi)$$

$$=3\left(\cos\varphi-\frac{1}{3}\cos^3\varphi-\sin\varphi+\frac{1}{3}\sin^3\varphi\right)\Big|_0^{\frac{\pi}{2}}=-4.$$

利用全微分计算下列曲线积分:

【4284】 $\int_{(1,1,1)}^{(2,3,-4)} x\mathrm{d}x+y^2\mathrm{d}y-z^3\mathrm{d}z.$

解 $\int_{(1,1,1)}^{(2,3,-4)} x\mathrm{d}x+y^2\mathrm{d}y-z^3\mathrm{d}z$

$$=\left(\frac{1}{2}x^2+\frac{1}{3}y^3-\frac{1}{4}z^4\right)\Big|_{(1,1,1)}^{(2,3,-4)}=-53\frac{7}{12}.$$

【4285】 $\int_{(1,2,3)}^{(6,1,1)} yz\mathrm{d}x+xz\mathrm{d}y+xy\mathrm{d}z.$

解 $\int_{(1,2,3)}^{(6,1,1)} yz\mathrm{d}x+xz\mathrm{d}y+xy\mathrm{d}z=xyz\Big|_{(1,2,3)}^{(6,1,1)}=0.$

【4286】 $\int_{(x_1,y_1,z_1)}^{(x_2,y_2,z_2)}\frac{x\mathrm{d}x+y\mathrm{d}y+z\mathrm{d}z}{\sqrt{x^2+y^2+z^2}}$,其中点$(x_1,y_1,z_1)$位于球 $x^2+y^2+z^2=a^2$ 之上,而点(x_2,y_2,z_2)位于球 $x^2+y^2+z^2=b^2$ 之上 $(a>0,b>0)$.

解 由题设知:$x_1^2+y_1^2+z_1^2=a^2$,$x_2^2+y_2^2+z_2^2=b^2$. 于是,

$$\int_{(x_1,y_1,z_1)}^{(x_2,y_2,z_2)}\frac{x\mathrm{d}x+y\mathrm{d}y+z\mathrm{d}z}{\sqrt{x^2+y^2+z^2}}=\sqrt{x^2+y^2+z^2}\Big|_{(x_1,y_1,z_1)}^{(x_2,y_2,z_2)}$$

$$=\sqrt{x_2^2+y_2^2+z_2^2}-\sqrt{x_1^2+y_1^2+z_1^2}=b-a.$$

【4287】 $\int_{(x_1,y_1,z_1)}^{(x_2,y_2,z_2)} \varphi(x)\mathrm{d}x+\psi(y)\mathrm{d}y+\chi(z)\mathrm{d}z$，式中 φ，ψ，χ 为连续函数.

解 因为
$$\begin{aligned}&\varphi(x)\mathrm{d}x+\psi(y)\mathrm{d}y+\chi(z)\mathrm{d}z\\&=\mathrm{d}\left(\int_{x_1}^{x}\varphi(u)\mathrm{d}u+\int_{y_1}^{y}\psi(v)\mathrm{d}v+\int_{z_1}^{z}\chi(w)\mathrm{d}w\right),\end{aligned}$$
故有
$$\begin{aligned}&\int_{(x_1,y_1,z_1)}^{(x_2,y_2,z_2)}\varphi(x)\mathrm{d}x+\psi(x)\mathrm{d}x+\chi(z)\mathrm{d}z\\&=\left(\int_{x_1}^{x}\varphi(u)\mathrm{d}u+\int_{y_1}^{y}\psi(v)\mathrm{d}v+\int_{z_1}^{z}\chi(w)\mathrm{d}w\right)\Bigg|_{(x_1,y_1,z_1)}^{(x_2,y_2,z_2)}\\&=\int_{x_1}^{x_2}\varphi(u)\mathrm{d}u+\int_{y_1}^{y_2}\psi(v)\mathrm{d}v+\int_{z_1}^{z_2}\chi(w)\mathrm{d}w.\end{aligned}$$

【4288】 $\int_{(x_1,y_1,z_1)}^{(x_2,y_2,z_2)} f(x+y+z)(\mathrm{d}x+\mathrm{d}y+\mathrm{d}z)$，其中 f 为连续函数.

解 令 $F(x,y,z)=\int_0^{x+y+z} f(u)\mathrm{d}u$. 由于 $f(u)$是连续函数，故
$$F'_x(x,y,z)=f(x+y+z),$$
$$F'_y(x,y,z)=f(x+y+z),$$
$$F'_z(x,y,z)=f(x+y+z),$$
并且这些偏导数都是连续的. 因此，$F(x,y,z)$可微，且
$$\begin{aligned}\mathrm{d}F(x,y,z)&=F'_x(x,y,z)\mathrm{d}x+F'_y(x,y,z)\mathrm{d}y+F'_z(x,y,z)\mathrm{d}z\\&=f(x+y+z)(\mathrm{d}x+\mathrm{d}y+\mathrm{d}z).\end{aligned}$$
于是，
$$\int_{(x_1,y_1,z_1)}^{(x_2,y_2,z_2)} f(x+y+z)(\mathrm{d}x+\mathrm{d}y+\mathrm{d}z)$$

$$= F(x,y,z)\Big|_{(x_1,y_1,z_1)}^{(x_2,y_2,z_2)} = F(x_2,y_2,z_2) - F(x_1,y_1,z_1)$$

$$= \int_0^{x_2+y_2+z_2} f(u)\mathrm{d}u - \int_0^{x_1+y_1+z_1} f(u)\mathrm{d}u = \int_{x_1+y_1+z_1}^{x_2+y_2+z_2} f(u)\mathrm{d}u.$$

【4289】 $\displaystyle\int_{(x_1,y_1,z_1)}^{(x_2,y_2,z_2)} f(\sqrt{x^2+y^2+z^2})(x\mathrm{d}x+y\mathrm{d}y+z\mathrm{d}z)$,

式中 f 为连续函数.

解 令 $F(x,y,z)=\dfrac{1}{2}\displaystyle\int_0^{x^2+y^2+z^2} f(\sqrt{v})\mathrm{d}v$. 由于 f 是连续函数,故

$$F'_x(x,y,z) = xf(\sqrt{x^2+y^2+z^2}),$$

$$F'_y(x,y,z) = yf(\sqrt{x^2+y^2+z^2}),$$

$$F'_z(x,y,z) = zf(\sqrt{x^2+y^2+z^2}),$$

并且这些偏导数都是连续的. 因此, $F(x,y,z)$ 可微,且

$$\mathrm{d}F(x,y,z) = F'_x(x,y,z)\mathrm{d}x + F'_y(x,y,z)\mathrm{d}y + F'_z(x,y,z)\mathrm{d}z$$

$$= f(\sqrt{x^2+y^2+z^2})(x\mathrm{d}x+y\mathrm{d}y+z\mathrm{d}z).$$

于是,

$$\int_{(x_1,y_1,z_1)}^{(x_2,y_2,z_2)} f(\sqrt{x^2+y^2+z^2})(x\mathrm{d}x+y\mathrm{d}y+z\mathrm{d}z)$$

$$= F(x_2,y_2,z_2) - F(x_1,y_1,z_1) = \frac{1}{2}\int_{x_1^2+y_1^2+z_1^2}^{x_2^2+y_2^2+z_2^2} f(\sqrt{v})\mathrm{d}v\ ^{*)}$$

$$= \int_{\sqrt{x_1^2+y_1^2+z_1^2}}^{\sqrt{x_2^2+y_2^2+z_2^2}} uf(u)\mathrm{d}u,$$

*) 这里已作代换 $\sqrt{v}=u$ ($v=u^2$, $\mathrm{d}v=2u\mathrm{d}u$).

求原函数 u,若:

【4290】 $du=(x^2-2yz)dx+(y^2-2xz)dy+(z^2-2xy)dz$.

解 $$du=(x^2dx+y^2dy+z^2dz)-2(yzdx+xzdy+xydz)$$
$$=d\left(\frac{x^3+y^3+z^3}{3}-2xyz\right).$$

于是，$u=\frac{1}{3}(x^3+y^3+z^3)-2xyz+C$.

【4291】 $du=\left(1-\frac{1}{y}+\frac{y}{z}\right)dx+\left(\frac{x}{z}+\frac{x}{y^2}\right)dy-\frac{xy}{z^2}dz$.

解 $$du=dx+\left(-\frac{1}{y}dx+\frac{x}{y^2}dy\right)+\frac{1}{z}(ydx+xdy)-\frac{xy}{z^2}dz$$
$$=dx+\left(-\frac{1}{y}dx+xd\left(-\frac{1}{y}\right)\right)+\frac{1}{z}d(xy)+xyd\left(\frac{1}{z}\right)$$
$$=dx+d\left(-\frac{x}{y}\right)+d\left(\frac{xy}{z}\right)=d\left(x-\frac{x}{y}+\frac{xy}{z}\right).$$

于是，$u=x-\frac{x}{y}+\frac{xy}{z}+C$.

【4292】 $du=\frac{(x+y-z)dx+(x+y-z)dy+(x+y+z)dz}{x^2+y^2+z^2+2xy}$.

解 由于

$$(x+y-z)dx+(x+y-z)dy+(x+y+z)dz$$
$$=(xdx+ydy)+(ydx+xdy)+(x+y)dz-z(dx+dy)+zdz$$
$$=\frac{1}{2}d[(x^2+y^2+2xy)+z^2]+(x+y)dz-zd(x+y),$$

故

$$du=\frac{1}{2}\frac{d[(x+y)^2+z^2]}{(x+y)^2+z^2}+\frac{(x+y)dz-zd(x+y)}{(x+y)^2+z^2}$$
$$=\frac{1}{2}d\ln[(x+y)^2+z^2]+d\left(\arctan\frac{z}{x+y}\right)$$
$$=d\left[\ln\sqrt{(x+y)^2+z^2}+\arctan\frac{z}{x+y}\right].$$

于是，

$$u=\ln\sqrt{(x+y)^2+z^2}+\arctan\frac{z}{x+y}+C.$$

【4293】 求当质量为 m 的点从位置(x_1,y_1,z_1)移动到位置(x_2,y_2,z_2)时，重力所产生的功(Oz 轴的方向垂直向上).

解 设 $\vec{i}$、$\vec{j}$、$\vec{k}$ 为各坐标轴上的单位矢量，则重力 $\vec{F}=-mg\vec{k}$，而 $d\vec{s}=dx\vec{i}+dy\vec{j}+dz\vec{k}$.从而，功的微分为

$$dA=\vec{F}\cdot d\vec{s}=-mg\,dz=d(-mgz).$$

于是，重力所产生的功为

$$A=\int_{(x_1,y_1,z_1)}^{(x_2,y_2,z_2)}-mg\,dz=(-mgz)\Big|_{(x_1,y_1,z_1)}^{(x_2,y_2,z_2)}=-mg(z_2-z_1).$$

【4294】$^+$ 弹性力的方向向着坐标原点，力的大小与质点距坐标原点的距离成比例.设此点依反时针方向描绘出椭圆 $\frac{x^2}{a^2}+\frac{y^2}{b^2}=1$的正四分之一，求弹性力所做的功.

解 弹性力 $\vec{F}=-k(x\vec{i}+y\vec{j})$，功的微分为

$$\begin{aligned}dA&=\vec{F}\cdot d\vec{s}=-k(x\vec{i}+y\vec{j})(dx\vec{i}+dy\vec{j})\\&=-k(x\,dx+y\,dy)=d\left[-\frac{k}{2}(x^2+y^2)\right].\end{aligned}$$

于是，弹性力所做的功为

$$A=-k\int_{(a,0)}^{(0,b)}x\,dx+y\,dy=-\frac{k}{2}(x^2+y^2)\Big|_{(a,0)}^{(0,b)}=\frac{k}{2}(a^2-b^2).$$

【4295】$^+$ 当单位质量从点 $M_1(x_1,y_1,z_1)$移动到点 $M_2(x_2,y_2,z_2)$时，求作用于单位质量的引力 $F=\frac{k}{r^2}$（其中 $r=\sqrt{x^2+y^2+z^2}$)所做的功.

解 引力指向坐标原点，故它的方向余弦为

$$\cos\alpha=-\frac{x}{r},\quad \cos\beta=-\frac{y}{r},\quad \cos\gamma=-\frac{z}{r},$$

而引力的射影为

$$X=-\frac{kx}{r^3},\quad Y=-\frac{ky}{r^3},\quad Z=-\frac{kz}{r^3}.$$

于是,引力所做的功为

$$\begin{aligned}A&=-k\int_{(x_1,y_1,z_1)}^{(x_2,y_2,z_2)}\frac{x\mathrm{d}x+y\mathrm{d}y+z\mathrm{d}z}{r^3}\\&=-\frac{k}{2}\int_{(x_1,y_1,z_1)}^{(x_2,y_2,z_2)}\frac{\mathrm{d}(x^2+y^2+z^2)}{(x^2+y^2+z^2)^{\frac{3}{2}}}=\frac{k}{\sqrt{x^2+y^2+z^2}}\Bigg|_{(x_1,y_1,z_1)}^{(x_2,y_2,z_2)}\\&=k\left(\frac{1}{x_2^2+y_2^2+z_2^2}-\frac{1}{x_1^2+y_1^2+z_1^2}\right).\end{aligned}$$

当然,这里假设从 M_1 点到 M_2 点的路径是不经过原点的,上式表明功与路径无关,仅决定于起始点的坐标.

§12. 格 林 公 式

1° 曲线积分与二重积分的关系　设 C 为逐段光滑的简单封闭围线,它围成单联通的有界域 S,这围线的方向是这样的:域 S 保持在左边,函数 $P(x,y)$,$Q(x,y)$与它们自己的一阶偏导函数在域 S 内及其边缘上皆是连续的,则有格林公式

$$\oint_C P(x,y)\mathrm{d}x+Q(x,y)\mathrm{d}y=\iint_S\left(\frac{\partial Q}{\partial x}-\frac{\partial P}{\partial y}\right)\mathrm{d}x\mathrm{d}y. \qquad (1)$$

若把域 S 的边界 C 了解为一切边界围线的和,而围线绕转的方向是选择来使得域 S 保持在左边,则公式(1)对于由几个简单围线所界的有界域 S 也真确.

2° 平面域的面积　由逐段光滑的简单围线 C 所界的面积 S 等于:

$$S=\frac{1}{2}\oint_C x\mathrm{d}y-y\mathrm{d}x.$$

在这一节中，若没有相反的约定，则假定积分的封闭围线是简单的(无自交点)，并选择它们的正方向使所界不含无穷远点的域是保持在曲线的左边.

【4296】 利用格林公式变换曲线积分

$$I=\oint_C \sqrt{x^2+y^2}\,dx+y[xy+\ln(x+\sqrt{x^2+y^2})]dy$$

式中围线 C 包含有界的域 S.

解 此处 $P=\sqrt{x^2+y^2}$, $Q=xy^2+y\ln(x+\sqrt{x^2+y^2})$. 从而

$$\frac{\partial Q}{\partial x}-\frac{\partial P}{\partial y}=y^2+\frac{y}{\sqrt{x^2+y^2}}-\frac{y}{\sqrt{x^2+y^2}}=y^2.$$

于是,

$$I=\iint_S\left(\frac{\partial Q}{\partial x}-\frac{\partial P}{\partial y}\right)dx\,dy=\iint_S y^2\,dx\,dy.$$

注 这里应假定 C 不与 Ox 轴的左半部分(即 $x\leqslant 0, y=0$)相交，从而这时在 S 中 $x+\sqrt{x^2+y^2}>0$.

【4297】 应用格林公式，计算曲线积分

$$I=\oint_k (x+y)^2dx-(x^2+y^2)dy.$$

其中 k 依正方向经过以 $A(1,1)$, $B(3,2)$, $C(2,5)$ 为顶点的三角形 ABC 的围线. 直接计算积分，以验证所求得的结果.

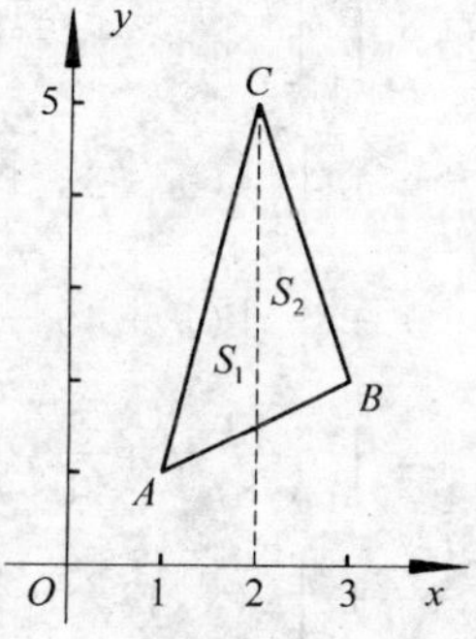

图 8.64

解 如图 8.64 所示. AB, BC 及 CA 的方程分别为

$$y=\frac{1}{2}(x+1),\quad y=-3x+11,\quad y=4x-3.$$

由于 $P=(x+y)^2, Q=-(x^2+y^2)$. 故

$$\frac{\partial Q}{\partial x}-\frac{\partial P}{\partial y}=-2x-2(x+y)=-4x-2y.$$

通过顶点 C 引直线垂直于 Ox 轴,它把三角形域 S 分成 S_1 和 S_2 两部分. 于是,

$$\begin{aligned}
I &= \iint_S(-4x-2y)\mathrm{d}x\mathrm{d}y \\
&= \iint_{S_1}(-4x-2y)\mathrm{d}x\mathrm{d}y+\iint_{S_2}(-4x-2y)\mathrm{d}x\mathrm{d}y \\
&= \int_1^2\mathrm{d}x\int_{\frac{1}{2}(x+1)}^{4x-3}(-4x-2y)\mathrm{d}y+\int_2^3\mathrm{d}x\int_{\frac{1}{2}(x+1)}^{-3x+11}(-4x-2y)\mathrm{d}y \\
&= \int_1^2\left(-\frac{119}{4}x^2+\frac{77}{2}x-\frac{35}{4}\right)\mathrm{d}x+\int_2^3\left(\frac{21}{4}x^2+\frac{49}{2}x-\frac{483}{4}\right)\mathrm{d}x \\
&= -\frac{245}{12}-\frac{105}{4}=-46\frac{2}{3}.
\end{aligned}$$

如果直接计算,则

$$\begin{aligned}
I &= \int_{AB}+\int_{BC}+\int_{CA} \\
&= \int_1^3\left[\left(x+\frac{x}{2}+\frac{1}{2}\right)^2-\frac{1}{2}\left(x^2+\frac{x^2}{4}+\frac{x}{2}+\frac{1}{4}\right)\right]\mathrm{d}x \\
&\quad+\int_3^2[(x-3x+11)^2-(-3)(x^2+9x^2-66x+121)]\mathrm{d}x \\
&\quad+\int_2^1[(x+4x-3)^2-4(x^2+16x^2-24x+9)]\mathrm{d}x \\
&= \int_1^3\left(\frac{13}{8}x^2+\frac{5}{4}x+\frac{1}{8}\right)\mathrm{d}x+\int_3^2(34x^2-242x+484)\mathrm{d}x \\
&\quad+\int_2^1(-43x^2+66x-27)\mathrm{d}x=\frac{58}{3}-\frac{283}{3}+\frac{85}{3}=-46\frac{2}{3}.
\end{aligned}$$

应用格林公式计算下列曲线积分:

【4298】 $\oint_C xy^2\mathrm{d}y-x^2y\mathrm{d}x$, 式中 C 为圆周 $x^2+y^2=a^2$.

解 由于 $P=-x^2y, Q=xy^2$，故有

$$\oint_C xy^2\mathrm{d}y - x^2y\mathrm{d}x = \iint\limits_{x^2+y^2\leqslant a^2}(x^2+y^2)\mathrm{d}x\mathrm{d}y$$

$$=\int_0^{2\pi}\mathrm{d}\varphi\int_0^a r^3\mathrm{d}r = \frac{\pi a^4}{2}.$$

如果直接计算，可令 $x=a\cos t, y=a\sin t$，则

$$\oint_C xy^2\mathrm{d}y - x^2y\mathrm{d}x = a^4\int_0^{2\pi}(\cos^2t\sin^2t+\cos^2t\sin^2t)\mathrm{d}t$$

$$=\frac{a^4}{2}\int_0^{2\pi}\sin^2 2t\,\mathrm{d}t=\frac{\pi a^4}{2}.$$

【4299】 $\oint_C (x+y)\mathrm{d}x-(x-y)\mathrm{d}y$，式中 C 为椭圆

$$\frac{x^2}{a^2}+\frac{y^2}{b^2}=1.$$

解 由于 $P=x+y, Q=-(x-y)$，故有

$$\oint_C(x+y)\mathrm{d}x-(x-y)\mathrm{d}y=\iint\limits_{\frac{x^2}{a^2}+\frac{y^2}{b^2}\leqslant 1}(-1-1)\mathrm{d}x\mathrm{d}y=-2\pi ab.$$

如果直接计算，则

$$\oint_C (x+y)\mathrm{d}x-(x-y)\mathrm{d}y$$

$$=\int_0^{2\pi}[(a\cos t+b\sin t)(-a\sin t)-(a\cos t-b\sin t)(b\cos t)]\mathrm{d}t$$

$$=\int_0^{2\pi}[(b^2-a^2)\cos t\sin t-ab]\mathrm{d}t=-2\pi ab.$$

【4300】 $\oint_C \mathrm{e}^x[(1-\cos y)\mathrm{d}x-(y-\sin y)\mathrm{d}y]$，其中 C 为域 $0<x<\pi, 0<y<\sin x$，的正方向的围线.

解 由于

$$\frac{\partial Q}{\partial x}-\frac{\partial P}{\partial y}=\mathrm{e}^x(\sin y-y)-\mathrm{e}^x\sin y=-y\mathrm{e}^x,$$

故有

$$\oint_C e^x[(1-\cos y)dx-(y-\sin y)dy]$$

$$=-\iint\limits_{\substack{0\leqslant x\leqslant\pi\\0\leqslant y\leqslant\sin x}} ye^x dxdy=-\int_0^\pi e^x dx\int_0^{\sin x} ydy$$

$$=-\frac{1}{2}\int_0^\pi e^x\sin^2 x dx=-\frac{1}{4}\left(\int_0^\pi e^x dx-\int_0^\pi e^x\cos 2x dx\right)$$

$$=-\frac{1}{4}\left[(e^\pi-1)-\frac{\cos 2x+2\sin 2x}{5}e^x\Big|_0^\pi\right]=-\frac{1}{5}(e^\pi-1).$$

【4301】 $\oint_{x^2+y^2=R^2} e^{-(x^2+y^2)}(\cos 2xy dx+\sin 2xy dy)$.

解 由于

$$\frac{\partial Q}{\partial x}-\frac{\partial P}{\partial y}=e^{-(x^2+y^2)}[(-2x\sin 2xy+2y\cos 2xy)$$
$$-(2y\cos 2xy-2x\sin 2xy)]=0,$$

故有

$$\oint_{x^2+y^2=R^2} e^{-(x^2+y^2)}(\cos 2xy dx+\sin 2xy dy)=\iint\limits_{x^2+y^2\leqslant R^2} 0dxdy=0.$$

【4302】 积分

$$I_1=\int_{AmB}(x+y)^2dx-(x-y)^2dy$$

和

$$I_2=\int_{AnB}(x+y)^2dx-(x-y)^2dy$$

(其中 AmB 为连接点 $A(1,1)$ 和点 $B(2,6)$ 的直线, AmB 是其轴为垂直的抛物线,并通过 A, B 及坐标原点)相差多少?

解 由于

$$\frac{\partial Q}{\partial x}-\frac{\partial P}{\partial y}=-2(x-y)-2(x+y)=-4x,$$

故 I_1 与 I_2 之差为(利用格林公式)

$$I_2 - I_1 = \oint_{AnBmA} (x+y)^2 \mathrm{d}x - (x-y)^2 \mathrm{d}y = \iint_S (-4x)\mathrm{d}x\mathrm{d}y$$

$$= \int_1^2 \mathrm{d}x \int_{2x^2-x}^{5x-4} (-4x)\mathrm{d}y = -\int_1^2 4x(-2x^2+6x-4)\mathrm{d}x$$

$$= (2x^4 - 8x^3 + 8x^2)\Big|_1^2 = -2,$$

或 $I_1 - I_2 = 2$.

【4303】 计算曲线积分

$$\int_{AmO} (\mathrm{e}^x \sin y - my)\mathrm{d}x + (\mathrm{e}^x \cos y - m)\mathrm{d}y,$$

其中 AmO 为由点 $A(a,0)$至点 $O(0,0)$的上半周 $x^2+y^2=ax$.

解 在 Ox 轴上连接点 $O(0,0)$与点 $A(a,0)$,这样,便构成封闭的半圆形 $AmOA$,且在线段 OA 上,

$$\int_{OA} (\mathrm{e}^x \sin y - my)\mathrm{d}x + (\mathrm{e}^x \cos y - m)\mathrm{d}y = 0.$$

从而 $\oint_{AmOA} = \int_{AmO} + \int_{OA} = \int_{AmO}$. 另一方面,利用格林公式可得

$$\oint_{AmOA} (\mathrm{e}^x \sin y - my)\mathrm{d}x + (\mathrm{e}^x \cos y - m)\mathrm{d}y = \iint_{x^2+y^2 \leqslant ax} m\,\mathrm{d}x\mathrm{d}y = \frac{\pi m a^2}{8}.$$

于是,

$$\int_{AmO} (\mathrm{e}^x \sin y - my)\mathrm{d}x + (\mathrm{e}^x \cos y - m)\mathrm{d}y = \frac{\pi m a^2}{8}.$$

【4304】 计算曲线积分

$$\int_{AmB} [\varphi(y)\mathrm{e}^x - my]\mathrm{d}x + [\varphi'(y)\mathrm{e}^x - m]\mathrm{d}y,$$

式中 $\varphi(y)$和 $\varphi'(y)$为连续函数, AmB 为连接点 $A(x_1, y_1)$和点 $B(x_2, y_2)$的任何路径,但与线段 AB 围成已知大小为 S 的

面积 $AmBA$.

解 首先，我们有 $\oint_{AmBA}=\int_{AmB}+\int_{BA}$，而

$$\oint_{AmBA}[\varphi(y)e^x-my]dx+[\varphi'(y)e^x-m]dy=\iint_S m\,dx dy=mS.$$

另一方面，

$$\int_{BA}[\varphi(y)e^x-my]dx+[\varphi'(y)e^x-m]dy$$

$$=\int_{BA}d[e^x\varphi(y)]-\int_{BA}m(ydx+dy)$$

$$=e^x\varphi(y)\Big|_{(x_2,y_2)}^{(x_1,y_1)}-m\int_{x_2}^{x_1}\left[y_1+\frac{y_2-y_1}{x_2-x_1}(x-x_1)+\frac{y_2-y_1}{x_2-x_1}\right]dx$$

$$=e^{x_1}\varphi(y_1)-e^{x_2}\varphi(y_2)-m\left(y_1+\frac{y_2-y_1}{x_2-x_1}\right)(x_1-x_2)$$

$$+\frac{m}{2}\frac{y_2-y_1}{x_2-x_1}(x_2-x_1)^2$$

$$=e^{x_1}\varphi(y_1)-e^{x_2}\varphi(y_2)+m(y_2-y_1)+\frac{m}{2}(x_2-x_1)(y_2+y_1).$$

于是，

$$\int_{AmB}[\varphi(y)e^x-my]dx+[\varphi'(y)e^x-m]dy$$

$$=mS+e^{x_2}\varphi(y_2)-e^{x_1}\varphi(y_1)-m(y_2-y_1)$$

$$-\frac{m}{2}(x_2-x_1)(y_2+y_1).$$

注 利用此题的结果可计算 4303 题. 事实上，由于 $\varphi(y)=\sin y$，$x_1=a$，$y_1=0$，$x_2=y_2=0$，$S=\frac{\pi a^2}{8}$，代入即得

$$\int_{AmO}(e^x\sin y-my)dx+(e^x\cos y-m)dy=\frac{\pi ma^2}{8}.$$

【4305】$^+$ 求两个二次连续地可微分的函数 $P(x,y)$ 和 $Q(x,y)$，使得线积分

$$I=\oint_C P(x+\alpha,y+\beta)\mathrm{d}x+Q(x+\alpha,y+\beta)\mathrm{d}y$$

对于任何封闭的围线 C 与常数 α 和 β 无关.

解 由格林公式,得

$$I=\iint_S\left[\frac{\partial Q(x+\alpha,y+\beta)}{\partial x}-\frac{\partial P(x+\alpha,y+\beta)}{\partial y}\right]\mathrm{d}x\mathrm{d}y=\tau.\quad(1)$$

由假定 τ 为一常数,它与 α、β 无关(只与围线 C 有关),上式中的 S 表围线 C 所围成的闭区域. 由假定 P,Q 具有连续的二阶偏导数,故(1)式中二重积分的被积函数具有关于 α、β 的一阶连续偏导数. 因此,可以在积分号下关于 α、β 求偏导数,得

$$\iint_S\left[\frac{\partial^2 Q(x+\alpha,y+\beta)}{\partial\alpha\partial x}-\frac{\partial^2 P(x+\alpha,y+\beta)}{\partial\alpha\partial y}\right]\mathrm{d}x\mathrm{d}y=\frac{\partial}{\partial\alpha}\tau=0.\quad(2)$$

$$\iint_S\left[\frac{\partial^2 Q(x+\alpha,y+\beta)}{\partial\beta\partial x}-\frac{\partial^2 P(x+\alpha,y+\beta)}{\partial\beta\partial y}\right]\mathrm{d}x\mathrm{d}y=\frac{\partial}{\partial\beta}\tau=0.\quad(3)$$

于是,(2)式和(3)式对任何 α、β 以及任何 S 都成立. 再注意到(2)式和(3)式中二重积分的被积函数都是连续的,故被积函数必恒为零(参看 4097 题,此题对二重积分也成立):

$$\frac{\partial^2 Q(x+\alpha,y+\beta)}{\partial\alpha\partial x}-\frac{\partial^2 P(x+\alpha,y+\beta)}{\partial\alpha\partial y}\equiv 0.\quad(4)$$

$$\frac{\partial^2 Q(x+\alpha,y+\beta)}{\partial\beta\partial x}-\frac{\partial^2 P(x+\alpha,y+\beta)}{\partial\beta\partial y}\equiv 0.\quad(5)$$

(对任何 x,y,α,β). 记 $x+\alpha=u$, $y+\beta=v$, 显然有

$$\frac{\partial^2 Q(x+\alpha,y+\beta)}{\partial\alpha\partial x}=\frac{\partial^2 Q(u,v)}{\partial u^2},$$

$$\frac{\partial^2 P(x+\alpha,y+\beta)}{\partial\alpha\partial y}=\frac{\partial^2 P(u,v)}{\partial u\partial v},$$

$$\frac{\partial^2 Q(x+\alpha,y+\beta)}{\partial\beta\partial x}=\frac{\partial^2 Q(u,v)}{\partial v\partial u},$$

$$\frac{\partial^2 P(x+\alpha, y+\beta)}{\partial\beta\partial y}=\frac{\partial^2 P(u,v)}{\partial v^2},$$

于是,(4)式与(5)式为

$$\frac{\partial}{\partial u}\left[\frac{\partial Q(u,v)}{\partial u}-\frac{\partial P(u,v)}{\partial v}\right]=\frac{\partial^2 Q(u,v)}{\partial u^2}-\frac{\partial^2 P(u,v)}{\partial u\partial v}\equiv 0,$$

$$\frac{\partial}{\partial v}\left[\frac{\partial Q(u,v)}{\partial u}-\frac{\partial P(u,v)}{\partial v}\right]=\frac{\partial^2 Q(u,v)}{\partial v\partial u}-\frac{\partial^2 P(u,v)}{\partial v^2}\equiv 0$$

(对任何 u,v),由此可知:

$$\frac{\partial Q(u,v)}{\partial u}-\frac{\partial P(u,v)}{\partial v}\equiv k(\text{常数}).$$

将 u,v 改记为 x,y 则上式为

$$\frac{\partial Q(x,y)}{\partial x}-\frac{\partial P(x,y)}{\partial y}\equiv k(\text{常数}). \tag{6}$$

令 $u(x,y)=\int_0^x P(t,y)\mathrm{d}t$,则 $u(x,y)$具有连续的二阶偏导数,且

$$\frac{\partial u(x,y)}{\partial x}=P(x,y). \tag{7}$$

由(6)式知:

$$\frac{\partial Q(x,y)}{\partial x}=k+\frac{\partial P(x,y)}{\partial y}=k+\frac{\partial}{\partial y}\left(\frac{\partial u(x,y)}{\partial x}\right)$$

$$=k+\frac{\partial}{\partial x}\left(\frac{\partial u(x,y)}{\partial y}\right).$$

两端积分,得

$$Q(x,y)=kx+\frac{\partial u(x,y)}{\partial y}+\varphi(y), \tag{8}$$

其中 $\varphi(y)$为具有二阶连续导数的任意函数.由(7),(8)两式又知 $u(x,y)$具有连续的三阶偏导数.

反之,若 $u(x,y)$是任一具有三阶连续偏导数的函数,而

$\varphi(y)$是任一具有二阶连续导数的函数,则由(7)式和(8)式确定的 $P(x,y)$与 $Q(x,y)$必具连续二阶偏导数,且使(6)式成立,从而使

$$I=\oint_C P(x+\alpha,y+\beta)\mathrm{d}x+Q(x+\alpha,y+\beta)\mathrm{d}y$$

$$=\iint_S\left[\frac{\partial Q(x+\alpha,y+\beta)}{\partial x}-\frac{\partial P(x+\alpha,y+\beta)}{\partial y}\right]\mathrm{d}x\mathrm{d}y$$

$$=\iint_S k\mathrm{d}x\mathrm{d}y=kS,$$

故 I 是与α、β 无关的常数(对于任意固定的 C).

综上所述,可知:使线积分 I 对于任何封闭围线C 与常数α、β 无关的二阶连续可微的函数$P(x,y)$与 $Q(x,y)$的全体由公式(7)与(8)给出,其中 k 为常数,$u(x,y)$为三阶连续地可微的任一函数,$\varphi(y)$为二阶连续地可微的任意一个一元函数.

【4306】 为了使线积分

$$\int_{AmB}F(x,y)(y\mathrm{d}x+x\mathrm{d}y)$$

与积分路径的形状无关,则可微分函数 $F(x,y)$应满足怎样的条件?

解 由于 $P=yF(x,y)$, $Q=xF(x,y)$, 故由格林公式知所求的条件为 $\dfrac{\partial}{\partial x}[xF(x,y)]=\dfrac{\partial}{\partial y}[yF(x,y)]$, 即

$$xF'_x(x,y)=yF'_y(x,y).$$

【4307】 计算

$$I=\oint_C\frac{x\mathrm{d}y-y\mathrm{d}x}{x^2+y^2},$$

其中 C 为依正方向进行而不经过坐标原点的简单封闭围线.

解 令 $P=-\frac{y}{x^2+y^2}, Q=\frac{x}{x^2+y^2}$. 易知, 当 $(x,y)\neq(0,0)$ 时, 恒有

$$\frac{\partial Q}{\partial x}=\frac{\partial P}{\partial y}=\frac{y^2-x^2}{(x^2+y^2)^2}.$$

今分两种情况讨论:

(1) 坐标原点在围线 C 之外, 这时, 在由 C 围成的有界闭区域 S 上, P 与 Q 以及它们的偏导数都连续, 故可应用格林公式, 得

$$I=\oint_C P\mathrm{d}x+Q\mathrm{d}y=\iint_S\left(\frac{\partial Q}{\partial x}-\frac{\partial P}{\partial y}\right)\mathrm{d}x\mathrm{d}y=0.$$

(2) 围线 C 包围坐标原点. 这时, 由于 P, Q 在原点无定义, 故不能直接对由 C 围成的区域应用格林公式. 今取 $a>0$ 充分小, 使中心在原点半径为 a 的圆周 L_a ($L_a: x^2+y^2=a^2$) 完全位于围线 C 之内. 用 S_a 表界于 C 和 L_a 之间的环形闭区域. 显然, 在 S_a 上, P、Q 及其偏导数均连续, 故可应用格林公式, 得

$$\left(\oint_C+\oint_{-L_a}\right)P\mathrm{d}x+Q\mathrm{d}y=\iint_{S_a}\left(\frac{\partial Q}{\partial x}-\frac{\partial P}{\partial y}\right)\mathrm{d}x\mathrm{d}y=0,$$

其中 $-L_a$ 表沿 L_a 的负方向(即顺时针方向).

于是, $I=\oint_C P\mathrm{d}x+Q\mathrm{d}y=\oint_{L_a}P\mathrm{d}x+Q\mathrm{d}y$, 其中 L_a 沿正方向(即逆时针方向). 利用 L_a 的参数方程 $x=a\cos t, y=a\sin t$ $(0\leqslant t\leqslant 2\pi)$ 即得

$$I=\oint_{L_a}P\mathrm{d}x+Q\mathrm{d}y=\oint_{L_a}\frac{x\mathrm{d}y-y\mathrm{d}x}{x^2+y^2}$$

$$=\frac{1}{a^2}\int_0^{2\pi}[(a\cos t)(a\cos t)-a\sin t(-a\sin t)]\mathrm{d}t=\int_0^{2\pi}\mathrm{d}t=2\pi.$$

利用曲线积分计算由下列曲线所界的面积:

【4308】 椭圆 $x=a\cos t,\ y=b\sin t \quad (0\leqslant t\leqslant 2\pi)$.

解 面积为

$$S=\frac{1}{2}\oint_C x\mathrm{d}y-y\mathrm{d}x=\frac{1}{2}\int_0^{2\pi}ab(\cos^2 t+\sin^2 t)\mathrm{d}t=\pi ab.$$

【4309】 星形线 $x=a\cos^3 t,\ y=b\sin^3 t\ (0\leqslant t\leqslant 2\pi)$.

解 面积为

$$S=\frac{1}{2}\oint_C x\mathrm{d}y-y\mathrm{d}x=\frac{3ab}{2}\int_0^{2\pi}(\cos^4 t\sin^2 t+\cos^2 t\sin^4 t)\mathrm{d}t$$

$$=\frac{3}{8}ab\int_0^{2\pi}\sin^2 2t\,\mathrm{d}t=\frac{3}{8}\pi ab.$$

【4310】 抛物线$(x+y)^2=ax(a>0)$和轴 Ox.

解 作代换 $y=tx$,则原方程化为 $x^2(1+t)^2=ax$.从而得曲线的参数方程为

$$x=\frac{a}{(1+t)^2},\quad y=\frac{at}{(1+t)^2}\quad(0\leqslant t<+\infty).$$

它与 Ox 轴的交点为$(a,0)$与$(0,0)$.在 Ox 轴上从点$(0,0)$到点$(a,0)$的一段上,有

$$x\mathrm{d}y-y\mathrm{d}x=0.$$

在抛物线上,有

$$x\mathrm{d}y-y\mathrm{d}x=\frac{a^2}{(1+t)^4}\mathrm{d}t.$$

于是,面积为

$$S=\frac{1}{2}\oint_C x\mathrm{d}y-y\mathrm{d}x=\frac{a^2}{2}\int_0^{+\infty}\frac{\mathrm{d}t}{(1+t)^4}=-\frac{a^2}{6}\left.\frac{1}{(1+t)^3}\right|_0^{+\infty}=\frac{a^2}{6}.$$

【4311】 笛卡儿叶形线 $x^3+y^3=3axy\ (a>0)$.

解 作代换 $y=tx$,则得曲线的参数方程为

$$x=\frac{3at}{1+t^3},\qquad y=\frac{3at^2}{1+t^3}.$$

由于 $dx=\dfrac{3a(1-2t^3)}{(1+t^3)^2}dt$, $dy=\dfrac{3at(2-t^3)}{(1+t^3)^2}dt$, 从而

$$xdy-ydx=\frac{9a^2t^2}{(1+t^3)^2}dt.$$

于是,面积为

$$S=\frac{1}{2}\oint_C xdy-ydx=\frac{9a^2}{2}\int_0^{+\infty}\frac{t^2}{(1+t^3)^2}dt$$

$$=\frac{3a^2}{2}\left[-\frac{1}{1+t^3}\right]\Bigg|_0^{+\infty}=\frac{3a^2}{2}.$$

【4312】 双纽线 $(x^2+y^2)^2=a^2(x^2-y^2)$.

解 利用极坐标 $x=r\cos\varphi$, $y=r\sin\varphi$, 得双纽线的方程为 $r^2=a^2\cos2\varphi$, 故

$$x=a\cos\varphi\sqrt{\cos2\varphi},\quad y=a\sin\varphi\sqrt{\cos2\varphi}.$$

从而 $xdy-ydx=a^2\cos2\varphi d\varphi$. 于是,面积为

$$S=4\frac{1}{2}\oint_C xdy-ydx=2\int_0^{\frac{\pi}{4}}a^2\cos2\varphi d\varphi=a^2.$$

【4313】 曲线 $x^3+y^3=x^2+y^2$ 及坐标轴.

解 作代换 $y=tx$, 即得曲线的参数方程为

$$x=\frac{1+t^2}{1+t^3},\quad y=\frac{t(1+t^2)}{1+t^3}\quad(0\leqslant t<+\infty).$$

曲线的起点为(1,0),终点为(0,1). 在曲线上,

$$xdy-ydx=\frac{(1+t^2)^2}{(1+t^3)^2}dt\quad(0\leqslant t<+\infty).$$

在 Oy 轴上从点(0,1)到(0,0)一段,以及在 Ox 轴上从点(0,0)到点(1,0)一段上,均有 $xdy-ydx=0$. 于是,面积为

$$S=\frac{1}{2}\oint_C xdy-ydx=\frac{1}{2}\int_0^{+\infty}\frac{(1+t^2)^2}{(1+t^3)^2}dt$$

$$=\frac{1}{2}\left[\int_0^{+\infty}\frac{t^4}{(1+t^3)^2}\mathrm{d}t+2\int_0^{+\infty}\frac{t^2}{(1+t^3)^2}\mathrm{d}t+\int_0^{+\infty}\frac{1}{(1+t^3)^2}\mathrm{d}t\right]$$

$$=\frac{1}{2}\left[\frac{1}{3}B\left(2-\frac{1}{3},\frac{1}{3}\right)+\frac{2}{3}B(1,1)+\frac{1}{3}B\left(\frac{1}{3},2-\frac{1}{3}\right)\right]^{*)}$$

$$=\frac{1}{3}+\frac{1}{3}\frac{\Gamma\left(2-\frac{1}{3}\right)\Gamma\left(\frac{1}{3}\right)}{\Gamma(2)}=\frac{1}{3}+\frac{1}{3}\left(1-\frac{1}{3}\right)\Gamma\left(1-\frac{1}{3}\right)\Gamma\left(\frac{1}{3}\right)$$

$$=\frac{1}{3}+\frac{2}{9}\frac{\pi}{\sin\frac{\pi}{3}}=\frac{1}{3}+\frac{4\pi}{9\sqrt{3}}.$$

*) 利用 3853 题的结果.

【4314】 计算由曲线

$$(x+y)^{n+m+1}=ax^ny^m\quad(a>0,n>0,m>0)$$

所界的面积.

解 作代换 $y=tx$,即得曲线的参数方程为

$$x=\frac{at^m}{(1+t)^{n+m+1}},\quad y=\frac{at^{m+1}}{(1+t)^{n+m+1}}\quad(0\leqslant t<+\infty).$$

从而

$$x\mathrm{d}y-y\mathrm{d}x=\frac{a^2t^{2m}}{(1+t)^{2n+2m+2}}\mathrm{d}t\quad(0\leqslant t<+\infty)$$

于是,面积为

$$S=\frac{1}{2}\oint_C x\mathrm{d}y-y\mathrm{d}x=\frac{a^2}{2}\int_0^{+\infty}\frac{t^{2m}}{(1+t)^{2n+2m+2}}\mathrm{d}t$$

$$=\frac{a^2}{2}B(2m+1,2n+1)^{*)}.$$

*) 利用 3852 题的结果.

【4315】 计算由曲线

$$\left(\frac{x}{a}\right)^n+\left(\frac{y}{b}\right)^n=1\quad(a>0,b>0,n>0)$$

和坐标轴所界的面积.

解 作代换 $x=a\cos^{\frac{2}{n}}\varphi$, $y=b\sin^{\frac{2}{n}}\varphi$ $(0\leqslant\varphi\leqslant\frac{\pi}{2})$,即得

$$x\mathrm{d}y-y\mathrm{d}x=\frac{2ab}{n}\cos^{\frac{2}{n}-1}\varphi\sin^{\frac{2}{n}-1}\varphi\mathrm{d}\varphi.$$

曲线与坐标轴交于点$(a,0)$和点$(0,b)$. 在 Oy 轴上,从点$(0,b)$到点$(0,0)$一段,以及在 Ox 轴上从点$(0,0)$到点$(a,0)$一段上,显然有 $x\mathrm{d}y-y\mathrm{d}x=0$. 于是,面积为

$$S=\frac{1}{2}\oint_C x\mathrm{d}y-y\mathrm{d}x=\frac{1}{2}\int_0^{\frac{\pi}{2}}\frac{2ab}{n}\cos^{\frac{2}{n}-1}\varphi\sin^{\frac{2}{n}-1}\varphi\mathrm{d}\varphi$$

$$=\frac{ab}{n}\cdot\frac{1}{2}B\left(\frac{1}{n},\frac{1}{n}\right)^{*)}=\frac{ab}{2n}\frac{\Gamma^2\left(\frac{1}{n}\right)}{\Gamma\left(\frac{2}{n}\right)}$$

*) 利用 3856 题的结果.

【4316】 计算由曲线

$$\left(\frac{x}{a}\right)^n+\left(\frac{y}{b}\right)^n=\left(\frac{x}{a}\right)^{n-1}+\left(\frac{y}{b}\right)^{n-1}$$

$(a>0,b>0,n>0)$和坐标轴所界的面积.

解 作代换 $y=\frac{b}{a}xt$ 即得曲线的参数方程为

$$x=\frac{a(1+t^{n-1})}{1+t^n},\quad y=\frac{bt(1+t^{n-1})}{1+t^n}\ (0<t<+\infty).$$

易知 $$x\mathrm{d}y-y\mathrm{d}x=ab\frac{(1+t^{n-1})^2}{(1+t^n)^2}\mathrm{d}t.$$

又在两坐标轴上,显然有 $x\mathrm{d}y-y\mathrm{d}x=0$. 于是,面积为

$$S=\frac{1}{2}\oint_C x\mathrm{d}y-y\mathrm{d}x=\frac{ab}{2}\int_0^{+\infty}\frac{(1+t^{n-1})^2}{(1+t^n)^2}\mathrm{d}t$$

$$=\frac{ab}{2}\left[\int_0^{+\infty}\frac{t^{2n-2}}{(1+t^n)^2}\mathrm{d}t+2\int_0^{+\infty}\frac{t^{n-1}}{(1+t^n)^2}\mathrm{d}t+\int_0^{+\infty}\frac{1}{(1+t^n)^2}\mathrm{d}t\right]$$

$$=\frac{ab}{2}\left[\frac{1}{n}B\left(2-\frac{1}{n},\frac{1}{n}\right)+\frac{2}{n}B(1,1)+\frac{1}{n}B\left(\frac{1}{n},2-\frac{1}{n}\right)\right]^{*)}$$

$$=\frac{ab}{n}\left[1+B\left(2-\frac{1}{n},\frac{1}{n}\right)\right]=\frac{ab}{n}\left[1+\left(1-\frac{1}{n}\right)\frac{\Gamma\left(1-\frac{1}{n}\right)\Gamma\left(\frac{1}{n}\right)}{\Gamma(1)}\right]$$

$$=\frac{ab}{n}\left[1+\frac{\left(1-\frac{1}{n}\right)\pi}{\sin\frac{\pi}{n}}\right].$$

*) 利用3853题的结果.

【4317】 计算由纽形曲线

$$\left(\frac{x}{a}\right)^{2n+1}+\left(\frac{y}{b}\right)^{2n+1}=c\left(\frac{x}{a}\right)^{n}\left(\frac{y}{b}\right)^{n}$$

$(a>0, b>0, c>0, n>0)$ 所界的面积.

解 作代换 $y=\frac{b}{a}xt$,即得曲线的参数方程为

$$x=\frac{act^n}{1+t^{2n+1}},\quad y=\frac{bct^{n+1}}{1+t^{2n+1}}\quad (0\leqslant t<+\infty).$$

易知 $x\mathrm{d}y-y\mathrm{d}x=\frac{abc^2t^{2n}}{(1+t^{2n+1})^2}\mathrm{d}t$. 于是,面积为

$$S=\frac{1}{2}\oint_C x\mathrm{d}y-y\mathrm{d}x=\frac{abc^2}{2}\int_0^{+\infty}\frac{t^{2n}}{(1+t^{2n+1})^2}\mathrm{d}t$$

$$=-\frac{abc^2}{2(2n+1)}\cdot\frac{1}{1+t^{2n+1}}\Bigg|_0^{+\infty}=\frac{abc^2}{2(2n+1)}.$$

【4318】 一个半径为 r 的圆沿着半径为 R 的定圆外面圆周滚动(而不滑动)时,由动圆上的一点所描绘出来的曲线称为外摆线.假定比值 $\frac{R}{r}=n$ 是整数($n\geqslant 1$),求外摆线所界的面积.研究特殊情况 $r=R$(心脏形线).

解 取定圆的中心 O 作坐标原点，取 Ox 轴通过点 A，点 A 是动点的始点，即为两圆的公切点时的位置(图 8.65). 当动圆滚到如图的新位置时，点 A 移到点 M. 动点 M 的轨迹便是外摆线，其方程推导如下：设动圆的圆心为 C，两圆的切点为 B，记 $\angle MCB=t$(运动开始时，设 t 等于零). 切点在定圆上所移过的弧 $\overset{\frown}{AB}$ 应等于它在动圆上所移过的弧 $\overset{\frown}{MB}$，即

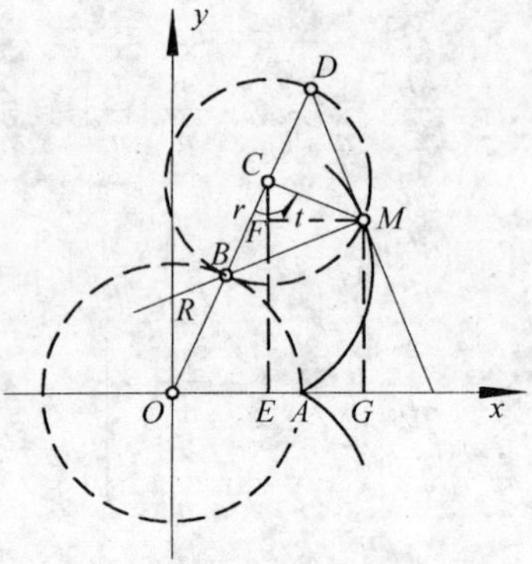

图 8.65

$$R\cdot\angle AOB=\frac{R}{n}\cdot\angle MCB=\frac{R}{n}t.$$

从而 $\angle AOB=\frac{t}{n}$，设动点 M 的坐标为 (x,y)，则

$$x=OG=OE+FM=\left(R+\frac{R}{n}\right)\cos\frac{t}{n}+\frac{R}{n}\sin\angle FCM,$$

但 $\angle FCM=\angle BCM-\angle OCE$，且 $\angle OCE=\frac{\pi}{2}-\frac{t}{n}$，从而

$$\angle FCM=\left(1+\frac{1}{n}\right)t-\frac{\pi}{2},\quad \sin\angle FCM=-\cos\left(1+\frac{1}{n}\right)t.$$

于是，最后得

$$x=R\left(1+\frac{1}{n}\right)\cos\frac{t}{n}-\frac{R}{n}\cos\left(1+\frac{1}{n}\right)t.$$

类似地，可求得

$$y=R\left(1+\frac{1}{n}\right)\sin\frac{t}{n}-\frac{R}{n}\sin\left(1+\frac{1}{n}\right)t.$$

若记 $\varphi=\frac{t}{n}$，并注意到 $R=nr$，则外摆线可用如下的参数方程

表示：

$$x=(n+1)r\cos\varphi-r\cos(n+1)\varphi,$$
$$y=(n+1)r\sin\varphi-r\sin(n+1)\varphi.$$

由 $R=nr$ 知，当动圆滚 n 圈后，起点与终点重合，即 φ 的变化范围为 $0\leqslant\varphi\leqslant 2\pi$. 注意到

$$x\mathrm{d}y-y\mathrm{d}x=r^2(n+1)(n+2)(1-\cos n\varphi)\mathrm{d}\varphi,$$

于是，所求的面积为

$$S=\frac{1}{2}\oint_C x\mathrm{d}y-y\mathrm{d}x=\frac{r^2(n+1)(n+2)}{2}\int_0^{2\pi}(1-\cos n\varphi)\mathrm{d}\varphi$$
$$=\pi r^2(n+1)(n+2).$$

特别是，当 $r=R$ 时，即 $n=1$，则得心脏形线的面积为 $S=6\pi r^2$.

【4319】 一个半径为 r 的圆沿着半径为 R 的定圆内面圆周滚动(而不滑动)时，由动圆上的一点所描绘出来的曲线称为内摆线. 假定比值 $\frac{R}{r}=n$ 是整数($n\geqslant 2$)，求内摆线所界的面积. 研究特殊情况 $r=\frac{R}{4}$(星形线).

解 仿上题，容易求得内摆线的参数方程为

$$x=R\left(1-\frac{1}{n}\right)\cos\frac{t}{n}+\frac{R}{n}\cos\left(1-\frac{1}{n}\right)t.$$
$$y=R\left(1-\frac{1}{n}\right)\sin\frac{t}{n}-\frac{R}{n}\sin\left(1-\frac{1}{n}\right)t.$$

若以 $\varphi=\frac{t}{n}$ 为参数，并注意到 $R=nr$，则得

$$x=r(n-1)r\cos\varphi+r\cos(n-1)\varphi,$$
$$y=r(n-1)r\sin\varphi-r\sin(n-1)\varphi.$$

注意到

$$x\mathrm{d}y-y\mathrm{d}x=r^2(n-1)(n-2)(1-\cos n\varphi)\mathrm{d}\varphi,$$

于是,所求的面积为

$$S=\frac{1}{2}\oint_C x\,\mathrm{d}y-y\,\mathrm{d}x=\frac{r^2(n-1)(n-2)}{2}\int_0^{2\pi}(1-\cos n\varphi)\,\mathrm{d}\varphi$$

$$=\pi r^2(n-1)(n-2).$$

特别是,当 $\frac{R}{r}=4$ 时,即 $n=4$,则得星形线所界的面积为 $S=6\pi r^2$.

【4320】 计算圆柱面 $x^2+y^2=ax$ 被曲面 $x^2+y^2+z^2=a^2$ 所截那部分的面积.

解 两曲面的交线为

$$x^2+y^2=ax,\qquad z^2=a^2-ax.$$

若将平面 Oxy 上的圆周 $x^2+y^2=ax$ 记以 C,其弧长记以 s,则所求的面积显然可表为

$$S=2\oint_C\sqrt{a^2-ax}\,\mathrm{d}s.$$

由于 $x^2+y^2=ax$ 即为$\left(x-\frac{a}{2}\right)+y^2=\left(\frac{a}{2}\right)^2$,故令

$$x=\frac{a}{2}+\frac{a}{2}\cos\varphi,\qquad y=\frac{a}{2}\sin\varphi$$

从而弧长的微分为 $\mathrm{d}s=\frac{a}{2}\mathrm{d}\varphi$,于是,面积为

$$S=2\oint_C\sqrt{a^2-ax}\,\mathrm{d}s=2\int_0^{2\pi}\sqrt{\frac{a}{2}(1-\cos\varphi)}\cdot\frac{a}{2}\mathrm{d}\varphi$$

$$=2\int_0^{2\pi}a^2\sin\frac{\varphi}{2}\mathrm{d}\left(\frac{\varphi}{2}\right)=4a^2.$$

【4321】 计算

$$I=\frac{1}{2\pi}\oint_C\frac{X\mathrm{d}Y-Y\mathrm{d}X}{X^2+Y^2},$$

若 $X=ax+by$, $Y=cx+dy$,且 C 为包围坐标原点的简单的封

闭围线($ad-bc\neq 0$).

解 首先注意,由于 $ad-bc\neq 0$,故只有原点(0,0)使 $X^2+Y^2=0$.易知

$$\begin{aligned}X\mathrm{d}Y-Y\mathrm{d}X&=(ax+by)(c\mathrm{d}x+d\mathrm{d}y)-(cx+dy)(a\mathrm{d}x+b\mathrm{d}y)\\&=(ad-bc)(x\mathrm{d}y-y\mathrm{d}x),\end{aligned}$$

故

$$I=\frac{1}{2\pi}\oint_C\frac{X\mathrm{d}Y-Y\mathrm{d}X}{X^2+Y^2}=\frac{1}{2\pi}\oint_C P(x,y)\mathrm{d}x+Q(x,y)\mathrm{d}y,$$

其中

$$P=-\frac{(ad-bc)y}{(ax+by)^2+(cx+dy)^2},$$

$$Q=\frac{(ad-bc)x}{(ax+by)^2+(cx+dy)^2}.$$

容易算得

$$\frac{\partial Q}{\partial x}=\frac{\partial P}{\partial y}=-\frac{(ad-bc)[(a^2+c^2)x^2-(b^2+d^2)y^2]}{[(ax+by)^2+(cx+dy)^2]^2}\quad((x,y)\neq(0,0)\text{时}),$$

故由格林公式知

$$\oint_C P(x,y)\mathrm{d}x+Q(x,y)\mathrm{d}y=\oint_{C'}P(x,y)\mathrm{d}x+Q(x,y)\mathrm{d}y,$$

其中 C' 可为包围原点(0,0)的任一位于 C 内的围线.特别是,可取 C' 为围线 $(ax+by)^2+(cx+\mathrm{d}y)^2=r^2$(即 $X^2+Y^2=r^2$),$r>0$ 充分小.于是,得(利用格林公式)

$$\begin{aligned}I&=\frac{1}{2\pi}\oint_C\frac{X\mathrm{d}Y-Y\mathrm{d}X}{X^2+Y^2}=\frac{1}{2\pi}\oint_{X^2+Y^2=r^2}\frac{X\mathrm{d}Y-Y\mathrm{d}X}{X^2+Y^2}\\&=\frac{1}{2\pi r^2}\oint_{X^2+Y^2=r^2}X\mathrm{d}Y-Y\mathrm{d}X=\frac{ad-bc}{2\pi r^2}\oint_{X^2+Y^2=r^2}x\mathrm{d}y-y\mathrm{d}x\\&=\frac{ad-bc}{2\pi r^2}\iint\limits_{X^2+Y^2\leqslant r^2}2\mathrm{d}x\mathrm{d}y=\frac{ad-bc}{\pi r^2}\iint\limits_{X^2+Y^2\leqslant r^2}\left|\frac{D(x,y)}{D(X,Y)}\right|\mathrm{d}X\mathrm{d}Y.\end{aligned}$$

由于$\dfrac{D(X,Y)}{D(x,y)}=ad-bc$，故$\dfrac{D(x,y)}{D(X,Y)}=\dfrac{1}{ad-bc}$. 于是，代入上式得

$$I=\frac{ad-bc}{\pi r^2}\iint\limits_{X^2+Y^2\leqslant r^2}\frac{1}{|ad-bc|}\mathrm{d}X\mathrm{d}Y=\frac{ad-bc}{\pi r^2}\cdot\frac{1}{|ad-bc|}\pi r^2$$

$$=\operatorname{sgn}(ad-bc).$$

【4322】 若简单的围线 C 包围坐标原点，$X=\varphi(x,y)$，$Y=\psi(x,y)$，而曲线 $\varphi(x,y)=0$ 和 $\psi(x,y)=0$ 在围线 C 内面有几个单交点，计算积分 I(参阅 4321 题).

解 设 $\varphi(x,y)=0$，$\psi(x,y)=0$ 在 C 内的交点为 $P_i(x_i,y_i)(i=1,2,\cdots,m)$. 首先注意，本题应假定函数 $\varphi(x,y)$ 与 $\psi(x,y)$ 在 C 围成的区域内具有连续的二阶偏导数，并且在各点 $P_i(i=1,2,\cdots,m)$ 处有 $\dfrac{D(X,Y)}{D(x,y)}=\varphi'_x\psi'_y-\varphi'_y\psi'_x\neq 0$. 容易算得

$$X\mathrm{d}Y-Y\mathrm{d}X=(\varphi\psi'_x-\varphi'_x\psi)\mathrm{d}x+(\varphi\psi'_y-\varphi'_y\psi)\mathrm{d}y,$$

从而

$$I=\frac{1}{2\pi}\oint_C\frac{X\mathrm{d}Y-Y\mathrm{d}X}{X^2+Y^2}=\frac{1}{2\pi}\oint_C P(x,y)\mathrm{d}x+Q(x,y)\mathrm{d}y,$$

其中

$$P=\frac{\varphi\psi'_x-\varphi'_x\psi}{\varphi^2+\psi^2},\qquad Q=\frac{\varphi\psi'_y-\varphi'_y\psi}{\varphi^2+\psi^2}.$$

又可算得

$$\frac{\partial Q}{\partial x}=\frac{\partial P}{\partial y}=\frac{1}{(\varphi^2+\psi^2)^2}[(\varphi\psi''_{xy}-\varphi''_{xy}\psi)(\varphi^2+\psi^2)-(\varphi'_x\psi'_y+\varphi'_y\psi'_x)\varphi^2$$

$$+(\varphi'_y\psi'_x+\varphi'_x\psi'_y)\psi^2+2(\varphi'_x\varphi'_y-\psi'_x\psi'_y)\varphi\psi]$$

$$((x,y)\neq(x_i,y_i)(i=1,2,\cdots,m)).$$

围绕点 $P_i(x_i, y_i)$ 作围线 C_i：$[\varphi(x, y)]^2 + [\psi(x, y)]^2 = r^2$(即 $X^2 + Y^2 = r^2$)，取 $r > 0$ 充分小，使诸 C_i 互不相交且都位于 C 内$\Big($这是办得到的，因为在各点 P_i，$\dfrac{D(X, Y)}{D(x, y)} \neq 0$. 从而由连续性知在 P_i 的某邻域内 $\dfrac{D(X, Y)}{D(x, y)} \neq 0$ 且保持定号，于是，根据隐函数存在定理知变换 $X = \varphi(x, y)$，$Y = \psi(x, y)$ 在点 $(x, y) = (x_i, y_i)$ 邻近及点 $(X, Y) = (0, 0)$ 邻近是双方单值双方连续的$\Big)$，并使 $\dfrac{D(X, Y)}{D(x, y)}$ 在 P_i 的邻近 $X^2 + Y^2 \leqslant r^2$(记为 S_i)上保持定号，将格林公式应用于诸围线 $C, C_1, \cdots, C_m$ 之间的区域，可得

$$\oint_C P(x, y)\mathrm{d}x + Q(x, y)\mathrm{d}y = \sum_{i=1}^m \oint_{C_i} P(x, y)\mathrm{d}x + Q(x, y)\mathrm{d}y,$$

故
$$I = \frac{1}{2\pi}\sum_{i=1}^m \oint_{C_i} \frac{X\mathrm{d}Y - Y\mathrm{d}X}{X^2 + Y^2}. \tag{1}$$

但

$$\begin{aligned}
&\oint_{C_i} \frac{X\mathrm{d}Y - Y\mathrm{d}X}{X^2 + Y^2} = \frac{1}{r^2}\oint_C X\mathrm{d}Y - Y\mathrm{d}X \\
&= \frac{1}{r^2}\oint_{C_i} (\varphi\psi_x' - \varphi_x'\psi)\mathrm{d}x + (\varphi\psi_y' - \varphi_y'\psi)\mathrm{d}y \\
&= \frac{1}{r^2}\iint_{S_i} 2(\varphi_x'\psi_y' - \varphi_y'\psi_x')\mathrm{d}x\mathrm{d}y = \frac{2}{r^2}\iint_{S_i} \frac{D(X, Y)}{D(x, y)}\mathrm{d}x\mathrm{d}y \\
&= \frac{2}{r^2}\left(\operatorname{sgn}\frac{D(X, Y)}{D(x, y)}\right)_{P_i}\iint_{S_i} \frac{D(X, Y)}{D(x, y)}\mathrm{d}x\mathrm{d}y \\
&= \frac{2}{r^2}\left(\operatorname{sgn}\frac{D(X, Y)}{D(x, y)}\right)_{P_i}\iint_{X^2+Y^2\leqslant r^2} \mathrm{d}X\mathrm{d}Y \\
&= \frac{2}{r^2}\left(\operatorname{sgn}\frac{D(X, Y)}{D(x, y)}\right)_{P_i}\cdot\pi r^2 = 2\pi\left(\operatorname{sgn}\frac{D(\varphi, \psi)}{D(x, y)}\right)_{P_i},
\end{aligned}$$

代入(1)式，即得

$$I=\sum_{i=1}^{m}\left(\operatorname{sgn}\frac{D(\varphi,\psi)}{D(x,y)}\right)_{P_i}$$

或写为

$$I=\sum \operatorname{sgn}\frac{D(\varphi,\psi)}{D(x,y)}$$

其中 $\sum$ 的是对曲线 $\varphi(x,y)=0$ 与 $\psi(x,y)=0$ 在 C 内的各交点相加.

注 显然,4321 题是 4322 题的特例. 这时,曲线 $ax+by=0$ 与 $cx+dy=0$ 在 C 内只有一个交点,即原点(0,0),而 $\frac{D(\varphi,\psi)}{D(x,y)}=ad-bc$.

【4323】 证明,若 C 为封闭的围线且 $\vec{l}$ 为任意的方向,有

$$\oint_C \cos(\vec{l},\vec{n})\mathrm{d}s=0,$$

式中 n 为围线 C 的外法线.

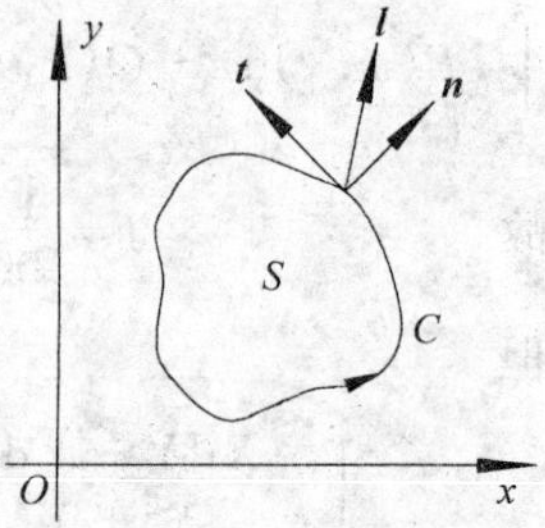

图 8.66

证 如图 8.66 所示. 不妨规定 C 的方向为逆时针的,以 $\vec{t}$ 表示. 由于夹角

$$(\vec{l},\vec{n})=(\vec{l},x)-(\vec{n},x),$$

故得

$$\cos(\vec{l},\vec{n})=\cos(\vec{l},x)\cos(\vec{n},x)+\sin(\vec{l},x)\sin(\vec{n},x).$$

但 $\sin(\vec{n},x)=\sin\left[(\vec{t},x)-\frac{\pi}{2}\right]=-\cos(\vec{t},x)$,

$$\cos(\vec{n},x)=\cos\left[(\vec{t},x)-\frac{\pi}{2}\right]=\sin(\vec{t},x),$$

且 $\cos(\vec{t},x)=\frac{\mathrm{d}x}{\mathrm{d}s}$, $\sin(\vec{t},x)=\frac{\mathrm{d}y}{\mathrm{d}s}$, 因此,有

$$\cos(\vec{l},\vec{n})\mathrm{d}s=\cos(\vec{l},x)\mathrm{d}y-\sin(\vec{l},x)\mathrm{d}x.$$

再利用格林公式，并注意到 $\sin(\vec{l},x)$ 和 $\cos(\vec{l},x)$ 均为常数，即得

$$\oint_C\cos(\vec{l},\vec{n})\mathrm{d}s=\oint_C[-\sin(\vec{l},x)\mathrm{d}x+\cos(\vec{l},x)]\mathrm{d}y$$

$$=\iint_S 0\mathrm{d}x\mathrm{d}y=0.$$

【4324】 求积分

$$I=\oint_C[x\cos(\vec{n},x)+y\cos(\vec{n},y)]\mathrm{d}s$$

之值，式中 C 为包围有界域 S 的简单封闭曲线，n 为它的外法线.

解 如 4323 题所述，已知

$$\cos(\vec{n},x)=\cos\left[(\vec{t},x)-\frac{\pi}{2}\right]=\sin(\vec{t},x)=\frac{\mathrm{d}y}{\mathrm{d}s},$$

$$\cos(\vec{n},y)=\cos\left[\frac{\pi}{2}-(\vec{n},x)\right]=\sin(\vec{n},x)=\sin\left[(\vec{t},x)-\frac{\pi}{2}\right]$$

$$=-\cos(\vec{t},x)=-\frac{\mathrm{d}x}{\mathrm{d}s}.$$

于是，

$$I=\oint_C x\mathrm{d}y-y\mathrm{d}x=2\cdot\frac{1}{2}\oint_C x\mathrm{d}y-y\mathrm{d}x=2S,$$

这里 S 表示有界域 S 面积的数值.

【4325】 求

$$\lim_{d(S)\to 0}\oint_C(\vec{F},\vec{n})\mathrm{d}s,$$

其中 S 为包含点 (x_0,y_0) 的围线 C 所界的面积，$d(S)$ 为域 S 的直径，$\vec{n}$ 为围线 C 的外法线上的单位向量，$\vec{F}\{X,Y\}$ 为在

$S+C$上连续地可微分的向量.

解 由4323题的推导过程中知,矢量 $\vec{n}$在坐标轴上的射影为

$$n_x=\cos(\vec{n},x)=\frac{dy}{ds},\quad n_y=\cos(\vec{n},y)=-\frac{dx}{ds}$$

于是,

$$(\vec{F},\vec{n})ds=(Xn_x+Yn_y)ds=Xdy-Ydx.$$

因此,利用格林公式有

$$\oint_C(\vec{F},\vec{n})ds=\oint_C Xdy-Ydx$$
$$=\iint_S\left(\frac{\partial X}{\partial x}+\frac{\partial Y}{\partial y}\right)dxdy=\left(\frac{\partial X}{\partial x}+\frac{\partial Y}{\partial y}\right)\bigg|_{(\xi,\eta)}\cdot S,$$

其中点$(\xi,\eta)\in$域 S.于是,

$$\lim_{d(S)\to 0}\frac{1}{S}\oint_C(\vec{F},\vec{n})ds=\lim_{d(S)\to 0}\left(\frac{\partial X}{\partial x}+\frac{\partial Y}{\partial y}\right)\bigg|_{(\xi,\eta)}$$
$$=X'_x(x_0,y_0)+Y'_y(x_0,y_0).$$

§13. 曲线积分的物理应用

【4326】 均匀分布在圆 $x^2+y^2=a^2,y\geqslant 0$ 的上半部和质量 M 以怎样的力吸引质量为 m 位于$(0,0)$的质点?

解 由对称性知,引力在 Ox 轴上的射影 $X=0$,故只要计算引力在 Oy 轴上的射影.

设圆心角为 θ,由 $ds=ad\theta$ 知,对于长为 ds 一段圆弧吸引

质量为 m 的质点的力在 Oy 轴上的射影为

$$\mathrm{d}Y=\frac{km\dfrac{M}{\pi a}}{a^2}\sin\theta\cdot a\,\mathrm{d}\theta=\frac{kmM}{\pi a^2}\sin\theta\,\mathrm{d}\theta,$$

其中 k 为引力常数.

于是,所求的引力在 Oy 轴上的射影为

$$Y=\frac{kmM}{\pi a^2}\int_0^{\pi}\sin\theta\,\mathrm{d}\theta=\frac{2kmM}{\pi a^2}.$$

【4327】 计算单层的对数位

$$u(x,y)=\oint_C\kappa\ln\frac{1}{r}\mathrm{d}s,$$

式中 $\kappa=$ 常数—密度, $r=\sqrt{(\xi-x)^2+(\eta-y)^2}$, 设围线 C 是圆周 $\xi^2+\eta^2=R^2$.

解 由对称性知,对数位

$$u(x,y)=2\kappa\int_0^{\pi}\ln\frac{1}{r}\cdot R\,\mathrm{d}\theta=2R\kappa\int_0^{\pi}\ln\frac{1}{\sqrt{R^2-2R\rho\cos\theta+\rho^2}}\mathrm{d}\theta$$

$$=-R\kappa\int_0^{\pi}\ln R^2\left[1-2\frac{\rho}{R}\cos\theta+\left(\frac{\rho}{R}\right)^2\right]\mathrm{d}\theta,$$

其中 $\rho=\sqrt{x^2+y^2}$, $\xi x+\eta y=R\rho\cos\theta$, 而 θ 是矢量 $\vec{r}=x\vec{i}+y\vec{i}$ 与 $\vec{r}_i=\xi\vec{i}+\eta\vec{i}$ 的正向夹角.

利用 3733 题(或 2192 题)的结果,可得

$$\int_0^{\pi}\ln\left[1-2\frac{\rho}{R}\cos\theta+\left(\frac{\rho}{R}\right)^2\right]\mathrm{d}\theta=\begin{cases}0, & \rho\leqslant R;\\ 2\pi\ln\dfrac{\rho}{R}, & \rho>R.\end{cases}$$

于是,我们有

$$u(x,y)=-2R\kappa\int_0^{\pi}\ln R\,\mathrm{d}\theta-R\kappa\int_0^{\pi}\ln\left[1-2\frac{\rho}{R}\cos\theta+\left(\frac{\rho}{R}\right)^2\right]\mathrm{d}\theta$$

$$=\begin{cases}2\pi R\kappa\ln\dfrac{1}{R}, & \rho\leqslant R,\\ 2\pi R\kappa\ln\dfrac{1}{\rho}, & \rho>R.\end{cases}$$

【4328】 采用极坐标系 ρ 和 φ，计算单层的对数位

$$I_1=\int_0^{2\pi}\cos m\psi\ln\frac{1}{r}\mathrm{d}\psi \quad 和 \quad I_2=\int_0^{2\pi}\sin m\psi\ln\frac{1}{r}\mathrm{d}\psi,$$

式中 r 为点(ρ,φ)与动点$(1,\psi)$间的距离，m 为自然数.

解 由于

$$r=\sqrt{(\rho\cos\varphi-\cos\psi)^2+(\rho\sin\varphi-\sin\psi)^2}=\sqrt{1-2\rho\cos(\psi-\varphi)+\rho^2},$$

于是，当 $\rho<1$ 时，我们有

$$\begin{aligned}I_1&=-\frac{1}{2}\int_0^{2\pi}\cos m\psi\ln[1-2\rho\cos(\psi-\varphi)+\rho^2]\mathrm{d}\psi\\&=-\frac{1}{2}\int_{-\varphi}^{-\varphi+2\pi}\cos(mu+m\varphi)\ln(1-2\rho\cos u+\rho^2)\mathrm{d}u\\&=-\frac{1}{2}\int_{-\varphi}^{-\varphi+2\pi}\cos m\varphi\cos mu\ln(1-2\rho\cos u+\rho^2)\mathrm{d}u\\&\quad+\frac{1}{2}\int_{-\varphi}^{-\varphi+2\pi}\sin m\varphi\sin mu\ln(1-2\rho\cos u+\rho^2)\mathrm{d}u.\end{aligned}$$

因为上述右端两个积分中被积函数均为以 2π 为周期的函数，并注意到奇偶函数在对称区间上的积分性质，则有

$$\begin{aligned}I_1&=-\cos m\varphi\int_0^{\pi}\cos mu\ln(1-2\rho\cos u+\rho^2)\mathrm{d}u\\&\quad+\frac{\sin m\varphi}{2}\int_{-\pi}^{\pi}\sin mu\ln(1-2\rho\cos u+\rho^2)\mathrm{d}u\\&=-\cos m\varphi\int_0^{\pi}\cos mu\ln(1-2\rho\cos u+\rho^2)\mathrm{d}u\\&=-(\cos m\varphi)\left(-\frac{\pi}{m}\rho^m\right)=\frac{\pi}{m}\rho^m\cos m\varphi^{*)}.\end{aligned}$$

同理，我们有

$$I_2=-\frac{1}{2}\int_0^{2\pi}\sin m\psi\ln[1-2\rho\cos(\psi-\varphi)+\rho^2]\mathrm{d}\psi$$

$$=-\frac{1}{2}\int_{-\varphi}^{-\varphi+2\pi}\sin(mu+m\varphi)\ln(1-2\rho\cos u+\rho^2)\mathrm{d}u$$

$$=-\frac{\cos m\varphi}{2}\int_{-\pi}^{\pi}\sin mu\ln(1-2\rho\cos u+\rho^2)\mathrm{d}u$$

$$-\sin m\varphi\int_0^{\pi}\cos mu\ln(1-2\rho\cos u+\rho^2)\mathrm{d}u$$

$$=-\sin m\varphi\int_0^{\pi}\cos mu\ln(1-2\rho\cos u+\rho^2)\mathrm{d}u$$

$$=\quad(\sin m\varphi)\left(-\frac{\pi}{m}\rho^m\right)-\frac{\pi}{m}\rho^m\sin m\varphi.$$

当 $\rho>1$ 时，则有

$$I_1=-\cos m\varphi\int_0^{\pi}\cos mu\ln(1-2\rho\cos u+\rho^2)\mathrm{d}u$$

$$=-\cos m\varphi\int_0^{\pi}\cos mu\ln\rho^2\left(1-2\frac{1}{\rho}\cos u+\frac{1}{\rho^2}\right)\mathrm{d}u$$

$$=-\cos m\varphi\int_0^{\pi}\cos mu\ln\left(1-2\frac{1}{\rho}\cos u+\frac{1}{\rho^2}\right)\mathrm{d}u$$

$$=-(\cos m\varphi)\left(-\frac{\pi}{m\rho^m}\right)-\frac{\pi}{m}\rho^{-m}\cos m\varphi^{**)}$$

同理，我们有

$$I_2=-\sin m\varphi\int_0^{\pi}\cos mu\ln\left(1-2\frac{1}{\rho}\cos u+\frac{1}{\rho^2}\right)\mathrm{d}u$$

$$=-(\sin m\varphi)\left(-\frac{\pi}{m\rho^m}\right)=\frac{\pi}{m}\rho^{-m}\sin m\varphi.$$

对于 $\rho=0$，显然有

$$I_1=I_2=0.$$

现在来研究当 $\rho=1$ 的情况．首先，积分

$$I_1=\int_0^{\pi}\cos mu\ln(1-2\rho\cos u+\rho^2)\mathrm{d}u$$

对于 ρ 在区间$[1,1+\delta]$上是一致收敛的,其中 δ 为很小的正数.事实上,对于充分小的 η,当 u 在$(0,\eta)$内取值时,有

$$1>1-2\rho\cos u+\rho^2=(1-\rho)^2+2\rho(1-\cos u)$$
$$\geqslant 2(1-\cos u)>0.$$

于是,当 $1\leqslant\rho\leqslant 1+\delta$, $u\in(0,\eta)$时,有

$$|\cos mu\ln(1-2\rho\cos u+\rho^2)|\leqslant|\ln 2(1-\cos u)|.$$

而积分 $\int_0^\eta|\ln 2(1-\cos u)|\mathrm{d}u$ 是收敛的.这是由于当 $0<2\beta<1$,有

$$\lim_{u\to+0}u^{2\beta}|\ln 2(1-\cos u)|$$
$$=\lim_{u\to+0}-[2(1-\cos u)]^\beta\ln[2(1-\cos u)]\frac{u^{2\beta}}{2^\beta(1-\cos u)^\beta}=0\cdot 1=0.$$

于是,积分

$$\int_0^\eta\cos mu\ln(1-2\rho\cos u+\rho^2)\mathrm{d}u$$

在 $1\leqslant\rho\leqslant 1+\delta$ 上一致收敛,故知积分

$$I_1=\int_0^\pi\cos mu\ln(1-2\rho\cos u+\rho^2)\mathrm{d}u$$

在 $1\leqslant\rho\leqslant 1+\delta$ 上一致收敛,从而,I_1 作为参数 $\rho=1$ 的函数在 $\rho=1$ 是右连续的.由此,根据上面已求出 $\rho>1$ 时 $I_1=\frac{\pi}{m}\rho^{-m}\cos m\varphi$,得知:当 $\rho=1$ 时,

$$I_1=\lim_{\rho\to 1+0}\frac{\pi}{m}\rho^{-m}\cos m\varphi=\frac{\pi}{m}\cos m\varphi.$$

同理,可得

$$I_2=\lim_{\rho\to 1+0}\frac{\pi}{m}\rho^{-m}\sin m\varphi=\frac{\pi}{m}\sin m\varphi.$$

综上所述,得

$$I_1=\frac{\pi}{m}\rho^m\cos m\varphi,\qquad I_2=\frac{\pi}{m}\rho^m\sin m\varphi,\quad 当\ 0\leqslant\rho\leqslant1;$$

$$I_1=\frac{\pi}{m}\rho^{-m}\cos m\varphi,\quad I_2=\frac{\pi}{m}\rho^{-m}\sin m\varphi,\quad 当\ \rho>1.$$

*) 参看 И.М.雷日克、И.С.格拉德什坦编著的"函数表与积分表"3.765 公式 1.

**) 根据上面公式,当 $p^2>1$ 时,有

$$\int_0^\pi\ln(1-2p\cos x+p^2)\cos\alpha x\,dx=\int_0^\pi\ln p^2\left(1-2\frac{1}{p}\cos x+\frac{1}{p^2}\right)\cos\alpha x\,dx$$

$$=\int_0^\pi 2\ln p\cdot\cos\alpha x\,dx+\int_0^\pi\ln\left(1-2\frac{1}{p}\cos x+\frac{1}{p^2}\right)\cos\alpha x\,dx$$

$$=\int_0^\pi\ln\left(1-2\frac{1}{p}\cos x+\frac{1}{p^2}\right)\cos\alpha x\,dx=-\frac{\pi}{\alpha}p^{-\alpha},$$

其中 α 为自然数.

【4329】 计算高斯积分

$$u(x,y)=\oint_C\frac{\cos(\vec{r},\vec{n})}{r}ds,$$

式中 $r=\sqrt{(\xi-x)^2+(\eta-y)^2}$ 为向量 $\vec{r}$ 的长度,此向量是连接点 $A(x,y)$ 和简单封闭光滑围线 C 上的动点 $M(\xi,\eta)$ 而得的,$(\vec{r},\vec{n})$ 为向量 $\vec{r}$ 与在曲线 C 上 M 点的外法线 $\vec{n}$ 所夹的角.

解 设 $\vec{n}$ 与 Ox 轴的夹角为 α,$\vec{r}$ 与 Ox 轴的夹角为 β,则 $(\vec{r},\vec{n})=\alpha-\beta$.于是,

$$\cos(\vec{r},\vec{n})=\cos\alpha\cos\beta+\sin\alpha\sin\beta=\frac{\xi-x}{r}\cos\alpha+\frac{\eta-y}{r}\sin\alpha.$$

代入高斯积分,得

$$u(x,y)=\oint_C\left(\frac{\eta-y}{r^2}\sin\alpha+\frac{\xi-x}{r^2}\cos\alpha\right)ds$$

$$=\oint_C\frac{\xi-x}{r^2}d\eta-\frac{\eta-y}{r^2}d\xi.$$

令 $P=-\dfrac{\eta-y}{r^2}$, $\quad Q=\dfrac{\xi-x}{r^2}$, 则有

$$\frac{\partial P}{\partial \eta}=\frac{-(\xi-x)^2+(\eta-y)^2}{r^4},$$

$$\frac{\partial Q}{\partial \xi}=\frac{-(\xi-x)^2+(\eta-y)^2}{r^4},$$

因而 P、Q 的偏导数除去点 A(此处 $r=0$)外,在全平面上是连续的,并且$\dfrac{\partial Q}{\partial \xi}=\dfrac{\partial P}{\partial \eta}$. 于是,利用格林公式知:当点 A 在曲线 C 之外时,有

$$u(x,y)=\oint_C \frac{\cos(\vec{r},\vec{n})}{r}\mathrm{d}s=0.$$

当点 A 在曲线 C 之内时,则在曲线 C 内以 A 为圆心,R 为半径作一圆 l,即得

$$u(x,y)=\oint_l \frac{\cos(\vec{r},\vec{n})}{r}\mathrm{d}s=\oint_l \frac{1}{R}\mathrm{d}s=2\pi.$$

当点 A 在曲线 C 上时,不妨利用关系式

$$\frac{\cos(\vec{r},\vec{n})}{r}\mathrm{d}s=\mathrm{d}\varphi^{*)},$$

其中 $\mathrm{d}\varphi$ 为从点 A 看曲线 C 上弧长的微分 $\mathrm{d}s$ 所张的角度. 今以 A 为圆心,r_1 为半径作一小圆,交 C 于 B_1 及 B_2 两点,将曲线 C 除去小圆内的部分记以$\overparen{B_1B_2}$,则有

$$\int_{\overparen{B_1B_2}} \frac{\cos(\vec{r},\vec{n})}{r}\mathrm{d}s=\int_{\overparen{B_1B_2}}\mathrm{d}\varphi=\angle B_1AB_2.$$

于是,我们有

$$u(x,y)=\oint_C \frac{\cos(\vec{r},\vec{n})}{r}\mathrm{d}s=\lim_{r_1\to+0}\int_{\overparen{B_1B_2}} \frac{\cos(\vec{r},\vec{n})}{r}\mathrm{d}s$$

$$=\lim_{r_1\to+0}\angle B_1AB_2=\pi.$$

综上所述,得高斯积分

$$u(x,y)=\oint_C \frac{\cos(\vec{r},\vec{n})}{r}\mathrm{d}s=\begin{cases}0, & 点 A 在 C 外;\\ \pi, & 点 A 在 C 上;\\ 2\pi, & 点 A 在 C 内.\end{cases}$$

*) 参看 Г.М. 菲赫金哥尔茨著《微积分学教程》538 目.

【4330】 采用极坐标系 ρ 和 φ,计算双层的对数位

$$K_1=\int_0^{2\pi}\cos m\psi\,\frac{\cos(\vec{r},\vec{n})}{r}\mathrm{d}\psi$$

和

$$K_2=\int_0^{2\pi}\sin m\psi\,\frac{\cos(\vec{r},\vec{n})}{r}\mathrm{d}\psi$$

式中 r 为点 $A(\rho,\varphi)$和动点 $M(1,\psi)$之间的距离,$(\vec{r},\vec{n})$为方向$\overrightarrow{AM}=\vec{r}$与从点 $O(0,0)$所引的半径$\overrightarrow{OM}=\vec{n}$二者之间的夹角,$m$ 为自然数.

解 由题意知:

$$\frac{\cos(\vec{r},\vec{n})}{r}=\frac{(\cos\psi-\rho\cos\varphi)\cos\psi+(\sin\psi-\rho\sin\varphi)\sin\psi}{(\cos\psi-\rho\cos\varphi)^2+(\sin\psi-\rho\sin\varphi)^2}$$

$$=\frac{1-\rho\cos(\psi-\varphi)}{1+\rho^2-2\rho\cos(\psi-\varphi)}.$$

从而,当 $\rho=1$ 时,$\frac{\cos(\vec{r},\vec{n})}{r}=\frac{1}{2}$.又因 m 为自然数,故此时有

$$K_1=\frac{1}{2}\int_0^{2\pi}\cos m\psi\mathrm{d}\psi=0,\qquad K_2=\frac{1}{2}\int_0^{2\pi}\sin m\psi\mathrm{d}\psi=0.$$

当 $\rho<1$ 时,因为级数(利用 2968 题的结果)

$$\frac{1-\rho\cos(\psi-\varphi)}{1+\rho^2-2\rho\cos(\psi-\varphi)}=1+\sum_{n=1}^{+\infty}\rho^n\cos n(\psi-\varphi)$$

在$[0,2\pi]$上一致收敛,乘 $\cos m(\psi-\varphi)$和 $\sin m(\psi-\varphi)$以后在

$[0,2\pi]$上也一致收敛，故可逐项积分. 于是，

$$K_1=\int_0^{2\pi}\cos m\psi\frac{1-\rho\cos(\psi-\varphi)}{1+\rho^2-2\rho\cos(\psi-\varphi)}\mathrm{d}\psi$$

$$=\int_0^{2\pi}[\cos m(\psi-\varphi)\cos m\varphi-\sin m(\psi-\varphi)\sin m\varphi]$$

$$\cdot\left[1+\sum_{n=1}^{+\infty}\rho^n\cos n(\psi-\varphi)\right]\mathrm{d}\psi$$

$$=\cos m\varphi\int_0^{2\pi}\cos m(\psi-\varphi)\rho^m\cos m(\psi-\varphi)\mathrm{d}\psi$$

$$=\rho^m\cos m\varphi\int_0^{2\pi}\cos^2 m(\psi-\varphi)\mathrm{d}\psi=\pi\rho^m\cos\varphi.$$

同理，容易求得

$$K_2=\int_0^{2\pi}\sin m\psi\frac{1-\rho\cos(\psi-\varphi)}{1+\rho^2-2\rho\cos(\psi-\varphi)}\mathrm{d}\psi=\pi\rho^m\sin m\varphi.$$

当 $\rho>1$ 时，我们有

$$K_1=\int_0^{2\pi}\cos m\psi\frac{1-\rho\cos(\psi-\varphi)}{1+\rho^2-2\rho\cos(\psi-\varphi)}\mathrm{d}\psi$$

$$=\frac{1}{2}\int_0^{2\pi}\cos m\psi\frac{2-2\rho\cos(\psi-\varphi)}{1+\rho^2-2\rho\cos(\psi-\varphi)}\mathrm{d}\psi$$

$$=\frac{1}{2}\int_0^{2\pi}\cos m\psi\frac{[1+\rho^2-2\rho\cos(\psi-\varphi)]+(1-\rho^2)}{1+\rho^2-2\rho\cos(\psi-\varphi)}\mathrm{d}\psi$$

$$=\frac{1}{2}\int_0^{2\pi}\cos m\psi\frac{1-\rho^2}{1+\rho^2-2\rho\cos(\psi-\varphi)}\mathrm{d}\psi$$

$$=-\frac{1}{2}\int_0^{2\pi}\cos m\psi\frac{1-r^2}{1+r^2-2r\cos(\psi-\varphi)}\mathrm{d}\psi$$

$$=-\frac{1}{2}\int_0^{2\pi}\cos m\psi\frac{(1-r^2)+[1+r^2-2r\cos(\psi-\varphi)]}{1+r^2-2r\cos(\psi-\varphi)}\mathrm{d}\psi$$

$$=-\int_0^{2\pi}\cos m\psi\frac{1-r\cos(\psi-\varphi)]}{1+r^2-2r\cos(\psi-\varphi)}\mathrm{d}\psi$$

$$=-\pi r^m\cos m\varphi=-\frac{\pi}{\rho^m}\cos m\varphi,$$

其中 $r=\rho^{-1}<1$.

同理,可求得

$$K_2=\int_0^{2\pi}\sin m\psi\,\frac{1-\rho\cos(\psi-\varphi)}{1+\rho^2-2\rho\cos(\psi-\varphi)}\mathrm{d}\psi=-\frac{\pi}{\rho^m}\sin m\varphi.$$

综上所述,得

$$K_1=\pi\rho^m\cos m\varphi,\quad K_2=\pi\rho^m\sin m\varphi,\qquad 当\ \rho<1,$$

$$K_1=K_2=0,\qquad 当\ \rho=1,$$

$$K_1=-\frac{\pi}{\rho^m}\cos m\varphi,\quad K_2=-\frac{\pi}{\rho^m}\sin m\varphi,\quad 当\ \rho>1.$$

【4331】 若 $\Delta u=\dfrac{\partial^2 u}{\partial x^2}+\dfrac{\partial^2 u}{\partial y^2}=0$,则称可微分两次的函数 $u=u(x,y)$为调和函数,证明:当且仅当

$$\oint_C\frac{\partial u}{\partial n}\mathrm{d}s=0$$

(式中 C 为任意封闭围线,$\dfrac{\partial u}{\partial n}$为沿此围线之外法线的导函数)时,$u$ 是调和函数.

证 由于

$$\frac{\partial u}{\partial n}=\frac{\partial u}{\partial x}\cos(\vec{n},x)+\frac{\partial u}{\partial y}\sin(\vec{n},x)$$

而(参看 4324 题的推导)

$$\cos(\vec{n},x)=\frac{\mathrm{d}y}{\mathrm{d}s},\quad \sin(\vec{n},x)=-\frac{\mathrm{d}x}{\mathrm{d}s},$$

故利用格林公式(注意,题中应假定 $u(x,y)$具有连续的二阶偏导数),得

$$\oint_C\frac{\partial u}{\partial n}\mathrm{d}s=\oint_C\frac{\partial u}{\partial x}\mathrm{d}y-\frac{\partial u}{\partial y}\mathrm{d}x$$

$$=\iint_S\left(\frac{\partial^2 u}{\partial x^2}+\frac{\partial^2 u}{\partial y^2}\right)\mathrm{d}x\mathrm{d}y=\iint_S(\Delta u)\mathrm{d}x\mathrm{d}y,$$

其中 S 表由封闭曲线 C 围成的区域. 由此式知: $\oint_C \frac{\partial u}{\partial n}\mathrm{d}s=0$(对任何封闭围线 C)当且仅当 $\iint_S(\Delta u)\mathrm{d}x\mathrm{d}y=0$(对任何区域 S). 但易知这又相当于 $\Delta u\equiv 0$. 事实上, 若 $\Delta u\equiv 0$, 则对任何 S, 有 $\iint_S(\Delta u)\mathrm{d}x\mathrm{d}y=0$; 反之, 若对任何 S, 有 $\iint_S(\Delta u)\mathrm{d}x\mathrm{d}y=0$, 则必 $\Delta u\equiv 0$. 因为, 若不然, 在某点 (x_0, y_0), $\Delta u\neq 0$. 例如, 设在此点, $\Delta u>0$, 则由连续性可知, 必存在以 (x_0, y_0) 为中心, 半径为 r_0(充分小)的圆域 S_0, 使在其上每一点, 都有 $\Delta u>0$. 由此可知, $\iint_S(\Delta u)\mathrm{d}x\mathrm{d}y>0$. 矛盾, 证毕.

【4332】 证明:

$$\iint_S\left[\left(\frac{\partial u}{\partial x}\right)^2+\left(\frac{\partial u}{\partial y}\right)^2\right]\mathrm{d}x\mathrm{d}y=-\iint_S u\Delta u\,\mathrm{d}x\mathrm{d}y+\oint_C u\frac{\partial u}{\partial n}\mathrm{d}s,$$

式中光滑曲线 C 包围着有界域 S.

证 由于

$$\oint_C u\frac{\partial u}{\partial n}\mathrm{d}s=\oint_C u\left[\frac{\partial u}{\partial x}\cos(\vec{n}, x)+\frac{\partial u}{\partial y}\sin(\vec{n}, x)\right]\mathrm{d}s$$

$$=\oint_C u\frac{\partial u}{\partial x}\mathrm{d}y-u\frac{\partial u}{\partial y}\mathrm{d}x$$

$$=\iint_S\left[\frac{\partial}{\partial x}\left(u\frac{\partial u}{\partial x}\right)+\frac{\partial}{\partial y}\left(u\frac{\partial u}{\partial y}\right)\right]\mathrm{d}x\mathrm{d}y$$

$$=\iint_S u\Delta u\,\mathrm{d}x\mathrm{d}y+\iint_S\left[\left(\frac{\partial u}{\partial x}\right)^2+\left(\frac{\partial u}{\partial y}\right)^2\right]\mathrm{d}x\mathrm{d}y,$$

故得

$$\iint_S\left[\left(\frac{\partial u}{\partial x}\right)^2+\left(\frac{\partial u}{\partial y}\right)^2\right]\mathrm{d}x\mathrm{d}y=-\iint_S u\Delta u\,\mathrm{d}x\mathrm{d}y+\oint_C u\frac{\partial u}{\partial n}\mathrm{d}s.$$

【4333】 证明: 在有界域 S 内及其周界 C 为调和的函数,

则此函数单值地由它在围线 C 上的数值确定(参照 4332 题).

证 由题意知,我们只要证明:如在有界域 S 上的两个调和函数 u_1 和 u_2,在其周界 C 上有相同的数值,则它们在整个域上恒等.这也就是要证明:若调和函数 $u=u_1-u_2$ 在周界 C 上等于零,则它在整个域上恒为零.事实上,利用 4332 题的结果,得

$$\iint_S \left[\left(\frac{\partial u}{\partial x}\right)^2+\left(\frac{\partial u}{\partial y}\right)^2\right]\mathrm{d}x\,\mathrm{d}y=0.$$

于是,在整个域 S 上,有

$$\frac{\partial u}{\partial x}=\frac{\partial u}{\partial y}=0.$$

这表明,在 S 上 u 为常数.但在周界 C 上 $u=0$,故在域 S 上 $u\equiv 0$,即 $u_1=u_2$.

【4334】 证明平面上的格林第二公式

$$\iint_S \begin{vmatrix}\Delta u & \Delta v\\ u & v\end{vmatrix}\mathrm{d}x\,\mathrm{d}y=\oint_C \begin{vmatrix}\dfrac{\partial u}{\partial n} & \dfrac{\partial v}{\partial n}\\ u & v\end{vmatrix}\mathrm{d}s,$$

式中光滑的围线 C 包围着有界域 S,$\dfrac{\partial}{\partial n}$ 为沿 C 的外法线方向的导函数.

证 我们有

$$\oint_C v\frac{\partial u}{\partial n}\mathrm{d}s=\oint_C v\left[\frac{\partial u}{\partial x}\cos(\vec{n},x)+\frac{\partial u}{\partial y}\sin(\vec{n},x)\right]\mathrm{d}s$$

$$=\oint v\frac{\partial u}{\partial x}\mathrm{d}y-v\frac{\partial u}{\partial y}\mathrm{d}x$$

$$=\iint_S\left[\frac{\partial}{\partial x}\left(v\frac{\partial u}{\partial x}\right)-\frac{\partial}{\partial y}\left(-v\frac{\partial u}{\partial y}\right)\right]\mathrm{d}x\,\mathrm{d}y$$

$$=\iint_S\left(\frac{\partial u}{\partial x}\frac{\partial v}{\partial x}+\frac{\partial u}{\partial y}\frac{\partial v}{\partial y}\right)\mathrm{d}x\,\mathrm{d}y+\iint_S v\Delta u\,\mathrm{d}x\,\mathrm{d}y.$$

同理，有

$$\oint_C u\frac{\partial v}{\partial n}\mathrm{d}s=\oint_C u\frac{\partial v}{\partial x}\mathrm{d}y-u\frac{\partial u}{\partial y}\mathrm{d}x$$

$$=\iint_S\left[\frac{\partial}{\partial x}\left(u\frac{\partial v}{\partial x}\right)-\frac{\partial}{\partial y}\left(-u\frac{\partial v}{\partial y}\right)\right]\mathrm{d}x\mathrm{d}y$$

$$=\iint_S\left(\frac{\partial u}{\partial x}\frac{\partial v}{\partial x}+\frac{\partial u}{\partial y}\frac{\partial v}{\partial y}\right)\mathrm{d}x\mathrm{d}y+\iint_S u\Delta v\mathrm{d}x\mathrm{d}y.$$

于是，

$$\oint_C\begin{vmatrix}\frac{\partial u}{\partial n} & \frac{\partial v}{\partial n}\\ u & v\end{vmatrix}\mathrm{d}s=\oint_C\left(v\frac{\partial u}{\partial n}-u\frac{\partial v}{\partial n}\right)\mathrm{d}s$$

$$=\iint_S v\Delta u\mathrm{d}x\mathrm{d}y-\iint_S u\Delta v\mathrm{d}x\mathrm{d}y=\iint_S\begin{vmatrix}\Delta u & \Delta v\\ u & v\end{vmatrix}\mathrm{d}x\mathrm{d}y.$$

【4335】 利用格林第二公式证明：若 $u=u(x,y)$是有界闭域 S 内的调和函数，则

$$u(x,y)=\frac{1}{2\pi}\oint_C\left(u\frac{\partial\ln r}{\partial n}-\ln r\frac{\partial u}{\partial n}\right)\mathrm{d}s,$$

式中 C 为域 S 的边界，$\vec{n}$ 为围线 C 的外法线方向，(x,y)为域 S 内的点，$r=\sqrt{(\xi-x)^2+(\eta+y)^2}$ 为点(x,y)与围线 C 上的动点(ξ,η)间的距离.

证 先证 $v=\ln r$ 为(ξ,η)($(\xi,\eta)\neq(x,y)$)的调和函数. 事实上，我们有

$$\frac{\partial v}{\partial\xi}=\frac{\xi-x}{(\xi-x)^2+(\eta-y)^2},\quad \frac{\partial^2 v}{\partial\xi^2}=\frac{(\eta-y)^2-(\xi-x)^2}{[(\xi-x)^2+(\eta-y)^2]^2},$$

$$\frac{\partial v}{\partial\eta}=\frac{\eta-y}{(\xi-x)^2+(\eta-y)^2},\quad \frac{\partial^2 v}{\partial\eta^2}=\frac{(\xi-x)^2-(\eta-y)^2}{[(\xi-x)^2+(\eta-y)^2]^2},$$

因此，$\frac{\partial^2 v}{\partial\xi^2}+\frac{\partial^2 v}{\partial\eta^2}=0$，即 $\Delta v=0$.

今以点(x, y)(当$(\xi, \eta) \neq (x, y)$时)为中心,ρ 为半径画一圆 C_0,使此圆包含在围线 C 内,C_0 及 C 的正向如图 8.67 所示.曲线 C 的法线向外,C_0 的法线指向点(x, y).因此,在 C_0 上,我们有

$$\left.\frac{\partial \ln r}{\partial n}\right|_{r=\rho} = -\left.\frac{\partial \ln r}{\partial r}\right|_{r=\rho} = -\left.\frac{1}{r}\right|_{r=\rho} = -\frac{1}{\rho}.$$

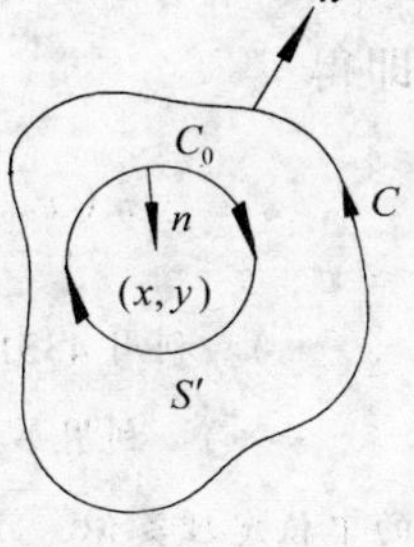

图 8.67

现将格林第二公式应用到由 C_0 及 C 所界的域 S' 上去,即得

$$\iint_{S'} \begin{vmatrix} \Delta u & \Delta \ln r \\ u & \ln r \end{vmatrix} d\xi d\eta = \oint_{C_0+C} \begin{vmatrix} \frac{\partial u}{\partial n} & \frac{\partial \ln r}{\partial n} \\ u & \ln r \end{vmatrix} ds,$$

由于 $\Delta \ln r = 0, \Delta u = 0$,故得

$$\oint_{C_0+C} \begin{vmatrix} \frac{\partial u}{\partial n} & \frac{\partial \ln r}{\partial n} \\ u & \ln r \end{vmatrix} ds = 0.$$

将行列式展开,并利用线积分性质,即得

$$\oint_C \left(\ln r \frac{\partial u}{\partial n} - u \frac{\partial \ln r}{\partial n}\right) ds = -\oint_{C_0} \left(\ln r \frac{\partial u}{\partial n} - u \frac{\partial \ln r}{\partial n}\right) ds.$$

但由于

$$\oint_{C_0} \left(\ln r \frac{\partial u}{\partial n} - u \frac{\partial \ln r}{\partial n}\right) ds = \oint_{C_0} \ln\rho \frac{\partial u}{\partial n} ds - \oint_{C_0} u\left(-\frac{1}{\rho}\right) ds$$

$$= 0 \cdot \ln\rho^{*)} + \frac{1}{\rho}\oint_{C_0} u ds = \frac{1}{\rho} u(\xi', \eta') \oint_{C_0} ds^{**)} = 2\pi u(\xi', \eta'),$$

其中$u(\xi', \eta')$为 u 在圆 C_0 上某点的值,故得

$$u(\xi', \eta') = \frac{1}{2\pi} \oint_C \left(u \frac{\partial \ln r}{\partial n} - \ln r \frac{\partial u}{\partial n}\right) ds.$$

两端令 $\rho\to+0$ 取极限,并注意到函数 u 在点(x, y)的连续性,即得

$$u(x, y)=\frac{1}{2\pi}\oint_C\left(u\frac{\partial\ln r}{\partial n}-\ln r\frac{\partial u}{\partial n}\right)ds.$$

*) 利用 4331 题的结果.

**) 利用第一型曲线积分的中值定理,其证明方法与普通定积分的中值定理类似.

【4336】*) 证明对于调和函数 $u(M)=u(x, y)$的中值定理:

$$u(M)=\frac{1}{2\pi\rho}\oint_{C_\rho}u(\xi, \eta)ds;$$

式中 C_ρ 是以 M 点为中心 ρ 为半径的圆周.

证 利用 4335 题的结果(取 C 为C_ρ),得

$$u(M)=\frac{1}{2\pi}\oint_{C_\rho}\left(u\frac{\partial\ln r}{\partial n}-\ln r\frac{\partial u}{\partial n}\right)ds;$$

但在 C_ρ 上,有 $r=\rho$

$$\left.\frac{\partial\ln r}{\partial n}\right|_{r=\rho}=\left.\frac{\partial\ln r}{\partial r}\right|_{r=\rho}=\left.\frac{1}{r}\right|_{r=\rho}=\frac{1}{\rho},$$

由此,再注意到 $\oint_{C_\rho}\frac{\partial u}{\partial n}ds=0$(这是利用 4331 题的结果),得

$$u(M)=\frac{1}{2\pi}\oint_{C_\rho}\left(\frac{u}{\rho}-\ln\rho\frac{\partial u}{\partial n}\right)ds=\frac{1}{2\pi\rho}\oint_{C_\rho}u\,ds-\frac{\ln\rho}{2\pi}\oint_{C_\rho}\frac{\partial u}{\partial n}ds$$

$$=\frac{1}{2\pi\rho}\oint_{C_\rho}u(\xi, \eta)ds.$$

证毕.

*) 原题中漏掉了 ρ,即应将$\frac{1}{2\pi}$改为$\frac{1}{2\pi\rho}$.

【4337】 证明:在有界闭域内是调和的且于此域内不为常

数的函数 $u(x,y)$，在此域的内点不能达到其最大值或最小值（极大值原则）.

证 设有界闭域为 $\bar{\Omega}$，它是由有界开域 Ω 及其边界 $\partial\Omega$ 构成. 我们要证明：如果 $u(x,y)$ 在 $\bar{\Omega}$ 的某内点 $P_0(x_0,y_0)$ 达到其最大值或最小值（例如，设达到最大值），则 $u(x,y)$，在 $\bar{\Omega}$ 上必为常数. 下分三步证明.

(1) 先证：若圆域 $S_\rho=\left\{(x,y)\mid(x-x_0)^2+(y-y_0)^2\leqslant\rho^2\right\}$ 完全属于 Ω，则 $u(x,y)$ 在 S_ρ 上为常数.

对任何的 $0<r\leqslant\rho$，用 C_r 表圆周 $\left\{(x,y)\mid(x-x_0)^2+(y-y_0)^2=r^2\right\}$. 由 4336 题的结果可知

$$u(x_0,y_0)=\frac{1}{2\pi r}\oint_{C_r}u(\xi,\eta)\mathrm{d}s,$$

故

$$\frac{1}{2\pi r}\oint_{C_r}[u(x_0,y_0)-u(\xi,\eta)]\mathrm{d}s=0. \qquad (1')$$

但因 $u(x_0,y_0)$ 为最大值，故在 C_r 上恒有

$$u(x_0,y_0)-u(\xi,\eta)\geqslant 0.$$

由此，根据(1′)，即易知在 C_r 上 $u(x_0,y_0)-u(\xi,\eta)\equiv 0$. 因为，若有某点 $(\xi_0,\eta_0)\in C_r$ 使 $u(x_0,y_0)-u(\xi_0,\eta_0)=\tau>0$，则由 $u(x,y)$ 的连续性可知，必有以 (ξ_0,η_0) 为中心的某小圆域 σ 存在，使当 $(\xi,\eta)\in\sigma$ 时，恒有 $u(x_0,y_0)-u(\xi,\eta)\geqslant\frac{\tau}{2}$. 用 C_r' 表 C_r 含于 σ 内的部分，则

$$\oint_{C_r}[u(x_0,y_0)-u(\xi,\eta)]\mathrm{d}s$$

$$\geqslant\int_{C_r'}[u(x_0,y_0)-u(\xi,\eta)]\mathrm{d}s\geqslant\oint_{C_r'}\frac{\tau}{2}\mathrm{d}s=\frac{1}{2}\tau l_r'>0,$$

其中 l_r' 表圆弧 C_r' 之长，此显然与(1′)式矛盾.

于是，在 C_r 上有 $u(x_0,y_0)-u(\xi,\eta)\equiv 0$. 再根据 r 的任意性 $(0<r\leqslant\rho)$，即知对任何 $(\xi,\eta)\in S_\rho$，都有 $u(\xi,\eta)=u(x_0,y_0)$. 换句话说，$u(x,y)$ 在 S_ρ 上是常数.

(2) 次证：设 $P^*(x^*,y^*)$ 为 $\overline{\Omega}$ 的任一内点(即 $P^*\in\Omega$)，则必有 $u(x^*,y^*)=u(x_0,y_0)$.

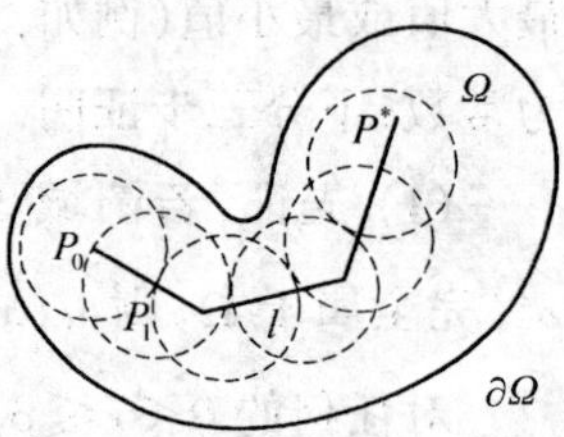

图 8.68

用完全含于 Ω 内的折线 l 将点 $P_0(x_0,y_0)$ 与点 $P^*(x^*,y^*)$ 连接起来(图 8.68). 用 δ 表 $\partial\Omega$ 与 l 之间的距离，即

$$\delta=\min\sqrt{(x-x')^2+(y-y')^2},$$

其中 min 的是对一切 $(x,y)\in\partial\Omega$，$(x,y)\in l$ 来取的(由于 $\partial\Omega$，l 是互不相交的有界闭集，可证 min 一定能达到，从而 $\delta>0$). 取 $0<\delta'<\delta$. 以点 P_0 为中心，δ' 为半径作一圆，得圆域 $S_0=\{(x,y)\mid(x-x_0)^2+(y-y_0)^2\leqslant\delta'^2\}$，此圆域完全含于 Ω 内，由(1)段已证的结论知，$u(x,y)$ 在 S_0 中为常数. 特别 $u(x_1,y_1)=u(x_0,y_0)$，这里点 $P_1(x_1,y_1)$ 代表圆周 $C_0=\{(x,y)\mid(x-x_0)^2+(y-y_0)^2=\delta'^2\}$ 与 l 折线的交点. 又以点 P_1 为中心，δ' 半径作一圆，得圆域 $S_1=\{(x,y)\mid(x-x_1)^2+(y-y_1)^2\leqslant\delta'^2\}$. 由于 $u(x,y)$ 在点 $P_1(x_1,y_1)$ 也达到最大值，而 S_1 完全含于 Ω 内，故将(1)段结果用于 S_1 可知 $u(x,y)$ 在 S_1 上为常数，特别 $u(x_2,y_2)=u(x_1,y_1)$，这里点 $P_2(x_2,y_2)$ 表圆周 $C_1=\{(x,y)\mid(x-x_1)^2+(y-y_1)^2=\delta'^2\}$ 与 l 的交点(除 P_0 外的另一交点). 再以点 P_2 为中心，δ' 为半径作一圆域 S_2，…，这

样继续作下去，显然，至多经过 n 次(n 表大于$\frac{s}{\delta'}$的最小正整数，s 表 l 的长)，点 $P^*(x^*, y^*)$必属于 S_{n-1}，从而

$$u(x^* y^*) = u(x_{n-1}, y_{n-1}) = \cdots = u(x_1, y_1) = u(x_0, y_0).$$

(3)由(2)段的结果可知，$u(x, y)$在 Ω 上是常数；根据 $u(x, y)$在 $\bar{\Omega}$ 上的连续性，通过由 Ω 的点趋向$\partial\Omega$ 的点取极限，即知 $u(x, y)$在 $\bar{\Omega}$ 上是常数. 证毕.

注 从证明过程中看出，需假定区域 Ω(从而 $\bar{\Omega}$)是连通的. 事实上，若 Ω 不连通，则结论不一定成立. 例如，设 $\bar{\Omega} = S_1 + S_2$，其中 S_1 与 S_2 是两个互无公共点的闭圆域，而令

$$u(x, y) = \begin{cases} c_1, & (x, y) \in S_1; \\ c_2, & (x, y) \in S_2, \end{cases}$$

其中 $c_1 \neq c_2$ 是两个常数，则 $u(x, y)$显然是 $\bar{\Omega}$ 上的调和函数且在 $\bar{\Omega}$ 上不是常数，但它却在其内点达到最大值与最小值.

【4338】 证明黎曼公式

$$\iint_S \begin{vmatrix} L[u] & M[v] \\ u & v \end{vmatrix} \mathrm{d}x\mathrm{d}y = \oint_C P\mathrm{d}x + Q\mathrm{d}y,$$

式中

$$L[u] = \frac{\partial^2 u}{\partial x \partial y} + a\frac{\partial u}{\partial x} + b\frac{\partial u}{\partial y} + cu,$$

$$M[v] = \frac{\partial^2 v}{\partial x \partial y} + a\frac{\partial v}{\partial x} + b\frac{\partial v}{\partial y} + cv,$$

(a, b, c 为常数)，P 和 Q 为某些确定的函数，围线 C 包围着有界域S.

证 因为

$$\begin{vmatrix} L[u] & M[v] \\ u & v \end{vmatrix} = vL[u] - uM[v]$$

$$= v\frac{\partial^2 u}{\partial x\partial y} + av\frac{\partial u}{\partial x} + bv\frac{\partial u}{\partial y} + cuv - u\frac{\partial^2 v}{\partial x\partial y} + au\frac{\partial v}{\partial x} + bu\frac{\partial v}{\partial y} - cuv$$

$$= \frac{\partial}{\partial x}\left(v\frac{\partial u}{\partial y}\right) - \frac{\partial}{\partial y}\left(u\frac{\partial v}{\partial x}\right) + a\frac{\partial}{\partial x}(vu) + b\frac{\partial}{\partial y}(uv)$$

$$= \frac{\partial}{\partial x}\left(v\frac{\partial u}{\partial y} + auv\right) - \frac{\partial}{\partial y}\left(u\frac{\partial v}{\partial x} - buv\right),$$

故利用格林公式,即得

$$\iint\limits_S \begin{vmatrix} L[u] & M[v] \\ u & v \end{vmatrix} dxdy = \oint_C Pdx + Qdy,$$

其中

$$P = u\frac{\partial v}{\partial x} - buv, \qquad Q = v\frac{\partial u}{\partial y} + auv.$$

【4339】 设 $u = u(x, y)$和 $v = v(x, y)$为液体的速度的分量.求在单位时间内流过以围线 C 为界的域 S 的液体的量(即液体流出量与流入量的差).若液体不能压缩且在域 S 内没有源泉和漏孔,则函数 u 和 v 满足怎样的方程式?

解 设液体的速度为 $\vec{W}$,则 $\vec{W} = u\vec{i} + v\vec{j}$,又 $d\vec{s} = dx\cdot\vec{i} + dj\cdot\vec{j}$.于是,所求的液体量为

$$Q = \oint_C \vec{w}\cdot\vec{n}ds = \oint_C [u\cos(\vec{n}, x) + v\sin(\vec{n}, x)]ds$$

$$= \oint_C udy - vdx^{*)} = \iint\limits_S \left(\frac{\partial u}{\partial x} + \frac{\partial v}{\partial y}\right)dxdy,$$

其中 $\vec{n}$表示曲线 C 的外法线上的单位矢量,并且此处已假定流体的面密度等于 1.若液体是不可压缩的,且在域 S 内无源泉和漏孔,则液体的流出量与流入量的差 Q 应等于零,即

$$\iint\limits_S \left(\frac{\partial u}{\partial x} + \frac{\partial v}{\partial y}\right)dxdy = 0.$$

又显然,对于任意的围线 C,上述结果均正确.于是,连续函数

u, v应满足方程：

$$\frac{\partial u}{\partial x}+\frac{\partial v}{\partial y}=0.$$

*) 参看4323题的题解.

【4340】+ 根据比奥沙伐尔(Био—Савар)定律通过线元 ds 的电流 i 在空间的点 $M(x, y, z)$处产生一磁场，其应力为

$$\mathrm{d}\vec{H}=ki\frac{(\vec{r}\times\mathrm{d}\vec{s})}{r^3},$$

其中 $\vec{r}$为连接元素 d$\vec{s}$与点 M 的向量，k 为比例系数. 对于封闭导线 C 的情形求磁场$\vec{H}$ 在点M之应力的射影 H_x, H_y, H_z.

解 由题意知：若设导线 C 上的动点为(ξ, η, ζ)，则

$$\vec{r}=(\xi-x)\vec{i}+(\eta-y)\vec{j}+(\zeta-z)\vec{k}.$$

又 $\mathrm{d}\vec{s}=\mathrm{d}\xi\,\vec{i}+\mathrm{d}\eta\,\vec{j}+\mathrm{d}\zeta\,\vec{k}$. 于是，磁场强度

$$\begin{aligned}\vec{H}&=ki\oint_C\frac{1}{r^3}\begin{vmatrix}\vec{i}&\vec{j}&\vec{k}\\ \xi-x&\eta-y&\zeta-z\\ \mathrm{d}\xi&\mathrm{d}\eta&\mathrm{d}\zeta\end{vmatrix}\\ &=ki\oint_C\frac{1}{r^3}[(\eta-y)\mathrm{d}\zeta-(\zeta-z)\mathrm{d}\eta]\vec{i}\\ &\quad+ki\oint_C\frac{1}{r^3}[(\zeta-z)\mathrm{d}\xi-(\xi-x)\mathrm{d}\zeta]\vec{k}\\ &\quad+ki\oint_C\frac{1}{r^3}[(\xi-x)\mathrm{d}\eta-(\eta-y)\mathrm{d}\xi]\vec{k},\end{aligned}$$

从而射影

$$H_x=ki\oint_C\frac{1}{r^3}[(\eta-y)\mathrm{d}\zeta-(\zeta-z)\mathrm{d}\eta],$$

$$H_y=ki\oint_C\frac{1}{r^3}[(\zeta-z)\mathrm{d}\xi-(\xi-x)\mathrm{d}\zeta],$$

$$H_z=ki\oint_C\frac{1}{r^3}[(\xi-x)\mathrm{d}\eta-(\eta-y)\mathrm{d}\xi].$$

§14. 曲 面 积 分

1° 第一型的曲面积分　若 S 为逐片光滑的双面曲面

$$x=x(u,v),\quad y=y(u,v),\quad z=z(u,v)\ ((u,v)\in Q)\qquad(1)$$

而 $f(x,y,z)$ 为在曲面 S 上的各点上有定义并且是连续的函数,则

$$\iint\limits_S f(x,y,z)\mathrm{d}S=\iint\limits_\Omega f(x(u,v),y(u,v),z(u,v))\sqrt{EG-F^2}\mathrm{d}u\mathrm{d}v,\quad(2)$$

式中

$$E=\left(\frac{\partial x}{\partial u}\right)^2+\left(\frac{\partial y}{\partial u}\right)^2+\left(\frac{\partial z}{\partial u}\right)^2,$$

$$G=\left(\frac{\partial x}{\partial v}\right)^2+\left(\frac{\partial y}{\partial v}\right)^2+\left(\frac{\partial z}{\partial v}\right)^2,$$

$$F=\frac{\partial x}{\partial u}\frac{\partial x}{\partial v}+\frac{\partial y}{\partial u}\frac{\partial y}{\partial v}+\frac{\partial z}{\partial u}\frac{\partial z}{\partial v}.$$

特别情形,若曲面的方程式的形状为

$$z=z(x,y)\quad((x,y)\in\sigma),$$

其中 $z(x,y)$ 为单值连续地可微分函数,则

$$\iint\limits_S f(x,y,z)\mathrm{d}S=\iint\limits_\sigma f[x,y,z(x,y)]\sqrt{1+\left(\frac{\partial z}{\partial x}\right)^2+\left(\frac{\partial z}{\partial y}\right)^2}\mathrm{d}x\mathrm{d}y.$$

此积分与曲面 S 的方向的选择无关.

若把函数 $f(x,y,z)$ 当作曲面 S 在点 (x,y,z) 的密度,则积分(2)是此曲面的质量.

2° 第二型的曲面积分　若 S 为平滑的双面曲面:S^+ 为它的正面,由法线的方向 $\vec{n}\{\cos\alpha,\cos\beta,\cos\gamma\}$ 所确定的一面,$P=P(x,y,z)$,$Q=Q(x,y,z)$,$R=R(x,y,z)$ 为在曲面 S 上有定义而且连续的三个函数,则

$$\iint\limits_{S^+}P\mathrm{d}y\mathrm{d}z+Q\mathrm{d}x\mathrm{d}z+R\mathrm{d}x\mathrm{d}y=\iint\limits_S(P\cos\alpha+Q\cos\beta+R\cos\gamma)\mathrm{d}S.\quad(3)$$

若曲面 S 的方程为参数式(1),则法线 $\vec{n}$ 的方向余弦由下列公式来确定:

$$\cos\alpha=\frac{A}{\pm\sqrt{A^2+B^2+C^2}},$$

$$\cos\beta=\frac{B}{\pm\sqrt{A^2+B^2+C^2}},$$

$$\cos\gamma=\frac{C}{\pm\sqrt{A^2+B^2+C^2}},$$

其中

$$A=\frac{\partial(y,z)}{\partial(u,v)},\qquad B=\frac{\partial(z,x)}{\partial(u,v)},\qquad C=\frac{\partial(x,y)}{\partial(u,v)},$$

且方根前的符号用适当的方法来选择.

当变换为曲面 S 的另一面 S^- 时,积分(3)的符号变为相反的符号.

【4341】 积分

$$I_1=\iint_S(x^2+y^2+z^2)\mathrm{d}S \quad 和 \quad I_2=\iint_P(x^2+y^2+z^2)\mathrm{d}P,$$

(式中 S 为球 $x^2+y^2+z^2=a^2$ 的表面, P 为内接于此球的八面体 $|x|+|y|+|z|=a$ 的表面)相差若干?

解 若令

$$x=a\sin\varphi\cos\theta,\quad y=a\sin\varphi\sin\theta,\quad z=a\cos\varphi,$$

则有

$$I_1=\iint_S(x^2+y^2+z^2)\mathrm{d}S=\int_0^{\pi}\mathrm{d}\varphi\int_0^{2\pi}a^2\cdot a^2\sin\varphi\mathrm{d}\theta=4\pi a^4.$$

为求 I_2, 只要注意到 $|z|=a-(|x|+|y|)$, 并利用对称性,即得

$$I_2=\iint_P(x^2+y^2+z^2)\mathrm{d}P$$

$$=8\int_0^a\mathrm{d}x\int_0^{a-x}\sqrt{3}[x^2+y^2+(a-x-y)^2]\mathrm{d}y$$

$$=16\sqrt{3}\int_0^a\mathrm{d}x\int_0^{a-x}\left[x^2+y^2+xy+\frac{a^2}{2}-a(x+y)\right]\mathrm{d}y$$

$$=16\sqrt{3}\int_0^a\left[x^2(a-x)-\frac{1}{6}(a-x)^3-ax(a-x)+\frac{a^2}{2}(a-x)\right]dx$$

$$=16\sqrt{3}\left(\frac{1}{3}-\frac{1}{4}-\frac{1}{24}-\frac{1}{2}+\frac{1}{3}+\frac{1}{2}-\frac{1}{4}\right)a^4=2\sqrt{3}a^4.$$

于是,两积分之差

$$I_1-I_2=2(2\pi-\sqrt{3})a^4.$$

【4342】 计算

$$\iint_S z\,dS,$$

式中 S 为曲面 $x^2+z^2=2az$ $(a>0)$被曲面 $z=\sqrt{x^2+y^2}$所割下的部分.

解 作变换

$$x=ar\sin\theta,\quad y=y,\quad z=a+ar\cos\theta,$$

则两曲面分别化为

$$r=1,\quad 和\quad y^2=2a^2\cos\theta(1+\cos\theta).$$

两曲面交线的参数方程为

$$x=a\sin\theta,\quad y=\pm\sqrt{2}a\sqrt{\cos\theta(1+\cos\theta)},\quad z=a+a\cos\theta$$
$$\left(-\frac{\pi}{2}\leqslant\theta\leqslant\frac{\pi}{2}\right).$$

于是,

$$\iint_S z\,dS=\int_{-\frac{\pi}{2}}^{\frac{\pi}{2}}d\theta\int_{-\sqrt{2}a\sqrt{\cos\theta(1+\cos\theta)}}^{\sqrt{2}a\sqrt{\cos(1+\cos\theta)}}(a+a\cos\theta)a\,dy$$

$$=\int_{-\frac{\pi}{2}}^{\frac{\pi}{2}}2\sqrt{2}a^3\sqrt{\cos\theta}\sqrt{(1+\cos\theta)^3}d\theta$$

$$=-4\sqrt{2}a^3\int_0^{\frac{\pi}{2}}\frac{\sqrt{\cos\theta}\sqrt{(1+\cos\theta)^3}}{\sin\theta}d(\cos\theta)$$

$$=-4\sqrt{2}a^3\int_0^{\frac{\pi}{2}}\frac{\sqrt{\cos\theta}(1+\cos\theta)}{\sqrt{(1-\cos\theta)}}d(\cos\theta)$$

$$=4\sqrt{2}a^3\int_0^1[t^{\frac{1}{2}}(1-t)^{\frac{1}{2}}+t^{\frac{3}{2}}(1-t)^{-\frac{1}{2}}]\mathrm{d}t$$

$$=4\sqrt{2}a^3\left[B\left(\frac{3}{2},\frac{1}{2}\right)+B\left(\frac{5}{2},\frac{1}{2}\right)\right]=\frac{7}{2}\sqrt{2}\pi a^3.$$

计算下列第一型曲面积分：

【4343】 $\iint\limits_S(x+y+z)\mathrm{d}S$，式中 S 为曲面 $x^2+y^2+z^2=a^2$，$z\geqslant 0$.

解 由于

$$\sqrt{1+\left(\frac{\partial z}{\partial x}\right)^2+\left(\frac{\partial z}{\partial y}\right)^2}=\sqrt{1+\frac{x^2}{z^2}+\frac{y^2}{z^2}}=\frac{a}{\sqrt{a^2-x^2-y^2}},$$

故有

$$\iint\limits_S(x+y+z)\mathrm{d}S$$

$$=\int_{-a}^{a}\mathrm{d}x\int_{-\sqrt{a^2-x^2}}^{\sqrt{a^2-x^2}}\frac{a}{\sqrt{a^2-x^2-y^2}}(x+y+\sqrt{a^2-x^2-y^2})\mathrm{d}y$$

$$=\int_{-a}^{a}(\pi ax+2a\sqrt{a^2-x^2})\mathrm{d}x=4a\int_0^a\sqrt{a^2-x^2}\mathrm{d}x=4a\frac{\pi a^2}{4}=\pi a^3.$$

【4344】 $\iint\limits_S(x^2+y^2)\mathrm{d}S$，式中 S 为体积 $\sqrt{x^2+y^2}\leqslant z\leqslant 1$ 的边界.

解 面积 S 由两部分组成. 一部分为 S_1: $z=\sqrt{x^2+y^2}$，它在 Oxy 平面上的射影为 $x^2+y^2=1$；另一部分为 S_2: $z=1$，它在 Oxy 平面上的射影也是 $x^2+y^2=1$. 对于这两部分分别有

$$\sqrt{1+\left(\frac{\partial z}{\partial x}\right)^2+\left(\frac{\partial z}{\partial y}\right)^2}=\sqrt{2},\qquad\sqrt{1+\left(\frac{\partial z}{\partial x}\right)^2+\left(\frac{\partial z}{\partial y}\right)^2}=1.$$

若利用极坐标，则有

$$\iint_S (x^2+y^2)\mathrm{d}S = \iint_{S_1} (x^2+y^2)\mathrm{d}S + \iint_{S_2} (x^2+y^2)\mathrm{d}S$$

$$=\sqrt{2}\int_0^{2\pi}\mathrm{d}\varphi\int_0^1 r^3\mathrm{d}r + \int_0^{2\pi}\mathrm{d}\varphi\int_0^1 r^3\mathrm{d}r = \frac{\pi}{2}(1+\sqrt{2}).$$

【4345】 $\iint_S \frac{\mathrm{d}S}{(1+x+y)^2}$,式中 S 为四面体 $x+y+z\leqslant 1$, $x\geqslant 0, y\geqslant 0, z\geqslant 0$ 的边界.

解 曲面 S 由四部分组成,分别为 $S_1: x+y+z=1$, $x>0, y>0, z>0$; $S_2: x=0$, $S_3: y=0$, $S_4: z=0$. 于是,我们有

$$\iint_S \frac{\mathrm{d}S}{(1+x+y)^2} = \sqrt{3}\int_0^1\mathrm{d}x\int_0^{1-x}\frac{\mathrm{d}y}{(1+x+y)^2} + \int_0^1\mathrm{d}y\int_0^{1-x}\frac{\mathrm{d}z}{(1+y)^2}$$

$$+\int_0^1\mathrm{d}x\int_0^{1-x}\frac{\mathrm{d}z}{(1+x^2)} + \int_0^1\mathrm{d}x\int_0^{1-x}\frac{\mathrm{d}y}{(1+x+y)^2}$$

$$=(\sqrt{3}+1)\int_0^1\mathrm{d}x\int_0^{1-x}\frac{\mathrm{d}y}{(1+x+y)^2} + 2\int_0^1\mathrm{d}x\int_0^{1-x}\frac{\mathrm{d}z}{(1+x)^2}$$

$$=(\sqrt{3}+1)(\ln 2-\frac{1}{2}) + 2(1-\ln 2) = \frac{3-\sqrt{3}}{2} + (\sqrt{3}-1)\ln 2.$$

【4346】 $\iint_S |xyz|\mathrm{d}S$,式中 S 为曲面 $z=x^2+y^2$ 被平面 $z=1$所割下的部分.

解 由于

$$\sqrt{1+\left(\frac{\partial z}{\partial x}\right)^2+\left(\frac{\partial z}{\partial y}\right)^2} = \sqrt{1+4(x^2+y^2)},$$

若利用极坐标,并注意到对称性,即得

$$\iint_S |xyz|\mathrm{d}S = 4\int_0^{\frac{\pi}{2}}\mathrm{d}\varphi\int_0^1 r^4\cos\varphi\sin\varphi\,\sqrt{1+4r^2}\,r\mathrm{d}r$$

$$=2\int_0^1 r^5\sqrt{1+4r^2}\mathrm{d}r = \int_0^1 t^2\sqrt{1+4t}\,\mathrm{d}t^{*)}$$

$$= \int_1^{\sqrt{5}} \frac{1}{32}(y^2-1)^2 y^2 \mathrm{d}y^{**)} = \frac{1}{32}\left(\frac{y^7}{7} - \frac{2y^5}{5} + \frac{y^3}{3}\right)\Big|_1^{\sqrt{5}} = \frac{125\sqrt{5}-1}{420}.$$

*） 作代换 $r^2 = t$,

**） 作代换 $\sqrt{1+4t} = y$.

【4347】 $\iint\limits_S \frac{\mathrm{d}S}{\rho}$，式中 S 为椭球表面，ρ 为椭球中心到与椭球表面的元素 $\mathrm{d}S$ 相切的平面之间的距离.

解 设椭球面方程为

$$\frac{x^2}{a^2} + \frac{y^2}{b^2} + \frac{z^2}{c^2} = 1,$$

则曲面上任一点(x, y, z)的法矢量为$\left\{\frac{x}{a^2}, \frac{y}{b^2}, \frac{z}{c^2}\right\}$. 从而，由题设知：$\rho = \sqrt{x^2+y^2+z^2}\cos(\vec{n}, \vec{r})$，其中 $\vec{n}$，$\vec{r}$分别表示点(x, y, z)处的法矢量和矢径，即

$$\rho = \frac{1}{\sqrt{\frac{x^2}{a^4} + \frac{y^2}{b^4} + \frac{z^2}{c^4}}},$$

而法线与 Oz 轴夹角的余弦为

$$\frac{\frac{z}{c^2}}{\sqrt{\frac{x^2}{a^4} + \frac{y^2}{b^4} + \frac{z^2}{c^4}}}.$$

于是，

$$\iint\limits_S \frac{\mathrm{d}S}{\rho} = \iint\limits_{\frac{x^2}{a^2}+\frac{y^2}{b^2}\leqslant 1} \frac{c^2\left(\frac{x^2}{a^4} + \frac{y^2}{b^4} + \frac{z^2}{c^4}\right)}{|z|} \mathrm{d}x\mathrm{d}y$$

$$=2\iint\limits_{\frac{x^2}{a^2}+\frac{y^2}{b^2}\leqslant 1}\frac{c\left[\left(\frac{x^2}{a^4}+\frac{y^2}{b^4}\right)+\frac{1}{c^2}\left(1-\frac{x^2}{a^2}-\frac{y^2}{b^2}\right)\right]}{\sqrt{1-\left(\frac{x^2}{a^2}+\frac{y^2}{b^2}\right)}}dxdy$$

$$=2\int_0^1 dr\int_0^{2\pi}\frac{c}{\sqrt{1-r^2}}\left(\frac{r^2\cos^2\theta}{a^2}+\frac{r^2\sin^2\theta}{b^2}+\frac{1}{c^2}-\frac{r^2}{c^2}\right)abr\,d\theta^{*)}$$

$$=2\pi abc\int_0^1\left[\frac{1}{\sqrt{1-r^2}}\left(\frac{1}{a^2}+\frac{1}{b^2}\right)-\sqrt{1-r^2}\left(\frac{1}{a^2}+\frac{1}{b^2}\right)\right.$$

$$\left.+2\frac{\sqrt{1-r^2}}{c^2}\right]r\,dr^{**)}$$

$$=-\pi abc\left[2\sqrt{1-r^2}\left(\frac{1}{a^2}+\frac{1}{b^2}\right)-\frac{2}{3}(1-r^2)^{\frac{3}{2}}\left(\frac{1}{a^2}+\frac{1}{b^2}\right)\right.$$

$$\left.+\frac{4}{3c^2}(1-r^2)^{\frac{3}{2}}\right]\Bigg|_0^1=\frac{4\pi}{3}abc\left(\frac{1}{a^2}+\frac{1}{b^2}+\frac{1}{c^2}\right).$$

*) 作广义极坐标变换：$x=ar\cos\theta,\ y=br\sin\theta$.

**) 利用关系式：$\frac{r^2}{\sqrt{1-r^2}}=\frac{1}{\sqrt{1-r^2}}-\sqrt{1-r^2}$.

【4348】 $\iint\limits_S z\,dS$，式中 S 为螺旋面 $x=u\cos v,\ y=u\sin v,\ z=v\ (0<u<a;0<v<2\pi)$的一部分.

解 由于

$$E=\left(\frac{\partial x}{\partial u}\right)^2+\left(\frac{\partial y}{\partial u}\right)^2+\left(\frac{\partial z}{\partial u}\right)^2=\cos^2 v+\sin^2 v=1,$$

$$G=\left(\frac{\partial x}{\partial v}\right)^2+\left(\frac{\partial y}{\partial v}\right)^2+\left(\frac{\partial z}{\partial v}\right)^2=u^2\sin^2 v+u^2\cos^2 v+1=1+u^2,$$

$$F=\frac{\partial x}{\partial u}\cdot\frac{\partial x}{\partial v}+\frac{\partial y}{\partial u}\cdot\frac{\partial y}{\partial v}+\frac{\partial z}{\partial u}\cdot\frac{\partial z}{\partial v}=-u\sin v\cos v+u\cos v\sin v=0,$$

故得 $\sqrt{EG-F^2}=\sqrt{1+u^2}$. 于是,

$$\iint\limits_S z\mathrm{d}S=\int_0^a \mathrm{d}u\int_0^{2\pi} v\sqrt{1+u^2}\mathrm{d}v=2\pi^2\int_0^a\sqrt{1+u^2}\mathrm{d}u$$

$$=2\pi^2\left[\frac{u}{2}\sqrt{1+u^2}+\frac{1}{2}\ln(u+\sqrt{1+u^2})\right]\Big|_0^a$$

$$=\pi^2[a\sqrt{1+a^2}+\ln(a+\sqrt{1+a^2})]$$

【4349】 $\iint\limits_S z^2\mathrm{d}S$, 式中 S 为圆锥表面的一部分 $x=r\cos\varphi\sin\alpha,\ y=r\sin\varphi\sin\alpha,\ z=r\cos\alpha$ $(0\leqslant r\leqslant a;0\leqslant\varphi\leqslant 2\pi)$和 α 为常数 $(0<\alpha<\frac{\pi}{2})$.

解 由于

$E=\cos^2\varphi\sin^2\alpha+\sin^2\varphi\sin^2\alpha+\cos^2\alpha=1,$

$G=r^2\cos^2\varphi\sin^2\alpha+r^2\sin^2\varphi\sin^2\alpha=r^2\sin^2\alpha,$

$F=(\cos\varphi\sin\alpha)(-r\sin\varphi\sin\alpha)+\sin\varphi\sin\alpha(r\cos\varphi\sin\alpha)=0,$

故得 $\sqrt{EG-F^2}=r\sin\alpha$. 于是,

$$\iint\limits_S z^2\mathrm{d}S=\int_0^{2\pi}\mathrm{d}\varphi\int_0^a r^2\cos\alpha\cdot r\sin\alpha\mathrm{d}r=\frac{\pi a^4}{2}\sin\alpha\cos^2\alpha.$$

【4350】 $\iint\limits_S(xy+yz+zx)\mathrm{d}S$, 式中 S 为圆锥曲面 $z=\sqrt{x^2+y^2}$ 被曲面 $x^2+y^2=2ax$ 所割下的部分.

解 由于

$$\sqrt{1+\left(\frac{\partial z}{\partial x}\right)^2+\left(\frac{\partial z}{\partial y}\right)^2}=\sqrt{1+\frac{x^2}{x^2+y^2}+\frac{y^2}{x^2+y^2}}=\sqrt{2}.$$

又曲面 S 在平面 Oxy 上的射影域为 $x^2+y^2\leqslant 2ax$. 于是, 利用极坐标, 即得

$$\iint\limits_S(xy+yz+zx)\mathrm{d}S$$

$$=\sqrt{2}\int_{-\frac{\pi}{2}}^{\frac{\pi}{2}}\mathrm{d}\varphi\int_0^{2a\cos\varphi}[r^2\cos\varphi\sin\varphi+r^2(\cos\varphi+\sin\varphi)]r\mathrm{d}r$$

$$=\sqrt{2}\int_{-\frac{\pi}{2}}^{\frac{\pi}{2}}\frac{1}{4}(2a\cos\varphi)^4\cos\varphi\mathrm{d}\varphi=8\sqrt{2}a^4\int_0^{\frac{\pi}{2}}\cos^5\varphi\mathrm{d}\varphi=\frac{64}{15}\sqrt{2}a^4.$$

【4351】 证明普阿桑公式

$$\iint_S f(ax+by+cz)\mathrm{d}S=2\pi\int_{-1}^{1}f(u\sqrt{a^2+b^2+c^2})\mathrm{d}u,$$

式中 S 是球 $x^2+y^2+z=1$ 的表面.

证 取新坐标系 $Ouvw$,其中原点不变,平面 $ax+by+cz=0$ 即为 Ovw 面,u 轴垂直于该面,则有

$$u=\frac{ax+by+cz}{\sqrt{a^2+b^2+c^2}}.$$

在新坐标系下,公式左端的积分可写为

$$\iint_S f(u\sqrt{a^2+b^2+c^2})\mathrm{d}S.$$

显然,球面 S 的方程为

$$u^2+v^2+w^2=1\quad\text{或}\quad v^2+w^2=(\sqrt{1-u^2})^2.$$

若表示成参数式,则为

$$u=u,\quad v=\sqrt{1-u^2}\cos w,\quad w=\sqrt{1-u^2}\sin w,$$

其中 $-1\leqslant u\leqslant 1, 0\leqslant w\leqslant 2\pi$. 从而,

$$\mathrm{d}S=\sqrt{EG-F^2}\mathrm{d}u\mathrm{d}w=\sqrt{\frac{1}{1-u^2}(1-u)^2-0}\mathrm{d}u\mathrm{d}w=\mathrm{d}u\mathrm{d}w.$$

于是,最后得

$$\iint_S f(ax+by+cz)\mathrm{d}S=\iint_S f(u\sqrt{a^2+b^2+c^2})\mathrm{d}S$$

$$=\int_0^{2\pi}\mathrm{d}w\int_{-1}^{1}f(u\sqrt{a^2+b^2+c^2})\mathrm{d}u$$

$$=2\pi\int_{-1}^{1} f(u\sqrt{a^2+b^2+c^2})\mathrm{d}u.$$

【4352】 求抛物面壳

$$z=\frac{1}{2}(x^2+y^2)\quad(0\leqslant z\leqslant 1)$$

的质量,此壳的密度按规律 $\rho=z$ 而变更.

解 质量为

$$M=\iint_S \rho\mathrm{d}S=\iint_{x^2+y^2\leqslant 2} z\sqrt{1+x^2+y^2}\mathrm{d}x\mathrm{d}y$$

$$=\frac{1}{2}\iint_{x^2+y^2\leqslant 2}(x^2+y^2)\sqrt{1+x^2+y^2}\mathrm{d}x\mathrm{d}y$$

$$=\frac{1}{2}\int_0^{2\pi}\mathrm{d}\varphi\int_0^{\sqrt{2}} r^3\sqrt{1+r^2}\mathrm{d}r=\pi\int_0^{\sqrt{2}} r^3\sqrt{1+r^2}\mathrm{d}r$$

$$=\frac{\pi}{2}\int_0^{\sqrt{2}} r^2\sqrt{1+r^2}\mathrm{d}(r^2)$$

$$=\frac{\pi}{2}\left[\frac{2}{5}(1+r^2)^{\frac{5}{2}}\Big|_0^{\sqrt{2}}-\frac{2}{3}(1+r^2)^{\frac{3}{2}}\Big|_0^{\sqrt{2}}\right]=\frac{2\pi(1+6\sqrt{3})}{15}.$$

【4353】 求密度为 ρ_0 的均匀球壳

$$x^2+y^2+z^2=a^2\quad(z\geqslant 0)$$

对于 Oz 轴的转动惯量

解 转动惯量为

$$I_z=\iint_S (x^2+y^2)\rho_0\mathrm{d}S=\rho_0\iint_{x^2+y^2\leqslant a^2}(x^2+y^2)\frac{a}{\sqrt{a^2-x^2-y^2}}\mathrm{d}x\mathrm{d}y$$

$$=a\rho_0\int_0^{2\pi}\mathrm{d}\varphi\int_0^a\frac{r^3}{\sqrt{a^2-r^2}}\mathrm{d}r=2\pi a^4\rho_0\int_0^{\frac{\pi}{2}}\sin^3\theta\mathrm{d}\theta=\frac{4}{3}\pi a^4\rho_0.$$

【4354】 求密度为 ρ_0 的均匀锥面壳

$$\frac{x^2}{a^2}+\frac{y^2}{a^2}-\frac{z^2}{b^2}=0\quad(0\leqslant z\leqslant b)$$

对于直线 $\frac{x}{1}=\frac{y}{0}=\frac{z-b}{0}$ 的转动惯量.

解 设(x,y,z)为均匀锥面壳上任一点,它到直线

$$\frac{x}{1}=\frac{y}{0}=\frac{z-b}{0}$$

的距离为

$$|d|=\frac{\sqrt{\begin{vmatrix} y-0 & z-b \\ 0 & 0 \end{vmatrix}^2+\begin{vmatrix} z-b & x-0 \\ 0 & 1 \end{vmatrix}^2+\begin{vmatrix} x-0 & y-0 \\ 1 & 0 \end{vmatrix}^2}}{\sqrt{1^2+0^2+0^2}}$$

$$=\sqrt{\left(\frac{b}{a}\sqrt{x^2+y^2}-b\right)^2+y^2}.$$

又因

$$\sqrt{1+\left(\frac{\partial z}{\partial x}\right)^2+\left(\frac{\partial z}{\partial y}\right)^2}=\frac{\sqrt{a^2+b^2}}{a}.$$

于是,所求的转动惯量为

$$I=\iint\limits_{x^2+y^2\leqslant a^2}\left[\left(\frac{b}{a}\sqrt{x^2+y^2}-b\right)^2+y^2\right]\rho_0\frac{\sqrt{a^2+b^2}}{a}\mathrm{d}x\mathrm{d}y$$

$$=\frac{\sqrt{a^2+b^2}\rho_0}{a}\int_0^{2\pi}\mathrm{d}\varphi\int_0^a\left[\left(\frac{b}{a}r-b\right)^2+r^2\sin^2\varphi\right]r\,\mathrm{d}r$$

$$=\frac{\sqrt{a^2+b^2}\rho_0}{a}\left[2\pi a^2b^2\left(\frac{1}{4}-\frac{2}{3}+\frac{1}{2}\right)+\frac{\pi a^4}{4}\right]$$

$$=\frac{\pi a\rho_0(3a^2+2b^2)\sqrt{a^2+b^2}}{12}.$$

【4355】 求均匀的曲面

$$z=\sqrt{x^2+y^2}$$

被曲面 $x^2+y^2=ax$ 所割下部分的重心的坐标.

解 质量为

$$M=\iint_S \rho_0 \mathrm{d}S=\sqrt{2}\rho_0 \iint_{x^2+y^2\leqslant ax} \mathrm{d}x\mathrm{d}y=\sqrt{2}\rho_0\left(\frac{a}{2}\right)^2\pi=\frac{\sqrt{2}\pi a^2\rho_0}{4}.$$

从而,重心的坐标为

$$x_0=\frac{1}{M}\cdot\sqrt{2}\rho_0\iint_{x^2+y^2\leqslant ax} x\mathrm{d}x\mathrm{d}y=\frac{4}{\pi a^2}\int_0^a x\mathrm{d}x\int_{-\sqrt{ax-x^2}}^{\sqrt{ax-x^2}}\mathrm{d}y$$

$$=\frac{8}{\pi a^2}\int_0^a x\sqrt{ax-x^2}\mathrm{d}x=\frac{8}{\pi a^2}\int_{-\frac{a}{2}}^{\frac{a}{2}}\left(\frac{a}{2}+t\right)\sqrt{\left(\frac{a}{2}\right)^2-t^2}\mathrm{d}t\ ^{*)}$$

$$=\frac{8}{\pi a^2}\int_0^{\frac{a}{2}}\sqrt{\left(\frac{a}{2}\right)^2-t^2}\,\mathrm{d}t=\frac{a}{2},$$

$$y_0=\frac{1}{M}\cdot\sqrt{2}\rho_0\int_0^a\mathrm{d}x\int_{-\sqrt{ax-x^2}}^{\sqrt{ax-x^2}}y\mathrm{d}y=0,$$

$$z_0=\frac{1}{M}\cdot\sqrt{2}\rho_0\iint_{x^2+y^2\leqslant ax} z\mathrm{d}x\mathrm{d}y$$

$$=\frac{4}{\pi a^2}\int_{-\frac{\pi}{2}}^{\frac{\pi}{2}}\mathrm{d}\varphi\int_0^{a\cos\varphi}r^2\mathrm{d}r=\frac{8a}{3\pi}\int_0^{\frac{\pi}{2}}\cos^3\varphi\mathrm{d}\varphi=\frac{16a}{9\pi},$$

即重心的坐标为$\left(\frac{a}{2},0,\frac{16a}{9\pi}\right)$.

*) 作变换 $t=x-\frac{a}{2}$.

【4356】 求均匀曲面

$$z=\sqrt{a^2-x^2-y^2}\quad(x\geqslant 0;\ y\geqslant 0;\ x+y\leqslant a)$$

的重心的坐标.

解 因为

$$\frac{\partial z}{\partial x}=\frac{-x}{\sqrt{a^2-x^2-y^2}},\quad \frac{\partial z}{\partial y}=\frac{-y}{\sqrt{a^2-x^2-y^2}},$$

所以,

$$dS=\sqrt{1+\left(\frac{\partial z}{\partial x}\right)^2+\left(\frac{\partial z}{\partial y}\right)^2}\,dx\,dy=\frac{a}{\sqrt{a^2-x^2-y^2}}dx\,dy.$$

由对称性知,重心的横坐标与纵坐标相等,即

$$x_0=y_0=\frac{\iint\limits_S x\,dS}{\iint\limits_S dS}=\frac{\int_0^a\int_0^{a-y}\frac{ax}{\sqrt{a^2-x^2-y^2}}dx\,dy}{\int_0^a\int_0^{a-x}\frac{a}{\sqrt{a^2-x^2-y^2}}dy\,dx}.$$

于是,

$$\int_0^a\int_0^{a-y}\frac{ax}{\sqrt{a^2-x^2-y^2}}dx\,dy$$

$$=a\int_0^a\left(-\sqrt{a^2-x^2-y^2}\right)\Big|_{x=0}^{x=a-y}dy$$

$$=a\left[\int_0^a\sqrt{a^2-y^2}dy-\int_0^a\sqrt{2ay-2y^2}dy\right]$$

$$=a\left(\frac{\pi a^2}{4}-\sqrt{2}\cdot\frac{\pi\left(\frac{a}{2}\right)^2}{2}\right)^{*)}=\frac{\pi a^3}{4}\left(1-\frac{1}{\sqrt{2}}\right),$$

$$\int_0^a\int_0^{a-\pi}\frac{a}{\sqrt{a^2-x^2-y^2}}dy\,dx$$

$$=a\int_0^a\arcsin\sqrt{\frac{a-x}{a+x}}dx=-4a^2\int_1^0\frac{u}{(1+u^2)}\arcsin u\,du$$

$$=2a^2\left(\frac{\arcsin u}{1+u^2}\Big|_1^0-\int_1^0\frac{du}{(1+u^2)\sqrt{1-u^2}}\right)$$

$$=2a^2\left[-\frac{\pi}{4}+\frac{1}{\sqrt{2}}\arctan\frac{u\sqrt{2}}{\sqrt{1-u^2}}\Big|_0^1\right]^{**)}=\pi a^2\left(\frac{1}{\sqrt{2}}-\frac{1}{2}\right),$$

故有

$$x_0=y_0=\frac{\frac{\pi a^3}{4}\left(1-\frac{1}{\sqrt{2}}\right)}{\pi a^2\left(\frac{1}{\sqrt{2}}-\frac{1}{2}\right)}=\frac{a}{2\sqrt{2}}.$$

又由于

$$\iint_S z\mathrm{d}S = \int_0^a \int_0^{a-x} \sqrt{a^2-x^2-y^2}\cdot\frac{a}{\sqrt{a^2-x^2-y^2}}\mathrm{d}y\mathrm{d}x$$

$$= a\int_0^a (a-x)\mathrm{d}x = \frac{a^3}{2},$$

故有

$$z_0 = \frac{\iint\limits_S z\mathrm{d}S}{\iint\limits_S \mathrm{d}S} = \frac{\frac{a^3}{2}}{\pi a^2\left(\frac{1}{\sqrt{2}}-\frac{1}{2}\right)} = \frac{a}{\pi}(\sqrt{2}+1),$$

即重心的坐标为$\left(\frac{a}{2\sqrt{2}},\frac{a}{2\sqrt{2}},\frac{a}{\pi}(\sqrt{2}+1)\right)$.

*) 由定积分的几何意义知:

$$\int_0^a \sqrt{y(a-y)}\,\mathrm{d}y = \int_0^a \sqrt{\left(\frac{a}{2}\right)^2-\left(y-\frac{a}{2}\right)^2}\,\mathrm{d}y = \frac{\pi a^2}{8}.$$

* *) 利用 1957 题的结果.

【4357】 密度为 ρ_0 的均匀截圆锥面

$x = r\cos\varphi,\quad y = r\sin\varphi,\quad z = r\ (0\leqslant\varphi\leqslant 2\pi)\ (0<b\leqslant r\leqslant a)$,

以怎样的力吸引质量为 m 位于该曲面顶点的质点?

解 显然曲面顶点为原点 $O(0,0,0)$. 对应于半径 r 处取斜高为 $\mathrm{d}s$ 的锥面带,其面积为

$$\mathrm{d}S = 2\pi r\mathrm{d}s = 2\sqrt{2}\pi r\mathrm{d}r.$$

它与顶点 O 处质量为 m 的质点的引力在 Ox 轴和 Oy 轴上的射影显见为零,而在 Oz 轴上的射影为

$$\mathrm{d}Z = \frac{km\cdot 2\sqrt{2}\pi r\mathrm{d}r\rho_0}{r^2+z^2}\,\frac{z}{\sqrt{r^2+z^2}} = \frac{k\pi m\rho_0\mathrm{d}r}{r}.$$

于是,截圆锥面吸引质量为 m 的质点(在顶点处)的引力在

坐标轴上的射影为

$$X=0,\quad y=0,\quad Z=\int_b^a \frac{k\pi m\rho_0 \mathrm{d}r}{r}=k\pi m\rho_0 \ln\frac{a}{b}.$$

【4358】 求在点 $M_0(x_0, y_0, z_0)$的密度为 ρ_0 的均匀球壳 $x^2+y^2+z^2=a^2$ 的位,即:计算积分

$$u=\iint_S \frac{\rho_0 \mathrm{d}S}{r},$$

式中

$$r=\sqrt{(x-x_0)^2+(y-y_0)^2+(z-z_0)^2}.$$

解 记 $r_0=\sqrt{x_0^2+y_0^2+z_0^2}$. 由对称性,在点 $M_0(x_0, y_0, z_0)$ 的位,等于在点 $N_0(0,0,r_0)$的位.由余弦定理知,球面上任一点 (x, y, z)到点 N_0 的距离为

$$r=\sqrt{a^2+r_0^2-2r_0 a\cos\psi}\quad(0\leqslant\psi\leqslant\pi),$$

而球面带 $\mathrm{d}S=2\pi a^2\sin\psi\mathrm{d}\psi$. 于是,所求的位为

$$u=\iint_S \frac{\rho_0 \mathrm{d}S}{r}=2\pi a^2\rho_0\int_0^{\pi}\frac{\sin\psi\mathrm{d}\psi}{\sqrt{a^2+r_0^2-2r_0 a\cos\psi}}.$$

令 $u^2=a^2+r_0^2-2r_0 a\cos\psi$, 则 $2u\mathrm{d}u=2r_0 a\sin\psi\mathrm{d}\psi$, 即

$$\sin\psi\mathrm{d}\psi=\frac{u}{r_0 a}\mathrm{d}u.$$

从而,所求的位为

$$u=\frac{2\pi a\rho_0}{r_0}\int_{|a-r_0|}^{a+r_0}\mathrm{d}u=\begin{cases}4\pi a\rho_0, & \text{当 } r_0<a,\\ \dfrac{4\pi a^2\rho_0}{r_0} & \text{当 } r_0>a,\\ 4\pi a\rho_0, & \text{当 } r_0=a.\end{cases}$$

也即

$$u = 4\pi\rho_0 \min\left(a, \frac{a^2}{r_0}\right).$$

上述结果表明:若 M_0 点在球壳内,则位是个常量;若 M_0 在球壳外,则在该点球壳的位等于将球壳质量集中于球心的位;当 M_0 点从球壳内通过球面时具有连续性,从而当 M_0 点在球面上时,位也是个常量,且等于球内任一点的位.

【4359】 计算

$$F(t) = \iint\limits_{x+y+z=t} f(x,y,z)\,\mathrm{d}S,$$

式中

$$f(x,y,z) = \begin{cases} 1-x^2-y^2-z^2, & 若\ x^2+y^2+z^2 \leqslant 1; \\ 0, & 若\ x^2+y^2+z^2 > 1. \end{cases}$$

作出函数 $u = F(t)$的图形.

解 显然,平面 $x+y+z=\pm\sqrt{3}$是球面 $x^2+y^2+z^2=1$ 的两个切平面,于是,

$$f(x,y,z) = \begin{cases} 1-x^2-y^2-z^2, 若 |t| \leqslant \sqrt{3}, \\ 0, \qquad 若 |t| > \sqrt{3}. \end{cases}$$

由方程组 $\begin{cases} x+y+z=t, \\ x^2+y^2+z^2=1 \end{cases}$ 得椭圆方程

$$x^2+y^2+[t-(x+y)]^2=1,$$

或
$$x^2+y^2+xy-t(x+y) = \frac{1-t^2}{2}, \tag{1}$$

记该椭圆围成的区域为 Ω,则

$$F(t) = \iint\limits_{\Omega} \{1-x^2-y^2-[t-(x+y)]^2\}\sqrt{3}\,\mathrm{d}x\mathrm{d}y$$

$$= \sqrt{3}\iint\limits_{\Omega} [1-t^2-2(x^2+y^2)-2xy+2t(x+y)]\,\mathrm{d}x\mathrm{d}y.$$

作平移变换

$$x=x'+\frac{t}{3},\qquad y=y'+\frac{t}{3},$$

则方程(1)变为

$$x'^2+y'^2+x'y'=\frac{1}{2}\left(1-\frac{t^2}{3}\right),\tag{2}$$

记相应的区域为 Ω',而函数为

$$f=1-\frac{t^2}{3}-2(x'^2+y'^2)-2x'y'.$$

于是,

$$F(t)=\sqrt{3}\iint\limits_{\Omega'}\left[1-\frac{t^2}{3}-2(x'^2+y'^2)-2x'y'\right]\mathrm{d}x'\mathrm{d}y'$$

再作旋转变换

$$x'=\frac{x''-y''}{\sqrt{2}},\qquad y'=\frac{x''+y''}{2},$$

则方程(2)变为椭圆的标准方程

$$\frac{x''^2}{\left(\frac{1}{\sqrt{3}}\sqrt{1-\frac{t^2}{3}}\right)^2}+\frac{y''^2}{\left(\sqrt{1-\frac{t^2}{3}}\right)^2}=1.\tag{3}$$

记相应的区域为 Ω'',而函数为 $f=1-\frac{t^2}{3}-(3x''^2+y''^2)$. 于是,

$$F(t)=\sqrt{3}\iint\limits_{\Omega''}\left[1-\frac{t^2}{3}-(3x''^2+y''^2)\right]\mathrm{d}x''\mathrm{d}y''.$$

最后,作广义的极坐标变换,即

$$x''=\frac{1}{\sqrt{3}}\sqrt{1-\frac{t^2}{3}}\,r\cos\varphi,\qquad y''=\sqrt{1-\frac{t^2}{3}}\,r\sin\varphi,$$

则有

$$F(t)=\left(1-\frac{t^2}{3}\right)\int_0^{2\pi}\int_0^1\left(1-\frac{t^2}{3}\right)(r-r^3)\mathrm{d}r\mathrm{d}\varphi$$

$$=\left(1-\frac{t^2}{3}\right)^2\int_0^{2\pi}\frac{1}{4}\mathrm{d}\varphi=\frac{\pi}{18}(3-t^2)^2,$$

其中$|t|\leqslant\sqrt{3}$，而当$|t|>\sqrt{3}$，则有

$$F(t)=0.$$

考虑函数 $u=F(t)\ (-\infty<t<+\infty)$. 我们有

$$\frac{\mathrm{d}u}{\mathrm{d}t}=-\frac{2\pi}{9}(3-t^2)t\quad(|t|<\sqrt{3}).$$

当 $t=\sqrt{3}$时，u 的左导数 $=-\frac{2\pi}{9}(3-t^2)\Big|_{t=\sqrt{3}}=0$，$u$ 的右导数显然为零(因为 $t\geqslant\sqrt{3}$时，$u\equiv0$)，故 $t=\sqrt{3}$时 u 的导数存在且等于零. 同理可证，$t=-\sqrt{3}$时，u 的导数也存在且等于零. 于是，曲线 $u=F(t)$在 $t=0$ 处以及$|t|\geqslant\sqrt{3}$的各 t 处切线都平行于 Ot 轴. 又 $t=0$ 处达极大值 $u=\frac{\pi}{2}$，且为最大值. 由于

$$\frac{\mathrm{d}^2u}{\mathrm{d}t^2}=-\frac{2\pi}{3}(1-t^2),$$

所以当 $t=\pm1$ 时为拐点. 显然，图形关于 Ou 轴是对称的. 函数 $u=F(t)$的图形，如图 8.69 所示.

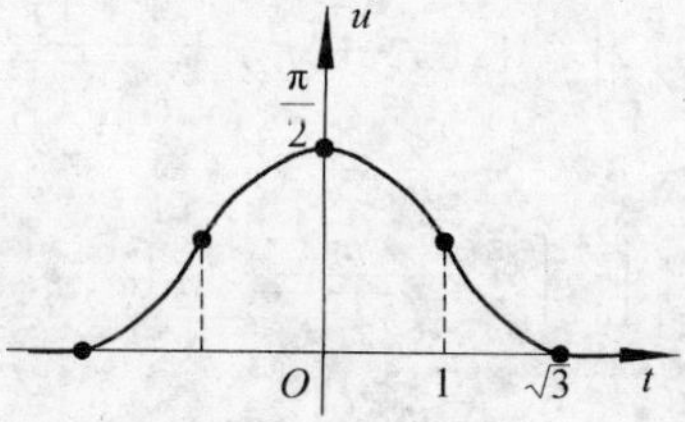

图 8.69

【4360】 计算积分

$$F(t)=\iint\limits_{x^2+y^2+z^2=t^2}f(x,y,z)\mathrm{d}S,$$

式中

$$f(x,y,z)=\begin{cases}x^2+y^2, & 若\ z\geqslant\sqrt{x^2+y^2};\\ 0, & 若\ z<\sqrt{x^2+y^2}\end{cases}$$

解 由球面方程 $x^2+y^2+z^2=t^2$ 知

$$\frac{\partial z}{\partial x}=\frac{-x}{\sqrt{t^2-x^2-y^2}},\qquad \frac{\partial z}{\partial y}=\frac{-y}{\sqrt{t^2-x^2-y^2}},$$

$$\sqrt{1+\left(\frac{\partial z}{\partial x}\right)^2+\left(\frac{\partial z}{\partial y}\right)^2}=\frac{|t|}{\sqrt{t^2-(x^2+y^2)}},$$

而由

$$\begin{cases}x^2+y^2+z^2=t^2,\\ z^2=x^2+y^2\end{cases}$$

可得

$$x^2+y^2=\frac{t^2}{2}=\left(\frac{t}{\sqrt{2}}\right)^2.$$

于是,积分

$$\begin{aligned}F(t)&=\iint\limits_{x^2+y^2+z^2=t^2}f(x,y,z)\mathrm{d}S\\&=\iint\limits_{x^2+y^2\leqslant\left(\frac{t}{\sqrt{2}}\right)^2}(x^2+y^2)\frac{|t|}{\sqrt{t^2-(x^2+y^2)}}\mathrm{d}x\mathrm{d}y\\&=|t|\int_0^{2\pi}\int_0^{\frac{|t|}{\sqrt{2}}}\frac{r^3}{\sqrt{t^2-r^2}}\mathrm{d}r\mathrm{d}\varphi.\end{aligned}$$

因为

$$\begin{aligned}\int\frac{r^3}{\sqrt{t^2-r^2}}\mathrm{d}r&=\frac{1}{2}\int\frac{t^2-r^2-t^2}{\sqrt{t^2-r^2}}\mathrm{d}(t^2-r^2)\\&=\frac{1}{3}(t^2-r^2)^{\frac{3}{2}}-t^2\sqrt{t^2-r^2}+C,\end{aligned}$$

所以,

$$\int_0^{\frac{t}{\sqrt{2}}} \frac{t^3}{\sqrt{t^2-r^2}}\mathrm{d}r = \left[\frac{1}{3}(t^2-r^2)^{\frac{3}{2}} - t^2\sqrt{t^2-r^2}\right]\Bigg|_0^{\frac{|t|}{\sqrt{2}}}$$

$$= \frac{-5\sqrt{2}}{12}|t|^3 + \frac{2}{3}|t|^3 = \frac{8-5\sqrt{2}}{12}|t|^3.$$

于是,最后得

$$F(t) = |t|\int_0^{2\pi}\frac{8-5\sqrt{2}}{12}|t|^3\mathrm{d}\varphi = \frac{(8-5\sqrt{2})\pi}{6}t^4.$$

【4361】 计算积分

$$F(x, y, z, t) = \iint\limits_S f(\xi, \eta, \zeta)\mathrm{d}S,$$

其中 S 是变球

$$(\xi-x)^2+(\eta-y)^2+(\zeta-z)^2=t^2,$$

且假定 $\sqrt{x^2+y^2+z^2}>a>0$,

$$f(\xi,\eta,\zeta)=\begin{cases}1, & 若\ \xi^2+\eta^2+\zeta^2<a^2;\\ 0, & 若\ \xi^2+\eta^2+\zeta^2\geqslant a^2.\end{cases}$$

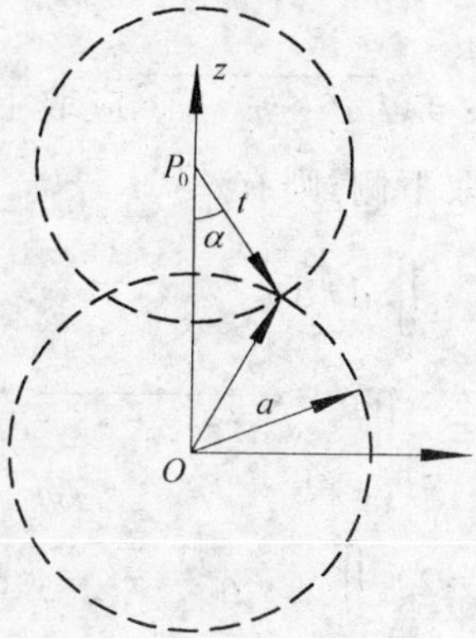

图 8.70

解 记 $x^2+y^2+z^2=r^2$. 旋转坐标轴,使点 $P(x,y,z)$ 位于 Oz 轴的正方向上的点 $P_0(0,0,r)$,如图 8.70 所示.

显然,当 $0<t\leqslant r-a$ 及 $t\geqslant r+a$ 时,整个球面上的点满足 $\xi^2+\eta^2+\zeta^2\geqslant a^2$,此时 $f(\xi,\eta,\zeta)=0$. 从而,积分

$$f(x, y, z, t) = \iint\limits_S f(\xi,\eta,\zeta)\mathrm{d}S = 0.$$

当 $r-a<t<r+a$ 时,则 $F(x,y,z,t)=\iint\limits_{S'}\mathrm{d}S'$,其中 S' 为 S 位于 $\xi^2+\eta^2+\zeta^2=a^2$ 内的部分. 从而,我们有

$$F(x,y,z,t)=\int_0^{2\pi}\mathrm{d}\varphi\int_0^{\alpha}t^2\sin\theta\mathrm{d}\theta = 2\pi t^2(1-\cos\alpha)$$

$$=2\pi t^2\left(1-\frac{t^2+r^2-a^2}{2rt}\right)=\frac{\pi t}{r}[a^2-(r-t)^2].$$

计算下列第二型曲面积分：

【4362】 $\iint\limits_S x\mathrm{d}y\mathrm{d}z+y\mathrm{d}x\mathrm{d}z+z\mathrm{d}x\mathrm{d}y$，式中 S 为球 $x^2+y^2+z^2=a^2$ 的外表面.

解 根据轮换对称，只要计算 $\iint\limits_S z\mathrm{d}x\mathrm{d}y$. 注意到上半球面 $z=\sqrt{a^2-x^2-y^2}$ 应取上侧，下半球面 $z=-\sqrt{a^2-x^2-y^2}$ 应取下侧，则有

$$\iint\limits_S z\mathrm{d}x\mathrm{d}y$$

$$=\iint\limits_{x^2+y^2\leqslant a^2}\sqrt{a^2-x^2-y^2}\mathrm{d}x\mathrm{d}y-\iint\limits_{x^2+y^2\leqslant a^2}(-\sqrt{a^2-x^2-y^2})\mathrm{d}x\mathrm{d}y$$

$$=2\iint\limits_{x^2+y^2\leqslant a^2}\sqrt{a^2-x^2-y^2}\mathrm{d}x\mathrm{d}y=2\int_0^{2\pi}\mathrm{d}\varphi\int_0^a r\sqrt{a^2-r^2}\mathrm{d}r=\frac{4}{3}\pi a^3.$$

于是，积分

$$\iint\limits_S x\mathrm{d}y\mathrm{d}z+y\mathrm{d}x\mathrm{d}z+z\mathrm{d}x\mathrm{d}y=3\cdot\frac{4}{3}\pi a^3=4\pi a^3.$$

【4363】 $\iint\limits_S f(x)\mathrm{d}y\mathrm{d}z+g(y)\mathrm{d}x\mathrm{d}z+h(z)\mathrm{d}x\mathrm{d}y$，式中 $f(x)$，$g(y)$，$h(z)$ 为连续函数，S 为平行六面体 $0<x<a$；$0<y<b$；$0<z<c$ 的外表面.

解 只要计算任何一个积分，其他两个可类似地写出结果. 例如，下面计算 $\iint\limits_S h(z)\mathrm{d}x\mathrm{d}y$. 由于六面体有四个面垂直于 Oxy 平面，故面积分应为零. 从而

$$\iint_S h(z)\mathrm{d}x\mathrm{d}y=\iint_{\substack{0\leqslant x\leqslant a\\0\leqslant y\leqslant b}}h(c)\mathrm{d}x\mathrm{d}y-\iint_{\substack{0\leqslant x\leqslant a\\0\leqslant y\leqslant b}}h(0)\mathrm{d}x\mathrm{d}y$$

$$=abc\cdot\frac{h(c)-h(0)}{c}.$$

类似地,可得到 $\iint_S f(x)\mathrm{d}x\mathrm{d}z$ 及 $\iint_S g(y)\mathrm{d}x\mathrm{d}z$ 的值.于是,所求的积分为

$$\iint_S f(x)\mathrm{d}y\mathrm{d}z+g(y)\mathrm{d}x\mathrm{d}z+h(z)\mathrm{d}x\mathrm{d}y$$

$$=abc\left[\frac{f(a)-f(0)}{a}+\frac{g(b)-g(0)}{b}+\frac{h(c)-h(0)}{c}\right].$$

【4364】 $\iint_S (y-z)\mathrm{d}y\mathrm{d}z+(z-x)\mathrm{d}x\mathrm{d}z+(x-y)\mathrm{d}x\mathrm{d}y$,

式中 S 为圆锥曲面 $x^2+y^2=z^2$ $(0\leqslant z\leqslant h)$的外表面.

解 解法 1:

记 S_1、S_2 分别为锥面的底面和侧面,而 $\cos\alpha$、$\cos\beta$、$\cos\gamma$ 为锥面外法线的方向余弦.一方面,我们有

$$\iint_{S_1}(y-z)\mathrm{d}y\mathrm{d}z+(z-x)\mathrm{d}x\mathrm{d}z+(x-y)\mathrm{d}x\mathrm{d}y$$

$$=\iint_{x^2+y^2\leqslant h^2}(x-y)\mathrm{d}x\mathrm{d}y=\int_0^{2\pi}\mathrm{d}\varphi\int_0^h r^2(\cos\varphi-\sin\varphi)\mathrm{d}r$$

$$=\frac{h^3}{3}\int_0^{2\pi}(\cos\varphi-\sin\varphi)\mathrm{d}\varphi=0.$$

另一方面,在侧面 S_2 上,对于任一点(x,y,z),有

$$\frac{\cos\alpha}{x}=\frac{\cos\beta}{y}=\frac{\cos\gamma}{-z}$$

从而,$\mathrm{d}S$ 在各坐标面上的射影分别为

$$\cos\gamma\mathrm{d}S=-\mathrm{d}\sigma_{xy},$$

$$\cos\alpha\,dS=-\frac{x}{z}\cos\gamma\,dS=\frac{x}{z}d\sigma_{xy},$$

$$\cos\beta\,dS=-\frac{y}{z}\cos\gamma\,dS=\frac{y}{z}d\sigma_{xy}.$$

于是,

$$\iint_{S_2}(y-z)dydz+(z-x)dxdz+(x-y)dxdy$$

$$=\iint_{S_2}[(y-z)\cos\alpha+(z-x)\cos\beta+(x-y)\cos\gamma]dS$$

$$=\iint_{x^2+y^2\leqslant h^2}\left[\frac{x}{z}(y-z)+\frac{y}{z}(z-x)-(x-y)\right]d\sigma_{xy}$$

$$=-2\iint_{x^2+y^2\leqslant h^2}(x-y)dxdy=0.$$

综上所述,我们得

$$\iint_S(y-z)dydz+(z-x)dxdz+(x-y)dxdy=\iint_{S_1}+\iint_{S_2}=0.$$

解法 2:

记曲面 S 在各坐标面的射影域分别为 S_{xy}, S_{yz} 和 S_{zx}. 于是,

$$\iint_S(y-z)dydz+(z-x)dxdz+(x-y)dxdy$$

$$=\iint_S(y-z)dydz+\iint_S(z-x)dxdz+\iint_S(x-y)dxdy$$

$$=\left[\iint_{S_{yz}}(y-z)dydz-\iint_{S_{yz}}(y-z)dydz\right]+\left[\iint_{S_{zx}}(z-x)dxdz\right.$$

$$\left.-\iint_{S_{zx}}(z-x)dxdz\right]+\left[\iint_{S_{xy}}(x-y)dxdy-\iint_{S_{xy}}(x-y)dxdy\right]$$

$$=0+0+0=0.$$

【4365】 $\iint_S\frac{dydz}{x}+\frac{dxdz}{y}+\frac{dxdy}{z}$,式中 S 为椭球$\frac{x^2}{a^2}+\frac{y^2}{b^2}$

$+\dfrac{z^2}{c^2}=1$ 的外表面.

解 根据轮换对称,只要计算一个积分.例如,计算 $\iint\limits_S \dfrac{dxdy}{z}$.

利用广义极坐标,即得

$$\iint\limits_S \frac{dxdy}{z}$$

$$=\iint\limits_{\frac{x^2}{a^2}+\frac{y^2}{b^2}\leqslant 1}\frac{1}{c\sqrt{1-\frac{x^2}{a^2}-\frac{y^2}{b^2}}}dxdy-\iint\limits_{\frac{x^2}{a^2}+\frac{y^2}{b^2}\leqslant 1}\frac{-1}{c\sqrt{1-\frac{x^2}{a^2}-\frac{y^2}{b^2}}}dxdy$$

$$=\frac{2}{c}\iint\limits_{\frac{x^2}{a^2}+\frac{y^2}{b^2}\leqslant 1}\frac{1}{\sqrt{1-\frac{x^2}{a^2}-\frac{y^2}{b^2}}}dxdy=\frac{2ab}{c}\int_0^{2\pi}d\varphi\int_0^1\frac{r}{\sqrt{1-r^2}}dr$$

$$=\frac{4\pi ab}{c}\left[-\sqrt{1-r^2}\right]\Big|_0^1=4\pi\frac{ab}{c}.$$

于是,我们有

$$\iint\limits_S \frac{dydz}{x}+\frac{dxdz}{y}+\frac{dxdy}{z}=4\pi\left(\frac{bc}{a}+\frac{ac}{b}+\frac{ab}{c}\right)$$

$$=\frac{4\pi}{abc}(b^2c^2+a^2c^2+a^2b^2).$$

【4366】 $\iint\limits_S x^2dydz+y^2dxdz+z^2dxdy$,式中 S 为球壳 $(x-a)^2+(y-b)^2+(x-c)^2=R^2$ 的外表面.

解 根据轮换对称,只要计算 $\iint\limits_S z^2dxdy$.注意到

$$z-c=\pm\sqrt{R^2-(x-a)^2-(y-b)^2}.$$

并利用极坐标,即得

$$\iint\limits_S z^2dxdy$$

$$= \iint\limits_{(x-a)^2+(y-b)^2\leqslant R^2} [c+\sqrt{R^2-(x-a)^2-(y-b)^2}]^2 dxdy$$

$$- \iint\limits_{(x-a)^2+(y-b)^2\leqslant R^2} [c-\sqrt{R^2-(x-a)^2-(y-b)^2}]^2 dxdy$$

$$= 4c \iint\limits_{(x-a)^2+(y-b)^2\leqslant R^2} \sqrt{R^2-(x-a)^2-(y-b)^2} dxdy$$

$$= 4c\int_0^{2\pi} d\varphi \int_0^R \sqrt{R^2-r^2}\, r dr = 8\pi c\left[-\frac{1}{3}(R^2-r^2)^{\frac{3}{2}}\right]\Bigg|_0^R$$

$$= \frac{8}{3}\pi R^3 c.$$

于是,我们有

$$\iint\limits_S x^2 dydz + y^2 dxdz + z^2 dxdy = \frac{8}{3}\pi R^3(a+b+c).$$

§15. 斯托克斯公式

若 $P=P(x,y,z)$, $Q=Q(x,y,z)$, $R=R(x,y,z)$为连续可微分的函数,C 为包围逐片光滑的有界双面曲面 S 的简单封闭逐段光滑的围线,则有斯托克斯公式:

$$\oint_C P dx + Q dy + R dz = \iint\limits_S \begin{vmatrix} \cos\alpha & \cos\beta & \cos\gamma \\ \frac{\partial}{\partial x} & \frac{\partial}{\partial y} & \frac{\partial}{\partial z} \\ P & Q & R \end{vmatrix} dS,$$

式中 $\cos\alpha$, $\cos\beta$, $\cos\gamma$ 为曲面 S 的法线的方向余弦,此法线的方向是这样的,围线 C 环绕着它依反时针方向(对于右旋坐标系)而回转.

【4367】 应用斯托克斯公式,计算曲线积分

$$\oint_C y dx + z dy + x dz,$$

式中 C 为圆周 $x^2+y^2+z^2=a^2, x+y+z=0$,若从 Ox 轴的正向看去,这圆周是依反时针方向进行的.

用直接计算法检验结果.

解 平面 $x+y+z=0$ 的法线的方向余弦为

$$\cos\alpha=\cos\beta=\cos\gamma=\frac{1}{\sqrt{3}}.$$

于是,

$$\oint_C y\mathrm{d}x+z\mathrm{d}y+x\mathrm{d}z=\iint_S\begin{vmatrix}\cos\alpha & \cos\beta & \cos\gamma\\ \dfrac{\partial}{\partial x} & \dfrac{\partial}{\partial y} & \dfrac{\partial}{\partial z}\\ x & y & z\end{vmatrix}\mathrm{d}S$$

$$=-\iint_S(\cos\alpha+\cos\beta+\cos\gamma)\mathrm{d}S$$

$$=-\pi a^2(\cos\alpha+\cos\beta+\cos\gamma)=-\sqrt{3}\pi a^2.$$

下面用直接计算法检验结果.由方程

$$x^2+y^2+z^2=a^2,\quad x+y+z=0$$

消去 z,即得曲线 C 在平面 Oxy 上的投影 $x^2+y^2+xy=\frac{a^2}{2}$.

作旋转变换 $x=\frac{x'-y'}{\sqrt{2}}, y=\frac{x'+y'}{\sqrt{2}}$,则方程化为 $3x'^2+y'^2=a^2$.因而,曲线 C 的参数方程可取为

$$x=\frac{a}{\sqrt{2}}\left(\frac{\cos t}{\sqrt{3}}-\sin t\right),\quad y=\frac{a}{\sqrt{2}}\left(\frac{\cos t}{\sqrt{3}}+\sin t\right),\quad z=\frac{a}{\sqrt{2}}\left(-\frac{2}{\sqrt{3}}\cos t\right)$$

$$(0\leqslant t\leqslant 2\pi).$$

曲线积分为

$$\oint_C y\mathrm{d}x+z\mathrm{d}y+x\mathrm{d}z=\frac{a^2}{2}\int_0^{2\pi}\left[-\left(\frac{\cos t}{\sqrt{3}}+\sin t\right)\left(\frac{\sin t}{\sqrt{3}}+\cos t\right)\right.$$

$$-\frac{2}{\sqrt{3}}\cos t\left(\frac{-\sin t}{\sqrt{3}}+\cos t\right)+\frac{2}{\sqrt{3}}\sin t\left(\frac{\cos t}{\sqrt{3}}-\sin t\right)\Big]\mathrm{d}t$$

$$=\frac{a^2}{2}\int_0^{2\pi}\left(-\frac{1}{\sqrt{3}}-\frac{2}{\sqrt{3}}\right)\mathrm{d}t=\frac{a^2}{2}(-\sqrt{3})2\pi=-\sqrt{3}\pi a^2.$$

可见,两种计算法结果一样.

【4368】 计算积分

$$\int_{AmB}(x^2-yz)\mathrm{d}x+(y^2-xz)\mathrm{d}y+(z^2-xy)\mathrm{d}z,$$

此积分是从点 $A(a,0,0)$至点 $B(a,0,h)$沿着螺线

$$x=a\cos\varphi,\quad y=a\sin\varphi,\quad z=\frac{h}{2\pi}\varphi$$

上所取的.

解 连接 A,B 两点得线段 AB,它与 AmB 组成封闭曲线并依正向进行,则由斯托克斯公式知:

$$\oint_{AmBA}(x^2-yz)\mathrm{d}x+(y^2-zx)\mathrm{d}y+(z^2-xy)\mathrm{d}z$$

$$=\iint_S 0\mathrm{d}y\mathrm{d}z+0\mathrm{d}x\mathrm{d}z+0\mathrm{d}x\mathrm{d}y=0.$$

于是,

$$\int_{AmB}(x^2-yz)\mathrm{d}x+(y^2-xz)\mathrm{d}y+(z^2-xy)\mathrm{d}z$$

$$=\int_{AB}(x^2-yz)\mathrm{d}x+(y^2-xz)\mathrm{d}y+(z^2-xy)\mathrm{d}z$$

$$=\int_0^h z^2\mathrm{d}z^{*)}=\frac{h^3}{3}.$$

*) 在线段 AB 上, $x=a$, $y=0$, $\mathrm{d}x=\mathrm{d}y=0$, 而 $0\leqslant z\leqslant h$.

【4369】 设 C 为位于平面 $x\cos\alpha+y\cos\beta+z\cos\gamma-p=0$ ($\cos\alpha,\cos\beta,\cos\gamma$ 为平面之法线的方向余弦)上并包围面积为 S 的封闭围线,求

$$\oint_C \begin{vmatrix} dx & dy & dz \\ \cos\alpha & \cos\beta & \cos\gamma \\ x & y & z \end{vmatrix},$$

其中围线 C 是依正方向进行的.

解 若记

$$P = \begin{vmatrix} \cos\beta & \cos\gamma \\ y & z \end{vmatrix} = z\cos\beta - y\cos\gamma,$$

$$Q = \begin{vmatrix} \cos\gamma & \cos\alpha \\ z & x \end{vmatrix} = x\cos\gamma - z\cos\alpha,$$

$$R = \begin{vmatrix} \cos\alpha & \cos\beta \\ x & y \end{vmatrix} = y\cos\alpha - x\cos\beta,$$

则得

$$\oint_C \begin{vmatrix} dx & dy & dz \\ \cos\alpha & \cos\beta & \cos\gamma \\ x & y & z \end{vmatrix} = \oint_C P\,dx + Q\,dy + R\,dz$$

$$= \iint_S \begin{vmatrix} \cos\alpha & \cos\beta & \cos\gamma \\ \dfrac{\partial}{\partial x} & \dfrac{\partial}{\partial y} & \dfrac{\partial}{\partial z} \\ P & Q & R \end{vmatrix} = 2\iint_S (\cos^2\alpha + \cos^2\beta + \cos^2\gamma)\,dS$$

$$= 2\iint_S dS = 2S.$$

应用斯托克斯公式,计算积分:

【4370】 $\oint_C (y+z)dx + (z+x)dy + (x+y)dz$,式中 C 为依参数 t 增大的方向通过的椭圆 $x = a\sin^2 t$, $y = 2a\sin t\cos t$, $z = a\cos^2 t$ $(0 \leqslant t \leqslant 2\pi)$.

解 $\oint_C (y+z)dx + (z+x)dy + (x+y)dz$

$$= \iint_S 0\mathrm{d}y\mathrm{d}z + 0\mathrm{d}x\mathrm{d}z + 0\mathrm{d}x\mathrm{d}y = 0.$$

【4371】 $\oint_C (y-z)\mathrm{d}x + (z-x)\mathrm{d}y + (x-y)\mathrm{d}z$，式中 C 为椭圆 $x^2+y^2=a^2$，$\frac{x}{a}+\frac{z}{h}=1$ $(a>0, h>0)$，若从 Ox 轴正向看去，此椭圆是依反时针方向进行的.

解 椭圆如图 8.71 所示. 把平面 $\frac{x}{a}+\frac{z}{h}=1$ 上 C 所包围的区域记为 S，则 S 的法线方向为 $\{h, 0, a\}$. 注意到 S 的法线方向和曲线 C 的方向是正向联系的，即得

$$\oint_C (y-z)\mathrm{d}x + (z-x)\mathrm{d}y + (x-y)\mathrm{d}z$$

$$= -2\iint_S \mathrm{d}y\mathrm{d}z + \mathrm{d}x\mathrm{d}z + \mathrm{d}x\mathrm{d}y = -2(\cos\alpha + \cos\beta + \cos\gamma)\iint_S \mathrm{d}S$$

$$= -2\left(\frac{h}{\sqrt{a^2+h^2}} + 0 + \frac{a}{\sqrt{a^2+h^2}}\right)\pi a\sqrt{a^2+h^2} = -2\pi a(a+h).$$

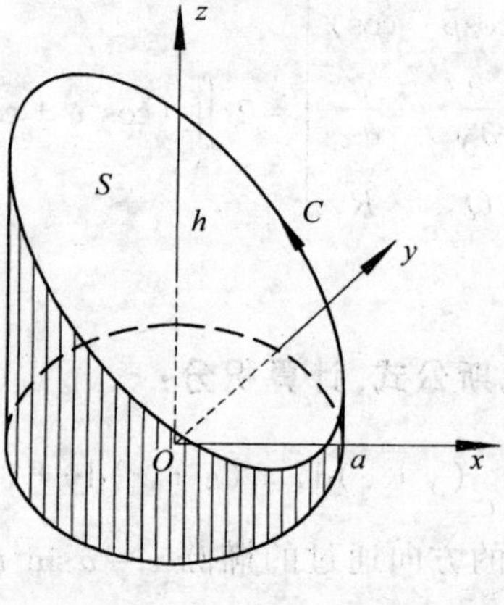

图 8.71

【4372】 $\oint_C (y^2+z^2)\mathrm{d}x+(x^2+z^2)\mathrm{d}y+(x^2+y^2)\mathrm{d}z$,

式中 C 是曲线 $x^2+y^2+z^2=2Rx$, $x^2+y^2=2rx$ $(0<r<R,$ $z>0)$,此曲线是如下进行的:由它所包围在球 $x^2+y^2+z^2=2Rx$ 外表面上的最小区域保持在左方.

解 注意到球面的法线的方向余弦为

$$\cos\alpha=\frac{x-R}{R},\quad \cos\beta=\frac{y}{R},\quad \cos\gamma=\frac{z}{R},$$

即得

$$\begin{aligned}&\oint_C (y^2+z^2)\mathrm{d}x+(z^2+x^2)\mathrm{d}y+(x^2+y^2)\mathrm{d}z\\&=2\iint_S[(y-z)\cos\alpha+(z-x)\cos\beta+(x-y)\cos\gamma]\mathrm{d}S\\&=2\iint_S\left[(y-z)\left(\frac{x}{R}-1\right)+(z-x)\frac{y}{R}+(x-y)\frac{z}{R}\right]\mathrm{d}S\\&=2\iint_S(z-y)\mathrm{d}S.\end{aligned}$$

由于曲面 S 关于 Oxy 平面对称,故 $\iint_S y\mathrm{d}S=0$. 又

$$\iint_S z\mathrm{d}S=\iint_S R\cos\gamma\mathrm{d}S=R\cdot\pi r^2,$$

于是,

$$\oint_C (y^2+z^2)\mathrm{d}x+(z^2+x^2)\mathrm{d}y+(x^2+y^2)\mathrm{d}z=2\pi Rr^2.$$

【4373】 $\oint_C (y^2-z^2)\mathrm{d}x+(z^2-x^2)\mathrm{d}y+(x^2-y^2)\mathrm{d}z$,

式中 C 为用平面 $x+y+z=\frac{3}{2}a$ 切立方体 $0<x<a$, $0<y<a$, $0<z<a$ 的表面所得的切痕. 若从 Ox 轴的正向看去,是依反时针前进的方向的.

解 平面 $x+y+z=\frac{3}{2}a$ 含于立方体内的部分记为 S,它在 Oxy 平面上的射影域记为 S_{xy},其面积显然等于$\frac{3}{4}a^2$.当平面 $x+y+z=\frac{3}{2}a$ 取上侧时,法线方向的单位矢量为$\left(\frac{1}{\sqrt{3}},\frac{1}{\sqrt{3}},\frac{1}{\sqrt{3}}\right)$.于是,由斯托克斯公式知

$$\oint_C (y^2-z^2)\mathrm{d}x+(z^2-x^2)\mathrm{d}y+(x^2-y^2)\mathrm{d}z$$

$$=\iint_S\left[(-2y-2z)\frac{1}{\sqrt{3}}+(-2z-2x)\frac{1}{\sqrt{3}}+(-2x-2y)\frac{1}{\sqrt{3}}\right]\mathrm{d}S$$

$$=-4\iint_S(x+y+z)\frac{1}{\sqrt{3}}\mathrm{d}S=-6a\iint_S\frac{1}{\sqrt{3}}\mathrm{d}S=-6a\iint_{S_{xy}}\mathrm{d}x\mathrm{d}y$$

$$=-6a\ \frac{3}{4}a^2=-\frac{9}{2}a^3.$$

【4374】 $\oint_C y^2z^2\mathrm{d}x+x^2z^2\mathrm{d}y+x^2y^2\mathrm{d}z$,式中 C 为依参数t 增大的方向进行的封闭曲线 $x=a\cos t$, $y=a\cos 2t$, $z=a\cos 3t$.

解 取 S 为由参数方程

$$x=u\cos t,\quad y=u\cos 2t,\quad z=u\cos 3t\ (0\leqslant u\leqslant a,0\leqslant t\leqslant 2\pi)$$

表示的曲面,则所给曲线 C 为曲面 S 的边界.

于是,根据斯托克斯公式,有

$$\oint_C y^2z^2\mathrm{d}x+x^2z^2\mathrm{d}y+x^2y^2\mathrm{d}z$$

$$=2\iint_S x^2(y-z)\mathrm{d}y\mathrm{d}z+y^2(z-x)\mathrm{d}z\mathrm{d}x+z^2(x-y)\mathrm{d}x\mathrm{d}y$$

$$=\pm 2\int_0^{2\pi}\int_0^a[u^2\cos^2t(u\cos 2t-u\cos 3t)(y'_uz'_t-y'_tz'_u)$$

$$+u^2\cos^2 2t(u\cos 3t-u\cos t)(z'_ux'_t-z'_tx'_u)$$

$$+u^2\cos^2 3t(u\cos t-u\cos 2t)(x'_u y'_t-x'_t y'_u)]\mathrm{d}u\,\mathrm{d}t$$

$$=\pm 2\int_0^a u^4\mathrm{d}u\int_0^{2\pi}[\cos^2 t(\cos 2t-\cos 3t)(2\sin 2t\cos 3t-3\cos 2t\sin 3t)$$

$$+\cos^2 2t(\cos 3t-\cos t)(3\sin 3t\cos t-\sin t\cos 3t)$$

$$+\cos^2 3t(\cos t-\cos 2t)(\sin t\cos 2t-2\sin 2t\cos t)]\mathrm{d}t$$

$$=\pm\frac{2}{5}a^5\int_{-\pi}^{\pi}[\cos^2 t(\cos 2t-\cos 3t)(2\sin 2t\cos 3t-3\cos 2t\sin 3t)$$

$$+\cos^2 2t(\cos 3t-\cos t)(3\sin 3t\cos t-\sin t\cos 3t)$$

$$+\cos^2 3t(\cos t-\cos 2t)(\sin t\cos 2t-2\sin 2t\cos t)]\mathrm{d}t=0,$$

上式中正负号应这样选取，使得 S 的侧正好配合 C 的方向（t 增大的方向），积分 $\int_0^{2\pi}$ 可以换为 $\int_{-\pi}^{\pi}$ 是因为被积函数（t 的函数）是周期为 2π 的函数，而 $\int_{-\pi}^{\pi}$ 等于零是因为被积函数为奇函数．

注 本题若不用斯托克斯公式，而直接计算线积分，则较为简单．

$$\oint_C y^2z^2\mathrm{d}x+x^2z^2\mathrm{d}y+x^2y^2\mathrm{d}z$$

$$=-\int_0^{2\pi}a^5(\cos^2 2t\cos^2 3t\sin t+2\cos^2 t\cos^2 3t\sin 2t+3\cos^2 t\cos^2 2t\sin 3t)\mathrm{d}t$$

$$=-\int_{-\pi}^{\pi}a^5(\cos^2 2t\cos^2 3t\sin t+2\cos^2 t\cos^2 3t\sin 2t+3\cos^2 t\cos^2 2t\sin 3t)\mathrm{d}t$$

$$=0,$$

$\int_0^{2\pi}$ 可换为 $\int_{-\pi}^{\pi}$ 及 $\int_{-\pi}^{\pi}=0$ 的理由同上．

【4375】 有函数

$$W(x,y,z)=ki\iint_S\frac{\cos(\vec{r},\vec{n})}{r^2}\mathrm{d}S\quad(k=\text{常数}),$$

其中 S 为由围线 C 所界的面积，$\vec{n}$ 为曲面 S 的法线，$\vec{r}$ 为连接空间的点 $M(x,y,z)$ 与曲面 S 上的动点 $A(\xi,\eta,\zeta)$ 所成之矢径，证明此函数为通过围线 C 的电流 i 所产生磁场 $\vec{H}$ 的位势（参阅 4340 题）．

证 利用4340题指出的定律,并注意到

$$\frac{\vec{r}}{r^3}=\frac{\partial}{\partial x}\left(\frac{1}{r}\right)\vec{i}+\frac{\partial}{\partial y}\left(\frac{1}{r}\right)\vec{j}+\frac{\partial}{\partial z}\left(\frac{1}{r}\right)\vec{k},$$

其中 $\vec{r}=(\xi-x)\vec{i}+(\eta-y)\vec{j}+(\xi-z)\vec{k}$,即得

$$\begin{aligned}\vec{H}=ki\oint_C\frac{\vec{r}\cdot\vec{\mathrm{d}s}}{r^3}&=ki\left[\oint_C\frac{\partial}{\partial y}\left(\frac{1}{r}\right)\mathrm{d}\zeta-\frac{\partial}{\partial z}\left(\frac{1}{r}\right)\mathrm{d}\eta\right]\vec{i}\\&+\left[\oint_C\frac{\partial}{\partial z}\left(\frac{1}{r}\right)\mathrm{d}\xi-\frac{\partial}{\partial x}\left(\frac{1}{r}\right)\mathrm{d}\zeta\right]\vec{j}\\&+\left[\oint_C\frac{\partial}{\partial x}\left(\frac{1}{r}\right)\mathrm{d}\eta-\frac{\partial}{\partial y}\left(\frac{1}{r}\right)\mathrm{d}\xi\right]\vec{k}.\end{aligned}$$

利用斯托克斯公式,并注意到

$$\frac{\partial\left(\frac{1}{r}\right)}{\partial x}=-\frac{\partial\left(\frac{1}{r}\right)}{\partial\xi},\ \frac{\partial\left(\frac{1}{r}\right)}{\partial y}=-\frac{\partial\left(\frac{1}{r}\right)}{\partial\eta},\ \frac{\partial\left(\frac{1}{r}\right)}{\partial z}=-\frac{\partial\left(\frac{1}{r}\right)}{\partial\zeta}$$

及 $\Delta\left(\frac{1}{r}\right)=0$,从而,

$$\frac{\partial^2}{\partial\eta\partial y}\left(\frac{1}{r}\right)+\frac{\partial^2}{\partial\zeta\partial z}\left(\frac{1}{r}\right)=-\frac{\partial^2}{\partial y^2}\left(\frac{1}{r}\right)-\frac{\partial^2}{\partial z^2}\left(\frac{1}{r}\right)=\frac{\partial^2}{\partial x^2}\left(\frac{1}{r}\right),$$

即得

$$\begin{aligned}H_x&=ki\oint_C\frac{\partial}{\partial y}\left(\frac{1}{r}\right)\mathrm{d}\zeta-\frac{\partial}{\partial z}\left(\frac{1}{r}\right)\mathrm{d}\eta\\&=ki\iint_S\left[\left(\frac{\partial^2\left(\frac{1}{r}\right)}{\partial\eta\partial y}+\frac{\partial^2\left(\frac{1}{r}\right)}{\partial\zeta\partial z}\right)\vec{i}-\frac{\partial^2\left(\frac{1}{r}\right)}{\partial\xi\partial y}\vec{j}-\frac{\partial^2\left(\frac{1}{r}\right)}{\partial\xi\partial z}\vec{k}\right]\cdot\vec{n}\,\mathrm{d}S\\&=ki\frac{\partial}{\partial x}\iint_S\left[\frac{\partial\left(\frac{1}{r}\right)}{\partial x}\vec{i}+\frac{\partial\left(\frac{1}{r}\right)}{\partial y}\vec{j}+\frac{\partial\left(\frac{1}{r}\right)}{\partial z}\vec{k}\right]\cdot\vec{n}\,\mathrm{d}S\\&=ki\frac{\partial}{\partial x}\iint_S\frac{\vec{r}\cdot\vec{n}}{r^2}\mathrm{d}S=ki\frac{\partial}{\partial x}\iint_S\frac{\cos(\vec{r},\vec{n})}{r^2}\mathrm{d}S.\end{aligned}$$

同理,

$$H_y = ki\frac{\partial}{\partial y}\iint\limits_S \frac{\cos(\vec{r},\vec{n})}{r^2}\mathrm{d}S,\quad H_z = ki\frac{\partial}{\partial z}\iint\limits_S \frac{\cos(\vec{r},\vec{n})}{r^2}\mathrm{d}S.$$

于是,最后得

$$\vec{H} = \frac{\partial W}{\partial x}\vec{i} + \frac{\partial W}{\partial y}\vec{j} + \frac{\partial W}{\partial z}\vec{k},$$

即函数 $W(x,y,z)$是磁场 $\vec{H}$ 的位势.

§16. 奥斯特洛格拉德斯基公式

若 S 为包含体积 V 的逐片光滑曲面,$P=P(x,y,z)$,$Q=Q(x,y,z)$,$R=R(x,y,z)$和它们的一阶偏导函数均为域 $V+S$ 内的连续函数,则奥斯特洛格拉德斯基公式真确:

$$\iint\limits_S (P\cos\alpha + Q\cos\beta + R\cos\gamma)\mathrm{d}S = \iiint\limits_V \left(\frac{\partial P}{\partial x} + \frac{\partial Q}{\partial y} + \frac{\partial R}{\partial z}\right)\mathrm{d}x\mathrm{d}y\mathrm{d}z,$$

式中 $\cos\alpha$, $\cos\beta$, $\cos\gamma$ 为曲面 S 的外法线的方向余弦.

应用奥斯特洛格拉德斯基公式以变换下列曲面积分,设光滑的曲面 S 包围着有界的体积 V,$\cos\alpha$,$cso\beta$,$\cos\gamma$ 为曲面 S 的外法线的方向余弦.

【4376】 $\iint\limits_S x^3\mathrm{d}y\mathrm{d}z + y^3\mathrm{d}x\mathrm{d}z + z^3\mathrm{d}x\mathrm{d}y$.

解 由于 $P=x^3$, $Q=y^3$, $R=z^3$.从而

$$\frac{\partial P}{\partial x} + \frac{\partial Q}{\partial y} + \frac{\partial R}{\partial z} = 3(x^2+y^2+z^2).$$

于是,

$$\iint\limits_S x^3\mathrm{d}y\mathrm{d}z + y^3\mathrm{d}x\mathrm{d}z + z^3\mathrm{d}x\mathrm{d}y = 3\iiint\limits_V (x^2+y^2+z^2)\mathrm{d}x\mathrm{d}y\mathrm{d}z.$$

【4377】 $\iint\limits_S xy\mathrm{d}x\mathrm{d}y + xz\mathrm{d}x\mathrm{d}z + yz\mathrm{d}y\mathrm{d}z$.

解 由于 $\frac{\partial P}{\partial x} + \frac{\partial Q}{\partial y} + \frac{\partial R}{\partial z} = 0$，故得

$$\iint\limits_S xy\mathrm{d}x\mathrm{d}y + xz\mathrm{d}x\mathrm{d}z + yz\mathrm{d}y\mathrm{d}z = \iiint\limits_V 0\mathrm{d}x\mathrm{d}y\mathrm{d}z = 0.$$

【4378】 $\iint\limits_S \frac{x\cos\alpha + y\cos\beta + z\cos\gamma}{\sqrt{x^2+y^2+z^2}}\mathrm{d}S$.

解 由于

$$P = \frac{x}{\sqrt{x^2+y^2+z^2}},\ Q = \frac{y}{\sqrt{x^2+y^2+z^2}},\ R = \frac{z}{\sqrt{x^2+y^2+z^2}},$$

从而 $\frac{\partial P}{\partial x} + \frac{\partial Q}{\partial y} + \frac{\partial R}{\partial z} = \frac{2}{\sqrt{x^2+y^2+z^2}}$. 于是,

$$\iint\limits_S \frac{x\cos\alpha + y\cos\beta + z\cos\gamma}{\sqrt{x^2+y^2+z^2}}\mathrm{d}S = 2\iiint\limits_V \frac{\mathrm{d}x\mathrm{d}y\mathrm{d}z}{\sqrt{x^2+y^2+z^2}}.$$

【4379】 $\iint\limits_S \left(\frac{\partial u}{\partial x}\cos\alpha + \frac{\partial u}{\partial y}\cos\beta + \frac{\partial u}{\partial z}\cos\gamma\right)\mathrm{d}S$.

解 由于 $\frac{\partial P}{\partial x} + \frac{\partial Q}{\partial y} + \frac{\partial R}{\partial z} = \frac{\partial^2 u}{\partial x^2} + \frac{\partial^2 u}{\partial y^2} + \frac{\partial^2 u}{\partial z^2} = \Delta u$，故得

$$\iint\limits_S \left(\frac{\partial u}{\partial x}\cos\alpha + \frac{\partial u}{\partial y}\cos\beta + \frac{\partial u}{\partial z}\cos\gamma\right)\mathrm{d}S = \iiint\limits_V \Delta u\,\mathrm{d}x\mathrm{d}y\mathrm{d}z.$$

【4380】 $\iint\limits_S \left[\left(\frac{\partial R}{\partial y} - \frac{\partial Q}{\partial z}\right)\cos\alpha + \left(\frac{\partial P}{\partial z} - \frac{\partial R}{\partial x}\right)\cos\beta + \left(\frac{\partial Q}{\partial x} - \frac{\partial P}{\partial y}\right)\cos\gamma\right]\mathrm{d}S$.

解 记 $P^* = \frac{\partial R}{\partial y} - \frac{\partial Q}{\partial z}$，$Q^* = \frac{\partial P}{\partial z} - \frac{\partial R}{\partial x}$，$R^* = \frac{\partial Q}{\partial x} - \frac{\partial P}{\partial y}$，则易知

$$\frac{\partial P^*}{\partial x} + \frac{\partial Q^*}{\partial y} + \frac{\partial R^*}{\partial z} = 0.$$

于是,原面积分等于零.

【4381】 证明:若 S 为封闭的简单曲面而 $\vec{l}$ 为任何的固定方向,则 $\iint\limits_S \cos(\vec{n},\vec{l})\mathrm{d}S=0$,式中 $\vec{n}$ 为曲面 S 的外法线.

证 因为

$$\cos(\vec{n},\vec{l})=\cos\alpha\cos(\vec{l},x)+\cos\beta\cos(\vec{l},y)+\cos\gamma\cos(\vec{l},z),$$

其中 $\cos\alpha,\cos\beta,\cos\gamma$ 为 $\vec{n}$ 的方向余弦,故有

$$\iint\limits_S \cos(\vec{n},\vec{l})\mathrm{d}S$$

$$=\iint\limits_S \cos(\vec{l},x)\mathrm{d}y\mathrm{d}z+\cos(\vec{l},y)\mathrm{d}x\mathrm{d}z+\cos(\vec{l},z)\mathrm{d}x\mathrm{d}y.$$

由于 $\vec{l}$ 为固定方向,从而 $\cos(\vec{l},x),\cos(\vec{l},y),\cos(\vec{l},z)$ 均为常数.于是,

$$\iint\limits_S \cos(\vec{n},\vec{l})\mathrm{d}S$$

$$=\iiint\limits_V \left[\frac{\partial\cos(\vec{l},x)}{\partial x}+\frac{\partial\cos(\vec{l},y)}{\partial y}+\frac{\partial\cos(\vec{l},z)}{\partial z}\right]\mathrm{d}x\mathrm{d}y\mathrm{d}z$$

$$=\iiint\limits_V 0\mathrm{d}x\mathrm{d}y\mathrm{d}z=0.$$

【4382】 证明:由曲面 S 所包围的体积等于

$$V=\frac{1}{3}\iint\limits_S (x\cos\alpha+y\cos\beta+z\cos\gamma)\mathrm{d}S,$$

式中 $\cos\alpha,\cos\beta,\cos\gamma$ 为曲面 S 的外法线的方向余弦.

证 由奥氏公式,有

$$\iint\limits_C (x\cos\alpha+y\cos\beta+z\cos\gamma)\mathrm{d}S=\iint\limits_S x\mathrm{d}y\mathrm{d}z+y\mathrm{d}z\mathrm{d}x+z\mathrm{d}x\mathrm{d}y$$

$$=\iiint\limits_V \left(\frac{\partial x}{\partial x}+\frac{\partial y}{\partial y}+\frac{\partial z}{\partial z}\right)\mathrm{d}x\mathrm{d}y\mathrm{d}z=\iiint\limits_V 3\mathrm{d}x\mathrm{d}y\mathrm{d}z=3V,$$

由此可知 $V=\dfrac{1}{3}\iint\limits_{S}(x\cos\alpha+y\cos\beta+z\cos\gamma)\mathrm{d}S$. 证毕.

【4383】 证明:由平滑的圆锥曲面 $F(x,y,z)=0$ 和平面 $Ax+By+Cz+D=0$ 所包围的锥体体积等于

$$V=\frac{1}{3}SH,$$

式中 S 为位于已知平面上的锥底之面积,H 为锥的高.

证 证法1:

不失一般性,设坐标原点位于圆锥曲面 $F(x,y,z)=0$ 的顶点.于是,$F(x,y,z)$ 是 x,y,z 的二次齐次函数.因此,根据齐次函数的尤拉定理知,

$$x\frac{\partial F}{\partial x}+y\frac{\partial F}{\partial y}+z\frac{\partial F}{\partial z}=2F(x,y,z) \tag{1}$$

由4382题的结果,有

$$\begin{aligned}V&=\frac{1}{3}\iint\limits_{S+S_1}(x\cos\alpha+y\cos\beta+z\cos\gamma)\mathrm{d}S\\&=\frac{1}{3}\iint\limits_{S}(x\cos\alpha+y\cos\beta+z\cos\gamma)\mathrm{d}S\\&\quad+\frac{1}{3}\iint\limits_{S_1}(x\cos\alpha+y\cos\beta+z\cos\gamma)\mathrm{d}S,\end{aligned} \tag{2}$$

其中 S 为锥底(位于平面 $Ax+By+Cz+D=0$ 上),而 S_1 是圆锥的侧面.在锥面 S_1(即 $F(x,y,z)=0$)上,有

$$\cos\alpha=\frac{F'_x}{\pm\sqrt{F'^2_x+F'^2_y+F'^2_z}},$$

$$\cos\beta=\frac{F'_y}{\pm\sqrt{F'^2_x+F'^2_y+F'^2_z}},$$

$$\cos\gamma=\frac{F'_z}{\pm\sqrt{F'^2_x+F'^2_y+F'^2_z}}.$$

于是,注意到(1)式,即知在 S_1 上有

$$x\cos\alpha + y\cos\beta + z\cos\gamma$$

$$= \frac{xF'_x + yF'_y + zF'_z}{\pm\sqrt{F'^2_x + F'^2_y + F'^2_z}} = \frac{2F(x,y,z)}{\pm\sqrt{F'^2_x + F'^2_y + F'^2_z}} = 0,$$

从而

$$\iint\limits_{S_1} (x\cos\alpha + y\cos\beta + z\cos\gamma)\mathrm{d}S = 0. \qquad (3)$$

又在平面 $Ax + By + Cz + D = 0$ 上,有

$$x\cos\alpha + y\cos\beta + z\cos\gamma = \vec{r}\cdot\vec{n} = H,$$

其中 $\vec{r} = x\vec{i} + y\vec{j} + z\vec{k}$ 是从原点 $(0,0,0)$ 到点 (x,y,z) 的矢径, $\vec{n}$ 为平面(锥底)的外法线单位向量, H 为从原点到平面的距离(即锥的高). 于是,

$$\iint\limits_{S} (x\cos\alpha + y\cos\beta + z\cos\gamma)\mathrm{d}S = H\iint\limits_{S}\mathrm{d}S = HS.$$

由此,再注意到(2)式与(3)式,即得 $V = \frac{1}{3}SH$.

证法 2:

取坐标系 $Ox'y'z'$,使圆锥的顶点在坐标原点, $Ox'y'$ 平面平行于圆锥的底面,由于在 z 处的圆锥的截面面积

$$S(z') = \frac{Sz'^2}{H^2},$$

故所求的体积为

$$V = \int_0^H S(z')\mathrm{d}z' = \int_0^H \frac{S}{H^2}z'^2\mathrm{d}z' = \frac{1}{3}SH.$$

【4384】 求由曲面: $z = \pm c$ 及 $x = a\cos u\cos v + b\sin u\sin v$, $y = a\cos u\sin v - b\sin u\cos v$, $z = c\sin u$ 所界物体的体积.

解 解法 1:

我们有

$$x^2+y^2=a^2\cos^2 u+b^2\sin^2 u, \tag{1}$$

以 $z=c\sin u$ 代入得

$$x^2+y^2+\frac{a^2-b^2}{c^2}z^2=a^2 \tag{2}$$

故所界物体由平面 $z=c$, $z=-c$ 及曲面(2)围成. 利用 4382 题的结果,即知所求的体积为

$$V=\frac{1}{3}\iint\limits_{S_1+S_2+S_3}(x\cos\alpha+y\cos\beta+z\cos\gamma)\mathrm{d}S, \tag{3}$$

其中 S_1, S_2 分别是平面 $z=c$, $z=-c$ 上的部分(此时 $u=\frac{\pi}{2}$, $u=-\frac{\pi}{2}$, 从而 $x^2+y^2=b^2$, 故 S_1, S_2 为圆盘 $x^2+y^2\leqslant b^2$), S_3 表曲面(2)的部分, $x\cos\alpha$, $y\cos\beta$, $z\cos\gamma$ 表外法线的方向余弦. 显然, 在 S_1 上, $\cos\alpha=\cos\beta=0$, $\cos\gamma=\frac{c}{|c|}$. 于是,

$$\iint\limits_{S_1}(x\cos\alpha+y\cos\beta+z\cos\gamma)\mathrm{d}S=\iint\limits_{S_1}\frac{c^2}{|c|}\mathrm{d}S=|c|\pi b^2.$$

同理可得

$$\iint\limits_{S_2}(x\cos\alpha+y\cos\beta+z\cos\gamma)\mathrm{d}S=|c|\pi b^2,$$

此外,有

$$\iint\limits_{S_3}(x\cos\alpha+y\cos\beta+z\cos\gamma)\mathrm{d}S$$

$$=\iint\limits_{S_3}x\mathrm{d}y\mathrm{d}z+y\mathrm{d}z\mathrm{d}x+z\mathrm{d}x\mathrm{d}y$$

$$=\pm\int_0^{2\pi}\mathrm{d}v\int_{-\frac{\pi}{2}}^{\frac{\pi}{2}}[(a\cos u\cos v+b\sin u\sin v)(y_u'z_v'-y_v'z_u')$$

$$+(a\cos u\sin v-b\sin u\cos v)(z'_u x'_v-z'_v x'_u)$$
$$+c\sin u(x'_u y'_v-x'_v y'_u)]\mathrm{d}u$$
$$=\pm\int_0^{2\pi}\mathrm{d}v\int_{-\frac{\pi}{2}}^{\frac{\pi}{2}}ca^2\cos u\,\mathrm{d}u=\pm 4\pi ca^2, \tag{4}$$

其中的正负号应这样选取,使对应于 S_3 的外侧.下面确定此正负号.由(2),S_3 的方程可写为 $F(x,y,z)=a^2$,其中 $F(x,y,z)=x^2+y^2+\frac{a^2-b^2}{c^2}z^2$ 是二次齐次函数.于是,在 S_3 上,有

$$\cos\alpha=\frac{F'_x}{\pm\sqrt{F'^2_x+F'^2_y+F'^2_z}},$$
$$\cos\beta=\frac{F'_y}{\pm\sqrt{F'^2_x+F'^2_y+F'^2_z}},$$
$$\cos\gamma=\frac{F'_z}{\pm\sqrt{F'^2_x+F'^2_y+F'^2_z}}.$$

其中正号对应于 S_3 的一侧,负号对应于 S_3 的另一侧.于是,根据齐次函数的尤拉定理,在 S_3(外侧)上有

$$x\cos\alpha+y\cos\beta+z\cos\gamma=\frac{xF'_x+yF'_y+zF'_z}{\pm\sqrt{F'^2_x+F'^2_y+F'^2_z}}$$
$$=\frac{2F}{\pm\sqrt{F'^2_x+F'^2_y+F'^2_z}}=\frac{2a^2}{\pm\sqrt{F'^2_x+F'^2_y+F'^2_z}}, \tag{5}$$

但在 S_3 与 Oxy 平面的交线(即 $x^2+y^2=a^2$, $z=0$)的各点上,对 S_3 的外侧,显然有(注意到曲面(2)关于 Oxy 坐标平面对称)

$$x\cos\alpha+y\cos\beta+z\cos\gamma=\vec{r}\cdot\vec{n}>0,$$

(这是因为此时向径 $\vec{r}=x\vec{i}+y\vec{j}+z\vec{k}$ 与外法线单位向量 $\vec{n}$ 的方向一致),由此可知,在(5)式中应取正号.于是,

$$\iint_{S_3}(x\cos\alpha+y\cos\beta+z\cos\gamma)\mathrm{d}S=\iint_{S}\frac{2a^2}{\sqrt{F'^2_x+F'^2_y+F'^2_z}}\mathrm{d}S>0.$$

从而,由(4)式知

$$\iint_{S_3}(x\cos\alpha+y\cos\beta+z\cos\gamma)\mathrm{d}S=4\pi|c|a^2.$$

综上所述,最后得(注意(3)式)

$$V=\frac{1}{3}(4\pi|c|a^2+|c|\pi b^2+|c|\pi b^2)=\frac{4\pi}{3}\left(a^2+\frac{b^2}{2}\right)|c|.$$

解法 2:

不用面积分求体积的公式(3),而直接计算体积较为简单.由(1)式知,平面 $z=$常数(即 $u=$常数)与曲面(2)的截面 $S(z)$ 是圆,故所求的体积为

$$\begin{aligned}V&=\int_{-c}^{C}\mathrm{d}z\iint_{S(z)}\mathrm{d}x\mathrm{d}y=\int_{-c}^{C}S(z)\mathrm{d}z\\&=\int_{-\frac{\pi}{2}}^{\frac{\pi}{2}}\pi(a^2\cos^2u+b^2\sin^2u)|c|\mathrm{d}(\sin u)\\&=|c|\pi\int_{-\frac{\pi}{2}}^{\frac{\pi}{2}}[a^2+(b^2-a^2)\sin^2u]\mathrm{d}(\sin u)\\&=\pi|c|\left[2a^2+\frac{2}{3}(b^2-a^2)\right]=\frac{4\pi}{3}\left(a^2+\frac{b^2}{2}\right)|c|.\end{aligned}$$

【4385】 求由曲面

$$x=u\cos v,\quad y=u\sin v,\quad z=-u+a\cos v\ (u\geqslant 0)$$

及平面 $x=0$, $z=0$ $(a>0)$所界物体的体积.

解 解法 1:

用 S_1 表物体位于平面 $z=0$ 上的那一部分, S_2 为物体表面由所给参数方程给出的曲面上那一部分,此外,物体表面在平面 $x=0$ 上的那部分显然是一线段 $x=0$, $y=0$, $0\leqslant z\leqslant a$.于是,利用 4382 题的结果,即知所求体积为

$$V=\frac{1}{3}\iint_{S_1+S_2}(x\cos\alpha+y\cos\beta+z\cos\gamma)\mathrm{d}S,\tag{1}$$

其中 $\cos\alpha,\cos\beta,\cos\gamma$ 是向外法线的方向余弦. 显然, 在 S_1 上, $\cos\alpha=0,\cos\beta=0,\cos\gamma=-1,z=0$, 故

$$\iint_{S_1}(x\cos\alpha+y\cos\beta+z\cos\gamma)\mathrm{d}S=0. \qquad (2)$$

此外, 我们有

$$\iint_{S_2}(x\cos\alpha+y\cos\beta+z\cos\gamma)\mathrm{d}S=\iint_{S_2}x\mathrm{d}y\mathrm{d}z+y\mathrm{d}z\mathrm{d}x+z\mathrm{d}x\mathrm{d}y$$

$$=\pm\iint_D[u\cos v(y'_uz'_v-y'_vz'_u)+u\sin v(z'_ux'_v-z'_vx'_u)$$

$$+(-u+a\cos v)(x'_uy'_v-x'_vy'_u)]\mathrm{d}u\mathrm{d}v$$

$$=\pm\iint_D[u\cos v(u\cos v-a\sin^2v)+u\sin v(a\sin v\cos v+u\sin v)$$

$$+(-u+a\cos v)u]\mathrm{d}u\mathrm{d}v$$

$$=\pm\iint_D au\cos v\mathrm{d}u\mathrm{d}v=\pm\int_{-\frac{\pi}{2}}^{\frac{\pi}{2}}\mathrm{d}v\int_0^{a\cos v}au\cos v\mathrm{d}u$$

$$=\pm\int_{-\frac{\pi}{2}}^{\frac{\pi}{2}}\left(\frac{1}{2}a^3\cos^3v\right)\mathrm{d}v=\pm\int_0^{\frac{\pi}{2}}a^3(1-\sin^2v)\mathrm{d}(\sin v)$$

$$=\pm a^3\left(\sin v-\frac{\sin^3v}{3}\right)\bigg|_0^{\frac{\pi}{2}}=\pm\frac{2}{3}a^3,$$

其中的正负号应这样选取, 使对应于 S_2 的外侧, D 为 u,v 的变化区域(对应于 S_2). 由此, 再注意到(1)式与(2)式, 即得 $V=\pm\frac{2}{9}a^3$. 但体积恒为正($V>0$), 故必有 $V=\frac{2}{9}a^3$.

解法 2:

本题若不利用面积分计算体积的公式(1), 而直接计算体积, 则较为简单. (下面 Ω 表物体在 Oxy 平面上的射影):

$$V=\iint_D z\mathrm{d}x\mathrm{d}y=\iint_\Omega(-u+a\cos v)\left|\frac{D(x,y)}{D(u,v)}\right|\mathrm{d}u\mathrm{d}v$$

$$= \iint_D (-u + a\cos v)u\,du\,dv = \int_{-\frac{\pi}{2}}^{\frac{\pi}{2}} dv \int_0^{a\cos v} (-u + a\cos v)u\,du$$

$$= \frac{a^3}{6}\int_{-\frac{\pi}{2}}^{\frac{\pi}{2}} \cos^3 v\,dv = \frac{a^3}{3}\int_0^{\frac{\pi}{2}} (1 - \sin^2 v)d(\sin v) = \frac{2}{9}a^3.$$

【4386】 证明公式

$$\frac{d}{dt}\left\{\iiint_{x^2+y^2+z^2\leqslant t^2} f(x,y,z,t)dxdydz\right\}$$

$$= \iint_{x^2+y^2+z^2\leqslant t^2} f(x,y,z,t)dS + \iiint_{x^2+y^2+z^2\leqslant t^2} \frac{\partial f}{\partial t}dxdydz \quad (t>0).$$

证 证法 1：

作变量代换 $x = tu, y = tv, z = tw$ ($t>0$ 固定)，则(利用奥氏公式)

$$\frac{d}{dt}\left\{\iiint_{x^2+y^2+z^2\leqslant t^2} f(x,y,z,t)dxdydz\right\}$$

$$= \frac{d}{dt}\left\{\iiint_{u^2+v^2+w^2\leqslant 1} t^3 f(tu,tv,tw,t)dudvdw\right\}$$

$$= \iiint_{u^2+v^2+w^2\leqslant 1} \left[t^3\left(\frac{\partial f}{\partial x}u + \frac{\partial f}{\partial y}v + \frac{\partial f}{\partial z}w + \frac{\partial f}{\partial t}\right) + 3t^2 f\right]dudvdw$$

$$= \iiint_{u^2+v^2+w^2\leqslant 1} t^3\left\{\frac{1}{t}\left[\frac{\partial}{\partial x}(fx) + \frac{\partial}{\partial y}(fy) + \frac{\partial}{\partial z}(fz)\right]\right\}dudvdw$$

$$+ \iiint_{u^2+v^2+w^2\leqslant 1} t^3\frac{\partial f}{\partial t}dudvdw$$

$$= \frac{1}{t}\iiint_{x^2+y^2+z^2\leqslant t^2} \left[\frac{\partial}{\partial x}(fx) + \frac{\partial}{\partial y}(fy) + \frac{\partial}{\partial z}(fz)\right]dxdydz$$

$$+ \iiint_{x^2+y^2+z^2\leqslant t^2} \frac{\partial f}{\partial t}dxdydz$$

$$=\frac{1}{t}\iint\limits_{x^2+y^2+z^2\leqslant t^2}(fx\cos\alpha+fy\cos\beta+fz\cos\gamma)\mathrm{d}S+\iiint\limits_{x^2+y^2+z^2\leqslant t^2}\frac{\partial f}{\partial t}\mathrm{d}x\mathrm{d}y\mathrm{d}z$$

$$(t>0),$$

其中 $\cos\alpha,\cos\beta,\cos\gamma$ 为球面 $x^2+y^2+z^2=t^2$ 上向外法线的方向余弦. 显然 $\cos\alpha=\frac{x}{t}$, $\cos\beta=\frac{y}{t}$, $\cos\gamma=\frac{z}{t}$, 故

$$\iint\limits_{x^2+y^2+z^2=t^2}(fx\cos\alpha+fy\cos\beta+fz\cos\gamma)\mathrm{d}S$$

$$=\iint\limits_{x^2+y^2+z^2=t^2}f\cdot\frac{x^2+y^2+z^2}{t}\mathrm{d}S=t\iint\limits_{x^2+y^2+z^2=t^2}f\mathrm{d}S.$$

于是, 最后得

$$\frac{\mathrm{d}}{\mathrm{d}t}\left\{\iiint\limits_{x^2+y^2+z^2\leqslant t^2}f(x,y,z,t)\mathrm{d}x\mathrm{d}y\mathrm{d}z\right\}$$

$$=\iint\limits_{x^2+y^2+z^2=t^2}f\mathrm{d}S+\iiint\limits_{x^2+y^2+z^2\leqslant t^2}\frac{\partial f}{\partial t}\mathrm{d}x\mathrm{d}y\mathrm{d}z\quad(t>0).$$

证法 2:

不利用奥氏公式更简单些. 采用球坐标, 我们有

$$\frac{\mathrm{d}}{\mathrm{d}x}\left\{\iiint\limits_{x^2+y^2+z^2\leqslant t^2}f(x,y,z,t)\mathrm{d}x\mathrm{d}y\mathrm{d}z\right\}$$

$$=\frac{\mathrm{d}}{\mathrm{d}t}\left\{\int_0^t\left[\int_0^{2\pi}\int_{-\frac{\pi}{2}}^{\frac{\pi}{2}}f(r\cos\varphi\cos\psi,r\sin\varphi\cos\psi,r\sin\psi,t)r^2\cos\psi\mathrm{d}\psi\mathrm{d}\varphi\right]\mathrm{d}r\right\}$$

$$=\int_0^{2\pi}\int_{-\frac{\pi}{2}}^{\frac{\pi}{2}}f(t\cos\varphi\cos\psi,t\sin\varphi\cos\psi,t\sin\psi,t)t^2\cos\psi\mathrm{d}\psi\mathrm{d}\varphi$$

$$+\int_0^t\int_0^{2\pi}\int_{-\frac{\pi}{2}}^{\frac{\pi}{2}}\frac{\partial}{\partial t}f(r\cos\varphi\cos\psi,r\sin\varphi\cos\psi,r\sin\psi,t)r^2\cos\psi\mathrm{d}\psi\mathrm{d}\varphi\mathrm{d}r$$

$$=\iint\limits_{x^2+y^2+z^2=t^2}f(x,y,z)\mathrm{d}S+\iiint\limits_{x^2+y^2+z^2\leqslant t^2}\frac{\partial f}{\partial t}\mathrm{d}x\mathrm{d}y\mathrm{d}z.$$

利用奥斯特洛格拉德斯基公式计算下列面积分:

【4387】 $\iint\limits_S x^2\mathrm{d}y\mathrm{d}z + y^2\mathrm{d}x\mathrm{d}z + z^2\mathrm{d}x\mathrm{d}y$,式中 S 为立方体 $0<x<a, 0<y<a, 0<z<a$ 的边界的外表面.

解 $\iint\limits_S x^2\mathrm{d}y\mathrm{d}z + y^2\mathrm{d}x\mathrm{d}z + z^2\mathrm{d}x\mathrm{d}y = 2\iiint\limits_V (x+y+z)\mathrm{d}x\mathrm{d}y\mathrm{d}z$

$= 2\int_0^a \mathrm{d}x\int_0^a \mathrm{d}y\int_0^a (x+y+z)\mathrm{d}z = 6\int_0^a \mathrm{d}x\int_0^a \mathrm{d}y\int_0^a z\mathrm{d}z = 3a^4.$

【4388】 $\iint\limits_S x^3\mathrm{d}y\mathrm{d}z + y^3\mathrm{d}x\mathrm{d}z + z^3\mathrm{d}x\mathrm{d}y$,式中 S 为球 $x^2 + y^2 + z^2 = a^2$ 的外表面.

解 $\iint\limits_S x^3\mathrm{d}y\mathrm{d}z + y^3\mathrm{d}x\mathrm{d}z + z^3\mathrm{d}x\mathrm{d}y$

$= 3\iiint\limits_V (x^2+y^2+z^2)\mathrm{d}x\mathrm{d}y\mathrm{d}z = 3\int_0^{2\pi}\mathrm{d}\varphi\int_{-\frac{\pi}{2}}^{\frac{\pi}{2}}\mathrm{d}\psi\int_0^a r^4\cos\psi\mathrm{d}r$

$= 6\pi\left(\int_{-\frac{\pi}{2}}^{\frac{\pi}{2}}\cos\psi\mathrm{d}\psi\right)\left(\int_0^a r^4\mathrm{d}r\right) = \frac{12}{5}\pi a^5.$

【4389】 $\iint\limits_S (x-y+z)\mathrm{d}y\mathrm{d}z + (y-z+x)\mathrm{d}x\mathrm{d}z + (z-x+y)\mathrm{d}x\mathrm{d}y$,式中 S 为曲面

$$|x-y+z| + |y-z+x| + |z-x+y| = 1$$

的外表面.

解 $\iint\limits_S (x-y+z)\,\mathrm{d}y\mathrm{d}z + (y-z+x)\,\mathrm{d}x\mathrm{d}z$

$+ (z-x+y)\,\mathrm{d}x\mathrm{d}y = \iiint\limits_V 3\mathrm{d}x\mathrm{d}y\mathrm{d}z,$

其中 V 为由曲面 $|x-y+z| + |y-z+x| + |z-x+y| = 1$ 围成的体积.作变换 $u = x-y+z, v = y-z+x, w = z-x+y,$

则$\dfrac{D(u,v,w)}{D(x,y,z)}=4$，且由$|u|+|v|+|w|=1$围成的体积等于$\dfrac{4}{3}$ *）. 于是,所求的积分为

$$\iint_S (x-y+z)\mathrm{d}y\mathrm{d}z+(y-z+x)\mathrm{d}x\mathrm{d}z+(z-x+y)\mathrm{d}x\mathrm{d}y$$

$$=\iiint_{|u|+|v|+|w|\leqslant 1} 3\cdot\frac{1}{4}\mathrm{d}u\mathrm{d}v\mathrm{d}w=\frac{3}{4}\cdot\frac{4}{3}=1.$$

*） 由$|u|+|v|+|w|=1$围成的体积是对称于坐标原点的正八面体的体积,其大小等于由平面$u+v+w=1, u=0, v=0, w=0$所围成的四面体体积的8倍,即为$8\cdot\dfrac{1}{3}\cdot\dfrac{1}{2}\cdot 1=\dfrac{4}{3}$.

【4390】 计算

$$\iint_S (x^2\cos\alpha+y^2\cos\beta+z^2\cos\gamma)\mathrm{d}S,$$

式中 S 为圆锥曲面 $x^2+y^2=z^2(0\leqslant z\leqslant h)$的一部分, $\cos\alpha$, $\cos\beta$, $\cos\gamma$ 为此曲面外法线的方向余弦.

解 并合平面 $S_1: z=h, x^2+y^2\leqslant h^2$ 的部分得一立体 V, 则(利用奥氏公式)

$$\iint_{S+S_1}(x^2\cos\alpha+y^2\cos\beta+z^2\cos\gamma)\mathrm{d}S=2\iiint_V (x+y+z)\mathrm{d}x\mathrm{d}y\mathrm{d}z$$

$$=2\int_0^{2\pi}\mathrm{d}\varphi\int_0^h r\mathrm{d}r\int_r^h [r(\cos\varphi+\sin\varphi)+z]\mathrm{d}z$$

$$=2\pi\int_0^h (rh^2-r)\mathrm{d}r=\frac{\pi h^4}{2}.$$

又因

$$\iint_{S_1}(x^2\cos\alpha+y^2\cos\beta+z^2\cos\gamma)\mathrm{d}S=h^2\iint_{x^2+y^2\leqslant h^2}\mathrm{d}x\mathrm{d}y=\pi h^4,$$

于是,

$$\iint\limits_S (x^2\cos\alpha + y^2\cos\beta + z^2\cos\gamma)\,\mathrm{d}S = \frac{\pi h^4}{2} - \pi h^4 = -\frac{\pi h^4}{2}.$$

【4391】 证明公式

$$\iiint\limits_V \frac{\mathrm{d}\xi\mathrm{d}\eta\mathrm{d}\zeta}{r} = \frac{1}{2}\iint\limits_S \cos(\vec{r}, \vec{n})\,\mathrm{d}S,$$

其中 S 为包围体积 V 的封闭曲面，$\vec{n}$ 为封闭曲面 S 上的动点 (ξ, η, ζ) 处的外法线，而

$$r = \sqrt{(\xi - x)^2 + (\eta - y)^2 + (\zeta - z)^2},$$

$\vec{r}$ 为从点 (x, y, z) 到点 (ξ, η, ζ) 的矢径.

证 先设曲面 S 不包围点 (x, y, z)（即点 (x, y, z) 在 V 之外），我们有

$$\cos(\vec{r}, \vec{n}) = \cos(\vec{r}, x)\cos\alpha + \cos(\vec{r}, y)\cos\beta + \cos(\vec{r}, z)\cos\gamma,$$

其中 $\cos\alpha, \cos\beta, \cos\gamma$ 为 $\vec{n}$ 的方向余弦. 由于

$$\cos(\vec{r}, x) = \frac{\xi - x}{r},\ \cos(\vec{r}, y) = \frac{\eta - y}{r}, \cos(\vec{r}, z) = \frac{\zeta - z}{r},$$

故

$$\cos(\vec{r}, \vec{n}) = \frac{\xi - x}{r}\cos\alpha + \frac{\eta - y}{r}\cos\beta = \frac{\zeta - z}{r}\cos\gamma.$$

于是，利用奥氏公式，即得

$$\iint\limits_S \cos(\vec{r}, \vec{n})\,\mathrm{d}S = \iint\limits_S \left(\frac{\xi - x}{r}\cos\alpha + \frac{\eta - y}{r}\cos\beta + \frac{\zeta - z}{r}\cos\gamma\right)\mathrm{d}S$$

$$= \iiint\limits_V \left[\frac{\partial}{\partial \xi}\left(\frac{\xi - x}{r}\right) + \frac{\partial}{\partial \eta}\left(\frac{\eta - y}{r}\right) + \frac{\partial}{\partial \zeta}\left(\frac{\zeta - z}{r}\right)\right]\mathrm{d}\xi\mathrm{d}\eta\mathrm{d}\zeta$$

$$= \iiint\limits_V \frac{2}{r}\mathrm{d}\xi\mathrm{d}\eta\mathrm{d}\zeta,$$

故

$$\iiint\limits_V \frac{\mathrm{d}\xi\mathrm{d}\eta\mathrm{d}\zeta}{r} = \frac{1}{2}\iint\limits_S \cos(\vec{r}, \vec{n})\,\mathrm{d}S.$$

次设曲面 S 包围点(x, y, z). 这时, 不能对 V 应用奥氏公式, 必须用一小区域将点(x, y, z)挖掉, 即以点(x, y, z)为中心, ε 为半径作一开球域 V_ε(ε 充分小), 其边界(球面)以 S_ε 表示. 对闭域 $V - V_\varepsilon$, 应用奥氏公式, 仿上可得

$$\iint_S \cos(\vec{r}, \vec{n})\mathrm{d}S + \iint_{S_\varepsilon} \cos(\vec{r}, \vec{n})\mathrm{d}S$$

$$= \iiint_{V-V_\varepsilon} \left[\frac{\partial}{\partial \xi}\left(\frac{\xi - x}{r}\right) + \frac{\partial}{\partial \eta}\left(\frac{\eta - y}{r}\right) + \frac{\partial}{\partial \zeta}\left(\frac{\zeta - z}{r}\right)\right]\mathrm{d}\xi\mathrm{d}\eta\mathrm{d}\zeta$$

$$= 2\iiint_{V-V_\varepsilon} \frac{\mathrm{d}\xi\mathrm{d}\eta\mathrm{d}\zeta}{r}.$$

但在 S_ε 上, $\vec{n}$的方向与 $\vec{r}$的方向相反, 故 $\cos(\vec{r}, \vec{n}) = 1$. 于是,

$$\iint_{S_\varepsilon} \cos(\vec{r}, \vec{n})\mathrm{d}S = -4\pi\varepsilon^2.$$

由此可知, 在前式中令 $\varepsilon \to +0$ 取极限, 即得

$$\iiint_V \frac{\mathrm{d}\xi\mathrm{d}\eta\mathrm{d}\zeta}{r} = \lim_{\varepsilon \to +0} \iiint_{V-V_\varepsilon} \frac{\mathrm{d}\xi\mathrm{d}\eta\mathrm{d}\zeta}{r} = \frac{1}{2}\iint_S \cos(\vec{r}, \vec{n})\mathrm{d}S.$$

证毕.

【4392】 计算高斯积分

$$I(x, y, z) = \iint_S \frac{\cos(\vec{r}, \vec{n})}{r^2}\mathrm{d}S,$$

式中 S 为包含体积 V 的简单封闭平滑曲面, $\vec{n}$为曲面 S 上在点(ξ, η, ζ)处的外法线, $\vec{r}$为连接点(x, y, z)和点(ξ, η, ζ)的矢径,

$$r = \sqrt{(\xi - x)^2 + (\eta - y)^2 + (\zeta - z)^2}.$$

研究两种情形: (1)当曲面 S 不包围点(x, y, z); (2)当曲面 S 包围点(x, y, z).

解 设法线 $\vec{n}$ 的方向余弦为 $\cos\alpha,\cos\beta,\cos\gamma$，则

$$\cos(\vec{r},\vec{n})=\cos(\vec{r},x)\cos\alpha+\cos(\vec{r},y)\cos\beta+\cos(\vec{r},z)\cos\gamma$$

$$=\frac{\xi-x}{r}\cos\alpha+\frac{\eta-y}{r}\cos\beta+\frac{\zeta-z}{r}\cos\gamma.$$

因此，高斯积分

$$I(x,y,z)=\iint_S\frac{\xi-x}{r^3}\mathrm{d}\eta\mathrm{d}\zeta+\frac{\eta-y}{r^3}\mathrm{d}\zeta\mathrm{d}\xi+\frac{\zeta-z}{r^3}\mathrm{d}\xi\mathrm{d}\eta,$$

这里 $P=\frac{\xi-x}{r^3}$，$Q=\frac{\eta-y}{r^3}$，$R=\frac{\zeta-z}{r^3}$. 于是，

$$\frac{\partial P}{\partial\xi}=\frac{1}{r^3}-\frac{3(\xi-x)^2}{r^5},$$

$$\frac{\partial Q}{\partial\eta}=\frac{1}{r^3}-\frac{3(\eta-y)^2}{r^5},$$

$$\frac{\partial R}{\partial\zeta}=\frac{1}{r^3}-\frac{3(\zeta-z)^2}{r^5}.$$

它们仅在点 (x,y,z) 处不连续. 因此，

(1)当曲面 S 不包围点 (x,y,z) 时，则 $\frac{\partial P}{\partial\xi}+\frac{\partial Q}{\partial\eta}+\frac{\partial R}{\partial\zeta}=0$. 于是，利用奥氏公式，有

$$I(x,y,z)=\iint_S\frac{\cos(\vec{r},\vec{n})}{r^2}\mathrm{d}S=0.$$

(2)当曲面 S 包围点 (x,y,z) 时，则我们以点 (x,y,z) 为中心，ε 为半径作一球 V_ε 包围在 S 内，此球面记以 S_ε，将奥氏公式用于 $V-V_\varepsilon$ 上，即得

$$\iint_{S+S_\varepsilon}\frac{\cos(\vec{r},\vec{n})}{r^2}\mathrm{d}S=0.$$

但因 $\iint_{S_\varepsilon}\frac{\cos(\vec{r},\vec{n})}{r^2}\mathrm{d}S=\iint_{S_\varepsilon}\left(-\frac{1}{\varepsilon^2}\right)\mathrm{d}S=-4\pi$，故得

$$I(x,y,z)=\iint\limits_S \frac{\cos(\vec{r},\vec{n})}{r^2}\mathrm{d}S=4\pi.$$

【4393】 证明：若

$$\Delta u\equiv\frac{\partial^2 u}{\partial x^2}+\frac{\partial^2 u}{\partial y^2}+\frac{\partial^2 u}{\partial z^2}$$

及 S 为包围有界体积 V 的光滑曲面，则下列公式正确：

(1) $\displaystyle\iint\limits_S \frac{\partial u}{\partial n}\mathrm{d}S=\iiint\limits_V \Delta u\,\mathrm{d}x\mathrm{d}y\mathrm{d}z$；

(2) $\displaystyle\iint\limits_S u\frac{\partial u}{\partial n}\mathrm{d}S=\iiint\limits_V \left[\left(\frac{\partial u}{\partial x}\right)^2+\left(\frac{\partial u}{\partial y}\right)^2+\left(\frac{\partial u}{\partial z}\right)^2\right]\mathrm{d}x\mathrm{d}y\mathrm{d}z$

$\displaystyle\quad+\iiint\limits_V u\Delta u\,\mathrm{d}x\mathrm{d}y\mathrm{d}z$，

式中 u 和它的直到二阶的偏导函数是在域 $V+S$ 内连续的函数，$\dfrac{\partial u}{\partial n}$ 为沿曲面 S 的外法线的导函数.

证 (1)由于 $\dfrac{\partial u}{\partial n}=\dfrac{\partial u}{\partial x}\cos\alpha+\dfrac{\partial u}{\partial y}\cos\beta+\dfrac{\partial u}{\partial z}\cos\gamma$，因此，利用奥氏公式即得

$$\iint\limits_S \frac{\partial u}{\partial n}\mathrm{d}S=\iint\limits_S\left(\frac{\partial u}{\partial x}\cos\alpha+\frac{\partial u}{\partial y}\cos\beta+\frac{\partial u}{\partial z}\cos\gamma\right)\mathrm{d}S$$

$$=\iiint\limits_V\left(\frac{\partial^2 u}{\partial x^2}+\frac{\partial^2 u}{\partial y^2}+\frac{\partial^2 u}{\partial z^2}\right)\mathrm{d}x\mathrm{d}y\mathrm{d}z=\iiint\limits_V \Delta u\,\mathrm{d}x\mathrm{d}y\mathrm{d}z.$$

(2) $\displaystyle\iint\limits_S u\frac{\partial u}{\partial n}\mathrm{d}S=\iint\limits_S\left(u\frac{\partial u}{\partial x}\cos\alpha+u\frac{\partial u}{\partial y}\cos\beta+u\frac{\partial u}{\partial z}\cos\gamma\right)\mathrm{d}S$

$$=\iiint\limits_V\left[\frac{\partial}{\partial x}\left(u\frac{\partial u}{\partial x}\right)+\frac{\partial}{\partial y}\left(u\frac{\partial u}{\partial y}\right)+\frac{\partial}{\partial z}\left(u\frac{\partial u}{\partial z}\right)\right]\mathrm{d}x\mathrm{d}y\mathrm{d}z$$

$$=\iiint\limits_V u\Delta u\,\mathrm{d}x\mathrm{d}y\mathrm{d}z+\iiint\limits_V\left[\left(\frac{\partial u}{\partial x}\right)^2+\left(\frac{\partial u}{\partial y}\right)^2+\left(\frac{\partial u}{\partial z}\right)^2\right]\mathrm{d}x\mathrm{d}y\mathrm{d}z.$$

【4394】 证明空间的格林第二公式

$$\iiint\limits_V \begin{vmatrix} \Delta u & \Delta v \\ u & v \end{vmatrix} \mathrm{d}x\mathrm{d}y\mathrm{d}z = \iint\limits_S \begin{vmatrix} \dfrac{\partial u}{\partial n} & \dfrac{\partial v}{\partial n} \\ u & v \end{vmatrix} \mathrm{d}S,$$

式中体积 V 是由曲面 S 所包围的,$\vec{n}$是曲面 S 的外法线方向,而函数 $u=u(x,y,z)$, $v=v(x,y,z)$为域 $V+S$ 内可微分两次的函数.

证

$$\iint\limits_S \begin{vmatrix} \dfrac{\partial u}{\partial n} & \dfrac{\partial v}{\partial n} \\ u & v \end{vmatrix} \mathrm{d}S = \iint\limits_S \left[\left(v\frac{\partial u}{\partial x}-u\frac{\partial v}{\partial x}\right)\cos\alpha+\left(v\frac{\partial u}{\partial y}-u\frac{\partial v}{\partial y}\right)\cos\beta\right.$$

$$\left.+\left(v\frac{\partial u}{\partial z}-u\frac{\partial v}{\partial z}\right)\cos\gamma\right]\mathrm{d}S$$

$$=\iiint\limits_V \left[\frac{\partial}{\partial x}\left(v\frac{\partial u}{\partial x}-u\frac{\partial v}{\partial x}\right)\cos\alpha+\frac{\partial}{\partial y}\left(v\frac{\partial u}{\partial y}-u\frac{\partial v}{\partial y}\right)\cos\beta\right.$$

$$\left.+\frac{\partial}{\partial z}\left(v\frac{\partial u}{\partial z}-u\frac{\partial v}{\partial z}\right)\cos\gamma\right]\mathrm{d}x\mathrm{d}y\mathrm{d}z$$

$$=\iiint\limits_V \left[v\left(\frac{\partial^2 u}{\partial x^2}+\frac{\partial^2 u}{\partial y^2}+\frac{\partial^2 u}{\partial z^2}\right)-u\left(\frac{\partial^2 v}{\partial x^2}+\frac{\partial^2 v}{\partial y^2}+\frac{\partial^2 v}{\partial z^2}\right)\right]\mathrm{d}x\mathrm{d}y\mathrm{d}z$$

$$=\iiint\limits_V \begin{vmatrix} \Delta u & \Delta v \\ u & v \end{vmatrix} \mathrm{d}x\mathrm{d}y\mathrm{d}z$$

【4395】 函数 $u=u(x,y,z)$在某一域内具有直到二阶的连续导函数,若

$$\Delta u \equiv \frac{\partial^2 u}{\partial x^2}+\frac{\partial^2 u}{\partial y^2}+\frac{\partial^2 u}{\partial z^2}=0,$$

则 $u(x,y,z)$在这个域内称为调和函数.

证明:若 u 是被平滑曲面 S 所包围的有界闭域 V 内的调和函数,则下列公式是正确的.

(1) $\iint\limits_S \frac{\partial u}{\partial n}\mathrm{d}S=0$;

(2) $\iiint\limits_V \left[\left(\frac{\partial u}{\partial x}\right)^2+\left(\frac{\partial u}{\partial y}\right)^2+\left(\frac{\partial u}{\partial z}\right)^2\right]\mathrm{d}x\mathrm{d}y\mathrm{d}z=\iint\limits_S u\frac{\partial u}{\partial n}\mathrm{d}S$,

式中$\vec{n}$为曲面 S 的外法线.

试用公式(2),证明在域 V 内的调和函数由它在界限 S 上的值惟一地确定.

证 (1)由于 $\Delta u=0$,故利用 4393 题(1)的结果,即得

$$\iint\limits_S \frac{\partial u}{\partial n}\mathrm{d}S=\iiint\limits_V 0\mathrm{d}x\mathrm{d}y\mathrm{d}z=0.$$

(2)利用 4393 题(2)的结果,即得

$$\begin{aligned}&\iint\limits_S u\frac{\partial u}{\partial n}\mathrm{d}S\\=&\iiint\limits_V u\cdot 0\mathrm{d}x\mathrm{d}y\mathrm{d}z+\iiint\limits_V\left[\left(\frac{\partial u}{\partial x}\right)^2+\left(\frac{\partial u}{\partial y}\right)^2+\left(\frac{\partial u}{\partial z}\right)^2\right]\mathrm{d}x\mathrm{d}y\mathrm{d}z\\=&\iiint\limits_V\left[\left(\frac{\partial u}{\partial x}\right)^2+\left(\frac{\partial u}{\partial y}\right)^2+\left(\frac{\partial u}{\partial z}\right)^2\right]\mathrm{d}x\mathrm{d}y\mathrm{d}z.\end{aligned}$$

与 4333 题一样,只要证明:若在界限 S 上调和函数 $u=0$,则它在域 V 上也恒有 $u=0$. 事实上,利用本题(2),得

$$\iiint\limits_V\left[\left(\frac{\partial u}{\partial x}\right)^2+\left(\frac{\partial u}{\partial y}\right)^2+\left(\frac{\partial u}{\partial z}\right)^2\right]\mathrm{d}x\mathrm{d}y\mathrm{d}z=0,$$

因此,

$$\frac{\partial u}{\partial x}\equiv\frac{\partial u}{\partial y}\equiv\frac{\partial u}{\partial z}\equiv 0,$$

即在域 V 上 $u\equiv$常数. 但在 S 上 $u=0$,故在域 V 上 $u=0$. 这就是证明:在域 V 内的调和函数由它在界限 S 上的值惟一地确定.

【4396】 证明:若函数 $u=u(x,y,z)$是在由光滑曲面 S

所包围着的有界闭域 V 内的调和函数,则

$$u(x,y,z)=\frac{1}{4\pi}\iint\limits_S\left[u\frac{\cos(\vec{r},\vec{n})}{r^2}+\frac{1}{r}\frac{\partial u}{\partial n}\right]dS,$$

式中 $\vec{r}$ 是从域 V 的内面的点 (x,y,z) 引至曲面上的动点 (ξ,η,ζ) 的矢径,而

$$r=\sqrt{(\xi-x)^2+(\eta-y)^2+(\zeta-z)^2},$$

$\vec{n}$ 为曲面 S 上在点 (ξ,η,ζ) 的外法线向量.

证 在4394题中令 $v=\frac{1}{r}$,则当 $(\xi,\eta,\zeta)\neq(x,y,z)$ 时,有 $\Delta v=0$.现以点 $P(x,y,z)$ 为中心,ρ 为半径作一球面 S_ρ 含于曲面 S 内,再将4394题应用到由曲面 $S+S_\rho$ 所包围的体积 V 内,即得

$$\iint\limits_{S+S_\rho}\left(\frac{1}{r}\frac{\partial u}{\partial n}-u\frac{\partial\left(\frac{1}{r}\right)}{\partial n}\right)dS=0,$$

或

$$\iint\limits_{S_\rho}\left(\frac{1}{r}\frac{\partial u}{\partial n}-u\frac{\partial\left(\frac{1}{r}\right)}{\partial n}\right)dS=-\iint\limits_{S}\left(\frac{1}{r}\frac{\partial u}{\partial n}-u\frac{\partial\left(\frac{1}{r}\right)}{\partial n}\right)dS.$$

显然,S 上的法线是向外的,而 S_ρ 上的法线是指向球心的,即指向半径减少的一方.因此,

$$\frac{\partial\left(\frac{1}{r}\right)}{\partial n}=-\frac{\partial\left(\frac{1}{r}\right)}{\partial r}\Bigg|_{r=\rho}=\frac{1}{\rho^2}.$$

于是,我们有

$$\iint\limits_{S_\rho}\left(\frac{1}{\rho}\frac{\partial u}{\partial n}-\frac{u}{\rho^2}\right)dS=-\iint\limits_{S}\left(\frac{1}{r}\frac{\partial u}{\partial n}-u\frac{\partial\left(\frac{1}{r}\right)}{\partial n}\right)dS.$$

但 $\iint\limits_{S_\rho} \frac{1}{\rho}\frac{\partial u}{\partial n}dS = \frac{1}{\rho}\iint\limits_{S_\rho}\frac{\partial u}{\partial n}dS = 0$,又利用中值定理,得

$$\iint\limits_{S_\rho}\frac{u}{\rho^2}dS = \frac{1}{\rho^2}u(x',y',z')4\pi\rho^2 = 4\pi u(x',y',z'),$$

其中 $u(x',y',z')$ 为函数 u 在球面 $S\rho$ 上某点之值. 从而

$$u(x',y',z') = \frac{1}{4\pi}\iint\limits_{S}\left(\frac{1}{r}\frac{\partial u}{\partial n} - u\frac{\partial\left(\frac{1}{r}\right)}{\partial n}\right)dS.$$

上式右端与 ρ 无关. 而 $\lim\limits_{\rho\to+0}u(x',y',z') = u(x,y,z)$. 因而, 令 $\rho\to+0$. 即得

$$u(x,y,z) = \frac{1}{4\pi}\iint\limits_{S}\left(\frac{1}{r}\frac{\partial u}{\partial n} - u\frac{\partial\left(\frac{1}{r}\right)}{\partial n}\right)dS.$$

又由于

$$\frac{\partial\left(\frac{1}{r}\right)}{\partial n} = \frac{\partial\left(\frac{1}{r}\right)}{\partial r}\frac{\partial r}{\partial n} = -\frac{1}{r^2}\left(\frac{\partial r}{\partial\xi}\cos\alpha + \frac{\partial r}{\partial\eta}\cos\beta + \frac{\partial r}{\partial\zeta}\cos\gamma\right)$$

$$= -\frac{1}{r^2}\left(\frac{\xi - x}{r}\cos\alpha + \frac{\eta - y}{r}\cos\beta + \frac{\zeta - z}{r}\cos\gamma\right) = -\frac{\cos(\vec{r},\vec{n})}{r^2}$$

故最后得

$$u(x,y,z) = \frac{1}{4\pi}\iint\limits_{S}\left[u\frac{\cos(\vec{r},\vec{n})}{r^2} + \frac{1}{r}\frac{\partial u}{\partial n}\right]dS.$$

【4397】 证明:若 $u = u(x,y,z)$ 为在以 R 为半径, 以点 (x_0,y_0,z_0) 为球心的球 S 内的调和函数, 则

$$u(x_0,y_0,z_0) = \frac{1}{4\pi R^2}\iint\limits_{S}u(x,y,z)dS \quad (\text{中值定理}).$$

证 在球 S 上应用 4396 题的结果, 即得

$$u(x_0,y_0,z_0) = \frac{1}{4\pi}\iint\limits_{S}\left(\frac{u\cos(\vec{r},\vec{n})}{r^2} + \frac{1}{r}\frac{\partial u}{\partial n}\right)dS$$

$$= \frac{1}{4\pi}\iint\limits_{S}\left(\frac{u}{R^2}+\frac{1}{R}\frac{\partial u}{\partial n}\right)\mathrm{d}S = \frac{1}{4\pi R^2}\iint\limits_{S} u(x,y,z)\mathrm{d}S^{*)}.$$

*) 利用 4395 题的结果. 有 $\frac{1}{4\pi R}\iint\limits_{S}\frac{\partial u}{\partial n}\mathrm{d}S = 0$.

【4398】 证明:在有界闭域 V 内连续且其内部是调和的函数 $u=u(x,y,z)$,若它不是常数,则在域内的点函数不能达到最大和最小的值(极大值原则).

证 证明与 4337 题(平面情形)完全类似. 设有界闭域为 $\bar{\Omega}$,它是由有界开域 Ω 及其边界 $\partial\Omega$ 构成. 我们要证明:如果 $u(x,y,z)$ 在 $\bar{\Omega}$ 的某内点 $P_0(x_0,y_0,z_0)$ 达到其最大值或最小值(例如,设达到最大值),则 $u(x,y,z)$ 在 $\bar{\Omega}$ 上必为常数. 下分三步证明:

(1)先证:若球域 $V_\rho=\{(x,y,z)\mid(x-x_0)^2+(y-y_0)^2+(z-z_0)^2\leqslant\rho^2\}$ 完全属于 Ω,则 $u(x,y,z)$ 在 V_ρ 上为常数.

对任何的 $0<r\leqslant\rho$,用 S_r 表球面 $\{(x,y,z)\mid(x-x_0)^2+(y-y_0)^2+(z-z_0)^2=r^2\}$. 由 4397 题的结果可知

$$u(x_0,y_0,z_0)=\frac{1}{4\pi r^2}\iint\limits_{S_r} u(x,y,z)\mathrm{d}S,$$

故

$$\frac{1}{4\pi r^2}\iint\limits_{S_r}[u(x_0,y_0,z_0)-u(x,y,z)]\mathrm{d}S=0. \qquad (1')$$

但因 $u(x_0,y_0,z_0)$ 是最大值,故在 S_r 上恒有

$$u(x_0,y_0,z_0)-u(x,y,z)\geqslant 0.$$

由此,根据(1′),即易知在 S_r 上 $u(x_0,y_0,z_0)-u(x,y,z)\equiv 0$. 因为,若有某点 $(x_1,y_1,z_1)\in S_r$ 使

$$u(x_0,y_0,z_0)-u(x_1,y_1,z_1)=\tau>0,$$

则由 $u(x,y,z)$的连续性可知，必有以(x_1,y_1,z_1)为中心的某小球域 σ 存在，使当$(x,y,z)\in\sigma$ 时，恒有

$$u(x_0,y_0,z_0)-u(x,y,z)\geqslant\frac{\tau}{2}.$$

用 S_r' 表 S_r 含于 σ 内的部分，则

$$\iint_{S_r}[u(x_0,y_0,z_0)-u(x,y,z)]\mathrm{d}S$$

$$\geqslant\iint_{S_r'}[u(x_0,y_0,z_0)-u(x,y,z)]\mathrm{d}S\geqslant\iint_{S_r'}\frac{\tau}{2}\mathrm{d}S=\frac{1}{2}\tau D_r>0,$$

其中 D_r 表 S_r' 的面积，此显然与(1′)式矛盾. 于是，在 S_r 上有

$$u(x_0,y_0,z_0)-u(x,y,z)\equiv0.$$

再根据 r 的任意性$(0<r\leqslant\rho)$，即知对任何$(x,y,z)\in V_\rho$，都有 $u(x,y,z)=u(x_0,y_0,z_0)$. 换句话说，$u(x,y,z)$在 V_ρ 上是常数.

(2)次证：设 $P^*(x^*,y^*,z^*)$为 $\bar{\Omega}$ 的任一内点(即 $P^*\in\Omega$)，则必有

$$u(x^*,y^*,z^*)=u(x_0,y_0,z_0).$$

用完全含于 Ω 内的折线 λ 将点 $P(x_0,y_0,z_0)$与点 $P^*(x^*,y^*,z^*)$连接起来，用 δ 表$\partial\Omega$ 与 l 之间的距离，即

$$\delta=\min\sqrt{(x-x')^2+(y-y')^2+(z-z')^2},$$

其中 min 是对一切$(x,y,z)\in\partial\Omega$，$(x',y',z')\in l$ 来取的(由于$\partial\Omega$，l 是互不相交的有界闭集，可证 min 一定能达到，从而 $\delta>0$). 取 $0<\delta'<\delta$. 以点 P_0 为中心，为 δ' 半径作一球，得球域 $V_0=\{(x,y,z)\mid(x-x_0)^2+(y-y_0)^2+(z-z_0)^2\leqslant\delta'^2\}$，此球域完全含于 Ω 内，由(1)段已证的结果知，$u(x,y,z)$在 V_0 上为常数，特别是 $u(x_1,y_1,z_1)=u(x_0,y_0,z_0)$. 这里点 $P_1(x_1,$

$y_1, z_1)$代表球面 $S_0=\left\{(x,y,z) \mid (x-x_0)^2+(y-y_0)^2+(z-z_0)^2=\delta^2\right\}$与折线 l 的交点(参看 4337 题的图). 又以点 P_1 为中心, δ'为半径作一球, 得球域 $V_1=\left\{(x,y,z) \mid (x-x_1)^2+(y-y_1)^2+(z-z_1)^2 \leqslant \delta'^2\right\}$. 于是, V_1 也完全含于 Ω 内. 由于 $u(x,y,z)$也在 $P_1(x_1,y_1,z_1)$点达到最大值, 故将(1)段的结果用于 V_1, 可知 $u(x,y,z)$在 V_1 上是常数. 特别是 $u(x_2,y_2,z_2)=u(x_1,y_1,z_1)$. 这里点 $P_2(x_2,y_2,z_2)$为球面 $S_1=\left\{(x,y,z) \mid (x-x_1)^2+(y-y_1)^2+(z-z_1)^2=\delta'^2\right\}$与 l 的交点(除 P_0 外的另一交点). 再以点 P_2 为中心, δ'为半径作一球域 V_2, …, 这样继续下去. 显然, 至多经过 n 次(n 为大于$\frac{s}{\delta'}$的最小正整数, s 表折线 l 的长), 点 $P^*(x^*,y^*,z^*)$必属于 V_{n-1}. 从而

$$u(x^*,y^*,z^*)=u(x_{n-1},y_{n-1},z_{n-1})=\cdots$$
$$=u(x_1,y_1,z_1)=u(x_0,y_0,z_0).$$

(3)由(2)段的结果知, $u(x,y,z)$在 Ω 上是常数, 根据 $u(x,y,z)$在 $\overline{\Omega}$ 上的连续性, 通过由 Ω 的点趋向$\partial\Omega$ 的点取极限, 即知 $u(x,y,z)$在 $\overline{\Omega}$ 上是常数. 证毕.

注 从证明过程中看出, 需假定区域 Ω(从而 $\overline{\Omega}$)是连通的. 事实上, 若 Ω 不连通, 则结论不一定成立. 例如, 设 $\overline{\Omega}=V_1+V_2$, 其中 V_1 与 V_2 是两个互无公共点的闭球域, 而令

$$u(x,y,z)=\begin{cases} C_1, & (x,y,z)\in V_1, \\ C_2, & (x,y,z)\in V_2, \end{cases}$$

其中 $C_1 \neq C_2$ 是两个常数, 则 $u(x,y,z)$显然是 $\overline{\Omega}$ 上的调和函数且在$\overline{\Omega}$ 上不是常数, 但它却在其内点达到最大值与最小值.

【4399】 物体 V 全部浸溺于液体中, 从巴斯葛耳定律出

发,证明液体的浮力等于物体同体积液体之重而方向垂直向上(阿基米德定律).

证 将 Oxy 坐标面取在液面上,而 Oz 轴垂直液面向下.设液体比重为 ρ,浸入液体的物体 V 的表面积为 S.若对应于面积元素 $\mathrm{d}S$ 液体的深度为 z,则在 $\mathrm{d}S$ 上所受的压力为 $\rho z\mathrm{d}S$,由于此压力总是垂直于 $\mathrm{d}S$ 面的,故压力在各坐标轴上的射影为

$$-\rho z\cos\alpha\,\mathrm{d}S,\ -\rho z\cos\beta\,\mathrm{d}S,\ -\rho z\cos\gamma\,\mathrm{d}S.$$

利用奥氏公式,即得作用于物体整个表面的总压力在各坐标轴上的射影

$$P_x=-\rho\iint_S z\cos\alpha\,\mathrm{d}S=-\rho\iiint_V 0\,\mathrm{d}x\mathrm{d}y\mathrm{d}z=0,$$

$$P_y=-\rho\iint_S z\cos\beta\,\mathrm{d}S=-\rho\iiint_V 0\,\mathrm{d}x\mathrm{d}y\mathrm{d}z=0,$$

$$P_z=-\rho\iint_S z\cos\gamma\,\mathrm{d}S=-\rho\iiint_V \mathrm{d}x\mathrm{d}y\mathrm{d}z=-\rho V.$$

因此,压力的主向量即合力,朝着垂直向上的方向,其大小等于被物体排出的液体的重量.这就是阿基米德定律.

【4400】 设 S_t 是变动的球 $(\xi-x)^2+(\eta-y)^2+(\zeta-z)^2=t^2$,而函数 $f(\xi,\eta,\zeta)$ 是连续的,证明:函数

$$u(x,y,z,t)=\frac{1}{4\pi}\iint_{S_t}\frac{f(\xi,\eta,\zeta)}{t}\mathrm{d}S_t$$

满足波动方程式

$$\frac{\partial^2 u}{\partial x^2}+\frac{\partial^2 u}{\partial y^2}+\frac{\partial^2 u}{\partial z^2}=\frac{\partial^2 u}{\partial t^2}$$

和初始条件 $u\Big|_{t=0}=0,\ \dfrac{\partial u}{\partial t}\Big|_{t=0}=f(x,y,z).$

证 首先指出,本题应设 $f(\xi,\eta,\zeta)$ 具有连续的二阶偏导

函数.先验证函数 u 满足初始 $u\Big|_{t=0}=0$ 条件(意即 $\lim\limits_{t\to+0}u=0$)及 $\dfrac{\partial u}{\partial t}\Big|_{t=0}=f(x,y,z)$(意即 $\lim\limits_{t\to+0}\dfrac{\partial u}{\partial t}=f(x,y,z)$).今固定$(x,y,z)$.由连续性知,存在常数 $M>0$,使当$(\xi-x)^2+(\eta-y)^2+(\zeta-z)^2\leqslant t^2$ 时,恒有

$$|f(\xi,\eta,\zeta)|\leqslant M,\quad |f'_\xi(\xi,\eta,\zeta)|\leqslant M,$$
$$|f'_\eta(\xi,\eta,\zeta)|\leqslant M,\quad |f'_\zeta(\xi,\eta,\zeta)|\leqslant M.$$

当 $0<t<1$ 时,我们有

$$|u(x,y,z,t)|\leqslant\frac{1}{4\pi t}\iint\limits_{S_t}|f(\xi,\eta,\zeta)|\,\mathrm{d}S_t\leqslant\frac{1}{4\pi t}\iint\limits_{S}M\mathrm{d}S_t$$
$$=\frac{1}{4\pi t}M4\pi t^2=Mt,$$

由此可知,$\lim\limits_{t\to+0}u(x,y,z,t)=0$.

又作变量代换 $\xi=x+ut,\eta=y+vt,\zeta=z+wt$,则有

$$u(x,y,z,t)=\frac{1}{4\pi}\iint\limits_{S}f(x+ut,y+vt,z+wt)t\,\mathrm{d}S,\qquad(1)$$

其中 S 是单位球面 $u^2+v^2+w^2=1$.于是,

$$\frac{\partial u}{\partial t}=\frac{1}{4\pi}\frac{\partial}{\partial t}\iint\limits_{S}f(x+ut,y+vt,z+wt)t\,\mathrm{d}S$$
$$=\frac{1}{4\pi}\iint\limits_{S}\left(\frac{\partial f}{\partial\xi}u+\frac{\partial f}{\partial\eta}v+\frac{\partial f}{\partial\zeta}w\right)t\,\mathrm{d}S+\frac{1}{4\pi}\iint\limits_{S}f(x+ut,$$
$$y+vt,z+wt)\mathrm{d}S=I_1+I_2.\qquad(2)$$

显然,当 $0<t<1$ 时,

$$|I_1|\leqslant\frac{t}{4\pi}\iint\limits_{S}3M\mathrm{d}S=3Mt,$$

故 $\lim\limits_{t\to+0}I_1=0$.又显然(由于连续性)

$$\lim_{t\to+0} I_2=\frac{1}{4\pi}\iint_S f(x,y,z)\mathrm{d}S=\frac{f(x,y,z)}{4\pi}\iint_S \mathrm{d}S=f(x,y,z).$$

因此,得

$$\lim_{t\to+0}\frac{\partial u}{\partial t}=f(x,y,z).$$

下面再验证 u 满足波动方程.由(2)式,利用奥氏公式,有(V 为球体 $u^2+v^2+w^2\leqslant 1$, V_t 为球体 $u_1^2+v_1^2+w_1^2\leqslant t^2$)

$$\begin{aligned}
I_1&=\frac{t}{4\pi}\iint_S\left(\frac{\partial f}{\partial\xi}\cos\alpha+\frac{\partial f}{\partial\eta}\cos\beta+\frac{\partial f}{\partial\zeta}\cos\gamma\right)\mathrm{d}S\\
&=\frac{t^2}{4\pi}\iiint_V\left(\frac{\partial^2}{\partial\xi^2}+\frac{\partial^2}{\partial\eta^2}+\frac{\partial^2}{\partial\zeta^2}\right)f(x+ut,y+vt,z+wt)\mathrm{d}u\mathrm{d}v\mathrm{d}w\\
&=\frac{1}{4\pi t}\iiint_{V_t}\left(\frac{\partial^2}{\partial\xi^2}+\frac{\partial^2}{\partial\eta^2}+\frac{\partial^2}{\partial\zeta^2}\right)f(x+u_1,y+v_1,z+w_1)\mathrm{d}u_1\mathrm{d}v_1\mathrm{d}w_1\\
&=\frac{1}{4\pi t}\iiint_{V_t}\left(\frac{\partial^2}{\partial x^2}+\frac{\partial^2}{\partial y^2}+\frac{\partial^2}{\partial z^2}\right)f(x+u_1,y+v_1,z+w_1)\mathrm{d}u_1\mathrm{d}v_1\mathrm{d}w_1\\
&=\frac{1}{4\pi t}\Delta\left(\iiint_{V_t}f(x+u_1,y+v_1,z+w_1)\mathrm{d}u_1\mathrm{d}v_1\mathrm{d}w_1\right)\\
&=\frac{1}{4\pi t}\Delta\left(\int_0^t\int_0^{2\pi}\int_{-\frac{\pi}{2}}^{\frac{\pi}{2}}f(x+r\cos\psi\cos\varphi,y+r\cos\psi\sin\varphi,z\right.\\
&\qquad\left.+r\sin\psi)r^2\cos\psi\mathrm{d}\psi\mathrm{d}\varphi\mathrm{d}r\right)=\frac{I_3}{4\pi t},
\end{aligned}$$

其中 $\cos\alpha=u,\cos\beta=v,\cos\gamma=w$ 为S 的外法线的方向余弦,又由(2)式及(1)式,有

$$I_2=\frac{1}{4\pi t}\iint_S f(x+ut,y+vt,z+wt)t\,\mathrm{d}S=\frac{u}{t},$$

从而$\frac{\partial u}{\partial t}=\frac{I_3}{4\pi t}+\frac{u}{t}$ $(t>0)$.于是,

$$\frac{\partial^2 u}{\partial t^2}=\frac{1}{4\pi t}\frac{\partial I_3}{\partial t}-\frac{I_3}{4\pi t^2}-\frac{u}{t^2}+\frac{1}{t}\frac{\partial u}{\partial t}$$

$$=\frac{1}{4\pi t}\frac{\partial I_3}{\partial t}-\frac{I_3}{4\pi t^2}-\frac{u}{t^2}+\frac{1}{t}\left(\frac{I_3}{4\pi t}+\frac{u}{t}\right)$$

$$=\frac{1}{4\pi t}\frac{\partial I_3}{\partial t}\quad (t>0). \tag{3}$$

但

$$\frac{\partial I_3}{\partial t}=\frac{\partial}{\partial t}\Delta\Big[\int_0^t\int_0^{2\pi}\int_{-\frac{\pi}{2}}^{\frac{\pi}{2}} f(x+r\cos\psi\cos\varphi, y+r\cos\psi\sin\varphi, z+r\sin\psi)r^2\cos\psi\,\mathrm{d}\psi\,\mathrm{d}\varphi\,\mathrm{d}r\Big]$$

$$=\Delta\Big[\frac{\partial}{\partial t}\int_0^t\int_0^{2\pi}\int_{-\frac{\pi}{2}}^{\frac{\pi}{2}} f(x+r\cos\psi\cos\varphi, y+r\cos\psi\sin\varphi, z+r\sin\psi)r^2\cos\psi\,\mathrm{d}\psi\,\mathrm{d}\varphi\,\mathrm{d}r\Big]$$

$$=\Delta\Big[\int_0^{2\pi}\int_{-\frac{\pi}{2}}^{\frac{\pi}{2}} f(x+t\cos\psi\cos\varphi, y+t\cos\psi\sin\varphi, z+t\sin\psi)t^2\cos\psi\,\mathrm{d}\psi\,\mathrm{d}\varphi\Big]=\Delta\Big[\iint_{S_t} f(\xi,\eta,\zeta)\,\mathrm{d}S_t\Big]$$

故

$$\frac{\partial^2 u}{\partial t^2}=\frac{1}{4\pi t}\Delta\left(\iint_{S_t} f(\xi,\eta,\zeta)\,\mathrm{d}S_t\right)=\Delta\left(\frac{1}{4\pi}\iint_{S_t}\frac{f(\xi,\eta,\zeta)}{t}\,\mathrm{d}S_t\right)$$

$$=\Delta u=\frac{\partial^2 u}{\partial x^2}+\frac{\partial^2 u}{\partial y^2}+\frac{\partial^2 u}{\partial z^2}\quad (t>0).$$

证毕.

§17. 场论初步

1° 梯度　若 $u(\vec{r}) = u(x, y, z)$(其中 $\vec{r} = x\vec{i} + y\vec{j} + z\vec{k}$)是连续可微分的数量场,则称向量

$$\mathrm{grad}u = \frac{\partial u}{\partial x}\vec{i} + \frac{\partial u}{\partial y}\vec{j} + \frac{\partial u}{\partial z}\vec{k}$$

为 $u(\vec{r})$的梯度,或简记为 $\mathrm{grad}u = \nabla u$,其中 $\nabla = \vec{i}\frac{\partial}{\partial x} + \vec{j}\frac{\partial}{\partial y} + \vec{k}\frac{\partial}{\partial z}$. 于已知点$(x, y, z)$场 u 的梯度的方向是与过此点的等位面 $u(x, y, z) = C$ 的法线方向一致. 对于场的每一点此向量给出函数 u 变化之最大速度的大小

$$|\mathrm{grad}u| = \sqrt{\left(\frac{\partial u}{\partial x}\right)^2 + \left(\frac{\partial u}{\partial y}\right)^2 + \left(\frac{\partial u}{\partial z}\right)^2}$$

与方向.

在某方向 $\vec{l}\{\cos\alpha, \cos\beta, \cos\gamma\}$ 上场 u 的导数等于

$$\frac{\partial u}{\partial l} = \mathrm{grad}u \cdot \vec{l} = \frac{\partial u}{\partial x}\cos\alpha + \frac{\partial u}{\partial y}\cos\beta + \frac{\partial u}{\partial z}\cos\gamma.$$

2° 场的散度与场的旋度　若

$$\vec{a}(\vec{r}) = a_x(x, y, z)\vec{i} + a_y(x, y, z)\vec{j} + a_z(x, y, z)\vec{k}$$

是连续可微分的向量场,则称数量

$$\mathrm{div}\vec{a} = \nabla\vec{a} = \frac{\partial a_x}{\partial x} + \frac{\partial a_y}{\partial y} + \frac{\partial a_z}{\partial z}$$

为这个场的散度.

向量

$$\mathrm{rot}\vec{a} = \nabla \times \vec{a} = \begin{vmatrix} \vec{i} & \vec{j} & \vec{k} \\ \frac{\partial}{\partial x} & \frac{\partial}{\partial y} & \frac{\partial}{\partial z} \\ a_x & a_y & a_z \end{vmatrix}$$

名为场的旋度.

3° 穿过曲面的流量　若向量 $\vec{a}(\vec{r})$在域 Ω 内产生向量场,则称积分

$$\iint_S \vec{a}\,\vec{n}\,dS = \iint_S (a_x\cos\alpha + a_y\cos\beta + a_z\cos\gamma)\,dS$$

为穿过位于域 Ω 内的已知曲面 S 的流向法线上单位向量 $\vec{n}\{\cos\alpha, \cos\beta, \cos\gamma\}$ 所指的那一面的流量. 在向量的论述中奥斯特洛格拉德斯基公式具有下面的形状:

$$\iint_S \vec{a}\,\vec{n}\,dS = \iiint_V \mathrm{div}\,\vec{a}\,dx\,dy\,dz,$$

式中 S 为包围体积 V 的曲面, $\vec{n}$ 为曲面 S 的外法线单位向量.

4° 向量的环流　数

$$\int_C \vec{a}\,d\vec{r} = \int_C a_x dx + a_y dy + a_z dz$$

称为向量 $\vec{a}(\vec{r})$ 沿某曲线 C 所取的线积分(场做的功).

若围线 C 是封闭的, 则称线积分为向量 $\vec{a}$ 沿围线 C 的环流.

在向量的形式上斯托克斯公式为

$$\oint_C \vec{a}\,d\vec{r} = \iint_S \vec{n}\,\mathrm{rot}\,\vec{a}\,dS,$$

式中 C 为包围曲面 S 的封闭围线, 并且对曲面 S 的法线 $\vec{n}$ 之方向应当这样来选择: 使得立于曲面 S 上的观察者, 以头向着法线的方向, 围线 C 的回绕是依反时针前进的方向作成的(对于右旋坐标系).

5° 有势场　向量场 $\vec{a}(\vec{r})$ 是某数量 u 的梯度即 $\mathrm{grad}\,u = \vec{a}$, $\vec{a}$ 名为有势场, 而数量 u 名为场的势.

若势 u 为单值函数, 则

$$\int_{AB} \vec{a}\,d\vec{r} = u(B) - u(A).$$

特别是, 在这个情形向量 $\vec{a}$ 的环流等于零.

给定在单联通域内的场 $\vec{a}$ 为有势场的充要条件, 是条件 $\mathrm{rot}\,\vec{a} = \vec{0}$ 满足, 就是说, 这样的场应当是无旋场.

【4401】 求场 $u = x^2 + 2y^2 + 3z^2 + xy + 3x - 2y - 6z$ 在:

(1) $O(0,0,0)$;　(2) $A(1,1,1)$;　(3) $B(2,0,1)$

诸点梯度的大小和方向. 在场的怎样的点, 梯度等于零?

解 $\frac{\partial u}{\partial x}=2x+y+3$，$\frac{\partial u}{\partial y}=4y+x-2$，$\frac{\partial u}{\partial z}=6z-6$.

(1)在 O 点，有 $\mathrm{grad}u=3\vec{i}-2\vec{j}-6\vec{k}$，$|\mathrm{grad}u|=7$，方向：

$$\cos\alpha=\frac{3}{7},\ \cos\beta=-\frac{2}{7},\ \cos\gamma=-\frac{6}{7};$$

(2)在 A 点，有 $\mathrm{grad}u=6\vec{i}+3\vec{j}$，$|\mathrm{grad}u|=3\sqrt{5}$，方向：

$$\cos\alpha=\frac{2}{\sqrt{5}},\ \cos\beta=\frac{1}{\sqrt{5}},\ \cos\gamma=0;$$

(3)在 B 点，有 $\mathrm{grad}u=7\vec{i}$，$|\mathrm{grad}u|=7$，方向：

$$\cos\alpha=1,\ \cos\beta=\cos\gamma=0.$$

一般地说，我们有

$$|\mathrm{grad}u|=\sqrt{(2x+y+3)^2+(4y+x-2)^2+(6z-6)^2}.$$

要 $|\mathrm{grad}u|=0$，只要

$$\begin{cases}2x+y+3=0,\\4y+x-2=0,\\6z-6=0.\end{cases}$$

解之，得 $x=-2,y=1,z=1$，即在点 $(-2,1,1)$ 梯度为零.

【4402】 在空间 $Oxyz$ 的那些点，场

$$u=x^3+y^3+z^3-3xyz$$

的梯度(1)垂直于 Oz 轴；(2)平行于 Oz 轴；(3)等于零？

解 $\mathrm{grad}u=(3x^2-3yz)\vec{i}+(3y^2-3xz)\vec{j}+(3z^2-3xy)\vec{k}$，

(1)要 $\mathrm{grad}u\perp Oz$，只要 $\mathrm{grad}u\cdot\vec{k}=0$，即 $3z^2-3xy=0$ 或 $z^2=xy$. 因此，在满足 $z^2=xy$ 的点 (x,y,z)，其梯度垂直于 Oz 轴.

(2)要 $\mathrm{grad}u\parallel Oz$，只要

$$\begin{cases}3x^2-3yz=0,\\3y^2-3xz=0.\end{cases}$$

解之得 $x=y=0$ 及 $x=y=z$. 因此, 在点 $(0,0,z)$ 及 (x,y,z)(其中 $x=y=z$), 其梯度平行于 Oz 轴.

(3)要 $|\mathrm{grad}\,u|=0$, 只要

$$\begin{cases}3x^2-3yz=0,\\3y^2-3xz=0,\\3z^2-3xy=0.\end{cases}$$

解之, 得 $x=y=z$. 因此, 在满足 $x=y=z$ 的点 (x,y,z), 其梯度等于零.

【4403】 已给数量场

$$u=\ln\frac{1}{r},$$

其中 $r=\sqrt{(x-a)^2+(y-b)^2+(z-c)^2}$. 在空间 $Oxyz$ 的哪些点下面等式成立

$$|\mathrm{grad}\,u|=1?$$

解 $\dfrac{\partial u}{\partial x}=-\dfrac{x-a}{r^2},\dfrac{\partial u}{\partial y}=-\dfrac{y-b}{r^2},\dfrac{\partial u}{\partial z}=-\dfrac{z-c}{r^2}.$

于是,

$$\begin{aligned}|\mathrm{grad}\,u|&=\sqrt{\left(\frac{\partial u}{\partial x}\right)^2+\left(\frac{\partial u}{\partial y}\right)^2+\left(\frac{\partial u}{\partial z}\right)^2}\\&=\sqrt{\frac{1}{r^4}[(x-a)^2+(y-b)^2+(z-c)^2]}=\frac{1}{r}.\end{aligned}$$

要 $|\mathrm{grad}\,u|=1$, 只要 $r=1$, 即在以点 (a,b,c) 为中心, 1 为半径的球面上, 均有

$$\left|\mathrm{grad}\left(\ln\frac{1}{r}\right)\right|=1,$$

其中 $r=\sqrt{(x-a)^2+(y-b)^2+(z-c)^2}$.

【4404】 作数量场

$$u=\sqrt{x^2+y^2+(z+8)^2}+\sqrt{x^2+y^2+(z-8)^2}$$

的等位面.求通过点 $M(9,12,28)$ 的等位面.在域 $x^2+y^2+z^2\leqslant 36$ 内 $\max u$ 等于什么?

解 等位面可由

$$u=\sqrt{x^2+y^2+(z+8)^2}+\sqrt{x^2+y^2+(z-8)^2}$$

化简得到.显然有

$$u\geqslant\sqrt{(z+8)^2}+\sqrt{(z-8)^2}\geqslant z+8-(z-8)=16.$$

于是,当 $u\geqslant 16$ 时,有

$$u-\sqrt{x^2+y^2+(z-8)^2}=\sqrt{x^2+y^2+(z+8)^2}.$$

平方化简可得

$$u^2-32z=2u\ \sqrt{x^2+y^2+(z-8)^2},$$

再平方化简,即得等位面方程

$$\frac{4(x^2+y^2)}{u^2-256}+\frac{4z^2}{u^2}=1\quad(u\geqslant 16),$$

这是绕 Oz 轴旋转的一个旋转面.图形省略.

当 $x=9,y=12,z=28$ 时,$u=64$.因此,等位面方程为

$$\frac{x^2+y^2}{960}+\frac{z^2}{1024}=1.$$

在域 $x^2+y^2+z^2\leqslant 36$ 内,由于

$$\begin{aligned}u&=\sqrt{x^2+y^2+z^2+16z+64}+\sqrt{x^2+y^2+z^2-16z+64}\\&\leqslant\sqrt{100+16z}+\sqrt{100-16z}\quad(0\leqslant z\leqslant 6),\end{aligned}$$

故函数 $f(z)=\sqrt{100+16z}+\sqrt{100-16z}$ 在$[0,6]$上的最大值即 u 的最大值.

但是,

$$f'(z)=8\left(\frac{1}{\sqrt{100+16z}}-\frac{1}{\sqrt{100-16z}}\right)<0 \quad (0<z\leqslant 6),$$

故 $f(z)$在$[0,6]$上是严格减函数,从而

$$\max_{0\leqslant z\leqslant 6} f(z)=f(0)=20.$$

因此,有 $\max u=20$.

【4405】$^{+}$ 求场

$$u=\frac{x}{x^2+y^2+z^2}$$

在点 $A(1,2,2)$及 $B(-3,1,0)$的梯度之间的夹角 φ.

解 $\frac{\partial u}{\partial x}=\frac{y^2+z^2-x^2}{(x^2+y^2+z^2)^2}$, $\frac{\partial u}{\partial y}=-\frac{2xy}{(x^2+y^2+z^2)^2}$,

$\frac{\partial u}{\partial z}=-\frac{2xz}{(x^2+y^2+z^2)^2}$.

在 A,B 点的梯度分别为

$$\mathrm{grad}u(A)=\frac{7}{81}\vec{i}-\frac{4}{81}\vec{j}-\frac{4}{81}\vec{k},$$

$$\mathrm{grad}u(B)=-\frac{2}{25}\vec{i}+\frac{3}{50}\vec{j}.$$

于是,

$$\cos\theta=\frac{\mathrm{grad}u(A)\cdot\mathrm{grad}u(B)}{|\mathrm{grad}u(A)|\cdot|\mathrm{grad}u(B)|}=\frac{-\frac{4}{405}}{\frac{1}{9}\cdot\frac{1}{10}}=-\frac{8}{9}$$

【4406】 设已知数量场

$$u=\frac{z}{\sqrt{x^2+y^2+z^2}}.$$

作出场的等位面和梯度的等模面.

在域 $1<z<2$ 内求 $\inf u$, $\sup u$, $\inf|\mathrm{grad}u|$, $\sup|\mathrm{grad}u|$.

解 将 $u=\frac{z}{\sqrt{x^2+y^2+z^2}}$化简整理,即得

$$x^2+y^2+\frac{u^2-1}{u^2}z^2=0,$$

其中显然有 $0<|u|<1$. 由此可知, 等位面是一个以原点为顶点, Oz 轴为旋转轴的圆锥, 但要去掉原点 $O(0,0,0)$. 因此, 它是一个圆锥孔, 又

$$\frac{\partial u}{\partial x}=-\frac{xz}{\sqrt{(x^2+y^2+z^2)^3}},$$

$$\frac{\partial u}{\partial y}=-\frac{yz}{\sqrt{(x^2+y^2+z^2)^3}},$$

$$\frac{\partial u}{\partial z}=\frac{1}{\sqrt{x^2+y^2+z^2}}-\frac{z^2}{\sqrt{(x^2+y^2+z^2)^3}}$$

$$=\frac{x^2+y^2}{\sqrt{(x^2+y^2+z^2)^3}},$$

故有

$$|\operatorname{grad}u|=\frac{\sqrt{x^2+y^2}}{x^2+y^2+z^2}.$$

令 $\frac{\sqrt{x^2+y^2}}{x^2+y^2+z^2}=c$, 显见此等模面是一个以 Oz 轴为旋转轴的旋转面. 现在令 $y=0$, 得

$$x=cx^2+cz^2 \quad 或 \quad \left(x-\frac{1}{2c}\right)^2+z^2=\frac{1}{4c^2}\ (c\neq0),$$

它是 Oxz 面上的圆. 因此, 梯度的等模面是一个旋转环面.

当 $1<z<2$ 时, 显然有 $0<u\leqslant1$; 且当 $x=y=0$ 时, $u=1$, 而当 x^2+y^2 充分大时 u 可任意小, 故

$$\inf_{1<z<2} u=0, \qquad \sup_{1<z<2} u=1.$$

此外, 显然

$$\inf_{1<z<2}|\operatorname{grad}u|=\inf_{1<z<2}\frac{\sqrt{x^2+y^2}}{x^2+y^2+z^2}=0.$$

由于对于常数 $a>0$, 函数 $f(t)=\dfrac{\sqrt{t}}{t+a}$ $(0\leqslant t<+\infty)$当 $t=a$ 时达最大值 $f(a)=\dfrac{1}{2\sqrt{a}}$(这可从讨论 $f(t)$简单地得知), 故对于固定的 z, $\dfrac{\sqrt{x^2+y^2}}{x^2+y^2+z^2}$的最大值是$\dfrac{1}{2\sqrt{z^2}}=\dfrac{1}{2z}$($z>0$ 时), 由此可知

$$\sup_{1<z<2}|\mathrm{grad}u|=\sup_{1<z<2}\frac{\sqrt{x^2+y^2}}{x^2+y^2+z^2}=\frac{1}{2}.$$

【4407】 求在点 $M_0(x_0, y_0, z_0)$处之二无限接近的等位面

$$u(x,y,z)=c \quad 及 \quad u(x,y,z)=c+\Delta c$$

之间的距离准确到高阶无穷小, 其中 $u(x_0,y_0,z_0)=c$,

解 过点 M_0 作等位面 $u(x,y,z)=c$ 的垂线, 交等位面 $u(x,y,z)=c+\Delta c$ 于点 $M_1(x_1,y_1,z_1)$, 则显然二等位面 $u(x,y,z)=c$ 和 $u(x,y,z)=c+\Delta c$ 之间的距离 $d=|\overrightarrow{M_0M_1}|$. 由于梯度垂直于等位面, 因此, $\mathrm{grad}u(x_0,y_0,z_0)$的方向与$\overrightarrow{M_0M_1}$的方向或者重合, 或者相反. 于是, 注意到 $u(x_0, y_0,z_0)=c$, $u(x_1,y_1,z_1)=c+\Delta c$, 知

$$\begin{aligned}&\Delta c=u(x_1,y_1,z_1)-u(x_0,y_0,z_0)\\&\approx\frac{\partial u}{\partial x}\bigg|_{(x_0,y_0,z_0)}(x_1-x_0)+\frac{\partial u}{\partial y}\bigg|_{(x_0,y_0,z_0)}(y_1-y_0)+\frac{\partial u}{\partial z}\bigg|_{(x_0,y_0,z_0)}(z_1-z_0)\\&=[\mathrm{grad}u(x_0,y_0,z_0)]\cdot\overrightarrow{M_0M_1}=\pm|\mathrm{grad}u(x_0,y_0,z_0)||\overrightarrow{M_0M_1}|\\&=\pm|\mathrm{grad}u(x_0,y_0,z_0)|d.\end{aligned}$$

由此可知(准确到高阶无穷小),

$$d\approx\frac{|\Delta c|}{|\mathrm{grad}u(x_0,y_0,z_0)|}.$$

【4408】 证明公式：

(1) $\mathrm{grad}(u+c)=\mathrm{grad}u$（$c$ 为常数）；

(2) $\mathrm{grad}cu=c\,\mathrm{grad}u$（$c$ 为常数）；

(3) $\mathrm{grad}(u+v)=\mathrm{grad}u+\mathrm{grad}v$；

(4) $\mathrm{grad}uv=v\,\mathrm{grad}u+u\,\mathrm{grad}v$；

(5) $\mathrm{grad}(u^2)=2u\,\mathrm{grad}u$；

(6) $\mathrm{grad}f(u)=f'(u)\mathrm{grad}u$.

证

(1)由于 $\frac{\partial(u+c)}{\partial x}=\frac{\partial u}{\partial x}$，$\frac{\partial(u+c)}{\partial y}=\frac{\partial u}{\partial y}$，$\frac{\partial(u+c)}{\partial z}=\frac{\partial u}{\partial z}$，故得 $\mathrm{grad}(u+c)=\mathrm{grad}u$.

(2)由于 $\frac{\partial(cu)}{\partial x}=c\frac{\partial u}{\partial x}$，$\frac{\partial(cu)}{\partial y}=c\frac{\partial u}{\partial y}$，$\frac{\partial(cu)}{\partial z}=c\frac{\partial u}{\partial z}$，故得 $\mathrm{grad}cu=c\,\mathrm{grad}u$.

(3)由于 $\frac{\partial(u+v)}{\partial x}=\frac{\partial u}{\partial x}+\frac{\partial v}{\partial x}$，$\frac{\partial(u+v)}{\partial y}=\frac{\partial u}{\partial y}+\frac{\partial v}{\partial y}$，$\frac{\partial(u+v)}{\partial z}=\frac{\partial u}{\partial z}+\frac{\partial v}{\partial z}$，故得 $\mathrm{grad}(u+v)=\mathrm{grad}u+\mathrm{grad}v$.

(4)由于 $\frac{\partial(uv)}{\partial x}=u\frac{\partial v}{\partial x}+v\frac{\partial u}{\partial x}$，$\frac{\partial(uv)}{\partial y}=u\frac{\partial u}{\partial y}+v\frac{\partial u}{\partial y}$，$\frac{\partial(uv)}{\partial z}=u\frac{\partial v}{\partial z}+v\frac{\partial u}{\partial z}$，故得 $\mathrm{grad}uv=u\,\mathrm{grad}v+v\,\mathrm{grad}u$.

(5)在(4)中令 $v=u$，即得 $\mathrm{grad}(u^2)=2u\,\mathrm{grad}u$.

(6)由于 $\frac{\partial f(u)}{\partial x}=f'(u)\frac{\partial u}{\partial x}$，$\frac{\partial f(u)}{\partial y}=f'(u)\frac{\partial u}{\partial y}$，$\frac{\partial f(u)}{\partial z}=f'(u)\frac{\partial u}{\partial z}$，故得 $\mathrm{grad}f(u)=f'(u)\mathrm{grad}u$.

【4409】 计算：(1) $\mathrm{grad}r$；(2) $\mathrm{grad}r^2$；(3) $\mathrm{grad}\frac{1}{r}$，其中

$$r=\sqrt{x^2+y^2+z^2}.$$

解 (1) $\frac{\partial r}{\partial x}=\frac{x}{r}$, $\frac{\partial r}{\partial y}=\frac{y}{r}$, $\frac{\partial r}{\partial z}=\frac{z}{r}$. 于是, $\operatorname{grad} r=\frac{\vec{r}}{r}$,

其中$\vec{r}=x\vec{i}+y\vec{j}+z\vec{k}$,

(2) $\operatorname{grad}(r^2)=2r\operatorname{grad} r=2r\frac{\vec{r}}{r}=2\vec{r}$,

(3) $\operatorname{grad}\frac{1}{r}=-\frac{1}{r^2}\operatorname{grad} r=-\frac{\vec{r}}{r^3}$.

【4410】 求 $\operatorname{grad} f(r)$, 其中 $r=\sqrt{x^2+y^2+z^2}$.

解 $\operatorname{grad} f(r)=f'(r)\operatorname{grad} r^{*)}=f'(r)\cdot\frac{\vec{r}}{r}^{**)}$.

*) 利用 4408 题的结果.

**) 利用 4409 题的结果

【4411】 求 $\operatorname{grad}(\vec{c}\cdot\vec{r})$, 其中$\vec{c}$为常向量, $\vec{r}$为从坐标原点起的向径.

解 设$\vec{c}=c_x\vec{i}+c_y\vec{j}+c_z\vec{k}$, 其中 c_x, c_y, c_z 为常数. 由于

$$\vec{c}\cdot\vec{r}=c_xx+c_yy+c_zz$$

及

$$\frac{\partial(\vec{c}\cdot\vec{r})}{\partial x}=c_x,\quad \frac{\partial(\vec{c}\cdot\vec{r})}{\partial y}=c_y,\quad \frac{\partial(\vec{c}\cdot\vec{r})}{\partial z}=c_z$$

故 $\operatorname{grad}(\vec{c}\cdot\vec{r})=\vec{c}$.

【4412】 求 $\operatorname{grad}\{|\vec{c}\times\vec{r}|^2\}$ ($\vec{c}$为常向量).

解 $|\vec{c}\times\vec{r}|^2=(c_yz-c_zy)^2+(c_zx-c_xz)^2+(c_xy-c_yx)^2$.

于是,

$$\begin{aligned}\operatorname{grad}\{|\vec{c}\times\vec{r}|^2\}&=[2c_z(c_zx-c_xz)-2c_y(c_xy-c_yx)]\vec{i}\\&+[-2c_z(c_yz-c_zy)+2c_x(c_xy-c_yx)]\vec{j}\\&+[2c_y(c_yz-c_zy)-2c_x(c_zx-c_xz)]\vec{k}\end{aligned}$$

$$=2[x(c_x^2+c_y^2+c_z^2)-c_x(c_xx+c_yy+c_zz)]\vec{i}$$

$$+2[y(c_x^2+c_y^2+c_z^2)-c_y(c_xx+c_yy+c_zz)]\vec{j}$$

$$+2[z(c_x^2+c_y^2+c_z^2)-c_z(c_xx+c_yy+c_zz)]\vec{k}$$

$$=2\vec{r}(\vec{c}\cdot\vec{c})-2\vec{c}(\vec{r}\cdot\vec{c}).$$

【4413】 证明公式

$$\mathrm{grad} f(u,v)=\frac{\partial f}{\partial u}\mathrm{grad}u+\frac{\partial f}{\partial v}\mathrm{grad}v.$$

证 由于

$$\frac{\partial f(u,v)}{\partial x}=\frac{\partial f}{\partial u}\frac{\partial u}{\partial x}+\frac{\partial f}{\partial v}\frac{\partial v}{\partial x},$$

$$\frac{\partial f(u,v)}{\partial y}=\frac{\partial f}{\partial u}\frac{\partial u}{\partial y}+\frac{\partial f}{\partial v}\frac{\partial v}{\partial y},$$

$$\frac{\partial f(u,v)}{\partial z}=\frac{\partial f}{\partial u}\frac{\partial u}{\partial z}+\frac{\partial f}{\partial v}\frac{\partial v}{\partial z},$$

故有

$$\mathrm{grad} f(u,v)=\frac{\partial f}{\partial u}\left(\frac{\partial u}{\partial x}\vec{i}+\frac{\partial u}{\partial y}\vec{j}+\frac{\partial u}{\partial z}\vec{k}\right)+\frac{\partial f}{\partial v}\left(\frac{\partial v}{\partial x}\vec{i}+\frac{\partial v}{\partial y}\vec{j}+\frac{\partial v}{\partial z}\vec{k}\right)$$

$$=\frac{\partial f}{\partial u}\mathrm{grad}u+\frac{\partial f}{\partial v}\mathrm{grad}v.$$

【4414】 证明公式

$$\nabla^2(uv)=u\nabla^2 v+v\nabla^2 u+2\nabla u\nabla v,$$

其中 $\nabla=\vec{i}\frac{\partial}{\partial x}+\vec{j}\frac{\partial}{\partial y}+\vec{k}\frac{\partial}{\partial z}$, $\nabla^2=\nabla\nabla=\frac{\partial^2}{\partial x^2}+\frac{\partial^2}{\partial y^2}+\frac{\partial^2}{\partial z^2}$.

证 由于 $\nabla(uv)=u\nabla v+v\nabla u$, 故

$$\nabla^2(uv)=\nabla[\nabla(uv)]=\nabla(u\nabla v+v\nabla u)=\nabla(u\nabla v)+\nabla(v\nabla u)$$

$$=(u\nabla^2 v+\nabla u\nabla v)+(v\nabla^2 u+\nabla u\nabla v)$$

$$=u\nabla^2 v+v\nabla^2 u+2\nabla u\nabla v.$$

【4415】 证明:若函数 $u=u(x,y,z)$ 在凸形域 Ω 内可微分且 $|\mathrm{grad}u|\leqslant M$,其中 M 为常数,则对于 Ω 中任意两点 A,B 有:

$$|u(A)-u(B)|\leqslant M\rho(A,B),$$

式中 $\rho(A,B)$ 为 A 与 B 两点间之距离.

证 由于 Ω 为凸形域,故线段 $\overline{AB}$ 整个属于 Ω. 设 B 的坐标为 (x_0,y_0,z_0),A 的坐标为 (x_1,y_1,z_1),且令 $x_1-x_0=\Delta x$,$y_1-y_0=\Delta y$,$z_1-z_0=\Delta z$,并考虑一元函数 $f(t)=u(x_0+t\Delta x,y_0+t\Delta y,z_0+t\Delta z)(0\leqslant t\leqslant 1)$,显然 $f(0)=u(B)$,$f(1)=u(A)$,且 $f(t)$ 在 $[0,1]$ 可微,并且

$$\begin{aligned}f'(t)=&u'_x(x_0+t\Delta x,y_0+t\Delta y,z_0+t\Delta z)\Delta x\\&+u'_y(x_0+t\Delta x,y_0+t\Delta y,z_0+t\Delta z)\Delta y\\&+u'_z(x_0+t\Delta x,y_0+t\Delta y,z_0+t\Delta z)\Delta z.\end{aligned}$$

于是,由微分学中值定理知

$$\begin{aligned}&u(A)-u(B)=f(1)-f(0)=f'(\xi)\\&=u'_x(x_0+\xi\Delta x,y_0+\xi\Delta y,z_0+\xi\Delta z)\Delta x\\&\quad+u'_y(x_0+\xi\Delta x,y_0+\xi\Delta y,z_0+\xi\Delta z)\Delta y\\&\quad+u'_z(x_0+\xi\Delta x,y_0+\xi\Delta y,z_0+\xi\Delta z)\Delta z\\&=[\mathrm{grad}u(x_0+\xi\Delta x,y_0+\xi\Delta y,z_0+\xi\Delta z)]\cdot\overrightarrow{BA},\end{aligned}$$

由此可知

$$\begin{aligned}&|u(A)-u(B)|=|[\mathrm{grad}u(x_0+\xi\Delta x,y_0+\xi\Delta y,z_0+\xi\Delta z)]\cdot\overrightarrow{BA}|\\&\leqslant|\mathrm{grad}u(x_0+\xi\Delta x,y_0+\xi\Delta y,z_0+\xi\Delta z)|\cdot|\overrightarrow{BA}|\leqslant M\rho(A,B).\end{aligned}$$

【4416】 求场 $u=\dfrac{x^2}{a^2}+\dfrac{y^2}{b^2}+\dfrac{z^2}{c^2}$ 在已知点 $M(x,y,z)$ 沿此点的向径 $\vec{r}$ 之方向的导数.

在什么情况下,此导数将等于梯度的大小?

解 $\frac{\partial u}{\partial r}=\frac{\partial u}{\partial x}\cos\alpha+\frac{\partial u}{\partial y}\cos\beta+\frac{\partial u}{\partial z}\cos\gamma$,其中 $\cos\alpha=\frac{x}{r}$, $\cos\beta=\frac{y}{r}$, $\cos\gamma=\frac{z}{r}$, $r=\sqrt{x^2+y^2+z^2}$. 于是,

$$\frac{\partial u}{\partial r}=\frac{2x}{a^2}\ \frac{x}{r}+\frac{2y}{b^2}\ \frac{y}{r}+\frac{2z}{c^2}\ \frac{z}{r}=\frac{2u}{r}.$$

又 $|\mathrm{grad}u|=2\sqrt{\frac{x^2}{a^4}+\frac{y^2}{b^4}+\frac{z^2}{c^4}}$. 要 $|\mathrm{grad}u|=\frac{\partial u}{\partial r}$, 只要 $\frac{u}{r}=\sqrt{\frac{x^2}{a^4}+\frac{y^2}{b^4}+\frac{z^2}{c^4}}$, 即只要 $a=b=c$, 此即所求的解.

【4417】 求场 $u=\frac{1}{r}$(其中 $r=\sqrt{x^2+y^2+z^2}$)在方向 $\vec{l}\{\cos\alpha,\cos\beta,\cos\gamma\}$上的导数.

在什么情况下,此导数等于零?

解 $\frac{\partial u}{\partial x}=-\frac{x}{r^3}$, $\frac{\partial u}{\partial y}=-\frac{y}{r^3}$, $\frac{\partial u}{\partial z}=-\frac{z}{r^3}$. 于是,

$$\begin{aligned}\frac{\partial u}{\partial l}&=-\frac{x}{r^3}\cos\alpha-\frac{y}{r^3}\cos\beta-\frac{z}{r^3}\cos\gamma\\&=-\frac{1}{r^2}[\cos(\vec{r},x)\cos\alpha+\cos(\vec{r},y)\cos\beta+\cos(\vec{r},z)\cos\gamma]\\&=-\frac{\cos(\vec{l},\vec{r})}{r^2}.\end{aligned}$$

要 $\frac{\partial u}{\partial l}=0$, 只要 $\cos(\vec{l},\vec{r})=0$, 即 $\vec{l}\perp\vec{r}$, 此即所求的解.

【4418】 求场 $u=u(x,y,z)$在场 $v=v(x,y,z)$的梯度方向的导数.

在什么情况下,此导数等于零?

解 $\vec{l}=\mathrm{grad}v$, $\vec{l}_0=\frac{\mathrm{grad}v}{|\mathrm{grad}v|}$. 于是,

$$\frac{\partial u}{\partial l}=\operatorname{grad}u\cdot\vec{l}_0=\frac{\operatorname{grad}u\cdot\operatorname{grad}v}{|\operatorname{grad}v|}$$

要$\frac{\partial u}{\partial l}=0$, 只要 $\operatorname{grad}u\perp\operatorname{grad}v$, 此即所求之解.

【4419】$^{+}$ 设:

$$u=\arctan\frac{z}{\sqrt{x^2+y^2}}\quad 及\quad \vec{c}=\vec{i}+\vec{j}+\vec{k},$$

计算 $\vec{a}=\vec{c}\times\operatorname{grad}u$.

解 $\frac{\partial u}{\partial x}=\frac{1}{1+\frac{z^2}{x^2+y^2}}\left(-\frac{xz}{(x^2+y^2)^{\frac{3}{2}}}\right)$

$$=-\frac{xz}{(x^2+y^2+z^2)(x^2+y^2)^{\frac{1}{2}}},$$

$$\frac{\partial u}{\partial y}=-\frac{yz}{(x^2+y^2+z^2)(x^2+y^2)^{\frac{1}{2}}},$$

$$\frac{\partial u}{\partial z}=\frac{(x^2+y^2)^{\frac{1}{2}}}{x^2+y^2+z^2}.$$

于是,

$$\vec{a}=\vec{c}\times\operatorname{grad}u=\begin{vmatrix}\vec{i}&\vec{j}&\vec{k}\\1&1&1\\\frac{\partial u}{\partial x}&\frac{\partial u}{\partial y}&\frac{\partial u}{\partial z}\end{vmatrix}=\frac{1}{(x^2+y^2+z^2)(x^2+y^2)^{\frac{1}{2}}}$$

$$\cdot[(x^2+y^2+yz)\vec{i}-(x^2+y^2+xz)\vec{j}+(x-y)z\vec{k}].$$

【4420】 确定向量场

$$\vec{a}=x\vec{i}+y\vec{j}+2z\vec{k}$$

的力线.

解 力线系这样的一条曲线 C, 在 C 上每一点的切线与向量场在该点的方向重合. 因此, 有 $d\vec{r}\parallel\vec{a}$, 即

$$\frac{\mathrm{d}x}{a_x}=\frac{\mathrm{d}y}{a_y}=\frac{\mathrm{d}z}{a_z},$$

其中 $\vec{a}=a_x\vec{i}+a_y\vec{j}+a_z\vec{k}$.

今有 $a_x=x, a_y=y, a_z=2z$,故得

$$\frac{\mathrm{d}x}{x}=\frac{\mathrm{d}y}{y}=\frac{\mathrm{d}z}{2z}.$$

解之,得 $y=c_1x,\ z=c_2x^2$.

【4421】 用直接计算的方法证明向量 $\vec{a}$ 的散度与直角坐标系的选择无关.

证 设除直角坐标系 $Oxyz$(坐标轴方向的单位向量为 $\vec{i},\vec{j},\vec{k}$)外,另有直角坐标系 $O'x'y'z'$(坐标轴方向的单位向量为 $\vec{i}',\vec{j}',\vec{k}'$). 我们要证

$$\frac{\partial a_x}{\partial x}+\frac{\partial a_y}{\partial y}+\frac{\partial a_z}{\partial z}=\frac{\partial a_{x'}}{\partial x'}+\frac{\partial a_{y'}}{\partial y'}+\frac{\partial a_{z'}}{\partial z'},$$

设

$$\begin{cases}\vec{i}'=\cos\alpha_1\vec{i}+\cos\beta_1\vec{j}+\cos\gamma_1\vec{k},\\ \vec{j}'=\cos\alpha_2\vec{i}+\cos\beta_2\vec{j}+\cos\gamma_2\vec{k},\\ \vec{k}'=\cos\alpha_3\vec{i}+\cos\beta_3\vec{j}+\cos\gamma_3\vec{k}.\end{cases}$$

又设 $\vec{r}_0=\overrightarrow{OO'}=a\vec{i}+b\vec{j}+c\vec{k}$. 于是,空间一点 P 在两个坐标系中的坐标(x,y,z)与(x',y',z')之间的关系为(令 $\vec{r}=\overrightarrow{OP}, \vec{r}'=\overrightarrow{O'P}$):

$$\begin{aligned}x'&=\vec{r}'\cdot\vec{i}'=(\vec{r}-\vec{r}_0)\cdot\vec{i}'\\&=(x-a)\cos\alpha_1+(y-b)\cos\beta_1+(z-c)\cos\gamma_1,\end{aligned}$$

$$y'=\vec{r}'\cdot\vec{j}'=(\vec{r}-\vec{r}_0)\cdot\vec{j}'$$
$$=(x-a)\cos\alpha_2+(y-b)\cos\beta_2+(z-c)\cos\gamma_2,$$
$$z'=\vec{r}'\cdot\vec{k}'=(\vec{r}-\vec{r}_0)\cdot\vec{k}'$$
$$=(x-a)\cos\alpha_3+(y-b)\cos\beta_3+(z-c)\cos\gamma_3,$$

我们有

$$\vec{a}=a_{x'}\vec{i}'+a_{y'}\vec{j}'+a_{z'}\vec{k}'=a_{x'}(\cos\alpha_1\vec{i}+\cos\beta_1\vec{j}+\cos\gamma_1\vec{k})$$
$$+a_{y'}(\cos\alpha_2\vec{i}+\cos\beta_2\vec{j}+\cos\gamma_2\vec{k})+a_{z'}(\cos\alpha_3\vec{i}+\cos\beta_3\vec{j}+\cos\gamma_3\vec{k}).$$

由此可知

$$a_x=a_{x'}\cos\alpha_1+a_{y'}\cos\alpha_2+a_{z'}\cos\alpha_3$$
$$a_y=a_{x'}\cos\beta_1+a_{y'}\cos\beta_2+a_{z'}\cos\beta_3$$
$$a_z=a_{x'}\cos\gamma_1+a_{y'}\cos\gamma_2+a_{z'}\cos\gamma_3.$$

于是,

$$\frac{\partial a_x}{\partial x}=\frac{\partial a_x}{\partial x'}\frac{\partial x'}{\partial x}+\frac{\partial a_x}{\partial y'}\frac{\partial y'}{\partial x}+\frac{\partial a_x}{\partial z'}\frac{\partial z'}{\partial x}$$
$$=\left(\cos\alpha_1\frac{\partial a_{x'}}{\partial x'}+\cos\alpha_2\frac{\partial a_{y'}}{\partial x'}+\cos\alpha_3\frac{\partial a_{z'}}{\partial x'}\right)\cos\alpha_1$$
$$+\left(\cos\alpha_1\frac{\partial a_{x'}}{\partial y'}+\cos\alpha_2\frac{\partial a_{y'}}{\partial y'}+\cos\alpha_3\frac{\partial a_{z'}}{\partial y'}\right)\cos\alpha_2$$
$$+\left(\cos\alpha_1\frac{\partial a_{x'}}{\partial z'}+\cos\alpha_2\frac{\partial a_{y'}}{\partial z'}+\cos\alpha_3\frac{\partial a_{z'}}{\partial z'}\right)\cos\alpha_3.$$

同理,可得

$$\frac{\partial a_y}{\partial y}=\left(\cos\beta_1\frac{\partial a_{x'}}{\partial x'}+\cos\beta_2\frac{\partial a_{y'}}{\partial x'}+\cos\beta_3\frac{\partial a_{z'}}{\partial x'}\right)\cos\beta_1$$
$$+\left(\cos\beta_1\frac{\partial a_{x'}}{\partial y'}+\cos\beta_2\frac{\partial a_{y'}}{\partial y'}+\cos\beta_3\frac{\partial a_{z'}}{\partial y'}\right)\cos\beta_2$$
$$+\left(\cos\beta_1\frac{\partial a_{x'}}{\partial z'}+\cos\beta_2\frac{\partial a_{y'}}{\partial z'}+\cos\beta_3\frac{\partial a_{z'}}{\partial z'}\right)\cos\beta_3,$$

$$\frac{\partial a_z}{\partial z}=\left(\cos\gamma_1\frac{\partial a_{x'}}{\partial x'}+\cos\gamma_2\frac{\partial a_{y'}}{\partial x'}+\cos\gamma_3\frac{\partial a_{z'}}{\partial x'}\right)\cos\gamma_1$$
$$+\left(\cos\gamma_1\frac{\partial a_{x'}}{\partial y'}+\cos\gamma_2\frac{\partial a_{y'}}{\partial y'}+\cos\gamma_3\frac{\partial a_{z'}}{\partial y'}\right)\cos\gamma_2$$
$$+\left(\cos\gamma_1\frac{\partial a_{x'}}{\partial z'}+\cos\gamma_2\frac{\partial a_{y'}}{\partial z'}+\cos\gamma_3\frac{\partial a_{z'}}{\partial z'}\right)\cos\gamma_3.$$

将这三式相加,得

$$\frac{\partial a_x}{\partial x}+\frac{\partial a_y}{\partial y}+\frac{\partial a_z}{\partial z}=(\vec{i}'\cdot\vec{i}')\frac{\partial a_{x'}}{\partial x'}+(\vec{j}'\cdot\vec{i}')\frac{\partial a_{y'}}{\partial x'}+(\vec{k}'\cdot\vec{i}')\frac{\partial a_{z'}}{\partial x'}$$
$$+(\vec{i}'\cdot\vec{j}')\frac{\partial a_{x'}}{\partial y'}+(\vec{j}'\cdot\vec{j}')\frac{\partial a_{y'}}{\partial y'}+(\vec{k}'\cdot\vec{j}')\frac{\partial a_{z'}}{\partial y'}$$
$$+(\vec{i}'\cdot\vec{k}')\frac{\partial a_{x'}}{\partial z'}+(\vec{j}'\cdot\vec{k}')\frac{\partial a_{y'}}{\partial z'}+(\vec{k}'\cdot\vec{k}')\frac{\partial a_{z'}}{\partial z'}$$
$$=\frac{\partial a_{x'}}{\partial x'}+\frac{\partial a_{y'}}{\partial y'}+\frac{\partial a_{z'}}{\partial z'}.$$

证毕.

【4422】 证明:

$$\operatorname{div}\vec{a}(M)=\lim_{d(s)\to 0}\frac{1}{V}\iint_S\vec{a}\cdot\vec{n}\,\mathrm{d}S,$$

其中 S 为围绕着点 M 和界有体积 V 的封闭曲面,$\vec{n}$ 为曲面 S 之外法线,$d(S)$为曲面 S 的直径.

证 由于

$$\vec{a}\cdot\vec{n}=a_x\cos\alpha+a_y\cos\beta+a_z\cos\gamma,$$

其中 $\cos\alpha,\cos\beta,\cos\gamma$ 是 $\vec{n}$ 的方向余弦.应用奥氏公式以及积分中值定理,得

$$\iint_S\vec{a}\cdot\vec{n}\,\mathrm{d}S=\iint_S(a_x\cos\alpha+a_y\cos\beta+a_z\cos\gamma)\,\mathrm{d}S$$
$$=\iiint_V\left(\frac{\partial a_x}{\partial x}+\frac{\partial a_y}{\partial y}+\frac{\partial a_z}{\partial z}\right)\mathrm{d}x\mathrm{d}y\mathrm{d}z$$

$$= \iiint_V (\mathrm{div}\vec{a})\mathrm{d}x\mathrm{d}y\mathrm{d}z = \mathrm{div}\vec{a}(M_1)\cdot V,$$

其中 M_1 是 V 中某点，即

$$\mathrm{div}\vec{a}(M_1) = \frac{1}{V}\iint_S \vec{a}\cdot\vec{n}\mathrm{d}S.$$

令 $\mathrm{d}(S)\to 0$，这时 V 缩向点 M，从而点 $M_1\to M$，取极限，即得

$$\mathrm{div}\vec{a}(M) = \lim_{d(S)\to 0}\frac{1}{V}\iint_S \vec{a}\cdot\vec{n}\mathrm{d}S.$$

证毕.

【4423】 求

$$\mathrm{div}\begin{vmatrix} \vec{i} & \vec{j} & \vec{k} \\ \dfrac{\partial}{\partial x} & \dfrac{\partial}{\partial y} & \dfrac{\partial}{\partial z} \\ w_x & w_y & w_z \end{vmatrix}.$$

解 $\mathrm{div}\begin{vmatrix} \vec{i} & \vec{j} & \vec{k} \\ \dfrac{\partial}{\partial x} & \dfrac{\partial}{\partial y} & \dfrac{\partial}{\partial z} \\ w_x & w_y & w_z \end{vmatrix}$

$$= \mathrm{div}\left[\left(\frac{\partial w_z}{\partial y} - \frac{\partial w_y}{\partial z}\right)\vec{i} + \left(\frac{\partial w_x}{\partial z} - \frac{\partial w_z}{\partial x}\right)\vec{j} + \left(\frac{\partial w_y}{\partial x} - \frac{\partial w_x}{\partial y}\right)\vec{k}\right]$$

$$= \frac{\partial}{\partial x}\left(\frac{\partial w_z}{\partial y} - \frac{\partial w_y}{\partial z}\right) + \frac{\partial}{\partial y}\left(\frac{\partial w_x}{\partial z} - \frac{\partial w_z}{\partial x}\right) + \frac{\partial}{\partial z}\left(\frac{\partial w_y}{\partial x} - \frac{\partial w_x}{\partial y}\right) = 0.$$

【4424】 证明：

(1) $\mathrm{div}(\vec{a}+\vec{b}) = \mathrm{div}\,\vec{a} + \mathrm{div}\,\vec{b}$；

(2) $\mathrm{div}(u\,\vec{c}) = \vec{c}\cdot\mathrm{grad}u$（$\vec{c}$ 为常量，u 为数量）；

(3) $\mathrm{div}(u\,\vec{a}) = u\,\mathrm{div}\,\vec{a} + \vec{a}\cdot\mathrm{grad}u$.

证 (1) 设 $\vec{a} = a_x\vec{i} + a_y\vec{j} + a_z\vec{k}$，$\vec{b} = b_x\vec{i} + b_y\vec{j} + b_z\vec{k}$.

由于 $\dfrac{\partial(a_x+b_x)}{\partial x}=\dfrac{\partial a_x}{\partial x}+\dfrac{\partial b_x}{\partial x}$, $\dfrac{\partial(a_y+b_y)}{\partial y}=\dfrac{\partial a_y}{\partial y}+\dfrac{\partial b_y}{\partial y}$ 及 $\dfrac{\partial(a_z+b_z)}{\partial z}=\dfrac{\partial a_z}{\partial z}+\dfrac{\partial b_z}{\partial z}$,故得 $\operatorname{div}(\vec{a}+\vec{b})=\operatorname{div}\vec{a}+\operatorname{div}\vec{b}$.

(2)设 $\vec{c}=c_x\vec{i}+c_y\vec{j}+c_z\vec{k}$,其中 c_x,c_y,c_z 为常数.

由于 $\dfrac{\partial(uc_x)}{\partial x}=c_x\dfrac{\partial u}{\partial x}$, $\dfrac{\partial(uc_y)}{\partial y}=c_y\dfrac{\partial u}{\partial y}$ 及 $\dfrac{\partial(uc_z)}{\partial z}=c_z\dfrac{\partial u}{\partial z}$,故得 $\operatorname{div}(u\vec{c})=\vec{c}\cdot\operatorname{grad}u$.

(3)由于 $\dfrac{\partial(ua_x)}{\partial x}=u\dfrac{\partial a_x}{\partial x}+a_x\dfrac{\partial u}{\partial x}$, $\dfrac{\partial(uc_y)}{\partial y}=u\dfrac{\partial a_y}{\partial y}+a_y\dfrac{\partial u}{\partial y}$ 及 $\dfrac{\partial(ua_z)}{\partial z}=u\dfrac{\partial a_z}{\partial z}+a_z\dfrac{\partial u}{\partial z}$,故得 $\operatorname{div}(u\vec{a})=u\operatorname{div}\vec{a}+\vec{a}\cdot\operatorname{grad}u$.

【4425】 求 $\operatorname{div}(\operatorname{grad}u)$.

解
$$\operatorname{div}(\operatorname{grad}u)=\frac{\partial}{\partial x}\left(\frac{\partial u}{\partial x}\right)+\frac{\partial}{\partial y}\left(\frac{\partial u}{\partial y}\right)+\frac{\partial}{\partial z}\left(\frac{\partial u}{\partial z}\right)$$
$$=\frac{\partial^2 u}{\partial x^2}+\frac{\partial^2 u}{\partial y^2}+\frac{\partial^2 u}{\partial z^2}=\Delta u \qquad (\text{或记成}\nabla^2 u).$$

【4426】 求 $\operatorname{div}[\operatorname{grad}f(r)]$,其中 $r=\sqrt{x^2+y^2+z^2}$.在什么情况下 $\operatorname{div}[\operatorname{grad}f(r)]=0$?

解 由 4410 题的结果知,
$$\operatorname{grad}f(r)=f'(r)\cdot\frac{\vec{r}}{r}.$$
于是,
$$\operatorname{div}[\operatorname{grad}f(r)]=\frac{\partial}{\partial x}\left[f'(r)\frac{x}{r}\right]+\frac{\partial}{\partial y}\left[f'(r)\frac{y}{r}\right]+\frac{\partial}{\partial z}\left[f'(r)\frac{z}{r}\right]$$
$$=f''(r)\left(\frac{x^2}{r^2}+\frac{y^2}{r^2}+\frac{z^2}{r^2}\right)+f'(r)\left(\frac{r^2-x^2}{r^3}+\frac{r^2-y^2}{r^3}+\frac{r^2-z^2}{r^3}\right)$$
$$=f''(r)+\frac{2}{r}f'(r).$$

要 $\operatorname{div}[\operatorname{grad} f(r)]=0$，只要 $f''(r)+\frac{2}{r}f'(r)=0$. 将上述方程写成下述形式：

$$rf''(r)+2f'(r)=0. \quad 或\ [rf''(r)+f'(r)]+f'(r)=0.$$

积分之，即得

$$rf'(r)+f(r)=C \quad (C\ 为常数).$$

再积分之，得

$$rf(r)=Cr+C_1 \quad (C_1\ 为常数).$$

于是，最后得

$$f(r)=C+\frac{C_1}{r},$$

此即所求的解.

【4427】 计算：(1) $\operatorname{div}\vec{r}$； (2) $\operatorname{div}\frac{\vec{r}}{r}$.

解 (1) $\operatorname{div}\vec{r}=\frac{\partial x}{\partial x}+\frac{\partial y}{\partial y}+\frac{\partial z}{\partial z}=3$.

$$(2)\operatorname{div}\frac{\vec{r}}{r}=\frac{\partial}{\partial x}\left(\frac{x}{r}\right)+\frac{\partial}{\partial y}\left(\frac{y}{r}\right)+\frac{\partial}{\partial z}\left(\frac{z}{r}\right)$$

$$=\left(\frac{1}{r}-\frac{x^2}{r^3}\right)+\left(\frac{1}{r}-\frac{y^2}{r^3}\right)+\left(\frac{1}{r}-\frac{z^2}{r^3}\right)$$

$$=\frac{3}{r}-\frac{x^2+y^2+z^2}{r^3}=\frac{3}{r}-\frac{1}{r}=\frac{2}{r}.$$

【4428】 计算 $\operatorname{div}[f(v)\vec{c}]$，式中 $\vec{c}$ 为常向量.

解 $\operatorname{div}[f(r)\vec{c}]=\vec{c}\cdot\operatorname{grad} f(r)^{*)}=\vec{c}\cdot f'(r)\frac{\vec{r}}{r}^{**)}$

$$=\frac{f'(r)}{r}(\vec{c}\cdot\vec{r})$$

*) 利用 4424 题(3)的结果.

**) 利用 4410 题的结果

【4429】 求 $\operatorname{div}[f(r)\vec{r}]$. 在什么情况下此向量的散度等于零?

解 $\operatorname{div}[f(r)\vec{r}]=f(r)\operatorname{div}\vec{r}+\vec{r}\cdot\operatorname{grad}f(r)$ *)

$$=3f(r)+\vec{r}\cdot f'(r)\frac{\vec{r}}{r}\ ^{**)}=3f(r)+rf'(r).$$

要 $\operatorname{div}[f(r)\vec{r}]=0$, 只要 $3f(r)+rf'(r)=0$, 即 $\dfrac{f'(r)}{f(r)}=-\dfrac{3}{r}$. 积分之, 即得

$$f(r)=\frac{C}{r^3}\quad(C\text{ 为常数}),$$

此即所求之解.

*) 利用 4424 题(3)的结果.

* *) 利用 4410 题的结果

【4430】 求: (1) $\operatorname{div}(u\operatorname{grad}u)$; (2) $\operatorname{div}(u\operatorname{grad}v)$.

解 (1) $\operatorname{div}(u\operatorname{grad}u)=u\operatorname{div}(\operatorname{grad}u)+\operatorname{grad}u\cdot\operatorname{grad}u$ *)

$$=u\Delta u+(\operatorname{grad}u)^2\ ^{**)}$$

(2) $\operatorname{div}(u\operatorname{grad}v)=u\operatorname{div}(\operatorname{grad}v)+\operatorname{grad}v\cdot\operatorname{grad}u$ *)

$$=u\Delta v+\operatorname{grad}u\cdot\operatorname{grad}v\ ^{**)}.$$

*) 利用 4424 题(1)的结果.

* *) 利用 4425 题的结果

【4431】 物体以一定的角速度 w 依逆时针方向绕 Oz 轴旋转. 求速度向量 $\vec{v}$ 和加速度向量 $\vec{w}$ 在空间的点 $M(x,y,z)$ 和在已知时刻的散度.

解 $\vec{v}=\vec{v}_0+\vec{w}\times\vec{r}$. 微分之, 即得

$$\vec{w}=\dot{\vec{w}}_0+\dot{\vec{w}}\times\vec{r}+\vec{w}\times\dot{\vec{r}}=\dot{\vec{w}}_0+\dot{\vec{w}}\times\vec{r}+\vec{w}\times\vec{v}$$

$$=\dot{\vec{w}}_0+\dot{\vec{w}}\times\vec{r}+\vec{w}\times(\vec{v}_0+\vec{w}\times\vec{r})$$

$$= \dot{\vec{w}}_0 + \vec{w} \times \vec{r} + \vec{w} \times \vec{v}_0 + (\vec{w} \cdot \vec{r})\vec{w} - (\vec{w} \cdot \vec{w})\vec{r}^{\,*)}.$$

为了计算 $\mathrm{div}\vec{v}$ 和 $\mathrm{div}\vec{w}$，先计算 $\mathrm{div}(\vec{a} \cdot \vec{r})$，此处 $\vec{a}$ 为常向量. 由于

$$(\vec{a} \times \vec{r})_x = a_y z - a_z y, \qquad (\vec{a} \times \vec{r})_y = a_z x - a_x z,$$

$$(\vec{a} \times \vec{r})_z = a_x y - a_x y,$$

故得

$$\mathrm{div}(\vec{a} \times \vec{r}) = \frac{\partial}{\partial x}(a_y z - a_z y) + \frac{\partial}{\partial y}(a_z x - a_x z) + \frac{\partial}{\partial z}(a_x y - a_y x) = 0.$$

于是，即得 $\mathrm{div}\,\vec{v} = \mathrm{div}\,\vec{v}_0 + \mathrm{div}(\vec{w} \times \vec{r}) = 0$.

$$\mathrm{div}\,\vec{w} = \mathrm{div}\,\vec{w}_0 + \mathrm{div}(\dot{\vec{w}} \times \vec{r}) + \mathrm{div}(\vec{w} \times \vec{v}_0)$$
$$+ \mathrm{div}[(\vec{w} \cdot \vec{r})\vec{w}] - \mathrm{div}[(\vec{w} \cdot \vec{w})\vec{r}],$$

而

$$\mathrm{div}[(\vec{w} \cdot \vec{r})\vec{w}] = \vec{w} \cdot \vec{r}\,\mathrm{div}\vec{w} + \vec{w} \cdot \mathrm{grad}(\vec{w} \cdot \vec{r})^{**)}$$
$$= \vec{w} \cdot \vec{w}^{\,***)} = w^2$$

及

$$\mathrm{div}[(\vec{w} \cdot \vec{w})\vec{r}] = \vec{w} \cdot \vec{w}\,\mathrm{div}\vec{r} + \vec{r} \cdot \mathrm{grad}(\vec{w} \cdot \vec{w}) = 3w^2,$$

从而，最后得 $\mathrm{div}\vec{w} = w^2 - 3w^2 = -2w^2$.

*) 利用向量代数中的公式(二重外积展开式)

$$\vec{a} \times (\vec{b} \times \vec{c}) = (\vec{a} \cdot \vec{c})\vec{b} - (\vec{a} \cdot \vec{b})\vec{c}.$$

**) 利用 4424 题(3)的结果

***) 利用 4411 题的结果.

【4432】 求由引力中心的有限系统所产生的动力场之散度.

解 引力 $\vec{F} = \dfrac{k\vec{r}}{r^3}$ (k 为常数). 于是,

$$\mathrm{div}\vec{F}=\frac{\partial}{\partial x}\left(\frac{kx}{r^3}\right)+\frac{\partial}{\partial y}\left(\frac{ky}{r^3}\right)+\frac{\partial}{\partial z}\left(\frac{kz}{r^3}\right)$$
$$=k\left[\left(\frac{1}{r^3}-\frac{3x^2}{r^5}\right)+\left(\frac{1}{r^3}-\frac{3y^2}{r^5}\right)+\left(\frac{1}{r^3}-\frac{3z^2}{r^5}\right)\right]$$
$$=k\left[\frac{3}{r^3}-\frac{3(x^2+y^2+z^2)}{r^5}\right]=k\left(\frac{3}{r^3}-\frac{3}{r^3}\right)=0.$$

【4433】$^+$ 求由极坐标 r 与 φ 所表的平面向量 $\vec{a}=\vec{a}(r,\varphi)$ 之散度的表示式.

解 设极坐标的 r 线与 φ 线的单位矢量为 $\vec{e}_r$ 与 $\vec{e}_\varphi$，且

$$\vec{a}(r,\varphi)=a_r(r,\varphi)\vec{e}_r+a_\varphi(r,\varphi)\vec{e}_\varphi.$$

这里自然假定 a_r,a_φ 都具有连续的偏导函数，取面积元素 $\Delta S=r\Delta\varphi\Delta r$，记其界线为 ΔC. 首先，推导矢量 $\vec{a}$ 经过界线 ΔC 的通量，即矢流. 通量可分两部分：一部分是经过 r 线的；另一部分是经过 φ 线的. 它们分别是

$$\int_r^{r+\Delta r}a_\varphi(r,\varphi+\Delta\varphi)\mathrm{d}r-\int_r^{r+\Delta r}a_\varphi(r,\varphi)\mathrm{d}r$$
$$=\int_r^{r+\Delta r}[a_\varphi(r,\varphi+\Delta\varphi)-a_\varphi(r,\varphi)]\mathrm{d}r$$
$$=\int_r^{r+\Delta r}\frac{\partial a_\varphi(r,\varphi)}{\partial\varphi}\Delta\varphi\mathrm{d}r=\frac{\partial a_\varphi(r,\varphi)}{\partial\varphi}\Delta\varphi\Delta r,$$
$$\int_\varphi^{\varphi+\Delta\varphi}a_r(r+\Delta r,\varphi)(r+\Delta r)\mathrm{d}\varphi-\int_\varphi^{\varphi+\Delta\varphi}a_r(r,\varphi)r\mathrm{d}\varphi$$
$$=\int_\varphi^{\varphi+\Delta\varphi}[a_r(r+\Delta r,\varphi)(r+\Delta r)-a_r(r,\varphi)r]\mathrm{d}\varphi$$
$$\approx\int_\varphi^{\varphi+\Delta\varphi}\frac{\partial[a_r(r,\varphi)r]}{\partial r}\Delta r\mathrm{d}\varphi\approx\frac{\partial[a_r(r,\varphi)r]}{\partial r}\Delta r\Delta\varphi,$$

且由于 a_r,a_φ 的偏导函数的连续性，当 $\Delta r,\Delta\varphi$ 取得愈小时，上述近似等式愈精确. 于是，矢量 $\vec{a}$ 经过 ΔC 的通量为

$$\oint_{\Delta c}\vec{a}\cdot\vec{n}\,\mathrm{d}s\approx\left\{\frac{\partial a_{\varphi}(r,\varphi)]}{\partial\varphi}+\frac{\partial[a_r(r,\varphi)r]}{\partial r}\right\}\Delta\varphi\Delta r,$$

其中$\vec{n}$为曲线 ΔC 的外法线方向,而且当 $\Delta r,\Delta\varphi$ 愈小时此近似等式愈精确.

于是,根据散度的定义,并注意到 ΔS 收缩为一点(r,φ)与 $\Delta r\to0,\Delta\varphi\to0$ 等价,从而即得

$$\mathrm{div}\vec{a}=\lim_{\Delta S\to0}\frac{\oint_{\Delta S}\vec{a}\cdot\vec{n}\,\mathrm{d}s}{\Delta S}=\lim_{\substack{\Delta r\to0\\ \Delta\varphi\to0}}\frac{\left\{\frac{\partial a_{\varphi}(r,\varphi)}{\partial\varphi}+\frac{\partial[a_r(r,\varphi)r]}{\partial r}\right\}\Delta r\Delta\varphi}{r\Delta r\Delta\varphi}$$

$$=\frac{1}{r}\left\{\frac{\partial a_{\varphi}(r,\varphi)}{\partial\varphi}+\frac{\partial[a_r(r,\varphi)r]}{\partial r}\right\}=\frac{1}{r}\left[\frac{\partial(ra_r)}{\partial r}+\frac{\partial a_{\varphi}}{\partial\varphi}\right].$$

【4434】 设

$$x=f(u,v,w),$$
$$y=g(u,v,w),$$
$$z=h(u,v,w),$$

用直交曲线坐标 u,v,w 表示 $\mathrm{div}\vec{a}(x,y,z)$. 作为特殊的情形,求用柱坐标和球坐标表示 $\mathrm{div}\vec{a}$的表示式.

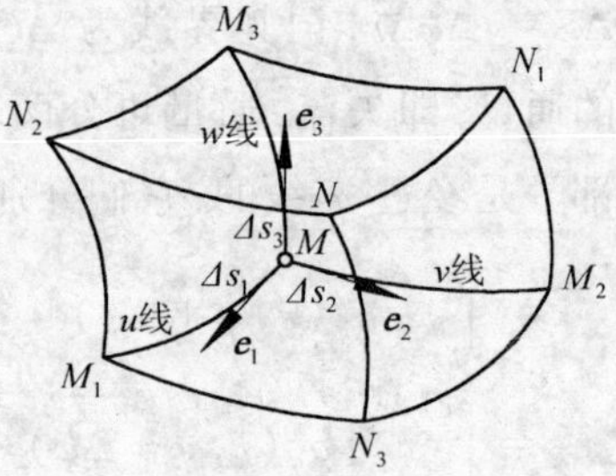

图 8.72

解 考虑向量 $\vec{a}$通过由曲面 $u=$常数, $v=$常数, $w=$常数所界的小立体(接近于长方体) V 的表面 S 的流量(图 8.72),我们有 $\vec{a}=a_u\vec{e}_1+a_v\vec{e}_2+a_w\vec{e}_3$. 在 u 曲线上,只有 u 变化(v 和 w 都是常数),故

$$\mathrm{d}\vec{r}=\frac{\partial x}{\partial u}\mathrm{d}u\,\vec{i}+\frac{\partial y}{\partial u}\mathrm{d}u\,\vec{j}+\frac{\partial z}{\partial u}\mathrm{d}u\,\vec{k},$$

从而 $\mathrm{d}s_1=|\mathrm{d}\vec{r}|=L\mathrm{d}u$,其中

$$L=\sqrt{\left(\frac{\partial x}{\partial u}\right)^2+\left(\frac{\partial y}{\partial u}\right)^2+\left(\frac{\partial z}{\partial u}\right)^2}=\sqrt{\left(\frac{\partial f}{\partial u}\right)^2+\left(\frac{\partial g}{\partial u}\right)^2+\left(\frac{\partial h}{\partial u}\right)^2},$$

ds_1 为 u 曲线上的弧元素.同理可得

$$ds_2=M dv,\ ds_3=N dw,$$

其中 ds_2, ds_3 分别为 v, w 曲线上的弧元素,而

$$M=\sqrt{\left(\frac{\partial f}{\partial v}\right)^2+\left(\frac{\partial g}{\partial v}\right)^2+\left(\frac{\partial h}{\partial v}\right)^2},$$

$$N=\sqrt{\left(\frac{\partial f}{\partial w}\right)^2+\left(\frac{\partial g}{\partial w}\right)^2+\left(\frac{\partial h}{\partial w}\right)^2}.$$

由于坐标曲线互相垂直, $\Delta s_1, \Delta s_2, \Delta s_3$ 都很小,故 V 接近于长方体.因此,其体积为

$$V\approx\Delta s_1\Delta s_2\Delta s_3\approx ds_1 ds_2 ds_3=LMN\,du\,dv\,dw.$$

现计算 $\vec{a}$ 通过 V 的表面 S 向外的流量 $\iint_S a_n dS$, S 共包括六块小曲面(图 8.72),记垂直于 $\vec{e}_1$ 方向的两块为 S_1 与 S_2(即图中的 $MM_2N_1M_3$ 与 $M_1N_3NN_2$),垂直于 $\vec{e}_2$ 方向的两块为 S_3 与 S_4,垂直于 $\vec{e}_3$ 方向的两块为 S_5 与 S_6.显然,由于曲面很小,有

$$\begin{aligned}&\iint_{S_2} a_n dS+\iint_{S_1} a_n dS\\&\approx a_u\Delta S_2\Delta S_3\Big|_{(u+\Delta u,v,w)}-a_u\Delta S_2\Delta S_3\Big|_{(u,v,w)}\\&\approx a_u MN\,dv\,dw\Big|_{(u+\Delta u,v,w)}-a_u MN\,dv\,dw\Big|_{(u,v,w)}\\&\approx\frac{\partial(a_u MN\,dv\,dw)}{\partial u}du=\frac{\partial(MNa_u)}{\partial u}du\,dv\,dw.\end{aligned}$$

同理可得

$$\iint\limits_{S_4} a_n \mathrm{d}S + \iint\limits_{S_3} a_n \mathrm{d}S \approx \frac{\partial(NLa_v)}{\partial v}\mathrm{d}u\mathrm{d}v\mathrm{d}w,$$

$$\iint\limits_{S_6} a_n \mathrm{d}S + \iint\limits_{S_5} a_n \mathrm{d}S \approx \frac{\partial(LMa_w)}{\partial w}\mathrm{d}u\mathrm{d}v\mathrm{d}w.$$

相加即得

$$\iint\limits_{S} a_n \mathrm{d}S \approx \left[\frac{\partial(MNa_u)}{\partial u} + \frac{\partial(NLa_v)}{\partial v} + \frac{\partial(LMa_w)}{\partial w}\right]\mathrm{d}u\mathrm{d}v\mathrm{d}w.$$

于是,

$$\frac{\iint\limits_{S} a_n \mathrm{d}S}{V} \approx \frac{1}{LMN}\left[\frac{\partial}{\partial u}(MNa_u) + \frac{\partial}{\partial v}(NLa_v) + \frac{\partial}{\partial w}(LMa_w)\right].$$

显然,当小立体 V 愈缩向点 M(V 愈小)时,上述各近似等式都愈精确. 于是,令 V 缩向 M(即 S 的直径 $d(S)$ 趋于零)取极限,利用 4422 题的结果,得

$$\mathrm{div}\vec{a} = \lim_{d(S)\to 0} \frac{\iint\limits_{S} a_n \mathrm{d}S}{V}$$

$$\approx \frac{1}{LMN}\left[\frac{\partial}{\partial u}(MNa_u) + \frac{\partial}{\partial v}(NLa_v) + \frac{\partial}{\partial w}(LMa_w)\right].$$

特别是在柱坐标情形下,有

$$x = r\cos\varphi, \quad y = r\sin\varphi, \quad z = z \ (u = r, v = \varphi, w = z).$$

从而,

$$L = \sqrt{\left(\frac{\partial x}{\partial r}\right)^2 + \left(\frac{\partial y}{\partial r}\right)^2 + \left(\frac{\partial z}{\partial r}\right)^2} = 1,$$

$$M = \sqrt{\left(\frac{\partial x}{\partial \varphi}\right)^2 + \left(\frac{\partial y}{\partial \varphi}\right)^2 + \left(\frac{\partial z}{\partial \varphi}\right)^2} = r,$$

$$N = \sqrt{\left(\frac{\partial x}{\partial z}\right)^2 + \left(\frac{\partial y}{\partial z}\right)^2 + \left(\frac{\partial z}{\partial z}\right)^2} = 1.$$

于是,

$$\operatorname{div}\vec{a}=\frac{1}{r}\left[\frac{\partial}{\partial r}(ra_r)+\frac{\partial a_\varphi}{\partial\varphi}+r\,\frac{\partial a_z}{\partial z}\right].$$

在球坐标情形下,有

$$x=\rho\sin\theta\cos\varphi,\quad y=\rho\sin\theta\sin\varphi,$$
$$z=\rho\cos\theta\quad(u=\rho,v=\theta,w=\varphi).$$

从而,

$$L=\sqrt{\left(\frac{\partial x}{\partial\rho}\right)^2+\left(\frac{\partial y}{\partial\rho}\right)^2+\left(\frac{\partial z}{\partial\rho}\right)^2}=1,$$

$$M=\sqrt{\left(\frac{\partial x}{\partial\theta}\right)^2+\left(\frac{\partial y}{\partial\theta}\right)^2+\left(\frac{\partial z}{\partial\theta}\right)^2}=\rho,$$

$$N=\sqrt{\left(\frac{\partial x}{\partial\varphi}\right)^2+\left(\frac{\partial y}{\partial\varphi}\right)^2+\left(\frac{\partial z}{\partial\varphi}\right)^2}=\rho\sin\theta.$$

于是,

$$\begin{aligned}\operatorname{div}\vec{a}&=\frac{1}{\rho^2\sin\theta}\left[\frac{\partial}{\partial\rho}(a_\rho\rho^2\sin\theta)+\frac{\partial}{\partial\theta}(a_\theta\rho\sin\theta)+\frac{\partial}{\partial\varphi}(a_\varphi\rho)\right]\\&=\frac{1}{\rho^2\sin\theta}\left[\sin\theta\,\frac{\partial}{\partial\rho}(a_\rho\rho^2)+\rho\,\frac{\partial}{\partial\theta}(a_\theta\sin\theta)+\rho\,\frac{\partial a_\varphi}{\partial\varphi}\right].\end{aligned}$$

【4435】 证明:(1) $\operatorname{rot}(\vec{a}+\vec{b})=\operatorname{rot}\vec{a}+\operatorname{rot}\vec{b}$;

(2) $\operatorname{rot}(u\,\vec{a})=u\operatorname{rot}\vec{a}+\operatorname{grad}u\times\vec{a}$.

证 (1) 设 $\vec{a}=a_x\vec{i}+a_y\vec{j}+a_z\vec{k}$, $\vec{b}=b_x\vec{i}+b_y\vec{j}+b_z\vec{k}$,则有

$$\operatorname{rot}(\vec{a}+\vec{b})=\begin{vmatrix}\vec{i}&\vec{j}&\vec{k}\\ \frac{\partial}{\partial x}&\frac{\partial}{\partial y}&\frac{\partial}{\partial z}\\ a_x+b_x&a_y+b_y&a_z+y_z\end{vmatrix}$$

$$= \begin{vmatrix} \vec{i} & \vec{j} & \vec{k} \\ \frac{\partial}{\partial x} & \frac{\partial}{\partial y} & \frac{\partial}{\partial z} \\ a_x & a_y & a_z \end{vmatrix} + \begin{vmatrix} \vec{i} & \vec{j} & \vec{k} \\ \frac{\partial}{\partial x} & \frac{\partial}{\partial y} & \frac{\partial}{\partial z} \\ b_x & b_y & b_z \end{vmatrix}$$

$$= \mathrm{rot}\vec{a} + \mathrm{rot}\vec{b}.$$

(2) $\mathrm{rot}_x(u\,\vec{a}) = \frac{\partial}{\partial y}(ua_z) - \frac{\partial}{\partial z}(ua_y)$

$$= u\left(\frac{\partial a_z}{\partial y} - \frac{\partial a_y}{\partial z}\right) + \left(a_z\frac{\partial u}{\partial y} - a_y\frac{\partial u}{\partial z}\right) = u\,\mathrm{rot}_x\vec{a} + (\mathrm{grad}u \times \vec{a})_x,$$

同法可得

$$\mathrm{rot}_y(u\,\vec{a}) = u\,\mathrm{rot}_y\vec{a} + (\mathrm{grad}u \times \vec{a})_y,$$

$$\mathrm{rot}_z(u\,\vec{a}) = u\,\mathrm{rot}_z\vec{a} + (\mathrm{grad}u \times \vec{a})_z$$

于是，　$\mathrm{rot}(u\,\vec{a}) = u\,\mathrm{rot}\vec{a} + \mathrm{grad}u \times \vec{a}.$

【4436】 求：(1)$\mathrm{rot}\vec{r}$；　(2)$\mathrm{rot}[f(r)\vec{r}]$.

解

(1) $\mathrm{rot}\vec{r} = \left(\frac{\partial z}{\partial y} - \frac{\partial y}{\partial z}\right)\vec{i} + \left(\frac{\partial x}{\partial z} - \frac{\partial z}{\partial x}\right)\vec{j} + \left(\frac{\partial y}{\partial x} - \frac{\partial x}{\partial y}\right)\vec{k} = \vec{0}.$

(2) $\mathrm{rot}[f(r)\vec{r}] = f(r)\mathrm{rot}\vec{r} + \mathrm{grad}f(r) \times \vec{r}$ *)

$$= \vec{0} + f'(r)\frac{\vec{r}}{r} \times \vec{r} \text{ **)} = \vec{0}.$$

*）　利用 4435 题(2)的结果.

* *）　利用 4410 题的结果

【4437】 求：(1)$\mathrm{rot}\vec{c}f(r)$；(2)$\mathrm{rot}[\vec{c} \times f(r)\vec{r}]$($\vec{c}$为定向量).

解

(1) $\mathrm{rot}\vec{c}f(r) = f(r)\mathrm{rot}\vec{c} + \mathrm{grad}f(r) \times \vec{c} = \frac{f'(r)}{r}(\vec{r} \times \vec{c}).$

(2) $\mathrm{rot}[\vec{c} \times f(r)\vec{r}] = f(r)\mathrm{rot}(\vec{c} \times \vec{r}) + \mathrm{grad}f(r) \times (\vec{c} \times \vec{r}).$

但是,

$$\operatorname{rot}(\vec{c}\times\vec{r})=\begin{vmatrix}\vec{i} & \vec{j} & \vec{k}\\ \dfrac{\partial}{\partial x} & \dfrac{\partial}{\partial y} & \dfrac{\partial}{\partial z}\\ c_yz-c_zy & c_zx-c_xz & c_xy-c_yx\end{vmatrix}=2\vec{c},$$

$$\begin{aligned}\operatorname{grad}f(r)\times(\vec{c}\times\vec{r})&=\frac{f'(r)}{r}\vec{r}\times(\vec{c}\times\vec{r})\\&=\frac{f'(r)}{r}[(\vec{r}\cdot\vec{r})\vec{c}-(\vec{r}\cdot\vec{c})\vec{r}],\end{aligned}$$

故最后得

$$\operatorname{rot}[\vec{c}\times f(r)\vec{r}]=2f(r)\vec{c}+\frac{f'(r)}{r}[(\vec{r}\cdot\vec{r})\vec{c}-(\vec{r}\cdot\vec{c})\vec{r}].$$

【4438】 证明 $\operatorname{div}(\vec{a}\times\vec{b})=\vec{b}\cdot\operatorname{rot}\vec{a}-\vec{a}\cdot\operatorname{rot}\vec{b}$.

证 $\operatorname{div}(\vec{a}\times\vec{b})$

$$\begin{aligned}&=\frac{\partial}{\partial x}(a_yb_z-a_zb_y)+\frac{\partial}{\partial y}(a_zb_x-a_xb_z)+\frac{\partial}{\partial z}(a_xb_y-a_yb_x)\\&=b_x\left(\frac{\partial a_z}{\partial y}-\frac{\partial a_y}{\partial z}\right)+b_y\left(\frac{\partial a_x}{\partial z}-\frac{\partial a_z}{\partial x}\right)+b_z\left(\frac{\partial a_y}{\partial x}-\frac{\partial a_x}{\partial y}\right)\\&\quad-a_x\left(\frac{\partial b_z}{\partial y}-\frac{\partial b_y}{\partial z}\right)-a_y\left(\frac{\partial b_x}{\partial z}-\frac{\partial b_z}{\partial x}\right)-a_z\left(\frac{\partial b_y}{\partial x}-\frac{\partial b_x}{\partial y}\right)\\&=\vec{b}\cdot\operatorname{rot}\vec{a}-\vec{a}\cdot\operatorname{rot}\vec{b}.\end{aligned}$$

【4439】 求:(1)$\operatorname{rot}(\operatorname{grad}u)$; (2)$\operatorname{div}(\operatorname{rot}\vec{a})$.

解 (1) $\operatorname{rot}(\operatorname{grad}u)=\begin{vmatrix}\vec{i} & \vec{j} & \vec{k}\\ \dfrac{\partial}{\partial x} & \dfrac{\partial}{\partial y} & \dfrac{\partial}{\partial z}\\ \dfrac{\partial u}{\partial x} & \dfrac{\partial u}{\partial y} & \dfrac{\partial u}{\partial z}\end{vmatrix}=\vec{0}.$

(2) $\operatorname{div}(\operatorname{rot}\vec{a})=\dfrac{\partial}{\partial x}\left(\dfrac{\partial a_z}{\partial y}-\dfrac{\partial a_y}{\partial z}\right)+\dfrac{\partial}{\partial y}\left(\dfrac{\partial a_x}{\partial z}-\dfrac{\partial a_z}{\partial x}\right)$

$$+\frac{\partial}{\partial z}\left(\frac{\partial a_y}{\partial x}-\frac{\partial a_x}{\partial y}\right)=0.$$

【4440】 物体以一定的角速度 w 围绕轴 $\vec{l}\{\cos\alpha,\cos\beta,\cos\gamma\}$旋转.求速度向量 $\vec{v}$在空间的点 $M(x,y,z)$和在已知时刻的旋度.

解 $\vec{v}=\vec{v}_0+\vec{w}\times\vec{r}$.从而有

$$v_x=v_{0x}+w_yz-w_zy,\qquad v_y=v_{0y}+w_zx-w_xz,$$

$$v_z=v_{0z}+w_xy-w_yx,$$

由于 $\mathrm{rot}_x\vec{v}=\frac{\partial v_z}{\partial y}-\frac{\partial v_y}{\partial z}=2w_x$, $\mathrm{rot}_y\vec{v}=2w_y$及 $\mathrm{rot}_z\vec{v}=2w_z$,故 $\mathrm{rot}\,\vec{v}=2\vec{w}$.

【4441】 求向量 $\vec{r}$的流量:(1)穿过圆锥形 $x^2+y^2\leqslant z^2$ $(0\leqslant z\leqslant h)$的侧表面;(2)穿过此圆锥的底.

解 (1)在侧面上,点的向径的方向与圆锥的母线重合.因此,点的向径与圆锥在该点的法线互相垂直,即$\vec{r}$在法线方向上的射影$r_n=0$.于是,向量 r 穿过侧面D 的流量为

$$\iint\limits_{\Omega} r_n\mathrm{d}S=0.$$

(2)在圆锥形的底面上,$r_n=h$ 于是,所求的流量为

$$\iint\limits_{x^2+y^2\leqslant h^2} r_n\mathrm{d}S=h\cdot\pi h^2=\pi h^3.$$

【4442】 求向量 $\vec{a}=yz\,\vec{i}+zx\,\vec{j}+xy\,\vec{k}$的流量:(1)穿过圆柱 $x^2+y^2\leqslant a^2$ $(0\leqslant z\leqslant h)$的侧表面;(2)穿过此圆柱的全表面.

解 先求(2),由于

$$\iint\limits_{S} a_n\mathrm{d}S=\iiint\limits_{V}\mathrm{div}\,\vec{a}\,\mathrm{d}V=\iiint\limits_{V}0\mathrm{d}V=0,$$

故向量 $\vec{a}$ 穿过圆柱的全表面的流量为零.

再求(1),又由于 $S=S_{侧}+S_{上、下底}$ 及在上、下底上 $a_n=xy$,故有

$$\iint\limits_{S_{上、下底}} a_n\mathrm{d}S=\iint\limits_{x^2+y^2\leqslant a^2} xy\mathrm{d}x\mathrm{d}y=2\int_0^{2\pi}\mathrm{d}\varphi\int_0^a r^3\sin\varphi\cos\varphi\mathrm{d}r=0.$$

于是,$\iint\limits_{S_{侧}} a_n\mathrm{d}S=0$,即向量 $\vec{a}$ 穿过侧面的流量也为零.

【4443】 求向径 $\vec{r}$ 穿过曲面

$$z=1-\sqrt{x^2+y^2}\quad(0\leqslant z\leqslant 1)$$

的流量.

解 设 S 为所给的曲面(锥),D 为锥的底面(即 Oxy 平面上的圆域 $x^2+y^2\leqslant 1$).由于

$$\iint\limits_S r_n\mathrm{d}S+\iint\limits_D r_n\mathrm{d}S=\iiint\limits_V \operatorname{div}\vec{r}\mathrm{d}V=3\int_0^{2\pi}\mathrm{d}\varphi\int_0^1 r\mathrm{d}r\int_0^{1-r}\mathrm{d}z=\pi$$

及在 D 上,$\vec{r}\perp\vec{n}$,故 $r_n=0$,$\iint\limits_D r_n\,\mathrm{d}S=0$,从而,得

$$\iint\limits_S r_n\mathrm{d}S=\pi.$$

【4444】 求向量 $\vec{a}=x^2\vec{i}+y^2\vec{j}+z^2\vec{k}$ 穿过球 $x^2+y^2+z^2=1$, $x>0$, $y>0$, $z>0$ 的正八分之一的流量.

解 设 S 为所给的曲面,S_1, S_2 及 S_3 为球内三个坐标平面上的部分,则有

$$\iint\limits_S a_n\mathrm{d}S+\iint\limits_{S_1} a_n\mathrm{d}S+\iint\limits_{S_2} a_n\mathrm{d}S+\iint\limits_{S_3} a_n\mathrm{d}S$$

$$=\iiint\limits_{\substack{x^2+y^2+z^2\leqslant 1\\ x>0,\,y>0,\,z>0}}\operatorname{div}\vec{a}\,\mathrm{d}V=2\iiint\limits_{\substack{x^2+y^2+z^2\leqslant 1\\ x>0,\,y>0,\,z>0}}(x+y+z)\mathrm{d}x\mathrm{d}y\mathrm{d}z$$

$$=2\int_0^{\frac{\pi}{2}}\mathrm{d}\varphi\int_0^{\frac{\pi}{2}}\mathrm{d}\psi\int_0^1 r^2\cos\psi\cdot r(\cos\varphi\cos\psi+\sin\varphi\cos\psi+\sin\psi)\mathrm{d}r$$

$$=2\,\frac{1}{4}\int_0^{\frac{\pi}{2}}\mathrm{d}\varphi\int_0^{\frac{\pi}{2}}[\cos\psi\sin\psi+\cos^2\psi(\cos\varphi+\sin\varphi)]\mathrm{d}\psi$$

$$=\frac{1}{2}\int_0^{\frac{\pi}{2}}\left[\frac{1}{2}+\frac{\pi}{4}(\cos\varphi+\sin\varphi)\right]\mathrm{d}\varphi=\frac{3}{8}\pi.$$

但在 $S_i(i=1,2,3)$上,显然有 $\vec{a}\perp\vec{n}$,故 $a_n=0$,从而

$$\iint_{S_i} a_n\mathrm{d}S=0\quad(i=1,2,3).$$

于是,所求的流量为

$$\iint_S a_n\mathrm{d}S=\frac{3}{8}\pi.$$

【4445】 求向量 $\vec{a}=y\vec{i}+z\vec{j}+x\vec{k}$穿过由诸平面 $x=0,y=0,z=0,x+y+z=a\ (a>0)$,所包围角锥的全表面的流量.

利用奥斯特洛格拉德斯基公式,验证结果.

解 解法1:

由于 $\operatorname{div}\vec{a}=0$,故所求的流量为

$$\iint_S a_n\mathrm{d}S=\iiint_V \operatorname{div}\vec{a}\,\mathrm{d}V=0.$$

解法2:

如图 8.73 所示. 在平面 $z=0(S_1)$上, $\vec{n}=\{0,0,-1\}$; 在平面 $y=0(S_3)$上, $\vec{n}=\{0,-1,0\}$, 在平面 $x=0(S_2)$上, $\vec{n}=\{-1,0,0\}$. 于是,向量 $\vec{a}$穿过曲面 S_1 的流量为

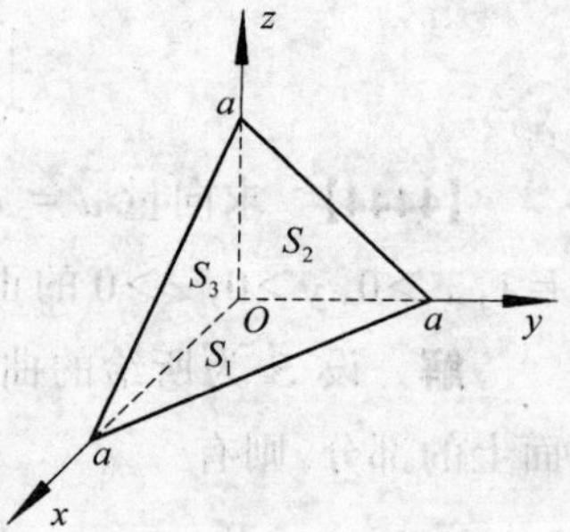

图 8.73

$$\iint_{S_1} a_n \mathrm{d}S=\iint_{S_1} \vec{a}\cdot\vec{n}\,\mathrm{d}S=\iint_{\substack{x+y\leqslant a\\ x\geqslant 0,\ y\geqslant 0}}(-x)\,\mathrm{d}x\,\mathrm{d}y=-\frac{a^3}{6}.$$

同法可求得向量 $\vec{a}$ 穿过 S_2 及 S_3 面的流量也为 $-\dfrac{a^3}{6}$.

对于平面 $x+y+z=a$ (S_4),其法向量为 $\vec{n}=\left\{\dfrac{1}{\sqrt{3}},\dfrac{1}{\sqrt{3}},\dfrac{1}{\sqrt{3}}\right\}$,故流量为

$$\iint_{S_4} a_n \mathrm{d}S=\frac{1}{\sqrt{3}}\iint_{S_4}(y+z+x)\,\mathrm{d}S$$

$$=\frac{1}{\sqrt{3}}\iint_{\substack{x+y\leqslant a\\ x\geqslant 0,\ y\geqslant 0}} a\cdot\sqrt{1^2+1^2+1^2}\,\mathrm{d}x\,\mathrm{d}y=\frac{a^3}{2}.$$

因此,最后得向量 $\vec{a}$ 穿过角锥全表面的流量为

$$\sum_{i=1}^{4}\iint_{S_i} a_n \mathrm{d}S=\frac{a^3}{2}+3\left(-\frac{a^3}{6}\right)=0.$$

【4446】 证明:向量 $\vec{a}$ 穿过由方程式 $\vec{r}=\vec{r}(u,v)$ ($(u,v)\in\Omega$)所给出的曲面 S 的流量等于

$$\iint_S \vec{a}\cdot\vec{n}\,\mathrm{d}S=\iint_{\Omega}\left(\vec{a}\,\frac{\partial\vec{r}}{\partial u}\,\frac{\partial\vec{r}}{\partial v}\right)\mathrm{d}u\,\mathrm{d}v,$$

式中 $\vec{n}$ 为曲面 S 的法线的单位向量.

证 设曲面 S 的方程为

$$\vec{r}=x(u,v)\vec{i}+y(u,v)\vec{j}+z(u,v)\vec{k},$$

则有

$$\frac{\partial\vec{r}}{\partial u}=\frac{\partial x}{\partial u}\vec{i}+\frac{\partial y}{\partial u}\vec{j}+\frac{\partial z}{\partial u}\vec{k},$$

$$\frac{\partial\vec{r}}{\partial v}=\frac{\partial x}{\partial v}\vec{i}+\frac{\partial y}{\partial v}\vec{j}+\frac{\partial z}{\partial v}\vec{k}.$$

从而,

$$\frac{\partial \vec{r}}{\partial u}\times\frac{\partial \vec{r}}{\partial v}=\begin{vmatrix}\vec{i} & \vec{j} & \vec{k}\\ \frac{\partial x}{\partial u} & \frac{\partial y}{\partial u} & \frac{\partial z}{\partial u}\\ \frac{\partial x}{\partial v} & \frac{\partial y}{\partial v} & \frac{\partial z}{\partial v}\end{vmatrix}=\left(\frac{\partial y}{\partial u}\frac{\partial z}{\partial v}-\frac{\partial y}{\partial v}\frac{\partial z}{\partial u}\right)\vec{i}$$

$$+\left(\frac{\partial z}{\partial u}\frac{\partial x}{\partial v}-\frac{\partial z}{\partial v}\frac{\partial x}{\partial u}\right)\vec{j}+\left(\frac{\partial x}{\partial u}\frac{\partial y}{\partial v}-\frac{\partial x}{\partial v}\frac{\partial y}{\partial u}\right)\vec{k}.$$

因此，易得

$$\left|\frac{\partial \vec{r}}{\partial u}\times\frac{\partial \vec{r}}{\partial v}\right|=\sqrt{EG-F^2}$$

又$\frac{\partial \vec{r}}{\partial u}\times\frac{\partial \vec{r}}{\partial v}$的方向显然是法线$\vec{n}$的方向. 于是，我们有

$$\iint_S \vec{a}\cdot\vec{n}\,\mathrm{d}S=\iint_\Omega \vec{a}\cdot\sqrt{EG-F^2}\,\vec{n}\,\mathrm{d}u\mathrm{d}v$$

$$=\iint_\Omega \vec{a}\cdot\left(\frac{\partial \vec{r}}{\partial u}\times\frac{\partial \vec{r}}{\partial v}\right)\mathrm{d}u\mathrm{d}v=\iint_\Omega\left(a\ \frac{\partial \vec{r}}{\partial u}\ \frac{\partial \vec{r}}{\partial v}\right)\mathrm{d}u\mathrm{d}v.$$

【4447】 求向量$\vec{a}=m\dfrac{\vec{r}}{r^3}$($m$ 为常数)穿过围绕坐标原点的封闭曲面 S 的流量.

解 所求的流量为

$$\iint_S a_n\mathrm{d}S=m\iint_S\frac{1}{r^3}\vec{r}\cdot\vec{n}\,\mathrm{d}S=m\iint_S\frac{\cos(\vec{r},\vec{n})}{r^2}\mathrm{d}S$$

$$=m\cdot 4\pi^{*)}=4\pi m.$$

*) 利用 4392 题(2)的结果.

【4448】 已知向量

$$a(\vec{r})=\vec{a}\sum_{i=1}^{n}\mathrm{grad}\left(-\frac{\mathrm{e}_i}{4\pi r_i}\right),$$

其中 e_i 为常数，r_i 为点M_i(起点)距动点 $M(\vec{r})$的距离. 求此向

量穿过围绕点 $M_i(i=1,2,\cdots,n)$ 的封闭曲面 S 的流量.

解 首先,我们有

$$\vec{a}=\sum_{i=1}^{n}\operatorname{grad}\left(-\frac{e_i}{4\pi r_i}\right)=\sum_{i=1}^{n}\frac{e_i\vec{r}_i}{4\pi r_i^3}.$$

其次,我们考虑这样一个立体(V),它由曲面 S 及包围点 $M_i(i=1,2,\cdots,n)$ 的 n 个小球所围成(这些小球的球心在点 M_i,半径为 ρ_i).由于 $\operatorname{div}\vec{a}$ 在 V 内为零.故

$$\iint\limits_S a_n dS=\sum_{j=1}^{n}\iint\limits_{S_j}a_n dS,$$

其中 S_j 为第 j 个小球面.但是

$$\iint\limits_{S_j}a_n dS=\iint\limits_{S_j}\left(\sum_{i=1}^{n}\frac{e_i\vec{r}_i}{4\pi r_i^3}\right)\cdot\vec{n}dS.$$

由于

$$\iint\limits_{S_i}\frac{1}{r_i^3}(\vec{r}_i\cdot\vec{n})dS=\iint\limits_{S_j}\frac{\cos(\vec{r}_i,\vec{n})}{r_i^3}dS=\begin{cases}0, & \text{当 } j\neq i \text{ 时;}^{*)}\\ 4\pi, & \text{当 } j=i \text{ 时,}\end{cases}$$

故得 $\iint\limits_{S_j}a_n dS=e_j$,从而 $\iint\limits_S a_n dS=\sum\limits_{j=1}^{n}e_j$.

*) 利用 4392 题的结果.

【4449】 证明:

$$\iint\limits_S\frac{\partial u}{\partial n}dS=\iiint\limits_V\nabla^2 u\,dx\,dy\,dz,$$

其中曲面 S 包围体积 V.

证 参看 4393 题(1).

【4450】 在单位时间内经过曲面元素 dS 而进入温度场 u 的热量等于

$$dQ=-k\vec{n}\cdot\operatorname{grad}u\,dS,$$

其中 k 为内热的传导系数，$\vec{n}$为曲面 S 的法线的单位向量.求在单位时间内物体 V 所积累的热量.研究温度上升的速度以推出为物体温度所满足的方程式(热传导方程式).

解 由于

$$dQ=-k\vec{n}\cdot\text{grad}u\,dS=-k\,\text{grad}_n u\,dS,$$

故由奥式公式,即得

$$Q=-\iint_S k\,\text{grad}_n u\,dS=\iiint_V k\,\text{div}(\text{grad}u)\,dV.$$

因此,每单位时间内向立体内部流入的热量为

$$\iiint_V \text{div}(k\,\text{grad}u)\,dV. \tag{1}$$

这一热量引起立体内部温度的增加,现在我们从另一方面再来计算此热量.在时间 dt 内温度 u 增加

$$du=\frac{\partial u}{\partial t}dt,$$

需要对体积元素 dV 输入热量

$$c\,du\rho\,dV=c\frac{\partial u}{\partial t}\rho\,dt\,dV,$$

其中 c 为物体在所考察的点处的热容量.于是,在时间 dt 内整个立体就要吸收热量

$$dt\iiint_V c\rho\frac{\partial u}{\partial t}dV,$$

而在每单位时间内所吸收的热量即为

$$\iiint_V c\rho\frac{\partial u}{\partial t}dV. \tag{2}$$

比较(1)式及(2)式,便得等式

$$\iiint_V\left\{c\rho\frac{\partial u}{\partial t}-\text{div}(k\,\text{grad}u)\right\}dV=0.$$

由于上式对取在所考察境域内的任何立体 V 都适合，且被积函数显见连续，故根据 4097 题的结果，当点属于所考察的境域时，恒有

$$c\rho\frac{\partial u}{\partial t}=\mathrm{div}(k\,\mathrm{grad}u),$$

此即所求的热传导方程.

【4451】 在运动中不可压缩的液体占有体积 V. 假定在域内源泉和漏孔都不存在，试推出连续性的方程.

$$\frac{\partial\rho}{\partial t}+\mathrm{div}(\rho\vec{v})=0,$$

式中 $\rho=\rho(x,y,z,t)$ 为液体密度，$\vec{v}$ 为速度向量，t 为时间.

解 首先，我们已知：在每单位时间内自 V 中的任一立体 V' 的表面 S' 向外流出的流量 Q 为

$$Q=\iint\limits_{S'}\rho v_n\mathrm{d}S=\iiint\limits_{V'}\mathrm{div}(\rho\vec{v})\mathrm{d}V. \tag{1}$$

现在我们用另一法来计算 Q，如考虑到在时间 $\mathrm{d}t$ 内密度 ρ 增加 $\frac{\partial\rho}{\partial t}\mathrm{d}t$，则立体元素 $\mathrm{d}V$ 的质量就增加 $\frac{\partial\rho}{\partial t}\mathrm{d}t\mathrm{d}V$，而整个所考察的立体 V' 的质量就增加

$$\mathrm{d}t\iiint\limits_{V'}\frac{\partial\rho}{\partial t}\mathrm{d}V.$$

因此，每单位时间内 V' 中质量减少

$$-\iiint\limits_{V'}\frac{\partial\rho}{\partial t}\mathrm{d}V.$$

由于 V 内无源泉和漏孔，故这个减少的质量正好就是从 V' 的表面 S' 流出的质量流量 Q，即

$$Q=-\iiint\limits_{V'}\frac{\partial\rho}{\partial t}\mathrm{d}V. \tag{2}$$

比较(1)式和(2)式，便得等式

$$\iiint\limits_{V}\left(\frac{\partial\rho}{\partial t}+\operatorname{div}(\rho\vec{v})\right)\mathrm{d}V=0.$$

由于上式对 V 中任一立体 V' 均成立，且被积函数连续，故根据 4097 题的结果，当 $(x,y,z)\in V$ 时，恒有

$$\frac{\partial\rho}{\partial t}+\operatorname{div}(\rho\vec{v})=0.$$

【4452】 求向量 $\vec{a}=\vec{r}$ 沿着螺线

$$\vec{r}=a\cos t\,\vec{i}+a\sin t\,\vec{j}+bt\,\vec{k}\quad(0\leqslant t\leqslant 2\pi)$$

的一段的功.

解 由于 $\mathrm{d}\vec{r}=(-a\sin t\,\vec{i}+a\cos t\,\vec{j}+b\,\vec{k})\mathrm{d}t,\ \vec{a}\cdot\mathrm{d}\vec{r}=b^2t\,\mathrm{d}t$，故所求的功为

$$W=\int_0^{2\pi}b^2t\,\mathrm{d}t=2\pi^2b^2.$$

【4453】 求向量 $\vec{a}=f(r)\vec{r}$（其中 f 是连续函数）沿着弧 AB 的功.

解 所求的功为

$$W=\int_{r_A}^{r_B}f(r)\vec{r}\cdot\mathrm{d}\vec{r}=\int_{r_A}^{r_B}f(r)\vec{r}\cdot\vec{t}^0\mathrm{d}s=\int_{r_A}^{r_B}f(r)r\,\mathrm{d}r,$$

其中 $\vec{t}^0$ 是单位切向量.

【4454】 求向量 $\vec{a}=-y\,\vec{i}+x\,\vec{j}+c\,\vec{k}$（$c$ 为常数）的环流：

(1)沿着圆周 $x^2+y^2=1,z=0$；

(2)沿着圆周 $(x-2)^2+y^2=1,z=0$.

解 (1)圆 $x^2+y^2=1,z=0$ 的向径 $\vec{r}$ 适合方程

$$\vec{r}=\cos t\,\vec{i}+\sin\,\vec{j}+0\,\vec{k}\quad(0\leqslant t\leqslant 2\pi).$$

由于

$$\vec{a}\cdot\mathrm{d}\vec{r}=(-\sin t\,\vec{i}+\cos t\,\vec{j}+c\,\vec{k})(-\sin t\,\vec{i}+\cos t\,\vec{j}+0\,\vec{k})\mathrm{d}t=\mathrm{d}t,$$

故所求的环流为 $\int_0^{2\pi} dt = 2\pi$.

(2)对于圆$(x-2)^2+y^2=1, z=0$,有

$$\vec{r}=(2+\cos t)\vec{i}+\sin t\,\vec{j}+0\vec{k} \quad (0\leqslant t\leqslant 2\pi).$$

由于 $\vec{a}\cdot d\vec{r}=(2\cos t+1)dt$,故所求的环流为

$$\int_0^{2\pi}(2\cos t+1)dt=2\pi.$$

【4455】 求向量 $\vec{a}=\mathrm{grad}(\arctan\frac{y}{x})$沿着围线 C 的环流Γ:

(1)C 不围绕Oz 轴;(2)C 围绕Oz 轴.

解 我们有

$$\vec{a}=-\frac{y}{x^2+y^2}\vec{i}+\frac{x}{x^2+y^2}\vec{j}.$$

于是,易知 $\mathrm{rot}\vec{a}=\vec{0}$(除 $x=y=0$,即 Oz 轴上的点)

(1)若 C 不围绕Oz 轴,则可于 C 上张一曲面S,使 S 与Oz 轴不相交,于是,根据斯托克斯公式,得

$$\Gamma=\oint_C\vec{a}\cdot d\vec{r}=\iint_S\vec{n}\cdot\mathrm{rot}\vec{a}\,dS=0.$$

(2)若 C 围绕Oz 轴.先设 C 正好围绕Oz 轴旋转一周,取常数 $\tau>0$ 充分小,使 C 位于平面$z=\tau$ 的上方.在平面 $z=\tau$ 上围绕 Oz 轴取一圆周$C_r(x^2+y^2=r^2,\ z=\tau)$充分小,使半径 r 小于C 到Oz 轴的距离.以 C 与C_r 为边界张上一曲面S,使 S 与Oz 轴不相交.由斯托克斯公式,得

$$\oint_C\vec{a}\cdot d\vec{r}+\oint_{-C_r}\vec{a}\cdot d\vec{r}=\iint_S\vec{n}\cdot\mathrm{rot}\,\vec{a}\,dS=0,$$

其中$-C_r$ 表示沿顺时针方向取向.于是,

$$\Gamma=\oint_C\vec{a}\cdot d\vec{r}=\oint_{C_r}\vec{a}\cdot d\vec{r}.$$

但取 C_r 的参数方程 $x=r\cos\theta, y=r\sin\theta, z=\tau$ 后,得

$$\oint_{C_r}\vec{a}\cdot d\vec{r}=\int_0^{2\pi}\left[\left(-\frac{r\sin\theta}{r^2}\right)(-r\sin\theta)+\left(\frac{r\cos\theta}{r^2}\right)(r\cos\theta)\right]d\theta$$

$$=\int_0^{2\pi}d\theta=2\pi.$$

从而 $\Gamma=\oint_C\vec{a}\cdot dr=2\pi$.

现设 C 围绕 Oz 轴旋转了 n 圈. 为叙述简单起见,假定 $n=2$. 在平面 Ozx 上引辅助线(直线段)AB,将 C 分解成两个只绕 Oz 轴转一周的闭曲线

$$C_1=ABMA \quad 与 \quad C_2=ANBA$$

(图 8.74). 根据前面已证的结果可知

$$\oint_{C_1}\vec{a}\cdot d\vec{r}=2\pi,\quad \oint_{C_2}\vec{a}\cdot d\vec{r}=2\pi.$$

于是,注意到 $\overline{AB}$ 的线积分(第二型)与 $\overline{BA}$ 上的线积分相消,即得

$$\Gamma=\oint_C\vec{a}\cdot d\vec{r}=\oint_{C_1}\vec{a}\cdot d\vec{r}+\oint_{C_2}\vec{a}\cdot d\vec{r}=4\pi.$$

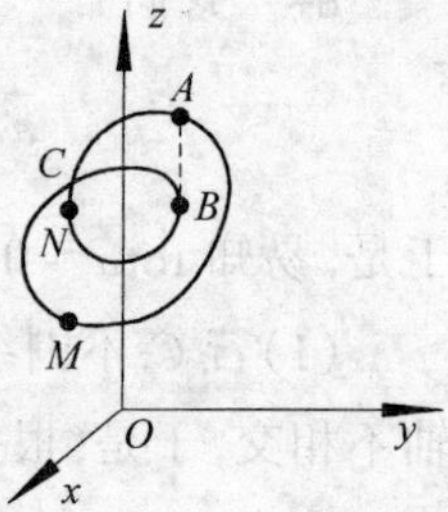

图 8.74

完全类似地,可得一般情况(C 围绕 Oz 轴旋转 n 圈)时,有

$$\Gamma=\oint_C\vec{a}\cdot d\vec{r}=2\pi n.$$

【4456】$^+$ 平面的不可压缩稳流由速度向量

$$\vec{w}=u(x,y)\vec{i}+v(x,y)\vec{j}$$

描写出来,求出:(1)经过包围域 S 的封闭围线 C 所流出液体的量 Q(液体的消耗);(2)速度向量沿着围线 C 的环流 Γ. 若流场无源泉、无漏孔且无旋度,则函数 u 和 v 满足什么样的方程式?

解 (1)考虑包含着点 $D(x,y)$ 的两边长分别为 Δx 与 Δy

的小矩形元$ABCD$(图 8.75).

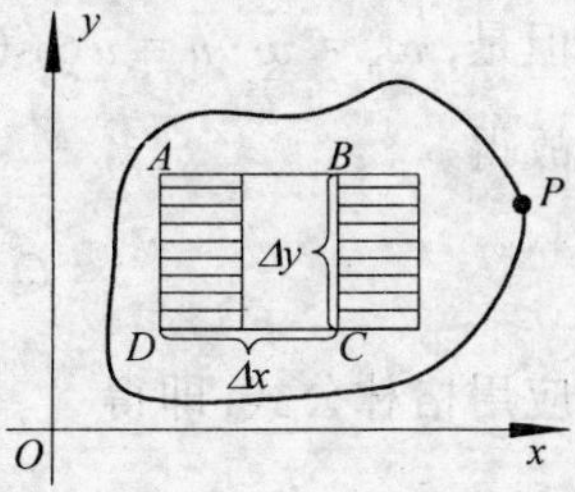

图 8.75

在单位时间内沿 Ox 轴方向从 AD 边流入的量为 $u(x,y)\Delta y$(为简单起见,设密度 $\rho=1$),而同时从 BC 边流出的量为 $u(x+\Delta x,y)\Delta y$. 于是,在单位时间内,沿 Ox 轴方向从单位面积的小正方形内流出的量为

$$\frac{u(x+\Delta x,y)-u(x,y)}{\Delta x\Delta y}\Delta y.$$

当 $\Delta x\to 0$ 时,此比值的极限$\frac{\partial u}{\partial x}$就是在点$(x,y)$沿 Ox 轴方向的发散强度.类似地,$\frac{\partial v}{\partial y}$就是在点$(x,y)$沿 Oy 轴方向的发散强度.于是,在点(x,y)处液体的发散强度为$\frac{\partial u}{\partial x}+\frac{\partial v}{\partial y}$,而对于面积元 $\mathrm{d}x\mathrm{d}y$ 的流量即为

$$\left(\frac{\partial u}{\partial x}+\frac{\partial v}{\partial y}\right)\mathrm{d}x\mathrm{d}y.$$

因此,总的流量为

$$Q=\iint_S\left(\frac{\partial u}{\partial x}+\frac{\partial v}{\partial y}\right)\mathrm{d}x\mathrm{d}y.$$

另一解法:令点 P 为围线C 上的任一点,$\vec{n}$为向外法线,考虑曲线元素 $\mathrm{d}s$.单位时间内通过 $\mathrm{d}s$ 弧段的流量为

$$\mathrm{d}Q=w_n\mathrm{d}s,$$

其中 w_n 为点P 处的流速$\vec{w}$在法向量$\vec{n}$上的射影:$w_n=\vec{w}\cdot\vec{n}$. 于是,所求的通过曲线 C 的流量为

$$Q=\int_C w_n\mathrm{d}s.$$

但是, $w_n = \vec{w} \cdot \vec{n} = u\cos(\vec{n}, x) + v\cos(\vec{n}, y) = u\dfrac{\mathrm{d}y}{\mathrm{d}s} - v\dfrac{\mathrm{d}x}{\mathrm{d}s}$ **),
故得

$$Q = \int_C u\mathrm{d}y - v\mathrm{d}x.$$

应用格林公式,即得

$$Q = \iint_S \left(\frac{\partial u}{\partial x} + \frac{\partial v}{\partial y}\right)\mathrm{d}x\mathrm{d}y.$$

(2) $\mathrm{d}\Gamma = \vec{w} \cdot \mathrm{d}\vec{r} = u\mathrm{d}x + v\mathrm{d}y$, 故

$$\Gamma = \int_C u\mathrm{d}x + v\mathrm{d}y = \iint_S \left(\frac{\partial v}{\partial x} - \frac{\partial u}{\partial y}\right)\mathrm{d}x\mathrm{d}y$$

若流场无源泉、无漏孔及无旋度,则对于流场中任何围线 C 及其所包围的域 S,均有

$$Q = 0 \quad 及 \quad \Gamma = 0.$$

于是,在流场中的每一点,均有

$$\frac{\partial u}{\partial x} + \frac{\partial v}{\partial y} = 0 \text{ 及 } \frac{\partial v}{\partial x} - \frac{\partial u}{\partial y} = 0 \quad 或 \quad \frac{\partial u}{\partial x} = -\frac{\partial v}{\partial y} \text{ 及 } \frac{\partial v}{\partial x} = \frac{\partial u}{\partial y},$$

这就是 u, v 所应满足的方程.

*) 作者注:从原书答案来看,本题叙述有误.最后的问题中"流体是不可压缩"应改为"流场无源泉、无漏孔",而在题目开始,应假定流体不可压缩.

**) 参看 4324 题的推导.

【4457】 证明:场

$$\vec{a} = yz(2x + y + z)\vec{i} + xz(x + 2y + z)\vec{j} + xy(x + y + 2z)\vec{k}$$

是有势场,并求这个场的势.

解 由于对空间任一点 (x, y, z) 均有

$$\mathrm{rot}\vec{a} = \left\{\frac{\partial}{\partial y}[xy(x + y + 2z)] - \frac{\partial}{\partial z}[xz(x + 2y + z)]\right\}\vec{i}$$

$$+\left\{\frac{\partial}{\partial z}[yz(2x+y+z)]-\frac{\partial}{\partial x}[xy(x+y+2z)]\right\}\vec{j}$$
$$+\left\{\frac{\partial}{\partial x}[xz(x+2y+z)]-\frac{\partial}{\partial y}[yz(2x+y+z)]\right\}\vec{k}=\vec{0},$$

故 $\vec{a}$ 为有势场.

又由于势 u 满足

$$\begin{aligned}du&=\vec{a}\cdot d\vec{r}\\&=yz(2x+y+z)dx+xz(x+2y+z)dy+xy(x+y+2z)dz\\&=xyz(dx+dy+dz)+(x+y+z)(yzdx+zxdy+xydz)\\&=xyzd(x+y+z)+(x+y+z)d(xyz)\\&=d[xyz(x+y+z)],\end{aligned}$$

故势 $u=xyz(x+y+z)+C$，其中 C 为任意常数.

【4458】 求由位于坐标原点的质量 m 所产生的引力场

$$\vec{a}=-\frac{m}{r^3}\vec{r}$$

的势.

解 由于 $du=\vec{a}\cdot d\vec{r}=-\frac{m}{r^3}(xdx+ydy+zdz)$

$$=-\frac{m}{2r^3}d(r^2)=-\frac{m}{r^2}dr=d\left(\frac{m}{r}\right),$$

故势 $u=\frac{m}{r}+C$ （C 为任意常数）. 通常取 $u=\frac{m}{r}$ （$r\neq0$）.

【4459】 求位置在 $M_i(i=1,2,\cdots,n)$ 各点的质量系 $m_i(i=1,2,\cdots,n)$ 所产生引力场的势.

解 引力场 $\vec{a}=-\sum\limits_{i=1}^{n}\frac{m_i}{r_i^3}\vec{r}_i$，其中 r_i 为动点 M 与 M_i 之间的距离. 由于

$$du=\vec{a}\cdot d\vec{r}=d\left(\sum_{i=1}^{n}\frac{m_i}{r_i}\right),$$

故势 $u=\sum_{i=1}^{n}\frac{m_i}{r_i}+C$($C$ 为任意常数),通常取 $u=\sum_{i=1}^{n}\frac{m_i}{r_i}$.

【4460】 证明:场 $\vec{a}=f(r)\vec{r}$(其中 $f(r)$是单值连续函数)是有势场.求这个场的势.

解 利用 4436 题(2)的结果,即知 $\mathrm{rot}(f(r)\vec{r})=\vec{0}$,故 $\vec{a}$ 为有势场.又由于

$$\mathrm{d}u=\vec{a}\cdot\mathrm{d}\vec{r}=xf(r)\mathrm{d}x+yf(r)\mathrm{d}y+zf(r)\mathrm{d}z$$

$$=\frac{1}{2}f(r)\mathrm{d}(r^2)=rf(r)\mathrm{d}r,$$

故势 $u=\int_{r_0}^{r}tf(t)\mathrm{d}t$,其中 $r=\sqrt{x^2+y^2+z^2}$.

【4461】 证明公式

$$\mathrm{grad}_P\left(\iiint\limits_V\rho(Q)\frac{\mathrm{d}V}{r}\right)=-\iint\limits_S\rho(Q)\vec{n}\frac{\mathrm{d}S}{r}+\iiint\limits_V\mathrm{grad}_Q\,\rho(Q)\frac{\mathrm{d}V}{r},$$

其中 S 为包含体积 V 的曲面,$\vec{n}$ 为曲面 S 的外法线,r 为点 $P(x,y,z)$与点 $Q(\xi,\eta,\zeta)$两点间的距离.

证 首先指出,题中需假定 $\rho(Q)$在 V 上具有连续的导函数.

(ⅰ)先设点 $P(x,y,z)$在 V 之外.令

$$f(x,y,z)=\iiint\limits_V\rho(Q)\frac{\mathrm{d}V}{r}. \tag{1}$$

显然,右端积分的被积函数对参变量 x,y,z 都具有连续的偏导函数,故可在积分号下求导数,得

$$\mathrm{grad}_P f=\iiint\limits_V\rho(Q)\mathrm{grad}_P\frac{1}{r}\mathrm{d}V. \tag{2}$$

又由于

$$\mathrm{grad}_P\frac{1}{r}=-\frac{\vec{r}}{r^3}=-\mathrm{grad}_Q\frac{1}{r},\quad \vec{r}=\overrightarrow{QP}$$

代入(2)式,得

$$\mathrm{grad}_P f=-\iiint\limits_V \rho(Q)\mathrm{grad}_Q\frac{1}{r}\mathrm{d}V. \qquad (3)$$

在公式(4408 题(4)) $\mathrm{grad}_Q(\varphi\psi)=\varphi\mathrm{grad}_Q\psi+\psi\mathrm{grad}_Q\varphi$ 中,令

$\varphi=\rho(Q),\psi=\dfrac{1}{r}$,再代入(3)式,得

$$\mathrm{grad}_P f=-\iiint\limits_V \mathrm{grad}_Q\left(\frac{\rho(Q)}{r}\right)\mathrm{d}V+\iiint\limits_V \mathrm{grad}_Q\,\rho(Q)\frac{\mathrm{d}V}{r}. \qquad (4)$$

根据奥氏公式,有

$$\iiint\limits_V \mathrm{grad}_Q\left(\frac{\rho(Q)}{r}\right)\mathrm{d}V=\iint\limits_S \rho(Q)\vec{n}\frac{\mathrm{d}S}{r}. \qquad (5)$$

将上式代入(4),即得

$$\mathrm{grad}_P f=-\iint\limits_S \rho(Q)\vec{n}\frac{\mathrm{d}S}{r}+\iiint\limits_V \mathrm{grad}_Q\,\rho(Q)\frac{\mathrm{d}V}{r}.$$

(ⅱ)现设点 $P(x,y,z)$在 V 的内部.仍按(1)式令 $f(x,y,z)$.注意,这时(1)式右端的积分为广义重积分(点 P 为瑕点);但易知它收敛,因为在以 P 点为中心,ε 为半径的球域 V_ε 上的积分满足($M=\max\limits_{Q\in V}|\rho(Q)|$)

$$\left|\iiint\limits_{V_\varepsilon}\frac{\rho(Q)}{r}\mathrm{d}V\right|\leqslant\iiint\limits_{V_\varepsilon}\frac{|\rho(Q)|}{r}\mathrm{d}V\leqslant M\iiint\limits_{V_\varepsilon}\frac{\mathrm{d}V}{r}$$

$$=M\int_0^{2\pi}\mathrm{d}\varphi\int_0^{\pi}\sin\theta\mathrm{d}\theta\int_0^{\varepsilon}\frac{r^2}{r}\mathrm{d}r=2M\pi\varepsilon^3\to 0\ (当\ \varepsilon\to+0\ 时).$$

我们证明:这时仍可将(1)式的积分在积分号下求导数而得(2)式.事实上,由于

$$\left|\iiint\limits_{V_\varepsilon}\rho(Q)\frac{\partial\left(\frac{1}{r}\right)}{\partial x}\mathrm{d}V\right|\leqslant\iiint\limits_{V_\varepsilon}\left|\rho(Q)\frac{\partial\left(\frac{1}{r}\right)}{\partial x}\right|\mathrm{d}V$$

$$= \iiint\limits_{V_\varepsilon} \left| -\rho(Q)\frac{x-\xi}{r^3} \right| \mathrm{d}V \leqslant M \iiint\limits_{V_\varepsilon} \frac{\mathrm{d}V}{r^2}$$

$$= M\int_0^{2\pi}\mathrm{d}\varphi\int_0^{\pi}\sin\theta\mathrm{d}\theta\int_0^{\varepsilon}\frac{r^2}{r^2}\mathrm{d}r = 4M\pi\varepsilon,$$

故积分 $\iiint\limits_V \rho(Q)\dfrac{\partial\left(\dfrac{1}{r}\right)}{\partial x}\mathrm{d}V$ 关于 x 一致收敛. 于是, (1)式右端的积分可在积分号下关于 x 求偏导函数, 得

$$\frac{\partial f}{\partial x} = \iiint\limits_V \rho(Q)\frac{\partial\left(\frac{1}{r}\right)}{\partial x}\mathrm{d}V. \tag{6}$$

同理可得

$$\frac{\partial f}{\partial y} = \iiint\limits_V \rho(Q)\frac{\partial\left(\frac{1}{r}\right)}{\partial y}\mathrm{d}V. \tag{7}$$

$$\frac{\partial f}{\partial z} = \iiint\limits_V \rho(Q)\frac{\partial\left(\frac{1}{r}\right)}{\partial z}\mathrm{d}V. \tag{8}$$

由(6), (7), (8)三式, 即得(2)式, 仿(ⅰ)段办法, 可得(3)式与(4)式(注意, 仿前, 可知(4)式右端两个积分都收敛). 但不能直接对 V 应用奥式公式而得(5)式, 因为有瑕点 P, 但显然可对 $V-V_\varepsilon$, 应用奥式公式, 得

$$\iiint\limits_{V-V_\varepsilon} \mathrm{grad}_Q\left(\frac{\rho(Q)}{r}\right)\mathrm{d}V = \iint\limits_{S+S_\varepsilon} \rho(Q)\vec{n}\frac{\mathrm{d}S}{r} \tag{9}$$

其中 S_ε 为球域 V_ε 的边界(球面), 在 S_ε 上的 $\vec{n}$ 是指向点 P 的. 由于

$$\left|\iint\limits_{S_\varepsilon} \rho(\theta)\vec{n}\frac{\mathrm{d}S}{r}\right| \leqslant \sqrt{3}\iint\limits_{S_\varepsilon} |\rho(\theta)|\frac{\mathrm{d}S}{r} \leqslant \sqrt{3}M\iint\limits_{S_\varepsilon} \frac{\mathrm{d}S}{r}$$

$$=\frac{\sqrt{3}M}{\varepsilon}\iint\limits_{S_\varepsilon}\mathrm{d}S=\frac{\sqrt{3}M}{\varepsilon}\,4\pi\varepsilon^2=4\sqrt{3}\pi M\varepsilon,$$

故 $\lim\limits_{\varepsilon\to+0}\iint\limits_{S_\varepsilon}\rho(\theta)\vec{n}\frac{\mathrm{d}S}{r}=0$. 于是,在(9)式两端令 $\varepsilon\to+0$ 取极限,即得(5)式. 以(5)式代入(4)式,最后得所要证的公式

$$\mathrm{grad}_P\left\{\iiint\limits_V\rho(\theta)\frac{\mathrm{d}V}{r}\right\}=-\iint\limits_S\rho(Q)\vec{n}\frac{\mathrm{d}S}{r}+\iiint\limits_V\mathrm{grad}_Q\,\rho(Q)\frac{\mathrm{d}V}{r}.$$

证毕.

【4462】 证明:若 $\vec{a}=\mathrm{grad}u$,其中

$$u(x,y,z)=-\frac{1}{4\pi}\iiint\limits_{-\infty}^{+\infty}\frac{\rho(\xi,\eta,\zeta)}{r}\mathrm{d}\xi\mathrm{d}\eta\mathrm{d}\zeta$$

及

$$r=\sqrt{(\xi-x)^2+(\eta-y)^2+(\zeta-z)^2},$$

则 $\mathrm{div}\vec{a}=\rho(x,y,z)$(假定对应的积分有意义).

证 首先指出,为保证题述的广义重积分(既是无穷积分,又是瑕积分)的存在性以及下面要用到的积分号下求导数的合理性,一般我们需假定:$\rho(\xi,\eta,\zeta)$在全空间具有连续的偏导函数,并且当 $R=\sqrt{\xi^2+\eta^2+\zeta^2}$ 充分大时($R\geqslant R_0$),有

$$|\rho(\xi,\eta,\zeta)|\leqslant\frac{M}{R^{2+\alpha}},\tag{1}$$

其中 $M>0,\alpha>0$,是两个常数.

考虑空间任一点 $P_0(x_0,y_0,z_0)$. 用 V_0 表示以 P_0 为中心,1 为半径的单位球域. 我们先限制点 $P(x,y,z)$ 只在 V_0 中变动. 又用 V_1 表示以 P_0 为中心,2 为半径的球域,V_2 表示整个空间去掉 V_1 所剩下的部分(无界域). 令

$$u_1(x,y,z)=\iiint\limits_{V_1}\frac{\rho(\xi,\eta,\zeta)}{r}\mathrm{d}\xi\mathrm{d}\eta\mathrm{d}\zeta,\tag{2}$$

$$u_2(x,y,z)=\iiint\limits_{V_2}\frac{\rho(\xi,\eta,\zeta)}{r}\mathrm{d}\xi\mathrm{d}\eta\mathrm{d}\zeta. \qquad (3)$$

于是,

$$u(x,y,z)=-\frac{1}{4\pi}[u_1(x,y,z)+u_2(x,y,z)]. \qquad (4)$$

(2)式右端为瑕积分,在4461题证明的第(ⅱ)段中已证它是收敛的;(3)式右端为无穷积分,下面证明它收敛.令

$$r_0=\sqrt{x_0^2+y_0^2+z_0^2},\quad R_1=\max\{R_0,2(r_0+1)\},$$

则当 $R\geqslant R_1$ 时,有 $R\geqslant R_0$(从而(1)式满足),且 $R\geqslant 2(r_0+1)$. 以 Q 表示点(ξ,η,ζ), O 表示原点$(0,0,0)$.由于三角形两边之和大于第三边,故(注意 $P\in V_0$).

$$R=\overline{OQ}\leqslant\overline{OP}+\overline{PQ}\leqslant r_0+1+r\leqslant\frac{R}{2}+r,$$

从而

$$\iiint\limits_{\xi^2+\eta^2+\zeta^2\geqslant R_1^2}\left|\frac{\rho(\xi,\eta,\zeta)}{r}\right|\mathrm{d}\xi\mathrm{d}\eta\mathrm{d}\zeta\leqslant M\iiint\limits_{\xi^2+\eta^2+\zeta^2\geqslant R_1^2}\frac{\mathrm{d}\xi\mathrm{d}\eta\mathrm{d}\zeta}{rR^{2+\alpha}}$$

$$\leqslant 2M\iiint\limits_{\xi^2+\eta^2+\zeta^2\geqslant R_1^2}\frac{\mathrm{d}\xi\mathrm{d}\eta\mathrm{d}\zeta}{R^{3+\alpha}}=2M\int_0^{2\pi}\mathrm{d}\varphi\int_0^{\pi}\sin\theta\mathrm{d}\theta\int_{R_1}^{+\infty}\frac{R^2}{R^{3+\alpha}}\mathrm{d}R$$

$$=2M\int_0^{2\pi}\mathrm{d}\varphi\int_0^{\pi}\sin\theta\mathrm{d}\theta\int_{R_1}^{+\infty}\frac{\mathrm{d}R}{R^{1+\alpha}}=\frac{8M\pi}{\alpha R_1^{\alpha}}<+\infty, \qquad (5)$$

故(3)式右端的无穷积分收敛.

由(4)式知 $u(x,y,z)$有定义.由于 $\mathrm{div}(\mathrm{grad}u)=\Delta u$,故我们只要证明

$$\Delta u=\rho(x,y,z). \qquad (6)$$

我们证明(3)式右端的无穷积分可在积分号下求导数两次:

$$\frac{\partial u_2}{\partial x}=\iiint\limits_{V_2}\rho(\xi,\eta,\zeta)\frac{\partial}{\partial x}\left(\frac{1}{r}\right)\mathrm{d}\xi\mathrm{d}\eta\mathrm{d}\zeta, \qquad (7)$$

$$\frac{\partial^2 u_2}{\partial x^2}=\iiint\limits_{V_2}\rho(\xi,\eta,\zeta)\frac{\partial^2}{\partial x^2}\left(\frac{1}{r}\right)\mathrm{d}\xi\mathrm{d}\eta\mathrm{d}\zeta. \tag{8}$$

为此,只要证明(7)式右端的积分和(8)式右端的积分都关于$(x,y,z)\in V_0$一致收敛.由于

$$\frac{\partial}{\partial x}\left(\frac{1}{r}\right)=\frac{\xi-x}{r^3},\quad \frac{\partial^2}{\partial x^2}\left(\frac{1}{r}\right)=-\frac{1}{r^3}+\frac{3(\xi-x)^2}{r^5},$$

故仿(5)式之推导,可得:当$R_2>R_1=\max\{R_0,2(r_0+1)\}$时,对一切$(x,y,z)\in V_0$,有

$$\iiint\limits_{\xi^2+\eta^2+\zeta^2\geqslant R_2^2}\left|\rho(\xi,\eta,\zeta)\frac{\partial}{\partial x}\left(\frac{1}{r}\right)\right|\mathrm{d}\xi\mathrm{d}\eta\mathrm{d}\zeta\leqslant M\iiint\limits_{\xi^2+\eta^2+\zeta^2\geqslant R_2^2}\frac{\mathrm{d}\xi\mathrm{d}\eta\mathrm{d}\zeta}{r^2R^{2+\alpha}}$$

$$\leqslant 4M\iiint\limits_{\xi^2+\eta^2+\zeta^2\geqslant R_2^2}\frac{\mathrm{d}\xi\mathrm{d}\eta\mathrm{d}\zeta}{R^{4+\alpha}}=\frac{16M\pi}{(1+\alpha)R_2^{1+\alpha}},$$

$$\iiint\limits_{\xi^2+\eta^2+\zeta^2\geqslant R_2^2}\left|\rho(\xi,\eta,\zeta)\frac{\partial^2}{\partial x^2}\left(\frac{1}{r}\right)\right|\mathrm{d}\xi\mathrm{d}\eta\mathrm{d}\zeta\leqslant 4M\iiint\limits_{\xi^2+\eta^2+\zeta^2\geqslant R_2^2}\frac{\mathrm{d}\xi\mathrm{d}\eta\mathrm{d}\zeta}{r^3R^{2+\alpha}}$$

$$\leqslant 32M\iiint\limits_{\xi^2+\eta^2+\zeta^2\geqslant R_2^2}\frac{\mathrm{d}\xi\mathrm{d}\eta\mathrm{d}\zeta}{R^{5+\alpha}}=\frac{128M\pi}{(1+\alpha)R_2^{2+\alpha}}.$$

由此可知,(7)式右端的积分和(8)式右端的积分都关于$(x,y,z)\in V_0$一致收敛.因此,(7)式与(8)式当$(x,y,z)\in V_0$时成立.同理可证,当$(x,y,z)\in V_0$时,有

$$\frac{\partial^2 u_2}{\partial y^2}=\iiint\limits_{V_2}\rho(\xi,\eta,\zeta)\frac{\partial^2}{\partial y^2}\left(\frac{1}{r}\right)\mathrm{d}\xi\mathrm{d}\eta\mathrm{d}\zeta, \tag{9}$$

$$\frac{\partial^2 u_2}{\partial z^2}=\iiint\limits_{V_2}\rho(\xi,\eta,\zeta)\frac{\partial^2}{\partial z^2}\left(\frac{1}{r}\right)\mathrm{d}\xi\mathrm{d}\eta\mathrm{d}\zeta. \tag{10}$$

将(8),(9),(10)三式相加,即得(注意到$\Delta\left(\frac{1}{r}\right)=0$)

$$\Delta u_2 = \iiint\limits_{V_2} \rho(\xi,\eta,\zeta)\Delta\left(\frac{1}{r}\right)d\xi d\eta d\zeta = 0. \tag{11}$$

下面再求 $\Delta u_1 = \mathrm{div}(\mathrm{grad} u_1)$. 由 4461 题的结果知

$$\mathrm{grad} u_1 = -\iint\limits_{S_1} \rho(Q)\vec{n}\frac{dS}{r} + \iiint\limits_{V_1} \mathrm{grad}_Q \rho(Q)\frac{dV}{r}, \tag{12}$$

其中 S_1 表示 V_1 的边界(球面). 显然, 当 $P(x,y,z)\in V_0$ 时, (12)式右端的第一个积分(面积分)的被积函数具有对于 x,y 及 z 的连续偏导函数, 故可在积分号下求对于 x,y 及 z 的偏导函数. 另外, 仿照 4461 题(ⅱ)段之证可知(12)式右端的第二个积分(三重积分)也可在积分号下求对于 x,y 及 z 的偏导函数. 于是, 得

$$\mathrm{div}(\mathrm{grad} u_1) = -\iint\limits_{S_1} \mathrm{div}_P\left[\frac{\rho(Q)\vec{n}}{r}\right]dS + \iiint\limits_{V_1} \mathrm{div}_P\left[\frac{1}{r}\mathrm{grad}_Q \rho(Q)\right]dV. \tag{13}$$

利用公式 $\mathrm{div}(v\vec{a}) = v\,\mathrm{div}\,\vec{a} + \vec{a}\cdot\mathrm{grad} v$ (4424 题(3)), 可知(注意到 $\rho(Q)\vec{n}$ 及 $\mathrm{grad}_Q\rho(Q)$ 均与 P 无关)

$$\mathrm{div}_P\left[\frac{\rho(Q)\vec{n}}{r}\right] = \rho(Q)\vec{n}\cdot\mathrm{grad}_P\left(\frac{1}{r}\right) = -\rho(Q)\vec{n}\cdot\mathrm{grad}_Q\left(\frac{1}{r}\right)$$
$$= -\rho(Q)\frac{\partial}{\partial n}\left(\frac{1}{r}\right),$$

$$\mathrm{div}_P\left[\frac{1}{r}\mathrm{grad}_Q\rho(Q)\right] = \mathrm{grad}_Q\rho(Q)\cdot\mathrm{grad}_P\left(\frac{1}{r}\right)$$
$$= -\mathrm{grad}_Q\rho(Q)\cdot\mathrm{grad}_Q\left(\frac{1}{r}\right).$$

代入(13)式, 得

$$\Delta u_1 = \iint\limits_{S_1} \rho(Q)\frac{\partial}{\partial n}\left(\frac{1}{r}\right)dS - \iiint\limits_{V_1} \mathrm{grad}_Q\rho(Q)\cdot\mathrm{grad}_Q\left(\frac{1}{r}\right)dV. \tag{14}$$

由于

$$\operatorname{div}_Q\left[\rho(Q)\operatorname{grad}_Q\left(\frac{1}{r}\right)\right]$$
$$=\rho(Q)\Delta_Q\left(\frac{1}{r}\right)+\operatorname{grad}_Q\rho(Q)\cdot\operatorname{grad}_Q\left(\frac{1}{r}\right),$$

而 $\Delta_Q\left(\frac{1}{r}\right)=0\ (Q\neq P)$,故(14)式可写为

$$\Delta u_1=\iint\limits_{S_1}\rho(Q)\frac{\partial}{\partial n}\left(\frac{1}{r}\right)\mathrm{d}S-\iiint\limits_{V_1}\operatorname{div}_Q\left[\rho(Q)\operatorname{grad}_Q\left(\frac{1}{r}\right)\right]\mathrm{d}V.\quad(15)$$

下面计算(15)式中的三重积分,用 Ω_ε 表示以点 $P(x,y,z)$ 为中心,ε 为半径的球域,其边界(球面)记为 S_ε. 对 $V_1-\Omega_\varepsilon$ 应用奥氏公式,得

$$\iiint\limits_{V_1-\Omega_\varepsilon}\operatorname{div}_Q\left[\rho(Q)\operatorname{grad}_Q\left(\frac{1}{r}\right)\right]\mathrm{d}V=\iint\limits_{S_1+S_\varepsilon}\rho(Q)\operatorname{grad}_Q\left(\frac{1}{r}\right)\cdot\vec{n}\,\mathrm{d}S$$
$$=\iint\limits_{S_1}\rho(Q)\frac{\partial}{\partial n}\left(\frac{1}{r}\right)\mathrm{d}S+\iint\limits_{S_\varepsilon}\rho(Q)\frac{\partial}{\partial n}\left(\frac{1}{r}\right)\mathrm{d}S,\quad(16)$$

其中 $\vec{n}$ 是向外法线,从而,在 S_ε 上是指向点 $P(x,y,z)$ 的. 由中值定理知,

$$\iint\limits_{S_\varepsilon}\rho(Q)\frac{\partial}{\partial n}\left(\frac{1}{r}\right)\mathrm{d}S=-\iint\limits_{S_\varepsilon}\rho(Q)\frac{\partial}{\partial r}\left(\frac{1}{r}\right)\mathrm{d}S$$
$$=\iint\limits_{S_\varepsilon}\rho(Q)\frac{\mathrm{d}S}{r^2}=\frac{1}{\varepsilon^2}\iint\limits_{S_\varepsilon}\rho(Q)\mathrm{d}S=\frac{1}{\varepsilon^2}\cdot\rho(Q_\varepsilon)\cdot4\pi\varepsilon^2=4\pi\rho(Q_\varepsilon),$$

其中 Q_ε 是球面 S_ε 上的某一点. 代入(16)式,得

$$\iiint\limits_{V_1-\Omega_\varepsilon}\operatorname{div}_Q\left[\rho(Q)\operatorname{grad}_Q\left(\frac{1}{r}\right)\right]\mathrm{d}V=\iint\limits_{S_1}\rho(Q)\frac{\partial}{\partial n}\left(\frac{1}{r}\right)\mathrm{d}S+4\pi\rho(Q_\varepsilon),$$

两端令 $\varepsilon\to+0$ 取极限,得

$$\iiint\limits_{V_1}\operatorname{div}_Q\left[\rho(Q)\operatorname{grad}_Q\left(\frac{1}{r}\right)\right]\mathrm{d}V=\iint\limits_{S_1}\rho(Q)\frac{\partial}{\partial n}\left(\frac{1}{r}\right)\mathrm{d}S+4\pi\rho(P),$$

再以此式代入(15)式，得

$$\Delta u_1 = -4\pi\rho(x, y, z). \tag{17}$$

由(17)式，(11)式以及(4)式，即得(6)式.于是，(6)式对一切点 $P(x, y, z) \in V_0$ 成立.由于 V_0 的中心 $P_0(x_0, y_0, z_0)$ 是任意的(可为空间任一点)，故知(6)式对空间任一点都成立.证毕.